W0279220

V&R

Ferdinand Buer / Christoph Schmidt-Lellek

Life-Coaching

Über Sinn, Glück und Verantwortung in der Arbeit

Unter Mitarbeit von
Anette Suzanne Fintz, Friedel John, Astrid Schreyögg
und Dieter Schwartz

Mit 4 Abbildungen

Vandenhoeck & Ruprecht

Bibliografische Information Der Deutschen Nationalbibliothek

Die Deutsche Nationalbibliothek verzeichnet diese Publikation in der Deutschen Nationalbibliografie; detaillierte bibliografische Daten sind im Internet über http://dnb.d-nb.de abrufbar.

ISBN 978-3-525-40300-6

© 2008, Vandenhoeck & Ruprecht GmbH & Co. KG. Göttingen / www.v-r.de
Alle Rechte vorbehalten. Das Werk und seine Teile sind urheberrechtlich geschützt. Jede Verwertung in anderen als den gesetzlich zugelassenen Fällen bedarf der vorherigen schriftlichen Einwilligung des Verlages. Hinweis zu §52a UrHG: Weder das Werk noch seine Teile dürfen ohne vorherige schriftliche Einwilligung des Verlages öffentlich zugänglich gemacht werden. Dies gilt auch bei einer entsprechenden Nutzung für Lehr- und Unterrichtszwecke.

Printed in Germany.

Satz: PTP-Berlin, Protago TEX-Production GmbH (www.ptp-berlin.eu)
Druck und Bindung: ⊕ Hubert & Co, Göttingen

Gedruckt auf alterungsbeständigem Papier.

Inhalt

Vorwort

Das Buch wendet sich an Coaches und andere Beraterinnen und Berater, die mit ihren Klientinnen und Klienten eine Wegstrecke gemeinsam gehen, um deren Arbeitstätigkeiten (wieder) eine sinnvolle Richtung zu geben. Gerade Führungspersonen, aber auch Fachleute in professionellen Berufen sind heute mit so vielen, so unterschiedlichen, häufig sogar so widersprüchlichen Anforderungen konfrontiert, dass es ihnen oft schwer fällt, in ihrer Arbeit einen tieferen Sinn zu erblicken, obwohl ihre anspruchsvolle Tätigkeit doch für viele Menschen von so hoher Bedeutung ist.

Wir sind davon überzeugt, dass viele Probleme, mit denen Fach- und Führungskräfte Beratung nachsuchen, angemessener und nachhaltiger zu lösen sind, wenn hinter diesen zunächst präsentierten Fallerzählungen existenzielle Fragen erkannt werden wie:

- Welche Bedeutung hat meine gegenwärtige Arbeit für mein Leben tatsächlich?
- Worin sehe ich überhaupt den Sinn meines Lebens?
- Bin ich wirklich glücklich, wenn ich so weiterarbeite wie bisher?
- Was ist meine Verantwortung gegenüber meinen Mitarbeitern, meinen Kunden, meinen Klienten, meinen Geschäftspartnern, aber auch meiner Familie, meinen Lebensgefährten?

Wir gehen davon aus, dass die meisten Fach- und Führungskräfte ihr Leben nur dann als sinnvoll ansehen, wenn sie auch in ihrer Arbeit einen Sinn erkennen können. Ein Leben wird aber erst dann als sinnvoll erlebt, wenn es glücklich macht. Und glücklich kann man nur sein, wenn man auch dazu beiträgt, dass die anderen, die einem etwas bedeuten, glücklich sind. Wir entfalten also in diesem Buch die These: *Verantwortetes Glück ergibt Sinn.* Und das gilt auch und gerade für die Berufsausübung von Fach- und Führungskräften.

Damit Coaches aber diese existenzielle Dimension überhaupt sehen und ansprechen können, benötigen sie Begriffe und Denkweisen, die die Sprachen ihrer Klienten und die bisher üblichen Sprachen der Berater so bereichern, dass ein angemessener Coachingdialog überhaupt möglich wird. Mit diesem Buch bieten wir dazu das nötige »Vokabular« und die nötige »Grammatik«.

Diese innovative Variante des Coachings nennen wir *Life-Coaching*: Wir bleiben nicht bei der begrenzten Sicht der zunächst eingebrachten Problemdarstellung stehen. Wir sehen diese Probleme als *Lebensthemen*, die bisher ungeklärt sind oder wieder neu geklärt werden müssen. Wir beziehen also die Themen auf das gesamte Leben und geben ihnen ihre existenzielle Dimension wieder (horizontale und vertikale Amplifikation). Erst vor diesem Hintergrund können dann Lösungen auftauchen, die als sinnstiftend erfahren werden: »Jetzt habe ich endlich angemessen Verantwortung übernommen. Und mit dieser Lösung geht es mir besser, kann ich mich wirklich glücklich schätzen. Jetzt macht mir die Arbeit wieder Freude. Jetzt weiß ich, welchen Sinn sie für mich und andere hat.«

Life-Coaching bietet aber nicht nur eine solche Klärung. Es motiviert auch dazu und unterstützt dabei, Arbeit und Leben neu zu gestalten: eine Arbeitsweise zu entwickeln, die einem »schönen«, das heißt bejahenswerten Lebensstil entspricht. Life-Coaching ist auch Anleitung zur Lebenskunst. Life-Coaching unterstützt – wenn man so will – *Life-Styling auf höherem Niveau*. Unser Konzept von Life-Coaching hat aber nichts zu tun mit billiger Instant-Beratung, die nur Rezepte verkauft, oder mit Expertenberatung, die einem um Rat Suchenden autoritative Weisheiten paternalistisch nahelegen will. Es versteht sich als *professionelles Coaching*, durch das Klientinnen und Klienten in einem erlebnisreichen Lernprozess neue Erfahrungen machen, neue Einsichten gewinnen, aber auch neue Lebens- und Arbeitsstile ausbilden können.

Um das dazu nötige Wissen in einem Buch verbinden zu können, mussten wir fachliches Erfahrungswissen aus den Beratungsberufen, wissenschaftliches Forschungswissen aus den Referenzwissenschaften und philosophisches Reflexionswissen zusammenbringen. Wir sind dankbar, dass uns dabei Annett Suzanne Fintz, Friedel John, Astrid Schreyögg und Dieter Schwarz durch das Beisteuern wichtiger Beiträge und so mancher Kollege durch kritische Begleitung (zu nennen sind vor allem Hermann Schwall und Paul B. Schmidt) unterstützt haben.

Mit diesem Vorhaben sind wir ein Risiko eingegangen: Es hält sich nicht an das übliche *Entweder-oder*. Wir bieten stattdessen ein *Sowohl-als-auch*: Das Buch ist somit kein rein wissenschaftliches Buch nur für Wissenschaftler. Das Buch ist aber auch kein reines Fachbuch für Berater ohne wissenschaftlichen Anspruch. Es bewegt sich dazwischen: Es soll praxisnahes und doch fundiertes *Orientierungswissen* bereitstellen. Das kann die Ablehnung von Wissenschaftlern provozieren: Wichtiges sei nicht berücksichtigt oder allzu verkürzt dargestellt. Das Buch kann aber auch von Beratern abgelehnt werden: Alles viel zu theoretisch und zu kompliziert! Wir hoffen, ein *Weder-noch* vermieden zu haben. Um beiden Bedürfnissen zu entsprechen, werden zu jedem Kapitel einige wenige Literaturhinweise aufgeführt, die zur Vertiefung des jeweiligen Themas geeignet sind, während die vollständigen Quellenangaben am Ende des Buches zu finden sind. Außerdem werden in den Teilen I bis III zum Abschluss jedes Kapitels die wichtigsten Aussagen zusammengefasst, die für einen Praktiker eine Orientierung bieten können.

Wir haben trotz der Gefahren eines Weder-noch dieses innovative Projekt gewagt: Wir meinen, die immer noch vorherrschende Spaltung von »Kopfarbeit« (theoretisches, abstraktes Wissenschaftswissen) und »Handarbeit« (praktisches, konkretes Erfahrungswissen) im Beratungsdiskurs muss endlich, wenn sie schon nicht so einfach aufgehoben werden kann, so doch durchlässiger gemacht werden. Wir haben es mit diesem Projekt versucht und hoffen, dass Sie das hier präsentierte Ergebnis als »geglückt« annehmen können und in Ihrer Praxis fruchtbar machen werden.

Ferdinand Buer
Christoph Schmidt-Lellek

1 Einführung

Ferdinand Buer und Christoph Schmidt-Lellek

Wozu im Coaching von Sinn, Glück, Verantwortung und Lebensstil reden? Es geht doch um Leistungssteigerung, Verhaltensoptimierung, Karriereplanung, Konfliktregulierung, Rollenerweiterung oder Standortbestimmung im Rahmen der Personal- bzw. Organisationsentwicklung. Um zu veranschaulichen, wie sehr diese Themen miteinander verbunden sind, beginnen wir mit zwei Fallgeschichten, zunächst mit einer von Schmidt-Lellek:

Eine Frau, Führungskraft in einer internationalen Bank, will ein Coaching wegen einer »Karriereberatung«. Sie ist in der ehemaligen DDR aufgewachsen, hat nach der Wende Betriebswirtschaft studiert, hat sich in der Bank schnell in mittlere Führungspositionen hochgearbeitet. Sie ist nun Anfang 40 und sucht eine neue Orientierung für ihren weiteren beruflichen Weg.

Als Jugendliche war sie als Leistungssportlerin erfolgreich, in der FDJ (»Freie Deutsche Jugend«, dem Jugendverband der DDR) hat sie früh Führungsaufgaben übernommen, und da sie mehrere osteuropäische Fremdsprachen beherrscht, ist sie als FDJ-Funktionärin schon als Jugendliche viel herumgekommen. Hohe Leistungen und strenge Selbstdisziplin waren in ihrem Elternhaus maßgebende Erziehungsziele. Ihre sächsische Herkunft ist in ihrem Akzent nicht erkennbar, da ihre Eltern ihr von klein auf ein »sauberes« Hochdeutsch abverlangt haben. Ihre persönlichen Werte sind stark dadurch geprägt, Macht ausüben und etwas gestaltend bewirken zu können.

Sie ist heute Leiterin einer größeren Abteilung in der Bank und hatte diese Position mit dem Auftrag erhalten, das Personal um etwa ein Drittel zu reduzieren, also das Outplacement von teilweise langjährigen Mitarbeiter/innen durchzusetzen. Diese Aufgabe hat sie in kurzer Zeit erfolgreich durchgeführt – mit dem persönlichen Ziel, auf diese Weise weitere Karrierestufen zu erklimmen.

Bei einer entsprechenden Gelegenheit passierte es nun, dass ein jüngerer – und aus ihrer Sicht weit weniger qualifizierter – Kollege bevorzugt wurde, der damit auch ihr neuer Vorgesetzter wurde. Dies brachte sie nun in eine innere Krise mit einem massiven Entwertungsgefühl, da sie ihr Ziel, als Frau in eine von Männern dominierte Führungsetage aufzusteigen, verfehlt hat. Damit geriet ihr ganzes Lebenskonzept ins Wanken. Dies war so konstruiert, dass sie bis zum Alter von 55 Jahren beruflich »durchpowern« wollte, um dann mit ihrem Ehemann »das Leben genießen« zu können. Dieser ist gleichfalls in einer hohen Führungsposition in einer anderen Stadt tätig, sodass sie beide bisher nur eine Wochenendbeziehung führen können. Vor ein paar Jahren tauchte »plötzlich« ein bisher nicht wahrgenommener Kinderwunsch auf, der jedoch nicht in Erfüllung ging.

So ist sie nun hin und her gerissen zwischen der Tendenz, »alles hinzuschmeißen«, sich anderswo eine neue Position zu suchen oder in der jetzigen Firma weiterzukämpfen. Derzeit ist sie noch als Chefin in der »sanierten« Abteilung tätig, arbeitet extrem viel und extrem schnell, gönnt sich kaum eine Auszeit – außer in kurzen Urlaubszeiten, in denen sie mit ihrem Mann intensive Fernreisen mit viel Programm unternimmt, sodass jeweils nur wenige Tage für eine Entspannung am Strand übrig bleiben. Von ihren Mitarbeiter/innen verlangt sie ein entsprechendes Leistungsniveau. Damit erlangt sie zwar viel Respekt und Anerkennung, gerät aber auch vielfach in Konflikte in ihrer Abteilung, da sie ihren Mitarbeiter/innen wenig Einfühlungsvermögen entgegenbringen kann, wenn diese den Leistungsanforderungen nicht genügend entsprechen.

Die berufliche Krise war jedoch der Auslöser dafür, ihre bisherigen Karriereziele und insgesamt ihr Lebenskonzept in Frage zu stellen, da der gescheiterte weitere Aufstieg auch eine Sinnkrise ausgelöst hat. Das Coaching stellt zunächst vor allem einen Freiraum dar, solchen Fragen nachzugehen, für die im sonstigen Lebensalltag der Klientin kein Platz zu sein scheint. Als Ziel wurde mit der Klientin vereinbart, die »Karriereberatung« in einen größeren Zusammenhang (horizontale Amplifikation) zu stellen, indem nicht in erster Linie die besten Schritte zum Erreichen der nächsten Karrierestufe erarbeitet werden, sondern die übergreifenden Fragen (vertikale Amplifikation) untersucht werden, welche Vorstellungen von einem gelingenden Leben für sie handlungsleitend sein können.

Hier eine zweite Fallgeschichte, dieses Mal von Buer:

Im Sondierungsgespräch mit einem Universitätsprofessor erarbeiten wir den Auftrag:
- Vorbereiten eines konkreten Bewerbungsgesprächs an einer anderen Universität.
- Verbessern des Durchsetzungsverhaltens gegenüber bestimmten Kolleg/innen am eigenen Institut.
- Entwickeln eines Konzepts für die Leitung eines Instituts, um es auf Nachfrage bei Bewerbungen vorstellen zu können, aber auch, um bei Übernahme eines Leitungspostens die Führungsrolle gleich »richtig« etablieren zu können.

Im ersten Treffen erarbeiten wir die Anforderungen für das anstehende Bewerbungsgespräch und analysieren soziometrisch die Soziodynamik der wichtigen Mitarbeiter/innen seines Instituts. Nach konkreter Vorbereitung des Bewerbungsauftritts und möglicher Gesprächsverläufe in verschiedenen psychodramatischen Rollenspielen auf dem zweiten Treffen, vertiefen wir im dritten Treffen die Erforschung der Soziodynamik durch Aufstellungsarbeit mit verschiedenen Rollenwechseln. Jetzt kann der Coaching-Klient seinen Kontrahenten besser verstehen und will ihn künftig nicht mehr ignorieren, da er dadurch seine Attacken nur noch weiter provoziert. Nachdem er das vierte Treffen tatsächlich »verschlafen« hat, teilt er im fünften Treffen mit, dass er nach dem Bewerbungsgespräch nur auf Platz 2 gelandet sei. Da das Gespräch eigentlich gut gelaufen sei und er auch von seinen Forschungsleistungen her hervorragend abgeschnitten habe, könne er sich das nur dadurch erklären, dass hier Seilschaften zugunsten eines Mitkonkurrenten am Werke waren. Diese Einschätzung konnte ich teilen. Er überlegt nun, ein Angebot in den USA anzunehmen, das schon länger vorliegt. Diese Stelle sei höchst reputierlich, sei dreimal so hoch dotiert als in Deutschland üblich und biete ganz hervorragende Forschungsmöglichkeiten. Allerdings sei seine Frau dagegen. Und seine noch minderjährigen Kinder müssten zeitweise auf den Vater verzichten. Was tun?

Nun geht es nicht mehr nur um seine Karriere. Es geht auch um die Verantwortung für seine Familie. Im Coaching müssen nun auch seine privaten Lebensverhältnisse einbezogen werden (horizontale Amplifikation).

Der Klient berichtet nun überzeugend, dass seine Frau und er ganz unterschiedliche Lebenseinstellungen hätten und unverträgliche Lebensentwürfe verfolgten. Da er sehr harmoniebedürftig sei, habe er bisher versucht, um seinen Ehe- und Vaterpflichten zu entsprechen, eine attraktive Stelle in Deutschland zu finden. Das sei ihm aber trotz guter Chancen an verschiedenen Universitäten inzwischen zu unsicher. Er müsse jetzt eine Entscheidung treffen: Er könne sich nicht weiter allein den Wünschen seiner Frau fügen.

Nun könnten wir weiter psychologisieren und an seiner Aggressionshemmung arbeiten. Es geht aber doch darum: Wie kann er »sein Glück machen«? Ist das wirklich ein gelungenes, gutes Leben, wenn er sich weiterhin zurücknimmt? Was wäre das Beste? Was wäre sinnvoll? Was kann, was muss er verantworten? (vertikale Amplifikation).

Das sechste Treffen findet auf seinen Wunsch hin schon wenige Tage später statt. Er berichtet, seine Frau habe ihm aus heiterem Himmel eröffnet, sie sei in der zwölften Woche schwanger. Offensichtlich habe sie die übliche Verhütung unterbrochen, um ihn mit einer Schwangerschaft unter Druck zu setzen, wie sie das schon einmal gemacht habe. Außerdem habe er sich schon vor zwei Monaten in eine Kollegin verliebt, die er auch heiraten wolle. Diese Frau passe nun wirklich zu ihm. Mit ihr könne er glücklich werden. Bisher hat er mit seiner Frau weder über seine schon seit Jahren bestehende Distanz zu ihr, noch über seine neue Beziehung gesprochen. Wenn er das täte, würde seine Frau seine Kollegin »fertig machen« und das Klima in seinem Institut »vergiften«. Außerdem würde sie alles tun, um seine Karriere in den USA zu »torpedieren«. Was ist die richtige Entscheidung?

Hier sind nun ganz offensichtlich ethische Reflexionen erforderlich. Wenn wir einer Pflichtenethik folgen, müsste er sich fragen: Wozu bin ich verpflichtet? Was sind meine Ehepflichten, was sind meine Vaterpflichten? Was sind meine Pflichten gegenüber meiner Geliebten? Welche der Menschheit nützlichen Forschungsleistungen kann ich jedoch nicht erbringen, wenn ich die Stelle in den USA ausschlage? Ist mir ein Verzicht zumutbar? Muss ich ihn heroisch wählen, auch wenn ich dabei unglücklich werde? Wenn wir dagegen einer Güterethik folgen, dann könnte er fragen: Welche Güter stehen auf dem Spiel? Auf wie viel Glück habe ich ein Anrecht? Wieweit muss ich dabei auf meine Frau und meine Kinder Rücksicht nehmen? Was darf ich meiner Frau und meinen Kindern zumuten? Wie sähe eine Glücksbilanz aus, wenn ich alle Menschen berücksichtige, die von meinen Entscheidungen betroffen sind? Was kann ich dann verantworten? Was kann ich tun, damit mein Leben einen tiefen Sinn hat?

Und der Coach muss sich fragen: Welche Ethik vertrete ich eigentlich selbst? Eine Pflichtenethik? Eine Güterethik? Oder nicht doch einen Kohärentismus? Oder einen Konsequenzialismus? Vielleicht eine postmoderne Ethik? Reicht eventuell auch eine pragmatische Ethik oder eine Verantwortungsethik? Oder hätten wir nicht doch eine Tugendethik nötig? Coaches, denen jetzt schon der Kopf schwirrt, sind sicher für eine Begleitung der genannten Fälle ungeeignet. So wie die beiden vorgestellten Fälle deutlich machen, lässt sich aber eine horizontale wie eine vertikale Amplifikation nur sehr selten vermeiden, wenn wir die Anliegen unserer Klient/innen wirklich ernst nehmen. Denn der Klient muss meistens folgenreiche Entscheidungen treffen. Und die gibt es nicht ohne ethische Abwägungen. Und die muss ein professioneller Coach qualifiziert begleiten können.

1.1 Die Angst des Coach vor existenziellen Fragen

Nicht nur aus unserer eigenen Praxis, sondern auch aus vielen Fallerzählungen, die uns Kolleg/innen berichten, wissen wir, dass es gerade bei spektakulären Geschichten um Glück und Unglück, um Zivilcourage und Versagen, um missionarisches Engagement und Handeln aus »Sachzwängen« geht. Und auch bei vielen der üblichen Geschichten sehen wir durchaus ernste Hintergründe, die aber nicht als solche thematisiert werden. Da hier bei vielen Coaches ein entsprechendes Bewusstsein, damit eine elaborierte Sprachlichkeit und daher auch ein entsprechendes Methodenrepertoire fehlen, werden diese Dimensionen in der Praxis nicht aufgegriffen und werden deshalb auch in den Publikationen nicht explizit dargestellt. Dazu ein Beispiel:

Marita Bublitz, Volljuristin, Personal- und Organisationsentwicklerin, beschreibt 2007 in der Zeitschrift »Organisationsberatung, Supervision, Coaching« ihre Arbeit im Trennungsmanagement. Da die Führungskräfte einer Bank Schwierigkeiten haben, ihren Mitarbeiterinnen und Mitarbeitern in einem persönlichen Gespräch die Kündigung mitzuteilen, wurde eine »professionelle Trennungskultur« implementiert. Es wird zunächst festgelegt, wer wann Kündigungsgespräche mit wem führt, wie die Kündigungen begründet werden und wie die Trennung gestaltet wird. Zusätzlich erhalten diese Führungskräfte eine begleitende Beratung durch einen externen Coach. Im telefonischen Erstkontakt erfährt Frau Bublitz von ihrem Klienten: »Eigentlich ist er bis jetzt immer stolz darauf gewesen, ein Mitarbeiter dieses Unternehmens zu sein, doch den jetzt vom Top-Management beschlossenen Personalabbau kann er vor dem Hintergrund der glänzenden wirtschaftlichen Situation des Unternehmens nicht nachvollziehen. Er fühlt sich ›von denen da oben‹ benutzt, eine ›schmutzige Arbeit‹ zu tun. Noch dazu trifft es Mitarbeiter, die er vor kurzem noch wegen ihrer guten Leistungen gelobt hat. Herr S. ist seit 3 Jahren Abteilungsleiter und hat immer viel Wert darauf gelegt, ein fairer Chef zu sein. Er glaubt, dass seine Mitarbeiter ihn für einen ›Verräter‹ halten werden. Er hat das Gefühl, nach Ausspruch der Kündigungen niemandem mehr in die Augen blicken zu können und sich selbst auch nicht. Die Frage, wie er es den Betroffenen sagt, bereitet ihm schlaflose Nächte« (Bublitz, 2007, S. 276).

Offensichtlich ist Herr S. tatsächlich ein fairer Chef. Er fühlt sich für seine tollen Mitarbeiter verantwortlich. Er hält die Kündigungen dieser konkreten Personen für ethisch falsch. Er sieht sich zu »schmutzigem«, das heißt unmoralischem Tun genötigt. Er schämt sich. Daher kann er weder sich noch seinen Mitarbeitern in die Augen schauen. Er ist total unglücklich. Hier liegt nun klar ein Dilemma vor, das ethisch reflektiert gehört. Was bietet ihm nun Frau Bublitz an?

»Wir vereinbaren für die erste Doppelstunde die Rekonstruktion seiner Ausgangslage und das Erkennen seiner Rolle im Trennungsgespräch, für die zweite Doppelstunde die Besprechung der Vorbereitung und des Ablaufs der zu führenden Gespräche. In der dritten Doppelstunde werden wir den konkreten Maßnahmenplan für die Eigenfürsorge von Herrn S. zur Erhaltung seiner Gesundheit und seiner Leistungsfähigkeit erstellen. Zur Unterstützung in der Umsetzungsphase vereinbaren wir ein Telefoncoaching nach dem ersten von Herrn S. geführten Trennungsgespräch« (S. 276).

In der ersten Coachingeinheit legt ihm die Beraterin nahe, sich mit der Bedeutung der Entlassung für die Betroffenen zu befassen. Herr S. spürt, dass die plötzliche Kündigung für die Betroffenen eine Katastrophe bedeutet. Eine ethische Reflexion erfolgt nun aber nicht. Dann nämlich hätte dieser schon bei Herrn S. eingeleitete innere Rollenwechsel etwa durch einen psychodramatischen Rollenwechsel ausgebaut werden müssen (→ 11.2). Dann hätte Herr S. in dieser »sympathischen« Beziehung auf die berechtigten Ansprüche der Betroffenen eine angemessene Antwort finden müssen, und das durchaus als Führungskraft (→ 6.2). Er hätte dann vermutlich in eine Auseinandersetzung mit seinen Vorgesetzten treten müssen.

Stattdessen wird psychologisiert: Die Betroffenen werden sicher geschockt sein. Es gilt nun, damit umzugehen. Zu diesem Zwecke erläutert die Beraterin Herrn S. die bekannten vier Phasen der Krisenbewältigung: Er muss also zunächst mit Schreck, dann mit Wut, dann mit Resignation rechnen, um dann darauf zu setzen, dass irgendwann Zuversicht einsetzt.

Der Konflikt zwischen den Erwartungen des Managements und seinem Gewissen, also zwischen seiner Rolle und seiner Person, wird von der Beraterin nicht aufgegriffen. Stattdessen werden im Folgenden nur die Rollenerwartungen weiterer Organisationsmitglieder erhoben. Sie lässt ihn mittels des Sceno-Kastens die Personengruppen aufstellen, die auf ihn noch einwirken: die Geschäftsleitung, die Personalabteilung, den Betriebsrat, die Kunden, die verbliebenen Mitarbeiter und seine Ehefrau. Die Betroffenen kommen in diesem Arrangement nicht mehr vor. Sie sind schon entlassen. Und nun kommt's: »Ich fordere ihn [...] auf, klar die Rollen der Parteien zu definieren. Durch die Definition der Rollen der Beteiligten sieht Herr S. die Grenzen und Möglichkeiten seiner eigenen Rolle als Führungskraft im Trennungsprozess viel klarer. Er sieht, dass er als Führungskraft die Position und die Interessen des Unternehmens zu vertreten hat. Aber er erkennt auch, wie wichtig es für ihn persönlich ist, dieses Gespräch so zu gestalten, dass er seiner Rolle gerecht wird und dem Mitarbeiter in die Augen sehen kann« (S. 277).

Statt also den moralischen Konflikt überhaupt zu sehen, also den Konflikt Person – Rolle, fokussiert die Beraterin nur auf die Rollenebene, definiert den Konflikt als Interrollenkonflikt: Da er nun mal als Führungskraft eine Organisationsrolle übernommen hat, muss er sie auch komplementär zu den Erwartungen der anderen erfüllen. Die Beraterin lässt Herrn S. dadurch die Übermacht der Organisation spüren, sodass er sich anpasst. Seine persönlichen Gewissensbisse werden verdrängt. Übrig bleibt ein psychologisches Problem, das die Beraterin dann fachmännisch angeht.

Als *Volljuristin* stellen für Frau Bublitz Kündigungen, wenn sie arbeitsrechtlich in Ordnung sind, offensichtlich kein Problem dar. Als *Coach* sieht sie nur den Auftrag, dem Klienten Hilfen angedeihen zu lassen, diese schwierige Situation ohne gesundheitliche Schäden zu überstehen. Das ist aber zu wenig. Hier wäre eine ethische Reflexion notwendig. Herr S. hätte neben einer ökonomischen eine ethische Begründung vom Management verlangen dürfen. Nur dann, wenn ihm diese Begründung einleuchtet, er sie also guten Gewissens vertreten kann, wäre er auch in der Lage, die Kündigung auf anständige und faire Weise mitzuteilen und zu erläutern. Mit dieser moralischen Absicherung wäre das sicher immer noch gegebene psychologische Problem viel einfacher zu lösen gewesen.

Ein Risiko bleibt bei diesem Vorschlag: Wenn seine Vorgesetzten eine ethische Begründung verweigern oder er diese nicht nachvollziehen kann, was dann? Dann müssten im Coaching verschiedene ethisch begründete Reaktionsmöglichkeiten mit ihren Folgen auch für seine Familie abgewogen werden. Wir meinen, Frau Bublitz könnte Herrn S. wesentlich mehr beistehen, wenn sie über eine ethische Kompetenz verfügen würde. Volljuristin und Normalcoach reicht eben nicht. Dann könnte Herr S. auch mit seinem Gewissen wieder ins Reine kommen. Das setzt natürlich voraus, dass in der Unternehmenskultur eine ethische Reflexion verankert ist. Aber welche Organisation verfügt heutzutage nicht über ethische Standards, einen Ethik-Kodex oder Ähnliches (→ 6.6.3, → 10.2)? Und wer würde schon öffentlich sagen: Bei uns darf gut und gerne unmoralisch gehandelt werden?

Das Nichtsehen dieser Dimensionen hängt sicher zum einen mit der Ausbildungssozialisation an den Hochschulen durch die Wissenschaften zusammen. Wissenschaften können nur feststellen, was ist. Was sein soll, bedarf aber einer philosophischen Reflexion. In diese wird jedoch in den Studiengängen, aus denen die meisten Coaches kommen, so gut wie gar nicht eingeübt, weil die meisten ausbildenden Wissenschaftler/innen nur erklären bzw. verstehen wollen, »wie etwas läuft«, und gar nicht konzipieren wollen, was aus welchen Gründen heraus in konkreten Situationen nicht nur das fachlich Richtige, sondern auch das ethisch Rechte wäre. Da also in diesen Wissenschaften nur selten etwas zu holen ist, müssen Coaches sich ihre existenziellen Überzeugungen selbst bilden. Hier machen dann oft die Verfahren, die postgraduell erlernt werden, ein Angebot: Deren Philosophie taucht dann meistens unter dem Label »Menschenbild« auf. Oder der Coach greift ganz schlicht auf seine ihm biographisch eingepflanzten oder privat erworbenen Überzeugungen zurück. Oder er greift (heimlich) zu leicht konsumierbaren Angeboten aus der Esoterikecke (→ 4.3.2).

Es ist vielen Coaches nicht klar, dass eine Wissenschaftsorientierung allein nicht reicht. Das gilt übrigens auch für die meisten Berater, Psychotherapeuten, Pädagogen oder Psychologen. Wenn sie dann noch die Reflexion existenzieller Fragen allein den Religionen zuordnen, sind sie ihrer eigenen Uninformiertheit aufgesessen. Die Religionen haben hier nämlich kein Monopol, auch wenn manche das gerne nahelegen. Die Philosophie bietet hier von alters her mindestens genauso viel. Jedem Coach ist klar: Selbstverständlich können in einem Coachinggespräch den Klient/innen keine religiösen Dogmen als letzte Wahrheit verkündet werden, selbst wenn man als Coach damit gute Erfahrungen gemacht hat. Diese ausgesparte Leerstelle kann aber, auch unter professionellen Gesichtspunkten, unbedenklich durch philosophische Reflexionen ausgefüllt werden. Es ist also ein Missverständnis, wenn hier nur auf wissenschaftlich fundierte Erkenntnisse zurückgegriffen werden dürfte. Im Gegenteil: Coaches, die das vertreten, sind gläubige Szientisten: Sie glauben an die allein selig machenden »Wahrheiten« der Wissenschaften. Welch ein Irrtum (→ 4.3.2)!

Wir meinen aber, es gibt noch einen zweiten Grund, warum existenzielle Dimensionen so wenig zur Sprache gebracht werden: Das ist die Angst des Coach vor der Auseinandersetzung mit seiner eigenen Existenz. Selbst wenn sich Coaches in ihren postgradualen Aus- und Fortbildungen der »Selbsterfahrung« ausgesetzt haben sollten, dann wurde hier wohl kaum adäquat philosophiert. Stattdessen wurde doch wohl viel psychologisiert und psychotherapeutisiert, manchmal auch politisiert. Erst recht fehlt es Coaches, die nicht einmal das mitgemacht haben, sondern sich schlicht als Techniker verstehen, denen – wie vielen ihrer Kunden auch – Verhaltensoptimierung reicht, oftmals an rechter Einsicht.

Nun bietet philosophisch fundierte Reflexion zwar eine genauere Sicht der Gegebenheiten und gut begründete Aussichten. Was sie aber – jedenfalls auf heutigem Niveau – nicht bietet, ist Sicherheit. Coaches also, die ihren Klient/innen anbieten wollen, sie auch in existenziellen Fragen zu begleiten, müssen somit gelernt haben, eigene Unsicherheiten zu ertragen. Sie müssen sich mit dem Sinn ihres eigenen Lebens beschäftigt haben, mit ihrem einstigen Nichtmehrdasein, mit dem Absurden, dem Unglück, dem Bösen in ihrer eigenen Lebenswelt. Und ihre Entscheidungen, wie sie nun selbst damit leben wollen, werden ihnen selbst immer wieder zweifelhaft erscheinen. Und eine solche Haltung müssen sie ihren Coaching-Klient/innen ebenfalls zumuten. Nur so kann es aber gehen.

Ein Coach, der als professioneller Begleiter alle Aspekte und Dimensionen des Lebens ansprechen kann, muss eine solche Auseinandersetzung mit seiner eigenen Existenz hinter sich haben. Und er muss wissen, dass er sie gerade dann immer noch vor sich hat. Um ihm für diesen Prozess die Augen zu öffnen, bedarf er eines speziellen Orientierungswissens und einer eingeübten Haltung mit der entsprechenden Wahrnehmungs- und Reflexionsfähigkeit, die wir hier anregen wollen. Die vielen gängigen Ratgeber können ihm da kaum helfen. Ihre Rezeptologien deprofessionalisieren den Coach in letzter Konsequenz und führen nur zur Instrumentalisierung der Klient/innen (Schmidt-Lellek, 2004). Es nutzt nichts: Sowohl der Coach als auch seine Klienten müssen sich ihres eigenen Verstandes bedienen und dürfen sich nichts vorsagen lassen: Sie müssen eine eigene »Unmündigkeit« überwinden: »Sapere aude!« – wie schon Kant 1784 meinte.

1.2 Life-Coaching im Kontext anderer Formate

Nun können alle diese existenziellen Fragen sicher auch in vielen anderen Formaten aufgegriffen werden. Warum nun Coaching und vor allem: Warum Life-Coaching? Wenn wir unter Coaching zunächst einmal »die professionelle Beratung, Begleitung und Unterstützung von Personen mit Führungs- und Steuerungsfunktionen und von Experten in Organisationen« (DBVC, 2007, S. 19) verstehen, und unter Life-Coaching ein Coaching, das die eingebrachten Themen als Lebensthemen behandelt und dementsprechend einer horizontalen und vertikalen Amplifikation unterzieht, dann lässt sich die spezielle Sichtweise unseres Konzepts von Life-Coaching durchaus von den vielen anderen Formaten abheben (Buer, 2007a, 2007c):

- Vom *Life-Coaching*, wie es im angloamerikanischen Raum verstanden wird (z. B. Mulligan, 2001; Neenan u. Dryden, 2001; Coach U, 2005; Martin, 2005; Ellis, 2007; Williams u. Menendez, 2007). Dieses Konzept bleibt zu therapienah und bietet ein zu niedriges philosophisches Niveau.
- Von der *Psychotherapie* (z. B. Kriz, 2007). Hier steht die Psychopathologie zu einseitig im Vordergrund.
- Vom *Counselling* (z. B. Nestmann, Engel u. Sieckriek, 2004; Steinebach, 2006). Hier sind die theoretischen Folien zum Verständnis der Arbeitswelt von Fach- und Führungskräften zu wenig ausgearbeitet.
- Von der *Lebensberatung* (z. B. Bitzer-Gavornik, 2004; Giernalczyk, 2006; Zihlmann, 2006). Unter diesem Label sammelt sich Verschiedenstes: Es ist kein konsensuelles prägnantes Konzept erkennbar.
- Von der *Philosophischen Beratung* (z. B. Achenbach, 1987; Dill, 1990; Ruschmann 1999). Hier fehlt eine eigenständige Beratungsmethodik.
- Von der *Supervision* (z. B. Buer, 1999; 2004; Buer u. Siller, 2004; Möller, 2001; Schreyögg, 2004a). Sie konzentriert sich auf die fachliche Qualitätssicherung der Beziehungsarbeit, hat somit einen zu engen Horizont.
- Von der *Karriereberatung* (z. B. Diener, 2005; Hohner, 2006). Sie konzentriert sich auf das Fortkommen, wo doch auch das Verweilen sinnvoll sein könnte.
- Von der *Organisationsberatung* (z. B. Doppler u. Lauterburg, 1998; Gairing, 1996; Fatzer, 2005). Sie fokussiert auf organisationales Lernen; individuelles Lernen ist ihr nur unter diesem Vorzeichen wichtig. Das reicht uns aber nicht.

Von all diesen Formaten kann das Life-Coaching viel lernen, vor allem auch von den vielen Verfahren, Arrangements und Techniken, die in diesen Formaten zum Einsatz kommen. Während Berufs- und Fachverbände »ihre« Formate deutlich abgrenzen, um ihre *Claims* zu sichern, und diese Felder möglichst auch noch ausdehnen wollen, findet auf Hochschulebene (z. B. Straumann u. Zimmermann-Lotz, 2006; Böhmer u. Klappenbach, 2007; Buchinger u. Klinkhammer, 2007), vor allem aber in der Praxis (z. B. Eilles-Matthiessen u. Janssen, 2005; Migge, 2005) längst die Versöhnung statt. Wir wollen mit unserem Konzept also nicht ein besonderes Territorium abgrenzen, sondern eine spezielle Sichtweise proklamieren, die als *Life-Coaching* durchaus mit einem speziellen Label identifiziert werden soll.

Wir knüpfen dabei an das Coaching an, weil es sich wie unser Konzept an Führungskräfte und Experten wendet und weil es inzwischen auch theoretisch gut fundiert ist (vgl. Schreyögg, 1995; Gessner, 1999; Rauen, 2005; Pallasch u. Petersen, 2005; Birgmeier, 2006; Lippmann, 2006; Schreyögg u. Schmidt-Lellek, 2007). Wenn dann gerade in akademischen Kreisen immer mal wieder despektierlich vom Coaching die Rede ist (z. B. Kersting, 2007, S. 62), dann liegt hier fahrlässige Unkenntnis vor.

Wenn wir nun die ins Coaching eingebrachten Arbeitsthemen als Lebensthemen behandeln wollen, dann müssen wir die Bedeutung der Arbeit für das Leben klären, und zwar speziell für Fach- und Führungskräfte in spätmodernen Gesellschaften.

1.3 Über die Bedeutung der Arbeit für das Leben

Fach- und Führungskräfte sind keine Arbeiter, und doch gehen sie »zur Arbeit«. Auch sie gehen einer Arbeitstätigkeit nach, auch wenn diese sich von den Arbeitsverrichtungen der meisten Erwerbstätigen erheblich unterscheidet (→ 2, → 3). Auch sie wollen nicht »arbeitslos« sein, weil »Arbeit haben« in unserer Gesellschaft eben nicht nur die Subsistenz sichert, sondern dem Leben auch einen wichtigen Sinnhorizont eröffnet (Negt, 2001; Bergmann, 2004; Jäger u. Röttgers, 2007).

Diese Hochschätzung der Arbeit und des Geldverdienens in der Gegenwart erklärt Max Weber (1920/1969) in *sozialwissenschaftlicher Betrachtung* aus dem »Geist des Kapitalismus«. Als geistigen Hintergrund dafür erkannte er die – auf Augustinus zurückgehende – »Prädestinationslehre« des Genfer Reformators Johannes Calvin. Nach dieser Glaubenslehre ist ein Teil der Menschen von Gott als selig vorherbestimmt (»prädestiniert«), ein anderer jedoch als verdammt. Um nun mit der daraus folgenden Ungewissheit umgehen zu können, ob man zu den Auserwählten gehört oder nicht, brauchte man ein sichtbares Zeichen der Erwähltheit, nämlich wirtschaftlichen Wohlstand als Beweis der Gnade Gottes. Und dieser ist durch rastlose Berufsarbeit und eine puritanische Lebenshaltung erreichbar (Schreyögg, 2004b, S. 358ff.).

Nun ist heute dieser religiöse Sinnzusammenhang für viele Menschen weitgehend verloren gegangen, sodass nur noch der Druck, wirtschaftlich erfolgreich sein zu müssen, übrig bleibt – sozusagen eine säkularisierte »Prädestinationslehre«: Die Instanz, vor der man zu bestehen hat und die die Auserwähltheit ausspricht oder nicht, ist nicht mehr Gott, sondern das eigene Selbst oder auch der (vermeintliche oder tatsächliche) urteilende Blick anderer Menschen: Wer beruflich und wirtschaftlich erfolgreich ist, ist etwas wert und verdient Anerkennung, anderenfalls ist das Selbst von Entwertungsgefühlen, ja zuweilen von Vernichtungsgefühlen bedroht. Deshalb gibt es im Kapitalismus Gewerkschaften, die alle Arbeitsfähigen in zumutbarer Arbeit halten wollen.

In philosophischer Sicht kann diese historische Blickverengung aufgesprengt werden. Arbeit ist dann jegliches zweckbestimmte Handeln im Gegensatz zum Spiel, zur Interaktion und zur Kontemplation (vgl. Seel, 1994, → 5.3.2, → 8.3.2). Stichworte dazu sind:
- Arbeit als Selbstentwicklung und Selbstverwirklichung,
- Arbeit als Sinnstiftung,
- Arbeit als Stabilisierung des Selbstwertgefühls,
- Arbeit als Stabilisierung von gesellschaftlichen Rollen,
- Arbeitswelt als Teil des sozialen Netzes,
- Arbeit als Strukturierung von Lebenszeit.

Es wäre jedenfalls ein Reduktionismus, wenn Arbeit nur als notwendiges Übel begriffen wird, um die ökonomischen Bedingungen der Existenz zu sichern. Allerdings scheinen viele Menschen ihre berufliche Arbeit nur unter diesem Aspekt sehen zu können, zumal in weniger qualifizierten Tätigkeitsfeldern. Aber auch dann wird in der Regel übersehen, dass die berufliche Arbeit z. B. das Selbstwertgefühl und die gesellschaftliche Anerkennung (mehr oder weniger) sicherstellt – was zuweilen erst im Falle von Arbeitslosigkeit ins Bewusstsein dringt. Aber auch Berichte über ein existenzielles Scheitern (Depression, Alkoholismus usw.) von Personen, die durch eine Erbschaft oder durch einen Lottogewinn zu plötzlichem Reichtum gelangt sind und dann meinen, auf berufliche Arbeit verzichten zu können, zeigen die andere Seite von deren Bedeutung.

»Eine Arbeit haben« dient also in unserer Gesellschaft für viele als Sinn- und Identitätsanker (Eickelpasch u. Rademacher, 2004, S. 30). Das ist aus sozialhistorischen Gründen mit »Geldverdienen« verbunden. Das nennen wir »Erwerbsarbeit«. Aus philosophischer Sicht ist das jedoch letztlich nicht entscheidend: Ein Leben kann auch als sinnvoll erlebt werden, wenn es durch selbstbestimmte, gesellschaftlich anerkannte, zweckorientierte Tätigkeiten ausgefüllt ist und die Subsistenz anderweitig gesichert ist (etwa durch Besitztümer oder ein »Bürgergeld«). Das kann auch Familienarbeit oder Arbeit für die Gemeinschaft (etwa in einem »Ehrenamt«) sein (Fischer, 2007). Zudem ist es so, dass viele Menschen in unserer Gesellschaft aus Altersgründen (Kinder, Betagte) oder aus Krankheitsgründen gar nicht »arbeiten«. Ihre Subsistenz wird durch die Wertschöpfung anderer gesichert. Sie können aber durchaus sinnvollen Tätigkeiten nachgehen. Sie können aber auch spielen, kommunizieren oder reflektieren und schon dadurch ihrem Leben einen Sinn geben.

Arbeit als zweckorientiertes Handeln wird normiert durch Interagieren und intentional koordiniert durch Organisieren. Werden Organisationen auf Dauer gestellt, werden sie zu Institutionen. Ist dieses Handeln Erwerbsarbeit, handelt es sich um Arbeitsorganisationen im Wirtschaftssektor, im staatlichen Sektor und im Dritten Sektor der gemeinnützigen Organisationen. Alle dort Arbeitenden wie auch die Nichtarbeitenden sind zudem Konsumenten. Als solche nehmen sie alle am Wirtschaftsleben teil, sind sie immer auch Wirtschaftssubjekte.

Ökonomisch betrachtet wird Arbeit auf dem Arbeitsmarkt bewertet. Und wenn der Ankauf einer bestimmten Arbeitskraft Gewinn versprechend ist, darf das Gehalt auch mal exorbitant sein. So sagen etwa extrem hohe Gehälter von Top-Managern etwas über die *ökonomische* Wertschätzung aus, aber so gut wie nichts über die tatsächliche *Arbeitsleistung* und über die *soziale* Wertschätzung. Wir wissen zudem aus der Glücksforschung, dass Reichtum in dieser Größenordnung keineswegs glücklicher macht (→ 4.3). Es ist also keineswegs sinnvoll, danach zu streben. Angemessener Wohlstand reicht zum Glück vollkommen (→ 7.3).

Die Bedeutung der Arbeit für den Einzelnen ergibt sich zum einen daraus, welchen Beitrag sie zur Reproduktion der Gesellschaft leistet, zum anderen daraus, welche Bedeutung ihr jede/r Einzelne für die eigene Selbstverwirklichung, das Ausbilden der eignen Talente gibt.

1.3.1 Arbeit als Beitrag zur Reproduktion der Gesellschaft

Arbeit als Beitrag zur Reproduktion der Gesellschaft umfasst: Familienarbeit zur Reproduktion der einzelnen Gesellschaftsmitglieder, Subsistenzarbeit zur Erzeugung der lebensnotwendigen Güter und Dienstleistungen und Gemeinschaftsarbeit zur Sicherung des sozialen Zusammenhalts. Coaching hat mit Menschen zu tun, die Subsistenzarbeit, aber auch Gemeinschaftsarbeit (z. B. von Politiker/innen) leisten. Die Subsistenzarbeit lässt sich, wenn wir englisches Vokabular heranziehen, so differenzieren:

- *Labour* (lat.: labor, dt.: Mühe): die Arbeit von Arbeitern; mühevolle, einfache, körperliche Arbeit;
- *Work* (»Werken«, »Ge/werk/schaft«, »Hand/werk«): kunstvolle Handarbeit, Dienstleistung (»social worker«);
- *Profession*: Tätigkeit innerhalb eines anspruchsvollen, erlernten Berufs: meistens Wissensarbeit (»Professor«), Kopfarbeit, Expertentätigkeit, professionelle Dienstleistung;
- *Job*: Gelegenheitsarbeit, um Geld zu verdienen.

Facharbeit, wie wir sie verstehen, ist dann sach- und fachgerechte Tätigkeit von »work« bis »profession«. Die Arbeit von Professionellen mit niedrigem Status, wie etwa Sozialarbeiter/innen, Erzieher/innen, Hebammen, wäre dann als kunstvolles, das heißt kenntnisreiches Handwerk zu verstehen. Die Arbeit von Professionellen mit hohem Status, wie etwa Wissenschaftler/innen, Jurist/innen, Ärzt/innen oder Unternehmensberater/innen, wäre die Tätigkeit von Expert/innen. Diese Differenz ist im Coaching zu beachten.

Die zweite Zielgruppe des Coachings sind die Führungskräfte. Sie sollen Menschen dazu bewegen, so koordiniert zu arbeiten, dass der vereinbarte Zweck auch erreicht wird. Sie sollen also die Arbeit nicht selbst machen: Das sollen andere. Führen ist somit nicht selbst arbeiten, sondern andere zur Arbeit anhalten. Und doch sind die meisten Führungskräfte abhängig beschäftigt, gehen also einer Erwerbsarbeit nach. Das gilt für Manager, für Behördenleiter wie für Leiter einer Arbeitsgruppe. Führung wird aber auch ausgeübt von ehrenamtlich tätigen Vorstandsmitgliedern eines gemeinnützigen Vereins (Beher et al., 2007). Führungstätigkeit kann also nur insofern als Arbeit bezeichnet werden, als sie zweckorientiertes Handeln ist. Führungskräfte verstehen sich somit nicht als Arbeiter, sondern als Steuerleute, als Beweger, als Koordinierer von anderen aus einer vorgesetzten Position heraus. Konstitutiv für ihre Tätigkeit ist somit die Differenz zu den eigentlich Arbeitenden. Das macht auch im Coaching einen Unterschied.

Führungskräfte sind aber nicht nur in der Arbeitswelt tätig. Auch in der Politik oder in geistigen bzw. geistlichen Angelegenheiten wird gern Führung übernommen. Handelt es sich bei diesen »Führungspersönlichkeiten« (»leader«) um Charismatiker oder gar narzisstische Selbstdarsteller, sind sie kaum beratbar (Schreyögg, 1996). Nur Führungskräfte, die ihr Tun als eine professionelle Tätigkeit verstehen, welche ein bestimmtes Wissen und Können verlangt, ja nur mit einer menschenfreundlichen Haltung ausgeübt werden kann, könnten Coaching mit Gewinn nachfragen (Buer, 2002).

Ohne die »Arbeit« von Fach- und Führungskräften gelänge die Reproduktion unserer modernen Gesellschaften nicht. Sie alle üben »Regierungskünste« (Foucault, 2004; → 7.4) aus, nicht nur in Arbeitswelten, sondern auch in der Politik und im Geistesleben. Dabei agieren sie zwischen Fremdsteuerung (Herrschaft) und Anleitung zur Selbststeuerung (Selbstbeherrschung).

1.3.2 Arbeit als qualifizierende Eigenreproduktion

Anspruchsvolle Arbeit verschafft soziales Ansehen. Damit sind aber auch generell viele bedeutsame Kontakte in der Arbeitswelt, zumeist auch in der Öffentlichkeit verbunden. Hohes Einkommen, das allerdings auch aus sonstigem Vermögen stammen kann, ermöglicht zudem eine Teilhabe am gesellschaftlichen

Leben. Das alles trifft auf hoch professionalisierte Fachkräfte wie auf mittlere und höhere Führungskräfte zu. Deshalb kann ein längerer Verlust eines solchen Arbeitsplatzes eine Identitätskrise nach sich ziehen.

Wegen der Bedeutung dieser Tätigkeiten für eine angemessene Reproduktion der Gesellschaft lastet auf diesen Bevölkerungsgruppen ein hoher Druck, ihre Aufgaben effektiv und effizient durchzuführen. Sie dürfen sich keine Fehler erlauben; denn diese hätten erhebliche Folgen für viele Menschen. Auf der anderen Seite wird ihnen aber auch ein gewisser Spielraum zugestanden. Als Professionelle wie als Führungskräfte können nur sie in der konkreten Situation letztlich entscheiden, was das Richtige ist. Aus dieser relativen Autonomieposition heraus können sie ihren Arbeits- bzw. Führungsstil nach ihrem Gustus gestalten. Daraus kann sich ein bestimmter Habitus ergeben, der in einem kunstvoll gestalteten Lebensstil auf Dauer gestellt wird (→ 7.4, → 9.4). Dieser Habitus verlangt aber eine stete Arbeit an sich selbst: Die einmal erworbene Bildung muss immer wieder erneuert und vor allem ständig inkorporiert werden (→ 8.). Diese Tätigkeiten ermöglichen also die Ausbildung der eigenen Talente und die Realisierung eigener Interessen. Insofern bieten gerade diese Tätigkeiten die Chance auf gute, sinnvolle Arbeit. Schon deshalb sind sie für viele Menschen erstrebenswert.

Eine gute, sinnvolle Arbeit muss also ermöglichen, eigene Talente verantwortungsvoll einzusetzen und weiterzuentwickeln in einer zweckorientierten Tätigkeit, die den Arbeitenden selbst und andere glücklich macht. Dann ist sie ein zentraler Beitrag zur Sinnproduktion: Arbeit wird somit extrinsisch als sinnvoll angesehen, wenn

- ihr von den von ihr direkt Betroffenen Nützlichkeit bescheinigt wird,
- die jeweiligen Arbeitgeber sie angemessen bezahlen,
- die Gesellschaft den Ausführenden einen angemessenen Status zuweist.

Intrinsisch wird sie vom Arbeitenden selbst als sinnvoll angesehen, wenn sie mit Empfindungen niedriger (»Spaß an der Arbeit«) oder höherer (»Mission« → 2.3.1) Lust verbunden ist.

Der Gegensatz zur Arbeitszeit wäre nur dann die Freizeit, wenn sie von zweckbestimmten Aktivitäten frei wäre (→ 8.3.1). Ein tatsächlicher Gegensatz jedoch ist die Zeit der Muße (Röttgers, 2007). Hier kann man sich zweckfrei dem Spiel, den Kontakten, dem Nachdenken und Nachsinnen widmen. Nicht umsonst wird angesichts einer überhand nehmenden Geschäftigkeit schon immer das »Lob des Müßiggangs« gesungen (z. B. Russell, 2003). Die Arbeit generell, aber vor allem die Arbeit von Fach- und Führungskräften sollte immer auch Mußeelemente enthalten, damit durch Entschleunigung Zeit zur Besinnung und Besonnenheit möglich bleibt (vgl. Heintel, 1999). Erst dann lässt sich das Eintauchen in die Arbeit auch als Glück erleben (→ 5.4.2).

1.4 Gesellschaftliche Trends in der Spätmoderne

Nun sind auch die Tätigkeiten von Fach- und Führungskräften in Europa globalen wie innereuropäischen Trends unterworfen (Opaschowski, 2002; Schulze, 2003). Nach dem Ende des »Goldenen Zeitalters« in den 80er Jahren des letzten Jahrhunderts (Hobsbawm, 1999) war die Soziologie gefordert, neue Gesellschaftsbilder zu entwerfen (Kneer, Nassehi u. Schroer, 2000): Nach wie vor lässt sich aber von einer postindustriellen oder einer funktional differenzierten Gesellschaft sprechen. Die Betonung spezifischer Phänomene hat jedoch auch eine Reihe neuartiger Ansichten hervorgebracht: Es ist die Rede von der »Risikogesellschaft« (Beck, 1986), der »Multioptionsgesellschaft« (Gross, 1994), der »beschleunigten Gesellschaft« (Glotz, 1999) oder der »Erlebnisgesellschaft« (Schulze, 2005). Die Sozialphilosophie spricht darüber hinaus von »Postmoderne« (Zima, 2001) oder von »Flüchtiger Moderne« (Bauman, 2003).

Sennett (1998) sieht eine neue Kultur des Kapitalismus heraufziehen, die bisher feste Charakterstrukturen durch die neuen Arbeitsverhältnisse flexibilisiert, wenn nicht gar auflöst. Damit wird jeder, der sich in die Arbeitswelt begibt, zum »Arbeitskraftunternehmer«, der sich selbst ständig neu qualifizieren und vermarkten muss (Pongratz u. Voß, 2003; Pongratz, 2004). Das hat Auswirkungen auf die Tätigkeiten der professionellen Fachkräfte wie der Führungskräfte (Baethke, Denkinger u. Kadritzke, 1995; Faust, Jauch u. Notz, 2000). Es lassen sich somit folgende generelle Trends feststellen:

- Vermischung von Arbeit und Führung: Arbeitstätigkeit umfasst auch Selbstführung, Führung als Manager ist auch Erwerbsarbeit.
- Die Zahl der Vollzeitarbeitsplätze nimmt ab, Teilzeitarbeit nimmt zu.
- Zeiten der Beschäftigung wechseln häufiger mit Zeiten der Arbeitslosigkeit und der Weiterqualifizierung ab.
- Der ökonomische Status der Arbeitenden variiert häufiger zwischen abhängiger Beschäftigung, Selbstständigkeit und Unternehmertum.
- Gerade bei vollzeitbeschäftigten Fach- und Führungskräften mit höherem Status findet das Leben zunehmend nur noch in der Arbeitswelt statt.
- Immer weniger Muße: Für die Arbeitenden gibt es immer weniger Freizeit bei immer stressigeren Tätigkeiten. Die Arbeitslosen verfügen zwar über viel Freizeit, haben aber auch keine Muße, da sie unter sozialem Druck stehen.
- Mit dem häufiger werdenden Wechsel der Tätigkeiten werden die Berufsausbildungen immer weniger prägend. Das führt zu einer Entberuflichung.
- Mit dem Vordringen ökonomischer Denkweisen wird die spezifische Handlungslogik der Professionellen eingeschränkt bis ausgehöhlt. Das führt zu einer Deprofessionalisierung.
- Andererseits streben viele Berufe eine Professionalisierung an, um gesellschaftlich besser anerkannt und ökonomisch besser aufgestellt zu sein.

- Um die Schwächen des Ersten (Wirtschaft) und des Zweiten (Staat) Sektors zu kompensieren, findet ein Ausbau des Dritten Sektors (Nonprofit-Organisationen) statt.
- Die Differenz zwischen reich und arm nimmt zu.
- Die Differenz zwischen Mächtigen und Ohnmächtigen nimmt zu.

1.5 Über die besondere Verantwortung von Fach- und Führungskräften für die Ausrichtung der gesellschaftlichen Entwicklung

Nun gehören sicher die höheren Führungskräfte in Wirtschaft, Politik, Öffentlicher Verwaltung und Justiz zu den Machteliten in unserer Gesellschaft (Wasner, 2004; Hartmann, 2007). Die Führungskräfte in den unteren Etagen dieser Sektoren wie die Leitungskräfte in anderen Bereichen wie Wissenschaft, Medien oder gar in gemeinnützigen Organisationen (Beher et al., 2007) haben dagegen viel weniger Einfluss auf gesamtgesellschaftliche Entwicklungen. Und doch funktionierten die Arbeitsorganisationen in allen diesen Sektoren nicht, wenn nicht die Führungskräfte die Arbeit zielführend steuern würden. Viel Leerlauf und viele Fehlentwicklungen hängen eben damit zusammen, dass zwar oben richtige Entscheidungen gefällt, diese aber unten nicht angemessen umgesetzt werden. Hier liegt das Machtpotenzial aller Führungskräfte.

Auch einzelne Führungskräfte können erheblichen Schaden anrichten, wenn sie an wichtigen Stellschrauben drehen können. Umgekehrt können sie nicht nur dafür sorgen, dass »ihre Untergebenen« die notwendigen Aufgaben korrekt erledigen. Sie können auch die Kultur einer Organisation menschenfreundlicher machen und sogar Einfluss auf eine »integre Unternehmensführung« (→ 10) nehmen: Die Güter und Dienstleistungen der Unternehmen könnten »lebensdienlicher« werden. Die Politik könnte demokratischer werden. Die Öffentliche Verwaltung könnte bürgernäher werden. Die Justiz könnte arbeitnehmer- und verbraucherfreundlichere Urteile fällen. Und die Vermögenden könnten einen Teil ihres Reichtums für die Humanisierung der Gesellschaft zur Verfügung stellen (Druyen, 2007).

Zu den Eliten gehören aber auch die Experten, von deren Expertisen die Machteliten in der Beurteilung eines Sachverhalts abhängig sind. Ebenso die Professionen, die für das persönliche Wohl der Machteliten zu sorgen haben. Ohne Expertisen und ohne Gewährleistung von Gesundheit, Bildung, Rechtssicherheit, Lebensorientierung kann die Lebensqualität einer modernen Gesellschaft eben nicht sichergestellt werden. Hier liegt das Machtpotenzial aller Professionen.

Führungskräfte müssen aber eine Vorstellung davon haben, wie eine humane Gesellschaft aussehen sollte, um gesellschaftsrelevante Richtungsentscheidungen überhaupt bewerten zu können. Und Professionelle müssen eine Idee von Lebensqualität haben, um ihrer Arbeit mit ihren Klient/innen überhaupt eine sinnvolle Orientierung geben zu können. Gerade weil die großen Ideologien und Gesellschaftsutopien in der Postmoderne ausgedient haben, gilt es, an bestimmten Prinzipien des gesellschaftlichen Zusammenlebens festzuhalten. Wir halten folgende Entwürfe für besonders bedenkenswert:
- *glückliche Gesellschaft* in der Tradition des utilitaristischer Liberalismus (Layard, 2005);
- *demokratische Gesellschaft* in der Tradition des Pragmatismus (Dewey, 1996; Joas, 2000; Hartmann, 2003; Jörke, 2003);
- *Verantwortungsgesellschaft* in der Tradition des Kommunitarismus (Etzioni, 1997);
- *Bürgergesellschaft* in der Tradition eines republikanischen Liberalismus (Ulrich, 2005).

Führungskräfte tragen die Verantwortung dafür, ob sie ihre Machtposition nutzen, die Gesellschaft in diese Richtung voranzubringen (Gardner, 1997; Nair, 1997; Owen, 2001; Schwarz, 2002). Professionelle tragen die Verantwortung dafür, ob sie ihr spezielles Vermögen zur Gewährleistung einer angemessenen Lebensqualität für alle einsetzen (→ 6.6.2). Und Coaches tragen die Verantwortung dafür, sie dabei nachhaltig zu unterstützen (Göhlich, König u. Schwarzer, 2007).

1.6 Unser Verständnis von Life-Coaching

Im Gegensatz zur Verengung des Coachings im »business coaching« auf »Geschäftsleute« wenden wir uns auch an Adressaten jenseits des »business«, also auch an Mitarbeiter in Nonprofit-Organisationen und in staatlichen Stellen und deren sozialen Einrichtungen, ebenso an ehrenamtlich Tätige (in Fach- und Führungsfunktionen). Im Gegensatz zur Verengung des Coachings im »executive coaching« auf Führungskräfte wenden wir uns auch an Fachkräfte, speziell an »professionelle Beziehungsarbeiter«.

Life-Coaching betrachtet im Gegensatz zum üblichen Coaching den Adressaten nicht nur als Rollenträger im Rahmen einer Arbeitsorganisation oder eines freien Berufs. Es betrachtet den *ganzen Menschen* und situiert die eingebrachten Arbeitsthemen in dessen *gesamten Lebenszusammenhang* (horizontale Amplifikation). Es sieht hinter den eingebrachten Themen *existenzielle persönliche Fragen der Lebensführung* (vertikale Amplifikation): Der Sinn der

Arbeit kann nur geklärt werden, wenn der Sinn des Lebens bedacht wurde. Erst vor diesem Hintergrund kann der Sinn der konkreten Arbeitstätigkeit bestimmt werden. Glück in der Arbeit muss eingebettet sein in ein glückendes Leben. Verantwortung für die Arbeit kann ich nur übernehmen, wenn ich mich (auch sonst) als einen verantwortungsvollen Menschen betrachte. Es geht bei der Gestaltung der Arbeit immer auch um eine Einbettung in einen »ästhetischen«, das heißt bejahenswerten, schönen Lebensstil.

Life-Coaching ist also ein Konzept, das *jeglichem Coaching* eine existenzielle Dimension gibt. Es zerreißt den Menschen nicht in Person und Rolle, sondern will die Rollenentwicklung mit der Personwerdung (Persönlichkeitsentwicklung) verbunden wissen: Wenn ich alle meine Talente entwickeln will, dann muss ich mich fragen, ob das allein in und durch Arbeit geschehen soll oder auch durch Spiel, Interaktion oder Kontemplation. Und wenn durch Arbeit: Wie muss dann die Arbeit beschaffen sein, damit sie mich nicht entfremdet, verdinglicht, instrumentalisiert, sondern »Mensch werden« lässt? Es geht ums Ganze gegen jegliche Fragmentierung.

Life-Coaching kann aber auch als eine *spezielle Variante des Coachings* verstanden werden. Dann sind existenzielle Fragen von Fach- und Führungskräften Anlass. »Meine Arbeit ist sinnlos, macht mich unglücklich: Was kann ich tun? Ich kann die Verantwortung nicht mehr tragen: Was jetzt? Ich kann meine Arbeits- und Lebensweise nicht mehr durchhalten: Ich brenne aus, werde depressiv, werde süchtig, bin suizidgefährdet. Wie muss ich mein Leben (und Arbeiten) neu gestalten? Welcher Lebensstil ist mir angemessen, überfordert mich nicht, macht mich glücklich?«

Mit unserem Konzept von Life-Coaching soll somit eine ermutigende Perspektive eröffnet werden. Deshalb haben wir uns in unserem Entwurf für eine optimistische Sicht entschieden. Diese Sicht soll motivieren, nach diesem Entwurf auch zu handeln. Diese Praxis soll aber als *Experiment* angelegt sein. Positive Erfahrungen sollen diese Sicht verstärken, negative sollen Korrekturen veranlassen. Allerdings sollen kritische Sichtweisen keineswegs weggelassen werden. Sie sollen auf die Gefahren aufmerksam machen. Zentral aber sollen die Sichtweisen sein, die weiterführende Wege aufzeigen. Es geht also um Orientierungswissen. Wir müssen uns daher nicht mit der gesamten einschlägigen Literatur beschäftigen, wie das in der Wissenschaft erforderlich ist, sondern nur mit der weiterführenden und mit der warnenden. Folgende theoretische Hintergründe waren uns bei unserer Konzipierung wichtig:

- Antike Philosophie: vor allem Aristoteles (Eudämonismus) und Epikur (Hedonismus) (→ 5.2);
- Angelsächsische Philosophie: vor allem David Hume und Adam Smith (Moralphilosophie, → 5.2.3), Jeremy Bentham und John Stuart Mill (Utilitarismus, → 6.4.2);

- Lebensphilosophie (Bollnow, 1958; Fellmann, 1993): vor allem Arthur Schopenhauer (Safranski, 1987) (→ 5.2.4);
- Dialogische Philosophie: vor allem Martin Buber (Friedman, 1999) und Emmanuel Lévinas (→ 6.4, → 9.3);
- Existenz-Philosophie: vor allem Albert Camus (Bronner, 2002; → 4.2, → 5.2);
- Kritische Theorie: vor allem Theodor W. Adorno (→ 4.2.1), Max Horkheimer und Herbert Marcuse (Wiggershaus, 1988; → 5.2.4);
- Philosophische Anthropologie: vor allem Tzvetan Todorov (1996) und Gernot Böhme (1985);
- Philosophie der Postmoderne: Richard Sennett (1998), Zygmunt Bauman (2003), Gerhard Schulze (2004) und Peter V. Zima (2001);
- Symbolischer Interaktionismus (Joas, 1989, 1992);
- Psychotherapie: vor allem Alfred Adler (→ 12), Jakob L. Moreno (→ 11), Viktor Frankl (→ 14), Irvin D. Yalom (1989), Albert Ellis (→ 13) und Carl Rogers (1988) (Friedman, 1987; → 4.5.1, → 8.1);
- Pragmatismus (Nagl, 1998; Buer, 2007d; Shusterman, 2001; Diaz-Bone u. Schubert, 1996; Pape, 2002): vor allem William James und John Dewey (→ 4.3, → 6.4.3, → 7.1.3);
- Kommunitarismus (Reese-Schäfer, 1994, 1997): vor allem Amitai Etzioni (1997);
- Konstruktivismus: vor allem Peter L. Berger und Thomas Luckmann (1966/1980), Francisco J. Varela (1992) und Siegfried J. Schmidt (2003);
- Organisationskultur: vor allem Edgar H. Schein (1995) und Siegfried J. Schmidt (2005);
- Positive Psychologie (Auhagen, 2004): vor allem Martin E. P. Seligman und Michaly Csikszentmihalyi (→ 5.4, → 8.3.2);
- Philosophie der Lebenskunst (Kersting u. Langbehn, 2007): vor allem Michel Foucault, Wilhelm Schmid und André Comte-Sponville (→ 7.2, → 8.1).

Vor diesem theoretischen Hintergrund halten wir folgende anthropologischen Aussagen über die Menschen in den heutigen, westlichen Kulturen für bedenkenswert:

- Der Mensch tritt als *Mann* und als *Frau* auf. Alle Aussagen sind auf diese Differenz hin zu prüfen.
- Der Mensch ist *Produkt* und zugleich *Gestalter* seiner *Lebenswelten/Interaktionsräume*. Damit grenzen wir uns ab von jeglichem Funktionalismus, Strukturalismus oder Instrumentalismus.
- Der Mensch braucht bei seinem Tun ein *Erleben von Sinn*, das sowohl subjektiv als auch intersubjektiv bzw. kollektiv geprägt ist.
- Der Mensch lebt in *Institutionen*, die ihm Sicherheit bieten, ihn aber auch bedrohen können.

- Der Mensch ist gegenwärtig in eine Situation gestellt, die durch *Herrschaftsverhältnisse* bestimmt ist.
- Der Mensch ist zur *Freiheit* gerufen: Er muss autonom sein Leben entwerfen.
- Der Mensch muss auf Herausforderungen *authentisch Antwort* geben.
- Der Mensch strebt danach, *über sich hinaus* zu gehen.
- Der Mensch hat die *Kraft* dazu, wenn er *Vertrauen* in den *Lebensprozess* entwickelt.
- Der Mensch kann seinen Weg durch *Besinnung* auf seine *»wahren« Wünsche und Aufgaben* und durch die *Reflexion sinnlicher Praxiserfahrungen* in *Korrespondenz mit bedeutsamen Anderen* finden.

1.7 Die Absicht des Buches und seine Wissensarchitektur

Wir verbinden mit diesem Werk folgende Absicht: Coaches (und andere Berater/innen, Supervisor/innen, Psychotherapeut/innen, Trainer/innen, Weiterbildungsdozent/innen) sollen ihren Blick für existenzielle Dimensionen des Coachingprozesses erweitern und Anregungen bekommen, wie sie diese Dimensionen nicht abwehren, sondern aufgreifen können. Denn so bekommt die Arbeit eine Tiefendimension, die existenzielle Kräfte anspricht und existenziell bedeutsame Lösungen aufsteigen lässt: Sinnsuche, Glücksstreben, Bereitschaft zur Verantwortungsübernahme sehen wir als Potenziale, die auszuschöpfen das Leben erst lebenswert macht. Zu diesem Zweck haben wir folgende Wissensarchitektur gewählt:

In *Teil I* befassen wir uns deskriptiv mit den zentralen Adressaten des Coachings, den professionellen Beziehungsarbeiter/innen und den Führungskräften. Sie sind heute mehrheitlich auf der Suche nach Orientierung angesichts anhaltender Verunsicherung. In *Teil II* skizzieren wir die zentralen Themen des Life-Coachings: Sinn, Glück, Verantwortung und Lebensstil als zentrale Topoi der Orientierung. In *Teil III* befassen wir uns mit der konkreten Bedeutung dieser Themen für den Umgang der Fach- und Führungskräfte mit sich und Anderen in Arbeit und Leben. *Teil IV* soll an ausgewählten Beispielen zeigen, wie im Sinne unseres Konzepts im Format des Coachings konkret mit existenziellen Themen gearbeitet werden kann. Wenn wir hier Vertreter bestimmter Verfahren ausgesucht haben, dann weil wir glauben, dass diese elaborierten Verfahren zusätzliches Wissen einbringen können, das weder die Wissenschaften, noch die Philosophie bereitstellen können (Buer, 2007a, 2007b, 2007c). Selbstverständlich kann es nicht darum gehen, diesen Verfahren einen Führungsanspruch zuzuschreiben. Jeder Coach muss sehen, was ihm und seinen Klient/innen tatsächlich hilft. Daher darf und muss er in eigener Verantwortung auswählen oder selbst andere Verfahren, Arrangements und Techniken hinzuziehen oder neu erfinden.

Am Schluss der einzelnen Kapitel aus den Teilen I bis III haben wir die Erträge noch einmal knapp zusammengefasst. Wir wollen und können dadurch nicht vorschreiben, was wichtig ist. Das muss jede/r Leser/in selbst entscheiden. Wir wollen aber bestimmte Erkenntnisse, die wir gewonnen haben und für die wir die Verantwortung tragen, noch einmal unterstreichen. Die Literaturangaben in den Texten beziehen sich auf das Literaturverzeichnis am Ende unseres Buches. Am Schluss eines jeden Kapitels macht der Verfasser oder die Verfasserin aber auf Literatur aufmerksam, die für die Gewinnung der Erkenntnisse im jeweiligen Beitrag besonders wichtig war und die für eine vertiefende Lektüre empfohlen werden kann.

Die Adressaten des Coachings nennen wir in unserem Buch »Klient/innen«. Wir schließen uns damit der Sprachregelung an, die der Deutsche Bundesverband Coaching (2007, S. 18) vorgeschlagen hat. Wir wollen damit die Verbreitung weiterer Kunstwörter wie »Gecoachte« oder »Coachees« vermeiden. Dass mit »Klient/innen« nicht »Patient/innen« gemeint sind, dürfte ohnehin klar sein.

Literatur zur gegenwärtigen gesellschaftlichen Lage im Westen

Bauman, Z. (2003). Flüchtige Moderne. Frankfurt a. M.: Suhrkamp.

Berger, P. L., Luckmann, T. (1966/1980). Die gesellschaftliche Konstruktion der Wirklichkeit. Eine Theorie der Wissenssoziologie. Frankfurt a. M.: Fischer.

Eickelpasch, R., Rademacher, C. (2004). Identität. Bielefeld: transcript.

Etzioni, A. (1997). Die Verantwortungsgesellschaft. Individualismus und Moral in der heutigen Demokratie. Frankfurt a. M.: Campus.

Hobsbawm, E. (1999). Das Zeitalter der Extreme. Weltgeschichte des 20. Jahrhunderts (2. Aufl.). München: dtv.

Jörke, D. (2003). Demokratie und Erfahrung. John Dewey und die politische Philosophie der Gegenwart. Opladen: Westdeutscher Verlag.

Layard, R. (2005). Die glückliche Gesellschaft. Kurswechsel für Politik und Wirtschaft. Frankfurt a. M.: Campus.

Schulze, G. (2004). Die beste aller Welten. Wohin bewegt sich die Gesellschaft im 21. Jahrhundert? Frankfurt a. M.: Fischer.

Sennett, R. (1998). Der flexible Mensch. Die Kultur des neuen Kapitalismus. Berlin: Büchergilde Gutenberg.

Ulrich, P. (2005). Zivilisierte Marktwirtschaft (2. Aufl.). Freiburg: Herder.

Zima, P. V. (2001). Moderne / Postmoderne. Gesellschaft, Philosophie, Literatur (2. überarb. Aufl.). Tübingen: Francke.

Teil I: Zur Lage der Fach- und Führungskräfte heute

In Teil I unseres Buches werfen wir zunächst einen Blick auf die generelle Situation der Adressaten des Life-Coachings. Wir wollen hiermit Ihre Wahrnehmung auf die spezifischen Konfliktfelder mit ihren jeweiligen Widersprüchen und spezifischen Belastungen lenken. Diese müssen Coaches hinreichend verstehen können, damit sie überhaupt in der Lage sind, sich in ihre Klient/innen einzufühlen und sie zu erreichen. Entsprechend der Unterscheidung der beiden Hauptgruppen von Adressaten des Coachings, nämlich professionellen Fachkräften und Führungskräften, fokussieren die beiden folgenden Kapitel:
– die Lage der professionellen Beziehungsarbeiter (Buer)
– die Lage der Führungskräfte (Schreyögg).

Die beiden Kapitel von Teil I skizzieren einige der Hauptthemen, die den Ausgangspunkt von Beratungsprozessen darstellen können. Gemeinsamer Nenner in der Tätigkeit von Führungskräften und professionellen Fachkräften ist der Bezug auf andere Menschen, die sie in ihrer Arbeit und durch sie erreichen sollen und für die sie eine (Mit-)Verantwortung tragen. Dies bedeutet zum Beispiel, dass sie – im Unterschied zu technischen Experten, für die der kompetente Sachbezug die maßgebende Perspektive ist – darüber hinaus immer auch eine zwischenmenschliche Perspektive beachten müssen. Eben diese ist mit ihren vielfältigen Widersprüchen und Paradoxien nun sehr häufig eine Quelle von spezifischen Belastungen und Konflikten, die sich auch nicht wie bei technischen Fragestellungen eindeutig lösen oder überwinden lassen. Denn die Professionalität von Fach- und Führungskräften besteht insbesondere in der Fähigkeit, unterschiedliche und teilweise gegensätzliche Logiken (Professionslogik, Bürokratielogik, Unternehmenslogik, Politiklogik) miteinander in Verbindung zu bringen.

Neben diesen Grundthemen professionellen und leitenden Handelns sind außerdem die neueren Entwicklungen in der Arbeitswelt zu berücksichtigen, durch die vielfach ein Verlust von traditionellen Sicherheiten verursacht ist. Auf vielen Ebenen und in verschiedenen Dimensionen finden Veränderungen statt, in den Arbeitsweisen, in den Organisationsstrukturen, in der Art der Bindung an eine Firma bzw. an eine Organisation, verstärkt durch die zunehmende internationale Verflechtung der Wirtschaft – die Herausforderungen an den »flexiblen Menschen« als »Arbeitskraftunternehmer« haben ziemlich neue Dimensionen angenommen. Diese Thematik wird insbesondere unter dem

Label »Postmoderne« diskutiert. Danach verlangt die fortschreitende Individualisierung der beruflichen Biographien neue Rollenmuster für Fach- und Führungskräfte, und für viele von ihnen entsteht der Druck, sich im Hinblick auf ihre berufliche Identität laufend neu zu positionieren.

Diese Entwicklungen hinreichend zu kennen und ihre Bedingungen verstehen zu lernen, ist eine Voraussetzung dafür, dass Coaches in der Arbeit mit ihren Klient/innen tragfähige Lösungsperspektiven entwickeln können. Man kann durchaus sagen, dass die Entwicklung des Coachings in den modernen Arbeitswelten einerseits eine Reaktion auf die dadurch entstandenen Verunsicherungen darstellen, dass andererseits das Coaching selbst die Funktion eines Katalysators im Hinblick auf gesellschaftliche Innovationen innehaben kann, das heißt, dass Coaches in der Auseinandersetzung mit gesellschaftlichen, wirtschaftlichen und organisatorischen Veränderungen Innovationen zu unterstützen haben. Damit aber das Coaching nicht lediglich die Bedeutung einer Anpassung an veränderte äußere Bedingungen im Sinne eines besseren Funktionierens bekommt, erscheint uns die Perspektive eines Life-Coachings umso wichtiger, in welchem auch die Einbettung der berufsbezogenen Themen in die übergreifende Fragestellung nach einem gelingenden Leben stattfinden kann.

2 Die Lage der professionellen Beziehungsarbeiter

Ferdinand Buer

Life-Coaching wendet sich nicht nur an Führungskräfte, sondern auch an alle »professionellen Beziehungsarbeiter«. Was ich darunter verstehe und warum sie Life-Coaching benötigen, soll im Folgenden aufgezeigt werden.

2.1 Was ist professionelle Beziehungsarbeit?

In unserer Gesellschaft haben sich in den letzten 100 Jahren Berufe herausgebildet, die besondere Aufgaben zu erledigen haben, damit die Gesellschaft so »funktioniert«, dass die Lebensqualität möglichst aller Mitglieder garantiert ist: die Professionen (→ 1.3). Sie kümmern sich um Belange, die nur in persönlichem Kontakt zu den einzelnen Gesellschaftsmitgliedern angegangen werden können: um Fragen der Gesundheit, der Rechtssicherheit, der Lebensorientierung, der Bildung. All das ist für das Wohl des Einzelnen wichtig, aber auch für das Gemeinwohl. Dabei können aber die Interessen von Individuum und Allgemeinheit im Widerspruch stehen. Zudem können diese Aufgaben immer nur konkret von Fall zu Fall angegangen werden. Die Arbeit dieser Berufe ist daher nicht routinemäßig zu erledigen. Und die Einflussmöglichkeiten bestehen lediglich darin, eine Vertrauensbeziehung zu etablieren, über die die Klienten zum Mitmachen gewonnen werden können. Professionelle müssen somit in der Lage sein, dieses Beziehungsgeflecht in jedem Fall so zu handhaben, dass individuelle wie gesellschaftliche Interessen je neu mit einem für beide Seiten annehmbaren Ergebnis ausbalanciert werden; sie ist also immer prekär und fragil. Das erfordert ein spezifisches Tätigkeitsprofil. Die Arbeit dieser professionellen Beziehungsarbeiter folgt somit einer spezifischen Logik, der *Professionslogik*. Diese lässt sich durch folgende Merkmale kennzeichnen:

- eine fachlich bzw. wissenschaftlich orientierte Ausbildung zu spezifischen Experten,
- eine Verbindung von relevantem allgemeinem fachlich/wissenschaftlichem Wissen mit einmaligem Erfahrungswissen für die Bearbeitung konkreter Fälle,
- die Fähigkeit, mit einmaligen Unsicherheiten und Risiken der Arbeit umzugehen,
- eine Haltung, die sich an fachlichen Standards und einem spezifischem Berufsethos orientiert,

- das Bewusstsein, diese schwierige Arbeit als Dienst am Gemeinwohl zu verstehen,
- die Erwartung, dafür von der Gesellschaft ein angemessenes Honorar (»Ehrensold«) zu erhalten.

Es handelt sich also um eine personenbezogene, immaterielle Dienstleistung (Bauer, 2001; Combe u. Helsper, 1997; Fabel u. Tiefel, 2004b; Klatetzki u. Tacke, 2005; Nittel, 2000; Pfadenhauer, 2003; 2005). Kernthema ist: Dienst am anderen. Dieses Bild professionellen Arbeitens hat sich zunächst an den klassischen Professionen wie Arzt, Jurist, Seelsorger orientiert, deren Anspruch durch die mächtigen Universitätsdisziplinen Medizin, Jurisprudenz und Theologie gestützt wurde (Stichweh, 2005). Heute jedoch wird die Autonomie dieser Berufe immer mehr durch die Durchökonomisierung der Sektoren, in denen sie tätig sind, eingeschränkt (Allert, 1998; Littek, Heisig u. Lane, 2005; Scott, 2005).

Auf der anderen Seite versuchen sich immer mehr Berufe als Professionen zu profilieren, um am Ansehen und Einkommen der klassischen Professionen zu partizipieren: Lehrer, Erwachsenenbildner, Psychotherapeuten, Sozialarbeiter, Erzieher, Altenpfleger, Hebammen, Supervisoren, Coaches usw. Man muss daher zwischen Professionalisierung und Professionsbildung unterscheiden (Meuser, 2005; Kühl, 2006): *Professionalisierung* bedeutet lediglich, die Tätigkeit an fachlich-berufsethischen Standards zu orientieren. Das wird in Fach- und Berufsverbänden organisiert und in die Märkte und die öffentlich/staatlichen Organe kommuniziert. Die Investition der Verbandsmitglieder in diese Arbeit soll sich dadurch auszahlen, dass nur deren Arbeit als qualifiziert angesehen und somit auch nur diese angefordert und honoriert wird. Ob damit auch eine *Professionsbildung*, also die Etablierung eines eigenständigen Berufs als Profession mit der Möglichkeit, davon angemessen leben zu können, erreicht wird, ist vielfach offen. Dazu müsste diese Tätigkeit als höchst gesellschaftsrelevant angesehen werden und staatlich sanktioniert sein.

Jedenfalls gibt es in unserer Gesellschaft Sektoren, in denen professionelle Beziehungsarbeiter eine große Rolle spielen. Oft sind sie durch Leitprofessionen geprägt. Allerdings hat die Beziehungsarbeit einiger Berufsgruppen in diesen Bereichen nur einen geringen Anteil:

- *Gesundheitssektor* (Leitprofession: Arzt): zum Beispiel Psychotherapeut (Frank, 1985; Yalom, 2002; Buer, 2007), Psychologe (Keupp u. Zaumseil, 1978; Schorr, 2003), Arzt (Dörner, 2003), Ergotherapeut, Logopäde, Kinderkrankenschwester, Pfleger, Hebamme, Sozialarbeiter, Heilpädagoge, MTA, PTA, Masseur, Apotheker (→ 6.5.3);
- *primärer Bildungssektor*: zum Beispiel Erzieher, Kindergärtnerin;

- *sekundärer Bildungssektor* (Leitprofession: Lehrer): zum Beispiel Lehrer (Terhart, 1997), Schulleiter, Beratungslehrer, Schulrat, Psychologe, Sozialarbeiter;
- *tertiärer Bildungssektor*: zum Beispiel Erwachsenenbildner (Nittel, 2000), Weiterbildner, Berufspädagoge, Trainer, Supervisor (Buer, 2004), Coach (Kühl, 2006; Schmidt-Lellek, 2006), Organisationsberater;
- *Justizsektor* (Leitprofession: Jurist): zum Beispiel Rechtsanwalt, Richter, Vollzugsbeamter, Gefängnisseelsorger, Polizist, Sozialtherapeut;
- *Sozialsektor:* zum Beispiel Sozialarbeiter (Schütze, 1997), Sozialpädagoge, Suchtberater, Psychologe, Erzieher, Pfleger (→ 6.5.2);
- *Wirtschaftssektor*: zum Beispiel Personalberater, Business Coach, Trainer, Organisationsberater (→ 6.5.1);
- *Wissenschaftssektor* (Leitprofession: Professor): zum Beispiel Professor, Assistent, Wissenschaftlicher Mitarbeiter (Klinkhammer, 2004; Enders u. Kaulisch, 2005; Schimank, 2005);
- *Pastoralsektor* (Leitprofession: Geistlicher): zum Beispiel Pfarrer (Karle, 2001), Pastoralreferent, Diakon, Gemeindehelfer.

All diese Berufe verrichten verantwortungsvolle Tätigkeiten (→ 1.5, → 6.6.2): Wenn sie misslingen, wird nicht nur den direkten Adressaten großer Schaden zugefügt, sondern auch der Gesellschaft, da die Adressaten dann nicht ihren vollen Beitrag zur Sicherung und Weiterentwicklung der Lebensqualität aller leisten können. Zudem bleiben sie selbst auf weitere Hilfen der Gesellschaft angewiesen.

2.2 Strukturprobleme professioneller Beziehungsarbeit

Professionelle Beziehungsarbeiter benötigen Sozialräume, in denen sie ungestört mit ihren Adressaten vertrauensvoll zusammen arbeiten können (Buer, 2004). Manche bieten diese Räume in eigenen Praxen an (z. B. niedergelassene Ärzte, Psychotherapeuten, Supervisoren, Hebammen, Logopäden, Masseure, Coaches, Weiterbildner, Rechtsanwälte). Manche schließen sich mit Kollegen zusammen zu Kanzleien, Sozietäten, Gemeinschaftspraxen, Praxisgemeinschaften oder institutionalisierten Netzen, um diversifizierte Angebote machen zu können. In diesen Praxen und Zusammenschlüssen können wiederum Professionelle mit niedrigerem Status zu Assistenzarbeiten angestellt werden. Diese Dienstleistungen können aber auch in einem Kleinunternehmen angeboten werden (z. B. Apotheke, Beratungsagentur, Gesundheitszentrum).

Oft jedoch prägen diese Professionen bestimmte Einrichtungen (z. B. Schulen, Hochschulen, Weiterbildungsinstitute, Kliniken, Beratungsstellen,

Consulting-Unternehmen, Bildungsstätten, Gesundheitsämter, Schulämter, Kindergärten, Pflegeheime). Diese Einrichtungen können staatlich oder kommerziell betrieben werden. Die meisten werden jedoch von Nonprofit-Organisationen getragen (Betzelt u. Bauer, 2000; Badelt, 2002).

Darüber hinaus gibt es in den meisten Unternehmen und Behörden Abteilungen für spezielle personenbezogene Dienstleistungen (z. B. Sozialdienst, Medizinischer Dienst; Weiterbildungszentrum). Daneben schließen sich viele Professionelle in spezifischen Fach- und/oder Berufsverbänden zusammen, die wiederum eine besondere Organisationsform darstellen. Je nach Kontext kann sich die Arbeit von Professionellen daher nicht nur nach der Professionslogik richten.

2.2.1 Professionslogik, Bürokratielogik, Unternehmenslogik, Politiklogik

Neben der oben skizzierten Professionslogik sind daher je nach Kontext auch andere Logiken in den Handlungsvollzügen zu berücksichtigen. Das sind vor allem:

- *Bürokratielogik*: Organisationsmitglieder, die Kontroll- und Serviceleistungen erbringen müssen, handeln nach der Bürokratielogik, wenn sie
  - über eine Verwaltungsausbildung verfügen,
  - dieses Wissen sach- und regelgerecht anwenden können,
  - sich dabei an Verfahrensgerechtigkeit orientieren,
  - dafür von der Organisation je nach Status bezahlt werden (»Alimentation«).

  Diese Logik prägt öffentliche Behörden bzw. Ämter, aber auch die Verwaltungen in großen Unternehmen wie in großen Einrichtungen des Nonprofit-Sektors. Die interne Kommunikation ist geprägt von verwaltungstechnischen Denk- und Schreibweisen. Kernthema ist: Ordnung.

- *Unternehmenslogik*: Organisationsmitglieder, die Güter bzw. Dienstleistungen für Kunden erbringen, handeln nach der Unternehmenslogik, wenn sie
  - über eine geeignete Ausbildung verfügen,
  - ihre Arbeitskraft effektiv und effizient für die Umsetzung des Auftrags einsetzen,
  - sich mit den Zielen des Unternehmens identifizieren,
  - dafür leistungsgerecht entlohnt werden.

  Diese Logik prägt alle Profit-Organisationen, insofern auch Nonprofit-Organisationen, da diese zwar keinen Gewinn erwirtschaften sollen, aber mit dem zur Verfügung stehenden Geld ökonomisch umgehen müssen (Schwarz,

2001). Die interne Kommunikation ist geprägt von betriebswirtschaftlichem Denken und Management-Rezeptologien. Kernthema ist: Gewinn.

- *Politiklogik*: Organisationsmitglieder, die gesellschaftliche Gruppen in ihrem Sinne (bzw. im Sinne derer, die sie vertreten,) beeinflussen wollen, handeln nach der Politiklogik, wenn sie
  - über politische Kenntnisse und Erfahrungen verfügen,
  - angemessene politische Ziele formulieren können,
  - zur Umsetzung pressure groups und Machtmittel aktivieren können,
  - politische Kampagnen organisieren und steuern können,
  - dafür eine solidarische Entschädigung erwarten dürfen.

  Diese Logik prägt alle Interessenvertretungsorganisationen wie Parteien, Gewerkschaften, Verbände, Nicht-Regierungs-Organisationen. Die interne Kommunikation ist durch politische Debatten geprägt. Kernthema ist: Macht.

Jede professionelle Tätigkeit muss irgendwie auch verwaltet und ökonomisch organisiert sein. Auch muss sich der Professionelle die Sozialräume, die er benötigt, politisch erkämpfen bzw. sichern. Er muss sich also, bei Strafe seines Untergangs, auch auf die Bürokratie-, die Unternehmens- und die Politiklogik einlassen. Er muss selbst davon für seine eigene Tätigkeit etwas nutzen. Er muss aber vor allem diese Logiken verstehen, wenn er in größeren Organisationen mit Menschen zusammenarbeitet, die danach handeln. Und er muss damit angemessen umgehen können. Viele Probleme von Professionellen ergeben sich dadurch, dass sie kein Verständnis für die anderen Logiken aufbringen, ja deren Berechtigung bestreiten. Das führt dann zu Missverständnissen, Grabenkämpfen bis hin zu gegenseitigen Blockierungen und Vernichtungsversuchen. Erst wenn die prinzipielle Berechtigung der vier Logiken von allen Seiten anerkannt wird, kann darüber verhandelt werden, wie stark ihr Einfluss jeweils in den verschiedenen Handlungsräumen der jeweiligen Organisation sein darf. Erst dann kann auch die Unverzichtbarkeit der Professionslogik für bestimmte Aufgaben einsichtig gemacht werden und Anerkennung finden. Hier liegt eine wichtige Aufgabe für Supervision und Coaching.

2.2.2 Hierarchie und Kollegialität

Professionelle müssen autonom im Umgang mit ihren Adressaten handeln können. Dieses Beziehungsgeflecht ist so komplex und fragil, dass jegliche Beeinflussung von außen als nicht hinnehmbare Störung angesehen werden muss. Das bringt aber auch eine gewisse Isolation mit sich. Hier liegen selbstverständlich Gefahren, wenn Professionelle in diesem abgeschotteten Raum unterhalb fachlich/ethischer Standards tätig sind, ja sogar ihre Klienten manipulieren (Buer, 2004). Daher ist ein Austausch über diese »Arbeit im Geheimen« notwendig. Dieser Austausch findet aber zunächst primär nur unter Kollegen statt: Weder fachfremde Berufstätige, noch Statusuntergebene, noch Statushöhere werden normalerweise in diese Gespräche einbezogen. So manche Konsultation ergibt sich daher zwischen Tür und Angel, in Pausen, in der Kantine oder bei gemeinsamen Freizeitaktivitäten. Diese informellen Beratungen sind wichtig und sollten von Coaches hoch geschätzt werden.

Formell werden diese Gespräche im Berufsalltag auf Kollegiumssitzungen, Teambesprechungen, Fachkonferenzen, Informationsveranstaltungen durch Kollegen. Externe Weiterbildung, externe Supervision, externes Coaching sind ebenfalls durch Kollegialität bestimmt. Die Kollegialität ist also das primäre Organisationsprinzip von Professionellen und hat gerade dann eine Zukunft, wenn möglichst eigenständig in flachen Hierarchien gearbeitet werden soll (Lazega, 2005; Klatetzki, 2005).

Schwieriger wird die Kommunikation, wenn neben den Kollegen auch Vorgesetzte oder Untergebene beteiligt sind, zum Beispiel bei Dienstbesprechungen, Meetings, internen Fortbildungen bzw. Tagungen, interner Supervision, internem Coaching, interner Mediation, internen Organisationsentwicklungsprojekten. Hier wird die egalitäre kollegiale Kommunikation mit der Hierarchie konfrontiert. Zumal wenn der Vorgesetzte nicht vom Fach ist, wird häufig von den Professionellen befürchtet, dass er fachfremde Maßstäbe anlegt und so die Arbeit nicht recht beurteilen kann.

Wenn die professionelle Arbeit nicht freiberuflich oder im eigenen Unternehmen stattfindet, also in einer größeren Einrichtung, einer Behörde, einem Unternehmen, einer Nonprofit-Organisation, muss sie in die Hierarchie dieser Organisation eingebunden sein. Hier ist der Vorgesetzte zumeist stärker darauf bedacht, dass auch die anderen Logiken berücksichtig werden. Und er muss das auch bei Uneinsichtigkeit der Professionellen durchsetzen. Ebenso müssen die Professionellen auf der Anerkennung ihrer Professionalität durch den Vorgesetzten bestehen. Hier ergeben sich viele Konflikte, weil die Berechtigung beider Prinzipien, also von Kollegialität und Hierarchie, nicht von beiden Seiten anerkannt wird. Auch hier liegt eine wichtige Aufgabe von Supervision und Coaching (Buer, 2006).

Aus dieser Spannung zwischen Hierarchie- und Kollegialitätsprinzip erklärt sich auch, dass viele Professionelle nur ungern Führungsaufgaben übernehmen. Gerade in professionell geprägten Einrichtungen werden aber in aller Regel immer noch Professionelle zu Leitern gemacht. Häufig müssen sie auch noch neben der Leitungstätigkeit professionelle Tätigkeiten als Fachkraft durchführen. Da die untergebenen Fachkräfte dann diese Leiter gern in ihre egalitäre Kollegialität einbinden wollen, ergibt sich hier oft ein massiver Rollenkonflikt für den Leiter. Er muss nämlich die Kollegen nicht nur als Kollegen, sondern auch als Untergebene behandeln. Und die Kollegen müssen lernen, sich führen zu lassen. Damit das gelingt, ist Supervision und Coaching gefragt, nicht nur für die Führungskräfte, sondern auch für die Fachkräfte.

2.2.3 Dilemmata professionellen Handelns

Professionelles Handeln ist strukturell durch sich ausschließende Antinomien gekennzeichnet (Schütze, 1997; Jung-Strauß, 2000; Buer, 2004), etwa durch:

- *Identifikation* versus *Differenz*: Der Beziehungsarbeiter muss sich mit dem Adressaten identifizieren, um dessen Lage, dessen Interessen, dessen Problematik erkennen und erspüren zu können. Er muss sich aber auch von ihm unterscheiden, um nicht vereinnahmt zu werden und noch eine fachliche Einschätzung geben zu können.
- *Engagement* versus *Gleichgültigkeit*: Um die Mitarbeit des Adressaten zu gewinnen, muss er sich mit ihm verbünden und sich für ihn einsetzen. Auf der anderen Seite verdient er mit dieser Arbeit sein Geld. Ob das nun mit diesem oder jenem Adressaten geschieht, kann ihm gleichgültig sein.
- *Mitmachen* versus *Abgrenzung*: Er muss also ein Stück am Leben seiner Adressaten teilnehmen. Um sich jedoch selbst nicht zu überfordern und auszubrennen, muss er sich aber auch genügend abgrenzen und seine Adressaten gegebenenfalls im Stich lassen.
- *Unterstützung* versus *Kontrolle*: Wenn er für eine Organisation tätig ist, muss er die Unterstützung seiner Adressaten immer auch mit Kontrolle verbinden: Sein Einsatz muss sich rechnen (Effizienz) und in irgendeiner Weise das Ziel der Anpassung an gesellschaftlich akzeptierte Normen verfolgen (Effektivität).
- *Vertrauensvorschuss* versus *Skepsis*: Er muss eine Verbesserung der Lage des Adressaten für möglich halten und darauf vertrauen, dass er Kräfte entwickelt, an dieser Verbesserung mitzuarbeiten und sie auch zu sichern. Andererseits weiß er aber auch, dass das Vertrauen in vielen vergleichbaren Fällen enttäuscht wurde.
- *Umfassende* versus *kategoriale Sicht*: Er wird zunächst tätig, weil eine Problematik vorliegt, die seinen Einsatz fachlich und rechtlich rechtfertigt. Er muss also die Problematik auf bestimmte vorgegebene Kategorien reduzieren. Um aber helfen zu können, ist oft eine umfassendere Sicht notwendig, sodass das Zusammenspiel von belastenden und entlastenden Faktoren angemessen eingeschätzt werden kann.

Das gleichzeitige Auftreten dieser Antinomien stellt ein grundsätzliches Handlungsdilemma dar. Da viele Professionelle sich dieser Dilemmata aber nicht bewusst sind, praktizieren sie oft einseitige Lösungen oder vermeiden anstehende Entscheidungen. Dadurch werden sie weder den Adressaten, noch der Gesellschaft bzw. dem Auftraggeber gerecht. Sie machen schlechte Arbeit, die zudem neue Probleme gebiert. Das wiederum führt zu Belastungen mit entsprechenden Schuldgefühlen, die wiederum, wenn nicht sich selbst gegenüber, so doch häufig den Kollegen oder den Vorgesetzten gegenüber verheimlicht werden (→ 9.2). Diese Spirale gilt es durch Supervision oder Coaching zu stoppen.

2.2.4 Work-Life-Balance

Je mehr die Professionalisierung zur Professionsbildung führt, desto mehr ist der Professionelle durch einen spezifischen Habitus geprägt: So benimmt sich etwa der Seelsorger, der Arzt, der Rechtsanwalt, der Professor, oft aber auch der Lehrer, der Psychotherapeut, der Masseur in Situationen, in denen diese Rolle gar nicht offiziell gefragt ist, seiner Rolle, seinem Status, seinem Habitus gemäß (→ 9.4). Er wird allerdings allzu oft in diese Rolle auch in seiner Freizeit hineingedrängt. So ist ihm selbst eine klare Abgrenzung von Arbeit und Leben kaum möglich. Je mehr er seine Tätigkeit als Mission versteht, desto weniger kann er davon lassen.

Zudem bleibt er in das Beziehungsgeflecht seiner Tätigkeit eingebunden, auch wenn die Beziehungspartner gar nicht leibhaftig anwesend sind. Der Fortschritt der Arbeit ist nämlich oft gebunden an das Aufsteigen kreativer Lösungen. Diese benötigen aber meist eine Phase der Inkubation. Und die unbewusste oder vorbewusste Beschäftigung mit diesem Thema lässt sich nicht auf die offizielle Arbeitszeit begrenzen. So ist eigentlich der Professionelle immer im Dienst. Diese permanente Beanspruchung, orientiert an hohen Idealen, kann aber leicht zu einer Überforderung und somit zum Ausbrennen führen (→ 8.4).

Zudem setzen sich viele Beziehungsarbeiter unter den Druck, ihre Beziehungskompetenz auch in privaten Situationen einsetzen zu müssen. So werden die Beziehungen zu Liebespartnern, zu den Kindern, zu den Freunden oft »professionell« gestaltet. Wenn es dann aber nicht so recht klappt, so ist das Image erheblich angekratzt (Antons, 1987).

Das starke Eingebundensein in die professionelle Tätigkeit bringt zudem das Problem mit sich, dass der Professionelle sich seinen familiären Verbindlichkeiten oder auch seinen persönlichen Interessen, Wünschen, Vorlieben, Leidenschaften, Lüsten kaum widmen kann. Oder er vermischt diese Interessen mit seiner Arbeit: Das kann ganz harmlos im Ausleben von Hobbys, Kunstgenüssen oder Freizeitvergnügungen gemeinsam mit Kollegen bestehen. Es kann aber auch zum Eingehen von Liebesbeziehungen zu Kollegen, zu Untergebenen oder gar zu Adressaten führen. Es können auch Nebengeschäfte betrieben werden, die mit der professionellen Unabhängigkeit unvereinbar sind.

Im Life-Coaching ist also das Finden einer angemessenen Work-Life-Balance nicht nur für das Wohlbefinden des Professionellen wichtig, sondern auch für die angemessene Konzentration auf eine unabhängige, engagierte Tätigkeit im Dienst für die Adressaten (→ 8.3). So kann sich das Coaching eben nicht nur auf die Tätigkeit konzentrieren. Sie muss sich mit dem ganzen Menschen befassen, weil nur so auch seine geheimen Wünsche, denen er eben in seiner hochwertigen Tätigkeit nicht nachgehen kann, Berücksichtigung finden können.

2.2.5 Geschlechterverhältnisse

Je mehr in professionalisierten Berufen die Kompetenz zur Beziehungsarbeit im Vordergrund steht, desto mehr geht es um »Gefühlsarbeit«. In diesen Tätigkeiten finden sich in unserer Kultur überwiegend Frauen (Rabe-Kleberg, 1997; Gildemeister, 1998). Diese Beziehungskompetenz zeigt sich nicht nur im Umgang mit Adressaten, sondern auch in der Zusammenarbeit mit Kolleginnen und Kollegen. Sie wird aber vor allem herausgefordert durch die Aufforderung, Beruf und Privatleben miteinander gut verbinden zu müssen, da die praktische wie die emotionale »Hausarbeit« wie auch die Erziehungsarbeit nach wie vor Domäne der Frauen ist. Da kann es nicht verwundern, wenn diese multilaterale Beziehungsarbeit überfordert (Freudenberger u. North, 1993).

Beziehungsarbeit kann nur gelingen, wenn die Adressaten einsichtig sind und freiwillig motiviert mitarbeiten. Nun kann man Führungstätigkeiten auch als Beziehungsarbeit auffassen. Allerdings gibt es hier viele Situationen, in denen Tätigkeiten eingefordert werden müssen, die den Untergebenen nicht schmecken. Zudem sind Vorgesetzte meist wiederum anderen Vorgesetzten gegenüber rechenschaftspflichtig. Und hier wird meist weniger professionslogisch gedacht und gehandelt, sondern eher bürokratie-, unternehmens- bzw. politiklogisch. Und diese Logiken werden in unserer Kultur eher durch Männer vertreten, zumal in höheren Führungspositionen (Schiersmann u. Thiel, 2002). Frauen geraten somit bald in eine Minderheitsposition, wenn sie nach oben aufsteigen, während Männer eher Minderheit in den statusniedrigeren Beziehungsberufen sind. Wollen sie unter sich sein, müssen sie schnell aufsteigen.

Wird somit die Minderheit sowohl von außen als auch von innen als Minderheit wahrgenommen, die sich unter Druck fühlt, entsteht automatisch eine schwierige Gruppendynamik. Männer als Kindergärtner, Grundschullehrer, Altenpfleger müssen sich ebenso rechtfertigen wie Frauen als Konzernleiterin, Bischöfin oder Klinikchefin. Im Einzelcoaching ist diese potenzielle, im Teamcoaching diese tatsächliche Gruppendynamik zu berücksichtigen.

2.3 Gefährdungen und Ressourcen

Da professionelle Tätigkeiten diesen Strukturproblemen unterworfen sind, ist verständlich, dass ihre Akteure besonderen Gefährdungen ausgesetzt sind. Sie können diese Zumutungen eben nicht rein äußerlich abtun. Sie müssen sie mit ihrer ganzen Person, eben mit ihrer Biographie auffangen (Fabel u. Tiefel, 2004a). Sie verfügen aber auch über spezifische Ressourcen und Möglichkeiten, mit dieser Lage umzugehen, da sie hochqualifiziert sind, über gewisse Gestaltungsspielräume verfügen und Professionalität auch als Schutzreservat nutzen können.

2.3.1 Der Glaube an die Mission und das Ausbrennen

Zweifellos können sich Beziehungsarbeiter/innen leicht in die Beziehungsgeflechte, die sie aufbauen bzw. in die sie hineingezogen werden, selbst verstricken. Gelingt hier keine rechtzeitige Entflechtung, wird eine Spirale in Gang gesetzt, die schnell zu Distress, zu Burnout-Phänomenen bis hin zu Depressionen und psychosomatischen Erkrankungen bzw. zu Süchten führen kann.

Auf der anderen Seite bieten professionelle Tätigkeiten aber auch besondere Befriedigungsmöglichkeiten: Man kann in der Arbeit – zumindest zeitweise – aufgehen und diesen Flow als ein großes Glück erleben (→ 5.4.2). Man kann den Einsatz für die Gesundheit, die Rechte, die Sinnorientierung, die Bildung, die Lebensqualität anderer Menschen mit einer Vision verbinden, die die »Menschwerdung der Menschheit« zum Ziel hat. Daran mitwirken zu dürfen – wenn auch nur ein klein wenig –, kann als große Sinnerfüllung erfahren werden (→ 9.3). Die damit verbundene große Verantwortung kann aber wohl nur getragen werden, wenn der Professionelle grundsätzlich an die Möglichkeit der Verbesserung menschlichen und kosmischen Lebens glaubt.

Es ist daher notwendig, in jedem Beratungsprozess, im Life-Coaching jedoch explizit, diesen Glauben herauszufordern und zu stärken (→ 4.4). Dieser Glaube ist eine wesentliche Basis professionellen Handelns und stellt die stärkste Macht dar, die Risiken, Ungewissheiten, Misserfolge, Zumutungen, die Beziehungsarbeit unvermeidlich mit sich bringt, auszuhalten, ja zu bewältigen. Nur wenn Beziehungsarbeiter diesen Glauben ausstrahlen, können sie auch bei ihren Adressaten die Hoffnung auf Verbesserung wecken und den Mut zur Veränderung stärken.

2.3.2 Expertenmacht und Berufsethos

Arbeiten diese Professionellen auf eigene Rechnung, können sie ihre Arbeit ausschließlich an ihren Interessen und den Wünschen ihrer Adressaten ausrichten. Arbeiten sie in Einrichtungen von Nonprofit-Organisationen, orientieren sie ihre Arbeit an Werten, Vorstellungen und Visionen, die in der Gesellschaft nach der Meinung der jeweiligen NPO zu wenig berücksichtigt werden. Je mehr ihre Arbeit jedoch von staatlichen Geldern abhängig ist, desto mehr hat ihre Arbeit Verhaltensnormen zu beachten, die staatlich sanktioniert und gesellschaftlich legitimiert sind. Arbeiten sie direkt für Profit-Unternehmen, dann haben sie deren Direktiven zu berücksichtigen (Littek, Heisig u. Lane, 2005). Diese Tätigkeit von Beziehungsarbeiter/innen kann daher mit Foucault als Regierungskunst verstanden werden, die dazu dient, große Teile der Bevölkerung auf diese sanfte Tour an die »Normalität« anzupassen (→ 7.2.1).

Diese Macht der Beziehungsarbeiter/innen besteht jedoch weniger im Androhen und Durchführen von Zwangsmaßnahmen, sondern eher in der subtilen Beeinflussung der Lebens- und Arbeitskompetenz der Adressaten: Da diese normalerweise Laien sind, müssen sie sich den Professionellen anvertrauen. Diese wirken weniger dadurch, dass sie ihnen ein für sie bedeutsames Spezialwissen zur Verfügung stellen; sie sind also nicht so sehr Wissensexperten. Sie wirken eher durch die Gestaltung der Beziehung. Zweifellos wissen sie viel über das Know-how der Beziehungskünste. Entscheidend für Experten der Beziehungsarbeit ist aber das Können.

Diese Beziehungsgestaltungskompetenz können sie nun zur *Be-mächtigung* wie zur *Er-mächtigung* der Adressaten einsetzen. Da das Vermögen der Adressaten, bestimmte Situationen zu bewältigen, nicht ausreicht, sind sie auf das spezifische Vermögen der Experten angewiesen. Sie begeben sich damit aber in eine Abhängigkeit. Diese kann nun vom Experten ausgenutzt werden, um sie in seinem Sinne zu manipulieren. Diese Bemächtigung des Adressaten kann aus egoistischen Motiven geschehen, etwa um eigene Defizite zu kompensieren oder dem eigenen Narzissmus zu frönen (Schmidbauer, 1977, 1983). Sie kann aber auch im Namen höherer (staatlicher, ideologischer, religiöser) Werte erfolgen. In jedem Fall würden dadurch die Adressaten entmündigt (Illich et al., 1979). Ihr Recht auf Selbstbestimmung würde verletzt.

Beziehungsarbeiter können aber auch – und das ist ihre Aufgabe – ihre Adressaten er-mächtigen: Sie können ihre Adressaten dabei unterstützen, ihr eigenes Vermögen zu stärken und zu erweitern, sodass sie ihre Lage eigenständig verbessern können. Beide Seiten sind möglich. In welche Richtung die Beziehungsarbeit wirkt, kann vom Adressaten aber kaum überprüft werden. Und da dieses Beziehungsgeschehen nicht öffentlich ist, kann es auch kaum von außen kontrolliert werden.

Daher ist es üblich, dass sich Professionelle selbst kontrollieren. Dadurch soll ausgeschlossen werden, dass sich hier Hochstapler, Scharlatane oder Gurus betätigen. Durch den Nachweis anerkannter Ausbildungen und der Verpflichtung zu kontinuierlicher Fortbildung soll sichergestellt werden, dass die Arbeit stets dem »state of the art« entspricht.

Zur Selbstkontrolle gibt es daher in vielen wichtigen professionalisierten Berufen Kammern (z. B. Ärztekammer, Psychotherapeutenkammer). Zudem geben sich viele Berufsgruppen Standards, die fachlichen wie berufsethischen Anforderungen entsprechen. Durch Selbstkontrolle der Professionen soll eben eine direkte staatliche Kontrolle vermieden werden. Durch die Bindung an diese Standards und die Sanktionierung von Verletzungen durch Kammern und Berufsverbände soll die Regierungsmacht der Beziehungsarbeiter reglementiert werden: Sie darf sich weder einseitig nach den Wünschen der Adressaten richten, noch darf sie einseitig eigenen Interessen oder den Anforderungen mächtiger Gruppen in Staat und Gesellschaft folgen: Sie muss einen dritten Standpunkt einnehmen, der das individuelle Wohl und das Gemeinwohl angemessen berücksichtigt. Für die damit zugestandene Autonomie garantiert der Professionelle fachliche Kompetenz und moralische Integrität.

Das impliziert nicht nur Konflikte mit den Adressaten, die ihre Wünsche durchsetzen wollen. Das kann auch Auseinandersetzungen mit den Instanzen mit sich bringen, die die Arbeit finanzieren und organisieren. Hier kann nun durchaus die Berufung auf das Berufsethos helfen: Auch die Arbeit- bzw. Geldgeber müssen einsehen, dass professionelle Arbeit nur gelingen kann, wenn die Autonomie gesichert ist und damit auch das Selbstbestimmungsrecht der Adressaten respektiert wird.

Die Kompetenz, diesen Verführungen nicht nachzugeben bzw. sich immer wieder mit Engagement für eine Verbesserung einzusetzen, bedarf einer berufsethischen Absicherung, die von Sympathie mit den Adressaten getragen ist (→ 6.4.2). Diese Teilverantwortung zu übernehmen, kann einen tiefen Lebenssinn schenken. Diese Motivationsquelle zu sichern, ist eine wichtige Aufgabe des Life-Coachings.

2.3.3 Karrierepolitik

Zweifellos kann es auch für Beziehungsarbeiter interessant sein, an ungewöhnlichen Fällen zu arbeiten, deren Lösung nicht nur in der Fachwelt, sondern auch in der gesellschaftlichen Öffentlichkeit für Reputation sorgt. Wenn dafür von Staat bzw. Wirtschaft opulente Arbeitsbedingungen geboten werden, hat sich so mancher verführen lassen, dabei auch berufsethische Grenzen zu überschreiten (Gardner, Csikszentmihalyi u. Damon, 2005). Auch können bestimmte Tätigkeiten zu Reichtum, Prominenz oder Herrschaftsmacht führen. Wer allerdings

Ergotherapeut, Altenpfleger, Lehrer oder Sozialarbeiter ist, wird davon kaum berührt sein, auch wenn er eine exzellente, schwierige Leistung vollbringt. Das gilt durchaus aber für Professoren, Ärzte, Rechtsanwälte, Psychotherapeuten, Trainer oder Business Coaches.

Um diese Karriere machen zu können, bedarf es aber des Einsatzes bestimmter Strategien, die auch zum Erfolg führen (Hitzler u. Pfadenhauer, 2003). Leider sind hervorragende Leistungen und deren Präsentation nicht immer entscheidend. Daher werden oft auch mikropolitische Strategien eingesetzt, die dann auf die berechtigten Interessen anderer kaum noch Rücksicht nehmen (→ 7.4). Das wird oft damit gerechtfertigt, dass das ja üblich und somit erwartbar sei. Man wolle schließlich nicht der Dumme sein und zusehen, wie weit weniger Kompetente sich die tollsten Stellen zuschanzen. Das sei sowohl für die Organisation, als auch für die Adressaten von großem Nachteil. Wer sich jedoch darauf einlässt, stellt seine Integrität in Frage und damit seine Vertrauenswürdigkeit. Zudem kann die primäre Ausrichtung des Lebens an der beruflichen Karriere alle anderen lebenswichtigen Beziehungen beeinträchtigen und die notwendige Rekreation verhindern.

Gerade durch Life-Coaching kann es gelingen, für dieses Dilemma eine Lösung zu finden, mit der der Klient leben kann und will.

2.4 Bedarf und Nachfrage nach Life-Coaching

Diese strukturbedingten Problemzonen verweisen auf einen objektiven Bedarf an fallorientierter Beratung. Leider sind diese strukturellen Hintergründe aber vielen Beziehungsarbeitern nicht bewusst. Sie spüren meist nur ein diffuses Unbehagen und attribuieren die Probleme eher persönlichkeitszentriert. Zudem kommen zu diesen Strukturproblemen auch die individuellen Defizite hinzu. Nachfrage nach Beratung entsteht also zum einen dann, wenn die Arbeit keine Freude mehr macht, man also zunehmend unglücklich ist, aber keinen Ausweg mehr weiß. Dann erscheint vieles als sinnlos. Neben dieser »Gefühlslage« muss aber zum anderen noch die Hoffnung dazu kommen, dass Beratung hilfreich sein wird. Gerade wenn die Probleme diffus erscheinen, offensichtlich nicht nur die Arbeit, sondern auch das ganze Leben tangieren, wenn sie andererseits aber keine gravierenden psychischen Störungen mit sich bringen, dann ist Life-Coaching das Mittel der Wahl.

Hier geht es darum, sein Glück (wieder) zu gewinnen, indem verantwortbare Wege gefunden werden, die fachliche Tätigkeit angemessen durchzuführen und in die gesamten Lebensvollzüge zu integrieren. Diese Kunst professionellen Arbeitens (→ 7.4.1) sollte in einen Lebensstil eingebunden sein, der sich durch Lebensfreude, Wohlstand, Macht und Ansehen auszeichnet (→ 7.3).

Life-Coaching muss vermitteln, welch ein Glück es auch für die Adressaten und damit für die Gesellschaft bedeutet, wenn Professionelle professionell arbeiten.

Erträge für den Coach

- Von den vielen Facharbeiter/innen sind vor allem die »professionellen Beziehungsarbeiter/innen« *eine zentrale Adressatengruppe des Coachings.* Das reicht von Berufen mit sehr hohem Status wie etwa Professor, Arzt oder Pfarrer über Psychotherapeut, Lehrer oder Sozialarbeiter bis hin zu Berufen mit niedrigerem Status wie etwa Kinderkrankenschwester, Hebamme oder Masseur.
- Da die Angehörigen dieser »Professionen« mit Menschen arbeiten, die Hilfe suchen bzw. etwas lernen wollen, erbringen sie eine *prekäre und fragile personenbezogene immaterielle Dienstleistung*, da sie erst dann wirksam werden kann, wenn sie auch von den Adressaten angenommen wird, obwohl sie vieles von diesen Menschen fordert. Daher müssen diese Professionellen eine *intensive Beziehung* zu ihren Adressaten gestalten können.
- Ihre Arbeit ist also von einer *Professionslogik* bestimmt, die hoch qualifizierte Arbeit verlangt im Dienst für das Wohl der Klient/innen wie für das Gemeinwohl.
- Diese Professionellen arbeiten zumeist in Dienstleistungseinrichtungen, in denen sie neben der Professionslogik auch mit der *Bürokratielogik*, der *Unternehmenslogik* und der *Politiklogik* konfrontiert sind.
- Da diese Organisationen meist *hierarchisch* strukturiert sind, Professionelle aber gern *kollegial-egalitär* arbeiten, tritt hier eine Spannung auf, die bewältigt werden muss.
- Das Prekäre professionellen Handelns zeigt sich vor allem in *strukturell vorgegebenen Dilemmata*, die oft nicht gesehen oder gar verleugnet werden. Wenn sie nicht angemessen balanciert werden, muss die professionelle Arbeit fehlerhaft werden mit schädigenden Folgen nicht nur für die Klient/innen, sondern auch für die Professionellen selbst, aber auch für ihre Arbeitgeber und die Gesellschaft insgesamt.
- Da Professionelle mit schwierigen Lagen ihrer Klientel befasst sind, müssen sie stets einmalige Wege erfinden, die ihren Klienten weiterhelfen. Dieser kreative Prozess lässt sich aber nicht auf die Arbeitszeit beschränken: Sie sind deshalb auch – bewusst oder unbewusst – in ihrer Freizeit damit befasst. Ferner haben sie oft einen professionellen Habitus ausgebildet, der ihnen hilft, ihre schwierige Arbeit zu tun. Diesen inkorporierten Habitus können sie aber nach der Arbeit nicht einfach abstreifen. Die *Abgrenzung von Arbeit und Leben* ist daher gerade für Professionelle schwierig, muss aber stattfinden, damit eine Überforderung verhindert wird.
- Gerade Beziehungsarbeit mit niedrigerem Status wird in unserer Gesellschaft oft von Frauen ausgeübt, während Männer sich häufiger in Professionen mit

höherem Status bzw. in Führungspositionen auch in Dienstleistungseinrichtungen finden. Diese *Genderdynamik* ist im Coaching zu beachten.

- Professionelle fühlen sich normalerweise einer *Mission* verpflichtet, für deren Realisierung sie sich stark engagieren. Diese Einstellung kann aber leicht zur Überforderung und zum Burnout führen. Andererseits wird diese Mission normalerweise von einem Glauben an die Verbesserungsfähigkeit der Menschen und der Welt getragen, der als Kraftquelle wirksam sein kann. Diesen Glauben zu stärken, ist Aufgabe des Coachings mit Professionellen.
- Da Professionelle mit ihren direkten Adressaten weitgehend autonom und unbeobachtet arbeiten, haben sie die Möglichkeit, die ihnen Anvertrauten zu manipulieren oder sie dadurch zu schädigen, dass sie unterhalb des »state of the art« arbeiten. Daher ist es wichtig, dass die Professionellen sich einem *Berufsethos* verpflichtet fühlen, der sie zu kollegialem Austausch, zur Supervision wie zur Fortbildung verpflichtet.
- Professionellen, die über ein Spezialwissen und -können verfügen, das für ihre Klientel von hoher Bedeutung sein kann, wird häufig viel *Macht* zugeschrieben. Sie können diese Macht nutzen zum Vorteil ihrer Klient/innen und der Gesellschaft. Sie können sie aber auch völlig egoistisch einsetzen, nur um *Karriere* zu machen. Sie können sich dabei selbst überschätzen und moralische Grenzen im Namen ihrer Mission für ungültig erklären. Hier hat Coaching wieder Demut (= Dienstbereitschaft) des Dienstleisters einzufordern.
- Professionalisierte Berufe dienen dem Erhalt und der Verbesserung der Lebensqualität einer Gesellschaft, die sich in sinnvollen und glücklichen Lebensverhältnissen zeigt. Insofern tragen sie eine *hohe Verantwortung*. Coaches sollten daher in der Lage sein, Professionelle in dieser Arbeit zu unterstützen.

Literatur zum Thema

Bauer, R. (2001). Personenbezogene Dienstleistungen. Begriff, Qualität und Zukunft. Opladen: Westdeutscher Verlag.

Buer, F. (2004). Über die professionelle Kompetenz, professionelle Kompetenz professionell darzustellen. Und welche Rolle die Supervision dabei spielt. In F. Buer, G. Siller (Hrsg.), Die flexible Supervision (S. 161–201). Wiesbaden: VS Verlag.

Combe, A., Helsper, W. (Hrsg.) (1997). Pädagogische Professionalität. Untersuchungen zum Typus pädagogischen Handelns (2. Aufl.). Frankfurt a. M.: Suhrkamp.

Hitzler, R., Pfadenhauer, M. (Hrsg.) (2003). Karrierepolitik. Beiträge zur Rekonstruktion erfolgsorientierten Handelns. Opladen: Leske + Budrich.

Klatetzki, T., Tacke, V. (Hrsg.) (2005). Organisation und Profession. Wiesbaden: VS Verlag.

Nittel, D. (2000). Von der Mission zur Profession? Stand und Perspektiven der Verberuflichung in der Erwachsenenbildung. Bielefeld: W. Bertelsmann.

Pfadenhauer, M. (2003). Professionalität. Eine wissenssoziologische Rekonstruktion institutionalisierter Kompetenzdarstellungskomptetenz. Opladen: Leske + Budrich.

Pfadenhauer, M. (Hrsg.) (2005). Professionelles Handeln. Wiesbaden: VS Verlag.

Schiersmann, C., Thiel, H.-U. (2002). Mann oder Frau – spielt das (noch) eine Rolle beim Führen und Beraten? Supervision 3, 19–23.

Schmidbauer, W. (1983). Helfen als Beruf. Die Ware Nächstenliebe. Reinbek: Rowohlt.

3 Die Lage der Führungskräfte

Astrid Schreyögg

Der weltweite Siegeszug von Coaching (Böning, 2005; Schreyögg, 2008) resultiert sicher zu großen Teilen aus der Situation, mit der Führungskräfte heute konfrontiert sind. Sie weist nämlich in den letzten Jahrzehnten eine enorme Zunahme an Komplexität auf, die mehr als früher zur Verunsicherung führt. Hier lassen sich folgende Themenbereiche herausstellen:

- »Führung« im traditionellen Sinn unterliegt heute einer grundlegenden Erosion. Im modernen Verständnis wird Führung als komplexer Interaktionsprozess begriffen, der von der Führungskraft selbst nur begrenzt zu steuern ist.
- Derzeit dominiert das Ideal der »Unlocking Organization«. Traditionelle Organisationsformen, die noch dem Bürokratiemodell verpflichtet sind, geraten zunehmend ins Hintertreffen. Die aktuelle Organisationsgestaltung ist viel eher an Selbstabstimmungsregeln orientiert. Dadurch sind Führungskräfte laufend gefordert, Ad-hoc-Regeln für sich und ihre Mitarbeiter zu entwerfen.
- Organisatorischer Wandel gilt heute in unterschiedlichen Organisationstypen als Dauerzustand. Unter dem Stichwort »lernende Organisation« wurden und werden in Unternehmen, Verwaltungssystemen und sozialen Dienstleistungseinrichtungen umfassende Wandlungsprozesse eingeleitet.
- Das korrespondiert mit Entwicklungen in der Postmoderne. Die fortschreitende Individualisierung ist Befreiung und Plage zugleich. Dadurch entsteht auch für Führungskräfte der Druck, sich im Rahmen von »Identitätsarbeit« laufend neu zu positionieren.
- Und schließlich sind heute viele organisatorische Systeme von Megatrends betroffen wie der Globalisierung und einer dadurch bedingten Internationalisierung. Deshalb gestaltet sich die je individuelle Verortung der Führungskräfte und damit auch ihre Beheimatung zunehmend schwieriger.

3.1 Das aktuell prekäre Verständnis von Führung

Führung und alle damit zusammenhängenden Phänomene wurden in den letzten Jahrzehnten etwas prekär. Das lag an historischen Entwicklungen, die in der entsprechenden Forschung und natürlich in der organisatorischen Praxis ihren Niederschlag fanden. Es lag aber primär an Entwicklungen in der Arbeitswelt.

Anders als noch in den 1950er und 1960er Jahren unterlagen Führung und alle mit ihr in Zusammenhang stehenden Phänomene einer Erosion, das heißt, sie werden heute eher kritisch betrachtet (Deutschmann, 2002). Das hat zunächst historische Gründe: Der Faschismus mit seiner Glorifizierung von Führerpersönlichkeiten, aber auch der Sozialismus stalinistischer Prägung mit seinem Personenkult zogen in der Folgezeit eine grundsätzliche Skepsis gegenüber jedweder Art von Herrschaftsansprüchen nach sich. Führungsphänomene unterliegen jedenfalls heute vielfach kritischen Bewertungen, die allerdings oft ins Unreflektierte abdriften (Neuberger, 2002). Führungskräfte haben deshalb deutlicher als früher die Legitimation für ihre Position in fachlicher wie in menschlicher Hinsicht zu erbringen.

In der neueren Managementliteratur wird Führung neben Planung, Organisation, Personaleinsatz und Kontrolle etwas lapidar als eine Managementfunktion betrachtet. Sie besteht in der Veranlassung der Arbeitsleistung von unterstellten Mitarbeitern (Staehle, 1999; G. Schreyögg u. Koch, 2007). Dadurch erfährt Führung neben anderen Managementfunktionen zwar einen Bedeutungsgewinn als gleichrangige Funktion; sie erleidet aber auf diese Weise auch einen Bedeutungsverlust. Denn nun lässt sich ja argumentieren, dass Führung durch andere Steuerungsmechanismen ersetzt werden könne. Und tatsächlich werden heute in vielen Organisationen zur Entlastung der Führungskräfte ausgefeilte Programme und Pläne etabliert. Nach diesen haben dann die Mitarbeiter vergleichsweise schematisch selbstständig zu arbeiten. Trotz solcher Entwicklungen lässt sich aber Führung selten durch andere Managementfunktionen vollständig kompensieren. »Führung im eigentlichen Sinn« besteht eben doch in der »Verhaltenslenkung von Angesicht zu Angesicht« (Türk, 1984, S. 63), was für jede Organisation in der einen oder anderen Weise relevant ist.

Dabei kann es aber entsprechend der modernen Führungsliteratur heute nicht mehr um die Kultivierung einer »Great-Man-Ideologie« (Neuberger, 2002) gehen. Während man bis in die 1960er Jahre hinein noch nach Persönlichkeitsmerkmalen fahndete, die »gute« Führer von »schlechten« und natürlich von den Geführten differenzierte, begreift man heute »Führung« als interaktiven Prozess. Selbst im Bereich der Eignungsdiagnostik für Führungskräfte, die ja traditionell individuumszentriert eingestellt ist, sucht man heute nach einer »guten« Korrespondenz zwischen personalen Mustern und Aspekten des Kontextes (Bäcker u. Lentge, 2004). Wenn heute von »Führungseigenschaften« oder »Führungsstilen« die Rede ist, bezieht man sich eher auf die Attributionstheorie, wonach Führungskräften von ihren Interaktionspartnern bestimmte Merkmale zugeschrieben werden (oder auch nicht), ohne dass damit ein Seinsanspruch erhoben würde (Calder, 1977).

Die neuere Führungsliteratur begreift Führen zu großen Teilen ohnedies etwas weniger ambitioniert als Beeinflussungsprozess. Bei diesem hat eine formal als Vorgesetzter legitimierte Person hierarchisch Nachgeordnete so zu beeinflussen, dass sie die Ziele der Organisation möglichst optimal erreichen (G. Schreyögg u. Koch, 2007). Dabei geht man davon aus, dass sich Führungskräfte in den Augen ihrer unterstellten Mitarbeiter überhaupt erst als »richtig«, »passend« oder »akzeptabel« erweisen müssen, bevor sie sich von ihnen realiter beeinflussen lassen. Das kann die Führungskraft zwar durch bestimmte Einflusspotenziale wie die Zurschaustellung ihres Expertentums oder irgendwelche Belohnungsstrategien zu fördern suchen; inwieweit sich aber die Mitarbeiter von der Führungskraft tatsächlich bewegen lassen, hängt letztlich von deren Bereitschaft ab, sich von ihr beeinflussen zu lassen. Bei der Führer-Geführten-Relation geht es um implizite Aushandlungsprozesse, während derer sich Führer wie Geführte in einem ersten Schritt überhaupt erst beschnuppern, in einem zweiten Schritt dann ihre Rollen spezifischer markieren im Hinblick auf einige wesentliche Parameter: im Hinblick auf die zu erbringende Leistung, im Hinblick auf eine bestimmte Beziehungsgestaltung, im Hinblick auf Loyalität und im Hinblick auf den gegenseitigen professionellen Respekt. Erst in einem dritten Schritt, wenn sich die gegenseitigen Rollenzuweisungen und die jeweilige Rollenübernahme routinisiert haben, tritt in der Interaktion zwischen der Führungskraft und den Geführten eine gewisse Stabilität ein (Graen u. Uhl-Bien, 1995).

Aufgrund des hohen Spezialisierungsgrades, den wir heute in fast allen beruflichen Systemen finden, sind Führungskräfte ohnedies zunehmend abhängig von unterstellten Mitarbeitern. Abhängig sind sie aber auch von Experten in Stabspositionen etwa der Controlling-Abteilung, wenn es zu entscheiden gilt, ob eine bestimmte Strategie finanziell erfolgreich war. Es lässt sich insgesamt behaupten, dass Führungskräfte heute fortlaufend Entscheidungen treffen müssen, deren Parameter sie nicht bis ins Detail kennen und oft auch gar nicht kennen können.

Trotz aller beschriebenen Labilisierungen müssen Führungskräfte zwischen unterschiedlichen Antinomien so selbstverständlich wie möglich laufend eine Balance herstellen (G. Schreyögg u. Lührmann, 2006). Sie haben ihre Arbeitsgruppe, Abteilung oder Firma zu stabilisieren, damit das System möglichst gute Effekte erbringt. Sie müssen andererseits das Bestehende in Frage stellen, damit es genügend flexibel bleibt für Innovationen von Morgen. Sie müssen sich selbst und ihren Mitarbeitern ein hohes Maß an Individualität zubilligen, gleichzeitig aber Bedürfnissen nach Gleichklang bzw. Konformität Raum geben.

3.2 Das Ideal der »Unlocking Organization«

In traditionellen Organisationen vom Typ »Bürokratie«, wie sie zu Beginn des 20. Jahrhunderts von Max Weber (1921/2005) beschrieben wurden, war für

Vorgesetzte wie für unterstellte Mitarbeiter verhältnismäßig klar, was sie zu tun und was sie voneinander zu halten hatten. Ihre Positionen basierten auf personenunabhängigen Stellenbeschreibungen, die sie möglichst buchstabengetreu zu realisieren hatten. Alle ihre Beziehungen waren durch eine formale Organisationsstruktur vorgeregelt. Diese sah eine mehr oder weniger ausgeprägte Arbeitsteilung mit gewissen Standardisierungen der Arbeitsvollzüge vor und eine mehr oder weniger ausgeprägte Hierarchisierung. Ein bürokratisches System weist auch beständige Grenzen auf, die zwischen einer organisatorischen Innen- und Außenwelt unterscheiden lassen. Im Innenraum sind die Organisationsmitglieder tätig, die sich entsprechend den Kontrakten der formalen Organisationsstruktur zu verhalten haben.

Seit den 1970er Jahren begann man, diese »gesetzte Ordnung« zunehmend in Frage zu stellen und Ideale der »Unlocking Organization« zu propagieren. Im Rahmen der Human-Resources-Debatte geißelten etliche Autoren der humanistischen Bewegung wie etwa Argyris (1975) bürokratische Strukturen als inhuman. Ihre Intentionen schlugen sich nieder in neuen Formen der Organisationsentwicklung (Trebesch, 2000), wonach die Organisationsmitglieder möglichst umfassend an menschengerechteren Veränderungsprozessen beteiligt werden sollten. Diese Bewegung setzte sich allerdings nur schleppend durch. Als weitaus folgenreicher erwies sich die Einsicht, dass ausgeprägte bürokratische Strukturen wirtschaftlich wenig effizient sind. In den 1980er und umfassender in den 1990er Jahren wurde vor allem im Vergleich zu japanischen Unternehmen deutlich, dass hierarchiearme Organisationen, die auch sonst wenig formale Regelungen aufweisen, bei weitem ertragreicher sind. Bis nämlich die vielen hierarchischen Instanzen ihre Zustimmung versus Ablehnung zu einer Entscheidung kundtun können, verstreicht im Allgemeinen zuviel Zeit. Außerdem entlarvte man viele Routinen, die in Bürokratien üblich sind, als unsinnige »Kostenfresser«. Nach dem Motto: »Das haben wir schon immer so gemacht« wurden viele organisatorische Regeln von den Berufstätigen in den Status von Naturgesetzen erhoben. Das Handeln auf der Basis von Routinen zieht zwar bei den Akteuren oft Langeweile nach sich, andererseits ist es aber psychisch entlastend, denn bei der Erledigung von Routineaufgaben ist man ja nicht gefordert nachzudenken (Sennett, 1998). Man kann solche Arbeiten auch in einer leichten bis mittelschweren Trance verrichten.

Das Aufdecken und Beseitigen kostenintensiver Routinen sowie überbordender formaler Strukturen setzte sich in der Folgezeit vor allem bei börsennotierten Unternehmen durch. Um den Shareholder Value zu optimieren, das heißt, die Aktiengewinne zu vermehren, ging man dazu über, Organisationen zu »verschlanken«, also die Hierarchie-Ebenen zu reduzieren. Und man ging dazu über, mit Hilfe von Strategieberatern etwa von McKinsey oder Boston Consulting die Organisationsstrukturen so umzubauen, dass sie eine möglichst hohe Rendite erbringen. Das bedeutete in der Regel Abbau von Personal, denn Personalkosten schlagen im Allgemeinen besonders stark zu Buche. Das bedeutete gleichzeitig, dass die verbliebenen Mitarbeiter nicht nur mehr, sondern auch höherwertige Aufgaben mit mehr Verantwortung zu erledigen haben. In der Folgezeit bedienten sich zunehmend auch andere, nicht börsennotierte Unternehmen wie etwa viele Familienbetriebe solcher Verschlankungsstrategien. Man kann behaupten, dass es seit den 1990er Jahren zum guten Ton gehörte, Unternehmensberatungsfirmen mit Reorganisationsmaßnahmen, die angeblich immer eine Entbürokratisierung vorsehen, zu betrauen.

De facto finden wir derzeit immer mehr schwach formalisierte Organisationsformen, das heißt solche, in denen sich in Ermangelung von generellen Vorgaben Führungskräfte wie Mitarbeiter laufend neu abstimmen müssen. Äußerlich sind das etwa Projektorganisationen, in denen eine Projektleitung nur für den Zeitraum des Projekts als fachliche, nicht aber als disziplinarische Leitung fungiert. In Ermangelung von formaler Macht muss sie dann ihre Mitarbeiter »bei Laune halten«, damit das Projekt gelingt. Und wir finden Matrixorganisationen, in denen sich jeweils zwei Führungskräfte laufend abstimmen müssen. Gelegentlich begegnen uns sogar Systeme wie etwa 3M, die programmatisch auf jede Formalisierung verzichten und auf Improvisation setzen. Im Sinne von »Selbstabstimmung« (G. Schreyögg, 2003) werden dann anlässlich von Team-Meetings viele innerorganisatorische Entscheidungen ad hoc ausgehandelt.

Alle diese neuen, entformalisierten Organisationsformen geben Führungskräften wie Mitarbeitern einerseits viel Gestaltungsraum, andererseits aber wenig Stabilität. Im Gegenteil, heute müssen die einzelnen Menschen – und dabei besonders die Führungskräfte – die Organisation mit ihrer individuellen Dynamik und mit ihrer Disziplin selbst stabilisieren. Was früher die Struktur leistete, müssen nun die einzelnen Menschen bewältigen. Dabei kommt besonders den Führungskräften die Aufgabe zu, diese Konstellationen, die auch für viele von ihnen neu sind, zu etablieren und aufrechtzuerhalten.

3.3 Organisatorischer Wandel in allen Organisationstypen

Die beschriebenen Wandlungsprozesse lassen sich aber keineswegs nur bei Wirtschaftsunternehmen beobachten. Sie stellen heute eine generelle Bewegung dar. Organisationen lernfähig zu machen und lernfähig zu halten, ist heute für jede Führungskraft ein relevantes Thema (Senge, 1998). Aus diesem Grund sehen wir heute auch in Behörden und sozialen Dienstleistungssystemen Changeprozesse.

Verwaltungssysteme wie Bundes-, Landesbehörden oder kommunale Verwaltungen galten mit ihren ausgefeilten bürokratischen Mustern zu Beginn des

20. Jahrhunderts noch als Modell für die Gestaltung von Unternehmen. Heute ist es umgekehrt: Derzeit stellen nämlich Entwicklungen im ökonomischen Bereich die relevantesten Folien dar für die Umgestaltung von Verwaltungssystemen. Unter dem Schlagwort »New Public Management« (Schedler u. Proeller, 2000) versucht man heute weltweit, dysfunktional verkrustete Strukturen in Behörden abzubauen und in wirtschaftlich effiziente wie auch bürgernahe Organisationen zu verwandeln. Dabei dient »New Public Management« als Sammelbegriff für zahlreiche, zum Teil sehr unterschiedliche Reformansätze. Sie alle wollen eine Antithese zur klassisch bürokratischen Verwaltung bilden. Sie lassen sich drei Typen zuordnen (Budäus, 1998):

1. Ein erster Typ resultiert aus dem wachsenden Zweifel an Kompetenzen des Staates für Problemlösungen. Außerdem resultiert er aus der Infragestellung, wie bisherige Strukturen und Verfahrensweisen überhaupt noch zu finanzieren sind. Daraus ergibt sich die Forderung, den Staat aus vielen Aufgaben zu verdrängen und diese eher zu privatisieren. Daraus wiederum erwuchsen ganz neue Organisationsformen, die eine institutionelle Kooperation zwischen privaten und öffentlichen Trägerschaften vorsehen. In diesen Typ fallen auch Entwicklungen, bei denen staatliche Instanzen nur noch gewährleistenden Charakter haben und kaum mehr selbst agieren. Jugendämter fungieren dann beispielsweise nur noch als Kostenstelle privater Träger. Damit vollziehen diese Ämter einen grundlegenden Wandel in Richtung strategischer Orientierung. Sie geben nur noch Ziele vor, die dann von privaten Trägern realisiert werden.
2. Ein zweiter Typ von Modellen des New Public Management beinhaltet Konzepte, die den öffentlichen Sektor im Sinne grundlegender volkswirtschaftlicher Konzepte reformieren wollen. Sie beziehen sich auf Strukturreformen, die ähnlich amerikanischen Vorbildern breite Wahlmöglichkeiten für die Nutzer vorsehen, aber auch stärkere finanzielle Mitbeteiligung. Das sind generelle Deregulierungskonzepte, die etwa bei der Alters- und Krankenversicherung eine hohe Eigenbeteiligung vorsehen.
3. Der dritte, in Deutschland sicher häufigste Typ zielt auf Binnenreformen, für die man sich betriebswirtschaftliches Wissen zunutze macht. Unter dem Begriff »Neues Steuerungsmodell« werden solche Reformelemente angestrebt wie Dezentralisierung, globale Budgetierung, Controlling, Bürger- bzw. Kundenorientierung sowie Kosten- und Leistungsorientierung. Dabei werden harte Reformelemente wie die Einführung von Kostenrechnung von weichen wie die Entwicklung von kundenorientierten Leitbildern differenziert.

Außerdem werden ganz neue Modelle der Personalarbeit erprobt. Während das bisherige Verständnis von Personalarbeit hier ein »technokratisch-administratives« war (Oechsler u. Vaanholt, 1998), werden jetzt Reformprojekte propagiert, die etwa Leistungsanreizsysteme vorsehen. Ging es früher um »Amtstreuepflicht«, die durch eine entsprechende »Alimentierung« abgegolten wurde, sehen aktuelle Reformansätze mehr Kundenorientierung und eine entsprechende Effizienz vor. Die Mitarbeiterschaft soll dann in Anlehnung an die Wirtschaft auch hier als wichtiges »human capital« gesehen werden.

Soziale Dienstleistungssysteme, das heißt Organisationen, deren Ziel darin besteht, Menschen zu verändern, wie etwa Kliniken, Schulen usw., sind heute gleichfalls mit einer Vielzahl von Veränderungen konfrontiert. Auch sie sind gezwungen, sich neuen Anforderungen zu stellen. Diese lassen sich vorrangig durch drei Aspekte charakterisieren (Schreyögg, 2006):

1. In allen westlichen Industrienationen zeichnet sich heute ein Trend zur »Ökonomisierung des Sozialen« ab. Sei es im Gesundheitswesen oder im Bildungsbereich, heute steht deutlicher als früher die Effizienz sozialer Dienstleistungen auf dem Prüfstand. Auch hier wird derzeit jede Maßnahme daraufhin überprüft, ob sie ihr Geld wert ist. Auch hier entlarvt man neuerdings bürokratische Verkrustungen etwa in Schulen oder Kliniken als Effizienzblockaden. Und auch hier fahndet man nach Zeit fressenden Routinen, die für Kinder sowie für Klient/innen keinerlei Effekte erbringen. Besonders in Anbetracht der fortlaufenden Verteuerung aller Gesundheitssysteme dieser Welt müssen die jeweiligen nationalen Ressourcen sorgfältiger als früher kalkuliert werden. Auf diese Weise sollen sich die Kosten für die Gesundheit für Arbeitnehmer/innen in Grenzen halten. So selbstverständlich allerdings solche Anforderungen auf Außenstehende wirken mögen, für die Mitglieder dieser Systeme bilden sie einen Herd von schwerer Beunruhigung. Wenn wir uns deutlich machen, dass ein Teil dieser Einrichtungen wie etwa die Alten- oder Krankenpflege Kulturmuster (Brody, 1993) aufweist, die bis ins Mittelalter zurückreichen, wird schnell deutlich, dass die modernen ökonomischen Anforderungen nur mühsam zu integrieren sind. Viele Kliniken oder Schulen weisen Sinnsysteme auf, die mit effizienz-orientierten Handlungsstrategien nicht kompatibel sind.
2. Die Ökonomisierung sozialer Arbeitsfelder zog auch Anforderungen in Richtung Qualitätsmanagement nach sich. Seit Mitte der 1990er Jahre finden wir im Bereich sozialer Dienstleistungen eine breit angelegte Qualitätsdebatte. Während es bisher lediglich um die Erledigung von aktuell anfallenden Aufgaben ging, was oft eher einem »Durchwursteln« glich, wird heute eine zielbewusste Arbeit gefordert. Sie soll bestimmte Qualitätsstandards erfüllen, die, wenn möglich, operationalisierbar sind. Idealerweise findet eine regelmäßige Evaluation statt. Die Organisationsmitglieder sollen kostenbewusst arbeiten und ihre Leistungen kostenmäßig erfassen. Für manche Bereiche wie etwa die Altenarbeit ist die Qualitätssicherung heute sogar schon gesetzlich vorgeschrieben. Welche Modelle zur Qualitätskon-

trolle herangezogen werden, ist allerdings der jeweiligen Einrichtung überlassen.

3. Aus dem Bisherigen ergibt es sich fast von selbst, dass auch die Steuerung sozialer Dienstleistungssysteme heute ganz neue Anforderungen stellt. Während sich früher Schulleiter/innen noch auf ihre Verdienste als »gute« Lehrerin oder als »guter« Lehrer berufen konnten und sich Chefärzte und ihr weibliches Pendant noch in ihrem Ruf als besonders gute Ärzte sonnen konnten, reicht das für eine Führungsposition heute nicht mehr. Neben ihrer fachlichen Expertise müssen sie auch über ein Expertentum als »Sozialmanager« verfügen. Neben technischen Managementkompetenzen wie etwa Qualifikationen für die Budgetverwaltung benötigen sie auch vielfältige soziale Kompetenzen, die sie zur Entwicklung neuer, nun stärker unternehmerisch geprägter Kulturmuster befähigen. Das gilt in besonderem Maße für das Gesundheitswesen (z. B. Busse, J. Schreyögg, Gericke, 2006); es gilt aber auch für den Bereich der schulischen Bildung (z. B. Buchen u. Rolff, 2006).

So lässt sich behaupten, dass heute Führungskräfte aus prinzipiell allen Milieus, aus Unternehmen, Verwaltungssystemen und sozialen Dienstleistungseinrichtungen, Wandlungsprozesse einzuleiten und umzusetzen haben. Das wiederum führt dazu, dass sie Vieles von den Mitarbeiter/innen fordern müssen, wogegen diese oft ein erhebliches Maß an Änderungswiderstand mobilisieren. Aus diesem Grund sind die Führungskräfte bei Changeprozessen keineswegs nur fachlich gefordert, sondern in erheblichem Maße auch mental.

3.4 »Identitätsarbeit« in der Postmoderne

Aufgrund der bisher beschriebenen Phänomene stellt sich für viele Führungskräfte drängender als noch in den 1960er oder 1970er Jahren die Frage: »Wer bin ich denn überhaupt?« Identitätsentwicklung in der Postmoderne stellt erhebliche Anforderungen (→ 8.2). Auf dem Hintergrund der bisher beschriebenen Besonderheiten sind Führungskräfte diesbezüglich ganz besonders gefordert.

Die traditionelle Debatte über Identitätsentwicklung wurde vorrangig durch zwei Konzepte bestimmt: durch den psychoanalytischen Ansatz von Eric Erikson (1950, 1973) und durch den sozialpsychologischen von George Herbert Mead. Der Mead'sche Ansatz wurde im deutschsprachigen Raum von dem Soziologen Lothar Krappmann (1997) als Konzept der »balancierenden Identität« weiterentwickelt. Entsprechend der psychoanalytischen Tradition verstand Erikson Identitätsentwicklung als innerpsychisches Ordnungsprinzip. Sie vollziehe sich in der biologischen und sozialen Entwicklung des Menschen als ein Prozess der Krisenbewältigung zwischen anarchischen Triebimpulsen einerseits und kulturnotwendiger Repression andererseits. Am Ende der Pubertät sei Identität bereits relativ stabil. Im Verständnis von Erikson handelt es sich dabei um eine überdauernde und weitgehend widerspruchsfreie Entität, die zumindest ab einem bestimmten Zeitpunkt gegen weitere soziale Einflüsse abgeschirmt werden muss.

Seit den 1970er Jahren wurde Identitätsentwicklung zunehmend als interaktives Phänomen interpretiert. Krappmann (1997, S. 67) betonte: »Jedes Individuum entwirft seine eigene Identität, indem es auf Erwartungen der anderen, das heißt, der Menschen in engeren und weiteren Bezugskreisen antwortet.« »Identität entsteht also an den Schnittstellen von persönlichen Entwürfen und sozialen Zuschreibungen.« Wer ich bin, erfahre ich nur aus den Reaktionen der anderen. Im Verlauf der Sozialisation lernen Kinder, später Jugendliche und Erwachsene, die Reaktionen der anderen auf ihr Handeln innerlich vorwegzunehmen, ihr Handeln darauf einzustellen und sich so langsam immer perfekter auf ihre Umgebung einzustellen. So finden sie zunehmend Anschluss an die von allen geteilten Sinnwelten. Diese kollektiven Sinnwelten erschließen sich zunächst über die Bezugspersonen im Elternhaus, später innerhalb der Peergroup und schließlich im Rahmen gesellschaftlicher Kooperation. Von Identität lässt sich nach Krappmann dann sprechen, wenn der jeweilige Mensch für alle seine Interaktionspartner verständlich handeln kann. Dies ist ihm aber erst möglich, wenn er sein Handeln aus der Perspektive seines jeweiligen Gegenübers und zunehmend auch aus der Perspektive der erweiterten gesellschaftlichen Zusammenhänge einschätzen und kontrollieren kann. Krappmann betont, dass auch in seinem Ansatz krisenhafte Erfahrungen ein wesentlicher Motor der Identitätsentwicklung sind. Kinder und Jugendliche übernehmen niemals einfach nur Rollen und sonstige Muster von ihren Eltern. Erst über komplexe Prozesse der Identifikation, die mit Unstimmigkeiten und Unklarheiten verbunden sind, gelangen Menschen zu einer »balancierenden Identität« (Krappmann, 1997).

Die aktuelle Identitätsdebatte setzt an einer soziologischen Gegenwartsanalyse an. Auf deren Hintergrund werden auch aktuelle Identitätskonzepte verständlich. Ulrich Beck (1986) argumentierte in seinem Buch »Risikogesellschaft«, dass seit den 1960er Jahren ein zweiter Industrialisierungsschub in Gang gekommen sei. Hier spielt der Begriff der »Individualisierung« eine besondere Rolle. Der lohnabhängig Beschäftigte wurde zum Prototyp nicht nur der männlichen, auch der weiblichen Bevölkerung. Durch neue Arbeitsbedingungen entstand Bildungsabhängigkeit, die zunehmend dazu führte, dass der Einzelne aus seinen traditionellen Lebensformen der Familie, Nachbarschaft, Schicht, Geschlechterrolle, Religion mehr und mehr herausgelöst wurde. Mit der Lockerung von Traditionen ging auch eine funktionale Differenzierung der Gesellschaft einher. Früher war der Einzelne als ganzer Mensch Teil einer Sozialordnung. Er war Hausvater, Handwerksmeister usw. In modernen Gesellschaften, die in eine Fülle von Teilsystemen untergliedert sind, erleben sich Menschen in schnellem Wechsel als »permanente Wanderer zwischen den Funktionswelten« (Eikelpasch u. Rademacher, 2004, S. 17) in Rollen als Autofahrer, Steuerzahler, Patient, Konsument, Wähler und vieles mehr.

Die Entwicklung der personalen Identität, die in früheren Gesellschaften weitgehend sozial und kulturell vorgeprägt war, wird jetzt zur Eigenleistung des Individuums. Ich-Autonomie und Selbstbestimmung wurden zu zentral wichtigen Tugenden. Menschen bewegen sich heute auch mehr als früher in unterschiedlichen Kontexten, für die sie entsprechend den jeweiligen Interaktionspartnern auch unterschiedliche Teilidentitäten entwickeln müssen. Keupp (1994) spricht deshalb von »Patchworkidentität«. So hat auch jede Berufs- und Funktionsgruppe eine ihr eigene Identität zu entwickeln. Diese resultiert aus den tagtäglichen Interaktionen mit beruflichen Interaktionspartnern in ihren jeweiligen Positionen und Funktionen in einem gegebenen Kontext. So lässt sich dann die einzelne Führungskraft als Mittelpunkt eines sozialen Netzes begreifen, von dem aus sie interagiert, von dem aus sie spezifische Teilidentitäten ausbildet, die sie dann als ihre spezifische Identität zu integrieren hat. Das gilt für die Führungsidentität ebenso wie für die Identität der Geführten. »Wer bin ich in dieser aktuellen beruflichen Interaktion«, ist für beide eine relevante Frage.

Dabei sind allerdings zwei unterschiedliche Grundformen der Identität zu unterscheiden: Auf der einen Seite entwickelt jeder Mensch eine basale, zeitlich überdauernde Identität, auf der anderen Seite eine positionsbedingte, die gerade heute in Anbetracht der Vielgestaltigkeit der Arbeitswelt höchst variabel sein muss. Nun sollte allerdings das Selbstbild der Führungskraft möglichst kompatibel sein mit dem Fremdbild, das andere von ihr haben. Die Identitätsentwicklung einer Führungskraft ist aber immer an einen Aushandlungsprozess mit den Menschen ihrer Umgebung gebunden. So erhalten die tagtäglichen Interaktionen zwischen Führungskräften und ihren Mitarbeitern, Vorgesetzten, Kollegen usw. eine zentrale Bedeutung für die Entwicklung der Führungsidentität.

All das bündelt sich im Begriff der »Identitätsarbeit« (Strauss u. Höfer, 1997, S. 292). Damit ist impliziert, dass es sich um eine aktive Steuerungsleistung handelt. Zwar stellen die in der primären Sozialisation in Interaktion mit Eltern und Geschwistern erworbenen Deutungs- und Handlungsmuster den Ausgangspunkt jeder Identitätsentwicklung dar. Sie werden auch über die Jugendphase hinweg beibehalten. Identität entwickelt sich aber heute laufend weiter, sie ist nach neuerer Auffassung eben nicht auf die Kindheit und Jugendzeit beschränkt. So zeigen auch neuere Studien, dass die Identität als Führungskraft immer wieder neu an unterschiedliche Anforderungen mit unterschiedlichen

Interaktionspartnern angepasst wird und sich mit diesen Interaktionspartnern zum Teil völlig neu herausbildet (Gardner u. Avolio, 1987), in manchen Situationen sogar »unter Schmerzen« neu herausbilden muss.

3.5 Globalisierung und Internationalisierung

In der öffentlichen Debatte werden heute laufend Megatrends (→ 1.4) wie die Globalisierung mit ihren Vor- und Nachteilen thematisiert (z. B. Steingart, 2006). Jenseits aller kritischen Einwendungen ist im Prinzip heute jede Führungskraft davon betroffen. Und dabei spielt besonders die Internationalisierung eine Rolle. Am deutlichsten sind davon Führungskräfte in Unternehmen tangiert, wenn sie in ausländischen Firmen wie etwa bei Ebay arbeiten. Manche andere gehen für eine deutsche Firma, etwa mit Bayer, ins Ausland zum Beispiel nach Singapur. Und wieder andere Führungskräfte müssen wie bei SAP laufend mit Menschen unterschiedlicher Nationalitäten zusammenarbeiten. In der globalisierten Welt sind aber auch viele Führungskräfte aus Behörden oder sozialen Dienstleistungssystemen mit Menschen unterschiedlicher Herkunft befasst. Man denke nur an leitende Sozialarbeiter, die in Projekten für Immigrantenkinder tätig sind oder die in Jugendgefängnissen arbeiten. Letztlich muss sich heute auch jeder Direktor einer Hauptschule mit einem hohen Maß an Internationalisierung anfreunden.

Aus diesem Grund spielen heute Phänomene von »interkultureller Kommunikation und Kooperation« (Heimannsberg u. Schmidt-Lellek, 2000; Thomas, Kinast u. Schroll-Machl, 2003) in Organisationen eine besondere Rolle. Auch sie erzeugen bei Führungskräften in unterschiedlicher Weise Verunsicherung, die keineswegs nur sprachliche Ursachen hat. Heute müssen sie nämlich zunehmend unterschiedliche kulturelle Standards in ihrer Arbeit berücksichtigen und darauf achten, dass diese auch von den Mitarbeitern berücksichtigt werden.

Zwar gibt es unzählige Definitionen von Kultur; die Mehrzahl aller modernen Autoren würde sich aber einer Bestimmung anschließen, wie sie die niederländischen Kulturanthropologen Hofstede und Hofstede (2006) vornehmen. Sie betrachten als Kultur unsere jeweiligen kollektiven mentalen Programme. Das ist also ein Bewusstsein, das wir als Einzelne im Verlauf unserer Sozialisation in der fortlaufenden Interaktion mit unseren Beziehungspartnern erworben haben. Es stellt ein Orientierungssystem dar, mit dem sich ein Mensch in seinem jeweiligen Kontext, in dem er aufgewachsen ist, sicher bewegen kann. Der französische Soziologe Bourdieu (1997) beschrieb dies als »Habitus«, der alle die Deutungs- und Handlungsmuster umfasst, die ein Mensch in seiner Bezugswelt erworben hat und die er laufend nutzt.

Diese Orientierungsmuster enthalten kulturübergreifend spezifische Kulturstandards, die sich durch fünf Merkmale fassen lassen (Thomas, 2003, S. 25):

- Sie sind zunächst »Arten des Wahrnehmens, Denkens, Wertens und Handelns, die von der Mehrzahl der Mitglieder einer bestimmten Kultur für sich und andere als normal, typisch und verbindlich angesehen werden.
- Eigenes und fremdes Verhalten wird aufgrund dieser Kulturstandards gesteuert, reguliert und beurteilt.
- Kulturstandards besitzen Regulationsfunktion in einem weiten Bereich der Situationsbewältigung und des Umgangs mit Personen.
- Die individuelle und gruppenspezifische Art und Weise des Umgangs mit Kulturstandards zur Verhaltensregulation kann innerhalb eines gewissen Toleranzbereichs variieren.
- Verhaltensweisen, die sich außerhalb der bereichsspezifischen Grenzen bewegen, werden von der sozialen Umwelt abgelehnt und sanktioniert.«

Das bedeutet, in einem internationalisierten System sind Fachkenntnisse und technisches Spezialistentum eines Managers allein nicht mehr ausreichend, sondern – auch im Rahmen von Wettbewerbsvorteilen – müssen *interkulturelle Kompetenzen* erworben werden. Hier muss eine Führungskraft, bevor sie tiefer in eine jeweilige interkulturelle Situation eintaucht, zunächst mit Typisierungen arbeiten. Zu diesem Zweck ist es sinnvoll, dass sie landestypische Kulturstandards ihrer Interaktionspartner erfragt. Sie lassen sich dann deutschen Kulturstandards gegenüberstellen. Daran anschließend kann die Führungskraft aus der Differenz zu dem jeweiligen Fremden eine erste Orientierung ableiten. Als zentrale deutsche Kulturstandards hat Alexander Thomas (2003, S. 26) folgende ermittelt:

- »Sachorientierung (die Beschäftigung mit Sachverhalten ist wichtiger als die mit Personen)
- Regelorientierung (Wertschätzung von Strukturen und Regeln: Für alles wird eine Regel gesucht und erwartet)
- Direktheit/Wahrhaftigkeit (schwacher Kontext als Kommunikationsstil: Es gibt ein Richtig oder Falsch, ein Ja oder Nein, aber nichts dazwischen, der direkte Weg ist immer der zielführende und effektivste)
- Interpersonale Distanzdifferenzierung (Mische dich nicht ungefragt in die Angelegenheiten anderer Menschen ein: Halte Abstand und übe Zurückhaltung)
- Internalisierte Kontrolle (Man ruft sich selbst zur Ordnung)
- Zeitplanung (Zeit ist ein kostbares Gut, ist Geld wert: Sie darf nicht nutzlos vergeudet werden, sondern muss geplant, eingeplant werden)
- Trennung von Persönlichkeits- und Lebensbereich.«

Eine Führungskraft, die sich dem Fremden ernstlich stellt, ist dann gezwungen, ihre eigenen kulturellen Standards immer wieder aus einer exzentrischen Position zu betrachten. Dann wird sie als Deutscher etwa in der Kooperation mit Menschen aus Tschechien erleben, dass dort selten eine so strikte Trennung zwischen Privat- und Berufswelt vorgenommen wird (Pumberger, 2000). Oder in der Zusammenarbeit mit Menschen aus Südamerika wird sie feststellen, dass eine strikte Zeitplanung dort selten üblich ist usw. So ist es für Führungskräfte, die in einem interkulturellen Kontext erfolgreich agieren wollen, absolut notwendig, dass sie sich nicht nur als Persönlichkeit flexibilisieren, sondern sie werden auch zu lernen haben, je nach Situation einmal in das eine und ein anderes Mal in das andere kulturelle System vorstellungsmäßig einzutauchen. Beim Umgang mit dem Fremden lassen sich zunächst vier grundlegende Typen der Verhaltensregulation beobachten (Bochner, 1982, zit. nach Thomas, 2003:

1. *Dominanzkonzept*: Die eigenkulturellen Werte und Normen werden den fremden Kulturen gegenüber als überlegen angesehen. Das wäre eine bornierte Haltung.
2. *Assimilationskonzept*: Die fremdkulturellen Werte werden bereitwillig übernommen und in das eigene Handeln integriert. Die Anpassungstendenzen können so stark werden, dass ein Verlust der eigenen Identität erfolgt.
3. *Divergenzkonzept*: Werte und Normen beider Kulturen werden als bedeutsam und effektiv angesehen. Manche Elemente sind kompatibel, andere nicht.
4. *Synthesekonzept*: Es gelingt, bedeutsame Elemente beider Kulturen zu einer neuen Qualität zu verschmelzen. Daraus ergeben sich im Idealfall neue Normen und Standards.

Wenn wir diese vier Möglichkeiten betrachten, wird schnell klar, dass ein reifer Umgang mit Menschen aus anderen Kulturen im Sinne des Synthesekonzepts hohe Anforderungen stellt. Diese lassen sich nicht sofort erwerben, sondern erst im Verlauf einer ganzen Reihe von Auseinandersetzungen mit eigenen und fremden kulturellen Standards. Auch solche Kompetenzen sind aber nur über ein relativ hohes Maß an Verunsicherung und ihre Bewältigung zu erwerben.

Erträge für den Coach

- In der neueren Managementliteratur wird Führung neben Planung, Organisation, Personaleinsatz und Kontrolle als eine *Managementfunktion* betrachtet. Sie besteht in der Veranlassung der Arbeitsleistung von unterstellten Mitarbeitern.
- Führungskräfte müssen zwischen unterschiedlichen Antinomien eine *Balance herstellen*: Sie haben ihre Arbeitsgruppe, Abteilung oder Firma zu stabilisieren, damit das System möglichst gute Effekte erbringt; sie müssen andererseits das Bestehende in Frage stellen, damit es genügend flexibel

bleibt für Innovationen. Sie müssen sich selbst und ihren Mitarbeitern ein hohes Maß an Individualität zubilligen, gleichzeitig aber Bedürfnissen nach Konformität Raum geben.

- Der Coach muss der Tatsache Rechnung tragen, dass Führungskräfte heute einer erheblichen *Labilisierung in ihrer Position* ausgesetzt sind. In allen beruflichen Feldern finden wir heute Veränderungen innerhalb der organisatorischen Grenzen, die weitaus weniger als früher die Position von Führungskräften konturieren.
- Die neuen, entformalisierten Organisationsformen geben Führungskräften wie Mitarbeitern einerseits *viel Gestaltungsraum*, andererseits aber *wenig Stabilität*. Die einzelnen Menschen – und dabei besonders die Führungskräfte – müssen die Organisation mit ihrer individuellen Dynamik und mit ihrer Disziplin selbst stabilisieren. Dabei kommt besonders den Führungskräften die Aufgabe zu, diese Konstellationen zu etablieren und aufrechtzuerhalten.
- Viel umfassender und turbulenter vollziehen sich Veränderungen in Zeiten der *Globalisierung* außerhalb der Organisationen. Diese weltweiten Entwicklungen diffundieren letztlich auch in der einen oder anderen Form in die Organisationen hinein.
- Solche Veränderungen sind nicht nur allgegenwärtig, sie gehen auch mit einer *immer höheren Komplexität* einher. Deshalb sollte es im Coaching keineswegs nur um die Bewältigung aktueller Anforderungen gehen.
- Angesichts der vielfältigen Verunsicherungen und neuartigen Herausforderungen ist eine fortdauernde *Identitätsarbeit* erforderlich. Die in der primären Sozialisation in Kindheit und Jugend erworbenen Deutungs- und Handlungsmuster stellen zwar den Ausgangspunkt jeder Identitätsentwicklung dar, sie müssen heute aber laufend weiterentwickelt werden.
- Wenn der Coach die Situation von Führungskräften heute realistisch beurteilt, wird er übergeordnete Ziele wie die Fähigkeit zum *Selbstmanagement*, zur *Selbststrukturierung* und zur *Selbstdisziplin* anregen. Das bedeutet, der Coach sollte gleichlaufend mit der Bearbeitung singulärer Fragestellungen immer die Förderung von *Meta-Kompetenzen* im Auge behalten, mit denen Führungskräfte das ihnen Begegnende möglichst gut bewältigen können.
- Angesichts der aktuellen Lage von Führungskräften sollte der Coach auch bei der *persönlichen Stabilisierung* behilflich sein. Dabei kann es allerdings nicht nur um die Kompensation von bedrängenden Arbeitsprozessen gehen. Qualifiziertes Life-Coaching hat auch eine Balance des Lebensganzen anzustreben.

Literatur zum Thema

Beck, U. (1986). Risikogesellschaft. Auf dem Weg in eine andere Moderne. Frankfurt a. M.: Suhrkamp.

Eikelpasch, R., Rademacher, C. (2004). Identität. Bielefeld: transkript.

Hofstede, G., Hofstede, J. G. (2006). Lokales Denken. Globales Handeln. Interkulturelle Zusammenarbeit und globales Management (3. Aufl.). München: Beck.

Keupp, H., Höfer, R. (Hrsg.) (1997). Identitätsarbeit heute. Klassische und aktuelle Perspektiven in der Identitätsforschung. Frankfurt a. M.: Suhrkamp.

Neuberger, O. (2002). Führen und Führen lassen. Stuttgart: Lucius & Lucius.

Schreyögg, G., Koch, J. (2007). Grundlagen des Managements. Wiesbaden: Gabler.

Sennett, R. (1998). Der flexible Mensch. Die Kultur des neuen Kapitalismus. Berlin: Siedler.

Teil II: Die Coaching-Themen

In Teil II werden die wichtigsten existenziellen Themen entfaltet, die im Life-Coaching mit den Klient/innen bezogen auf ihre jeweilige Problematik erörtert werden können. Damit soll der Fragehorizont erweitert werden, indem die im beruflichen Alltag auftretenden Konflikte, Schwierigkeiten, Probleme, wie wir sie in einigen Aspekten in Teil I umrissen haben, mit folgenden übergreifenden Themen in Verbindung gebracht werden:

- Sinn,
- Glück,
- Verantwortung,
- Lebensstil und Lebenskunst.

Als Quellen der Darstellung und zugleich als Ressourcen für die fortdauernde Auseinandersetzung mit diesen Themen werden in den folgenden vier Kapiteln zahlreiche philosophische, literarische, sozialwissenschaftliche und psychologische Erkenntnisse herangezogen, von den europäischen Anfängen philosophischen Denkens bis zur Gegenwart.

Manche Coaching-Klient/innen und Coaches schrecken zuweilen zurück, wenn sie mit Philosophie in Berührung kommen. »Philosophie« im eigentlichen Sinne bedeutet jedoch nicht in erster Linie die Beschäftigung mit philosophischen Texten bzw. die Auseinandersetzung mit schulmäßiger Philosophie, sondern das offene, neugierige Fragen im Hinblick auf die Bedingungen, die Ziele und die Werte menschlichen Daseins. In diesem Sinne werden in vielen pädagogischen, beratenden oder therapeutischen Aktivitäten implizit philosophische Themen erörtert. Dabei kann nun allerdings die Lektüre der vielfältigen philosophischen Texte im engeren Sinne sehr hilfreiche Dienste leisten. Denn seit Beginn der methodischen philosophischen Reflexion vor etwa 2500 Jahren findet sich darin ein unerschöpflicher Fundus an verarbeiteten Existenzerfahrungen, die heute zur eigenen »Existenzerhellung« (Jaspers) und Existenzbewältigung herangezogen werden können, sofern sie in zeitgemäße Sprach- und Denkformen übertragen werden. So können philosophische ebenso wie sozialwissenschaftliche und andere Erkenntnisse dazu dienen, die im Life-Coaching auftauchenden Fragen zu strukturieren und anzureichern.

Wenn im Folgenden alte Texte zitiert werden, von denen einige der griechischen Antike entstammen (wie z. B. von Aristoteles oder Epikur), so geschieht dies also nicht als akademische Attitüde oder aus kulturgeschichtlichen Interessen heraus, sondern in der Meinung bzw. aus der Erfahrung heraus, dass darin Begriffsbildungen und Gedankengänge zu finden sind, die bis heute eine Relevanz besitzen. Damit kann auch deutlich werden, dass die zentralen Themen menschlicher Existenz sich seit Menschengedenken nicht wesentlich verändert haben, wohl aber die Kontexte, in denen diese Fragen gestellt werden. Allerdings scheinen heute die Rahmenbedingungen beruflicher Arbeit in zunehmendem Maße gar keinen Raum mehr zuzulassen, in dem solche Fragen bewusst wahrgenommen und fundiert reflektiert werden können.

Da heute meistens die Muße für nichtfunktionale, nichtarbeitsbezogene Gespräche fehlt oder zu fehlen scheint, kann das Life-Coaching zu einem Freiraum werden, in welchem eben diesen existenziellen Fragen nachgegangen werden kann. Coaches und andere professionelle Berater sollen sich aber darauf vorbereiten können, damit entsprechende Gespräche nicht »aus dem hohlen Bauch« heraus erfolgen. Mit den folgenden Kapiteln wollen wir Ihre Neugier nicht nur für die genannten vier Themen, sondern auch für die traditionsreichen Auseinandersetzungen mit ihnen wecken und Sie vor allem zur eigenen Auseinandersetzung einladen. Gewiss ist ein Austausch über existenzielle Grundfragen auch ohne philosophischen oder psychologischen Wissenshintergrund möglich, aber der reiche Fundus an reflektiertem Erfahrungswissen, das sich in alten und neuen Texten aufspüren lässt, kann die eigenen Ansatzpunkte relativieren und ausweiten und möglichen Antworten eine größere Tiefe verleihen.

So wird in diesem Teil ein breit angelegtes Material präsentiert, mit dessen Hilfe auftauchende existenzielle Fragestellungen substanziell reflektiert werden können, um dann Optionen für persönliche Antworten zu entwickeln.

4 Sinn suchen

Ferdinand Buer

4.1 Auf der Suche nach dem Sinn gestern und heute

Fragen nach dem Sinn tauchen bei den einzelnen Bewohner/innen spätmoderner Lebenswelten immer dann auf, wenn ein bisher üblicher Lebensvollzug plötzlich in Frage steht: Was soll das? Wozu mache ich das? Welchen Sinn hat das? Die Frage nach dem Sinn ist also ein Phänomen subjektiver Reflexion. Wenn ich diese Fragen stelle, geht es aber nicht nur darum, den Sinn oder die Bedeutung eines sozialen Geschehens zu begreifen. Es geht also nicht nur um Sinnverstehen oder Hermeneutik. Es geht vielmehr darum, ob ich mein Leben als bedeutsam, als wichtig, als relevant, als wertvoll ansehen kann, für mich und/oder für andere. Dabei lassen sich drei Sinnebenen unterscheiden:

- Macht das Sinn, was ich getan habe, was ich gerade tue, was ich vorhabe?
- Welchen Sinn sehe ich in meinem einmaligen individuellen Leben?
- Hat das Leben auf der Welt an sich einen Sinn?

In traditionalen, geschlossenen Gesellschaften waren die Lebensvollzüge ihrer Mitglieder in einen kosmischen Gesamtzusammenhang eingebunden, sodass sich die Frage nach dem Sinn des je individuellen Lebens oder gar des Lebens schlechthin erst gar nicht stellte. Erst in der Moderne werden diese Einbindungen als Abhängigkeiten gesehen, die durch die Herrschaftsverhältnisse aufgezwungen wurden: Das mündige, autonome Individuum wird zum Ideal, das sich von vorgesetzten Sinngebungen zu emanzipieren hat. Nun darf, ja sollte jeder die Chance wahrnehmen, seinem Leben und Tun selbst einen Sinn zu geben. Toleranz, Akzeptanz, ja sogar Respekt gegenüber jeglichem Lebensentwurf wurden zur Norm.

Damit werden vor allem die bisher vorherrschenden religiösen Bindungen relativiert. Diese lieferten neben einem Sinnangebot auch die dazugehörigen Regeln des Zusammenlebens. Mit der Rücknahme dieser Normierungen und der Zunahme der Komplexität gesellschaftlichen Austauschs in den bürgerlichen Gesellschaften entstand ein neuartiger Bedarf an sozialer Regulierung. Diese Aufgabe haben die Nationalstaaten übernommen: Alle Bereiche des gesellschaftlichen Lebens werden seitdem zunehmend verrechtlicht; die Einhaltung dieser Gesetze und Vorschriften wird immer stärker überwacht und von staatlichen Organen sanktioniert.

Jeder, der die Gesetze achtet und sich bzw. seine Produkte erfolgreich vermarktet, kann nun zu Wohlstand kommen. Wer polizeilich auffällt, wird vom Staat zur Räson gebracht; wer unverschuldet am Markt nicht mithalten kann, wird vom Staat alimentiert. Damit wird der Sozialstaat zum Garanten des Wohlstands für alle. Wohlstand bedeutet nun vor allem Teilhabe an den Annehmlichkeiten, die die massenweise hergestellten Güter und Dienstleistungen bieten. Der Sinn des Lebens besteht jetzt für viele darin, einen möglichst großen Anteil an diesen Annehmlichkeiten des bürgerlichen Lebens zu ergattern: Der Konsumismus wird zur herrschenden Ideologie.

Dieses Goldene Zeitalter ist aber nun auch in der BRD spätestens in den 80er Jahren des vorigen Jahrhunderts zu Ende gegangen: Der Nationalstaat kann nicht mehr wie bisher das Florieren der Wirtschaft garantieren; er kann auch seine Alimentationsfunktion kaum noch ausreichend wahrnehmen. Der Konsum kann die Frage nach dem Sinn des Ganzen nicht mehr wie zuvor zudecken. Der Rückgriff auf die großen Erzählungen ist für die meisten versperrt: Neben den Großreligionen und Weltanschauungen sind auch Liberalismus, Sozialismus, Nationalismus, Szientismus für viele unglaubwürdig oder unattraktiv geworden.

In der Spät- oder Postmoderne wird damit jeder Einzelne zum Sinnsucher. Es mag noch angehen, auf der ersten Ebene seinem jeweiligen Tun einen Sinn zu geben: Ich gehe zur Arbeit, um über genügend Geld zu verfügen, damit ich meinen Lebensunterhalt bestreiten kann. Also ist das Zur-Arbeit-Gehen sinnvoll (→ 1.3). Aber ist das alles? Reicht das, um mein Leben, so wie es ist, für sinnvoll zu halten? Ist das Ganze nicht absurd? Gibt es überhaupt einen Sinn des Lebens, den man irgendwo auffinden kann?

Mit der Beantwortung der Sinnfrage auf der zweiten und erst recht auf der dritten Ebene sind aber viele überfordert. Sie flüchten in abgekapselte, oft künstliche Welten, in denen sich die Sinnfragen nicht mehr stellen, weil sie sich den dort vorgegebenen Spielregeln unterworfen haben: Sie flüchten in die Arbeit, in den Konsum, in Medienwelten, in gewalttätige Subkulturen, in esoterische Zirkel. Damit werden aber alte Abhängigkeiten nur durch neue ersetzt: Die Emanzipation frisst ihre Kinder.

Das gilt selbstverständlich auch für die gebildeten Schichten, die Coaching in Anspruch nehmen. Auch sie können der Sinnfrage ausweichen durch allumfassende Geschäftigkeit. Da ihre Entscheidungen aber allzu viele Menschen spürbar betreffen, müssen sie sich der Sinnfrage stellen. Denn sinnloses Tun wird selten sinnvolle Auswirkungen auf andere haben. Sie können daher ihrer Verantwortung für andere nur gerecht werden, wenn sie sinnvoll handeln (→ 1.5). Aber was soll das sein?

Das deutsche Wort »Sinn«, ebenso wie das lateinische »sensus«, das englische »sense« oder das französische »sens«, umfasst zwei Bedeutungsebenen. Zum einen eine kognitive: Sinnvoll ist das, was Sinn macht, was sinnig ist. Das Gegenteil wäre sinnlos oder unsinnig. Sinn hat etwas mit Besinnung und Besonnenheit zu tun. Auch kann ich etwas ersinnen, das heißt, mir etwas ausdenken oder über etwas nachsinnen, das heißt, über etwas nachdenken. Sinnvoll ist also das, was durchdacht, also vernünftig ist.

Zum anderen enthält »Sinn« auch eine psychologische Bedeutung: Man spricht nicht nur von einem Geschmackssinn oder einem Tastsinn. Man sagt auch: Er hat einen Sinn fürs Geschäftliche, fürs Technische, fürs Künstlerische. Das meint: Er hat ein Gespür, ein spezielles Sinnesorgan für diese Bereiche. Dann lässt er sich davon beeinflussen, wonach ihm der »Sinn steht«. Er tut eben das, was ihm seine Sinne nahelegen, was ihm sinnlich angenehm ist. Sinnvoll ist also das, was die Sinne anspricht.

Im Wort »Sinn« sind also Vernunft und Sinnlichkeit, Denken und Empfinden, Geistigkeit und Körperlichkeit unlöslich verbunden (Lippe, 1987). Wenn es also um den Sinn des Lebens geht, geht es nicht nur um eine vernünftige Bedeutungszuschreibung, es geht auch um die Ermöglichung sinnlichen Wohlbefindens. So stellt sich auch bei den Tätigkeiten der Coaching-Klienten ebenfalls die Frage, ob jene so »sinnig« und »sinnlich« sind, dass diese sie bejahen können. Diese Ebene wird aber erst sichtbar, wenn es nicht um noch raffinierteren Konsum oder um noch effizientere Arbeit geht. Sie deutet sich an, wenn Lustlosigkeit und Langeweile vorherrschend werden, wenn Burnout-Symptome (→ 8.4) oder Depressionen auftauchen, wenn Suchtverhalten jegliche Besinnung verhindert.

Es gehört zur Kompetenz eines Coach, hinter diesen Phänomenen die existenzielle Frage nach dem Sinn zu entdecken und zur Sprache zu bringen. Er sollte daher nicht nur den Sinn seines eigenen Lebens geklärt haben. Er sollte auch um die aktuelle Diskussion über Sinnfragen heute wissen, auch um darüber mit informierten Klient/innen angemessen sprechen zu können (Überblicke bieten: Fehige et al., 2004; Petzold u. Orth, 2005).

4.2 Sinn und Sinnlosigkeit

4.2.1 Sinnfindung als Lebensaufgabe

»Die metaphysischen Kategorien leben, säkularisiert, fort in dem, was dem vulgären höheren Drang die Frage nach dem Sinn des Lebens heißt. Der weltanschauliche Klang des Wortes verurteilt die Frage. Unweigerlich fast gesellt ihr sich die Antwort, der Sinn des Lebens sei der, den der Fragende ihm gibt. [...] Die Antwort ist falsch. Der Begriff des Sinns involviert Objektivität jenseits allen Machens. [...] Die Subjekte sind in sich, ihre ›Konstitution‹ eingelassen: an Metaphysik ist es, darüber nachzudenken, wie weit sie gleichwohl über sich hinauszusehen vermögen. Philosopheme, die davon sich entlasten, disqualifizieren sich als Zuspruch. Die Tätigkeit eines mit jener Sphäre Verbundenen wurde vor Jahrzehnten charakterisiert: er reist herum und hält Angestellten Vorträge über Sinn« (Adorno, 1970, S. 367).

Diese Reflexionen sind typisch Adorno: Sätze gerieren sich als Setzungen. Hier werden – gleichsam ex cathedra – alle Versuche desavouiert, mit *normalen* Menschen, hier stellvertretend als »Angestellte« vorgeführt, über den Sinn des Lebens zu reden. Derartige Bemühungen werden von vorne herein als »Zuspruch« denunziert. Günter Anders geht noch einen Schritt weiter. In gut marxistischer Tradition konstatiert er: Da Menschsein durch die Arbeit bestimmt wird, die Arbeit aber im Kapitalismus entfremdet ist, ist das Leben dieser Menschen ohne Sinn. Um trotzdem leben zu können, muss die Sinnlosigkeit verdrängt werden. Statt an einer Aufhebung dieser »effektiven Sinnlosigkeit« zu arbeiten, lassen die Menschen das »Gefühl der Sinnlosigkeit« therapieren:

»Es gibt, namentlich in den Vereinigten Staaten, Legionen von Therapeuten – nennen wir sie ›*Sinn-Racketeers*‹ –, die in der Existenz dieses Gefühls ihren Lebenssinn sehen, nämlich von dessen Existenz leben; und die nicht nur behaupten, dieses Gefühl zu kurieren, sondern schamloserweise sogar verkünden, dem Leben ›*Sinn verleihen*‹ zu können. [...] Nein, nicht ein pathologisches, einer Behandlung bedürftiges Symptom ist das *Gefühl der ›Sinnlosigkeit des Lebens›*, sondern ein völlig berechtigtes Gefühl, ein Zeichen von unbeschädigter Wahrheitsbereitschaft, um nicht geradezu zu sagen: *ein Symptom von Gesundheit.* Diese Wahrheitsbereitschaft verlangt freilich, wie paradox immer das auch klingen mag, dass wir nach ›Sinn‹ zu suchen aufhören« (Anders, 1984, S. 367ff.).

Während Adorno es immerhin noch für notwendig hält, darüber nachzudenken, wie weit Menschen über ihr Leben im Falschen ins Richtige hinauszusehen vermögen (ihm scheint das ja gelungen zu sein), plädiert Anders dafür, die Suche nach dem Sinn gänzlich aufzugeben. Vor allem möchte er diese Aufgabe nicht den Therapeuten (resp. Coaches) überlassen. Mir scheint, Adorno wie Anders wollen die Beantwortung der Frage nach dem Sinn nicht dem einfachen Volk (»vulgus«) übergeben. Sie stilisieren sich – wie in den Zeiten, als Metaphysik noch geholfen hat, – als Priester oder Propheten, die die Wahrheit für sich gepachtet haben. Da möchte ich doch dafür eintreten, eine Demokratisierung auch in dieser Sache zu akzeptieren: Jedermann sollte sich die Möglichkeit eröffnen dürfen, mit Niveau über diese Fragen nachzudenken. Und das auch in einem Dialog mit einem Coach.

Mit seiner Aufforderung, die Sinnlosigkeit des Lebens in der gegenwärtigen gesellschaftlichen Lage zu akzeptieren, liegt Anders ganz nahe bei Albert Camus. Während jener das Gefühl der Sinnlosigkeit an der Entfremdung der Arbeit festmacht, bindet dieser das Gefühl der Sinnlosigkeit, die er Absurdität nennt, an eine grundlegendere Erfahrung: »Das Gefühl der Absurdität kann einen beliebigen Menschen an einer beliebigen Straßenecke anspringen. Es ist in seiner trostlosen Nacktheit, in seinem glanzlosen Licht nicht zu fassen« (Camus, 1943/1965, S. 15). Er fasst die Entfremdung grundsätzlicher als Anders:

»Eine Welt, die sich – wenn auch mit schlechten Gründen – deuten und rechtfertigen lässt, ist immer noch eine vertraute Welt. Aber in einem Universum, das plötzlich der Illusionen und des Lichts beraubt ist, fühlt der Mensch sich fremd. Aus diesem Verstoßen-sein gibt es für ihn kein Entrinnen, weil er der Erinnerungen an eine verlorene Heimat oder der Hoffnung auf ein gelobtes Land beraubt ist. Dieser Zwiespalt zwischen dem Menschen und seinem Leben, zwischen dem Schauspieler und seinem Hintergrund ist eigentlich das Gefühl der Absurdität« (Camus, 1943/1965, S. 11).

Das Grunddilemma des heutigen Menschen besteht nach Camus darin: »Diese beiden Gewissheiten – mein Verlangen nach Absolutem und nach Einheit und das Verlangen, diese Welt auf ein rationales, vernunftgemäßes Prinzip zurückzuführen – kann ich nicht miteinander vereinigen« (Camus, 1943/1965, S. 47). Zwar lässt sich nach Camus die Sinnfrage nicht auf der dritten Ebene beantworten. Das unauslöschliche Verlangen nach Sinn kann den Menschen aber dazu bewegen, seinem Leben auf der ersten und damit auch auf der zweiten Ebene einen Sinn zu geben, indem er gegen die Absurdität des Lebens revoltiert (Speck, 1992).

»Ich rufe, dass ich an nichts glaube und dass alles absurd ist, aber ich kann an meinem Ausruf nicht zweifeln, und zum mindesten muß ich an meinen Protest glauben. Die erste und einzige Gewissheit, die mir so im Innern der absurden Erfahrung gegeben ist, ist die Revolte. [...] Die Revolte keimt auf beim Anblick der Unvernunft, vor einem ungerechten und unverständlichen Leben« (Camus, 1951/1977, S. 17).

Damit ist klar: Selbst *der* Philosoph des Absurden konstatiert bei jedem Menschen eine Kraft, die die Sinnlosigkeit des Lebens nicht mitmachen will. Und also steht jeder Mensch vor der Aufgabe, diesem spontanen Protest-Impuls in seiner Lebensgestaltung einen sinnvollen Ausdruck zu geben. Sinnfindung wird damit zur existenziellen Lebensaufgabe eines jeden.

4.2.2 Dem Leben einen Sinn geben

Thomas Nagel fasst das Camus'sche Grunddilemma des heutigen Menschen in der (Post-)Moderne so:

»Kein Mensch kann leben, ohne Energie und Aufmerksamkeit aufzubringen und ohne Entscheidungen zu fällen, die zeigen, dass für ihn einiges wichtiger, anderes weniger wichtig ist. Gleichzeitig können wir jederzeit einen externen Standpunkt gegenüber unserer speziellen Lebensführung einnehmen, von dem aus dann dieser Ernst unbegründet erscheint. Diese beiden unvermeidbaren Perspektiven kollidieren in uns, und das macht das Leben absurd. Es ist absurd, weil wir die Augen vor den Zweifeln verschließen, von denen wir wissen, dass wir sie nicht ausräumen können – und weil wir ihrer ungeachtet mit kaum vermindertem Ernst weiterleben« (Nagel, in Fehige et al., 2004, S. 97).

Die Frage nach dem Sinn des Lebens an sich lässt sich zweifellos nicht eindeutig beantworten, auch von der Philosophie nicht (Baggini, 2004). Alfred Julius Ayer rechnet sie daher auch zu den »unbeantwortbaren Fragen« (in Fehige et al., 2004, S. 34ff.). Nagel rät deshalb:

»Vielleicht braucht es uns gar nicht zu beunruhigen, falls das Leben als ganzes sinnlos ist. Vielleicht können wir dies anerkennen und weitermachen wie bisher. Wir müssen nur lernen, immer geradeaus zu schauen und Rechtfertigungen jederzeit *innerhalb* unseres Lebens und innerhalb des Lebens anderer, mit denen wir in Verbindung stehen, enden zu lassen. [...] Ich existiere. Das ist alles« (Nagel, 2005, S. 84).

Da die Beantwortung der Sinnfrage auf der dritten Ebene versperrt ist, können wir unserem Leben auf der zweiten Ebene nur dadurch einen Sinn geben, dass wir möglichst viele unserer Handlungen auf der ersten Ebene wertvoll machen. Es geht also bei der Sinnzuschreibung um eine Wertentscheidung:

»Wer nach dem Sinn des Lebens fragt, möchte auch wissen, wie er leben sollte und ob eine bestimmte Lebensführung mehr Zustimmung *verdient* als eine andere. Dies sind offensichtlich *Wert*fragen, und keine *Tatsachen*behauptungen darüber, wie wir de facto leben, sind für sich genommen ausreichend, solche Fragen zu beantworten. Keine Aussage darüber, was der Fall sein *soll*, lässt sich aus einer Aussage folgern, die besagt, was der Fall *ist*« (Nielsen, in Fehige et al., 2004, S. 233).

Wann aber kann ein Leben als wertvoll angesehen werden? Richard Taylor meint:

»Was zählt, ist die Fähigkeit, eine neue Aufgabe, einen neuen Plan, eine neue Luftblase anzupacken. Und das zählt nur deswegen, weil es ansteht und der Mensch es will. [...] Der Sinn des Lebens kommt aus unserem Inneren, er wird uns nicht von außen auferlegt, und in seiner Schönheit und Beständigkeit übersteigt er jedes Himmelreich, das die Menschen sich je erträumt oder ersehnt haben« (Taylor, in Fehige et al., 2004, S. 95).

Nun können wir aber offensichtlich nicht sämtliche unserer Lebensvollzüge als wertvoll bezeichnen. Richard Sylvan und Nicholas Griffin haben daher versucht, eine Differenzierung vorzunehmen:

»Ein Leben hat in dem Maße Sinn, in dem das betreffende Lebewesen Tätigkeiten ausübt, die Witz haben, und mit solchen Tätigkeiten manchmal Ergebnisse erzielt, die Witz haben; es hat umso *mehr* Witz, desto mehr seine Tätigkeiten und Ergebnisse Witz haben« (Sylvan u. Griffin, in Fehige et al., 2004, S. 467f.).

Um nun ein Resümee ziehen zu können, schlagen Sylvan und Griffin vor, positive wie negative »Notabilia«, also bemerkenswerte Geschehnisse, im Lebensverlauf in ein »Diaitaskop«, also eine Lebensübersicht, einzutragen. Dann zeigt sich, wie viele Lebensabschnitte in welchem Maße als sinnvoll oder sinnlos angesehen werden müssen. Und es wird deutlich, welche Kontexte positive wie negative Tätigkeiten zugelassen, befördert oder behindert haben. Solche

Lebensgraphen zeichnen zu lassen, kann im Coaching ein guter Ausgangspunkt sein zur Beantwortung der Fragen:

- Wie sinnvoll war mein Leben bisher?
- Wie relevant waren die Kontexte?
- Benötige ich andere Kontexte?
- Benötige ich eine andere Einstellung?

Viele gesellschaftliche Kontexte können wir ändern, viele nicht. Manche Menschen müssen jedoch in so elenden Verhältnissen leben, dass sie

»ihr Leben so schlimm finden, dass sie es für nicht lohnend halten. Ihr Elend ist echt, und sie brauchen die selbstlose Unterstützung derjenigen, die gut dastehen. Wir dürfen verzweifelte Menschen nicht mit Geschichten vom Himmelreich abspeisen. Es ist auch unredlich, Geschichten von den Fähigkeiten und der Willenskraft des Menschen, durch die sich alle Schwierigkeiten beseitigen ließen, aufzutischen. Wir alle müssen die Tatsache zur Kenntnis nehmen, dass keine Gesellschaftsordnung, auch nicht die gerechteste oder fürsorglichste, alle Übel abwenden kann; einige verhindern, andere zu ertragen helfen, allen Menschen in möglichst gleichem Maße den Zugang zu den guten Dingen des Lebens ermöglichen: das ist das Bestmögliche, was in unserer Macht steht. Wir müssen lernen, für die verbleibenden Übel – Leid, Mühsal, Demütigungen, Enttäuschungen und Langeweile – in den guten Seiten des Lebens einen Ausgleich zu finden« (Baier, in Fehige et al., 2004, S. 268).

Es nützt nichts, die Beantwortung der Sinnfrage ins Jenseits zu verschieben, sei es in ein religiöses oder ein utopisches. Die Sinnfrage muss hier und jetzt entschieden werden. Und man muss damit rechnen, dass ein jegliches Leben auch sinnlose Abschnitte enthalten kann. Ein sinnvolles Leben wird mir nicht geschenkt. Ich muss mich dafür einsetzen. Joseph M. Bochénski fasst zusammen: Die Beantwortung der Frage nach dem Sinn des Lebens

»ist meine Angelegenheit, in welcher ich nur mit mir selbst rechnen darf. Einen Sinn erhält das Leben am ehesten dadurch, dass man ein Ziel anstrebt; man soll also darauf achten, dass es einem an Zielen nicht mangelt. Den Sinn kann man aber nicht nur im Streben, sondern auch, und zwar in hohem Grad, im Genießen des Augenblicks finden. Das zu können, dazu imstande zu sein, sich an dem zu erfreuen, was jetzt gerade gegeben ist, ist eine große Gabe. Man soll sich dazu zielbewusst erziehen. Das menschliche Leben ist nicht eine einzige Reihe von Bestrebungen, sondern besteht aus einem Bündel von kleinen Reihen. Man soll sich nicht durch das eine Einzige, durch eine große Sache verführen lassen, sondern fähig bleiben, sich an der Vielzahl der kleinen vergänglichen Befriedigungen zu erfreuen« (Bochénski, in Fehige et al., 2004, S. 308).

Wenn wir nun aber feststellen, dass »einige Leben tatsächlich (einen) Sinn haben, hat das Leben Sinn«. Dieser Schlussfolgerung, die Sylvan und Griffin am Ende ihrer Überlegungen ziehen (2004, S. 473), kann ich mich nur anschließen. Oder um den Dramatiker Noel Coward zu zitieren (Murphy, in Fehige et al., 2004, S. 210):

»Jugendlicher: ›Mr. Coward, ist das Leben wirklich wert, gelebt zu werden?‹
Noel Coward: ›Mein Junge, was sonst sollten wir mit ihm anfangen?‹«

4.2.3 Der Tod als Herausforderung

Der heute in Vergessenheit geratene Dichter Carl Julius Weber (1762–1832) schlug für sich als Grabspruch vor: »Hier liegen meine Gebeine, ich woll't es wären Deine« (Schmitz, 2006, S. 573). Damit wird auf ungewöhnlich drastische Weise zum Ausdruck gebracht, wie wenig manche Menschen das Totsein schätzen. Offensichtlich fällt es schwer, dem Totsein Sinn abzugewinnen. Da wir nur das Leben kennen, können wir nicht wissen, was jenseits ist, weder vorher, noch nachher. Und dieser Zustand kann jederzeit, also ganz plötzlich eintreten: Wir müssen immer mit dem Übergang vom Leben zum Tode rechnen. Wir können uns daher wohl kaum auf ihn vorbereiten; es sei denn, wir können den Zeitpunkt des Eintritts vorhersehen. Jean Paul Sartre hat das so ausgedrückt:

»Ich kann meinen Tod weder entdecken, noch erwarten, noch eine Haltung ihm gegenüber einnehmen, denn er ist das, was sich als das Unentdeckbare enthüllt, das alle Erwartungen wirkungslos macht, das in alle Haltungen und besonders in die, die man ihm gegenüber einnehmen könnte, eindringt, um sie in außerweltliche und erstarrte Verhaltensweisen zu verwandeln, deren Sinn für immer anderen als uns selbst anvertraut ist. Der Tod ist, ebenso wie die Geburt, ein reines Faktum; er kommt von Draußen und verwandelt uns in Draußen. Im Grunde genommen unterscheidet er sich in keiner Weise von der Geburt, und die Identität von Geburt und Tod ist das, was wir Geworfenheit nennen. [...] Es ist widersinnig, dass wir geboren sind, es ist widersinnig, dass wir sterben; andererseits stellt sich diese Widersinnigkeit als fortwährende Entfremdung meines Möglichkeit-Seins dar, welche Möglichkeit nicht mehr *meine* Möglichkeit, sondern die der Anderen ist. Es handelt sich also um eine äußerliche und faktische Grenze meiner Subjektivität!« (Sartre, in Ebeling, 1997, S. 94ff.).

Immer hatte daher der Gedanke an den Tod etwas Erschreckendes. Eine zentrale Funktion der Religionen war und ist es, den Gedanken an das Ende erträglicher zu machen. In christlicher Tradition wird jedes Leben als heilig betrachtet, das keineswegs entschieden beendet werden darf. Der Tod ist hinzunehmen. Nun ist – jedenfalls den Gebildeten – seit der Antike die Argumentation Epikurs bekannt, die er seinem Schüler Menoikeus darlegt:

»Gewöhne dich an den grundlegenden Gedanken, dass der Tod für uns ein Nichts ist. Denn alles Gute und Schlimme beruht darauf, daß wir es empfinden. Verlust aber dieser Empfindung ist der Tod. [...] So ist also der Tod, das schauervollste Übel, für uns ein Nichts; wenn wir da sind, ist der Tod nicht da, aber wenn der Tod da ist, sind wir nicht mehr« (Epikur, 1988, S. 54f.).

Aber ob eine derart rationale Argumentation die Todesängste wirksam auflösen kann, darf bezweifelt werden. Üblich ist eher, was Leo N. Tolstoj in seiner 1886 erschienenen Erzählung »Der Tod des Iwan Iljitsch« vom Sterben berichtet: Der Staatsanwalt Iljitsch hatte ein »leichtes, angenehmes, heiteres, durchaus schickliches und von der Gesellschaft gebilligtes Leben« geführt, als sich plötzlich Krankheitssymptome bemerkbar machen, die von den Ärzten nicht gedeutet, geschweige denn angemessen behandelt werden können. Iljitsch wird nach Monaten des Dahinsiechens plötzlich klar, dass er sterben muss. Und er hat Fragen über Fragen, alle unbeantwortbar:

»›Wie ist das nur? Warum? Es ist nicht möglich. Es ist nicht möglich, dass das Leben so sinnlos, so ekelhaft ist! Und wenn es wirklich so ekelhaft und sinnlos ist, warum sterben, warum unter diesen Leiden sterben? Etwas ist da nicht richtig‹« (Tolstoj, 1980, S. 284). Und am Ende »begann jenes drei Tage lang ohne Unterbrechung währende Schreien, das so furchtbar war, dass man es hinter zwei Türen nicht ohne Entsetzen hören konnte.« Ihm »war klar geworden, dass er verloren sei, dass es keine Rückkehr mehr gebe, daß das Ende da sei, daß der Zweifel nicht gelöst sei und darum in ihm zurückbleibe. ›Uh! Uh! Uh!‹ schrie er in den verschiedensten Tonarten« (Tolstoj, 1980, S. 291).

Tolstoj hat diese Erzählung unter dem Eindruck des Todes von Iwan Iljitsch Menschenikov, der an Krebs starb, konzipiert. Iwan Iljitsch war gar nicht auf die Idee gekommen, seinem Leben selbst ein Ende zu setzen, eine Praktik, die in der Antike – jedenfalls bei Gebildeten mit stoischer Lebensauffassung – durchaus üblich war. Er sah keinen anderen Ausweg, als die Unerträglichkeit seines Krebstodes im letzten Stadium drei Tage lang hinauszuschreien.

Im Prinzip könnte das Wissen um den Tod alle Lebenden veranlassen, ihr Leben bis dahin möglichst sinnvoll zu nutzen. Denn wenn das Leben ewig so weiterginge, könnte ja alles auf den Sankt Nimmerleinstag verschoben werden. Diese Chance, aus dem Leben etwas Sinnvolles zu machen, weil das danach nicht mehr möglich ist, scheinen aber nur wenige zu ergreifen. Viele denken wohl eher: Etwas Zeit wird mir doch wohl noch bleiben. So kann gerade der Gedanke, dass das Leben endlich ist und der Tod uns nicht zu schrecken braucht, Lebensfreude wecken. Das wusste schon Epikur:

»Deshalb macht die rechte Erkenntnis, dass der Tod für uns ein Nichts ist, die Sterblichkeit des Lebens zu einer Freude; sie fügt nicht nach dem Tode eine grenzenlose Zeit hinzu, sondern tilgt in uns die Sehnsucht nach der Unsterblichkeit« (Epikur, 1988, S. 54).

Die Idee des ewigen Lebens im Diesseits wäre unerträglich, weil es das Leben im Hier und Jetzt vollständig verstören würde. Erträglich wird der Gedanke vom ewigen Leben erst, wenn wir es ins Jenseits verlegen, weil wir genau das nicht denken können und also auch nicht zu denken brauchen. Da wir es aber nicht denken können, sollten wir auch keinen Gedanken daran verschwenden. Es behindert uns nur am Leben. Soweit Epikur, etwas weitergedacht.

Man kann dahinleben, wie Iwan Iljitsch in der Erzählung von Tolstoj. Man kann aber auch aus seinem Leben etwas Sinnvolles machen: Das verlangt aber eine Entscheidung für das Leben. So umfasst die »ars moriendi« eine »ars vivendi«. Karl Jaspers schreibt:

»Das *Nichtsein, das restlos nicht ist,* wird zum Schrecken für Existenz in dem Maße, als sie im Dasein Möglichkeiten verraten hat. Verwirklichte Möglichkeit aber erfüllt das Leben, das alternd dahin kommen kann, daß es lebenssatt sein darf. Ohne weitere Zukunft hat es Ruhe als Sein im Dasein, ohne Dasein nach dem Tode noch als Frage oder daseiendes Nichtsein noch als Schrecken zu kennen. Der Schrecken ist in dem Maße, als ich nicht gelebt, d. h. nicht entschieden habe und darum kein Sein des Selbst gewann; Ruhe in dem Maße, als ich Möglichkeiten verwirkliche« (Jaspers, in Ebeling, 1997, S. 68f.).

Weder eine konkrete Katastrophe, noch ein Leben, das in weiten Abschnitten als sinnlos betrachtet wird, muss aber zur Selbsttötung führen. Vielmehr ist Kurt Baier zuzustimmen:

»Die Traurigkeit, die in dem Gedanken liegt, das Leben finde mit dem Tod ein Ende, beweist nicht, dass kein einziges weltliches Gut sich lohnt, sondern zeigt, dass der Tod einer Sache ein Ende setzt, die fortzusetzen sich lohnen würde; dass wir sterben müssen, beweist nicht, dass das Leben sich nicht lohnt, solange es dauert. Wer jedoch nach reiflicher Überlegung zu dem Schluss kommt, der Tod sei eine willkommene Befreiung von allem Elend, sollte nicht denken, es sei feige oder aus anderen Gründen falsch, seinen Hut zu nehmen« (Baier, in Fehige et al., 2004, S. 268).

4.3 Sinngebung durch den Glauben

Nun haben wir es als Coaches immer auch mit Klienten zu tun, bei denen der Glaube eine Rolle spielt. In diesem Fall lassen diese Menschen das, was sie den Sinn ihres Lebens nennen, von ihrem Glauben beeinflussen. Daher muss jeder Coach wissen, wie er damit *sinnvoll* umgehen soll.

An dieser Stelle sollten wir gleich zwischen zwei Bedeutungen des Wortes *Glauben* unterscheiden: Wenn ich sage: »Ich glaube dir«, dann meine ich: »Ich habe Vertrauen in deine Glaubwürdigkeit«. Wenn ich sage: »Ich glaube an Gott«, dann meine ich: »Ich bin überzeugt, dass es einen Gott gibt, der in diese Welt hineinwirkt.« Martin Buber hat diesen Bedeutungsunterschied als »zwei Weisen des Glaubens« bezeichnet:

»Beide lassen sich von schlichten Tatsachen unseres Lebens aus anschaulich machen: die eine von der Tatsache aus, dass ich zu jemandem Vertrauen habe, ohne mein Vertrauen zu ihm zulänglich ›begründen‹ zu können, die andere von der Tatsache aus, daß ich, ebenfalls ohne es zulänglich begründen zu können, einen Sachverhalt als wahr anerkenne« (Buber, 1994, S. 9).

Diese Unterscheidung entspricht der altgriechischen zwischen »pístis« und »dóxa«: Im ersten Fall geht es also um eine bestimmte Art des Vertrauens, im zweiten um ein bestimmtes Fürwahrhalten. Buber schreibt weiter:

»Beidemal handelt es sich bei dem Nichtbegründenkönnen nicht um eine Mangelhaftigkeit meines Denkvermögens, sondern um eine wesenhafte Eigentümlichkeit meines Verhältnisses zu dem, dem ich vertraue, oder zu dem, das ich als wahr anerkenne. Es ist ein Verhältnis, daß sich seinem Wesen nach nicht auf ›Gründen‹ aufbaut, wie es auch nicht aus solchen hervorgeht; wohl lassen sich Gründe dafür geltend machen, aber sie werden niemals meinem Glauben gerecht werden« (Buber, 1994, S. 9).

Man kann also bestimmte Aussagen für wahr halten, weil sie gut begründet sind. Man kann sie aber auch für wahr halten, weil sie einleuchtend sind, überzeugend, eben glaubwürdig. Wenn wir also »glauben« als eine eigenständige Weise des Fürwahrhaltens anerkennen, dann dürften wir den Glauben eines Klienten nicht prinzipiell als unsinnig diskreditieren, wie das noch Rationalisten wie etwa Marx oder Freud getan hätten. Zweifellos kann der Glaube eine seit der Kindheit eingepflanzte Gewohnheit sein, die – bei kritischer Betrachtung – so einige Ungereimtheiten enthält. Ein ernst zu nehmender Glaube darf also nicht widersinnig sein. In diesem Fall sollte man ruhig von Aberglauben sprechen, der auch im Coaching in Frage zu stellen ist.

Nun ist »glauben« aber nicht einfach eine Alternative zu »rational begründen«. Glauben bezieht sich explizit auf Sachverhalte, die eben nicht logisch zu begründen sind. Während sich die Philosophie und die Wissenschaften als zuständig für rationale Erkenntnisgewinnung betrachten, halten sich von alters her die Religionen als zuständig für den Glauben. In Europa spielen die drei abrahamitischen Religionen eine große Rolle: Judentum, Christentum und Islam. Sie alle sind monotheistische Offenbarungsreligionen: Sie gehen davon aus, dass sie über Schriften verfügen, in denen sich der eine Gott geoffenbart hat. Je komplexer sich die Auslegung dieser Offenbarung gestaltet und je härter der Kampf um die orthodoxe Exegese geführt wird, desto ausdifferenzierter und starrer organisiert sich eine Religion als Institution: Vorgeschriebene Orthodoxie und Orthopraxie greifen in den Alltag der Gläubigen ein.

Glauben können aber nicht Institutionen, sondern nur Menschen. Dieser Glaube kann jedoch sehr subjektiv geprägt sein: Er kann sich auf einmalige, individuelle Erfahrungen und Überzeugungen berufen. Er kann aber auch verschiedene Praktiken und Aussagen aus verschiedenen Religionen in sich aufgenommen haben. Dieser Glaube kann bewusst in Überlegungen einbezogen werden; er kann aber auch unbewusst wirksam sein. Im Coaching ist also immer der Einfluss des je einmaligen Glaubens auf Denken und Handeln des Klienten zu rekonstruieren.

Wir sollten also beim Umgang mit Glaubensphänomenen zwischen drei Ebenen unterscheiden:

- *Gläubigkeit* umfasst den persönlichen Glauben und das Handeln aus diesem Glauben heraus. Man kann dafür auch *Religiosität* sagen, wenn man damit nicht automatisch die Bindung an eine Religion unterstellt. Man kann sich nämlich auch für *religiös* halten, ohne sich einer bestimmten Religion zugehörig zu fühlen. *Frömmigkeit* wäre eine Variante von Gläubigkeit, die auf ein bestimmtes Verhalten fokussiert.
- *Religion* ist dann eine institutionalisierte Form von Gläubigkeit: *Harte* Religionen wie die Offenbarungsreligionen sind in Lehre und Organisation ausdifferenzierter und festgelegter, *weiche* wie manche fernöstlichen Religionen lassen dagegen mehr Spielraum.
- *Konfession* verstehe ich als eine hoch institutionalisierte (Groß-)Religion, die sich um ein ausdifferenziertes Glaubensbekenntnis herum gebildet hat. Sie wird auch als *Kirche* bezeichnet.

4.3.1 Religionskritik

Religionen bieten Weltanschauungen und entsprechende Verhaltensnormen, die auch ohne eine vernünftige Begründung, also allein aus dem Glauben, legitimiert sind. Bei den Offenbarungsreligionen spielen dabei beide Glaubensweisen ineinander: Ob ich zum Beispiel für wahr halte, dass Jesus Gottes Sohn ist, hängt damit zusammen, ob ich den Glaubensbekenntnissen der ersten Zeugen, die im Neuen Testament versammelt sind, vertraue, ob ich sie für glaubwürdig halte (vgl. Marxsen, 1964).

Das Christentum behauptet nun – jedenfalls in ihren Mainstreams –, ihre Positionen widersprächen in keinem Punkt der Vernunft, da *Gottes Wille* nicht als unvernünftig gedacht werden könne. Dagegen hat es im Laufe der Kirchengeschichte immer wieder Protest gegeben: Zum einen von innen: durch Abweichler von der Orthodoxie. Sie wurden als *Ketzer* gebranntmarkt (Nigg, 1986) und zumindest *exkommuniziert*. Zum anderen von außen: durch Rationalisten, die immer aufs Neue nachzuweisen versuchten, welche Aussagen nun der Vernunft widersprächen oder welche Praktiken als unmoralisch anzusehen seien (z. B. Russell, 1985; Hoerster, 2005). Da die christliche Theologie heute weitgehend aufgeklärt ist, ist diese Art der Religionskritik, genauer die Kritik des Christentums, weniger gewichtig.

Heute spielt dagegen der Fundamentalismus breiter Bevölkerungsgruppen eine bedeutende Rolle. Hier wird geleugnet, dass die Interpretation von Schriften, auch von *heiligen*, niemals vollständig eindeutig sein kann. Eine bestimmte Auslegung wird als ein für alle mal gültig behauptet; wer anders interpretiert, weigere sich, das Wort Gottes anzuerkennen. Der Fundamentalismus wird im Westen gern dem islamischen Kulturkreis zugeordnet. Dabei wird häufig vergessen, dass es auch im Christentum wie im Judentum fundamentalistische

Strömungen gibt, die nicht nur in der Vergangenheit, gerade auch in heutiger Zeit wirksam sind (Armstrong, 2004).

Fundamentalisten sind Dogmatiker: Sie haben die Wahrheit gepachtet und lassen nicht mit sich reden. Zumeist lassen sie sich erst gar nicht auf rationale Diskurse ein; sie setzen eher Machtmittel ein bis hin zum Einsatz von psychischer und physischer Gewalt, um ihrer Weltsicht Geltung zu verschaffen. Wenn sie sich aber doch einmal an Diskussionen beteiligen, führen sie häufig nur die Argumente an, die ihre vorgefertigte Position stützen. Durchgehend stellen diese Argumente reine Behauptungen dar, denen jeglicher *Beweis* fehlt. Gegenargumente wehren sie mit allen, auch illegitimen Mitteln ab. Um sich hier nicht in die Irre führen zu lassen, ist es wichtig, diese Überrumpelungsstrategie zu durchschauen, aufzudecken und als unmoralisch zu disqualifizieren (Schleichert, 1999).

Unverrückbare, fundamentalistische Überzeugungen sind Glaubenssätze, die nicht nur von Aussagen der großen Religionen beeinflusst sein können. Sie können sich auch aus Weltanschauungen speisen. So ist etwa der Szientismus, also der Glaube daran, dass allein wissenschaftlichem Wissen der höchste Wahrheitsgehalt zuzusprechen sei, ein völliges Missverständnis von Wissenschaft: Wissenschaft ist – jedenfalls nach Popper – ein ständiges Bemühen, einmal aufgestellte Aussagen zu falsifizieren, also als falsch oder nicht mehr gültig nachzuweisen. Insgesamt muss man daher sagen, haben Wissenschaftler inzwischen mehr falsifiziertes, also falsches Wissen produziert als richtiges, also noch haltbares.

Auch im Gedächtnis von Klienten sind sicher viele Glaubenssätze gespeichert, die deren Denken, Fühlen und Handeln kanalisieren (→ 13). Das ist unvermeidlich und hat eine Entlastungsfunktion. Problematisch wird es jedoch, wenn dadurch nicht zu rechtfertigende Wirkungen vor allem auf andere ausgehen. Wenn Klienten sich von Annahmen leiten lassen, die in sich widersprüchlich sind, die fehlerhaft begründet sind, die sie selbst und die anderen Interaktionspartner unnötig einschränken, die eine vernünftige Zielerreichung verhindern und letztlich nur zu Leid und Unglück führen, ist eine *Religionskritik* angebracht (→ 9.3.4).

4.3.2 Religiosität in der Moderne

Obwohl in der Moderne der gläubige Zugang zur *Wirklichkeit* generell abgewertet wurde, spielt Religiosität im Privatleben nach wie vor eine große Rolle. Sicher sind die Aussagen und Gebote, wie sie die Großreligionen vertreten, für viele nicht mehr maßgebend. Es scheint jedoch: Je vernünftiger bzw. rationaler die öffentliche Welt geordnet wird, desto mehr werden gläubige bzw. irrationale Wege der Wirklichkeitsdeutung gesucht.

So hat William James schon 1902 in seinem bahnbrechenden Werk der Religionspsychologie: »The Varieties of Religious Experience« Zeugnisse religiöser Erfahrung zusammengestellt und wissenschaftlich interpretiert. Dabei geht es nicht darum, wer welche Aussagen der Religionen für wahr hält. Es befasst sich vielmehr mit ungewöhnlichen Erfahrungen. Als Ergebnis seiner Untersuchung hält James folgende charakteristischen Überzeugungen fest:

»1. dass die sichtbare Welt Teil eines mehr geistigen Universums ist, aus dem sie ihre eigentliche Bedeutung gewinnt;
2. dass die Vereinigung mit diesem höheren Universum bzw. eine harmonische Beziehung zu diesem unsere wahre Bestimmung ist;
3. dass das Gebet bzw. die innere Gemeinschaft mit dem Geist dieses Universums – mag dieser Geist ›Gott‹ oder ›Gesetz‹ sein – ein Prozeß ist, in dem etwas Wirkliches geschieht, durch den spirituelle Energie in die Erscheinungswelt einfließt und dort psychologische oder materielle Wirkungen hervorbringt« (James, 1902/1997, S. 473).

Martin Buber legt 1909 seine Anthologie: »Ekstatische Konfessionen« vor, in dem er religiöse Texte aus dem europäischen, aber auch dem indischen und arabischen Raum zusammengestellt hat (Buber, 1909/1984). Auch hier wird religiöses Erleben ernst genommen: Es wird nicht als unvernünftig oder gar pathologisch abgetan. Allerdings vollzieht Buber etwa um 1920 eine Wende. Er sucht den gläubigen Wirklichkeitsbezug nicht mehr in der Ekstase oder in der Askese, sondern in der offenen und ehrlichen Zuwendung zum Anderen und zu den Dingen, die er von nun an *Ich-Du-Beziehung* nennt (Kohn, 1979; Friedman, 1999). Zu dieser Wende hat vor allem die Auffassung von Frömmigkeit beigetragen, die er aus den »Chassidischen Erzählungen« (Buber, 1949/1984; Buber, 1948/1996) herausgelesen hat: Es geht bei dieser gläubigen Einstellung nicht darum, in ekstatischer Stimmung, an besonderen (sakralen) Orten oder zu besonderen Zeiten (der Erleuchtung) mystische Erlebnisse zu haben. Es geht vielmehr darum, »den Alltag zu heiligen«, das heißt, dem Lebensvollzug zu jeder Zeit und unter allen Umständen seine ihm angemessene Würde zu geben. Dieser *hebräische Humanismus* hat daher auch Atheisten etwas zu sagen (Reichert, 1996).

Wir müssen also anerkennen, dass gerade heute in der Spätmoderne viele Menschen nicht nur einen vernünftigen, sondern auch einen gläubigen Umgang mit der Wirklichkeit praktizieren. Das reicht von der Suche nach mystischen oder ekstatischen Erlebnissen bis hin zur Bemühung, den Alltag moralisch anspruchsvoll zu leben in der Überzeugung, damit die vorherrschende funktionale Begrenzung (Entfremdung) auf eine Vollendung im Hier und Jetzt hin zu transzendieren. Eine postmoderne Haltung lässt durchaus mit ihrer Wertschätzung des Partikularen relativierende Bezüge zu den Religionen zu.

Diese Sinnsuche findet heute allerdings vornehmlich unter dem Label *Esoterik* statt. Sicher werden in dieser Branche unsinnige oder gar schädigende

Geschäfte gemacht. Man muss aber auch sehen, dass sich hier eine Religiosität zum Ausdruck bringt, die sich auf eine Jahrhunderte alte Geschichte berufen kann (Huxley, 1987; Frensch, 1991). Die Beschäftigung mit esoterischem Gedankengut und esoterischen Praktiken kann individualistisch erfolgen. Sie kann aber auch zur Mitgliedschaft in einer religiösen Gemeinschaft führen. Viele Aussteiger berichten vom repressiven Charakter solcher Gruppen. Es lässt sich aber auch feststellen, dass solche Kollektive vielen labilisierten Menschen Halt und Orientierung geben (Hoffmanns, 2004; Busch u. Poweleit, 2004; Andritzky, 2005). Eine pauschale Abwertung dieser Vereinigungen als Sekten oder Psychogruppen scheint mir daher nicht angebracht zu sein.

Auch Coaching-Klienten können von esoterischem Gedankengut affiziert sein; auch sie können auf esoterische Praktiken setzen. Ja selbst Coaches können in ihrem Denken und Beratungshandeln von der Esoterik beeinflusst sein. Auch hier gilt es zu differenzieren. Mit einer sicher notwendigen Distanzierung von Aberglauben und repressiven Praktiken darf aber nicht zugleich jegliche Religiosität abgewertet werden.

Wenn wir nun akzeptieren, dass nicht nur vernünftige, sondern auch religiöse Wege zur Sinnfindung legitim sind, bleibt die Frage, ob und wenn ja, wie beide Wege miteinander im konkreten Leben verbunden werden können. Genau dazu bietet die übliche Wissenschaft, an der sich professionelle Coaches orientieren sollen, wenig Angebote. Dass viele Wissenschaftler sich auf ihr Metier konzentrieren und rationale Zugänge zur Wirklichkeit favorisieren, ist ja noch verständlich. Dass hinter der Ignoranz gläubiger Zugänge aber allzu oft eine Abwertung steckt, ist schon weniger akzeptabel. Wenn aber auch noch der Anschein erweckt wird, als sei der wissenschaftliche Weg der beste oder gar der einzige Weg zu haltbaren Erkenntnissen und eine Berücksichtigung dieser Erkenntnisse reiche zur Sinnfindung vollkommen aus, dann muss protestiert werden. Coaches sollten nicht dieser unaufgeklärten Wissenschaftsgläubigkeit anhängen.

4.3.3 Positionen der Versöhnung

Jürgen Habermas hat mit seiner Diskurstheorie ein Konzept der Verständigung in öffentlichen Angelegenheiten vorgeschlagen: Regelungen des praktischen Lebens sind dann zu akzeptieren, wenn sie in einem bestimmten vernünftigen Verfahren zustande gekommen sind. Wie aber mit Diskursbeiträgen umgehen, die sich auf Offenbarungswahrheiten berufen? Hier stellt sich ein Problem:

»Religiös verwurzelte existentielle Überzeugungen entziehen sich durch ihren gegebenenfalls rational verteidigten Bezug auf die dogmatische Autorität eines unantastbaren Kerns von infalliblen Offenbarungswahrheiten der Art von *vorbehaltloser* diskursiver Erörterung, denen sich andere ethische Lebensorientierungen und Weltanschauungen, d.h. weltliche ›Konzeptionen des Guten‹ aussetzen« (Habermas, 2005, S. 135).

Habermas vertritt nun in dieser Sache eine Position des *postmetaphysischen* Denkens, wenn er schreibt:

»Unter agnostischen Prämissen enthält es sich einerseits des Urteils über religiöse Wahrheiten und besteht (in nicht-polemischer Absicht) auf einer strikten Grenzziehung zwischen Glauben und Wissen. Auf der anderen Seite wendet es sich gegen eine szientistisch beschränkte Konzeption der Vernunft und den Ausschluss der religiösen Lehren aus der Genealogie der Vernunft« (Habermas, 2005, S. 147).

Diskursergebnisse können nur Geltung beanspruchen, wenn sie vernünftig begründet sind. Daher müssen Vertreter religiöser Lehren es auf sich nehmen, ihre Positionen rational zu formulieren. Umgekehrt gilt:

»Das nachmetaphysische Denken verhält sich zur Religion lernbereit und agnostisch zugleich. Es besteht auf der Differenz zwischen Glaubensgewissheiten und öffentlich kritisierbaren Geltungsansprüchen, enthält sich aber der rationalistischen Anmaßung, selber zu entscheiden, was in den religiösen Lehren vernünftig ist und was unvernünftig ist« (Habermas, 2005, S. 149).

Zwar kann der Coachingdiskurs als private Angelegenheit betrachtet werden: Ein professioneller Coach kann aber religiöse Positionen, wenn sie sich denn als Aberglauben darstellen, nicht unhinterfragt hinnehmen. Zudem geht es im Coaching immer auch um Kommunikationen, die aus dem Arbeitsalltag kommen und in ihn hinein genommen werden sollen. Sie müssen also diskursfähig, das heißt vernünftig nachvollziehbar sein. Wenn es dagegen um private Einstellungen geht, die die anderen Mitarbeiter im Betrieb nichts angehen, gilt selbstverständlich Religionsfreiheit, das heißt die Freiheit *zu* jeglicher und *von* jeglicher religiöser Überzeugung.

Aber ist diese gegenseitige Lernbereitschaft zwischen vernünftigen und religiösen Positionen alles? William James hat ein viel weiterführendes Angebot gemacht: Sein Pragmatismus sieht den Menschen als handelndes Wesen, und Handeln erfordert permanenten Glauben daran, dass das Handeln Sinn macht (Fellmann, 1993, S. 95). In seinem Vortrag »The Will to Believe« von 1896 (James, 1997) will er uns, wie Hans Joas schreibt,

»den Mut geben, zu glauben, wenn wir die Neigung zu glauben verspüren und es keinen logisch zwingenden Grund gibt, der gegen den Glauben spricht. Geglaubt werden kann nur, so James, was sich uns als lebendige Möglichkeit darbietet. Als lebendige Möglichkeit aber ist definiert, wozu eine Tendenz unseres Willens vorliegt. In dieser Tendenz unseres Willens steckt schon der Glaube oder die Glaubensbereitschaft« (Joas, 1997, S. 69).

Wie jede argumentativ begründete Hypothese auch, so wird auch eine religiöse erst dann wahr, wenn sie uns zum Handeln treibt und sich in der Praxis bewahrheitet.

»Niemand kann uns aus gültigen ›intellektuellen‹ Gründen, so James, das Recht streitig machen, die ›religiöse Hypothese‹ handelnd zu riskieren. Zwar gibt es keine Sicherheit, mit ihr ›richtig zu liegen‹. Aber nur, wer die Hypothese ergreift – und zwar so, daß dieses Ergreifen im Handeln ›einen Unterschied macht‹ –, kann dazu beitragen, das, was die religiöse Option verspricht, falls es wahr werden kann, auch wahr zu machen« (Nagl, 1998, S. 82).

Habermas respektiert, dass es »beliefs«, also gläubige und eben nicht rational begründete Aussagen gibt. Damit sie aber allgemeine Geltung beanspruchen können, müssen sie rational begründbar sein. Auf das Einbringen von *dogmatischen* Glaubensüberzeugungen in den Diskurs zu diesem Zweck kann man aber seiner Meinung nach getrost verzichten. James dagegen geht von der Unverzichtbarkeit von Glaubensannahmen für die Bewältigung des menschlichen Lebens aus. Sie können Geltung allerdings nur in den Fällen beanspruchen, in denen sie sich in der Praxis bewähren. Diese Geltung ist aber zunächst nur für den Handelnden selbst von Bedeutung. Allgemeine Geltung kann eine Hypothese, auch eine religiöse, jedoch erst beanspruchen, wenn ihre Verifikation in der Praxis von möglichst vielen Beteiligten und Betroffenen zweifelsfrei festgestellt werden kann. An dieser Stelle kommt aber wieder der rationale Diskurs, wie Habermas ihn konzipiert, ins Spiel. Insofern stellen beide Positionen gar keinen Gegensatz dar, sondern ergänzen sich.

Eine Hypothese ist also dann wahr, man kann auch sagen sinnvoll, wenn ihre Bewährung in der Praxis von vielen bestätigt werden kann. Und die Bewährung zeigt sich darin, dass sich die Situation, in die diese Praxis hineinwirkt, gegenüber der Ausgangssituation als verbessert beschreiben lässt. Damit zeigt sich James als ein Vertreter des Meliorismus. Über das, was besser ist, muss man sich allerdings einig werden. Diese pragmatische Haltung entspannt dann auch die Beantwortung der Frage, ob es einen Gott gibt, der uns etwas geoffenbart hat, was unserem Leben Sinn geben kann.

»Folgt man den pragmatistischen Grundsätzen, so ist die Annahme eines Gottes dann wahr, wenn sie im weitesten Sinne des Wortes zufrieden stellend funktioniert. Was auch immer noch an Schwierigkeiten mit dieser Annahme übrig bleiben mag, so zeigt doch die Erfahrung, dass sie sehr wohl funktioniert, und dass das Problem darin besteht, sie so auszubauen und einzugrenzen, dass sie mit all den anderen funktionierenden Wahrheiten zufrieden stellend kombiniert werden kann« (James, 1906/2001, S. 182).

So kann es auch im Coachingdiskurs nicht darum gehen, ob ein Glaubenssatz rational begründbar ist oder nicht. Es geht vielmehr darum, ob sich daraus ein Handlungsimpuls und eine Handlungsorientierung ergeben, die zu einer unbezweifelbaren Praxisverbesserung führen. Die so gemachten Erfahrungen sind mit anderen bewährten Erkenntnissen abzugleichen, sei es im direkten Diskurs mit dem Coach oder den anderen Teilnehmenden der Beratungsgruppe, sei es in der Auseinandersetzung mit publiziertem Wissen.

Diese pragmatische Orientierung des Nachdenkens und Handelns in Theorie-Praxis-Schleifen macht Sinn, der sich in Verbesserungen alltäglichen Handelns auf der ersten Sinnebene zeigt. Und wenn durch diese Art des Herangehens an bisher unerledigte Aufgaben immer mehr Handlungsvollzüge als sinnvoll bewertet werden können, dann kann das Leben dieses Handelnden unter dem Strich als sinnvoll angesehen werden. Bleibt die Frage, wie eine solche Haltung, die Vernunft und Glauben als Quellen der Sinngebung vereint, sinnvoll bezeichnet werden soll.

4.4 Spiritualität zwischen Skepsis und Vertrauen

Ich schlage vor, für diese Haltung den Begriff *Spiritualität* zu verwenden. Das Wort selbst hat erst in den letzten Jahren wieder Konjunktur, vor allem in den Bereichen von Esoterik und Lebenshilfe. Es entstammt aber durchaus den Frömmigkeitstraditionen der großen Religionen und meint dann eine durch den Glauben begründete, subjektiv geformte geistige Orientierung und Lebenspraxis eines Menschen. Spiritualität fokussiert also auf Subjektivität und Praxis. Damit tritt die Bedeutung der subjektunabhängigen Lehre, etwa einer theologisch fundierten Dogmatik, in den Hintergrund. Das Wort wird aber auch völlig unabhängig von einem Bezug zu einer Religion gebraucht. Man kann daher auch *Spiritualität* als *Religiosität ohne Religion* bezeichnen. Genau in diesem Sinne verwendet James das Wort Religiosität in seiner Untersuchung religiöser Erfahrung. Ich möchte also mit der Verwendung des Wortes *Spiritualität* diesen Unterschied markieren: Spiritualität ist ein ursprüngliches Phänomen, das auch ohne Religionsbezug entstehen bzw. sich von einem Religionsbezug lösen kann.

Man kann dann unter Spiritualität eine spezifische Haltung verstehen, mit der ich der Wirklichkeit begegne: Ich vertraue mich einer bestimmten Sicht der Dinge an. Ich glaube, dass diese Sicht richtig ist, meinem Handeln eine weiterführende *Richtung* weist. Ich operiere dann à la James mit *religiösen Hypothesen*, von denen mich die Vernunft nicht abbringen kann. Man kann dann Spiritualität aber auch als eine *gläubige Haltung* charakterisieren, womit wir bei Bubers Definition wären. Man kann nun zwischen verschiedenen Stufen der Spiritualität unterscheiden:

1. Spiritualität als eine gläubige Haltung der Welt gegenüber im eben beschriebenen Sinn;

2. Spiritualität als Leben aus der Erfahrung heraus, dass es eine geistige Energie gibt, der ich mich öffnen kann und die meinem Leben dann Kraft, power und in diesem Sinne Macht gibt;
3. Spiritualität als die kontemplative Versenkung in eine geistige übergreifende Welt mit mystischen Erleuchtungserlebnissen.

Die dritte Stufe mit ihren Ekstasen muss zur Askese von der Welt führen, wie schon Buber bemerkt hat. Auf dieser Stufe kann eine Verbindung von Glaube und Vernunft wohl kaum gelingen. Daher soll sie hier aus unserer Betrachtung ausscheiden. Die erste Stufe scheint dafür die besten Voraussetzungen zu bieten.

William James' Kollege John Dewey hat 1934 einen Vorschlag zu einem »Common Faith« vorgelegt. Er geht davon aus, dass sich ein solcher Glaube heute nicht mehr aus den Aussagen und Praktiken der Religionen speisen sollte: Dafür widersprächen sich viele *Wahrheiten* in zu vielen Punkten oder böten Positionen, die heute nicht mehr akzeptabel seien. Zudem verhindere zuviel Dogmatik Erkenntnisfortschritt. Vielmehr sollten wir von religiösen Erfahrungen ausgehen, die auch heute noch gemacht werden und als solche wirksam sind. Er knüpft damit an James' Fokussierung auf Religiosität statt auf Religion an. Somit können wir die Ausführungen von Dewey als Konkretisierung dessen verstehen, was ich zuvor als Spiritualität definiert habe.

»Alle intellektuellen Systeme des Idealismus leiden an dem inhärenten Laster, dass sie den Idealismus der Handlung in ein System von Überzeugungen über die schon bestehende Realität verwandeln. [...] Der Glaube an die fortgesetzte Offenbarung der Wahrheit durch zielgerechtes kooperatives menschliches Bestreben ist seiner Qualität nach religiöser als jeder Glaube an eine vollendete Offenbarung.« Und *Dewey* behauptet, »dass das, was eine echte Perspektive gibt, religiös ist, nicht, dass Religion Perspektive gibt. [...] Jede Aktivität, die um eines idealen Zieles willen gegen alle Widerstände und trotz der Androhung persönlicher Verluste einfach deshalb verfolgt wird, weil man von ihrem allgemeinen und dauernden Wert überzeugt ist, besitzt religiöse Qualität« (Dewey, 1934/2004, S. 246ff.).

Dewey charakterisiert diesen allgemeinen Glauben dann so:

»Religiöse Qualitäten und Werte sind, wenn sie überhaupt real sind, nicht an ein einzelnes Detail intellektueller Zustimmung geknüpft, nicht einmal an das der Existenz des Gottes des Theismus. [...] Ich würde diesen Glauben als die Vereinheitlichung des Ich durch Treue zu umfassenden idealen Zielen bezeichnen, die uns die Imagination vor Augen führt und die der menschliche Wille für wert hält, über unsere Wünsche und Entscheidungen zu herrschen« (Dewey, 1934/2004, S. 252).

Dewey diskutiert nun die Verbindung von Vernunft und Glaube am Verhältnis von Wissenschaft und Religion.

»Was Wissenschaft ausmacht, ist nicht ein bestimmter Stoff. Wissenschaft wird durch eine Methode konstruiert, nämlich eine Methode, Überzeugungen mit Hilfe überprüfter Forschung zu verändern wie zu gewinnen.« Damit ist sie »nicht nur dem Dogma feindlich, sondern ebenso der Doktrin. [...] Die Methode der Intelligenz ist offen und öffentlich. Die dogmatische Methode ist beschränkt und privat« (Dewey, 1934/2004, S. 256f.).

Für Dewey führt uns unsere Einbildungskraft Ideale, Werte, Visionen, Utopien des guten, sinnvollen Lebens vor Augen, die uns zum Handeln motivieren. Daran trotz aller Widerstände und Schwierigkeiten festzuhalten im Vertrauen darauf, dass eine Realisierung möglich ist, hat für ihn religiöse Qualität. Dass dieser Umsetzungsprozess gelingt, ist dabei keineswegs sicher. Er muss daher mit Intelligenz, das meint bei ihm mit allen intellektuellen und kreativen Fähigkeiten des Verstandes und der Vernunft, entworfen, begleitet, untersucht und evaluiert werden. An die Geltung der Ergebnisse darf solange geglaubt werden, wie sie nicht durch andere Erfahrungen korrigiert wurden. Wissen darf daher nie zu einem unumstößlichen religiösen Dogma oder einer wissenschaftlichen Doktrin verfestigt werden. Es muss ständig überprüft und weiterentwickelt werden.

Spiritualität wäre also nach diesem Verständnis eine Haltung und eine ihr entsprechende Praxis,

- sich Bilder sinnvollen Lebens vor Augen zu stellen,
- an die Möglichkeit ihrer Verifikation zu glauben,
- sich für die Umsetzung mit aller Kraft zu engagieren,
- den Umsetzungsprozess aber auch mit Intelligenz, also mit Verstand, nüchtern zu begleiten und zu bewerten.

Damit hat Dewey einen Vorschlag zur Verbindung von Vernunft und Glauben gemacht, den ich überzeugend finde. Spiritualität wäre dann von einem Vertrauen in die Realisierbarkeit eines sinnvollen Lebens getragen, das nicht begründet werden muss. Zugleich müssen die dabei gemachten Erfahrungen aber kontinuierlich einem kritischen Reflexionsprozess unterzogen werden. Spiritualität muss also gläubiges Vertrauen mit rationaler Skepsis verbinden.

Spiritualität wird gegenwärtig zunehmend auch in der Wirtschaft als wertvolle Herangehensweise an die Weiterentwicklung von Organisationen gesehen. Mitarbeiter, die sich auf Prozesse der individuellen Sinnfindung, Bewusstseinsbildung und Selbsttransformation (Mingers u. Wildburg, 2005, S. 23) einlassen, können sich in notwendige Transformationsprozesse in Unternehmen gelassener, kreativer und engagierter einbringen als andere. Allerdings muss dann die Balance von Vertrauen und Skepsis gewahrt bleiben. Ob jedoch ein Mitarbeiter sich auf eine spirituelle Haltung seiner Aufgabe gegenüber einlässt, muss ihm überlassen bleiben. Vernünftiges Handeln kann eingefordert werden, gläubiges Vertrauen nicht.

Wenn ein Unternehmen nach dem Willen der Mitarbeiter durch eine solche Vertrauenskultur gekennzeichnet sein soll, dann kommt dem Coach die

Aufgabe zu, diese Haltung zu fördern. Er hat aber auch darauf zu achten, dass niemand gegen seinen Willen *religiös überwältigt* wird. Professionelle Neutralität des Coach in religiösen bzw. spirituellen Fragen kann also nicht heißen, allein die Vernunft zum Maßstab aller Erkenntnis- und Sinnfindungsprozesse zu machen. Denn es geht in jeder Prozessberatung in Organisationen immer auch um »Selbst- und Systemtranszendenz«, wie Peter Heintel (2005) feststellt. Und insofern ist Spiritualität eine Haltung, die auch für Coaches von großer Bedeutung ist.

4.5 Sinnhaftigkeit und Gesundheit

Nun kann man fragen: Sind Menschen, die von sich behaupten, sie führten ein sinnvolles Leben, gesünder als andere? Die Antwort hängt sehr davon ab, was wir unter Gesundheit bzw. Krankheit verstehen wollen. Wenn wir mit der WHO Gesundheit als einen »Zustand vollständigen physischen, geistigen und sozialen Wohlbefindens« definieren, dann muss ein als sinnlos empfundenes Leben den »Zustand vollständigen Wohlbefindens« beeinträchtigen. Die Antwort hängt auch davon ab, wie wir die Sinnfrage stellen. Wenn wir mit Camus das Leben in der Welt als ganzes zwar als absurd ansehen, unserem konkreten Leben jedoch aus dem Geist der Revolte heraus durchaus einen Sinn gegeben haben, dann ist die Ausgangsfrage sehr differenziert zu beantworten.

4.5.1 Psychotherapie

Gerade die Psychotherapie muss eine Antwort finden. Denn sie hat nun zweifellos mit subjektivem Leid und damit auch mit subjektiver Sinngebung zu tun. Die Antwort fällt allerdings unterschiedlich aus, je nachdem, ob der Therapeut sich eher an einem naturwissenschaftlichen oder einem existenziell-humanistischen Paradigma orientiert. Sigmund Freud verstand sich zweifellos als Naturwissenschaftler. Dementsprechend war für seine Psychoanalyse Sinn kein Thema. Das hat er in einem Brief an Marie Bonaparte vom 13.8.1937 sehr klar ausgesprochen: »Im Moment, da man nach dem Sinn und Wert des Lebens fragt, ist man krank« (Freud, zit. nach Petzold u. Orth 2005, S. 665). Sicher ist damit gemeint: Der Gesunde führt eben ein Leben, dessen Sinn gar nicht in Frage steht. Umgekehrt muss aber derjenige, der die Sinnfrage stellt, keineswegs als krank bezeichnet werden. Vielleicht hat sich Freuds Meinung 1938 ja auch geändert, nachdem seine Tochter Anna in Wien von der Gestapo verhaftet wurde und er nur mit viel Glück emigrieren konnte.

Der Wiener Alfred Adler hat sich zur Sinnfrage denn auch ganz anders verhalten. 1933 gibt er seinem letzten größeren Werk über die Individualpsychologie den Titel: »Der Sinn des Lebens« (Adler, 2004, → 12). Aber erst der Wiener Viktor E. Frankl hat die Sinnfrage zum Zentrums seines Ansatzes, der Logotherapie, gemacht (z. B. Frankl, 1977, → 14). Ausgangspunkte waren für ihn sicherlich seine eigenen Erfahrungen und Erlebnisse im Konzentrationslager Auschwitz (Frankl, 1997). Hier konnte er feststellen, dass diejenigen Häftlinge, die auch in dieser Situation an ihrem Lebenssinn festhalten konnten, am ehesten durchhielten, also *gesund blieben*. Angereichert durch viele psychotherapeutische Erfahrungen und philosophische Reflexionen kommt er zur Schlussfolgerung,

> »dass es [...] um eine Art kopernikanischer Wende geht, so zwar, daß wir nicht mehr einfach nach dem Sinn des Lebens fragen, sondern daß wir uns selbst als die Befragten erleben, als diejenigen, an die das Leben täglich und stündlich Fragen stellt – Fragen, die wir zu beantworten haben, indem wir nicht durch ein Grübeln oder Reden, sondern nur durch ein Handeln, ein richtiges Verhalten, die rechte Antwort geben. Leben heißt letztlich eben nichts anderes als: Verantwortung tragen für die rechte Beantwortung der Lebensfragen, für die Erfüllung der Aufgaben, die jedem einzelnen das Leben stellt, für die Erfüllung der Forderung der Stunde« (Frankl, 1997, S. 125).

Frankl hat diese Position zu einem Schlagwort verdichtet: Der Mensch sei gekennzeichnet durch einen »Willen zum Sinn« und hat seine Sicht damit in den USA der Nachkriegszeit in vielen Vorträgen und Rundfunksendungen populär gemacht. Das hat nun wiederum Günther Anders, seit 1950 ebenfalls Wiener, beunruhigt. Er sieht ja im Gefühl der Sinnlosigkeit – wie oben ausgeführt – »ein Symptom von Gesundheit« und bezieht sich in seinen Ausführungen direkt auf die Kampagnen Viktor Frankls in den USA. Vier Wiener – vier verschiedene Meinungen.

Für den zwar in Bukarest geborenen, jedoch in Wien aufgewachsenen Jakob Levy Moreno spielt die Sinnkategorie keine explizit wichtige Rolle. Die vier zuvor Genannten hatten sich längst von Traditionen jüdischer Frömmigkeit emanzipiert und sich aufklärerischen Positionen zugewandt. Moreno jedoch blieb der chassidischen Religiosität verbunden. Sinn ergibt sich bei ihm durch eine spirituelle Haltung und eine entsprechende Praxis (→ 11). Das verbindet ihn mit Buber, aber auch mit James und Dewey, die vor einem protestantischen Hintergrund argumentieren.

Gerade die humanistische Richtung der Psychotherapie stand existenziellen Fragen immer aufgeschlossen gegenüber, sei es die personzentrierte Variante von Carl Rogers (1977/1988), sei es die gestalttherapeutische von Lore und Fritz Perls (Petzold, 2005b). Aber auch andere Psychotherapeuten haben sich von einem einseitig rationalistischen Programm: *Heilung durch Analytik* abgegrenzt (z. B. Yalom, 1989; Peseschkian, 2003). Dagegen hat jedoch prominent Albert Ellis den rationalen Anspruch als Gegenposition explizit zum Programm seiner rational-emotiven Verhaltenstherapie erhoben: In ihr und durch sie werden irrationale Vorstellungen durch eine rationale Disputation als unsinnig aufgezeigt in der Hoffnung, dass sie dann aufgegeben werden und somit nicht mehr wie bisher leidvolle Folgen für die Gesundheit haben (→ 13.).

Hilarion Petzold hat in seinem Ansatz der Integrativen Therapie viele Anregungen von Moreno und Perls aufgenommen, sie allerdings erheblich weiterentwickelt (Petzold, 2005a). In seinen umfassenden Reflexionen zur Sinnthematik kommt er zum Schluss:

»Das Leben ist Quelle allen Sinnes – des hellen wie des dunklen« (Petzold, 2005a, S. 350). »Sinn des Lebens ›ist das Leben selbst‹, das eigene, leibhaftig gelebte, wie das Leben überhaupt. [...] Leben, das Dignität u. ä. erhält, weil es alle Möglichkeiten des Sinnes, unseres Sinnes birgt und zu Sinn als einer ›Freude am Lebendigen‹ führt, in dem alle Möglichkeiten des Glücks liegen« (Petzold, 2005a, S. 372).

4.5.2 Psychologie

Das Wissen der Psychotherapeuten ergibt sich aus ihren reflektierten Erfahrungen. Die Psychologie dagegen versucht, ihr Wissen durch systematische Forschung zu gewinnen. Wenn man die empirischen Studien auswertet, die sich mit den Auswirkungen von Lebenskrisen auf die Erfahrung von Lebenssinn befassen, dann zieht Edgar Schmitz folgendes Resümee:

»Lebenskrisen können als eine Art Weckruf dienen und Menschen helfen, ihre Prioritäten und Interessen zu prüfen und zu überdenken, sie können aber auch in eine Sinnkrise führen mit dem Gefühl tiefer Sinnlosigkeit und zur Aufgabe jeglicher Ziele. [...] Die Forschung zeigt, dass das Verfolgen von wichtigen Zielen bzw. Projekten im Leben und eine Ausrichtung auf diese eng mit langfristigem Wohlbefinden zusammenhängt« (Schmitz, 2005, S. 137f.).

In eigenen Untersuchungen hat er herausgefunden:

»Die Sinnhaftigkeit des Lebens wird [...] wesentlich in der Erfahrung der überdauernden Kontinuität des eigenen Handelns vermittelt. Doch Kontinuität allein reicht nicht. Entscheidend ist dreierlei: (a) Das Anstreben weiterführender Ziele; weiterführend i. S. einer Erweiterung der Persönlichkeit, sei es geistig, sinnlich, sie es der Erwerb neuer Verhaltensmöglichkeiten, sei es finanziell usw. (b) Das erfolgreiche Bewältigen schwieriger Situationen im Rahmen von Projekten usw. und Krisen und (c) Wichtig, vielleicht nicht für alle notwendig, ist die transzendente Erweiterung etwa im sozialen, ethisch wertvollen Handeln, das heißt im Handeln, das nicht unmittelbar der eigenen Bedürfnisbefriedigung dient, sondern eher dem Wohl anderer. Das kann bei vielen zur Beglückung führen« (Schmitz, 2005, S. 148f.).

Reinhard Tausch geht nun aufgrund der Forschungen am Psychologischen Institut in Hamburg davon aus, dass es zwischen Sinnhaftigkeit und seelischer Gesundheit deutliche Zusammenhänge gibt: »Personen, die häufiger Sinn erleben, sind eher seelisch gesund; und seelisch gesunde Personen erleben häufiger Sinn« (Tausch, 2004, S. 92). Dabei sind vor allem vier Sinnfaktoren von Bedeutung:

»– Faktor I: Sinn im Bereich des eigenen Inneren (Selbstvertrauen, Selbstbestimmung, Gesundheit, Natur erleben u. a.)
– Faktor II: Helfen, Verantwortung übernehmen, Sinnerfahrungen in Partnerschaft und Familie
– Faktor III: Erfolg, Karriere, Beruf, Ziele, Wünsche, sich etwas leisten zu können, Sport
– Faktor IV: Religiöser/spiritueller/philosophischer Glaube, Vorbilder, Akzeptieren des Unabänderlichen u. a.« (Tausch, 2004, S. 92).

Im Durchschnitt wird Faktor I als am meisten sinnerfüllend erlebt. Diese Untersuchungen relativieren auch die Bedeutung religiösen Glaubens für die Gesundheit:

– Religiosität kann dann Sinn geben und das Wohlbefinden verbessern, wenn die Faktoren I bis III bisher zu kurz gekommen sind.
– Es kommt dabei nicht auf die Zugehörigkeit zu einer Religion oder gar einer Konfession an. Wichtig allein ist der Glaube im Sinne eines Grundvertrauens darin, dass vielleicht nicht alles, aber doch auch für mich genügend gut werden kann.
– Dieser Glaube darf nicht abstrakt bleiben, er muss gelebt werden (Utsch, 2004, S. 89ff.).

Das alles bedeutet für den Coach: Auch der Glaube des Klienten ist von großer Bedeutung für die Sinngebung und damit für dessen subjektives Wohlbefinden. Hier ist zumindest Verständnis und Offenheit angebracht. Denn sonst passiert dem Coach das, was Andritzky von Therapeuten berichtet:

»Nach verschiedenen Untersuchungen können manche Patienten Therapeuten gegenüber, die ihre religiösen Überzeugungen nicht teilen, kaum eine Vertrauensbeziehung aufbauen, und umgekehrt halten Therapeuten religiöse Patienten eher für verwirrt, naiv, einfach strukturiert und neurotisch« (Andritzky, 2005, S. 200).

Zum anderen kann das Wohlbefinden des Klienten nicht davon abhängen, ob er dem gesamten Lebensprozess einen Sinn zuschreibt, gar einen religiösen. Wichtiger ist es, sich den Aufgaben des Lebens in jeder Lage zu stellen und dann sinnvoll zu handeln. Dabei kann Spiritualität im von mir definierten Sinn eine wirksame Hilfe sein. Es kommt aber darauf an, dass von den jeweiligen Vorhaben auch etwas gelingt. Und genau damit sind wir wieder bei der Unterstützungsaufgabe des Coachings.

4.5.3 Gesundheitsprävention

Anlässe für Coaching sind häufig sehr herausfordernde Situationen, in denen Fach- und Führungskräfte

> »vor einschneidenden Situationen stehen (wie z. B. den Verlust ihres Jobs), mit ihren Fach- und/oder Führungsaufgaben nicht mehr klarkommen, sich entwertet fühlen, in ihrem Karriereprozess feststecken, an den Rand ihrer Leistungsfähigkeit gekommen sind, mit Dauerstress auf höchstem Niveau leben, ihre privaten Beziehungen der beruflichen Belastung längst geopfert haben, trotz schwerer Erkrankungen ihr Arbeitsprogramm durchziehen u. ä.« (Lauterbach, 2005, S. 16).

Mathias Lauterbach rechnet hier mit »körperlichen, seelischen, sozialen und spirituellen« Gesundheitsrisiken. Coaching, das sich direkt der Gesundheitsprävention widmet, nennt er daher »Gesundheitscoaching« (Lauterbach, 2005). Aber jeder Coachingprozess hat mit Belastungen zu tun, die das Wohlbefinden beeinträchtigen. Insofern dient jedes Coaching immer auch der Verringerung von gesundheitlichen Risiken wie dem Schutz vor Erkrankungsprozessen. Eine wichtige Orientierung bei dieser Arbeit ist für ihn das Konzept der Salutogenese von Aaron Antonovsky (1997).

Mit dem Fokus auf den Heilungsprozess will er den üblichen Blick auf den Erkrankungsprozess umdrehen. Wie auch bei Frankl waren für ihn die Erfahrungen in Konzentrationslagern Anstoß und Auftrag. Er hat in Israel Frauen untersucht, denen es trotz allem gelungen war, ihr Leben danach neu aufzubauen. Der Erforschung dieses Wunders hat er seine ganze medizinsoziologische Arbeit gewidmet.

Antonovsky sieht zwischen Krankheit und Gesundheit ein Kontinuum: Man kann also immer etwas dafür tun, die Gesundungsprozesse voranzutreiben und die Erkrankungsprozesse einzuschränken bzw. zu verhindern. Diese Prozesse sind beeinflusst von der gesamten Biographie eines Menschen in seinen belastenden wie entlastenden Interaktionssystemen. Stressoren werden als Herausforderungen gesehen. Wie sie bewältigt werden, ist entscheidend für das Wohlbefinden. Als Ergebnis seiner vielfältigen Studien hat er einen »sense of coherence« postuliert: Ist er ausgeprägt, stellt er einen wirksamen Schutz vor Erkrankungsprozessen dar. Sense of coherence meint einen Sinn, ein Empfinden, ein Gefühl für Stimmigkeit im Leben. Man kann »sense« mit Sinn übersetzen, wenn man die kognitive, aber auch die psychologische Bedeutung mitdenkt. Antonovsky bietet mit diesem Konzept also durchaus eine Konkretisierung meines Sinnbegriffs aus medizinsoziologischer Sicht. Dieser Kohärenzsinn umfasst drei Komponenten (ausführlicher in: → 8.1):

- *Comprehensibility*, also: Verstehbarkeit, Durchschaubarkeit;
- *Manageability*, also: Handhabbarkeit;
- *Meaningfulness*, also: Bedeutsamkeit, Sinnhaftigkeit.

Die Gesundungskräfte sind also umso stärker, je mehr ein Mensch sein Leben durchschauen kann, je mehr er daran glaubt, es meistern zu können, und je mehr er diesem Tun einen hohen Wert beimessen kann. Dann stellt sich ein Gefühl der Stimmigkeit ein, dann »stimmt mein Leben«. Dieser Kohärenzsinn schützt alle, die sich extremen Belastungen ausgesetzt fühlen. Was für die Opfer in Konzentrationslagern gilt, gilt nach Antonovsky aber ebenso für die Täter: Auch sie bleiben gesund, wenn sie ihr Tun kognitiv einordnen, wenn sie ihr Tun gut bewältigen und wenn sie ihrem Tun eine hohe Bedeutung beimessen können. Genau diese Möglichkeit hat ihnen die Rassenideologie geliefert. Auch für Täter stellt somit die Erschütterung dieses Glaubens eine Gesundheitsgefährdung dar. Das könnte ein Grund dafür sein, wieso für so viele diese Ideologie in Zeiten extremer Herausforderungen so wichtig war und warum es so schwierig war und ist, diesen Glauben zu erschüttern (→ 6.3). Antonovsky schreibt noch 1995:

»Natürlich muß gesagt werden, dass das starke Kohärenzgefühl und die daraus resultierende gute Gesundheit von Nazis, von religiösen Fundamentalisten, patriarchalischen Männern, Kolonialisten, aristokratischen und kapitalistischen Unterdrückern nur auf Kosten ihrer Opfer erreicht werden kann. Und es gibt einen nicht unerheblichen Teil der Bevölkerung – die Yuppies von Reagan, Thatcher und Kohl –, die, auch ohne Unterdrücker zu sein, in der Privatheit ihres vermögenden, gesellschaftlichen Lebens ein starkes Kohärenzgefühl haben. Eine salutogenetische Orientierung macht keine Vorschläge für ein gutes Leben im moralischen Sinne, sie kann nur das Verständnis von Krankheit und Gesundheit erleichtern« (Antonovsky, 1997, S. 189).

Das bedeutet für das Coaching: Zwar werden sich »Unterdrücker« oder »Yuppies« wohl kaum zu Coaching-Klienten machen. Diese Personengruppe kann aber zum Thema werden, wenn ein Klient unter ihr in seiner Arbeit zu leiden hat. Dann gilt es zu berücksichtigen, wie schwierig es sein dürfte, deren Handeln zu beeinflussen. Aber auch bei Klienten, die lernbereit sind, können Glaubenssätze das Handeln so ausrichten, dass es negative Folgen für sich und andere hat, die nicht zu rechtfertigen sind. Dann muss dieser Glaube in Frage gestellt werden, auch wenn der Klient dadurch gesundheitlich belastet werden könnte. Die schwierige Aufgabe des Coach besteht dann darin abzuwägen, wie weit er dabei gehen muss und wie weit er dabei gehen kann, ohne den Klienten zu überfordern.

Antonovsky war allerdings der Meinung, dass das Kohärenzgefühl nur durch »einschneidende, langfristige lebensverändernde Ereignisse« beeinflusst werden könne. »Psychotherapie schien ihm weder langfristig noch einschneidend genug, solche Veränderungen zu bewirken« (Franke, in Antonovsky, 1997, S. 181). Das kann man auch anders sehen: Je stärker ein Mensch in eine Krise seines Lebenssinns, seines Glaubens gerät, je stärker er an den Erfolg eines Coachingprozesses glauben kann, je stärker in diesem Prozess sensibel erlebnisaktivierend gearbeitet wird, desto stärker kann das immer schon vorhandende Kohärenzgefühl gestärkt und weiterentwickelt werden. Ein seriöser Coach muss aber auch die Grenzen seiner Möglichkeiten deutlich sehen. Ein unseriöser Coach kann allerdings zur Gesundheitsförderung Ideologie verkaufen. Dann sind wir bei Gurus und Scharlatanen. Durch ihre Angebote kann durchaus das Wohlbefinden ihrer Klienten auf Kosten anderer gesteigert werden. Diese Verführungsmöglichkeit sollten Coaches immer im Auge haben.

Franz-Christian Schubert kommt in seinem Überblick über die aktuell relevanten Ergebnisse der Gesundheitsforschung zur Frage, wie gesundheitliche Belastungen bewältigt werden müssen, damit sie nicht allzu gesundheitsschädlich sind, zu folgendem Schluss:

»Es besteht keine unmittelbare linear-kausale Beziehung zwischen dem Ausmaß von Belastungen und der Entwicklung von Erkrankung bzw. Störungen. Entscheidend beeinflusst wird das Verhältnis und damit die Entstehung von biopsychosozialen Problemen und Fehlentwicklungen durch folgende Muster:
- *Durch das individuelle Überzeugungs- und Deutungsmuster:* die Art und Weise, wie ein Mensch Bedingungen und Ereignisse individuell erlebt, kognitiv-emotional einschätzt und bewertet. [...] Bedeutsam ist dabei der individuelle Hintergrund von Sinnorientierung und Sinngebung bezogen auf das eigene Leben und auf spezifisch eingetretene Lebensereignisse.
- *Durch subjektiv eingeschätzte und individuell verfügbare und genutzte Bewältigungsmuster:* Das beinhaltet zum einen das Vorhandensein von individuellen Bewältigungsfähigkeiten und -fertigkeiten (Coping). Zum anderen sind hierbei auch die lebensgeschichtlich gewachsenen subjektiven Erfahrungen und Überzeugungen über die Möglichkeiten bzw. Beeinträchtigungen des eigenen Handelns und der Ressourcen enthalten, die zur Bewältigung der Belastung als nötig angesehen werden. Darüber hinaus ist für das Ergebnis auch die reale Handhabung und Nutzung der Ressourcen ausschlaggebend.
- *Durch soziale Unterstützung, Integration und Vernetzung* und die individuelle Art von Wahrnehmung, Handhabung und Nutzung dieser Ressourcen« (Schubert, 2004, S. 206f.).

Um mit Belastungen besser fertig zu werden, kann im Coaching sicher an Copingstrategien und an der besseren Nutzung von Support-Systemen gearbeitet werden. Aber wenn der Klient diese Arbeit nicht in einen umfassenderen Sinnhorizont einordnen kann, bleibt das alles auf die Dauer unwirksam. Die Begleitung der Sinnsuche bleibt daher die alles entscheidende Aufgabe des Coach.

4.6 Verantwortetes Glück macht Sinn

Wenn wir auch davon ausgehen, dass Sinnsetzung eine höchst individuelle Angelegenheit ist, so lassen sich doch zwei Komplexe herausarbeiten, die auch kollektiv näher bestimmen, was Sinn macht: Glück und Moral. So meint Alfred Julius Ayer:

»Das Leben hat den Sinn, den es uns gelingt, ihm zu geben. [...] Wir können der Verantwortung nicht entrinnen. Wir müssen selbst entscheiden, was wir für erstrebenswert ansehen und welche Grundsätze wir hochhalten; und wenn wir uns für ein Prinzip entschieden haben, behandeln wir es als universal gültig« (Ayer, in Fehige et al., 2004, 354).

Oder Wolfgang Lenzen:

»Wer freiwillig den ethischen Standpunkt einnimmt, wer sich also zum Ziel setzt, anderen zu helfen, wer sich entscheidet, die sozialen Tugenden der Menschlichkeit, der Großzügigkeit und der Wohltätigkeit auszuüben, der verleiht seinem Leben einen *immanenten* Sinn und wird dadurch Erfüllung, Glück und Zufriedenheit finden« (Lenzen, 1999, S. 134).

Julian Baggini fasst seine Reflexionen zum Sinn des Lebens so zusammen:

»Das Leben an sich kann lebenswert sein, besonders wenn es authentisch, glücklich und in Sorge um andere geführt wird, wenn der Betreffende seine Zeit nicht vergeudet und er sich immer wieder bemüht, der zu werden, der er sein möchte« (Baggini, 2006, S. 192).

Es scheint also so zu sein: Wer ein sinnvolles Leben führt, dem gelingen so einige seiner Vorhaben, dem *glückt* vieles. Und umgekehrt: Wer ein glückliches Leben führt, der hat seinen Sinn im Leben gefunden, er braucht ihn nicht mehr zu suchen (→ 5). Diese Sorge um sich selbst (→ 8.1) muss aber verbunden sein mit der Sorge um die Nächsten, das heißt diejenigen, die ihm in seinen Interaktionsgemeinschaften nahestehen (→ 6). Wer kann schon selbst glücklich sein, wenn seine Nächsten unglücklich sind? Das Glück darf damit auch nicht auf Kosten anderer errungen sein: Das macht (auf die Dauer oder immer wieder mal) unglücklich. Es geht also um die rechte Verbindung von Glück und Moral (→ 7).

Damit knüpfe ich an die »Integrative Ethik« an, wie sie Hans Krämer (1995) vorgelegt hat. Er verbindet wieder die »Strebensethik«, die in Europa noch die Antike bestimmt hat, mit der »Sollensethik«, die mindestens seit Kant das philosophische Denken beherrscht. So kann ich mit guten Gründen am Ende dieses Kapitels die Hypothese aufstellen: Verantwortetes Glück macht Sinn.

Erträge für den Coach

- Mit der Schwächung der normierenden und sinnstiftenden Kraft religiöser, weltanschaulicher und ideologischer Denksysteme in der Postmoderne, der häufigen Erfahrung der Kontingenz angesichts des beschleunigten gesellschaftlichen Wandels im »Turbokapitalismus« und der begrenzten Möglichkeit, Sinngebung durch Konsum zu ersetzen, wird *jeder Einzelne zum Sucher nach einem Sinn*, der ihn persönlich kognitiv wie sinnlich zufrieden stellt.
- Nach Camus können wir das heutige Leben nur noch als absurd begreifen. Doch revoltieren wir vielfach gegen ungerechte und unverständliche Lebensverhältnisse. *Aus dieser Revolte kann eine Sinngebung erwachsen.*
- Auch wenn es in jedem Leben Passagen gibt, die als sinnlos bezeichnet werden können, selbst wenn die Lebensläufe einiger Menschen in der Gesamtbilanz als sinnlos angesehen werden müssten, so gibt es doch offensichtlich Lebensabschnitte, die mit Gründen sinnvoll genannt werden können. Das allein rechtfertigt es, *das Leben auf der Erde insgesamt* als *sinnvoll* zu betrachten.
- Die Tatsache, dass wir nicht ewig leben, kann uns dazu veranlassen, unserem Leben heute und morgen einen Sinn zu geben. Denn sonst könnten wir ja die Sinngebung auf den Sankt-Nimmerleinstag verschieben. Über ein Leben nach dem Tod können wir nichts Unbezweifelbares sagen. Deshalb können wir auch daraus keinen Sinn schöpfen. *Die Aufgabe der Sinnstiftung stellt sich hier und jetzt.* Es geht um ein sinnvolles Leben vor dem Tod.
- *Sinngebung* ist nicht nur eine Aufgabe vernünftigen Nachdenkens. Sie wird auch *durch den Glauben* an überzeugende Werte, Visionen, Vorstellungen gespeist. Diese Gläubigkeit oder Religiosität ist ein ursprüngliches Phänomen, das unabhängig von ihrer Institutionalisierung durch Religionen bzw. Konfessionen sinngebend sein kann. Dogmatismus oder Aberglaube in jeglicher Form strangulieren jegliche Sinnstiftung und müssen daher gerade auch im Coaching zurückgewiesen bzw. bearbeitet werden.
- Der Pragmatismus von William James zeigt uns auch in religiösen Fragen einen gangbaren Weg: *Wir können mit allen religiösen Ansichten operieren, solange sie uns helfen, unsere Lebensqualität und die unserer Mitmenschen tatsächlich zu verbessern.*
- Diese Verbindung von Vernunft und Glauben nenne ich *Spiritualität.* Sie umfasst – wenn wir *John Deweys* Fassung der Religiosität weiterentwickeln – eine Haltung und eine ihr entsprechende Praxis, sich Bilder sinnvollen Lebens vor Augen zu stellen, an die Möglichkeit ihrer Verifikation zu glauben, sich für die Umsetzung mit aller Kraft einzusetzen und diesen Prozess »intelligent« zu begleiten und nüchtern zu bewerten.
- In der *Psychotherapie* sehen es viele, aber längst nicht alle Richtungen als bedeutsam an, mit ihren Patient/innen an der Sinnfrage zu arbeiten. Dann wird ein als sinnvoll erlebtes Leben als eine zentrale Voraussetzung für

Gesundheit angesehen. Von den hier eingesetzten Verfahren kann auch das Life-Coaching zehren.

- Auch die *psychologische Forschung* macht plausibel, dass Sinnerfahrung, Gläubigkeit, Religiosität, Spiritualität im oben genannten Sinn das Wohlbefinden verbessern können.
- Vor allem hat Aaron Antonovsky mit seiner Theorie der Salutogenese auf die Bedeutung der Sinngebung für die *Gesundheitsprävention* hingewiesen. Insgesamt kommt den sinnhaften Überzeugungs- und Deutungsmustern eines jeden eine entscheidende Bedeutung bei der Bewältigung gerade auch existenziell bedrohlicher Belastungen zu.
- Ein Leben macht aber nur dann Sinn, wenn wir es als »geglückt« bezeichnen können. Und glücklich können wir nur sein, wenn es auch die Menschen sind, die für uns Bedeutung haben. Daraus ergibt sich die These: *Verantwortetes Glück macht Sinn.*

Literatur zum Thema

Baggini, J. (2006). Der Sinn des Lebens. Philosophie im Alltag. München: Piper.

Buber, M. (1948/1996). Der Weg des Menschen nach der chassidischen Lehre. Gerlingen: Lambert Schneider.

Camus, A. (1943/1965). Der Mythos von Sisyphos. Ein Versuch über das Absurde. Reinbek: Rowohlt.

Camus, A. (1951/1977). Der Mensch in der Revolte. Essays. Reinbek: Rowohlt.

Dewey, J. (1934/2004). Ein allgemeiner Glaube. In J. Dewey, Erfahrung, Erkenntnis und Wert (S. 229–292). Frankfurt a. M.: Suhrkamp.

Fehige, C., Meggle, G., Wessels, U. (Hrsg.) (2004). Der Sinn des Lebens. München: dtv.

Hoerster, N. (2005). Die Frage nach Gott. München: Beck.

James, W. (1897/1977). Der Wille zum Glauben. In E. Martens (Hrsg.), Pragmatismus (S. 128–160). Stuttgart: Reclam.

James, W. (1902/1997). Die Vielfalt religiöser Erfahrung. Frankfurt a. M.: Insel.

James, W. (1906/2001). Pragmatismus. Ein neuer Name für einige alte Denkweisen. Darmstadt: Wiss. Buchgesellschaft.

Petzold, H. G., Orth, I. (Hrsg.) (2005). Sinn, Sinnerfahrung, Lebenssinn in Psychologie und Psychotherapie. 2 Bde. Bielefeld: Sirius.

Reichert, T. (Hrsg.) (1996). Buber für Atheisten. Ausgewählte Texte. Gerlingen: Lambert Schneider.

Tolstoj, L. N. (1886/1980). Der Tod des Iwan Iljisch. In Tolstoj, L. N., Sämtliche Erzählungen. Bd. 5 (S. 222–293). Frankfurt a. M.: Insel.

5 Glücklich sein

Ferdinand Buer

5.1 Glück als aktuelles Thema

Seit etwa dreißig Jahren ist das Thema Glück auch in Europa wieder da, nachdem es über Jahrhunderte vor sich hin geschlummert hat (Thomä, 2003). Zwar gab es immer mal wieder Außenseiter, die das Thema aufgriffen, so 1921 der anarchistische Schriftsteller Franz Jung mit seiner Schrift: »Die Technik des Glücks. Psychologische Anleitungen in vier Übungsfolgen«, 1928 Alain mit seinen Reflexionen zum Alltag: »Die Pflicht glücklich zu sein« oder Bertrand Russell 1930 in seinem Ratgeber: »Eroberung des Glücks. Neue Wege zu einer besseren Lebensgestaltung«. Hintergrund für diese Traktate war aber sicher die Verunsicherung, die viele bürgerliche Kreise nach dem Ersten Weltkrieg erfasst hatte. So taucht auch heute das Thema wieder auf in Zeiten der Globalisierung, in denen die Realisierung eines Lebensentwurfs oder einer Berufskarriere nicht mehr so einfach »glückt« und auch der Staat eintretendes Unglück in vielen Fällen nicht mehr ausreichend kompensiert. Damit muss wieder jeder »seines Glückes Schmied« sein, was der Volksmund allerdings schon immer wusste.

Das deutsche Wort Glück (gleicher Wortstamm wie engl.: »luck«) meint zunächst Geschick, Schicksal, Zufall, also ein plötzlich eintretendes Ereignis, das in erheblichem Maß günstige Folgen für jemanden hat. Fällt jemandem dieses Glück unverdient in den Schoß, nennt man ihn einen »Glückspilz«. Allerdings müssen wir die Glückschancen auch nutzen, wollen wir »Glück haben«. So müssen wir zum Beispiel einen Lottoschein ausfüllen, um Lottokönig werden zu können. Ist man dagegen vom Unglück verfolgt und kann nichts dazu, dann ist man eben ein »Pechvogel«. Dieses Zufallsglück heißt im Altgriechischen »eutychía«, in Lateinischen »fortuna«, im Französischen »chance« oder »fortune« und im Englischen »luck«.

Noch im Mittelalter galt Fortuna als Schicksalsmacht, die das ganze Weltgeschehen beherrscht. So wird Fortuna in den »Carmina burana« aus dem 13. Jahrhundert als »imperatrix mundi« bezeichnet. Als Carl Orff diese Texte im Kloster Benediktbeuern 1934 entdeckte, war er gleich angetan von einer Darstellung der Fortuna im Glücksrad mit dem Text: »O Fortuna velut luna statu variabilis« (O Fortuna, Deine Launen wechseln wie der Mond). In Zeiten, in denen sich große gesellschaftliche Veränderungen vollziehen, scheint Fortuna vornehmlich als Fatum wahrgenommen zu werden. Das könnte auch erklären, warum sich dieses – zweifellos auch künstlerisch faszinierende – Werk gerade heute wieder größter Beliebtheit erfreut.

Aber es gab auch immer schon Machtmenschen, die das Glück zwingen wollten. So schreibt Niccolò Machiavelli schon 1513:

»Ich schließe also, da das Glück wechselt, die Menschen aber auf dem eingeschlagenen Wege verharren, daß sie nur so lange Glück haben, als Schicksal und Weg übereinstimmen, dagegen Unglück haben, sobald ein Mißklang entsteht. Gerade hier aber meine ich, daß es besser sei, ungestüm als vorsichtig zu sein, denn Fortuna ist ein Weib, und wer es bezwingen will, muß es schlagen und stoßen; und man sieht, daß es sich leichter von diesen besiegen läßt als von solchen, die kaltblütig zu Werke gehen. Darum ist es, wie ein Weib, auch den Jünglingen gewogen, weil diese weniger bedächtig und gewalttätiger sind und ihm dreister befehlen« (Machiavelli, 2001, S. 120).

Damit wird allen Glücksrittern der Takt vorgegeben: Nur wer dreist Gewalt einsetzt, hat die größten Chancen, das Glück zu zwingen. Und sie gehen dabei gewaltige Risiken ein, deren Auswirkungen unvorhersehbar sind. Wenn ihnen dann »das Glück nicht hold« war, dann haben sie eben »Pech gehabt«. Nur, das damit meist verbundene Unglück betrifft kaum sie selber, weil sie sich zuvor sorgfältig abgesichert haben. Es trifft meist Unschuldige. Wer also Glück ausschließlich als Fortuna begreift, hat nur die Wahl zwischen Fatalismus oder Glückserzwingung auf Kosten anderer. Oder er gibt sich dem Glücksspiel hin, und das kann bekanntlich in der Spielsucht oder in der Kriminalität enden (Schimank u. Kron, 2002).

Die andere Bedeutungsschicht, die in dem Wort Glück enthalten ist, ist das, was wir auch »Glückseligkeit« nennen, im Altgriechischen »eudaimonía«, im Lateinischen »beatitudo«, im Französischen »bonheur« und im Englischen »happiness«. Beatitudo meint ein im Ganzen geglücktes Leben, das nicht nur ein subjektives Glücksempfinden umfasst. Dieses Glück muss auch erstrebenswert sein, es muss sich auch nach moralischen Kriterien rechtfertigen lassen. Dementsprechend ist es nicht ohne die Bemühung um ein tugendhaftes Leben möglich. Glückszustände, die sich auch auf anderen Wegen erreichen lassen, nannten die alten Römer »felicitas« (Pieper, 2004, S. 32f.). Hier geht es um Vergnügen, Lust, Freude, Wohlbefinden. Das bezeichneten die alten Griechen mit »hedoné«, die alten Römer mit »voluptas«, was wiederum dem englischen »pleasure« entspricht.

Da es mir im Life-Coaching um verantwortetes Glück gehen soll, werden wir uns vornehmlich mit Glückseligkeit/eudaimonia/happiness beschäftigen, müssen allerdings immer wieder Lust/hedone/pleasure einbeziehen. Wir dürfen auch nicht die Glücksritter vergessen, die ihre Lust mit aller Gewalt erzwingen wollen.

Leider werden diese notwendigen Differenzierungen nur in einem Teil der westlichen Glücksliteratur berücksichtigt (dagegen: L. Marcuse, 1972; Pieper, 2004). Zweifellos machen fernöstliche Weisheitslehren ebenfalls attraktive Angebote, insbesondere der Buddhismus. Nun verlangt gerade dieser aber so einiges an Übung, um das Glück zu erfahren. Da halte ich es mit dem Dalai Lama, wenn er sagt:

»Es ist alles andere als seriös zu behaupten – wie es leider immer wieder geschieht –, man müsse nur drei Jahre lang eine Glocke schwingen, um den Zustand des Buddha zu erlangen. Es ist eine sehr gute Sache, sich für den Buddhismus zu begeistern, aber wenn es in den Texten heißt, der Buddha habe drei unendliche Äonen lang Verdienste und Weisheit angehäuft, dann müßte uns doch eigentlich klar sein, daß es seine Zeit braucht, um zum höchsten Erwachen zu gelangen« (Dalai Lama, 2005, S. 199f.).

Diese Zeit hatte ich bisher nicht. Erst recht machen die gängigen Glücksratgeber keine Unterschiede. Sie brauchen wir also hier nicht zu Rate zu ziehen. Die internationale Forschung konzentriert sich eindeutig auf *happiness* (Bellebaum, 2002; Bellebaum u. Barheier, 1997; Bellebaum u. Braun, 2004; Bellebaum u. Herbers, 2006b; Vennhoven, 1993a; 1993b). Dieser Fokussierung möchte ich folgen. Glückseligkeit wird dann als ein hoher Wert angesehen, den umzusetzen eigentlich alle Menschen anstreben. So hat »happiness« auch Eingang in die Amerikanische Unabhängigkeitserklärung von 1776 gefunden:

»We hold these truth to be selfevident, that all men are created equal, that there are endowered by their Creator, with certain unalienable rights, that among these are Life, Liberty and the pursuit of Happiness« (zit. nach Pieper, 2004, S. 36).

Dieses Streben nach Glück wird hier also als ein grundlegendes Menschenrecht anerkannt. Und es ist Aufgabe der Gesellschaft bzw. des Staates, dafür Sorge zu tragen, dass jeder einzelne Bürger auch zu seinem Glück kommt (Layard, 2005). Was nun aber ein jeder unter Glück versteht, das muss ihm selbst überlassen bleiben. Das Glück ist also eine höchst subjektive Angelegenheit. Der Glücksforscher Alfred Bellebaum kann dementsprechend als Ergebnis seiner jahrelangen Forschungen auch nur festhalten:

»Angesichts der vielen grundsätzlichen Schwierigkeiten, ›Glück‹ zeit- und kulturunabhängig zu definieren, bietet sich die schlichte These an: Glück ist das, was Menschen sich unter Glück vorstellen. Und es gab und gibt viele Ansichten« (Bellebaum u. Herbers, 2006a, S. 9).

Dieses Ergebnis ist durchaus prekär: Auf der einen Seite muss jeder selbst wissen, ob er glücklich sein will und was das für ihn bedeutet. Und eine liberale Gesellschaft und ein liberaler Staat haben das zu respektieren. Auf der anderen Seite kann ein solches Glück aber auf Kosten anderer errungen sein, und hier hört die gesellschaftliche bzw. staatliche Toleranz auf. Insofern muss es Grenzen des Zulässigen geben. Wie die zu definieren sind, ist Aufgabe der sozialen bzw. politischen Ethik. Um die soll es hier aber weniger gehen. Hier geht es vielmehr darum zu klären, ob nicht doch mit guten Gründen inhaltliche Aussagen über Glückseligkeit gemacht werden können, um den Einzelnen eine Orientierungshilfe für ihren Weg zum Glück zu geben.

5.2 Der Mensch auf der Suche nach seinem Glück

Aber können wir überhaupt davon ausgehen, dass wirklich jeder Mensch glücklich sein will? Alfred Julius Ayer ist jedenfalls nicht davon überzeugt:

»Einige Menschen verfolgen ein einziges großes Ziel, dem sie alle ihre Tätigkeiten unterordnen. Falls sie es erreichen, sind sie vielleicht die glücklichsten Menschen der Welt, aber das sind Ausnahmen. Die meisten wechseln von einer Sache zur anderen und haben zu einem bestimmten Zeitpunkt vielleicht eine Reihe verschiedener Ziele im Kopf, die gar nicht zusammenstimmen müssen. Philosophen, mit ihrer Vorliebe für klare Verhältnisse, versuchen hin und wieder zu zeigen, dass sich die augenscheinliche Vielfalt der Interessen auf ein einziges reduzieren lässt. In Wahrheit gibt es aber kein Ziel, das alle Menschen anstreben, nicht einmal das Glück. Denn ohne hier der Frage nachzugehen, ob Menschen immer ein glückliches Leben anstreben *sollten*, ist jedenfalls klar, dass sie es nicht immer tun – es sei denn, wir verwendeten das Wort ›Glück‹ nur als eine Beschreibung eines jeden tatsächlich verfolgten Ziels« (Ayer in Fehige et al., 2004, S. 36).

Wenn ich davon ausgehe, dass Ayer »happiness« meint, dann könnte er auf den ersten Blick Recht haben. Vielen reicht sicher schon »pleasure«, manchen auch schon Schmerzfreiheit. Um die Frage entscheiden zu können, reicht es aber nicht, einfach die Menschen zu befragen, ob sie nach Glück streben. Denn ihre Vorstellung davon, was Glück sei, ist bekanntlich zu unterschiedlich, um auf diese Weise zu einem eindeutigen Ergebnis zu kommen. Es bedarf durchaus einer anthropologischen Reflexion, die Glückseligkeit präskriptiv fasst. Im Folgenden möchte ich auf einige Überlegungen aufmerksam machen, die uns einer Antwort näher bringen können.

5.2.1 Aristoteles und die Folgen

Aristoteles argumentiert in der Nikomachischen Ethik folgendermaßen:

»Da jedes Erkennen und jedes Vorhaben nach einem Gut strebt, wonach strebt unserer Meinung nach die Politikwissenschaft, und welches ist das höchste aller durch Handeln erreichbaren Güter (*prakton agathon*)? Im Namen stimmen die meisten Menschen ziemlich überein: ›Das Glück‹ (*eudaimonia*), sagen nämlich sowohl die Leute aus der Menge (*polloi*) als auch die kultivierten Menschen (*charientes*); und dabei setzen sie das Glücklichsein damit gleich, dass man gut lebt (*eu-zen*) und gut handelt (*eu prattein*). Darüber jedoch, was Glück ist, besteht Uneinigkeit, und die Leute aus der Menge geben nicht dieselbe Antwort wie die Gebildeten. Jene nämlich halten es für etwas Sichtbares und Offenkundiges, wie Lust (*hedone*) oder Reichtum (*ploutos*) oder Ehre (*time*), wobei jeder etwas anderes nennt und oft auch ein und derselbe Verschiedenes: wenn er krank ist, die Gesundheit, wenn er arm ist, den Reichtum. Im Bewusstsein ihrer eigenen Unwissenheit aber bewundern sie jene, die etwas Großes sagen, das ihr Verständnis übersteigt. Einige Leute aber meinten, dass es neben diesen vielen Gütern ein anderes, für sich seiendes (*kath'auton*) Gut gibt, das auch für alle eben genannten Güter die Ursache ihres Gutseins ist. Es ist wohl eine ziemlich vergebliche Mühe, alle Meinungen zu prüfen, und es genügt, diejenigen zu untersuchen, die am weitesten verbreitet oder einigermaßen begründet sind« (Aristoteles, NE 1095a, 15–29).

Der Mensch wird als einer gesehen, der im Erkennen und Handeln etwas erreichen will. Und das höchste aller durch eigenes Handeln erreichbaren Güter nannten die alten Griechen »eudaimonía«. Glücklich ist demnach, wer von einem ihm wohl (»eu«) gesonnenen guten Geist (»daimon«) beseelt ist. Das zeigt sich darin, dass man gut handelt und also gut lebt. Anders gesagt: Glücklich kann der genannt werden, der sein ganzes Leben darauf ausrichtet, Gutes zu tun. Und um zu wissen, was gut ist, ist eine Übereinstimmung mit dem guten Daimon vonnöten. Damit aber ist die Einigkeit auch schon vorbei. Je nach Lebensweise der Befragten werde unter Glück etwas anderes verstanden: Lust, Reichtum, Ehre sind aber alles Güter, die erst zum Glück führen sollen, während man nicht das Glück anstrebt, um zu Lust, Reichtum oder Ehre zu kommen. Das Glück wählen wir also um seiner selbst willen. »Das Glück erweist sich also als etwas, das abschließend und autark ist; es ist das Ziel all dessen, was wir tun« (Aristoteles, NE 1997b, 20).

Dauerhaftes Glück muss auf etwas bauen, was in unserer Hand liegt. Diese Güter nennt Aristoteles Tugenden. Das altgriechische »areté« wie auch das deutsche »Tugend« meint: Tauglichkeit, Vortrefflichkeit, Tüchtigkeit. Im Lateinischen ist von »virtus«, im Englischen von »virtue« die Rede. Man kann »areté« sogar mit Bestform oder »excellence« übersetzen. Die Vernunfttugenden (»areté dianoetiké«) wie Erkenntnis, Verstand, Klugheit, Weisheit, technisches Wissen, praktische Urteilskraft kann man durch Belehrung erwerben. Die Charaktertugenden (»areté ethiké«) wie Gerechtigkeit, Tapferkeit, Besonnenheit, Freundschaft sind das Ergebnis sozialen Lebens, in dem der Handelnde lernt, sein Glücksstreben mit dem der anderen zu vereinbaren und verantwortliche Entscheidungen zu treffen.

Damit werden die Tugenden zu einer Verhaltensgewohnheit eines Menschen, und diese wiederum stiften die guten Sitten (»éthos«) eines Gemeinwesens. Sie dürfen aber nicht als starre Routinen betrachtet werden. Es gilt, in der je konkreten Situation die angemessene Mitte zwischen zwei extremen Reaktionsweisen zu finden (»mesótes«-Lehre).

»Es genügt also nicht zu wissen, dass zum Beispiel Tapferkeit die Mitte zwischen Tollkühnheit und Feigheit ist; vielmehr muss die jeweils vorliegende Situation richtig eingeschätzt werden, um herauszufinden, was zu tun ist. [...] Praktische Urteilskraft ermöglicht demnach die sach- und situationsangemessene Beurteilung von Einzelfällen im Licht des Guten und begründet die konkrete sittliche Handlung, welche eine geglückte Mitte zwischen Allgemeinem und Besonderem herstellt. Diese Mitte ist der existenzielle Mittelpunkt des Individuums, das sich sein Zentrum immer wieder neu schafft, indem es sich in ein Verhältnis setzt: zu sich selbst, seinen Mitmenschen, den jeweiligen Erfordernissen des Augenblicks, und über das Netzwerk der Verhältnisse, die es stiftet, seine Tauglichkeit als Mensch unter Beweis stellt« (Pieper, 2004, S. 191).

Nun ist »eudaimonía« auch bei Aristoteles durchaus auch mit »hedoné« verbunden. Er unterscheidet aber gleich zwischen guter und schlechter Lust. So schreibt er in der Eudemischen Ethik: »Für jedes Lebewesen gibt es [...] eine ihm wesenseigene Lust, wie auch eine ihm wesenseigene Leistung – jene Lust nämlich, die der ihm eigentümlichen Tätigkeit entspricht« (Aristoteles, EE X, 5). Und diese Tätigkeit ist beim Menschen vernünftiges Handeln. Durch Klugheit (»phrónesis«) erkennt er, was in der je konkreten Lage vernünftig ist, und durch Einübung und Weiterentwicklung seiner Charaktertugenden ist er in der Lage, auch entsprechend zu handeln. Vernünftig zu handeln, das bereitet den Menschen die größte Lust. Auch Aristoteles weiß selbstverständlich, dass das nur wenigen überhaupt möglich ist. Und so sieht er auch in seiner eigenen Lebensform der »theoría«, der kontemplativen Betrachtung des Weltgeschehens aus einer Position der Muße heraus, die größten Chancen angelegt, das Glück zu erringen. Die Mehrheit der Menschen jedoch folgt ihren animalischen Gelüsten und bringt sich so um ihr »wahres« Glück.

Sicher, wir haben hier eine Elitetheorie vor uns: Aristoteles sah seine Ethik als Teil der Politik. Er wollte die männlichen Vollbürger seiner Polis ermahnen, das Erreichte mit Klugheit und tugendhaftem Einsatz zu sichern. Und als Lohn versprach er etwas, was kaum jemand real erreichen konnte, und wenn, dann blieb es doch etwas vage und abstrakt, eben »theoretisch«. Ist das Glücksversprechen also nicht doch ein Köder, der nur zur Bürgerpflicht Anreiz geben will? Ludwig Marcuse war dieser Meinung:

»Aristoteles, der Lehrer Alexanders des Glücklichen, steht an der Spitze jener Männer, die mit Aussagen wie ›Moralisch handeln und glücklich sein ist ein und dasselbe‹ das Wort ›Glück‹ stahlen für etwas, was mit Glück kaum etwas zu tun hat. Es ist dies aber einer der folgenreichsten Diebstähle in der Geschichte der Philosophie gewesen. Dieses Quid pro Quo begann mit Aristoteles; und die Methode ist immer dieselbe geblieben. Man destilliert aus seiner gesellschaftlichen Welt ein ›höchstes moralisches Gut‹ – und nennt das schlicht ›Glück‹. Was man da aber als Moral und Glück destillierte, erweist sich vor dem historischen Rückblick als der Kitt, der eine durchaus nicht moralische und durchaus nicht glückliche Gesellschaft zusammenhielt. Aristoteles' ›höchstes moralisches Gut‹ war die Moral des athenischen Bürgers: der für ungleichen Besitz war und für gleiche politische Rechte – der Vollbürger; und welcher Tiere, Sklaven und Weiber für Dinge hielt. Wer in Harmonie mit der Ordnung lebte, war (nach Aristoteles) glücklich. Und man vermischt bis zu diesem Tage die Harmonie mit der offiziellen Moral – und Glück« (Marcuse, 1972, S. 288).

Aber ist damit Aristoteles erledigt? Können wir nicht doch etwas von ihm lernen? Wenn wir seine kulturelle Beschränkung wegnehmen, dann bleibt doch:

Jeder Mensch strebt nach Glück und hat ein Recht darauf. Da das Glück des einen vom Glück des anderen abhängig ist, ist das, was Glück sein soll, nur gemeinsam mit Sinn und Verstand auszuhandeln. Da die Realisierung des kollektiven wie des individuellen Glücks aber auch von günstigen Umständen abhängt, hat die Gemeinschaft dafür einzutreten, dass diese Umstände – so gut es geht – geschaffen werden. Jeder Einzelne jedoch muss verstandesmäßige und moralische Bürgertugenden entwickeln, sodass er sich tatkräftig daran beteiligen kann. Und das steht in der Macht eines jeden. Damit legt Aristoteles das Glück in die Hände der Menschheit; die Gunst des Schicksals oder der Götter ist nicht mehr entscheidend.

Und was nun zu einem guten Leben gehört, das ergibt sich aus dem, was dem Menschen »eigentümlich« ist, was also der Mensch zum Leben braucht, um sein Menschsein realisieren zu können. Damit hat Aristoteles eine Güterethik angestoßen, die danach fragt: Was braucht der Mensch? Was ist für sein Menschsein wesentlich? Worauf hat er ein Recht, um glücklich zu sein? Und was müssen wir alle dazu tun, damit möglichst alle möglichst umfangreich zu diesem ihrem Recht kommen?

Genau diesen Essentialismus des Aristoteles verteidigt heute Martha C. Nussbaum (1993; 1999). Sie leitet aus dieser Eigentümlichkeit des Menschen zehn Grundfähigkeiten des Menschen ab. Diese Liste bietet eine Minimaltheorie eines guten, eines gelingenden, eines glücklichen Lebens:

»1. Die Fähigkeit, ein volles Menschenleben bis zum Ende zu führen; nicht vorzeitig zu sterben oder zu sterben, bevor das Leben so reduziert ist, dass es nicht mehr lebenswert ist.
2. Die Fähigkeit, sich guter Gesundheit zu erfreuen; sich angemessen zu ernähren; eine angemessene Unterkunft zu haben; Möglichkeiten zu sexueller Befriedigung zu haben; sich von einem Ort zu einem anderen zu bewegen.
3. Die Fähigkeit, unnötigen Schmerz zu vermeiden und freudvolle Erlebnisse zu haben.
4. Die Fähigkeit, die fünf Sinne zu benutzen, sich etwas vorzustellen, zu denken und zu urteilen.
5. Die Fähigkeit, Bindungen zu Dingen und Personen außerhalb unserer selbst zu haben; diejenigen zu lieben, die uns lieben und für uns sorgen, und über ihre Abwesenheit traurig zu sein; allgemein gesagt: zu lieben, zu trauern, Sehnsucht und Dankbarkeit zu empfinden.
6. Die Fähigkeit, sich eine Vorstellung vom Guten zu machen und kritisch über die eigene Lebensplanung nachzudenken.
7. Die Fähigkeit, für andere und bezogen auf andere zu leben, Verbundenheit mit anderen Menschen zu erkennen und zu zeigen, verschiedene Formen von familiären und sozialen Beziehungen einzugehen.
8. Die Fähigkeit, in Verbundenheit mit Tieren, Pflanzen und der ganzen Natur zu leben und pfleglich mit ihnen umzugehen.

9. Die Fähigkeit, zu lachen, zu spielen und Freude an erholsamen Tätigkeiten zu haben.
10. Die Fähigkeit, sein eigenes Leben und nicht das von jemand anderem zu leben.
10a. Die Fähigkeit, seine eigenes Leben in seiner eigenen Umgebung und seinem eigenen Kontext zu leben« (Nussbaum, 1999, S. 57f.).

Aus Aristoteles' Konzeption folgt nach Nussbaum auch, die je aktuellen Arbeits- und Produktionsverhältnisse einer genauen Untersuchung zu unterziehen, inwieweit sie dem Menschen angemessene Arbeit für alle ermöglichen oder nicht (Nussbaum, 1999, S. 67).

Aristoteles hat damit eine Tradition der Ethik begründet, die als Glücks-, Güter-, Klugheits- oder Selbstethik über die Jahrhunderte immer virulent war. Sie wurde aber schon bald durch das Christentum und dann vor allem durch den Moralismus des Immanuel Kant zurückgedrängt. Heute jedoch hat Aristoteles wieder Bedeutung, wenn es darum geht, herauszufinden, was wir denn einzeln und was wir gemeinsam anstreben sollten. Seit Aristoteles gilt: Erst kommt das Glück, dann kommt die Moral.

Helmut Mathar (2007) hat jüngst aufgezeigt, dass diese Konzeption für das Life-Coaching von Fach- und Führungskräften von höchster Bedeutung ist. Jeder muss herausfinden, welche Ziele er wirklich anstreben sollte, was ihn in seiner Lebenslage und mit seinen Fähigkeiten auf Dauer glücklich macht. Um sich zu vorgegebenen Zielen, die Kunden, Klienten, Mitarbeiter, Vorgesetzte an ihn haben, überhaupt sinnvoll ins Verhältnis setzen zu können, muss jeder zuvor wissen, was er unabhängig davon für erstrebenswert erachtet. Erst wenn weitgehende Übereinstimmung erzielt werden kann, wird die Arbeit Freude machen. Erst dann werden die Tugenden bis zur Bestform herausgefordert, sodass auch nachhaltig »gute« Arbeit gemacht wird.

Die Frage aber bleibt, ob das alles nicht etwas idealistisch ist, ob hier nicht die Rechnung ohne die Lust gemacht wurde.

5.2.2 Epikur und die Folgen

Aristoteles kämpfte um den Erhalt der demokratischen Verfasstheit seiner Polis, in der die einen sich mit Muße den Wissenschaften hingeben konnten, weil die anderen die Arbeit machten. Epikur hat diesen Kampf aufgegeben: Er hat mit Gleichgesinnten eine Genossenschaft gegründet, in der auch Sklaven und Frauen Zugang hatten, den »képos« (Garten), quasi eine Gartensiedlung. Während die »philía« (Freundschaft, »amicitia«) in der Theorie des Aristoteles groß proklamiert wurde, war sie bei Epikur Basis einer kollektiven Lebenspraxis. Er war sich darüber im Klaren, »daß in unseren begrenzten Verhältnissen Sicherheit hauptsächlich durch Freundschaften fest gegründet wird« (Epikur, 1988, S. 70). Während sich Aristoteles, wie vor ihm schon sein großer Lehrer Platon, an eine Elite wandte, hielt Epikur alle Menschen für befähigt, seiner Weisheitslehre zu folgen (Geyer, 2004, S. 47). Sein Lebenskonzept war insofern höchst politisch, als es sich von den herrschenden Verhältnissen der Sklavengesellschaft abwandte und eine Assoziation von Gleichgesinnten und Gleichgestellten auf freiwilliger Basis als Sozialexperiment erprobte.

Epikur wollte die Menschen ermutigen, sich von ihren selbstverschuldeten Abhängigkeiten zu befreien. Und diese sah er primär in den unangemessenen Vorstellungen, die sich Menschen immer wieder machen. Für ihn ist die sinnliche Wahrnehmung (»aísthesis«) die einzige Grundlage des Erkennens; er war Sensualist. Diese Wahrnehmungen erzeugen die Empfindungen, von denen Lust (»hedoné«) und Schmerz (»lýpe«) die Grundformen sind. Falsche Vorstellungen entstehen, wenn die Menschen das Wahrgenommene falsch interpretieren. Das aber führt zu Ängsten, die das Leben schwer machen und letztlich allzu häufig Schmerzen verursachen. Nun geht er davon aus, dass die Menschen ungern Schmerz ertragen und also bereit sind, seine Angebote zur »Enttäuschung« anzunehmen. Insofern war er ein Aufklärer, der einfache Weisheiten gelassen aussprach, dafür aber viele Verächter und Verfolger fand. Den Kern seiner Botschaft hat er in den »tetraphármaka« (vier Heilmitteln) zusammengefasst:

»Immer sollen dir die vier Heilmittel zur Hand sein:
Vor der Gottheit brauchen wir keine Angst zu haben.
Der Tod bedeutet Empfindungslosigkeit.
Das Gute ist leicht zu beschaffen.
Das Schlimme ist leicht zu ertragen« (Epikur, 1988, S. 102).

Er ließ die Götter Götter sein. Er zeigte, dass Totsein nicht empfunden werden kann (→ 4.2.3). Er wies den Moralismus zurück, wie er in der Tugendlehre des Aristoteles angelegt war und von den Stoikern zur Höchstform entfaltet wurde.

»Eine unüberbietbare Freude erzeugt das Bewußtsein, einem großen Übel entgangen zu sein; und darin liegt das Wesen des Guten, wenn man es richtig erfaßt und dann nicht unnütz umhergeht und dabei über das Gute sinnlos schwätzt. Ich dagegen rufe die Menschen zu dauernden Freuden auf und nicht zu nutzlosen und sinnlosen Tugenden, deren Früchte man nur voller Unruhe erhoffen kann« (Epikur, 1988, S. 99).

Die Tugenden haben nur einen Sinn, wenn sie »uns Freude verschaffen; schaffen sie uns keine Freude, dann sollen wir uns nicht um sie kümmern« (Epikur, 1988, S. 98). Eine klare Ansage! Es geht nicht um die Tugend um der Tugend willen. Sie ist nur wertvoll, wenn sie positive Folgen hat. Epikur war somit einer der ersten Konsequenzialisten!

Aber warum ist »hedoné«, die Freude, die Lust, »pleasure«, das höchste Ziel unseres Lebens? Den schlagenden Beweis sieht Epikur darin, »daß die lebenden Wesen von Geburt an daran Gefallen finden, dagegen dem Schmerz naturgemäß und unbewußt sich widersetzen. Aufgrund unserer eigenen Erfahrung also fliehen wir den Schmerz« (Epikur, 1988, S. 98). Epikur bezieht sich damit ganz schlicht auf eine Erfahrung, die kaum jemand in Frage stellen dürfte. Er benötigt somit keine vertieften anthropologischen Bestimmungen des Menschen als eines zur Vernunft berufenen Wesens wie Aristoteles.

Daher kann man seine Position eine materialistische nennen. Bei ihm hat die Vernunft eine dienende Aufgabe: Sie soll Lebensverhältnisse durchschauen helfen, in denen mehr Lust als Schmerz empfunden werden kann. Und dazu muss zunächst einmal jeder Einzelne in der Lage sein. Insofern hat bei Epikur jeder das Recht, darüber selbst zu entscheiden. Damit begibt er sich aber der Möglichkeit einer inhaltlich, quasi objektiven Bestimmung dessen, was Menschen brauchen. Epikur formuliert damit eine formale Ethik, wie sie auch in vielen anderen Kulturen zu finden ist. Auch der Dalai Lama weiß davon:

»Wir müssen nicht erst lange nachdenken, um festzustellen, daß alle Wesen von sich aus nach Glück streben und Leiden vermeiden wollen. [...] Lust und Leid beruhen auf sinnlicher Wahrnehmung und innerer Zufriedenheit. Für uns ist die geistige, die innere Zufriedenheit das Wichtigste. Sie ist das, was den Menschen ausmacht. [...] Sie wurzelt in Großzügigkeit, Ehrlichkeit und in dem, was ich moralisches Verhalten nenne, das heißt in einem Verhalten, welches das Recht auf Glück der anderen Menschen achtet« (Dalai Lama, 2005, S. 17).

Dieses Recht eines jeden auf sein Glück muss aber gesellschaftlich gesichert werden. Dazu bedarf es eines Gesellschaftsvertrages: »Die Gerechtigkeit ist eine Übereinkunft, die einen Nutzen im Auge hat, nämlich einander nicht zu schädigen und voneinander nicht Schaden zu erleiden« (Epikur, 1988, S. 71). Diese minimale Bindung muss reichen, um maximale Freiheit zu ermöglichen. Alle weiteren Bindungen sollten vermieden werden. Epikur kann daher nur die Selbstgenügsamkeit empfehlen:

»Ein Mann, der frei leben will, ist nicht in der Lage, sich große Schätze zu erwerben, weil das nicht zu bewerkstelligen ist, ohne sich zum Handlanger von Pöbelmassen oder Machthabern zu machen. Aber die Freiheit schenkt alles in nie versagender Freigebigkeit. Sollte man aber zufällig viel Geld bekommen, *kann man es leicht verteilen und sich damit das Wohlwollen der Nächsten erwerben*« (Epikur, 1988, S. 87).

Wenn auch Epikur dem Streben nach sinnlicher Lustempfindung einen zentralen Stellenwert einräumte, so hielt er die Menschen doch für so klug, dass sie kein Interesse daran haben könnten, ihre Lüste so weit auszuleben, dass sie schon wieder schmerzten. Die alten Griechen kannten keinen bösen Willen. Erst in der Spätantike wird die Lust am Untergang, die Lust am bösen Ende zum Thema. Das Christentum bot die Folie, mit der nun auch noch sündhaften Lust umzugehen. Wer jetzt noch offen »der Lust frönen« wollte, musste sich zugleich gegen die christliche Sicht der Dinge auflehnen. So waren Epikurs Ansichten für Karl Marx, Friedrich Nietzsche, Heinrich Heine oder Bertrand Russell wichtige Bezugspunkte ihrer eigenen Weltsicht.

Einer der seltsamsten Epikuräer war sicher Sigmund Freud. Er sah den Menschen bekanntlich primär vom Lustprinzip beherrscht: Das Streben nach körperlicher Lust in all seinen Variationen und die dahinter stehende Energie, die Libido, sah er als entscheidende Triebquelle menschlichen Handelns an. Er wusste aber auch, dass ein Ausleben jedenfalls unter den gegebenen Verhältnissen nur ein schmerzliches Ende finden konnte. Er forderte daher die Berücksichtigung eines zweiten Prinzips, das der Realität. Als eine kulturell hoch stehende Variante der jeweiligen Kompromissbildung zwischen diesen beiden Prinzipien sah er die Sublimierung an. Damit musste auch bei ihm die Klugheit (»phrónesis«) die Lust (»hedoné«) steuern. Bei ihm steckt die Lust in einem Dilemma: Bleibt sie direkt, unverfälscht, rein sinnlich, dann wird sie schmerzhaft scheitern. Wird sie sublim, kunstvoll, hochgeistig, dann bleibt sie Ersatz-Lust mit all ihren deprimierenden Aspekten. Es sah das Schicksal der Lust zu seiner Zeit als Tragödie an. Und so konnte er auch nur zu der pessimistischen Ansicht kommen: »Die Absicht, dass der Mensch ›glücklich‹ sei, ist im Plan der ›Schöpfung‹ nicht enthalten« (zit. nach L. Marcuse, 1972, S. 306).

Das entspricht denn doch eher einer stoischen Haltung, wie sie Johann Strauß in der Wiener Operette »Die Fledermaus« von 1874 lauthals verkünden ließ: »Glücklich ist, wer vergisst, was doch nicht zu ändern ist.«

5.2.3 Das Christentum, Immanuel Kant und der Utilitarismus

Aristoteles hatte das Glück in die Hände der Menschen gelegt und ihnen einen vernünftigen Umgang damit zugetraut: Wie Sokrates wurde auch er am Ende seines Lebens der Gottlosigkeit angeklagt, entzog sich aber durch Flucht. Epikur hatte die Götter Götter sein lassen und die sinnliche Lust zum zentralen Wert erhoben. Da er mit seinen Leuten zurückgezogen lebte, wurde ihm zeitlebens wohl nicht nach dem Leben getrachtet. Doch schon bald wurde seine Lehre verketzert und er selbst als das »große Schwein« apostrophiert. Mit der Vorherrschaft des Christentums im späten Rom wurde seine Lehre dann völlig verfälscht und unterdrückt. Im Mittelalter galt er als der Anti-Christ schlechthin. So ließ ihn Dante Alighieri in seiner »Göttlichen Komödie« (1307–1321) im sechsten Kreis der Hölle in einem weißglühenden Eisensarg brennen. Aristoteles dagegen konnte über Albertus Magnus und Thomas von Aquin nicht zuletzt wegen seiner Tugendlehre Eingang in die christliche Theologie finden, wo sie bis heute – vor allem im Katholizismus – noch immer wirksam ist (z. B. J. Pieper, 1962, 1991).

Das Christentum geht von der Heilserfahrung aus, die durch den Glauben an Jesus als Gottes Sohn möglich wird. Nach Paulus wird dieses Heil schon jetzt erfahren. Vollendet wird es jedoch erst, wenn dieses Dasein überwunden ist.

»Was Paulus unter Heil versteht, ist etwas ganz anderes als das Glück der antiken Philosophen. Das Heil ist nicht ein irgendwie gutes Leben, es hat auch nichts mit wie auch immer zu bestimmenden Maßstäben des Gelingens zu tun, es ist keine Vervollkommnung des Menschseins, an der der Mensch zu arbeiten oder wenigstens mitzuwirken hätte« (Lauster, 2004, S. 38f.).

Gott schenkt aus freien Stücken allen Menschen das Heil. Sie brauchen diese Erlösung, weil sie in ihrem vorgegebenen Elend der Sünde verfallen sind und unglücklich sein werden. Das handfeste Glück im Hier und Jetzt wird nun durch ein vages Versprechen künftigen Heils im Jenseits ersetzt. An dieser Sicht der Dinge wurde bis in die heutige Zeit festgehalten. Allerdings hat es im Laufe der Geschichte immer auch andere Akzente gegeben. Jörg Lauster hat in seiner Monographie »Gott und das Glück« (2004) die Versuche bedeutender Theologen beschrieben, das Glück im Diesseits auch für Christen zu retten: Das geht von Gregor von Nyssa über Augustinus, Thomas von Aquin, Meister Eckard bis zu Francesco Petrarca, Lorenzo Valla und Marsilio Ficino in der Renaissance-Zeit.

Martin Luther schafft es dann mit seiner Rechtfertigungslehre, die antike Strebensethik vollkommen zu desavouieren: Das menschliche Glücksstreben wird als egoistisch und vergnügungssüchtig dargestellt. Das Heil kann nur von Gott kommen, daran hat der Mensch keinerlei Verdienst.

»Das Glück ist bei Luther [...] in doppelter Weise verabschiedet: Theologisch bilden die göttliche Alleinwirksamkeit im Heilsgeschehen und die grundlegende menschliche Verderbtheit unüberwindbare Hindernisse für eine positive Anknüpfung an den antik-humanistischen Eudämonismus-Gedanken. Dieser wird zudem ethisch für obsolet erklärt, weil die Ethik ihrer eigentlichen Funktion nach eine sozialverträgliche Ordnung zu stabilisieren, nicht aber das je individuelle Streben nach einem gelingenden Leben zu befördern hat« (Lauster, 2004, S. 94).

Damit wird die Strebensethik zur Sollensethik umgemodelt: Es geht nicht mehr darum, den Menschen dabei zu ermutigen, das, was er für sein Glück hält, auch zu realisieren. Jetzt soll er dazu beitragen, die öffentliche Ordnung aufrechtzuerhalten, die als Fundament von Gottes geistlichem Regime dient. Ab jetzt gilt nicht mehr: Erst kommt das Glück, dann die Moral: Jetzt heißt es: Erst kommt die Moral, dann vielleicht das Glück! Es kommt nicht darauf an, ob die Menschen hier und jetzt glücklich sind. Denn das Heil im Jenseits ist dem Gottgläubigen ja sicher. Und das muss reichen!

Immanuel Kant war derjenige, der diese Position ins Zeitalter der Aufklärung hinüberrettete. Hans Krämer meint: »Die bei Kant auftretende profane Sollensethik ist ihrer Genesis nach eine radikalisierte theologische Ethik ohne Theologie« (Krämer, 1995, S. 11). Gottes Wille wird einfach durch den Vernunftwillen ersetzt. Damit kompensiert der Moralismus Kants den Autoritätsverlust der Moraltheologie, der mit der Aufklärung einsetzt.

»Nach Kant ist der Mensch nur dadurch wahrhaft Mensch, dass er sich selbst ein Gesetz (autos nomos) geben kann und als autonomes Wesen seine Freiheit unter Beweis stellt. In dem Maß, in welchem der Mensch nach Glück strebt, ist er unfrei, da er die Ziele, die er anstrebt, um glücklich zu werden, unter das Diktat der Natur gesetzt hat. Nur wenn es ihm gelingt, unabhängig von der Natur, und das bedeutet, ohne Rücksicht auf das Glücksverlangen, mit Hilfe der praktischen Vernunft eigene Zielvorstellungen zu entwickeln, wirft er die Fesseln der Natur ab und wird zum Gesetzgeber seines Willens. Da der Wille aber nicht schon durch die Gesetze der Vernunft bestimmt ist, müssen sie ihm geboten werden. [...] Kant geht davon aus, dass man jederzeit kann, was man soll. Die Berufung auf ein Nichtkönnen verschleiert nur, wenn man nicht will, was man soll« (Pieper, 2004, S. 221).

Diese Pflicht, aus Vernunft zum Gesetzgeber seines Willens zu werden, dürfe sich nicht abhängig machen von subjektiven Wünschen, Neigungen oder Begierden. Diese dürfen durchaus befriedigt werden. Im Konfliktfall jedoch, wenn eigene Interessen in einen Widerspruch zu einem unbedingten moralischen Anspruch treten, sei die Moral dem Glück vorzuziehen. Damit wird die Einheit eines guten und zugleich glücklichen Lebens endgültig zerschlagen. Beides kann durchaus, und wird wohl auch nach Kant, im normalen Leben auseinanderfallen. In der »Kritik der Praktischen Vernunft« heißt es denn auch: »Daher ist auch die Moral nicht eigentlich die Lehre, wie wir uns glücklich machen, sondern wie wir der Glückseligkeit würdig werden sollen« (A 235).

Kant glaubte daran, dass der Mensch als sein eigener Gesetzgeber auch tun kann, was er soll. Daran nun glaubten die christlichen Kirchen nun ganz und gar nicht: Ohne Gottes Hilfe bleibt er auf ewig ein Sünder und muss im Unglück enden. Mit oder ohne Gott: Er muss sich auf jeden Fall zusammenreißen und seine Lüste unterdrücken, auch wenn ihn das im Moment nur unglücklich macht. Aber die Theologie wäre nicht die Theologie, wenn sie nicht doch noch Anknüpfungspunkte fände, die auch in der Postmoderne beeindrucken könnten. Jörg Lauster hat sie in den erwähnten vormodernen Theologien gefunden. Er fasst zusammen:

»In dem religiösen Gedanken der Erlösung berührt sich eine theologische Lehre vom Glück auf einer formalen Ebene mit dem, was in der Philosophie inzwischen unter dem Stichwort ›Augenblicksglück‹ großes Interesse auf sich zieht. Es handelt sich dabei zum einen um die der Lebenserfahrung geschuldete Einsicht, dass das Glück nicht herstellbar ist, sondern sich von selbst einstellt. Zum anderen erfüllt sich im Glück immer mehr, als der Mensch anstrebt. In religiöser Perspektive verweisen die Unverfügbarkeit und der Überbietungscharakter auf einen transzendenten Grund des Glücks, der in der Glückserfahrung in die Lebenswirklichkeit des Menschen einbricht. Die Transzendenzerfahrung des Glücks erweist sich inhaltlich als eine Sinnerfahrung. Denn im Augenblick des Glücks weiß sich der Mensch aufgehoben in einem letzten, ihm wohlwollenden Grund der Wirklichkeit, den das Christentum Gott nennt. Diese Einsicht befreit den Menschen von der Vorstellung, das gelingende, gute und glückliche Leben hinge allein an seinen Kräften. Das Glück des Augenblicks hebt damit das Streben nach

Glück nicht einfach auf. Es gewährt vielmehr die Gewissheit, dass sich das Gelingen des Lebens einem Grund verdankt, der vor allem Tun des Menschen liegt. Die Erfahrung des Glücks setzt eine existentielle Haltung frei, sie bildet den Mut und das Vertrauen aus, die nötig sind, um nach dem Glück des eigenen Lebens zu streben« (Lauster, 2004, S. 189f.).

Damit rekurriert Lauster auf eine transzendierende Erfahrung, die durchaus auch spirituell genannt werden kann (→ 4.4).

Während auf dem europäischen Kontinent unter dem dominierenden Einfluss von Luther und Kant dem Glückstreben weithin abgeschworen wurde und eine Pflichtenethik das Ruder übernahm, feierte der Hedonismus in der angelsächsischen Welt in der Gestalt des Utilitarismus fröhliche Urständ (Gesang, 2003). Schon sein Begründer Jeremy Bentham sah »die Menschheit unter die Herrschaft zweier souveräner Gebieter – *Leid* (pain) und *Freude* (pleasure) – gestellt« (Bentham, 1780/1992, S. 55). Und sein Schüler John Stuart Mill machte mit explizitem Bezug auf Epikur die Moral an ihrer Wirkung auf die Verteilung von Glück und Unglück fest:

»Die Auffassung, für die die Nützlichkeit (utility) oder das Prinzip des größten Glücks die Grundlage der Moral ist, besagt, daß Handlungen insoweit und in dem Maße moralisch richtig sind, als sie die Tendenz haben, Glück zu befördern, und insoweit und in dem Maße moralisch falsch, als sie die Tendenz haben, das Gegenteil von Glück zu bewirken: Unter Glück (happiness) ist dabei Lust (pleasure) und das Freisein von Unlust (pain), unter Unglück Unlust und das Fehlen von Lust verstanden« (Mill, 1863/1991, S. 13).

Es bleibt die Frage, wie das Luststreben des Einzelnen und das Glück der Allgemeinheit vereinbart werden können. Mill unterscheidet nun zwischen sinnlicher und geistiger Lust. Diese bezeichnet er als einen Bewusstseinszustand, der sich einstellt, wenn man die Befriedigung seiner Lüste sinnvoll einschränkt. Das erzeugt ein erhöhtes Selbstwertgefühl. Diese »Lust« ist nach Mill das höchste Gut, von dem alle anderen individuellen und gesellschaftlichen Güter wie Selbstachtung oder Solidarität abhängen. Diese freiwillige Einschränkung individueller Lust für das allgemeine Glück ist nun moralisch wertvoll, weil genau diese Einschränkungen, die diesem Ziel dienen, die Zustimmung aller finden werden und damit das allgemeine Glück befördern. Aus dieser höheren Lust resultiert das Gefühl des moralischen Verpflichtetseins. Im Gegensatz zu Kant bietet Mill damit eine motivationale Grundlage für moralisches Handeln. Ferdinand Fellmann fasst zusammen:

»Im Sollen empfinden wir einen gegen unsere Neigungen gerichteten Zwang, der uns Unlust bereitet, dem wir aber gleichwohl zustimmen. Durch die Zustimmung unterscheidet sich der Zwang der moralischen Verpflichtung von triebhaften Zwängen, da wir seine Befolgung als Erfolg erleben, während wir im Fall der Sucht eine Niederlage erleiden« (Fellmann, 1998, S. 167).

Damit liegt eine liberale Konzeption von lustvoller Moral vor, die das individuelle Glücksstreben als Basis berücksichtigt, aber Einschränkungen in Kauf nimmt, die von allen akzeptiert werden, um dem Glück möglichst vieler – und damit letztlich auch dem eigenen Glück – eine reale Chance zu geben. Und ganz in diesem Geiste meinte schon Karl Marx: »Die Erfahrung preist den als den Glücklichsten, der die meisten glücklich gemacht« (MEW 40, S. 594). Das wusste er schon als 17-jähriger Abiturient!

5.2.4 Kritiker und Skeptiker

Aristoteles wandte sich an eine Elite, die über ausreichende Ressourcen verfügte, etwas für ihr Glück zu tun. Epikurs Angebot wandte sich an Aussteiger, die sich vom primitiven Genussstreben der Massen abgrenzen wollten, dafür aber genügsam leben mussten. Die Verhältnisse waren in der Antike eben nicht so, dass über Glück für alle nachgedacht wurde. Das Christentum hatte in ihrem Mainstream das irdische Glück in jenseitiges Heil verwandelt und das auch nur für die, die als Gottesfürchtige dieses Leben verlassen. Der Rest konnte zum Teufel gehen. Kant setzte mehr auf die Pflicht als auf die Glückseligkeit, um den Menschen voranzubringen. Allein die Utilitaristen hielten es für möglich, dass sich alle ein wenig einschränkten, um ein allgemeines Glück zu realisieren, das dann auch für jeden ausreichend Glück bereithält.

Aber nachdem nun mal das Glück in die Hände der Menschen gelegt war – das konnte auch Kant nicht mehr zurücknehmen –, die Verhältnisse aber in den Augen der unteren Schichten und ihrer Verbündeten in den oberen noch immer zu viel Unglück möglich machten, mussten Sozialexperimente her, die abseits der vorherrschenden Gesellschaften glückliche Gemeinschaften etablieren sollten. Nach vielen Gedankenexperimenten von Thomas Morus bis Campanella wurde Robert Owen zum Vater aller praktischen utopischen Glücksexperimente, die bis heute immer wieder auf die Beine gestellt werden und mehr oder weniger, über kurz oder lang – scheiterten. Aber auch diese gehen davon aus, dass unter gegenwärtigen Bedingungen Glück für alle nicht möglich ist. Und also müssen die Bedingungen geändert werden. Darum geht es im Sozialismus; der Marxismus will dafür das nötige Wissen und Know-how zur Verfügung stellen. Ludwig Marcuse hat es auf den Punkt gebracht:

»Sozialismus ist (seinem Ideal nach) die strenge Analyse der gegenwärtigen Gesellschaft – zum Zwecke ihrer Verwandlung in eine Glückliche Gesellschaft. Die Wissenschaft von der Gesellschaft, die am Anfang des Neunzehnten Jahrhunderts aus dem Willen zum Glück entstand, erhielt den Namen Soziologie. Von dieser ursprünglichen Soziologie zweigten dann bald zwei spätere Soziologien ab: eine Wissenschaft von der Gesellschaft im Dienste der Bekämpfung des Sozialismus; und eine Wissenschaft von der Gesellschaft im Dienste von nichts – in dem Sinne, wie es im Dienste von nichts ist, wenn ich es unternehme, die Fasern der Holzplatte meines Schreibtisches zu zählen« (L. Marcuse, 1972, S. 202).

Ein Vertreter der ursprünglichen Soziologie, die noch am Glücksversprechen für alle festhielt, war Herbert Marcuse (nicht verwandt oder verschwägert mit unserem Ludwig). Er konnte zwar dem Hedonismus als Grundansicht menschlichen Strebens einiges abgewinnen, als er noch 1938 schrieb: »Die rigoristische Moral versündigt sich gegen die karge Gestalt, in der die Humanität überdauert hat; ihr gegenüber ist jeder Hedonismus im Recht« (H. Marcuse, 1938/68, S. 159). Da wir aber nun mal nach seiner Analyse in einer unfreien Gesellschaft leben, ist selbstbestimmtes Glück hier und heute jedoch prinzipiell nicht möglich. Und alles Glück, dem wir uns heute hingeben, ist Illusion, ist nur ein Surrogat des »wahren«. Marcuse war jedoch *der* Vertreter der Kritischen Theorie, der noch am eindeutigsten am Anspruch eines lustbetonten Glücks für alle festhielt, in der Lust und Vernunft versöhnt sind. Er konnte auch in den vielen sozialen Protestbewegungen in der zweiten Hälfte des vorigen Jahrhunderts noch Glücksexperimente sehen (Zahn, 1981).

Sein Kollege Adorno war da rigoroser: »Nicht bloß die objektive Möglichkeit – auch die subjektive Fähigkeit zum Glück gehört erst der Freiheit an« (Adorno, 1970, S. 113). Und er war etwas sensibler, wenn er 1951 in den »Minima Moralia« schreibt:

»Seit ich denken kann, bin ich glücklich gewesen mit dem Lied: ›Zwischen Berg und tiefem, tiefem Tal‹: von den zwei Hasen, die sich am Gras gütlich taten, vom Jäger niedergeschossen wurden, und als sie sich besonnen hatten, daß sie noch am Leben waren, von dannen liefen. Aber erst spät habe ich die Lehre darin verstanden: Vernunft kann es nur in Verzweiflung und Überschwang aushalten; es bedarf des Absurden, um dem objektiven Wahnsinn nicht zu erliegen. Man sollte es den beiden Hasen gleichtun; wenn der Schuß fällt, närrisch für tot hinfallen, sich sammeln und besinnen, und wenn man noch Atem hat, von dannen laufen. Die Kraft zur Angst und die zum Glück sind das gleiche, das schrankenlose, bis zur Selbstpreisgabe gesteigerte Aufgeschlossensein für Erfahrung, in der der Erliegende sich wieder findet. Was wäre Glück, das sich nicht mäße an der unmeßbaren Trauer dessen was ist? Denn verstört ist der Weltlauf. Wer ihm vorsichtig sich anpasst, macht eben damit sich zum Teilhaber des Wahnsinns, während erst der Exzentrische standhielte und dem Aberwitz Einhalt geböte« (Adorno, 1970, S. 266).

Dieses exzentrische Standhalten musste zur Philosophie des Pessimismus zurückführen. Und so findet Max Horkheimer, der Vater der Kritischen Theorie, am Ende seines Lebens wieder Gefallen an Schopenhauer (Schreiber, 1992). Dieser war – ganz im Gegensatz zu Kant – der Ansicht, dass das Weltengeschehen Ausdruck eines durch und durch irrationalen Willens sei. Aus der Unendlichkeit des Begehrens und der Endlichkeit der Erfüllung ergebe sich die Unabwendbarkeit nicht enden wollenden Leids. Ein glückliches Leben sei daher prinzipiell nicht möglich. Gut wäre ein Leben, das möglichst eigenes wie fremdes Leid vermeidet. Dazu brachte ihn das Mitleiden mit anderen, dem er sich nicht entziehen konnte.

Mit Schmerzvermeidung hat sich Schopenhauer daher zeit seines Lebens intensiv beschäftigt! Zu diesem Zweck hat er sich ausführlich mit dem Buddhismus auseinandergesetzt, ja, er hat auch die gesamte europäische Weisheitsliteratur studiert. Um das »Handorakel und Kunst der Weltklugheit« des Baltasar Gracián von 1647 bzw. 1655 besser zu verstehen, hat er eigens Spanisch gelernt. Seine Übersetzung ist dann nach seinem Tode 1862 erschienen. 1999 hat Franco Volpi aus Schopenhauers Nachlass nach dessen Plänen erstmals ein kleines Brevier: »Die Kunst, glücklich zu sein. Dargestellt in fünfzig Lebensregeln« herausgegeben. Das alles zeigt: Pessimistische Ansichten vertreten, geht, pessimistisch leben, geht nicht! Schopenhauer wollte mit seiner geplanten Eudämonik oder Eudämonologie alle Menschen erreichen:

»Die *Lebensweisheit* als Doktrin wäre wohl ziemlich synonym mit *Eudämonik*. Sie sollte lehren, möglichst glücklich zu leben, und zwar die Aufgabe noch unter zwei Beschränkungen lösen: nämlich ohne Stoische Gesinnung und ohne Machiavellismus anmuten zu sein. Erstere, den Weg der Entsagung und Entbehrung nicht, weil die Scienz auf den gewöhnlichen Menschen berechnet ist, und dieser zu willensvoll (vulgo sinnlich) ist, als daß er auf jedem Wege sein Glück suchen möchte: letzteren, den Machiavellismus, das heißt die Maxime, sein Glück auf Kosten des Glückes aller Übrigen zu erlangen, nicht, weil eben beim gewöhnlichen Menschen die hiezu nötige Vernunft nicht vorausgesetzt werden darf« (Schopenhauer, 2005, S. 23f.)

Heiterkeit war ihm das höchste Gut. Ist der Mensch »heiter, so ists einerlei, ob er jung, alt, arm, reich sei: er ist glücklich.«

»Ist also Heiterkeit das Gut, welches alle andern ersetzen, selbst aber durch keines ersetzt werden kann; so sollten wir die Erwerbung dieses Guts jedem andern Trachten voraussetzen. Nun ist gewiß, dass zur Heiterkeit nichts weniger beiträgt als die äußern Glücksumstände und nichts mehr als die *Gesundheit*. Daher sollen wir diese allem andern vorsetzen, und zwar bestrebt sein, den *hohen Grad vollkommner* Gesundheit zu erhalten, dessen Blüte die Heiterkeit ist: dessen Erlangung erfordert Vermeidung aller Ausschweifungen, auch aller heftigen oder unangenehmen Gemütsbewegungen; auch aller großen und fortgesetzten Geistesanstrengungen, endlich täglich zwei Stunden rascher Bewegung in freier Luft« (Schopenhauer, 2005, S. 48f.).

Diese Praxis betrieb Schopenhauer vor allem in seiner letzten Lebensphase in Frankfurt am Main, wo er fast täglich mit seinem Pudel als einer der ersten Walker unterwegs war! Am Ende gelingt ihm eine wunderbare Minimaldefinition des Glücks: Glücklich muss der sein, der einfach weiterlebt und sich nicht umgebracht hat. In seinen Worten:

»Die Definition eines *glücklichen Daseins* wäre: ein solches, welches, rein objektiv betrachtet, – oder (weil es hier auf ein subjektives Urteil ankommt) bei kalter und reifer Überlegung, – dem Nichtsein entschieden vorzuziehn wäre« (Schopenhauer, 2005, S. 94).

Man sieht: Auch der größte Pessimist will leben, und zwar möglichst angenehm!

Dieser Schopenhauer'schen Einsicht, dass Leben Leiden bedeutet und es davon keinerlei Erlösung geben wird, weder im Diesseits, noch im Jenseits einer irdischen oder überirdischen Utopie, hat Albert Camus etwa hundert Jahre später mit seiner Beschreibung der Absurdität in der modernen Welt das Stichwort gegeben (→ 4.2.1). Dieses Gefühl war auch Adorno nur allzu vertraut. In Sisyphos' Schicksal sah Camus das Schicksal des modernen Menschen vorgebildet, dessen sämtliche Bemühungen sinnlos sind. Wie schon bei Epikur und gerade auch bei Schopenhauer, dem Welt ja (nur) eine Vorstellung ist, ist der Umgang mit dieser Lage eine Frage der Interpretation und der Einstellung:

»*Sisyphos*, der ohnmächtige und rebellische Prolet der Götter, kennt das ganze Ausmaß seiner unseligen Lage: über sie denkt er während des Abstiegs nach. Das Wissen, das seine eigentliche Qual bewirken sollte, vollendet gleichzeitig seinen Sieg. Es gibt kein Schicksal, das durch Verachtung nicht überwunden werden kann« (Camus, 1965, S. 99).

Und so wird Camus zum Propheten des Glücks! Am Ende seines »Versuchs über das Absurde« heißt es:

»Man entdeckt das Absurde nicht, ohne in die Versuchung zu geraten, irgendein Handbuch des Glücks zu schreiben. ›Was! Auf so schmalen Wegen...?‹ Es gibt aber nur eine Welt. Glück und Absurdität entstammen ein und derselben Erde. Sie sind untrennbar miteinander verbunden. [...] Darin besteht die ganz verschwiegene Freude des *Sisyphos.* Sein Schicksal gehört ihm. Sein Fels ist seine Sache. Ebenso läßt der absurde Mensch, wenn er seine Qual bedenkt, alle Götzenbilder schweigen. Im Universum, das plötzlich wieder seinem Schweigen anheimgegeben ist, werden die tausend kleinen, höchst verwunderten Stimmen der Erde laut. Unbewusste, heimliche Rufe, Aufforderungen aller Gesichter bilden die unerlässliche Kehrseite und den Preis des Sieges. [...] Dieses Universum, das nun keinen Herrn mehr kennt, kommt ihm weder unfruchtbar noch wertlos vor. Jedes Gran dieses Steins, jeder Splitter dieses durchnächtigten Berges bedeutet allein für ihn eine ganze Welt. Der Kampf gegen Gipfel vermag ein Menschherz auszufüllen. Wir müssen uns *Sisyphos* als einen glücklichen Menschen vorstellen« (Camus, 1965, S. 100f.).

Das Glück besteht für Camus darin, die tausend Stimmen der Erde mit allen Sinnen wahrzunehmen. Dieses sich Öffnen für die Schönheiten der Welt nennt er Liebe. Daher kann Annemarie Pieper die Position Camus' so zusammenfassen:

»Wer liebt, bringt einen Sinn in die Welt und trägt aktiv zu seinem Glück bei, sodass er es verschmerzen kann, wenn er keine Gegenliebe findet. Dieses Unglück zu vermeiden, liegt nicht in seiner Hand, sehr wohl aber die Möglichkeit, durch liebende Zuwendung zu den Menschen und den Dingen der Absurdität des Daseins ein menschliches Antlitz zu zeigen« (Pieper, 2004, S. 94).

Was können wir nun Alfred Julius Ayer antworten, wenn wir die Wanderungen durch die Jahrhunderte berücksichtigen, von denen wir hier einige doch sehr unterschiedliche Stationen näher beleuchtet haben? Ich glaube gezeigt zu haben: Jeder Mensch strebt nach Glück. Und wenn er es nicht explizit zugibt, dann zeigt es doch seine Praxis. Dieses Glück will er selbst in Freiheit definieren können. Zwar können ihm die Umstände seines Lebens, für die er nichts oder ziemlich wenig kann, viel Leid und Schmerz bereiten. Aber es ist seine Entscheidung, ob er sich dadurch unterkriegen lässt oder ob er sich für die Schönheiten des Lebens öffnet und sie trotz allem immer wieder neu zu genießen lernt.

»Wer aber auf das Glücklichsein verzichtet, erfüllt sein Dasein nicht. Denn Jeder ist – der Anlage nach: eine neue Variante des Glücks« (L. Marcuse, 1972, S. 23).

5.3 Was uns Glück heute bedeuten kann

Nach diesen historischen Streifzügen gilt es nun, systematisch zusammenzufassen, was ein anspruchsvolles Glück ausmacht. Dabei stütze ich mich auf die Untersuchungen zur Form des Glücks des Philosophen Martin Seel (1994; 1999). Er entwickelt dabei weder eine materiale Theorie des Glücks, wie sie Martha Nussbaum vorgelegt hat; noch beschränkt er sich auf ein Prinzip, wie das der Hedonismus von Epikur über Mill bis Schopenhauer oder auch Camus vorschlägt: den Schmerz zu meiden und die Freuden des Lebens zu genießen. Er nennt seine Theorie eine formale, weil es ihm nicht um das *Was*, sondern um das *Wie* geht.

»Sie zeichnet […] eine *Form des Umgangs* mit den Gegebenheiten individueller Existenz als die für das menschliche Wohlbefinden günstigste Lebensweise aus. In diesem Wie des Verhaltens zu sich und der Welt freilich, das ist die Pointe einer solchen Bestimmung, liegt bereits ein wesentlicher Teil des menschlichen Glücks selbst. Wenn wir uns in einer Welt, die uns diese Möglichkeit lässt, auf eine günstige Weise zu den Möglichkeiten unserer Existenz verhalten, so sind wir in einem bestimmten Sinn glücklich, auch (und manchmal gerade) dann, wenn wir beileibe nicht alles Erstrebte erreichen« (Seel, 1994, S. 146).

Dieses Wohlergehen kann bestimmte Phasen oder Momente betreffen. Dann sprechen wir von *episodischem* Glück. Von *übergreifendem* Glück kann man reden, wenn diese Episoden immer wieder auftreten und sie insgesamt das Leben bestimmt haben. Um aber ein glückliches Leben führen zu können, müssen bestimmte objektive Bedingungen – auch schon für episodisches Glück – erfüllt sein:

- relative Sicherheit, also keine übermäßige Angst um Leib, Leben und einfache soziale Zuwendung;
- relative Gesundheit, also kein übermäßiger Schmerz;
- minimale Freiheit, also die Chance, durch Tun oder Unterlassen sein Wohlergehen positiv beeinflussen zu können.

5.3.1 Formen des Glücks

Seel unterscheidet nun vier verschiedene Formen des Glücks, die sowohl in der Theorie wie in der Praxis aufzufinden sind.

Glück als Wunscherfüllung: In dieser *teleologischen* Sicht sind wir glücklich, wenn wir unser Leben so einzurichten vermögen, dass eintreten kann, was wir uns in unserem wohlverstandenen Eigeninteresse vernünftigerweise wirklich langfristig wünschen. Zwar müssen wir nicht jedes Ziel auch erreichen; es muss aber klar bleiben, dass vieles für uns Wichtige erreichbar ist. Wer aber den Prozess der Wunscherfüllung einem Plan unterwirft, muss unglücklich werden. Entweder erreicht er genau diese Ziele nicht und kann dann auch eine durch glückliche Zufälle erreichte Wunscherfüllung nicht ausreichend würdigen. Oder er erreicht seine Ziele und ist dann todunglücklich, weil sein Glückstreben dann versiegt und ihm kein neues Ziel mehr einfällt.

Glück als erfüllter Augenblick: Wir erfahren immer wieder, dass uns Glück widerfährt, das wir uns bisher gar nicht vorstellen konnten und also auch nicht planen. Es überstieg unser bisheriges Vorstellungsvermögen. Diese Erfahrung des erfüllten Augenblicks muss kein Augenblick der Wunscherfüllung sein. Wir können auch endlich einen überflüssigen Wunsch loswerden oder Wünsche erfüllt bekommen, um die wir zuvor nie wussten.

»Das Glück des Augenblicks ist ein Glück der Distanz vom intentionalen Streben nach Glück. Auch dieses Glück aber kann man in gewisser Weise wollen – indem man sich darauf einstellt, für Zustände der Transzendierung oder Suspension des eigenen Wünschens und Wollens offen zu sein. Das wiederum ist nur vernünftig – aber es ist vernünftig in einer Weise, die nicht auf die Vernünftigkeit einer noch so überlegt gewählten Lebenskonzeption rückführbar ist. Denn die Vernünftigkeit des Offenseins für erfüllte Augenblicke besteht gerade darin, sich nicht an die eigene Lebenskonzeption fesseln zu lassen und so für die Wirklichkeit des Glücks offen zu bleiben, die in dieser nicht vorgesehen sind (und auch bei bestem Wissen und Gewissen nicht vorgesehen sein können). Darin liegt die große Bedeutung des ästhetischen Glücksbegriffs« (Seel, 1994, S. 155f.).

Diese episodische Glückserfahrung im Hier und Jetzt zeigt sich als Freiheit vom Alltäglichen, wie als Freiheit für eine einmalige, transzendente Erfahrung. Diese Erfahrung kann mit James als eine religiöse bzw. als eine spirituelle qualifiziert werden (→ 4.4). Auf diese Erfahrung haben auch die von Lauster angeführten Theologen vormoderner Zeiten hingewiesen.

Glück als Selbstbestimmung: Entscheidend für ein übergreifendes Glück ist jedoch, dass das Individuum die Fähigkeit und die Möglichkeit hat, »für sich eine Lebenswirklichkeit zu erschließen, in der es gedeihliche Daseinsmöglichkeiten – mit Aussicht auf komplexe Wunscherfüllung und das Glück des Augenblicks – hat« (Seel, 1994, S. 156). Glücklich ist also der, der einen Prozess selbstbestimmten Lebens in Gang setzen und in Gang halten kann. Damit liegt das Glück nicht primär im Ergebnis des Glücksstrebens, noch in der Häufigkeit erfahrener Glücksmomente. Es liegt in der Erfahrung der Gestaltbarkeit des Lebens nach eigenen Vorstellungen. Es »glückt« einem eben vieles.

Gelingende Welterschließung: Diese Autonomie ist aber nicht völlig unabhängig von den Verhältnissen, in denen man lebt. Glücklich kann nicht sein, wer die Welt vergisst (sie wird sich störend bemerkbar machen) oder sich ihr gegenüber rücksichtslos verhält (sie wird ihm Ärger bereiten). »Zur Selbstbestimmung nämlich gehört wesentlich, dass man sich korrigieren lassen kann – auf grundsätzlich zweierlei Weise: durch die Meinung von anderen und durch die Gegenstände, über die man Meinungen hat« (Seel, 1994, S. 159). Welterschließung kann nur gelingen, wenn man in der Lage ist, den Herausforderungen eine angemessene Antwort zu geben.

In dieser formalen Bestimmung des Glücks geht es immer auch darum, dem Leben einen Sinn zu geben. Wem es gelingt, sein Leben in Korrespondenz mit der Welt autonom so zu gestalten, dass er unter dem Strich glücklich ist, weil viele seiner wichtigen und vernünftigen Wünsche in Erfüllung gingen und er immer offen für unverfügbare ästhetische Glücksmomente war, wie sie Camus beschrieben hat, dem wird sein Leben auch als sinnvoll erscheinen. Wer dagegen das Glück mit allen Mitteln erzwingen will, sei es durch Gewalt oder durch minutiöse Planung, wird unglücklich werden. Dieses Leben wird ihm dann auch sinnlos erscheinen. Wem also der Sinn des Lebens fraglich geworden ist, muss sich fragen lassen, ob er die richtige Einstellung zum Glück hat.

5.3.2 Inhalte guten Lebens

Seel unterscheidet nun vier zentrale Dimensionen eines guten menschlichen Lebens, in denen sich Glück materialisiert (ausführlicher: → 8.3.2).

Arbeit: Von gelingender Arbeit können wir sprechen, wenn wir den Zweck der Arbeit akzeptieren können und wir die Arbeit auf Wegen angehen können, die wir so auch gehen wollen. Nicht nur das Ergebnis muss stimmen, stimmen muss vor allem auch der Prozess der Arbeit selbst (→ 1.4). Wer sich also allzu häufig Zielen unterwirft, die er für sinnlos hält, oder ständig an seinen Fähigkeiten und Interessen vorbei arbeitet, wird unglücklich werden. Zweckrationale, instrumentelle Tätigkeit ist unverzichtbar und kann auch Glücksmomente enthalten. Leben kann aber nicht darin aufgehen.

Interaktion: Jeder möchte in Verhältnissen intersubjektiver Anerkennung seiner Person als Person leben. Gelingende Interaktionen sind also »Handlungen, in denen wir in Antwort auf die Antwort anderer handeln – und zwar um dieses dialogischen Austauschs willen« (Seel, 1999, S. 151). Aristoteles und Epikur haben eine solche Beziehung als durch »philía«, durch Freundschaft bestimmt gekennzeichnet. Instrumenteller, strategischer Umgang ist hier durch Begegnung zwischen Menschen um dieses unmittelbaren Kontakts selbst willen ersetzt.

Spiel: Spielen versetzt uns in eine Beweglichkeit gegenüber der Wirklichkeit, durch die und in der sich Spielräume eröffnen, die unvorhergesehene und unvorhersehbare Glückschancen enthalten. Wer sich also für das Glück des erfüllten Augenblicks offen halten will, kann auf spielerisches, kreatives Handeln in dafür geeigneten Situationen nicht verzichten.

Betrachtung: Der Lebensstrom muss immer wieder unterbrochen werden durch eine distanzierte Betrachtung. Diese »contemplatio« umfasst kognitive Reflexion wie sinnliche Anschauung. Das hat Aristoteles mit »theoría« als der höchst glücklichen Lebensform des Philosophen beschrieben. Sie muss aber mit den anderen drei Dimensionen eines guten Lebens verbunden sein, damit sie nicht abhebt.

Wer diese vier Dimensionen des Lebens realisiert, tut etwas für sein Glück. Wer das im Alltagsstress nicht schafft, könnte sich ins Coaching begeben. Denn hier werden, wenn es sich um gutes Coaching handelt, sämtliche Dimensionen ausgewogen berücksichtigt: Es geht um eine am Ergebnis orientierte zielstrebige Arbeit. Es geht um einen ehrlichen und offenen Dialog mit Eigenwert. Es geht darum, in spielerischer Atmosphäre kreative Felder zu eröffnen, sodass das Handeln besser gelingen kann. Und das alles in einer kontemplativen Haltung der Besinnung, die die nötige Distanz mit dem nötigen Kontakt zur Realität verbindet.

5.4 Das Gefühl des Glücks

Insbesondere die Positive Psychologie in den USA hat sich seit Jahrzehnten um die Erforschung von »happiness« verdient gemacht. Es geht dabei konkreter um »well-being« mit den damit verbundenen positiven Gefühlen. Zwei

Zugänge zum Glück sind besonders prominent geworden: Martin E. P. Seligman knüpft mit seinem Konzept des »authentic happiness« an Aristoteles' Vorstellung der »eudaimonia« durch ein tugendhaftes Leben an. Mihaly Csikszentmihalyi lässt sich mit seinem *Flow-Konzept* eher Epikurs Philosophie der Freude zuordnen.

5.4.1 Positive Emotionen, Stärken und Tugenden

In seinem Buch über »authentic happiness« stellt Seligman (2003) zunächst viele Berichte und Forschungsergebnisse vor, nach denen sich glücklich fühlende Menschen in vielen Fällen länger leben als andere. Bei den gegenwartsbezogenen positiven Emotionen unterscheidet er »pleasures« von »gratifications«. Ein *vergnügliches* Leben führe ich, wenn es durch körperliche und höhere Genüsse wie auch durch viele Belohnungshandlungen gekennzeichnet ist. Diese »gratifications« können aber weder erreicht noch nachhaltig gesteigert werden, ohne dass wir unsere menschlichen Stärken und Tugenden entwickeln.

Durch Auswertung der Weisheitsliteratur der Welt und anknüpfend an Aristoteles gibt Seligman sechs Tugenden eine große Bedeutung:
- Weisheit/Wissen,
- Mut,
- Liebe/Humanität,
- Gerechtigkeit,
- Mäßigung,
- Spiritualität/Transzendenz.

Um diese Tugenden (→ 7.2.3) als Haltungen zu erwerben und aus ihnen heraus zu leben, bedarf es verschiedener Zugänge. Die nennt er Charakterstärken. Um zum Beispiel zur Tugend der Weisheit zu gelangen, müssen bestimmte Stärken erworben oder verstärkt werden wie Neugier, Lerneifer, Urteilskraft, Originalität, soziale Intelligenz, Weitblick. So ordnet er allen Tugenden bestimmte Stärken zu.

Jeder kann nun mit Hilfe von Einschätzungsbögen herausfinden, was seine charakteristischen, eben seine Signaturstärken sind. Wer nun diese ihm eigenen Signatur-Stärken einsetzt, um reichlich Belohnungen auf den ihm wichtigen Gebieten seines Lebens zu erfahren, der führt nach Seligman ein *gutes* Leben. Ein *sinnvolles* Leben führt, wer seine Signatur-Stärken und Tugenden einsetzt, »um etwas Größerem zu dienen, als wir es sind« (Seligman, 2003, S. 411). Ein *erfülltes* Leben besteht in der gelebten Synthese dieser drei Ebenen: vergnüglich, gut, sinnvoll. Damit fasst er die drei Lebensstile zusammen, die in unserer Gesellschaft differenziert werden können: eine *hedonistische*, die auf Spaß aus ist, eine *anständige*, die Rücksicht nimmt, und eine *engagierte*, die sich für die Umsetzung hoher Werte einsetzt.

Diese Orientierung kann in allen Lebensbereichen das Gefühl des Glücks befördern, so auch im Bereich der Arbeit. Dazu ein Beispiel:

In einer Umfrage in den USA von 1992 beschrieben sich 52 Prozent der praktizierenden Rechtsanwälte selbst als unzufrieden. Seligman kann als Gründe anführen: (1) Pessimismus (mit dem Schlimmsten zu rechnen, ist gut für die Anwaltstätigkeit, aber schlecht für deren Gemüt), (2) geringe Entscheidungsbandbreite in Hoch-Stress-Situationen und (3) Zunahme reiner Profitorientierung in der Anwaltstätigkeit statt fairem Einsatz für Recht und Gerechtigkeit. Was kann der einzelne Anwalt in einer solchen Lage konkret tun? Seligman rät: Er kann sich neben der Routinearbeit Freiräume verschaffen, in denen er seine Signatur-Stärken entfalten kann. Damit wird die Arbeit insgesamt weder zu Vergnügen, noch wird sie wirklich sinnvoll. Aber sie führt partiell zu befriedigenden Belohnungen. Das steigert die Arbeitszufriedenheit und hat Auswirkungen auch auf die anderen Arbeitstätigkeiten und die anderen Lebensbereiche. Das ist sicher wenig. Aber daran können Coaches konkret arbeiten, wenn sie nicht den Ausstieg empfehlen müssen.

Das Konzept von Seligman verbindet positive Gefühle, wie sie mit »hedoné«, Lust, »pleasure« verbunden sind, mit den eigenen Stärken, die herauszufinden und weiterzuentwickeln sind als Motivationsbasis selbstbestimmten Handelns. Diese Talente müssen zu einem Lebensstil verbunden sein, in dem zentrale Tugenden eine steuernde Rolle spielen. Das führt zu einem erfüllten Leben, wenn man weiß, wozu man lebt, wenn man seinem Leben einen mitreißenden Sinn gegeben hat. Insofern bietet der Ansatz von Seligman eine wunderbare Weiterführung der Aristotelischen Ethik.

5.4.2 Flow – der Weg zum Glück

Mihaly Csikszentmihalyi ist im Laufe eines langen Forscherlebens auf ein Phänomen gestoßen, dass er *Flow* genannt hat: Wenn Menschen sich freiwillig auf eine sie ganz besonders interessierende Tätigkeit konzentrieren, sodass sie die Welt um sich herum vergessen, also im Moment ganz darin aufgehen, dann geraten sie in einen Zustand des Fließens. Diese Tätigkeit kann sich auf Arbeit, Interaktion, Spiel oder Kontemplation beziehen. Überall ist unter bestimmten Umständen Flow erfahrbar (Csikszentmihalyi, 1992; 2001; 2004; 2006).

»Gemeinsam ist solchen Momenten, daß das Bewußtsein voller Erlebnisse ist, die sich miteinander im Einklang befinden. Im Unterschied zu dem, was uns allzu oft im Alltag widerfährt, befinden sich unser Fühlen, unser Wollen und Denken in diesen Augenblicken in Übereinstimmung. Diese außergewöhnlichen Momente habe ich als *flow*-Erlebnisse oder -Erfahrungen bezeichnet. Mit der Metapher des ›flow‹ haben Menschen vielfach das Gefühl mühelosen Handelns beschrieben, das sich in Augenblicken einstellt, die in ihrem Leben als besonders schön herausragen. Sportler nennen diese Erfahrung ›an die Grenze gehen‹. Mystiker sprechen vom Zustand der ›Ekstase‹. Künstler und Musiker von einer Art ästhetischer Verzückung. Zwar geraten Sportler, Mystiker und Künstler auf ganz unterschiedlichen Wegen in den *flow*-Zustand, doch beschreiben sie ihr Erleben auf verblüffend ähnliche Weise. In der Regel stellt sich *flow* ein, wenn sich eine Person einem deutlichen Zusammenhang von Zielen gegenübersieht, die angemessene Vorgehensweisen erfordern« (Csikszentmihalyi, 2001, S. 45).

Diese Tätigkeit bereitet dann große Freude (»pleasure«, »enjoyment«), sie wird als sinnvoll betrachtet und ist meist sehr effektiv. Dieses Aufgehen in einer Tätigkeit kann aber auch dazu führen, dass über mögliche negative Folgen für andere nicht mehr ausreichend nachgedacht wird. Nicht nur Künstler/innen, gerade auch Wissenschaftler/innen, aber auch Manager/innen können so in einem Projekt verfangen sein, das sie so begeistert, dass sie die Folgen nicht mehr mitbedenken. »Flow zu erfahren, ist nicht an sich schon gut und lobenswert, sondern erst dann, wenn diese Erfahrung dich und deine Umgebung bereichert und in der Entwicklung weiterbringt« (Csikszentmichalyi, 2006, S. 43).

Es kann also nicht einfach darum gehen, möglichst viel Flow in unser Leben zu bringen. Es muss auch das Leben reicher, wertvoller machen. Daher wendet sich Csikszentmihalyi auch eindeutig gegen *Flow*-Förderung als Managementprogramm.

»Dieser Gedanke: ›Bring dich als ganzer Mensch ein, denn dann wirst du Flow und entsprechend dein Glück finden!‹ kann auch ausgebeutet werden. Das kann auch dazu führen, dass man Menschen auffordert, mit vollem Einsatz zu arbeiten, um sich selbst keine Sorge zu tragen, sondern immer nur das Wohl des gesamten Betriebs vor Augen zu haben. [...] Wenn eine Firma diesen Anspruch an ihre Mitarbeiter heranträgt, muss sie meiner Meinung nach selbst den ersten Schritt tun und den Arbeitern zeigen, dass ihnen tatsächlich das Wohlbefinden aller am Herzen liegt. Dann erst kann sie an ihre Mitarbeiter appellieren, sie mögen nicht ihr individuelles Ziel vor Augen haben, sondern das der Firma« (Csikszentmichalyi, 2006, S. 84f.).

Es ist nun aber keineswegs so, dass Flow immer nur Spaß macht, viele Flow-Tätigkeiten sind schmerzhaft und anstrengend. Das Flow-Erleben ist zudem zeitlich begrenzt. Es kann nicht davor schützen, im Normalzustand unglücklich zu sein. Es kann sogar süchtig machen, wenn dadurch eine Flucht vor dem deprimierenden Alltag inszeniert wird.

In seinen Untersuchungen mit Menschen aus Top-Berufen wie Richter/innen, Rechtsanwält/innen, Ärzt/innen, Unternehmer/innen, Journalist/innen, Forscher/innen, Künstler/innen hat Csikszentmichalyi immer wieder erstaunt festgestellt, dass viele sich unglücklich fühlen. Sie konnten »ihren Beruf nicht wirklich als eine Mission oder Berufung empfinden, die ihre ganze

Person durchdringt und erfüllt« (Csikszentmichalyi, 2006, S. 39). Er entwirft daher eine »autotelische Persönlichkeit«.

Das »ist eine Person, die etwas generell um seiner selbst willen und nicht zur Erreichung irgendeines künftigen äußeren Ziels tut. [...] Ist man autotelisch, benötigt man nur wenig Besitztümer und wenig Unterhaltung, Komfort, Macht oder Ruhm, da vieles von dem, was man tut, bereits lohnend ist« (Csikszentmichalyi, 2001, S. 154).

Hier haben wir den freien Menschen des Epikur vor uns, der sich autonom auf die Dinge konzentriert, die ihm Freude bereiten und dabei selbstgenügsam lebt. »Autotelische Personen sind nicht zwangsläufig glücklicher, aber sie gehen komplexeren Tätigkeiten nach und verfügen daher über ein besseres Selbstgefühl« (Csikszentmichalyi, 2001, S. 160). Es geht nicht primär um Vermehrung des Vergnügens durch Wunscherfüllung; es geht nicht nur um erfüllte Augenblicke des Flow-Erlebens, sondern es geht um ein selbstbestimmtes Leben in Freiheit, das sich den Herausforderungen des Lebens stellt. Glück zu empfinden, ist eine Frage der Einstellung als Resultat eines freiheitlichen Lebensstils.

»Ein glücklicher Mensch ist für mich jemand, der seinen eigenen Grundsätzen folgt, der sich weder vom genetischen und kulturellen Erbe, noch von den ungezügelten Begierden seines Egos manipulieren lässt. Denn diese drei – Gene, Kultur, Ego – sind das, was ich als ›Schleier der Maja‹ betrachte. Diese drei machen es dem Menschen schwer, zum Gestalter seines eigenen Glücks zu werden. Wenn wir erstens die Interessen unseres genetischen Programms nicht zu durchschauen vermögen, wir also immer nur die automatischen Befehle aus der Vergangenheit befolgen, wenn es uns zweitens nicht gelingt, uns von unseren kulturellen Bindungen zu lösen und uns drittens von unseren materiell orientierten Bedürfnissen, die uns unser Ego aufdrängt, zu befreien, dann sind wir unfähig, unser Leben selbst zu gestalten. Wir werden dann unsere psychische Energie in Häuser, Möbel, Lebensversicherungen, Aktien und sonstige Besitztümer investieren und werden unsere Selbstdefinition daraus ableiten, statt unsere Einzigartigkeit in uns selbst zu suchen« (Csikszentmichalyi, 2006, S. 187f.).

5.4.3 Glück – nur ein Gefühl?

Die Befragungen zum Glücksgefühl in Europa zeigen: »Wenn Menschen im Vergleich mit anderen Menschen reicher werden, dann fühlen sie sich glücklicher. Aber wenn der Reichtum einer gesamten Gesellschaft zunimmt, dann empfinden sie sich nicht als glücklicher« (Layard, 2005, S. 44). Offensichtlich fühlen sich viele Menschen schon dann glücklich, wenn es ihnen besser geht als den Menschen, die ihnen wichtig sind. Aber: »Für Arme bedeutet mehr Einkommen immer auch mehr Glück, aber je reicher man ist, desto weniger trägt zusätzliches Einkommen zum Glück bei« (S. 47). Dieses Phänomen erklärt Richard Layard so: Ab einem gewissen Lebensstand gewöhnen wir uns schnell an Verbesserungen unseres Lebens. Deshalb rät er:

»Ein Geheimnis des Glücks ist also, sich nie an Menschen zu orientieren, die erfolgreicher sind als man selbst« (S. 59). Und weiter: »Es gibt auch einige schöne Dinge, die ihren Reiz nie verlieren, wie etwa Sex, Freunde oder sogar die Ehe. Eines der Geheimnisse des Glücks ist es, sich gute Dinge auszusuchen, an die man sich nie gewöhnen kann« (S. 61). »Wir unterschätzen gern, wie schnell wir uns an neue Gegenstände gewöhnen; die Folge ist, dass wir viel zu viel Zeit darauf verwenden, zu arbeiten und Geld zu verdienen, und andere Aktivitäten vernachlässigen« (Layard, 2005, S. 62).

Sicher hat die psychologische Glücksforschung noch viele weitere Voraussetzungen herausgefunden für die Erzeugung von Glücksgefühlen im Alltag. Sie sind ja offensichtlich verbunden mit der Ausschüttung der Neurotransmitter Dopamin und Serotonin durch das Gehirn. Da könnte man doch auf die Idee kommen, dieses Glücksgefühl künstlich hervorzurufen durch Drogen, Pillen oder gar eine gezielte Gehirnoperation. Aber wollen wir das?

Um diese Frage zu klären, hat der Philosoph Robert Nozick ein Gedankenexperiment vorgeschlagen (Nozick, in Baurmann u. Kliemt, 2003, S. 20ff.): Sie können sich in einem Katalog die Erlebnisse aussuchen, die Sie glücklich machen. Sie schließen sich dann an eine »Erlebnismaschine« an, die Ihrem Gehirn genau diese Erlebnisse vermitteln. Während Sie angeschlossen sind, glauben Sie daran, dass Ihre Erlebnisse wirklich sind. Sie sind aber nur virtuell. Würden Sie sich anschließen lassen? Nozick führt drei Gründe an, die dagegensprechen:

- Wir möchten den Eindruck haben, dass wir *wirklich* dies oder jenes *tun*.
- Wir möchten ein bestimmter Mensch *wirklich sein* und nicht nur eine künstlich erzeugte Identität erleben.
- Wir wollen uns nicht per Katalog festlegen: Wir wollen *offen sein für Neues*, vielleicht für eine tiefere Wirklichkeit, die in keinem Katalog enthalten ist.

5.5 Das verantwortete Glück

Wer nicht daran glaubt, dass unermessliches Glück im Jenseits zu erwarten ist, wer nicht darauf hofft, dass er noch zu Lebzeiten eine glückliche Gesellschaft erleben wird, der muss im Hier und Jetzt für sein persönliches Glück sorgen. Dieses Glück benötigt Umstände, die per glücklichen Zufall oder mit vereinten, auch staatlichen Kräften eintreten. Dieses Glück muss erfahrbar sein: Es muss mit Emotionen der Freude, der Lust, der Vergnügens, der Zufriedenheit, des Wohlbefindens verbunden sein. Diese Erfahrungen episodischen Glücks müssen aber in einen Lebensstil eingebunden sein, der Glück übergreifend als ein stilles und bescheidenes auf Dauer stellt. Denn sonst folgt nach dem Aufschwung unweigerlich der Abschwung.

Glück hat also zwei Voraussetzungen: Zum einen müssen die Umstände eine Lebensweise ermöglichen, die überhaupt Glück erleben lässt. Und hier streiten sich die Gesellschaftsanalytiker: Treibt nicht die gegenwärtige Gesellschaftsform viele, allzu viele in Lebenslagen, in denen das Glück kaum noch erfahrbar ist? Hat nicht Richard Sennett (1998) Recht, wenn er zum Ergebnis kommt, dass der gegenwärtige Flexibilisierungsprozess aller Verhältnisse die meisten Menschen überfordert? Hat nicht Alain Ehrenberg (2004) Recht, wenn er davon ausgeht, dass die massive Zunahme der Depressionserkrankungen in Frankreich und ähnlichen Ländern damit zu tun hat, dass immer mehr Menschen dem Anspruch, selbst »ihres Glückes Schmied« zu sein, einfach nicht entsprechen können? Hat nicht Zygmunt Bauman (2005) Recht, wenn er konstatiert, dass gegenwärtig immer mehr Menschen ausgegrenzt werden, die schlicht überflüssig sind, die niemand mehr braucht?

Oder bietet die postmoderne Gesellschaft nicht doch für viele vielfältige Optionen an, ihr Glück zu machen, was ihnen zuvor nicht möglich war? Können wir nicht von einer »Erlebnisgesellschaft« sprechen, die nicht mehr nach der Stellung ihrer Mitglieder im Arbeitsprozess geschichtet ist, sondern nach den Milieus ihrer Lebensstile (Funke, 2000)? Müssen wir nicht sogar von einer »Spaßgesellschaft« sprechen, in der sich alles um *Fun, Kick* und *Event* dreht (→ 7.1.1)? Gerhard Schulze (2005) ist immerhin aufgrund seiner empirischen Forschungen der Meinung:

»Die Diagnose der verarmenden Gesellschaft übertreibt in der einen Richtung, die der Spaßgesellschaft in der anderen. Zu besichtigen ist im Jahr 2005 der Zug von der Außenorientierung zur Innenorientierung, der schon Ende der sechziger Jahre begonnen hat. Wir sehen einen kollektiven Lernprozess, der unvermindert anhält. Der gegenwärtige Krisenkonsens mit seiner Bildsprache – ›Absturz‹, ›Globalisierungsverlierer‹, ›Nachmittag des Wohlfahrtsstaats‹, ›Entsolidarisierung‹, ›Raubtierkapitalismus‹ und so fort – verdeckt den Tatbestand, dass die Leitvorstellung des schönen Lebens ungebrochen ist und nach wie vor die Lebensentwürfe und Beziehungen der Mehrheit prägt« (Schulze, 2005, S. VIIf.).

Um dieser Leitvorstellung zu entsprechen, kann man sich den Lustmaschinen hingeben, kann man »Kulissen des Glücks« (Schulze, 1999) aufbauen, kann man dem Konsum verfallen. Man kann sich aber auch um eine von Surrogaten unabhängige Lebensweise bemühen, die sich an Werten orientiert und mit vielen Menschen freundschaftlich umgeht. Diese Lebensweise aber muss ich nicht nur vor mir, meinem inneren Daimon, sondern auch vor den anderen, meinen Mitmenschen verantworten. Mein Glücksstreben muss das Glücksstreben der anderen angemessen einbeziehen, sonst wird es mit meinem Glück auf die Dauer nichts (→ 6). Glücksritter haben letztlich keine Chance auf ein erfülltes Leben.

Das ist die zweite Voraussetzung für das Glück: Ich muss mich unter allen Umständen nicht nur um eine vergnügliche, sondern auch um eine anständige und sinnvolle Lebensweise bemühen. Und dazu kann Life-Coaching zweifellos beitragen.

Erträge für den Coach

- Wenn wir uns mit dem Thema »Glück« beschäftigen, müssen wir mindestens zwischen dem *Zufallsglück* (altgr.: »eutychía«, lat.: »fortuna«, franz.: »fortune«, engl.: »luck«) und der *Glückseligkeit* (altgr.: »eudaimonía«, lat.: »beatitudo«, franz.: »bonheur«, engl.: »happiness«) unterscheiden. Den Zufall können wir nur wenig beeinflussen, für die Glückseligkeit können wir jedoch gute individuelle und gesellschaftliche Voraussetzungen schaffen.
- Die Glückseligkeit umfasst auch das, was wir Lust, Vergnügen, Freude nennen (altgr.: »hedoné«, lat.: »voluptas«, engl.: »pleasure«). Ohne jegliche *Lust* ist die ganze Glückseligkeit nichts.
- Schon Aristoteles hat überzeugend gezeigt, dass die Glückseligkeit (»eudaimonía«) das *höchste Gut* ist, das von allen Menschen erstrebt wird.
- Individuelle Voraussetzung für Glückseligkeit ist ein tugendhaftes Leben. *Tugend* (altgr.: »areté«, lat.: »virtus«, engl.: »virtue«) meint Tauglichkeit, Tüchtigkeit, Vortrefflichkeit, meint die Fähigkeit, das Vermögen, ein Leben zum Gelingen bringen zu können.
- Diese Tugenden hat Martha Nussbaum für die heutige Zeit in *zehn Grundfähigkeiten* des Menschen zusammengefasst. Jeder Mensch muss die Möglichkeit bekommen, diese Fähigkeiten auszubilden.
- Basis der Glückseligkeit ist es nach Epikur, Leiden zu vermeiden und Lust zu steigern. Lust soll aber so gelebt werden, dass sie Freude bereitet, nicht nur für mich, sondern auch für die, mit denen ich in Freundschaft verbunden bin. Sie muss also kultiviert werden. Es sollte eine Minimalübereinkunft geben, sich nicht gegenseitig zu schädigen.
- Durch das *Christentum* ist seit der Spätantike das Ringen um ein diesseitiges Glück durch das Streben nach einem jenseitigen Heil zurückgestellt worden. Vor allem mit der Rechtfertigungslehre hat Luther jegliches Glücksstreben verurteilt.
- Kant sah den Menschen in der Pflicht, sein eigener Gesetzgeber zu sein. Glücksstreben könne diese Pflicht nur untergraben, indem sie die Moral niedrigeren Interessen unterordne. Damit hat er in der Tradition des Christentums der Sollensethik gegenüber der antiken Strebensethik zum Durchbruch verholfen. Allerdings hat es im Christentum immer auch Gegenströmungen gegeben.
- Anknüpfend an Epikur hat der *Utilitarismus* eine *liberale Konzeption lustvoller Moral* vorgelegt: Um das allgemeine Glück zu befördern, kann es notwendig sein, die individuelle, sinnliche Lust einzuschränken. Diese zeitweise Einschränkung ermöglicht aber erst das eigene Glück »on the long run«. Diese einsichtsvolle Solidarität bereitet nun wieder geistige Lust.

- Freud, Marcuse, Adorno, Horkheimer, Schopenhauer, Camus, sie alle waren Pessimisten, was die Chancen zum Glück in dieser Gesellschaft betraf. Und doch bemühten sie sich um das große wie um das kleine Glück. Waren sie darin nicht doch glücklich?
- Martin Seel hat eine *Philosophie des Glücks* vorgelegt, die zwischen dem Glück als Wunscherfüllung, als erfülltem Augenblick, als Selbstbestimmung und als gelingende Welterschließung unterscheidet. Diese Glück muss sich in allen Bereichen menschlichen Lebens zeigen: in Arbeit, Interaktion, Spiel und Betrachtung.
- Martin Seligman hat in der Tradition des Aristoteles eine Konzeption der »authentic happiness« vorgelegt: »Pleasure« empfinden wir, wenn wir viele »gratifications« erhalten. Diese erhalten wir aber nur auf Dauer, wenn wir tugendhaft leben. Dazu müssen wir unsere Talente entwickeln. Wer für den Einsatz seiner Talente reichlich »gratifications« erhält, führt ein gutes Leben. Sinnvoll wird das Leben aber erst, wenn es einem höheren Zweck dient. Ein erfülltes Leben besteht in der gelebten Synthese dieser drei Ebenen: vergnüglich, gut, sinnvoll.
- Mihalyi Csikszentmihalyi hat festgestellt, dass wir tiefes Glück empfinden, wenn wir ganz in einer uns interessierenden und fordernden Tätigkeit aufgehen. Deshalb propagiert er, ganz in der Tradition des Epikur, in allen Bereichen des Lebens, dieses *Flow-Phänomen* zu nutzen.
- Wer glücklich sein will, muss sich entschließen, sich mit einem gewissen Lebensstandard zufrieden zu geben. Denn das Streben nach immer mehr kann nur episodisches Glück hervorbringen. Das aber verführt zu erneutem Konsum und weiterem Finanzierungszwang. Damit wird aber letztlich eine sich selbst beschleunigende *Unglücksspirale* in Gang gesetzt.
- Ein glückendes, gelingendes, gutes Leben hat *zwei Voraussetzungen*: Zum einen müssen Umstände gegeben sein oder geschaffen werden, die überhaupt Glück auch erleben lassen. Zum anderen muss sich jeder, der glücklich sein will, nicht nur um einen vergnüglichen, sondern auch um einen maßvollen, anständigen und sinnvollen Lebensstil bemühen.

Literatur zum Thema

Aristoteles (2006). Nikomachische Ethik. Reinbek: Rowohlt.

Bellebaum, A. (Hrsg.) (2002). Glücksforschung. Eine Bestandsaufnahme. Konstanz: UVK.

Csikszentmihalyi, M. (2004). Flow im Beruf. Stuttgart: Klett-Cotta.

Epikur (1988). Philosophie der Freude. Briefe, Hauptlehrsätze, Spruchsammlung, Fragmente. Frankfurt a. M.: Insel.

Gesang, B. (2003). Eine Verteidigung des Utilitarismus. Stuttgart: Reclam.
Layard, R. (2005). Die glückliche Gesellschaft. Kurswechsel für Politik und Wirtschaft. Frankfurt a. M.: Campus.
Marcuse, L. (1948/1972). Philosophie des Glücks. Von Hiob bis Freud. Zürich: Diogenes.
Nussbaum, M. (1999). Gerechtigkeit oder Das gute Leben. Frankfurt a. M.: Suhrkamp.
Pieper, A. (2004). Glückssache. Die Kunst gut zu leben. München: dtv.
Schulze, G. (2005). Die Erlebnisgesellschaft. Kultursoziologie der Gegenwart (2. Aufl.). Frankfurt a. M.: Campus.
Seel, M. (1999). Versuch über die Form des Glücks. Frankfurt a. M.: Suhrkamp.
Seligman, M. E. P. (2003). Der Glücks-Faktor. Warum Optimisten länger leben. Bergisch Gladbach: Ehrenwirt.

6 Verantwortung übernehmen

Ferdinand Buer

6.1 Moral und Ethik heute

Glücklich sein ist ein sehr hoher Wert, der der Suche nach dem Sinn des Lebens Orientierung gibt (→ 5.). Glücklich sein kann ich aber nur, wenn die Menschen, mit denen ich zusammenlebe, mein Glück teilen oder zumindest tolerieren können. Da nun aber die Glücksvorstellungen der Menschen in unserer Zeit höchst unterschiedlich sind, treffen hier Bestrebungen aufeinander, die durchaus konträr sein können: Wir haben in vielerlei Lebenskreisen mit ganz unterschiedlichen Menschen Kontakt, die wir uns nicht immer aussuchen können, wenn wir unsere Existenz auf einem bestimmten Niveau sichern wollen. Wenn wir uns nicht durch permanenten Streit um unser Glück immer wieder ins Unglück stürzen wollen, müssen wir auf die legitimen Glücksinteressen eines jeden Rücksicht nehmen, der mit uns zu tun hat.

Diese gegenseitige Rücksichtnahme schafft dann aber auch eine gegenseitige Annäherung, die das Zusammenleben mit anderen interessant und damit wertvoll macht. Denn diese Bemühungen um ein gemeinsames Glück binden die Beteiligten aneinander und schaffen Lebensgemeinschaften, in denen man sich wohlfühlen kann. Hier kann der eine des anderen Glück sein. Und wenn jemand aus diesen Gemeinschaften ohne mein Zutun ins Unglück gerät, dann werde ich mich darum sorgen, weil ich nicht glücklich sein kann, wenn mein Angehöriger, mein Freund, mein Nachbar unglücklich ist. Aber auch Fremde, die zufällig in meine Nähe kommen, können mein Mitleid erregen. Sie werden dann zu meinen Nächsten, deren Ansprüchen ich mich nicht einfach entziehen kann, will ich nicht unglücklich werden.

Diese Bereitschaft zur Rücksichtnahme ist die Basis jeglicher *Moralität*, früher oft Sittlichkeit genannt. Die allgemeinen Regeln und Praxen der Rücksichtnahme bezeichnet man als *Moral* und die reflexive Beschäftigung mit Moralität und Moral *Ethik*.

Moral umfasst also das Gesamt an normativen Begriffen, Auffassungen, Einstellungen, Werten und Lebensstilen von Personengruppen oder ganzen Sozialkulturen (z. B. von Organisationen) bezogen auf den guten oder schlechten Umgang miteinander, dann aber auch mit Bezug auf die jeweils eigene Person wie den Umgang mit den sozialen und den natürlichen Umwelten. Sie hat zu garantieren, dass alle Menschen so aufeinander Rücksicht nehmen, dass möglichst alle genügend Möglichkeiten haben, ihr persönliches Glück zu realisieren. Moral hat also dem Glück eines jeden zu dienen (→ 5.2.1).

Diesem präskriptiven Begriff von Moral steht der deskriptive gegenüber: Empirisch ist die tatsächliche, positive Moral einer Gesellschaft und ihrer Untergruppierungen häufig jedoch nicht durch Rücksichtnahme gekennzeichnet. Gerade deshalb ist die *Ethik* notwendig. Denn sie soll herausfinden, welche Regeln geeignet sein können, bei Berücksichtigung der menschlichen Schwächen und der sozialen Verhältnisse für je konkrete Lebenslagen dem »pursuit of happiness« eines jeden zu seinem Recht zu verhelfen.

Mit dieser Ausgangsposition verbinde ich die beiden zentralen Traditionen der abendländischen Ethik, die über Jahrhunderte hinweg im Streit gelegen haben: die Strebens- mit der Sollensethik, die Güter- mit der Pflichtenethik, die teleologische mit der deontologischen Ethik (Frankena, 1994; Krämer, 1995; Seel, 1999; Höffe, 2007).

Ethik setzt also darauf, dass alle glücklich sein wollen und dass sie deshalb zur gegenseitigen Rücksichtnahme bereit sind. Davon ist schon John Stuart Mill ausgegangen (→ 5.2.3). Moral wäre dann eine freiwillige Veranstaltung, die Möglichkeiten bietet, unterschiedliche Glücksinteressen miteinander zu vereinbaren. Leider sind die Verhältnisse nicht so. Daher ist der Staatsgewalt das *Recht* zugesprochen, die gängigen und akzeptablen Moralvorstellungen in Gesetze zu gießen und für ihre Einhaltung zu sorgen. Wer also in gravierenden Fällen zu wenig Rücksicht nimmt, muss neben den sozialen Sanktionen wie Verachtung oder Ausgrenzung auch mit staatlicher Strafverfolgung rechnen.

Historisch betrachtet hat sich in der bürgerlichen Gesellschaft eine Koalition zwischen den Herrschaftsinteressen und der deontologischen Ethik ergeben, die das persönliche Glücksstreben allzu sehr desavouiert hat (Bauman, 1995). Entscheidend war, ein guter Bürger zu sein und in den ausdifferenzierten Gesellschaftssektoren gut zu funktionieren. Eine eigenständige, möglicherweise widerständige moralische Kompetenz auszubilden, war eher hinderlich. Mit der neuen Unübersichtlichkeit in der Postmoderne jedoch wird die Orientierungskraft der gesellschaftlich anerkannten Institutionen geschwächt: Die Individuen stehen verstärkt vor der Aufgabe, sich eigenständig zu orientieren und ihrem Leben einen Sinn und einen Halt zu geben (→ 4.1).

Gerade die Erfahrungen mit dem faschistischen Unrechtsstaat haben die Bedeutung demokratischer Regelungen aufgezeigt. Sie sollen dafür sorgen, dass die Machtkonzentration beim Staat nicht dazu führt, dass Machteliten das positive Recht zur Absicherung ihrer Privilegien auf Kosten der weniger Mächtigen ausnutzen. Recht und Moral müssen also keineswegs identisch sein. Es kann daher ethisch geboten sein, das gute Recht gegen die schlechte Moral, wie die gute Moral gegen das schlechte Recht durchzusetzen. Wer also als Fach- und Führungskraft in unserer Gesellschaft Einfluss hat, kann sich nicht einfach auf das positive Recht zurückziehen. Sie bedarf einer selbstbestimmten, also autonomen *Moralität*, die sie auch vor anderen ethisch rechtfertigen kann. Moralität geht also über Konventionalität und Rechtstreue hinaus.

Im Life-Coaching kann es nun nicht darum gehen, fundamentalethische Fragen zu klären oder zu reflektieren, etwa wie verschiedene Gesellschaftsgruppen in einer Gesellschaft oder gar verschiedene Gesellschaften in unserer Welt miteinander gut auskommen können. Es geht vielmehr darum, bezogen auf konkrete Fälle, in denen der Klient eine wichtige Rolle spielt,
- dessen moralische Sensibilität und Urteilskraft zu stärken und
- dessen moralische Einstellung und Handlungskompetenz zu fördern.

Es geht also um *Individual-* oder *personale Ethik*, die allerdings durchaus mit der Sozialethik (Hengsbach, 2001) und der Politischen Ethik (Reese-Schäfer, 1997; Fach, 2003) in Korrespondenz stehen sollte. Nun enthält die ethische Tradition des Abendlandes, auf die ich mich hier beziehen möchte, vielfältige Angebote (Pieper, 1992; Hastedt u. Martens, 1994; Höffe, 2002; Düvell et al., 2002; Suda, 2005). Ich werde mich hier auf eine *Ethik der Verantwortung* konzentrieren, weil sie für unseren Zusammenhang viele Vorteile bietet:
- Sie nimmt einen *aktuellen Diskurs* auf, der sowohl in der Ethik wie in der öffentlichen Diskussion gegenwärtig eine prominente Rolle spielt.
- Sie bezieht sich auf Menschen, die *besondere Verantwortung* tragen. Dazu gehören sicher Fach- und Führungskräfte, die Adressaten des Life-Coachings (→ 1.5).
- Sie ist *interaktionistisch* angelegt, weil sie die Relationen zwischen denen, die sich verantworten müssen, und denen, die sie zur Verantwortung ziehen, in den Mittelpunkt stellt. Das entspricht unserer theoretischen Grundorientierung (→ 1.6).
- Sie fokussiert die Betrachtung auf *konkrete Situationen*, in denen Verantwortungsübernahme gefragt ist. Das kommt dem fallorientierten Coaching entgegen.

Sie konzentriert sich damit auf die Lebenswelt einer jeden Person (Schulz, 1989, S. 216ff.), also auf den Verantwortungsraum, in dem diese Person Einflussmöglichkeiten hat. Es geht hier also nicht um das Schicksal der vielen, die ich nur über die Medien kenne.

Moralische Kompetenz heißt also, in jeder Situation seine sämtlichen Handlungen so ausrichten zu können, dass sie nicht nur den eigenen, sondern auch den Glücksstrebungen der anderen am Handlungszusammenhang Beteiligten und von ihm Betroffenen so weit wie möglich dienlich sind. In der Arbeit von Fach- und Führungskräften kommt hinzu, dass sie ihre Tätigkeit nach professionellen Gesichtspunkten verrichten sollen (→ 2, → 10). Denn das ist ihr spezifischer Beitrag zur Vermehrung der Glückschancen der ihnen Anvertrauten. Diese spezifische moralische Kompetenz bezeichne ich als *Berufsethos.*

Die Verantwortung von Fach- und Führungskräften umfasst also mehrere Aspekte:

- Sie muss garantieren, dass alles richtig gemacht wird, also alle professionellen Standards beachtet werden (*Sachverantwortung*).
- Sie muss dafür sorgen, dass das erwartbare Handeln in spezifischen Rollen auch umgesetzt wird (*Sozialverantwortung*).
- Sie muss das alles so ausrichten, dass das Grundrecht aller Beteiligten und Betroffenen auf Glück angemessen berücksichtigt wird (*moralische Verantwortung*).

Diese Verantwortung ist immer und überall zu übernehmen. Denn es gibt keine moralfreien Räume in der Welt. Auch der Amoralist, der jegliche Moral ablehnt, verlangt zumindest von anderen – wenn nicht explizit, dann doch implizit –, dass sie auf seine Interessen Rücksicht nehmen.

Es geht also nicht nur darum, seine Arbeit richtig und funktional zu tun, wie das etwa Niklas Luhmann meint (Dallmann, 2007). In seiner Systemtheorie ist die Funktionalität eines gesellschaftlichen Teilsystems das Höchste. Wenn hier die spezifischen Logiken beachtet werden, sei alles in bester Ordnung. Eine zusätzliche Beachtung moralischer Prinzipien würde gerade die Funktionalität unnötig in Frage stellen. Er sieht es daher als »die vielleicht vordringlichste Aufgabe der Ethik [an], vor Moral zu warnen« (Luhmann, 1988, S. 41). Er übersieht dabei geflissentlich, dass auch die Funktionalität einer Organisation, aber auch der in ihr arbeitenden Menschen moralisch legitimiert werden muss (Höffe, 2007, 32ff.). Alle, die in ihrer Beratungsarbeit der Systemtheorie Luhmanns folgen, haben damit ihre Verantwortung schon an die Systemfunktionalität abgegeben; sie handeln somit »verantwortungslos«. Wer das nicht will, muss sich um Moral und Moralität in allen Lebenslagen bemühen. Dazu sollen die folgenden Überlegungen beitragen.

6.2 Warum und wie moralisch handeln?

Moralische Kompetenz umfasst nicht nur das Vermögen, moralische Urteile mit ethischer Begründung zu fällen. Viel wichtiger ist die Fähigkeit, in der jeweiligen Situation die moralische Herausforderung überhaupt wahr- und ernstzunehmen und das Richtige und das Rechte auch wirklich zu tun. Es geht daher primär darum, zu klären, was uns zum tatsächlichen moralischen Handeln bewegt: Es geht um Motive. Und dass gute Begründungen auch gute Motive sind, kann nur der annehmen, der an die Macht der Vernunft glaubt. Hier scheinen die meisten Philosophen einen blinden Fleck zu haben. Das gilt insbesondere für die männliche Spezies (Pieper, 1998). So hat die akademische Philosophie in ihren Mainstreams diesen so entscheidenden zweiten Aspekt zweifellos weitgehend vernachlässigt (Böhme, 1997, S. 12). Daher soll hier gezeigt werden, welche Traditionen uns weiterhelfen und welche eher nicht.

Religiöse Traditionen können dabei durchaus nützlich sein, wenn sie ihre Gebote, Verbote, Maximen und Vorschriften als eine Orientierung verstehen und ihre Gläubigen dabei unterstützen, diese zur Entfaltung eines menschenwürdigen und glücklichen Lebens für sich und andere konkret zu nutzen. Dabei scheinen mir die Religionen besonders interessant zu sein, die die Tugenden der Achtsamkeit, Güte, Liebe und Barmherzigkeit in den Vordergrund stellen. Das kann dazu beitragen, die Glückschancen eines jeden schon im Diesseits zu erhöhen (→ 5.2.3). Wer allerdings »religiös unmusikalisch« ist, kann die religiösen Schriften nur als Weisheitsliteratur nutzen. So können die Erkenntnisse der Moraltheologie auch nur für den bindend sein, der ihre Voraussetzung, den Glauben, teilt (→ 4.3).

In diesem Zusammenhang wird immer wieder gern behauptet, dass Atheismus notwendig zu Amoralität führe, gemäß dem bekannten Diktum Dostojewskis (1978, S. 97ff.) aus seinem Roman »Die Brüder Karamasow« in Kurzfassung: »Wenn Gott tot ist, ist alles erlaubt!« Diese Behauptung ist weder logisch noch empirisch haltbar: Zum einen ergibt sich aus göttlichen Geboten nicht eindeutig, was hier und heute zu tun ist. Es bedarf immer einer angemessenen Interpretation der Gebote wie der Situation, für die sie gelten sollen, und einer verantwortlichen Entscheidung, die Ergebnisse für relevant zu halten und sie auch in der Praxis zu berücksichtigen. Das verlangt nach einer eigenständigen moralischen Kompetenz, die unabhängig vom Glauben erworben ist. Zum anderen gibt es keine Möglichkeit, eindeutig festzustellen, ob das Handeln von Theisten oder das von Atheisten im Laufe der Menschheitsgeschichte nun moralischer war oder nicht (Bayertz, 2006, S. 84ff.).

Als Alternative zur Moraltheologie bietet sich die Moralphilosophie an. Und hier spielt – jedenfalls auf dem europäischen Kontinent – nach wie vor die formale Moraltheorie Immanuel Kants die wirkmächtigste Rolle. Selbst ein Philosoph wie Otfried Höffe, der inzwischen die Ethik mit einer Handlungstheorie verbindet und dem Prinzip Glück in Aristotelischer Tradition seinen Tribut zollt, spricht der autonomen Vernunft die alles entscheidende Kraft zu, die Moralität begründe:

> »Die für die Moral ausschlaggebende Freiheit, die personale Freiheit, ist die Freiheit einer Person in Bezug auf ihr Wollen, Überlegen und Handeln. [...] Sie bedeutet [...] eine freie Urheberschaft, die aus Gründen, die man sich zu Eigen gemacht hat, handelt« (Höffe, 2007, S. 262).

Das bedeutet in der Formulierung von Kurt Bayertz (2006, S. 235): »Du sollst moralisch sein, weil du es (als vernünftiges Wesen) selbst willst.« Oder etwas schwächer gesagt: »Du sollst moralisch sein, weil es vernünftig ist« (S. 231). Damit wird behauptet, eine akzeptierte vernünftige Begründung reicht als

Motivation zum moralischen Handeln aus. Höffe glaubt nach wie vor mit Kant daran: »Regiert die praktische Vernunft, so haben die rechtfertigenden Gründe zugleich motivierende Kraft« (Höffe, 2007, S. 217). Da ist nun Bayertz kritischer:

»Die Kantische Gleichsetzung von Vernunft und Moral löst das Problem nur um den Preis einer Problemverschiebung; an die Stelle der Frage: ›Warum soll ich moralisch sein?‹ tritt die Frage ›Warum soll ich rational sein?‹« (Bayertz, 2006, S. 238).

Hier wird die Zirkularität dieser Begründung deutlich: Ich soll vernünftig sein, weil der Mensch nur Mensch ist, wenn er vernünftig sein will. Und wenn er vernünftig ist, will er auch moralisch sein. Aber will er in diesem Sinne überhaupt Mensch sein? Und so kann Bayertz auf die Frage eines Amoralisten, warum überhaupt moralisch sein? auch keine Antwort finden, die diesen zwingend überzeugen müsste. Gründe sind eben doch keine Motive. Und so ist seine letzte Antwort an den, der nicht moralisch sein will: »Du sollst moralisch sein, weil du sonst mit Sanktionen rechnen musst« (S. 259). Damit wären wir wieder in letzter Konsequenz bei der bewährten Zusammenarbeit von Staat und deontologischer Ethik.

Bayertz hat mit seiner Studie – wohl gegen seine Absicht – auf überzeugende Weise dargelegt, dass der Glaube an die Vernunft eines jeden, dem die (männliche) Moralphilosophie in kantischer Tradition huldigt, relativiert werden muss. Damit rückt die Bedeutung der Gefühle für die Entwicklung moralischer Kompetenz in den Blick.

Grundlegend für diese Perspektive sind die Überlegungen der schottischen Moralphilosophen von Shaftesbury, Hutcheson und Hume bis Smith. David Hume zeigt 1739 im zweiten Buch seines »Traktats über die menschliche Natur«, dass der »moral sense« eine Folge des Mitgefühls (»sympathy«) mit den Gefühlen anderer ist (Hume, 1739/1978). Er glaubt nicht daran, dass der Verstand allein zum moralischen Handeln führen kann, Gefühle können das jedoch. Dieses Sympathiegefühl bewirkt wiederum Anerkennung, Zustimmung wie Missbilligung durch andere. Damit kommen der Sympathie schon bei Hume zwei Komponenten zu: eine motivierende und eine beurteilende.

Adam Smith fügt in seiner »Theory of moral sentiments« von 1759 zwei weitere Komponenten hinzu: Die dritte ist die Fähigkeit, sich in andere konkret einzufühlen, sodass dieses Mitgefühl das eigene Gefühl wirksam verändert: Man wird dadurch zu einem anderen Menschen, der im konkreten Fall Rücksicht nimmt.

»Wir billigen oder missbilligen das Verhalten eines anderen Menschen auf die Weise, dass wir uns in seine Lage hineindenken und nun unsere Gefühle darauf prüfen, ob wir mit den Empfindungen und Beweggründen, die es leiteten, sympathisieren können oder nicht. Und in gleicher Weise billigen oder missbilligen wir unser eigenes Betragen, indem wir uns in die Lage eines anderen Menschen versetzen und es gleichsam mit seinen Augen und von seinem Standort aus betrachten und nun zusehen, ob wir von da aus an den Empfindungen und Beweggründen, die auf unser Betragen einwirken, Anteil nehmen und mit ihnen sympathisieren können oder nicht« (Smith, 1759/2004, S. 166f.).

Diese Position kann als eine Variante der Goldenen Regel betrachtet werden, in der positiven Form: »Behandle andere so, wie du auch von anderen behandelt sein willst.« Die Goldene Regel findet sich in der chinesischen, jüdischen, christlichen und islamischen Ethik. Diese Verbreitung spricht dafür, dass es in der Menschheit eine gewisse Übereinstimmung in prinzipiellen moralischen Fragen gibt (Höffe, 2002, S. 101). Moralität stellt sich dann dar als Folge eines inneren Rollentausches. Auf die Bedeutung des Rollentausches für das Gewinnen moralischer Einsichten und Einstellungen sowie das Auslösen angemessener Handlungen verweisen inzwischen auch viele zeitgenössische Philosophen (z. B. Lenzen, 1999, S. 25; Bayertz, 2006, S. 226) und Wirtschaftsethiker (z. B. Ulrich, 2001, S. 45; 2005, S. 103, 112). Ferdinand Fellmann schreibt:

Jeder weiß, was es heißt, jemandem zu nützen oder ihm zu schaden, und jeder baut aus diesem Wissen sein moralisches Bewusstsein auf. Der normative Kern liegt demnach nicht in der angeblichen Güte des ›natürlichen Menschen‹, sondern in der Fähigkeit, sich in die Lage des anderen zu versetzen. Daraus geht hervor, dass Selbsterfahrung die einzige Quelle der Moral ist und dass alle Formen der Normenbegründung nichts anderes sind als Versuche, diese elementare Erfahrung ins Bewusstsein zu heben und den Menschen verständlich zu machen« (Fellmann, 2000, S. 46).

Dieses gegenseitige Einfühlungsvermögen birgt aber die Gefahr, das Leid einem nahestehender Personen zu hoch, das fernstehender zu gering zu achten. Deshalb hat *Adam Smith* eine vierte Komponente hinzugefügt: die Perspektive des unparteiischen Zuschauers. Sie erlaubt, das eigene Glück und das der Nahestehenden nur so weit zu fördern, wie es mit den Glücksstrebungen aller anderen verträglich ist. Damit werden die Sympathiegefühle gegenüber den Nahestehenden mit vernünftigen Überlegungen der Rücksichtnahme gegenüber den Fernstehenden verbunden.

Damit ergibt sich eine Annäherung an Kants kategorischen Imperativ: »Handle nur nach derjenigen Maxime, durch die du zugleich wollen kannst, dass sie ein allgemeines Gesetz werde.« Nur dient bei Smith der Standort eines unparteiischen Beobachters der sekundären Korrektur der primären Glückstrebungen der vielen Einzelnen. Ausgangspunkt moralischen Handelns ist für ihn das Mitfühlen mit dem Anderen, als sei ich in seiner Rolle (und er in meiner). Erst danach können und sollen vernünftige Überlegungen dazu führen, nicht intendierte negative Effekte auf Fernstehende zu erkennen und bei der Konzipierung meiner künftigen Praxis zu berücksichtigen.

Auch Harold Arthur Prichard geht 1926 in seinem berühmten Aufsatz: »Beruht die Moralphilosophie auf einem Irrtum?« davon aus, dass moralisches Handeln primär auf einem Gefühl beruht:

»Das Gefühl, dass wir gewisse Dinge tun sollten, entsteht in unserer unreflektierten Überzeugung und ist eine Tätigkeit des moralischen Denkens, die durch die verschiedenen Situationen, in denen wir uns vorfinden, ausgelöst wird. Auf dieser Stufe ist unsere Einstellung zu diesen Verpflichtungen durch blindes Vertrauen gekennzeichnet« (Prichard, 2002, S. 67).

Erst in einem Konflikt zwischen meinem Verpflichtungsgefühl und meinem Interesse kann ein Zweifel aufkommen, ob die Pflichten wirklich obligatorisch sind oder vielleicht gar einer Täuschung entspringen. Wir verlangen dann nach Argumenten, die letztlich zur Geburt der Moralphilosophie geführt haben. Prichard hält es aber für einen »Irrtum zu glauben, man könne beweisen, was nur direkt durch einen Akt moralischen Denkens erfasst werden kann« (Prichard, 2002, S. 68). Und er empfiehlt:

»Das einzige Mittel, diesen Zweifel zu beseitigen, liegt darin, dass wir uns in eine Situation begeben, die diese Verpflichtung nach sich zieht, oder – falls unsere Phantasie stark genug ist – uns vorstellen, wir wären in dieser Situation, und dann die moralischen Fähigkeiten unseres Denkens das ihre tun lassen« (Prichard, 2002, S. 68).

Damit bestätigt Prichard die Position unserer Schotten, dass allein die »unmittelbare Konfrontation« mit den Gefühlen der Anderen in der konkreten Situation ein moralrelevantes Handlungsmotiv hervorbringt. Kognitive Zweifel daran können nicht durch Argumente geheilt werden. Sie können den Verstand befriedigen, aber nicht ein Gefühl rechtfertigen. Auch Robert H. Frank weist in seiner Festlegungstheorie den Gefühlen eine wichtige Funktion zu. Ihm zufolge geben in einem Wertkonflikt die Gefühle den Ausschlag. Sie legen jemanden »verbindlich auf eine Verhaltensweise fest« (Frank, 1992, S. 42).

Dass auch die Diskurs-Ethik, wie sie von Karl-Otto Apel und Jürgen Habermas vorgelegt wurde und weite Verbreitung fand, ein Motivationsdefizit hat, ist inzwischen erkannt. So schlägt etwa Micha Brumlik (1992b) vor, sie mit einer Mitleidsethik zu verbinden. Die Diskurs-Ethik bezieht sich auf die Forschungsergebnisse von Lawrence Kohlberg zur kognitiv-moralischen Entwicklung des Menschen, in der auf der höchsten Ebene eine kognitive Urteilsfähigkeit angesiedelt ist, die sich am Gewissen und universalen Prinzipien orientiert. Diese Sicht ist vor allem von Carol Gilligan kritisiert worden. Sie hat der (männlichen) *Vernunftethik* eine *Care-Ethik* gegenübergestellt, die von einer Praxis der Zuwendung, Fürsorge, Anteilnahme, Versorgung, Pflege ausgeht, wie sie in unserer Kultur insbesondere bei Frauen verbreitet anzutreffen ist. In dieser Tradition hat Seyla Benhabib gefordert, nicht den »verallgemeinerten«, abstrakten Anderen, sondern den einmaligen, »konkreten« Anderen in das Blickfeld der Moraltheorie zu rücken:

»Die Leitnormen für unser Verhältnis zu anderen sind in diesem Fall *Billigkeit* und *komplementäre Reziprozität*: Jede(r) darf mit Recht bei den anderen Verhaltensweisen voraussetzen und von ihnen erwarten, durch die die anderen sich als konkrete, individuelle Wesen mit bestimmten Bedürfnissen, Talenten und Fähigkeiten erkannt und bestätigt fühlen. [...] Die mit solchen Interaktionen verbundenen moralischen Kategorien sind jene der Verantwortlichkeit, der Bindung und des Teilens; die entsprechenden moralischen Gefühle heißen Liebe, Anteilnahme, Mitgefühl und Solidarität« (Benhabib, 1995, S. 176).

Nach Elisabeth Conradi (2001) lässt sich Moralität aus der Sicht der Care-Ethik kennzeichnen durch:
- ihre Eingebundenheit in konkrete Beziehungsnetze,
- ihre Orientierung auf die Alltagspraxis in konkreten Situationen,
- durch eine Haltung der Achtsamkeit und
- durch die Unterstützung des Potenzials des gesamten Netzes hin zu kreativen Lösungen (*Empowerment*).

Ob aus Vernunftgründen oder aus Verpflichtungsgefühlen heraus: In jedem Fall muss ich diesem Handlungsmotiv zustimmen, ich muss daraus die richtige Handlungsweise entwerfen und ich muss mich zur Tat entschließen. Das tue ich aber nur, wenn das Motiv drängend ist und eine Realisierung der entsprechenden Handlungen in meinem Interesse liegt. Dieses Interesse wird – empirisch betrachtet – sowohl egoistische wie altruistische Aspekte umfassen. Moralische Normen oder Maximen können also nur dann und insoweit Geltung beanspruchen, wie sie im Interesse der sie vertretenden Individuen liegen. Insofern kann ich der Ethiktheorie von Norbert Hoerster nur zustimmen: »Die letzte Basis jeder rationalen Vertretung von Moralnormen ist stets volitiver, nicht kognitiver Art: Sie besteht in einem Wünschen und Wollen, nicht in einem Erkennen und Wissen« (Hoerster, 2003, S. 183). Dabei liegt es in meinem Interesse, meine Interessen mit denen der anderen, die die meinigen beeinträchtigen könnten, abzugleichen. Dieses Interesse bestimmt Hoerster nicht weiter. Ich sehe keinen Widerspruch, wenn ich dieses Interesse als das Streben nach dem je meinigen Glück qualifiziere.

Als Ergebnis unseres Kurzdurchgangs durch die europäische Ethikgeschichte der Neuzeit können wir festhalten: Es gibt durchaus plausible Entwürfe von den schottischen Moralphilosophen über bestimmte Nonkognitivisten bis zur (feministischen) Care-Ethik, die zeigen, warum und wie Moralität entsteht: Sie ergibt sich aus der Bereitschaft, sich für andere mit Herz und Verstand zu öffnen und sich mit ihnen zusammen für ein gemeinsames Glück einzusetzen. Da sich diese Ansätze auf die konkreten Lebensverhältnisse konzentrieren, bleiben sie nicht in abstrakten Präskriptionen hängen. Sie sind daher problemlos anschlussfähig an die Ergebnisse der empirischen Forschung, wie sie etwa die

Psychologie zur Solidarität (Bierhoff u. Schülken, 2004) oder die Neurowissenschaft zur Kooperation (Bauer, 2006) vorgelegt haben.

Das alles bedeutet für das Life-Coaching: Wenn ein Klient sich mit einem moralischen Problem herumschlägt, nützt es wenig, sich gleich aufs Argumentieren zu verlegen. Entscheidender ist es, ihn zu veranlassen, sich in die konkrete Situation und die konkreten beteiligten und betroffenen Personen hineinzuversetzen. Erst dadurch kann eine Verpflichtung herausgespürt werden, die ihn auffordert, auf eine bestimmte Weise zu handeln. Zugleich wird dabei spürbar, was seine eigenen Interessen in diesem Zusammenhang sind. Erst dann ist abzuwägen, wie sein Glück und das Glück der Interaktionspartner/innen zu einem gemeinsamen Glück und dem Glück möglichst vieler werden können.

6.3 Vom Umgang mit dem Bösen

Jeder Mensch vollzieht Handlungen, die bei allen guten Absichten doch schlimme Folgen für andere haben. Dann besteht die moralische Aufgabe darin, eine bessere Folgenabschätzung vorzunehmen oder aber solche Handlungen in Zukunft möglichst zu unterlassen. Ganz lässt sich ein Handlungsrisiko aber nicht ausschließen. Jeder Mensch kann ferner in Situationen geraten, wo er zu schädigenden Taten gegenüber anderen veranlasst ist. Hier ist eine Güterabwägung vorzunehmen, um zu klären, welchen Schaden er selbst in Kauf nehmen muss, um anderen nicht zu schaden. Die moralische Aufgabe besteht dann darin, nicht aus Willensschwäche das als falsch Erkannte doch zu tun. Für all das haben wir Verständnis. Der Mensch als solcher ist eben nicht perfekt.

Als böse wird ein Mensch jedoch erst dann bezeichnet, wenn er immer wieder Handlungen begeht, die andere Menschen gravierend schädigen und er darum auch weiß. Manche versuchen, ihrem schädigenden Tun Einhalt zu gebieten, schaffen es aber nicht und leiden darunter. Manche bekennen sich dazu: Sie wollen ihre individuelle Freiheit durch nichts und niemandem einschränken lassen. Sie wollen diese ihre Freiheit aus- und erleben, gerade auch gegenüber den davon Geschädigten. Prominente Beispiele sind der Marquis de Sade oder der Kaiser Nero. Manche rechtfertigen ihre Taten, die von anderen als Verbrechen angesehen werden, im Namen des vermeintlich Guten, das nur dadurch durchgesetzt werden könne, Beispiel Hitler oder Stalin.

Dieses Phänomen als Möglichkeit eines jeden Menschen zu akzeptieren, scheint unangenehm zu sein. Dafür haben offensichtlich Menschen, die sich nicht zu den Bösen zählen, kaum Verständnis. Daher hat hier die Philosophie so ihre Schwierigkeiten (vgl. Safranski, 2000; Pieper, 2002; Neiman, 2006). Entlastung verspricht dagegen die Annahme eines metaphysisch Bösen, wie sie manche Religionen offerieren. Statt sich hier ins Spekulative zu verlieren, schlage ich vor, das Phänomen des Bösen einfach zur Kenntnis zu nehmen. Diejenigen, die nicht Opfer des Bösen werden wollen, müssen sich vielmehr überlegen, wie sie sich davor schützen können (Höffe, 2007, S. 327ff.).

Eine Möglichkeit, das Böse unter Menschen einzugrenzen, besteht darin, Menschen mit bestimmten Merkmalen als Psychopathen zu klassifizieren. Einer der renommiertesten Experten auf diesem Gebiet, Robert D. Hare, beschreibt Psychopathen so:

»Psychopathen sind soziale Raubtiere, die sich mit Charme und Manipulation skrupellos ihren Weg durchs Leben pflügen und eine breite Schneise gebrochener Herzen, enttäuschter Erwartungen und geplünderter Brieftaschen hinter sich lassen. Ein Gewissen und Mitgefühl für andere Menschen fehlt ihnen völlig, und so nehmen sie sich selbstsüchtig, was sie begehren, und machen, was sie wollen. Dabei missachten sie gesellschaftliche Normen und Erwartungen ohne jegliches Schuldbewusstsein oder Reuegefühl« (Hare, 2005, S. XI).

Als wichtigste Persönlichkeitsmerkmale hat Hare herausgearbeitet: Sie sind heuchlerisch und oberflächlich, egozentrisch und grandios, hinterlistig und manipulativ und zeichnen sich durch einen Mangel an Reue oder Schuldbewusstsein sowie an Einfühlungsvermögen und ein flaches Gefühlsleben aus. Ihr Verhalten ist impulsiv, unbeherrscht und verantwortungslos. Sie suchen ständig den »Kick« und zeigen schon als Kind abweichendes Verhalten. Das entscheidende Charakteristikum ist die fehlende Selbstbeherrschung. Daher sind sie dazu disponiert, auch Verbrechen zu begehen. Aber längst nicht alle rechtskräftig Verurteilten sind als Psychopathen zu klassifizieren. Allerdings schätzt Hare, dass etwa 50 Prozent der schweren Verbrechen von Psychopathen begangen wurden (Hare, 2005, S. 76).

Psychopathen verfügen über viel Empathie. Sie können sich gut in andere hineinversetzen, lassen sich aber nicht von den Gefühlen anderer berühren. Ihnen fehlt die Fähigkeit zur Sympathie, zum Mitgefühl. Sie ergreifen häufig Berufe, in denen es um vertrauensvolle Beziehungsgestaltung geht, wie Finanzberater, Anwälte, Pfarrer, Psychotherapeuten, Ärzte, Coaches (Buer, 2004a). Bei entsprechender Vertrauensseligkeit und Leichtgläubigkeit ihrer Klienten haben sie leichtes Spiel, diese über Gebühr auszunutzen. Viele sind dabei so geschickt, anderen etwas vorzumachen, dass sie häufig nicht nur im privaten Leben, sondern gerade auch im Geschäftsleben hoch geschätzt werden. Oft reizt es sie geradezu, andere für dumm zu verkaufen und die aberwitzigsten Finanzmanipulationen vorzunehmen (Hare, 2005, S. 89ff.).

Da Psychopathen weder ein Gewissen haben noch über Mitgefühl verfügen, gibt es bei ihnen kein Motiv, sich zu ändern und sich an die gesellschaftlichen Normen zu halten. Daher schlagen nach Hare alle Versuche immer wieder fehl, sie zu therapieren oder im Gefängnis zu resozialisieren. Die einzige Möglichkeit, sich vor ihnen zu schützen, ist, um die eigene Verführbarkeit zu wissen und manipulierende Inszenierungen rechtzeitig zu durchschauen. Dann geht es darum, sich aus dem Einflussbereich dieser Personen zu begeben und so schnell und konsequent wie möglich zusammen mit Gleichgesinnten soziale und strafrechtliche Sanktionsmöglichkeiten in die Wege zu leiten.

Schon diese Bösartigkeit kann sprachlos machen. Völlig unverständlich erscheinen aber Menschen, die privat in völliger Übereinstimmung mit den herrschenden Konventionen und Gesetzen leben, sich aber guten Gewissens an grausamen Massenmorden beteiligten, wie es gerade im letzten Jahrhundert in totalitären Gesellschaften geschehen ist. Als Beispiel für diese »Banalität des Bösen« hat Hannah Arendt (2006a) Adolf Eichmann herausgestellt. Nehmen wir einmal an, er war so bieder, wie er sich vor Gericht in Jerusalem dargestellt hat, dann war Biederkeit für ihn (und für sehr viele andere) damals kompatibel mit einer Mittäterschaft an exorbitanten Verbrechen.

»Die Moral zerbrach und wurde zu einem bloßen Kanon von ›mores‹ – von Manieren, Sitten, Konventionen, die man beliebig ändern kann – nicht bei den Kriminellen, sondern bei den gewöhnlichen Leuten, die sich, solange moralische Normen gesellschaftlich anerkannt waren, niemals hatten träumen lassen, daß sie an dem, was sie zu glauben gelehrt worden waren, hätten zweifeln können. Und diese Angelegenheit, das heißt das damit aufgeworfene Problem, ist nicht abgeschlossen, wenn wir zugeben, ja zugeben müssen, dass die Nazi-Doktrin sich im deutschen Volk nicht gehalten hat, daß Hitlers verbrecherische Moral sich ganz geschwind rückverwandelte, als die ›Geschichte‹ die Niederlage anzeigte. Wir müssen nämlich sagen, daß wir nicht einmal, sondern zweimal den totalen Zusammenbruch einer ›moralischen‹ Ordnung erlebt haben, und diese plötzliche Rückkehr zur ›Normalität‹ kann, entgegen dem, was so oft selbstgefällig angenommen wird, unsere Zweifel nur verstärken« (Arendt, 2006b, S. 17).

Arendts Deutung: Offensichtlich haben viele ihr Menschsein aufgegeben, das darin besteht, mit sich selbst im Gespräch zu sein. Wer Verbrechen begeht, kennt sich auch als Verbrecher: Er ist gezwungen, täglich mit einem Übeltäter zusammenzuleben. Und da niemand gern mit einem Mörder zusammenleben will, hat er den Kontakt abgebrochen. Das innere Gespräch ist erstorben; die Erinnerung an diese Verbrechen ausgelöscht. Damit aber ist auch jegliche Arbeit an der eigenen Biographie unmöglich geworden: Diese Menschen bleiben an der Oberfläche, sind nicht verwurzelt. Darin liegt ihre Gefährlichkeit. »Das größte Böse ist nicht radikal, es hat keine Wurzeln, und weil es keine Wurzeln hat, hat es keine Grenzen, kann sich ins unvorstellbar Extreme entwickeln und über die ganz Welt ausbreiten« (Arendt, 2006b, S. 77). Diese Menschen haben ihre Integrität verloren. Sie sind nicht mehr in der Lage, sich selbst Grenzen des Erlaubten zu setzen.

»Das Lästige an den Nazi-Verbrechern war gerade, daß sie willentlich auf alle persönlichen Eigenschaften verzichteten, als ob dann niemand mehr übrig bliebe, der entweder bestraft oder dem vergeben werden könnte. Immer und immer wieder beteuerten sie, niemals etwas aus Eigeninitiative getan zu haben; sie hätten keine wie auch immer gearteten guten oder bösen Absichten gehabt und immer nur Befehle befolgt. Um es anders zu sagen: Das größte begangene Böse ist das Böse, das von Niemandem getan wurde, das heißt, von menschlichen Wesen, die sich weigerten, Personen zu sein« (Arendt, 2006b, S. 101).

Aber für diese Weigerung sind sie verantwortlich zu machen. Darin besteht die Ungeheuerlichkeit des Menschseins: Der Mensch hat die Freiheit, sich gegen sein Personsein zu entscheiden. Mit dieser Weigerung haben sich diese Menschen aber auch um ihr Glück gebracht: »Der Mensch, der gegen die Anziehungskraft der Glückseligkeit handelt, verliert die Kraft, glücklich oder auch unglücklich zu sein« (Arendt, 2006b, S. 128). Und doch muss die empirische Tatsache anerkannt werden, dass auch Verbrecher in ihrem Erfolg Glücksgefühle empfinden können. Diese Gefühle basieren aber offenbar nicht auf einer zufriedenen Gelassenheit angesichts eines im Ganzen gelungenen Lebens, sondern auf der momentanen Befriedigung durch ein »Kick-Erleben«, das manchmal auch als »Flow-Erleben« verstanden werden kann (→ 5.4.2).

Moralität ist gebunden an ein spontanes Sich-Öffnen für die Gefühle des Anderen. Es ist die »reine Spontaneität«, »die uns zum Handeln veranlaßt *und* wie ein Schiedsrichter zwischen Gründen entscheidet, ohne ihnen unterworfen zu sein« (Arendt, 2006b, S. 129). Dieser spontane, einmalige, konkrete, emotionale, unmittelbare, unbedingte moralische Impuls, zu helfen angesichts des Leidens des Anderen, ist offenbar bei allzu vielen Mitläufern zum Schweigen gebracht worden. Hier stimmt Arendts Analyse mit der von Zygmunt Bauman (1995) überein. Daher verhindert jede Institution, die ihren Mitgliedern die individuelle Verantwortung abnimmt, die Entwicklung von personaler Moralität. Aber nur diese bietet ein Widerstandspotenzial gegen die Verführungen zu kollektiv legitimierter Unmoral.

Was bedeutet das nun alles für das Life-Coaching? Da »Psychopathen« ihre wahren Absichten verschleiern müssen, werden sie sich nicht einem aufdeckenden Beratungsprozess aussetzen. Es kann aber sein, dass Coaching-Klient/innen ihre Opfer sind. Das zu erkennen und geeignete Gegenstrategien zu entwickeln, kann eine wichtige Aufgabe darstellen. Die Unterstellung, dass alle Vorgesetzten, Kolleg/innen, Mitarbeiter/innen, Kund/innen als Menschen guten Willens angesehen werden müssen, ist einfach wirklichkeitsfremd. Unter hundert Kontaktpersonen dürften sich ein bis fünf Psychopathen befinden, je nach Branche verschieden. Das heißt nun aber nicht, dass aus Angst oder Bequemlichkeit unangenehmen Personen einfach das Etikett »psychopathisch« oder »bösartig« angeheftet werden darf. Das ist nur zu verantworten, wenn alle menschenmöglichen Bemühungen um Verstehen und Verständigung fehlgeschlagen sind. Dabei muss ich auch meine eigenen Unzulänglichkeiten und Boshaftigkeiten in Rechnung stellen. Dann aber darf und muss die dialogische Kommunikation durch eine defensive ersetzt werden. Was in therapeutischen Zusammenhängen vielleicht möglich ist, kann in der Normalkommunikation während der Arbeit nicht verlangt werden.

Problematischer jedoch als »Psychopathen« sind die Angepassten. Wenn sie ihr Glück in der Konventionalität finden und sich weigern, eine autonome Moralität zu entwickeln, dann sind sie prinzipiell anfällig für alle Formen der Unmoral: von Unterschlagungen und Korruption über Verleumdungen bis hin zur Beteiligung an kriminellen Geschäften. Wenn diese Menschen in Machtpositionen kommen und starken Verführungssituationen ausgesetzt sind, dann können sie massiven Schaden anrichten. Auch diese Menschen werden sich nicht freiwillig ins Coaching begeben. Mit ihnen zusammenzuarbeiten, muss aber jedem schwer fallen, der sich um eine eigenständige Moralität bemüht. Auch das kann Thema in der Beratung sein.

Die Auseinandersetzung mit dem Bösen bei den anderen im Coaching verlangt dann aber auch die Auseinandersetzung mit der eigenen Faszination für das Böse und mit der eigenen Verführbarkeit (Robertz u. Wickenhäuser, 2007). Es ist zu klären, wo der jeweilige Klient die Grenze sieht, bis zu der er noch guten Gewissens mitmachen kann. Oder positiv formuliert: Wofür er verantwortlich ist, nicht nur im Rahmen des Arbeitsvertrags, sondern auch aus Verpflichtungsgefühlen heraus gegenüber den Personen, für die er und mit denen er arbeitet. Wenn alles normal läuft, reichen vermutlich die Sach- und die Sozialverantwortung. Es kann aber Fälle geben, in denen die moralische Verantwortung verlangt ist. Und dementsprechend zu handeln, ist risikoreich. Den Mut zu entwickeln, dieses Risiko einzugehen, um seine eigene Integrität und damit sein Personsein nicht zu gefährden, kann eine der vornehmsten, aber auch schwierigsten Aufgaben des Life-Coachings sein.

6.4 Eine Ethik der Verantwortung

Verantwortung ist ein Begriff, der als solcher erst seit dem 19. Jahrhundert Konjunktur hat (Kodalle, 1994; Düvell, Hübenthal u. Werner, 2002, S. 521ff.; Höffe, 2002, S. 274ff.) und um den herum sich erst im 20. Jahrhundert eine eigenständige Richtung der Ethik etabliert hat (Müller, 1992; Suda, 2005, S. 193ff.). Mit Hans Lenk lassen sich im heutigen Sprachgebrauch folgende Aspekte der Verantwortung unterscheiden (zit. nach Kodalle, 1994, S. 187):

1. kausale Handlungsverantwortung,
2. Haftbarkeitsverantwortung,
3. Aufgaben- und Rollenverantwortung,
4. Fähigkeitsverantwortung,
5. Rechenschaftsverantwortung gegenüber einer Person,

6. institutionelle Verantwortung einer Organisation oder Institution gegenüber dem Menschen,
7. moralische Verantwortung.

Schon hier wird deutlich, dass sich dieser Begriff nicht auf den Bereich der Moralität im engen Sinn festlegen lässt. Er taucht auch im Bereich von Konventionalität und Legalität auf. Er ist im alltäglichen Sprachgebrauch verankert und entspringt nicht nur einer abstrakten Fachterminologie. Das hat den Vorteil, dass er im Bewusstsein vieler vorhanden ist und man seine Verwendung daher empirisch gut untersuchen kann. Eine empirisch gehaltvolle Definition hat Ann Elisabeth Auhagen vorgelegt:

»Verantwortung ist ein soziales Phänomen unter Menschen mit dem Charakter eines Interpretationskonstruktes. Verantwortung ist als Relationsbegriff mit mindestens drei Relationen beschreibbar: für etwas, gegenüber jemandem, im Hinblick auf eine Instanz verantwortlich sein. Verantwortung schließt Aspekte der Moral, der Handlung und der Berücksichtigung der Handlungsfolgen ein: Ein Mensch handelt verantwortlich, wenn er unter der Berücksichtigung ethisch-moralischer Gesichtspunkte handelt und bereit ist, für die Folgen beziehungsweise Konsequenzen seines Handelns einzustehen. Verantwortung kann sowohl zugeschrieben als auch erlebt werden« (Auhagen, 1999, S. 37).

Von verantwortlichem Handeln kann nur sinnvoll gesprochen werden, wenn vier Voraussetzungen als gegeben angenommen werden (Auhagen, 1999, S. 27ff.):
– Eingebundensein in eine soziale Gemeinschaft,
– Eingebettetsein in moralische Wertsysteme,
– Handlungsfreiheit und
– Verantwortungsbewusstsein.

Menschen mit Verantwortungsbewusstsein fühlen sich verantwortlich: Das heißt, sie erleben in einer konkreten Situation Ansprüche, auf die sie eine angemessene Antwort geben müssen. Verantwortlichkeit (»responsibility«) ist somit eine Tugend, die mit Achtsamkeit für Ansprüche anderer und mit einer Bereitschaft zur adäquaten Antwort verbunden ist.

Darüber hinaus tragen die Menschen eine besondere Verantwortung, die eine besondere Aufgabe übernommen haben. Das betrifft insbesondere die Übernahme von Führungspositionen oder die Ausübung eines bestimmten Berufes (→ 1.5). Verantwortungsvolle Berufe zeichnen sich aus durch
– einen hohen Grad an Selbstständigkeit,
– einen hohen Schaden im Falle eines Fehlers,
– einen großen Handlungs- und Entscheidungsspielraum und
– einen großen Entscheidungsdruck in unsicheren und ungewissen Situationen (Auhagen, 1999, S. 65).

Die explizite Übernahme von Verantwortung ist daher bei vielen mit Ambivalenzgefühlen verbunden: Auf der einen Seite wird die damit verbundene Herausforderung als befriedigend empfunden. Auf der anderen Seite löst sie Angst vor dem Scheitern und körperlichen Beschwerden aus. Daher scheuen sich viele, besondere Verantwortung zu übernehmen. Auhagen kommt in ihrer Studie zum Ergebnis: »Der verantwortlich handelnde Mensch erlebt sich selbst als aktiv, kompetent, sicher, einflussreich, mit Handlungsspielraum, im Besitz eines inneren Motivs und eines Ziels und glaubt an die erfolgreiche Bewältigung der Situation« (Auhagen, 1999, S. 220). Reichen dagegen seine Kompetenzen und seine Kontrollmöglichkeiten nicht, wird die Situation als negativ erlebt. Zudem hat Verantwortungsübernahme oft auch unangenehme Seiten, die mit Rechenschaftspflicht, Konflikt und Zwang verbunden sind. Wird in einer Situation Verantwortung herausgefordert, löst sie zu Beginn häufig zunächst Ärger und Angst aus. Erst am Ende, wenn die Situation angemessen bewältigt wurde, macht sich vielfach Freude breit.

Verantwortung wird also – deskriptiv betrachtet – umso eher übernommen, je mehr ich mich verantwortlich fühle und mir zugleich zutraue, diese Aufgabe auch bewältigen zu können. Als moralische Basis der Verantwortung kann auch Auhagen nur das Mitgefühl angeben:

»In Alltagssituationen, in denen es darum geht, eine Handlung auszuführen oder sie zu unterlassen, können wir auf unser Mitgefühl hören und uns dadurch in unserem Handeln leiten lassen. Wir können uns fragen: Welche Folgen hat mein Handeln, welche Folgen hat mein Nicht-Handeln?« (Auhagen, 1999, S. 252).

6.4.1 Verantwortung statt Pflicht

Der Begriff der Pflicht ist in der Spätmoderne vor allem durch drei gesellschaftliche Erfahrungen in die Krise geraten: Zum einen haben sich viele im Dritten Reich an grauenhaften Verbrechen beteiligt bzw. haben nicht ernsthaft versucht, sie zu verhindern, mit der Rechtfertigung, sie hätten nur ihre Pflicht getan. Diese rigide Orientierung an staatlich bzw. gesellschaftlich legitimierten Pflichten hat es offenbar erlaubt, sich nicht mit den Gefühlen der Opfer auseinandersetzen zu müssen. Verantwortung übernehmen bedeutet demgegenüber, die *Ansprüche* der anderen mit allen Sinnen wahrzunehmen und darauf eine angemessene *Antwort* zu geben.

Zum zweiten sind in einer pluralistischen Gesellschaft immer mehr Möglichkeiten vorhanden und zulässig, eine konkrete Situation zu interpretieren und mit ihr umzugehen. Das Pflichtdenken jedoch lässt keine Wahl: Hier ist nur eine Antwort richtig. Demgegenüber ist heute eher eine Kompetenz erforderlich, die zwischen mehreren Möglichkeiten wählen kann. Welche Wahl ich auch immer treffe: Ich muss für meine Entscheidung die Verantwortung übernehmen und für die Folgen geradestehen.

Zum dritten können in einer komplexen Gesellschaft Handlungsfolgen nur schwer abgeschätzt werden, weil es zu viele Interdependenzen mit anderen Handlungsketten gibt, die ebenfalls kaum vorhergesehen werden können. Hier ist es sicher meine Pflicht, nach bestem Wissen und Gewissen zu entscheiden. Aber ich muss auch dann zumindest eine Teilverantwortung übernehmen, wenn trotzdem etwas Unvorhersehbares mit negativen Folgen dazwischen kommt.

Gerade Politiker müssen viele Entscheidungen treffen, die oft gravierende Folgen für viele haben. Daher hat Max Weber schon 1919 die traditionelle Pflichtenethik präziser als *Gesinnungsethik* charakterisiert, nach der es primär um eine korrekte Pflichtenerfüllung aus einer religiösen oder ideologischen Gesinnung heraus geht. Ihr hat er die *Verantwortungsethik* gegenübergestellt, nach der »man für die (voraussehbaren) Folgen seines Handelns aufzukommen hat« (Weber, 1999, S. 70f.). Das gilt sicher nicht nur für Politiker, sondern für alle, die auf besondere Weise Verantwortungsträger sind.

Hans Jonas hat 1979 angesichts der ökologischen Bedrohung das *Prinzip Verantwortung* proklamiert mit der Maxime: »Handle so, daß die Wirkungen deiner Handlungen verträglich sind mit der Permanenz echten menschlichen Lebens auf Erden« (Jonas, 1984, S. 56). Da die Verursacher einer möglichen ökologischen Katastrophe nicht so einfach dingfest gemacht werden können, bedarf es eines Appells an einen jeden, seinen Teil zur Vermeidung beizutragen. Damit wird jedermann zur Verantwortung gerufen.

Die ökologische Bedrohung ist aber nur ein Beispiel für die nicht intendierte Kumulation von Handlungsketten zu einem konkreten Gefahrenszenario für ein menschenwürdiges Leben ohne Armut, Hunger, Krankheit und Gewalt. Diese unüberschaubare Komplexität modernen Lebens bringt eine unvermeidliche Paradoxie der Verantwortlichkeit mit sich, die Ludger Heidbrink so beschreibt:

> »Nicht die seinsgeschichtliche oder sachgesetzliche Ereignishaftigkeit ist das Schicksal des modernen Menschen, sondern seine eigene, jeweils zu bestimmende Verantwortlichkeit. Auch im Zeitalter der Nebenfolgen und der umfassenden Vernetzung sind wir nicht zur totalen Verantwortung – oder ihrem Gegenstück: der Verantwortungslosigkeit – verurteilt, sondern nur dazu, den Anteil unserer Verantwortlichkeit selbst zu bestimmen. Dies erfordert eine Einübung in die Paradoxie. Wir können nicht nicht-verantwortlich sein und sind doch nur in einem begrenzten Sinn für das verantwortlich, was mit unserem Handeln zu tun hat« (Heidbrink, 2007, S. 217).

Auf der einen Seite können wir nur für das verantwortlich gemacht werden, auf das wir Einfluss haben. Auf der anderen Seite können wir uns nicht in Verantwortungslosigkeit flüchten, wenn wir sehen, dass unser Handeln an Prozessen mitwirkt, die gravierende negative Folgen für uns und andere haben könnten. Betroffene von und Mitwirkende an Handlungsverläufen müssen jeweils eine Teilverantwortung übernehmen, auch wenn nicht eindeutig festgestellt werden kann, dass sie Verursacher sind. Geschieht das nämlich nicht, gibt es niemanden mehr, der Korrekturen vornehmen wird. Das gilt gerade auch für Tätigkeiten in großen Funktionssystemen wie den Arbeitsorganisationen.

Nach Heidbrink geht es also zum einen um *Systemverantwortung*: Alle Systemmitglieder müssen jeweils an ihren Stellen im System Verantwortung übernehmen. Das kann einigermaßen geregelt werden durch einvernehmliche Festlegung von Verantwortungsbereichen: Diese Bereichsverantwortlichen müssen das Geschehen in diesem Feld permanent beobachten, Fehlentwicklungen identifizieren und Korrekturen einleiten.

Die Bereitschaft, im jeweiligen Bereich Verantwortung zu übernehmen, reicht jedoch nicht aus: Viele in den Bereich einwirkende Prozesse kommen aus anderen Systemen oder wirken sich in andere Systeme aus: Auch hier gibt es kaum vorhersehbare Interdependenzen. Die Anforderungen zur Verantwortungsübernahme sind also tendenziell grenzenlos. Das verlangt nach dem Erwerb spezifischer persönlicher Kompetenzen und dem Einüben spezifischer Tugenden wie Klugheit, situative Urteilskraft, Reflexivität, praktisches Wissen, Flexibilität, aber auch Fürsorgebereitschaft und Solidarität. Dazu ist jeder selbst verantwortlich. Es geht also darum, personale *Eigenverantwortung* mit *Systemverantwortung* so zu verbinden, dass eine situationsangemessene Balance immer wieder neu hergestellt werden kann.

Denn eine einseitige Orientierung auf Eigenverantwortung würde schnell zu einer Überforderung führen, die sich in Zynismus und/oder Depressivität zeigen kann. Sie kann sich aber auch ins Gegenteil verkehren und in egoistischem Durchsetzungsverhalten enden. Eine einseitige Orientierung auf Systemverantwortung kann zur Unterforderung führen, weil die dabei unterstellte eigene Wirkungslosigkeit eine Übernahme von Eigenverantwortung unsinnig erscheinen lässt. Das kann entweder zur Gleichgültigkeit oder zur impulsiven Willkür führen. Die Verantwortungslosigkeit wäre damit vorprogrammiert.

Da sich in Organisationen vieles nicht einfach mehr durch Vorschriften und Direktiven steuern lässt, ist selbstverantwortliches Handeln gefragt (Sprenger, 1995). Für diejenigen, die die entsprechenden Kompetenzen haben und die über die entsprechenden Ressourcen verfügen, kann die Möglichkeit zur Verantwortungsübernahme eine lustvolle Herausforderung darstellen. Dafür jedoch, dass viele damit überfordert sind, spricht die wachsende Ausbreitung von Depressionen, der steigende Konsum von Antidepressiva und die Zunahme der Alkoholabhängigkeit. Alain Ehrenberg (2004) sieht in dieser Entwicklung die Kehrseite einer Gesellschaft, die das authentische Selbst zur Produktivkraft macht und es damit bis zur Erschöpfung überfordert.

So kann es sein, dass wir es im Life-Coaching mit Fach- und Führungskräften zu tun haben, die überfordert sind. Wenn diese Personen eigenverantwortlich handeln sollen, ohne dass ihnen ausreichende Ressourcen zur Verfügung stehen, stehen die Aussichten auf eine Verbesserung der Lage schlecht. Wenn sie aber ihre Kompetenzen so erweitern können, dass sie sich auch noch die nötigen Ressourcen für professionelle Arbeit verschaffen können, dann stehen die Chancen gut, die Überforderung zu überwinden und wieder Freude an der Arbeit empfinden zu können. Die Aufgabe ist aber nicht leicht: Es geht um die Befähigung, selbst bestimmen zu können, wofür ich wirklich verantwortlich sein kann und will.

6.4.2 Verantwortung aus Sympathie

Fach- und Führungskräfte sind zunächst einmal verantwortlich für die ihnen Anvertrauten im Nahbereich. Erst in zweiter Linie haben sie zu bedenken, welche Auswirkungen ihr Handeln auf weitere Kreise hat. Da es im Life-Coaching primär um den Nahbereich geht, stehen die Interaktionsverhältnisse im Fokus. Was im Einzelnen mit und gegenüber den Klient/innen, Kund/innen, Kolleg/innen, Mitarbeiter/innen usw. zu tun ist, ergibt sich aus den sachlichen Anforderungen der jeweiligen Tätigkeit (*Sachverantwortung*), aus den sozialen Anforderungen im Umgang mit Menschen (*Sozialverantwortung*), aber auch aus den Ansprüchen der Interaktionspartner auf eine menschenwürdige Behandlung, ja sogar auf eine Berücksichtigung ihrer berechtigten Interessen an einer Freude machenden, gelingenden Arbeit (*moralische Verantwortung*).

Das Berufsethos umfasst alle drei Aspekte der Verantwortung. Im Alltag scheint die Sachverantwortung an erster Stelle zu stehen; die moralische Verantwortung taucht explizit eher selten auf. Tatsächlich aber sind auch die Sachverantwortung und stärker noch die Sozialverantwortung davon geprägt, in welchem Maße – bewusst oder unbewusst – eine moralische Verantwortung übernommen wurde. Denn sie bestimmt, in welcher Weise auch die Sach- und Sozialverantwortung tatsächlich gelebt wird. Probleme im Sachbereich können durch Wissenserwerb und Erweiterung der Handlungskompetenzen gelöst werden. Probleme im Sozialbereich können durch soziales Lernen minimiert werden.

Was bei moralischen Fragen jedoch getan werden sollte, kann ich nur herausfinden, wenn ich mich in die Lage des Anderen hineinversetze: Das Mitgefühl, die »Sympathie«, wie sie Hume und Smith definieren, spielt hier die entscheidende Rolle. Erst im Rollentausch erfahre ich, welche Ansprüche an mich gerichtet sind und wie meine Handlungen tatsächlich wahrgenommen werden. Hier erspüre ich Anforderungen, denen ich gerecht werden muss bei Berücksichtigung meiner eigenen Interessen (→ 11.2). Und diese Anforderungen können auch implizieren, meine Sach- und Sozialverantwortung besser als bisher wahrzunehmen.

Es geht also nicht darum, einfach meine Pflicht zu tun ohne Ansehen der davon betroffenen Personen. Es geht vielmehr darum, *auf eine einmalige Anforderung einer konkreten Person meine einmalige Antwort zu geben.* Welche das hier und jetzt konkret ist, das habe ich zu verantworten vor mir selbst, vor dem Interaktionspartner, eventuell vor weiteren Betroffenen und Beteiligten.

Die philosophischen Richtungen, die diese Perspektive ermöglicht haben, sind vor allem die Lebensphilosophie (Fellmann, 1993), die Existenzphilosophie (Heinemann, 1954; Arendt, 1990) und der Pragmatismus. Hier steht das konkrete Individuum im Mittelpunkt, das sich mit all seinen geistigen, seelischen und leiblichen Kräften den Herausforderungen des Lebens stellen muss. Diese Sicht auf den Menschen impliziert schon von vorne herein Moralität. Daher fiel es diesen Denkern auch schwer, eine explizite (Pflichten-)Ethik vorzulegen.

In der Existenz-Philosophie steht der Mensch in konkreten Situationen, denen er mit seiner ganzen Existenz gerecht werden muss (Hunyadi, 1988; Seel, 1988; Schulz, 1989, S. 202ff.; Salamun, 1992; Kampits, 1992). Fritz Heinemann hat daher als Grundprinzip des Existenzialismus, das den Menschen zum Menschen macht, so formuliert: »Respondeo, ergo sum« (Heinemann, 1963, S. 192ff.). Das bedeutet:

> »Ich antworte existentiell, wenn ich mich einsetze, wenn ich wage, mich trotz der Ungewißheit entscheide, in Wagnis und Entscheidung mich selbst bestimme und zugleich die den Umständen gemäße richtige Antwort finde und dadurch das Sein bereichere« (Heinemann, 1963, S. 195). Diese subjektiv-regulative Idee besagt als Imperativ: »›Du sollst auf allen Sphären Deines Seins so antworten, daß Du in Deinen Antworten und durch sie existierst!‹ Ethisch bedeutet sie: ›Du sollst so reagieren, daß Du die Verantwortung für eine jede Deiner Antworten übernehmen kannst!‹« (Heinemann, 1963, S. 195).

In dieser Tradition steht auch Emmanuel Lévinas (1986; 1992; Taurek, 1991; Lesch, 1992; Delhom, 2000). Er sieht die Wirksamkeit des moralischen Impulses in der unmittelbaren Begegnung zweier Menschen von Angesicht zu Angesicht in einer konkreten einmaligen Situation: Das mir noch fremde Antlitz des Anderen verlangt von mir, dass ich ihm Bedeutung gebe. Das kann ich nur, indem ich mir selbst als dem konkret Antwortenden Bedeutung verleihe. Dadurch konstituiert sich mein Selbst, noch bevor ich mit dem Anderen in einen geregelten Austausch eintrete. Der spontane Impuls für den Anderen macht ihn erst zum Mitmenschen. Erst auf dieser Basis des Miteinander-Seins entstehen dann Pflichten, die auf Universalität angelegt sind. Moralität jedoch macht den Menschen nicht gleich, sondern fordert die einmalige Antwort. Sie macht den Menschen zum einmaligen Individuum, indem sie nicht mit Gegenleistungen rechnet. Durch die spontane Übernahme von Verantwortung wird die Situation zu einem moralischen Raum, der nicht anderweitig oder anderswo platziert werden kann.

Zygmunt Bauman (1995) knüpft in seiner postmodernen Ethik an diese Sicht an. Für ihn hat die Pflichtenethik ausgedient: Allein die Öffnung für den Anderen und die spontane Bereitschaft zur angemessenen Antwort könne noch wirksame moralische Akte hervorbringen. Sowohl Lévinas als auch Bauman konzipieren allerdings die Beziehung zum Anderen asymmetrisch: Sein Leid verpflichtet mich. Dabei habe ich meine Interessen zurückzustellen. Das mag für Beziehungen zutreffen, in denen der Andere auf mich allein angewiesen ist. Im Normalfall jedoch ist von einer symmetrischen Relation auszugehen: Weder darf ich den Anderen zum Objekt meiner Interessen machen, noch darf er mich zum Objekt seiner Interessen machen. Oder positiv formuliert: Ich habe sein Interesse an einem glücklichen Leben zu respektieren, so wie ich das von ihm erwarten kann. Es geht also um Sympathie, um ein reziprokes Mitfühlen.

Martin Buber ist in seiner Dialog-Philosophie von dieser Reziprozität ausgegangen (Reichert, 1996): In jeder Situation, in die der Mensch gestellt ist, auch in der banalsten, wird er angeredet und ist gefordert, darauf durch sein Tun und Lassen eine Antwort zu geben. Jede Situation enthält die Aufforderung: »Du sollst dich nicht vorenthalten«. Wer sich diesem Anspruch mit seiner ganzen Existenz stellt, steht im Grundwort Ich-Du. Er betrachtet die Situation nicht mehr nur analytisch und sucht nach einer sozialtechnologischen Strategie, mit ihr effizient fertig zu werden. Das entspräche der Ich-Es-Beziehung. In der dialogischen Begegnung jedoch muss ich mich unmittelbar der Situation stellen. Was ich zu tun habe, muss ich allein entscheiden. Ich kann mir diese Entscheidung von keiner Regel abnehmen lassen. Auf eine solche Sicherheit von außen kann ich in der Ich-Du-Relation nicht zurückgreifen. Sie ist geprägt durch die Liebe zu den Menschen: »Liebe ist Verantwortung eines Ich für ein Du« (Buber, 1923/1984, S. 19). Dadurch konstituieren sich Menschen gegenseitig: »Beziehung ist Gegenseitigkeit. Mein Du wirkt an mir, wie ich an ihm wirke. Unsre Schüler bilden uns, unsre Werke bauen uns auf« (S. 19). Wenn ich Du sage, also den Anderen als Subjekt ernst nehme, bilde ich mich selbst. Menschwerdung und Verantwortungsübernahme sind eins. Dabei geht es nicht nur um Mitleiden, wie bei Lévinas, sondern auch um Mitlieben: Es geht nicht um einseitige Empathie, es geht um gegenseitige Sympathie. Anknüpfend an Dewey meint der Neopragmatist Richard Rorty:

> Es »ist am besten, den moralischen Fortschritt im Sinne zunehmender *Sensibilität* und wachsender Empfänglichkeit für die Bedürfnisse einer immer größeren Vielfalt der Menschen und Dinge zu begreifen. [...] An die Stelle der Kantischen Idee des guten Willens setzen sie (die Pragmatisten, F. B.) die Vorstellung von einem maximal gütigen, sensiblen und mitfühlenden Menschen« (Rorty, 1994, S. 79ff.).

6.4.3 Verantwortung für Angemessenheit

Fach- und Führungskräfte müssen sich aber nicht nur für die ihnen Anvertrauten öffnen und auf deren Lage Rücksicht nehmen. Sie müssen auch ihren Umgang mit ihrer Aufgabe vermitteln und ihr Tun rechtfertigen können: Ihr Handeln muss der Aufgabe wie den berechtigten Interessen der Betroffenen und Beteiligten in einer konkreten Situation angemessen sein. Um das optimal zu gewährleisten, müssen nach Jens Badura (2002) in einem dialogischen Prozess die verschiedenen moralischen Positionen der Beteiligten zur Kenntnis genommen werden. Es muss ein gemeinsames Ziel formuliert sein, und es müssen die Handlungsoptionen analysiert und bewertet werden. Eine konsensuelle Handlungsorientierung ergibt sich dann, wenn Einigkeit hergestellt werden kann nicht nur über die Lagebeurteilung und den Zielhorizont. Vor allem müssen die moralischen Bewertungen und Überzeugungen miteinander vermittelt werden.

Badura vertritt hier die Position eines ethischen *Kohärentismus*. Danach ist eine ethische Position dann gerechtfertigt, wenn sie die verschiedenen moralischen wie nicht moralischen Überzeugungen aller an einem Handlungszusammenhang Beteiligten so integriert, dass sie *kohärent* sind, das heißt einen widerspruchsfreien, sinnvollen Zusammenhang ergeben. Der Kohärentismus geht davon aus, dass ethische Positionen, die sich auf nur ein Moralprinzip berufen, einseitig sind und zudem zu abstrakt, als dass sie konkrete Handlungsorientierung bieten könnten. Stattdessen geht er von konkreten Menschen in konkreten Situationen aus und bezieht die Rekonstruktion von moralischen Überzeugungen, ihre kritische Diskussion wie einen Konsens direkt auf die Lösung eines konkreten Praxisproblems. Am Ende steht eine Entscheidung, die der jeweiligen Lage angemessen sein soll. Für diesen Prozess der Entscheidungsfindung wie für die Konsequenzen haben die Beteiligten dann die Verantwortung zu übernehmen. Der Kohärentismus verbindet also die Strebens- und die Sollensethik mit einer Verantwortungsethik in der und für die konkrete Situation.

Diese Position ist grundlegend schon vom Pragmatismus entwickelt worden (Lenk, 1987). Insbesondere hat sich John Dewey (1989, 2001, 2004; Mainzer, 1991; Buer, 2000, 2004b) in vielen Schriften ausführlich mit ethischen Fragen beschäftigt. Allerdings stellen sich für ihn ethische Fragen nicht unabhängig von Handlungszusammenhängen. Ethische Reflexion ist also immer Instrument zur Lösung konkreter Aufgaben. Dabei werden Werturteile wie Erkenntnisse auf die gleiche Weise gewonnen. Beide haben es nicht nur mit Mitteln, sondern auch mit Zwecken zu tun. Diese Zwecke sind jedoch niemals Endzwecke, sondern immer nur situationsabhängige Leitzwecke, die wir im Augenblick ins Auge fassen. Beim Weiterforschen und -handeln verändern sie sich aber und können wieder Mittel zu neuen Zwecken werden. So ist jedes Mittel limitierter Zweck, jeder Zweck kann selbst wieder zum Mittel werden.

So müssen auch moralische Regeln als intellektuelle Instrumente verstanden werden, die erprobt, verifiziert bzw. falsifiziert oder modifiziert werden müssen im Blick auf die Konsequenzen, die sie durch ihre Befolgung bewirken werden. Ziele, Werte, Normen, Regeln dienen also immer der Bewältigung konkreter Aufgaben in konkreten Situationen und sind nur solange gültig, wie sie dabei nützlich sind.

Dieser Bewältigungsprozess verlangt aber nach einer Veränderung grundlegender geistiger wie emotionaler Dispositionen der Beteiligten und Betroffenen, ist also als Lernprozess zu begreifen. Insofern hat Dewey seine Philosophie immer zugleich als Pädagogik angelegt (Dewey, 1993). Die Entfaltung dieses intellektuellen Wachstumspotenzials ist für ihn aber nur in einer demokratischen Gesellschaft möglich. Erst die Gedanken- und Redefreiheit bietet eine Umwelt, die den für Erkenntnis- wie für Urteilsprozesse notwendigen Informationsfluss und die Freiheit ermöglicht, jede Hypothese aufstellen und prüfen zu können (Jörke, 2003; Hartmann, 2003).

Dewey sieht also Erkenntnis-, Urteils- und Lernprozesse als Einheit und diese als Teil eines praktischen Erfahrungszusammenhangs. Erst innerhalb eines solchen Prozesses und nicht außerhalb können diese Prozesse sinnvoll in Gang kommen. Die Rechtfertigung kann also nicht im Vorhinein prinzipiell erfolgen, sondern step by step. Dieses pragmatische Vorgehen verlangt aber Verantwortungsübernahme:

»Unter Verantwortlichkeit als einem Bestandteil geistiger Haltungen verstehen wir die Bereitschaft, die wahrscheinlichen Folgen eines beabsichtigten Schrittes vorher zu erwägen und sie bewußt zu bejahen, d. h. sie in Rechnung zu stellen, in einer ihnen entsprechenden Weise zu handeln, nicht bloß sie in Worten und Gedanken zuzugeben« (Dewey, 1993, S. 237ff.).

Dabei vertritt Dewey genauso wie James einen Meliorismus: Es geht darum, die Handlungsoptionen so zu erweitern, dass eine Verbesserung erreicht wird im Hinblick auf ein glückliches Leben möglichst aller Beteiligten und Betroffenen.

6.5 Verantwortung in ausgewählten Sektoren

Die Anforderungen zur Verantwortungsübernahme an die jeweilige Fach- bzw. Führungskraft ergibt sich aus den konkreten Arbeitssituationen. Diese sind wiederum geprägt von den Aufgaben, Funktionen und Normen der gesellschaftlichen Sektoren, denen die jeweiligen Arbeitsorganisationen zugerechnet werden. Insofern bewegen sich die einzelnen Akteure in einem kollektiv geprägten Kontext, der bestimmte Konventionen aufdrängt. Insofern ist es notwendig, dass sich die Ethik auf die spezifischen Anforderungen der verschiedenen Sektoren einlässt und spezifische Bereichsethiken entwickelt.

Hier stellt sich aber die Frage, ob auch Organisationen als solche zur Verantwortung gezogen werden können. Denn Verantwortung übernehmen können ja zunächst nur konkrete moralische Personen. Mit Lenk und Maring (1998) schlage ich vor, zwischen individueller und korporativer Verantwortung zu unterscheiden. Wenn zum Beispiel ein wichtiges Gremium in einer Organisation eine Entscheidung mit negativen Folgen eindeutig fehlerhaft gefällt hat, so können zunächst einmal die Personen, die an dieser Entscheidung beteiligt waren, zur individuellen Verantwortung gezogen werden. Wenn nun aber dieses Gremium zum Zeitpunkt der Untersuchung nicht mehr mit diesen Personen besetzt ist, dann muss dieses Gremium die Verantwortung übernehmen. Damit haftet neben den konkret beteiligten Personen auch die Korporation. Erst dadurch wird es möglich, berechtigten Regressansprüchen Rechnung zu tragen. Es ist also sinnvoll, Organisationen *wie* und nicht *als* moralische Personen zu behandeln.

6.5.1 Wirtschaft

Zunächst einmal dient die Wirtschaft dazu, uns die Güter und Dienstleistungen zu verschaffen, derer wir bedürfen. Dieses Prinzip kann in bestimmten Wirtschaftsweisen leicht pervertiert werden, wenn durch das Anhäufen von Besitztümern Sekundärmotive dominant werden wie egoistisches Streben nach Lust, Herrschaft, Reichtum oder Prominenz. Diese gesellschaftlich hergestellten Verhältnisse werden anthropologisch verschleiert in der zeitlosen Figur des »homo oeconomicus«, dessen Handeln sich angeblich ganz rational ausschließlich am Eigennutz orientiert (→ 10.1). Das ist – empirisch gesehen – keineswegs der Fall: Nicht nur, dass moralische Werte wie etwa Vertragstreue Basis rationalen Wirtschaftens sind (Etzioni, 1996). Auch wird keineswegs rein rational entschieden: Gefühle spielen auch in der Wirtschaft eine zentrale Rolle (Ortmann, 2001; Nippa, 2001). Moralische Gefühle können auch beim Wirtschaften nicht ausgeschaltet werden. Schon deshalb kann auf eine Wirtschafts- bzw. Unternehmensethik keineswegs verzichtet werden (Kreikebaum, 1996; Ulrich, 2001; Maak u. Ulrich, 2007; → 10).

Nun kann aber so oder so gewirtschaftet werden: Es gibt viele gesellschaftliche Bereiche, in denen Wirtschaftlichkeit das zentrale Kriterium sein sollte: So kann etwa die Güterproduktion effektiv und effizient organisiert werden. Wenn sich diese Firmen am Markt halten wollen, müssen sie in der Konkurrenz die Besten sein. Das sind sie ihren Mitarbeitern und Kunden, aber auch ihren Shareholdern schuldig, da sie diesen vertraglich verpflichtet sind. Auch wenn mit fremdem Geld gearbeitet wird, wie das zumeist im Dritten Sektor und im staatlichen Bereich geschieht, muss mit diesem Geld wirtschaftlich umgegangen werden. Wirtschaftlichkeit in diesem Sinne ist also ein hoher Wert, dem sich alle Wirtschaftssubjekte verpflichtet fühlen sollten.

Nun gibt es aber Tätigkeiten, deren Effektivität nicht so einfach gesteigert werden kann. Darunter fallen viele handwerkliche Tätigkeiten, vor allem aber alle personenbezogenen Dienstleistungen, also auch die Handlungsvollzüge von Fach- und Führungskräften (→ 2.1). Wenn etwa eine chirurgische Operation lege artis durchgeführt wurde und als gelungen betrachtet werden kann, dann ist sie vollendet. Sie noch weiter zu perfektionieren, stößt an Grenzen, die nicht überschritten werden können, wenn die professionellen Standards, auf die sich Anbieter und Nutzer festgelegt haben, nicht unterschritten werden sollen. Dann nämlich sind Kunstfehler zu erwarten, die zu Regressansprüchen führen. Vor allem aber sind Patienten einem übermäßigen Risiko ausgesetzt worden, dem der Operateur selbst nicht ausgesetzt werden möchte. Auch in diesen Fällen muss wirtschaftlich gehandelt werden, aber erst an zweiter Stelle.

Wirtschaften unter kapitalistischen Bedingungen heißt aber: möglichst hohe Gewinne erzielen wollen. Und das kann in vielen Fällen dazu führen, dass damit Ungerechtigkeiten produziert werden. Führungskräfte haben unter diesen Bedingungen einen schwierigen Job: Da sie die Regeln kapitalistischen Wirtschaftens wohl kaum ändern können, müssen sie auch im Rahmen dieser Machtverhältnisse moralisch handeln: In dem Bereich, für den sie in ihrer Rolle die Verantwortung tragen, müssen sie die berechtigten Interessen aller Stakeholder angemessen berücksichtigen. Sie müssen also all diese Personen im Blick haben, ihre Interessen ausreichend zur Kenntnis nehmen und Entscheidungen treffen, die sie ihnen gegenüber verantworten können (Hemel, 2005).

Und hier spielt wieder die *Verantwortung aus Sympathie* eine wichtige Rolle. Sicher muss wirtschaftlich gehandelt werden. Und so hat schon *Adam Smith* in seinem volkswirtschaftlichen Klassiker »Inquiry into the nature and causes of the wealth of nations« von 1776 die Rücksichtnahme auf das eigene Glück und den persönlichen Vorteil als ein sehr lobenswertes Prinzip des Handelns herausgestellt. Das bedeutet aber nicht, dass damit die Sympathie keine Rolle mehr spielt. Im Gegenteil: Sie ist als Basis für verantwortliches Handeln unverzichtbar. Smith bleibt dabei: Nur durch sie kann Anteil am Glück und Unglück der anderen genommen werden. Nur durch sie wird dann moralisches Handeln herausgefordert. Nur durch sie tauchen Ideen auf, was konkret zu tun sei. Diese Ideen müssen selbstverständlich in einem zweiten Schritt aus der Position eines unparteilichen Beobachters geprüft werden. Hier muss also im Sinne des Kohärentismus geklärt werden, was angemessen ist. Aber ohne die Bereitschaft, die Gefühle der anderen, die von meinen Entscheidungen betroffen sind, so zur Kenntnis zu nehmen, dass ich von ihnen auch emotional berührt werde, ist moralische Verantwortungsübernahme nicht zu haben. Das wusste im Prinzip schon Adam Smith vor nunmehr 240 Jahren, als Nationalökonomie und Moralphilosophie noch Freunde waren.

6.5.2 Sozialarbeit

Sozialarbeit kümmert sich um Menschen in Not. Die Motive der dort Engagierten sind vielfältig: vom Mitleid über Nächstenliebe und Gerechtigkeitsempfinden bis hin zu Kontrollabsichten. Dementsprechend ist Sozialarbeit mehrstufig organisiert: von freien Initiativen über Wohlfahrtsverbände bis hin zu staatlichen Behörden. Je mehr sie institutionalisiert ist und berufsmäßig ausgeübt wird, desto mehr muss sie gesetzlichen Vorgaben entsprechen: Auf der einen Seite muss sie den berechtigten Ansprüchen der Bürger in Not durch professionelle Angebote gerecht werden. Auf der anderen Seite muss sie auf diese Bürger einwirken, aus dieser Notlage schleunigst herauszukommen und ihre Existenz wieder aus eigenen Kräften zu sichern. Denn das für sie auf demokratischem Wege bereitgestellte Geld ist knapp. Je deutlicher ist, dass diese Notlagen selbstverschuldet sind und Hilfe zur Selbsthilfe verpufft, desto eher besteht die Neigung, diese Personen zu isolieren und nur noch so zu beaufsichtigen, dass kein Schaden angerichtet wird, erst recht nicht gegenüber den *Normalbürgern*. Sozialarbeit dient also primär der Kompensation und Kontrolle individueller und gesellschaftlicher Desintegrationsprozesse: Sie ist damit eine durch und durch moralische Veranstaltung.

Gerade deshalb findet ein breiter Diskurs in der Öffentlichkeit über die Ethik der Sozialarbeit erst gar nicht statt. Denn der Normalbürger hat seine Verantwortung an den Wohlfahrtskomplex aus Staat, Kirchen und humanistischen Bürgerinititativen abgegeben. Und hier wird die Ethik vorherrschend aus juristischer, religiöser oder gesellschaftspolitischer Perspektive betrachtet. Erst mit der Professionalisierung sozialer Berufe tauchen Beiträge zum Berufsethos auf, die sich auf sozialwissenschaftliche und philosophische Traditionen berufen (Müller u. Thiersch, 1990; Brumlik, 1992a; Schneider, 1999; Friedrich, 2001; Kuhrau-Neumärker, 2005). Die gegenwärtige Diskussion schwankt zwischen einer moralischen Entlastung zugunsten einer sachlich gebotenen Systemfunktionalität in der Tradition von Niklas Luhmann und einer moralischen Überhöhung dieser Arbeit als »Menschenrechtsprofession«, die die Verletzung elementarer Rechte anwaltlich zu vertreten hat (Lob-Hüdepohl u. Lesch, 2007).

Mit dem gesellschaftlichen Desinteresse an einer Skandalisierung der Desintegrationsfolgen wird aber den in der Sozialarbeit Berufstätigen die ganze Last der moralischen Verantwortung für das Geschehen in diesem Sektor überantwortet. Da dieser Sektor sehr heterogen ist, gibt es hier Felder, in denen höchst professionell und effizient gearbeitet wird (z. B. in vielen Beratungsstellen). Es gibt Felder, in denen zwar professionell, aber wenig effizient gearbeitet wird. Es gibt Felder, in denen höchst professionell gearbeitet wird, aber Fortschritte hin zur Selbstversorgung der Klientel kaum möglich sind (z. B. in der Sozialpsychiatrie). Und es gibt sicher auch Felder, in denen weder professionell noch effizient gearbeitet wird. Daher mag es auch noch immer Felder geben, in denen Rationalisierungsgewinne möglich sind. Wirtschaftlichkeit muss auch hier ein hoher Wert sein.

Durchgängig aber gilt: Die Professionellen in diesem Sektor werden wohl weniger unter- als überfordert. Viele neigen zur Selbstausbeutung, oft mit Folgen, die sich in Burnout-Prozessen bzw. in psychosomatischen Beschwerden zeigen. Aufgabe des Life-Coachings ist es daher weniger, Moralität einzufordern. Vielmehr muss an das Menschenrecht auf Glückseligkeit auch für Sozialarbeiter/innen erinnert werden. Die Berufstätigen haben eben nur eine Teilverantwortung: Die Hauptverantwortung trägt eine Gesellschaft, die ihre Desintegrationsmechanismen nicht in den Griff bekommt.

Führungskräfte in diesem Sektor haben dann nicht nur die Aufgabe, ihre Einrichtungen und Organisationen mit Sach- und Sozialkompetenz zu managen. Sie müssen auch ihre moralische Verantwortung gegenüber ihren Mitarbeitern wahrnehmen: Sie haben deren professionelle Autonomie zu sichern, für sie angemessene Arbeitsressourcen zu beschaffen und für ein Klima zu sorgen, das Arbeitszufriedenheit ermöglicht. Dafür müssen die Mitarbeiter bereit sein, ihre Arbeit offen zu legen und in der Grundausrichtung steuern zu lassen (→ 2.2.2).

6.5.3 Gesundheitswesen

Gesundheit ist in unserer Gesellschaft ein hohes Gut. Zum einen, weil nur gesunde Menschen den hohen Leistungsansprüchen der heutigen Zeit gerecht werden können. Zum anderen, weil Gesundheit eine unverzichtbare Voraussetzung dafür ist, das Leben voll genießen zu können und glücklich zu sein (→ 5.2.1). Erkrankungsprozesse können jedoch jeden ereilen. Daher sind wir bereit, für die Gesundheit viel auszugeben. Dementsprechend wird in diesen Sektor von der Gesundheitsindustrie viel investiert, weil hier viel zu holen ist. Die Kämpfe um die Finanzen sind entsprechend hart und endlos. Somit stellt sich das Gesundheitswesen als ein weit verzweigter und mit fast allen Lebensbereichen verflochtener Komplex dar (Wallner, 2004, S. 8).

Die Kernleistung ist jedoch die Behandlung und Pflege Erkrankter, die sich eben nicht selbst heilen bzw. pflegen können. Im Zentrum stehen somit professionelle personenbezogene Dienstleistungen. Sie können allerdings nur bedingt Erkrankungsprozesse stoppen bzw. Gesundungsprozesse einleiten. Die Qualität dieser Dienstleistungen kann also nicht einfach an einem Zustand idealer Gesundheit gemessen werden. Es muss reichen, wenn nach bestem Wissen und Gewissen lege artis vorgegangen wurde.

Im Gegensatz zum Sozialarbeitssektor gibt es im Gesundheitswesen jedoch eine Leitprofession: den Arzt. Dementsprechend ist die Medizin die Leitdisziplin und die Ethik in diesem Sektor noch weitgehend an ihr ausgerichtet (z. B. Wiesing, 2000). Allerdings verfügt auch die Psychotherapie über einen elaborierten ethischen Diskurs (Jones et al., 2000; Hutterer-Krisch, 2001; Arnold et al., 2006), und auch die Pflege hat eigenständige Berufsethiken entwickelt (Arendt u. Gastmans, 1996). Aber erst mit der permanenten Gesundheitsreform entwickelt sich eine Ethik des gesamten Gesundheitswesens, die sich auf vier Problemfelder konzentriert (Wallner, 2004):
- das Daten- und Controllingproblem,
- das Finanzierungsproblem,
- das Strukturproblem und das
- das Leistungsproblem.

Nun werden diese Themen aber nicht sämtlich und ständig im Mittelpunkt des Life-Coachings mit Fach- und Führungskräften aus diesem Bereich stehen. Allerdings gehören sie zum Kontext der konkreten Arbeitsvollzüge, sind also durchaus zu berücksichtigen. Gerade Führungskräfte tragen hier eine Systemverantwortung.

Die Eigenverantwortung liegt aber nicht nur im angemessenen Einsatz der Medizintechnik und der Heilmittel. Sie liegt vielmehr in der sympathischen Begegnung mit dem erkrankten Menschen. So sieht Warren Reich (2001) in der »sympathy«, wie sie Hume und Smith beschrieben haben, das Identitätsmerkmal aller Heilberufe: Nur wer sich vom Leid des Patienten berühren lässt, ist in der Lage, auf angemessene Weise Fürsorge (»care«) zu entwickeln. Klaus Dörner sieht daher – im Anschluss an Lévinas – den Arzt sogar als Objekt des Patienten:

»In dieser Haltung öffne ich mich bedingungslos der Not des Anderen, seinen nackten, ungeschützten, sprechenden Augen, seinem Ruf, der zugleich die Stimme seines Gewissens ist. Ich bin dem Anderen passiv – nicht hörig – ausgesetzt, komme für ihn immer schon zu spät, bin also in seiner Schuld, schuldig, daher angeklagt, stehe als Objekt im Anklage-Fall, also im Akkusativ« (Dörner, 2001, S. 76).

Diese *Objekt-Subjekt-Beziehung*, in der der Arzt zur bedingungslosen Verantwortung gerufen wird, ist gerade dann gefordert, wenn sich der Patient in einer aussichtslosen Lage befindet. Und Dörner geht noch einen Schritt weiter: In der Therapie haben immer die Patienten primär Anspruch auf Hilfe, denen es am schlechtesten geht, wo keine Hoffnung auf Heilung mehr in Sicht ist. Das macht er vor allem am Umgang mit chronisch Kranken, Menschen mit schweren Behinderungen und Menschen im Wachkoma deutlich. Insofern wird die therapeutische Tätigkeit nicht nur vom Anderen als einem Fremden, sondern auch vom *Letzten* her bestimmt.

Das aber kann nun nicht von jedem im Gesundheitswesen Tätigen verlangt werden. Und doch ist das Gesundheitswesen auf solche Helfer angewiesen. In der Arbeit mit Schwerstkranken können nur Freiwillige eingesetzt werden, die besonders belastbar und motiviert sind. Denn Überforderung kann dazu führen, dem mitgefühlten Leid dadurch ein Ende zu setzen, dass der Patient getötet wird (Beine, 1998).

In Normalfall ist das Ideal eine *Subjekt-Subjekt-Beziehung*, in der der Therapeut wie der Patient partnerschaftlich seine jeweilige Verantwortung zum Gelingen übernimmt. Eine paternalistische Haltung der *Subjekt-Objekt-Beziehung* ist auch dann abzulehnen, wenn sie vom Patienten gewünscht wird. Denn auch er muss zur Verantwortung für seine Erkrankung gezogen werden.

Dazu ist er aber nur dann bereit, wenn er als ganzer Mensch gesehen und gefordert wird. Die gegenwärtige Gesundheitsreform in Deutschland scheint ihn aber eher noch weiter zu objektivieren und somit seine Krankheit nicht als Erkrankung des ganzen Menschen zu betrachten, sondern als Defekt eines lokalisierbaren Teils (Dörner, 2004). Damit tut sich ein moralisches Dilemma für alle Heilberufe auf: Auf der einen Seite sollen das Selbstbestimmungsrecht des Patienten geachtet und seine Selbstheilungskompetenz gefördert werden, auf der anderen Seite wird er aber de facto zum Objekt medizinischer Leistungen gemacht und damit entmündigt. Life-Coaching hat dann oft die Aufgabe, mit dem Klienten Wege zu erarbeiten, mit diesem Dilemma so umzugehen, dass nicht auch er noch erkrankt.

6.6 Aspekte der Verantwortung im Arbeitsleben

Die ethische Betrachtung dieser drei exemplarisch ausgewählten Arbeitssektoren zeigt: Überall ist moralische Kompetenz verlangt, sicher in unterschiedlicher Ausprägung je nach Bereich, Arbeitsaufgabe und Situation. Und das gilt auch für alle anderen Arbeitsfelder. Erst die moralische Bereitschaft zur Verantwortungsübernahme garantiert auch, dass die Arbeitsvollzüge sachgerecht und sozial gestaltet werden. Erst auf dieser Basis kann sich auch Arbeitszufriedenheit bis hin zur Arbeitslust entwickeln als wichtiger Beitrag zu einem glücklichen Leben.

Nun müssen aber die Arbeitenden sich nicht als ganze Person in den Arbeitsprozess einbringen, sondern nur den Teil ihrer Arbeitskraft, den sie per Arbeitsvertrag zugesagt haben. Die Frage ist also, wie viel Verantwortungsübernahme erwartet werden kann.

6.6.1 Stufen der Verantwortung

Anständige: Von jedem Mitarbeiter kann erwartet werden, dass er seine Arbeit sachgerecht und sozial verträglich ausführt. Dabei hat er alle legitimen Aufträge und vertraglich zugesagten Aufgaben angemessen zu erledigen. Denn nach der Moral des Äquivalententauschs muss seine Leistung dem Lohn entsprechen. Darüber hinaus hat er sich gesetzestreu und anständig zu verhalten. Zur Einhaltung dieser Ansprüche ist jeder verpflichtet. Seine eigenen Interessen hat er diesen Pflichten unterzuordnen.

Nun ist aber die Frage, ob diese Pflichtenethik heute reicht. Zum einen treten in jedem Arbeitsprozess ständig unvorhersehbare Situationen auf, in denen selbstverantwortlich entschieden werden muss. Dabei kann es sogar geboten sein, Vorgaben nicht zu beachten und abweichend vorzugehen (Ortmann, 2004). Schon das verlangt eine hohe souveräne Entscheidungskompetenz. Auf der anderen Seite bieten sich viele Möglichkeiten, sich Vorteile auf Kosten anderer zu verschaffen. Es bedarf schon einer entwickelten Moralität, sich diesen Verführungen zu widersetzen, zumal wenn andere diese Möglichkeiten nutzen und das üblich zu sein scheint.

Erst recht ist Courage verlangt, wenn deutlich wird, dass manche Kollegen, Mitarbeiter bzw. Vorgesetzte Unrecht tun oder zulassen. Wie damit umzugehen ist, kann Thema des Coachings sein (Maak u. Ulrich, 2007, S. 464ff.). Wer sich weigert, mit den Opfern mitzufühlen, gibt seine Personalität auf, wie Arendt gezeigt hat. Er zieht sich damit aber auch den Boden unter den Füßen weg, auf dem sein persönliches Glück gedeihen könnte.

Engagierte: Nun gibt es sicher auch Mitarbeiter, die sich mit der Mission einer Organisation identifizieren und sich für deren Erfolg mit ganzer Kraft einsetzen. Moralisch wertvoll ist das aber nur, wenn diese Mission »lebensdienlich« (Ulrich, 2001) ist, das heißt, wenn die Erzeugnisse den Abnehmern tatsächlich nutzen und wenn damit kein gesellschaftlicher Schaden angerichtet wird. Arbeitseifer für unnütze oder gar schädliche Produkte kann niemand verlangen.

Wenn dagegen Menschen in Krankheit und Not geholfen wird, wenn dagegen Wissen erzeugt wird oder Güter hergestellt werden, die die Lebensqualität vieler verbessern können, dann ist Engagement geboten (→ 1.5). Gerade professionelle Dienstleistungen erfordern einen Arbeitseinsatz, der über reine Pflichterfüllung hinausgeht. Diese verantwortungsvollen Tätigkeiten verlangen aber spezifische Arbeitsbedingungen, wie Autonomie und Zurverfügungstellung ausreichender Ressourcen, wie Auhagen deutlich gemacht hat.

Hier reicht nicht die berechnende Moral des Äquivalententauschs. Hier muss großzügig gegeben werden in der Hoffnung, dass reichlich zurückkommt (Ortmann, 2004). Hier ist Engagement gegenüber Klienten gefragt, dessen Erfolg nicht einfach quantitativ festgestellt werden kann. Ebenso kann der Ressourceneinsatz nicht einfach am Erfolg gemessen werden. Vielmehr ist gesellschaftlich festzulegen, wie weit das Engagement gehen soll. So ist etwa der aufwändige Einsatz für unheilbar Kranke eine moralische Entscheidung, die sich nicht rechnen dürfte, worauf Dörner hingewiesen hat. Hier kann es moralische Aufgabe der verantwortlichen Experten sein, die nötigen Ressourcen einzufordern.

Auch Unternehmer können sich für ihre Mitarbeiter, ihre Kunden, ihre Stakeholder aufopfern (vgl. Maak u. Ulrich, 2007, S. 367ff.). Sie können sich darüber hinaus in philanthropischer Absicht engagieren und ihren Einfluss und ihr Vermögen zum Wohl der Gemeinschaft einsetzen (vgl. Druyen, 2007).

Life-Coaching kann diese Klienten dabei unterstützen, einen angemessenen Weg zu finden zwischen dem notwendigen Engagement und den berechtigten eigenen Interessen an einem guten und angenehmen Leben.

Helden und Heilige: Es gibt immer wieder Menschen, die leisten *Übermenschliches* im Einsatz für andere. Manche fallen auf und werden verehrt (Muster: Mutter Theresa). Viele fallen nicht auf und verrichten ihren Dienst in aller Stille. Diese Aufopferung im Dienst kann jedoch nicht von jedem verlangt werden. Wenn sie vorkommt, kann es moralisch geboten sein, sie zu unterstützen.

Jedermann kann aber plötzlich vor eine Situation gestellt werden, in der er viele retten kann bei massiver Gefährdung seines eigenen Lebens. Auch hier kann niemand Übermenschliches verlangen. Allerdings hat hier schon so mancher Intellektuelle versagt, weil er sich allzu viele Ausflüchte erdenken konnte (vgl. Halter, 1997).

6.6.2 Die besondere Verantwortung von Fach- und Führungskräften

Da das Handeln von Fach- wie von Führungskräften weitreichende Folgen für die Lebensqualität vieler Menschen hat, tragen sie eine besondere Verantwortung (→ 1.5). Zudem haben sie einen großen Entscheidungsspielraum, den sie eigenverantwortlich nutzen müssen. Für beide gilt, dass ihr Handeln von Paradoxien geprägt ist und sie mit den damit verbundenen Dilemmasituationen fertig werden müssen (→ 2.2.3, → 9.2). Das verlangt eine besondere Bereitschaft, sich diesen Situationen mit den oft konträren Interessen der daran Beteiligten und davon Betroffenen zu stellen.

So sehr Fachleute Experten auf ihrem Gebiet sind, so können sie doch nicht einfach das Recht der von ihren Entscheidungen Betroffenen auf eine eigenständige Artikulation ihrer Interessen in paternalistischer oder expertokratischer Manier übergehen (→ 9.3). Auch sie müssen sich immer wieder von ihren Adressaten emotional berühren lassen. Allerdings müssen sie dann auch eine Entscheidung treffen, die primär an professionellen Kriterien orientiert ist, und dabei durchaus den Mut haben, ihren Klienten oder Kunden – wenn nötig – zu widersprechen. Vor allem aber müssen sie ihre Arbeit gegenüber ihren Geldgebern verteidigen und für eine professionelle Qualität eintreten (Gardner, Csikszentmichalyi u. Damon, 2005).

Führungskräfte haben insbesondere die Aufgabe, für eine Organisationskultur zu sorgen, in der alle Beschäftigten ihrer Arbeit gut und angenehm nachgehen können (Schein, 1995; Csikszentmichalyi, 2004; → 10.2.2). Da sie ihre Entscheidungen oft allein treffen müssen, sind sie besonders gefordert, sie auf ihre Angemessenheit im Sinne des Kohärentismus und die zu erwartenden Folgen im Sinne des Pragmatismus abzuschätzen. Das verlangt eine besondere ethische Kompetenz; daher hat eine eigenständige Führungsethik ihre Berechtigung (Berkel, 1998; Neuberger, 2002, S. 731f.; → 10). Führungskräfte sollten sich ihrer Vorbildfunktion bewusst sein und dafür ausdrücklich die Verantwortung übernehmen (Gardner, 1997; Nair, 1997).

Dazu passt ein Führungsstil, der sich an einem Paradigma der Selbstverantwortung orientiert (Meyer, 2000): Dann wird der Mensch als eigenverantwortliches, erkennendes Subjekt und intelligenter Träger der Entwicklung konstruiert. Der Mitarbeiter wird als Mitunternehmer gesehen, der nicht nur für seinen Teil, sondern auch für das Gesamt eine Mitverantwortung übernehmen will. Die Führungskraft sieht den Mitarbeiter als gleichwertigen Dialogpartner, allerdings in einer komplementären Rolle. Die Kommunikation ist durch Vertrauen, Verständigungsbereitschaft und Konsensorientierung gekennzeichnet. Sie beachtet dabei ethisch begründete Regeln (Kastner, 2004). Coaching kann dazu beitragen, ein entsprechendes moralisches Bewusstsein und angemessene ethische Kompetenz zu erwerben.

6.6.3 Programme zur Förderung von Verantwortlichkeit

Vor allem in Wirtschaftsunternehmen werden zunehmend Programme implementiert, die die Verantwortlichkeit (»responsibility«) eines jeden Mitarbeiters ansprechen sollen (Gollenia, 1999; Palazzo, 2001; Wieland, 2004). Leitbilder und Ethik-Codes werden entworfen, Ethikkommissionen und Ethikbeauftragte werden bestellt (Köhler Emmert, 2006; Maak u. Ulrich, 2007). Das alles kann durchaus die Bereitschaft, soziale und moralische Verantwortung zu übernehmen, unterstützen. Damit aber die Leitbilder und Codes nicht Papier bleiben und die Ethik-Spezialisten nicht isoliert vor sich hin arbeiten, bedarf es der Implementierung ethischer Diskurse in das Gesamt der Organisationsentwicklung. Ethik ist dann nicht eine Sonderveranstaltung, sondern eine unverzichtbare Dimension im alltäglichen Arbeitsprozess; sie wird damit zu einer »Prozessethik« (Heintel, 2006). In jeder Arbeitsbesprechung, auf jedem Meeting, in jeder Supervision, gerade auch in jedem Coachingprozess muss das Handeln, müssen die Entscheidungen unter moralischen Gesichtpunkten betrachtet werden. Erst mit der permanenten Bereitschaft zum Mitgefühl und zur ethischen Besinnung im Arbeitsalltag kann jene moralische Kompetenz entstehen und gefestigt werden, die eine angemessene Verantwortungsübernahme ermöglicht.

Organisationen, die diese Aufgabe vernachlässigen, öffnen damit der Verantwortungslosigkeit Tür und Tor. Wohin das im Extremfall führen kann, darauf hat Hannah Arendt eindrücklich hingewiesen.

Erträge für den Coach

- Die Bereitschaft zur Rücksichtnahme auf die berechtigten Interessen von Anderen ist die Basis jeglicher *Moralität.* Die Regeln und Praxen der Rücksichtnahme bezeichnet man als *Moral.* Die reflexive Beschäftigung mit Moralität und Moral nennt man *Ethik.*
- Im Coaching geht es im Wesentlichen um *Individual-* oder *personale Ethik,* allerdings durchaus in Korrespondenz zur Sozialen bzw. Politischen Ethik.
- *Es gibt keine moralfreien Räume.* Auch eine Systemfunktionalität à la Luhmann kann ethisch fragwürdig sein. Hier darf es keinen Reflexionsabbruch geben.
- Um moralisch angemessen zu handeln, sind sicher begründete Argumente wichtig. Wichtiger jedoch ist der *Rollentausch* mit den Menschen, die Rücksichtnahme erwarten können. So erfahre ich konkret etwas über deren Lage und deren Interessen. Und so spüre ich heraus, wie ich antworten muss im Abgleich mit meinen eigenen legitimen Interessen. Erst daraus kann ein Motiv zum moralischen Handeln erwachsen, das allen von meinen Handlungen Betroffenen gerecht wird. Hier ist vor allem an Positionen der *schottischen Moralphilosophen*, mancher *Nonkognitivisten* und vor allem der *Care-Ethik* anzuknüpfen.
- Das bedeutet für das Coaching: Wenn sich ein Klient mit moralischen Problemen herumschlägt, nützt es wenig, sich gleich aufs Argumentieren zu verlegen. Entscheidender ist es, ihn zu veranlassen, *sich in die konkrete Lage der konkret beteiligten und betroffenen Personen hineinzuversetzen.*
- Vor allem die Erfahrungen im Dritten Reich mit dem Niedergang der Moralität breiter Bevölkerungsschichten, aber auch die Ergebnisse der Psychopathie-Forschung lassen erwarten, dass es auch heute Menschen gibt, die *zu unvorstellbar Bösem fähig* sind. Da sie massiven Schaden anrichten können, wir aber in der Normalkommunikation keinen Einfluss auf sie haben, müssen wir uns vor ihnen schützen. Es wäre ein Fehler, Coaching-Klienten, die diesen Personen ausgesetzt sind, dazu befähigen zu wollen, mit ihnen gut auszukommen.
- Fach- und Führungskräfte tragen eine besondere Verantwortung: Daher schlage ich als den zentralen ethischen Begriff den der *Verantwortung* vor.

Er umfasst drei Aspekte: (1) Sachverantwortung, (2) Sozialverantwortung, (3) moralische Verantwortung.

- Dieser Begriff muss heute den der Pflicht ersetzen, weil das *Pflichtkonzept* eindeutige Kausalzusammenhänge von Handlungsverläufen voraussetzt, die den pluralistischen und hyperkomplexen Gesellschaften der Postmoderne nicht mehr angemessen sind.
- Gerade weil wir heute nicht mehr eindeutige Verursacher festmachen können, müssen wir nach Heidbrink freiwillig die *Verantwortung für die Systeme*, in denen wir leben und arbeiten, übernehmen. Das verlangt aber wiederum ein hohes Maß an *Eigenverantwortung*. Und hier sind wieder Tugenden gefragt. *Je weniger wir zur Verantwortung gezogen werden können, desto mehr müssen wir sie freiwillig übernehmen.* Ansonsten landen wir in einem Chaos der Verantwortungslosigkeit. Hier das rechte Maß zwischen Über- und Unterforderung zu finden, kann Aufgabe des Coachings sein.
- Diese Verantwortungsethik speist sich aus Positionen, wie sie vor allem in der *Lebensphilosophie*, der *Existenzphilosophie* (Lévinas, Buber) wie im *Pragmatismus* (Dewey, Rorty) entworfen wurden.
- Dann geht es um moralische Sensibilität und freiwillige Verantwortungsübernahme. Um zu klären, was denn nun genau angemessen ist, müssen die Überzeugungen und Interessen aller Betroffenen und Beteiligten (z. B. durch Rollentausch) erhoben, miteinander in Beziehung gesetzt und zu einer *kohärenten Position* verwoben werden. Dieses Modell einer demokratischen Diskursgemeinschaft kann aber nur als ideale Richtschnur gelten. Abweichungen in der Praxis müssen jedoch jeweils konkret verantwortet werden.
- Zwar ist gerade in der *Wirtschaft* der effektive und effiziente Einsatz knapper Ressourcen ein hohes Gut. Es geht aber auch hier darum, die berechtigten Interessen aller Stakeholder wie die der Gesamtgesellschaft angemessen zu berücksichtigen. Nationalökonomie und Moralphilosophie gehören zusammen, wie das noch bei Adam Smith der Fall war.
- *Sozialarbeit* ist eine durch und durch moralische Veranstaltung. Gerade deshalb ist es ethisch geboten, Coaching-Klienten aus diesem Sektor dabei zu unterstützen, illegitime Anforderungen zurückzuweisen und trotzdem am Glauben an bessere Lebensverhältnisse festzuhalten.
- Im Zentrum des *Gesundheitswesens* steht nach wie vor die helfende bzw. heilende Beziehung zum Patienten. Hier gilt es, ein paternalistisches bzw. technokratisches Subjekt-Objekt-Verhältnis abzuwehren und eine dialogische Subjekt-Subjekt-Beziehung zu installieren. Sogar eine Beziehung, in der der Patient seinen Helfer zum Objekt macht, weil ihm seine Not keine andere Wahl lässt, gilt es auszuhalten.
- In der Arbeitswelt müssen wir zwischen *verschiedenen Stufen der Verantwortungsübernahme* unterscheiden: Sach- und Sozialverantwortung kann von jedem verlangt werden. Von Fach- und Führungskräften kann darüber

hinaus Engagement im Einsatz für die Ziele der Organisation erwartet werden, wenn sie denn der Verbesserung der Lebensqualität dienen. Heroismus jedoch, auch für eine gute Sache, kann vorkommen, kann aber nicht eingefordert werden.

- Gerade Führungskräfte müssen für eine Organisationskultur Sorge tragen, in der durch Etablierung *geeigneter Rückenstützen* allen Mitarbeiter/innen die Möglichkeit verschafft wird, auch moralische Verantwortung im Arbeitsalltag zu übernehmen.

Literatur zum Thema

Arendt, H. (2006). Über das Böse. Eine Vorlesung zu Fragen der Ethik. München: Piper.
Auhagen, A. E. (1999). Die Realität der Verantwortung. Göttingen: Hogrefe.
Badura, J. (2002). Die Suche nach Angemessenheit. Praktische Philosophie als ethische Beratung. Münster: LIT.
Bauman, Z. (1995). Postmoderne Ethik. Hamburg: Hamburger Edition.
Bayertz, K. (2006). Warum überhaupt moralisch sein? München: Beck.
Conradi, E. (2001). Take Care. Grundlegung einer Ethik der Achtsamkeit. Frankfurt a. M.: Campus.
Dörner, K. (2001). Der gute Arzt. Lehrbuch der ärztlichen Grundhaltung. Stuttgart: Schattauer.
Düwell, M., Hübenthal, C., Werner, M. H. (Hrsg.) (2002). Handbuch Ethik. Stuttgart: Metzler.
Frankena, W. (1994). Analytische Ethik. Eine Einführung. München: dtv.
Gardner, H., Csikszentmichalyi, M., Damon, W. (2005). Good Work! Für eine neue Ethik im Beruf. Stuttgart: Klett-Cotta.
Hare, R. D. (2005). Gewissenlos. Die Psychopathen unter uns. Wien: Springer.
Heidbrink, L. (2007). Handeln in der Ungewissheit. Paradoxien der Verantwortung. Berlin: Kadmos.
Hoerster, N. (2003). Ethik und Interesse. Stuttgart: Reclam.
Lob-Hüdepohl, A., Lesch, W. (Hrsg.) (2007). Ethik Sozialer Arbeit. Ein Handbuch. Paderborn: Schöningh.
Palazzo, B. (2001). Interkulturelle Unternehmensethik. Deutsche und amerikanische Modelle im Vergleich. Wiesbaden: Gabler.
Ulrich, P. (2001). Integrative Wirtschaftsethik. Grundlagen einer lebensdienlichen Ökonomie. Bern: Haupt.
Wallner, J. (2004). Ethik im Gesundheitssystem. Wien: Facultas.

7 Arbeit und Leben stilvoll gestalten

Anleitung zur Lebenskunst

Ferdinand Buer

Unser Leben wird als sinnvoll erlebt, wenn wir glücklich sind (→ 5). Glücklich können wir aber nur sein, wenn wir gemeinsam mit den Menschen glücklich sind, die uns etwas bedeuten. Wir müssen dann aber auch auf deren Glücksstreben Rücksicht, das heißt auch an deren Unglück Anteil nehmen: Nur verantwortetes Glücksstreben kann daher Sinn machen (→ 6). Verantwortetes Glücksstreben aber verlangt dauerhaftes Bemühen. Ziel muss also ein ausgeprägter Lebens- und Arbeitsstil sein, der sowohl im Alltag als auch in besonders herausfordernden Lebenslagen angemessenes Handeln ermöglicht. Einen solchen Lebens- und Arbeitsstil auszubilden und ständig weiterzuentwickeln, das ist Aufgabe der Lebenskunst.

Das deutsche Wort *Kunst* hat im Laufe seiner Geschichte vielerlei Bedeutungen angenommen. Vor seiner Verengung auf die *Schönen Künste* bezeichnete es vor allem eine bestimmte Kunstfertigkeit, ein wissendes Können, ein Know-how bezogen auf das Hervorbringen eines bestimmten Produkts (wie Kochkunst oder Handwerkskunst) bzw. die Durchführung einer bestimmten Tätigkeit (wie Fechtkunst, Redekunst, Heilkunst oder Liebeskunst). Damit verwies es auf das Verständnis des lateinischen »ars« der römischen Antike, die mit der »ars vivendi« die Lebenskunst in die Welt gesetzt hat. »Ars vivendi« wiederum ist nur eine Übernahme der griechischen »téchne toû bíou«. Und »téchne« meinte bei den alten Griechen das Wissen um die »poíesis«, das Herstellungswissen. Technik, ars (engl., franz.: »art«) oder Kunst meinen also dasselbe: ein kenntnisreiches Können.

Bei der Lebenskunst geht es also um die kunstvolle Herstellung, Hervorbringung, Erschaffung, das heißt Gestaltung, Formung eines bestimmten gelebten Lebens. Diese Kunst ist dann erfolgreich, wenn dieses individuelle Leben als gelungen bezeichnet werden kann (→ 5.3). Damit muss es aber auch eine Form annehmen, die mit allen Sinnen als *schön* wahrgenommen wird. Es geht also immer auch um eine *Ästhetik* der kreativen Gestaltung wie der sinnlichen Wahrnehmung des eigenen Lebens, die als lustvoll erlebt werden kann. Erst dann hat das Leben »Stil«. Und dieser Stil muss umfassend sein, er muss auch einen eigenen originellen Arbeitsstil hervorbringen.

7.1 Lebensstil als ästhetische Gestaltung individuellen Lebens und Arbeitens

7.1.1 Lebensstile in der heutigen Erlebnisgesellschaft

Je mehr die Menschen in spätmodernen Gesellschaften Arbeitsplätze und Wohnorte wechseln und damit auch die damit verbundenen sozialen Netze, desto weniger formen äußere Gegebenheiten die jeweiligen Lebensweisen. Das hat zur Folge, dass jeder gehalten ist, seinen eigenen Lebensstil selbst zu entwickeln. Dementsprechend kann auch die Soziologie eine Stratifizierung der Gesellschaft nicht mehr einfach nach der Stellung der Menschen im Produktionsprozess vornehmen: Sie muss individuelle Lebensstile in den Blick nehmen und sich fragen, ob sie sich nicht doch zu sozialen Milieus oder Subkulturen zusammenfassen lassen. Eine derartige Untersuchung der Lebensstile in der deutschen Gegenwartsgesellschaft hat Gerhard Schulze vorgenommen:

»Die zunehmende Verschiedenartigkeit der Menschen ist Indiz für eine neue grundlegende Gemeinsamkeit: Innenorientierte Lebensauffassungen, die das Subjekt selbst ins Zentrum des Denkens und Handelns stellen, haben außenorientierte Lebensauffassungen verdrängt. Typisch für unsere Kultur ist das Projekt des schönen Lebens.« Der gemeinsame Nenner ist: »Erlebnisrationalität, die Funktionalisierung der äußeren Umstände für das Innenleben. [...] Das Projekt des schönen Lebens entpuppt sich als etwas Kompliziertes – als Absicht, die Umstände so zu manipulieren, dass man darauf in einer Weise reagiert, die man selbst als schön reflektiert.« Dabei handelt das Subjekt eher »durch Wählen als durch Einwirken. [...] Erst unter diesen Umständen wird das Projekt des schönen Lebens zum Massenphänomen. Man beginnt, über sich selbst nachzudenken. Die reflexive Grundhaltung des erlebnisorientierten Menschen verunsichert ihn und erzeugt eine Bereitschaft, kollektive Vorgaben zu übernehmen« (Schulze, 2005, S. 35).

Der kategorische Imperativ unserer Zeit lautet: »Erlebe dein Leben!« (Schulze, S. 59), was zur Handlungsmaxime führt: »Richte die Situation so ein, daß sie dir gefällt« (S. 42). Daher gilt: »Erlebnisorientierung ist die unmittelbarste Form der Suche nach dem Glück« (S. 14). Schulze bezeichnet unsere Gesellschaft daher als »Erlebnisgesellschaft«, die durch »alltagsästhetische Schemata« strukturiert wird. Mit Hilfe dieser Kriterien hat er Ende der 1980er Jahre für die BRD in einer empirischen Untersuchung fünf Milieus herausgearbeitet, die sich nach Bildungsstand und Alter abgrenzen lassen (S. 277ff.; Funke, 2000, S. 312ff.): Die drei mit den höheren Bildungsniveaus sind coachingrelevant:

1. Das *Niveaumilieu* umfasst Personen ab Ende 40 mit Abitur. Hierzu rechnen alle etablierten professionellen Beziehungsarbeiter des Bildungssektors, aber auch die Eliten aus Wissenschaft, Politik, Medien und Wirtschaft. Man bevorzugt zum Beispiel Restaurants mit gehobener Atmosphäre, kleidet sich

konservativ oder elegant, genießt Erzeugnisse der Hochkultur, liest überregionale Zeitungen, spricht Hochsprache, wohnt meist in den eigenen vier Wänden und hat nur in wenigen Fällen Übergewicht. Das Weltbild ist hierarchisch geprägt. Um den eigenen hohen Rang zu sichern, muss ständig bewertet werden. »Auf den großen aus eigener Kraft kaum zu bewältigenden Bewertungsbedarf des Milieus antworten die Bewertungsprofessionen, deren Dienstleistung extensiv in Anspruch genommen wird: Rezensenten, Theater- und Musikkritiker, Kunsthistoriker, Kommentatoren, Essayisten und Wissenschaftler« (Schulze, 2005, S. 285). Hierzu können durchaus auch Coaches gerechnet werden, wenn sie im Habitus anschlussfähig sind und als Experten von Rang angesehen werden. In diesen Beratungsprozessen geht es dann – zumindest unbewusst – immer auch um eine Stärkung hierarchisierender Sichtweisen und Handlungspraxen.

2. Die Menschen des *Integrationsmilieus* sind genauso alt wie die des Niveaumilieus, haben aber Mittlere Reife. Typische Berufe sind mittlere Angestellte oder Beamte der unteren und mittleren Ebene. Man kleidet sich gediegen bis unauffällig, fährt meist einen Mittelklassewagen, ist häufig in Vereinen aktiv, überwiegend verheiratet und pflegt Nachbarschaftskontakte. Da man in dieser mittleren Position etwas verlieren kann, gegen den Verlust jedoch keine Machtmittel in der Hand hat, schützt man sich durch Anpassung. »Das sozial Erwünschte ist auch das subjektiv Erwünschte. [...] Normal zu sein, ist ein erreichbares Ziel. [...] Grundkategorie der Repräsentation der Welt ist die Dichotomie von Konformität und Abweichung, nicht von Oben und Unten« (Schulze, 2005, S. 302). Coaching hat hier nur eine Chance, wenn sie zum Normalangebot gehört. Und das Interesse der Klientel richtet sich auf die Sicherung der Normalität, das heißt der Anpassung an die vorherrschende Organisationskultur.
3. Das *Selbstverwirklichungsmilieu* umfasst Personen bis Ende 40 meist mit Abitur. Typisch ist die Sozialfigur des Studenten. Häufig vertreten sind kreative, psychosoziale und pädagogische Berufe, aber auch unkonventionelle Manager und Ingenieure. Typisch für dieses Milieu sind unter anderem die aktive und passive Teilnahme an der neuen Kulturszene, das Frequentieren verschiedenster Szene-Lokalitäten, Individualtourismus, viel Freizeitsport, ein großer Freundeskreis und ein guter körperlicher Zustand. Man ist meist ledig. Dieses Milieu »schließt Alternative ein und Yuppies, Weiblichkeit alten und neuen Stils, Aufsteiger und Aussteiger, Konsumsüchtige und Abstinente. [...] Dieser Selbstbezug – ›Weil ich es so will‹ – definiert Verwandtschaft über die symbolischen Differenzen hinweg« (Schulze, 2005, S. 312). Da hier die Selbstbefindlichkeit groß geschrieben wird, gehört die Annahme von Selbsterfahrung, Therapie, somit auch von Coaching zur Normalität. Der Großteil der Coaches selbst muss zu diesem Milieu gerechnet werden, wenn sie nicht schon zum Niveaumilieu übergewechselt sind.

Wenn wir die Ergebnisse der 14. Shell-Jugendstudie hinzunehmen, dann wächst in das Selbstverwirklichungsmilieu sowohl die Gruppe der »selbstbewussten Macher« hinein, die leistungs- und aufstiegsorientiert sind, als auch die Gruppe der »pragmatischen Idealisten«, die eine höhere Priorität auf eine weitere und allseitige Humanisierung der Gesellschaft setzen (Deutsche Shell, 2002, S. 20). Beide Gruppen werden für Beratungsangebote offen sein. Daher können wir festhalten: Da die Personen des Selbstverwirklichungsmilieus in die Altersgruppe des Niveaumilieus hineinwachsen und damit auch die Konventionen des Niveaumilieus flexibilisieren werden, da auch in der Jugend lernbereite Menschen nachkommen, bleibt die Arbeit an einem ästhetisch gestalteten Lebens- und Arbeitsstil Thema.

7.1.2 Lebens- und Arbeitsstil als spielerische Inszenierung

Die ästhetische Gestaltung individuellen Lebens in einem Lebens- und Arbeitsstil kann auch verstanden werden als Inszenierung des Selbst, wie sie schon Irving Goffman seit Ende der 1960er Jahre beschrieben hat (Goffman, 1991; 1959/2001). Gerade auch die Auftritte von Fach- und Führungskräften sowohl auf den Vorder- und Hinterbühnen der Arbeitswelt wie auch des öffentlichen Lebens können als Inszenierungen begriffen werden, die die verschiedenen Zuschauergruppen und Mitspieler beeindrucken sollen. Neben diesem strategischen Zweck dienen diese Inszenierungen aber auch der Selbstgestaltung, die diese Auftritte so angenehm wie möglich machen sollen. Diese Inszenierungen dürfen aber weder als reines Täuschungsmanöver wahrgenommen werden, weil dann der Effekt kontraproduktiv wäre. Noch dürfen diese »performances« das jeweilige Individuum erschöpfen, sodass es völlig verausgabt nicht mehr schöpferisch sein kann. Es muss also beim Inszenieren in jeder Situation neu eine Balance gefunden werden zwischen Authentizität und Show.

So wenig Inszenierungen gänzlich vermieden werden können – auch Nichtinszenierung würde in einer Inszenierungsgesellschaft (Willems u. Jurga, 1998) als Inszenierung wahrgenommen –, so sollen sie doch selbstverträglich sein. Und wir wollen eben nicht nur in oberflächlichen Inszenierungen leben. So meint Julian Baggini:

> »Wir wollen ›authentisch‹ leben und ›uns selbst verwirklichen‹. Das bedeutet, daß wir uns kein problemloses Leben wünschen, sondern ihm ehrlich gegenübertreten und das werden möchten, wofür wir das Potential besitzen. [...] Es ist uns wichtig, daß wir das, was wir werden, aus eigenem Willen und eigener Kraft schaffen. Dieser Wunsch scheint unabhängig vom Glück per se einen Wert darzustellen.« Wir glauben, »daß das Bemühen selbst dazu beiträgt, einen Sinn im Leben zu finden« (Baggini, 2006, S. 125).

Die Inszenierung muss also von einer »Ethik der Authentizität«, wie sie vor allem im Existenzialismus formuliert wurde (Vattimo, 2002, S. 126ff.), geprägt sein, die die ästhetische Gestaltung des eigenen Lebens eben nicht dem schönen Schein opfert, sondern an einer ehrlichen Arbeit an sich selbst festhält. Erst diese Treue gegenüber sich selbst bietet dann auch ein Widerstandspotenzial gegenüber den Verführungen, an lukrativen Täuschungsmanövern mitzuwirken oder auch den Zwängen von bemächtigenden Großinszenierungen zu erliegen.

Mit den Inszenierungen ist die Teilnahme an Aufführungen verbunden, die Regelspielen gleichen, insofern sie sowohl die Beachtung bzw. Durchsetzung der Spielregeln verlangen wie eine geschickte Ausgestaltung der gegebenen »Spielräume« ermöglichen. Diese empirische Dialektik der Gegebenheiten kann auch in eine normative des Wünschenswerten verwandelt werden, wenn gefordert wird, das Spielelement gegenüber dem Reglement zu stärken. Dann muss die zweckgerichtete, instrumentelle Arbeit durch das freie, den Zweck in sich selbst tragende Handeln, das Spiel, umfasst werden. So meint Moritz Schlick, dass sich der Sinn des Daseins nicht durch Arbeit erschließen lasse, denn sie sei nur Mittel, sondern nur im Spiel.

»Es besteht aber kein unversöhnlicher Gegensatz zwischen Spiel im philosophischen Sinne und Arbeit in des Wortes volkswirtschaftlicher Bedeutung. Spiel heißt für uns jede Tätigkeit, die ganz um ihrer selbst willen geschieht, unabhängig von ihren Wirkungen und Folgen. Nichts hindert, dass diese Wirkungen nützlicher, wertvoller Natur seien. [...] Es können aus ihm genauso gut wertvolle Güter hervorgehen wie aus an sich unlustvollem, zweckstrebigem Tun. [...] Auch das Spiel kann schöpferisch sein, sein Erfolg kann mit dem der Arbeit zusammenfallen.« Das hellste Beispiel für schöpferisches Spiel sieht *Schlick* im Schaffen des Künstlers. »Und jeder, der bei seiner Tätigkeit so fühlt, *ist* Künstler. [...] Das Beackern der Felder, das Weben der Stoffe, das Flicken der Schuhe, alles dies kann Spiel werden, es kann den Charakter künstlerischen Tuns annehmen. Es ist nicht einmal so ungewöhnlich, dass der Mensch an derlei Tätigkeiten so viel Freude hat, dass er den Zweck darüber vergisst. Jeder echte Qualitätsarbeiter kann an sich selbst diese Umbildung des Mittels zum Selbstzweck erfahren, die fast mit jeder Beschäftigung vor sich gehen kann und die das Erzeugnis zum Kunstwerk macht. Es ist die Freude am bloßen Schaffen, das Hingegebensein an die Tätigkeit, das Aufgehen in der Bewegung – das wandelt die Arbeit in Spiel« (Schlick, in Fehige et al., 2004, S. 313f.).

Schlick beschreibt hier schon 1927 eine Qualität von Tätigkeit, die Csikszentmihaly Jahrzehnte später als *Flow*-Phänomen identifiziert (→ 5.4.2). Es geht also bei der rechten Inszenierung des Lebensstils immer darum, Arbeit und Spiel, Gebundenheit und Freiheit, Geschäftigkeit und Muße, Zweckmäßigkeit und Ästhetik miteinander zu verbinden.

7.1.3 Lebens- und Arbeitsstil als ästhetische Erfahrung

Schon die Kritische Theorie erkannte in der vernunftorientierten Aufklärung eine Dialektik, die tendenziell in Unvernunft der gesellschaftlichen Praxis mündete (Adorno u. Horkheimer, 1973). Vor allem Adorno (1980) und Marcuse (1977) sahen daher in den Schönen Künsten einen Hort, der Widerspruchspotenzial und Utopiegeist bewahrte. Damit war eine Relativierung der Rationalität angesagt, die eine Aufwertung der sinnlichen Wahrnehmung (altgr.: »aísthesis«) zur Folge hatte (Lippe, 1987). Auch im postmodernen Denken wird die sinnliche Wahrnehmung zentraler Ausgangspunkt für Erkenntnisprozesse (Welsch, 1991). Aber all diese Ansätze blieben letztlich fixiert auf die Werke autonomer Kunstproduktion, wie sie die bürgerliche Hochkultur hervorgebracht hatte, auch wenn der ästhetische Blick in Folge zu einer Erweiterung eben dieses Kunstbegriffs geführt hat (Barck et al., 1990).

Dagegen hat der amerikanische Pragmatismus schon früh die Ästhetik nicht von der Kunsttheorie, sondern von einer Theorie alltäglicher Erfahrung hergeleitet. Vor allem John Dewey hat 1934 mit seiner Abhandlung »Kunst als Erfahrung« (1934/1988) diesen Zugang ausführlich dargelegt (s. auch: Mead, 1992). Erst damit wird die Kunst wieder als eine bestimmte Arbeit des Erfahrung-Machens im Handeln, im Hervorbringen einer bestimmten Praxis, eines bestimmten Lebens- und Arbeitsstils thematisch. Auch Dewey relativiert die Logozentriertheit des abendländischen Denkens und sieht in der sinnlichen Wahrnehmung der Praxis, eben in der »experience«, den entscheidenden Ansatz für eine angemessene Betrachtung menschlichen Lebens (Engler, 1992; Neubert, 1998; Buer, 2004b).

Ausgangspunkt seiner Theorie ist die Unterscheidung zwischen »primärer« und »sekundärer« Erfahrung. Die »primäre« Erfahrung ist ein emergentes Produkt der Natur, wir können auch sagen, der Körperlichkeit des Menschen mit all seinen Sinnen. Erfahrungen sind das, was wir *wirklich* haben, und das sind Erfahrungen unseres In-der-Welt-Seins. Diese primäre Erfahrung wird, wenn es gut geht, als Ganzheit erlebt, als Wechselspiel von Aktivität und Passivität in der konkreten Situation. Erst wenn in der unmittelbaren Erfahrung eine Irritation auftritt, sodass die Anpassung an die Umwelt nicht mehr nach den gewohnten Mustern erfolgen kann, setzt das Denken ein. In diesem reflexiven Problemlöseprozess ist die unmittelbare Einheit der Erfahrung getrennt. Subjekt und Objekt treten dann zu analytischen Zwecken so lange auseinander, bis die Reflexion abgeschlossen und das direkte Erleben der Welt wieder hergestellt ist. Diese reflektierte Erfahrung nennt Dewey »sekundär«.

Die Erfahrungen der meisten Menschen in der modernen Welt sind aber häufig in sich zerrissen, inkohärent, unabgeschlossen. Erst wenn dann durch innovatives Handeln etwas verändert wird, werden neue Möglichkeiten und Sinnhorizonte erschlossen. Die Folge davon ist optimalerweise Wachstum der menschlichen Erfahrung. Die so gewachsene neue Erfahrung wird dann als Einheit erlebt, in sich vollendet und ausgeglichen. Dadurch hat sie einen *ästhetischen Charakter* gewonnen.

Diese neue, ästhetische Qualität menschlicher Erfahrung beruht aber nicht nur auf einer Dekonstruktion eingefahrener und nicht mehr passender Habitualisierungen, sondern vor allem auf einem Zusammenspiel von *Impulsivität* und *Intelligenz*. Der Begriff der Intelligenz ersetzt bei Dewey die traditionellen Begriffe: Vernunft, Rationalität oder Intellekt. Er meint im Unterschied dazu eine schöpferische Kraft, die Neues konstruiert. Diese neuen »habits« sind dann – jedenfalls für eine gewisse Zeit – flexibel und reflexiv und können kreatives Handeln ermöglichen. Diese Entwicklungen finden in Kommunikationsprozessen mit anderen statt. Dazu schreibt Dewey in »Erfahrung und Natur«:

»Kommunikation ist die wunderbarste Sache der Welt. Dass Dinge von der Ebene äußerlichen Stoßens und Ziehens auf eine Ebene übergehen können, auf der sie sich dem Menschen und dadurch sich selbst enthüllen; und dass die Frucht der Kommunikation Teilnahme, Teilhabe ist, ist ein Wunder, neben dem das Wunder der Transsubstantiation verblasst. Wo Kommunikation besteht, sind alle natürlichen Ereignisse der Überprüfung und Überarbeitung unterworfen; sie werden den Erfordernissen der Konversation neu angepasst, sei sie ein öffentlicher Diskurs oder jeder vorbereitende Diskurs, der Denken heißt. Ereignisse werden zu Objekten, zu Dingen mit einem Sinn« (Dewey, 1995, S. 167).

Kommunikation hat somit neben dem instrumentellen Aspekt, die Arbeit zu koordinieren, auch einen »konsummatorischen«: Sie bedeutet immer auch eine unmittelbare Steigerung des Lebens, die um ihrer selbst willen genossen wird. Sie ermöglicht eine Form der Partizipation und solidarischer Anteilnahme, die als unmittelbare Erfüllung empfunden werden kann. *Ästhetische Erfahrung* ist also gekennzeichnet durch ein Überschreiten bisheriger Begrenzungen des Handelns hin zu einer gelingenden Praxis, in der alles Fragmentarische, Zerrissene überwunden ist in der gemeinsamen Erfahrung der unmittelbaren Steigerung des Lebens. Die damit verbundene Sinngebung eines gelungenen Lebens führt zu einer Glückserfahrung, die dieses Leben erst lebenswert macht.

Höchstes Gut ist für Dewey daher das Wachstum kommunikativ geteilter Erfahrung. Wachstum der ästhetischen Erfahrungen vieler ist jedoch gebunden an die Entscheidung jedes Einzelnen, für sich und seine Lebens- und Arbeitswelten Wachstum auch tatsächlich anzustreben. Dieses Wachstum muss sich dann auch in einem entsprechend gestalteten Lebens- und Arbeitsstil zeigen; dafür trägt jeder Einzelne seine nicht delegierbare Verantwortung.

Orientierung und Motivation für diesen Wachstumsprozess hin zu gemeinsamen ästhetischen Erfahrungen gelingenden Lebens bietet die »imagination«, die Einbildungskraft, die uns Ideale, Werte, Visionen, Utopien guten und schönen Lebens und Arbeitens vor Augen führen kann. Die Umsetzung dieser Bilder für erstrebenswert zu halten, an ihre Verifikation zu glauben, sich für die Realisierung mit aller Kraft zu engagieren, das ist das, was Dewey unter Religiosität versteht. Die Verbindung dieses Glaubens mit der Intelligenz, einer klugen Kreativität, ist das, was ich *Spiritualität* nenne (→ 4.4).

Lebenskunst nach Dewey bestünde also darin, Imagination, Religiosität und Intelligenz in einem Lebens- und Arbeitsstil zu vereinen, der möglichst viele ästhetische Erfahrungen eines kommunikativ erlebten und verantworteten Lebens ermöglicht. Diese Erfahrungen sind zugleich Glückserfahrungen und geben dem je konkret gelebten Leben seinen spezifischen Sinn.

7.2 Lebenskunst gestern und heute

Nachdem die Maxime: »Erlebe dein Leben!« Platz gegriffen hat, hat sich ein Selbstverwirklichungsmilieu herausgebildet, in dem die erlebnisorientierte Gestaltung des eigenen Lebens und Arbeitens nach eigenen Vorstellungen zur Aufgabe geworden ist. Je mehr jedoch auf der anderen Seite ein rationaler, instrumenteller Umgang mit der Welt in Wirtschaft und Gesellschaft um sich greift, desto intensiver werden auch spirituelle Zu-Gänge zum Leben gesucht: Therapeutisch inspirierte Selbsterfahrung wird erprobt. Esoterische Praktiken werden ausgegraben oder erfunden. Spirituelle Praxen der Großreligionen werden aktiviert (→ 4.3). Auch die Philosophie, die ja von ihrem Ursprung her in der »Liebe zur Weisheit« ihre Legitimation hat, wird nach Traditionen durchsucht, die Orientierung für die Lebensführung bieten könnten. Das Angebot ist groß (z. B. Werle, 2000). Aber was wäre passend?

Nun kann man sich sicher durch alle möglichen Sentenzen und Handlungsmaximen der Weisheit aus allen Kulturen und allen Zeiten ansprechen lassen. Und man kann so manche Praktik ausprobieren. Zu bedenken ist aber, dass sie alle zeitgebunden sind. So war die Antike durch virile Sklavenhaltergesellschaften geprägt, die auch die Reflexionen eines Sokrates, Epikur, Cicero, Seneca, Epiktet oder Marc Aurel geprägt haben. Zudem sind diese Weisheiten im Wesentlichen nur als Ausfluss von spirituellen Exerzitien, von geistigen Übungen zu verstehen, die dann vom Christentum weitergeführt wurden (vgl. Hadot, 2005). Dazu gehörten die Künste, Techniken oder Übungen des Zuhörens, des Schreibens und Lesens eigener Reflexionen, der Einkehr durch Meditation und Kontemplation (→ 8.1). Auch hier ist zu fragen, was davon in die heutige Lebenspraxis passt. So scheint mir einzig die Entspannung und Heiterkeit der Epikuräer für die heutige Zeit angemessen zu sein (→ 5.2.2).

Von besonderer Relevanz für die gegenwärtige Lage scheinen mir jedoch die Essais des Michel de Montaigne zu sein (1580–87/1999). Montaigne, Spross einer reichen Handelsfamilie in Bordeaux, Jurist und Politiker, zieht sich mit 38 Jahren in einen Turm seines Schlosses Montaigne zurück, um sich ganz dem Nachdenken über sich und die Welt zu widmen. Mit gelegentlichen Unterbrechungen unterzieht er sich über 21 Jahre bis zu seinem Tode im Jahre 1592 der spirituellen Übung des Lesens und Schreibens. Er veröffentlicht sukzessive seine Essais in vier Bänden und überarbeitet sie dabei ständig, um seine »Arbeit am Selbst« immer wieder auf den neuesten Stand zu bringen. Diese Essais sind über die Jahrhunderte bis heute immer wieder Anlass zur Selbstvergewisserung gewesen (Keel, 1982). Wie Matthias Greffrath eindrücklich herausgearbeitet hat, sind seine Reflexionen deshalb heute von besonderer Bedeutung, weil er seine Situation in einer »Zwischenzeit« bedacht hat, die der heutigen in vielerlei Hinsicht ähnlich ist:

»Was hat er anzubieten? Wenig mehr, als was die Alten ihm geboten haben: Sanften Skeptizismus, epikuräischen Rückzug, stoischen Trotz. Das ewige Rezept: daß die Gesellschaft nur vom einzelnen her gesunden kann. Daß der einzelne, jeder einzelne vernünftiger ist, wenn man ihn in Ruhe läßt« (Greffrath, 2006, S. 16). »Die aufmerksame, aber ohne Vorsatz suchende Selbsterforschung wird zum funktionalen Äquivalent für den Glauben – sei er diesseitig oder jenseitig« (S. 64). »Diese Haltung, sich mitsamt der eigenen Widersprüche nicht der Gesellschaft gegenüber, sondern in ihrer Mitte zu sehen und sich das Recht vorzubehalten, ›mit vollem Wissen zu straucheln‹, macht die *Essais* zum Bekenntnis eines Libertären. [...] Ein Libertärer will sein Leben selbst verantworten« (S. 128). Montaigne »hat sich nicht auf den stoischen Rückzug gemacht. [...] Wo er mitgemacht hat, da tat er es mit wohlbegrenzter Loyalität« (S. 389).

In dieser Zwischenzeit zwischen dem Ausgang des christlichen Mittelalters und einer noch unklaren neuen Zeit hat Montaigne sich auf sich selbst besonnen, sich nur da und dort öffentlich engagiert – etwa als Bürgermeister von Bordeaux –, wo er es für sinnvoll hielt und nur so lange, wie eben das gewährleistet war. Er konnte sich das leisten. Aber wieso sollten sich das die »selbstbewussten Macher« oder die »pragmatischen Idealisten«, die Aufsteiger wie die Aussteiger nicht auch leisten können?

In der heutigen Erlebnisgesellschaft jedoch regiert das Erfolgserlebnis, zunächst gebunden an die berufliche Karriere, dann aber auch als ultimatives Freizeitvergnügen. Viele Ratgeber bieten Rezepte, wie man sich dafür zu- und aufbereiten kann. Im Gegensatz dazu gibt es aber auch ernsthafte Anregungen, wie »Lebenskönnerschaft« (Achenbach, 2001) heute erarbeitet werden kann (Csikszentmichalyi, 2001; Brenner u. Zirfaß, 2002). Auch die zeitgenössische Philosophie drängt aus ihrem Elfenbeinturm hinaus und versucht, Philosophie wieder als Lebenspraxis von Philosophen zu verstehen. Richard Shusterman knüpft dabei vor allem an Dewey, Wittgenstein und Foucault an (Shusterman, 1994, 2001). Relevante Betrachtungen zur Kunst der Lebensführung für alle bieten aber vor allem Michel Foucault, Wilhelm Schmid und André Comte-Sponville. Sie möchte ich hier vorstellen.

7.2.1 Michel Foucault und die Sorge um sich selbst

Als Philosoph hat sich Foucault nicht wie sonst üblich mit den Denksystemen großer Philosophen beschäftigt, sondern vielmehr mit den Wahrheitsdiskursen, wie sie verschiedenen Praxiszusammenhängen der europäischen Geschichte inhärent waren. Dabei steht die Konstitution des Selbst aus Praxiserfahrungen in konkreten Situationen heraus im Mittelpunkt seines Interesses. Hierin zeigt sich ganz offensichtlich eine große Übereinstimmung mit der Sichtweise des Pragmatismus. Soweit ich sehe, hat Foucault selbst aber keinerlei Bezüge dazu hergestellt. Wie bei Dewey auch war für ihn das Schreiben selbst ein reflexives Experiment, in dessen Verlauf sich immer wieder neue Begrifflichkeiten einstellten. So ist es auch bei ihm nicht einfach, die Ergebnisse seines Forschens eindeutig auf den Punkt zu bringen (Fink-Eitel, 1989).

Im Zentrum des in unserem Zusammenhang Interessierenden steht der Begriff der Selbstsorge, der »souci de soi«, den Foucault in der Antike in der »epiméleia heautoû« der alten Griechen und der »cura sui« der alten Römer vorfand. Von hier aus macht Foucault am Ende seines Schaffens auf eine *Ästhetik der Existenz* aufmerksam, die weniger durch reines Nachdenken, als durch Praktiken, Übungen, Techniken, Künste der Lebensführung angestrebt wurde (Foucault, 1991a; 1991b; 2007; Schmid, 1991; 2000a). Sie umfasst Facetten der Sorge um die eigene Gesundheit (Diätetik, altgr.: »díaita«), der Meisterung der Begierden (Askese, altgr.: »áskesis«), insofern sie die Freiheit einschränken, Techniken der Traumdeutung, Praktiken der Meditation und der Gewissensprüfung, aber auch der angemessenen Beziehungen zu den Mitmenschen in erotischer wie in politischer Hinsicht. Aus dieser Arbeit an sich selbst resultiert ein Lebens- und Arbeitsstil, der ethisch begründet ist. Es geht also um Strebensethik im Gegensatz zur Sollensethik (→ 6.1).

Dieses antike Modell der Selbstbestimmung geriet Foucault in den Blick mit dem Anheben des Postmoderne-Diskurses, in der die Bereitschaft, Fremdbestimmung durch Gesetze und Gebote unhinterfragt einfach hinzunehmen, als relativiert gesehen wird. Nachdem er zunächst in seinen Machtanalysen die Konstitution des Selbst als »Subjektivierung«, als Unterwerfung (lat.: »subiicere«, unterwerfen), untersucht hat, stellt er nun die Techniken der Selbstdisziplinierung, der Selbstbestimmung in den Vordergrund seiner Forschungen. Nach den Technologien der Produktion, der Zeichensysteme und der Macht stehen jetzt die Technologien des Selbst im Fokus, »die es dem Einzelnen ermöglichen, aus eigener Kraft oder mit Hilfe anderer eine Reihe von Operationen an seinem Körper oder seiner Seele, seinem Denken, seinem Verhalten und seiner Existenzweise vorzunehmen, mit dem Ziel, sich so zu verändern, dass er einen gewissen Zustand des Glücks, der Reinheit, der Weisheit, der Vollkommenheit oder der Unsterblichkeit erlangt« (Foucault, 2007, S. 289). Diese Verbindung zwischen den Technologien der Beherrschung anderer und den Technologien der Selbstbeherrschung nennt er dann zusammenfassend »Gouvernementalität« (Foucault, 2004).

Die Arbeit an sich selbst geschieht aus Sorge um sich selbst, die dann auch die Freundschaft mit anderen wichtigen Personen umschließt. Insofern steht auch die Care-Ethik (lat.: »cura« = engl.: »care«) in dieser Tradition, betont aber den Bindungsaspekt stärker (→ 6.2). Aufgabe dieser Regierungskunst ist es, aus seinem einmaligen Leben ein originäres Kunstwerk zu machen. Während in den Sollensethiken das Subjekt (als Substanz) schon vorausgesetzt ist, hat die Ethik als Lebenskunst die Subjektkonstitution als Stilisierung des einmaligen Lebens zum Ziel. Der Stil der Existenz geht aus einer persönlichen Wahl in komplexen Situationen hervor. Dieser Lebensstil sorgt für Kohärenz, die nicht von vorneherein feststeht, sondern sich in fortlaufenden Akten erst herstellt. Das Subjekt wird also verstanden als eine einmalige Verknüpfung von sich ständig verändernden Relationen. Auch hier drängt sich wiederum die Nähe dieser Sichtweise zum Pragmatismus auf. Dieses Interesse für die individuelle Lebensführung hat eine politische und eine gesellschaftliche Dimension: politisch: nicht Sklave, nicht Untertan zu sein, sondern über sich selbst zu bestimmen; gesellschaftlich: Formen der Gesellschaft zu finden, die auf der Selbstkonstitution der Subjekte beruhen und diese ermöglichen. Die Ethik des Individuums dient dazu, Machtbeziehungen nicht zu Herrschaftsformen erstarren zu lassen; sie ist selbst ein Einsatz im Spiel der Macht (→ 7.3).

Die christlich-pastorale, dann auch in ihrer Nachfolge die säkular-staatliche Form der Subjektivierung zielte darauf ab, den Individuen die Regierung, die Führung ihres eigenen Lebens abzunehmen und die Selbstsorge durch die Seelsorge zu ersetzen (→ 5.2.3). Diese pastoralen Regierungsformen kulminieren in einer »Biomacht«, die Macht nicht nur über das Denken, sondern auch über die Körper beanspruchte. Diese »Seelsorge« wird heute nicht nur durch »Pastoren« ausgeübt, sondern auch in den Feldern der Pädagogik (Weber u. Maurer, 2006) oder der Medizin. Prägnante Technologien dieser Regierungskünste heute sind die Formate der Beziehungsarbeit, wie Psychotherapie, Instruktion, Training, Counselling, Consulting, Supervision und auch Coaching. Je mehr sie im Dienste einer aufgezwungenen Normalisierungsarbeit stehen, desto mehr tragen sie zu einer Subjektivierung als einer heteronomen, fremdbestimmten Zwangsunterwerfung der Individuen bei. Wer das nicht will, muss auf einer professionellen Autonomie bestehen, die einer Ermöglichung autonomer Selbstsorge dient. Das heißt nicht, dass nicht berechtigte Interessen der Auftraggeber bzw. der Gesellschaft berücksichtigt werden sollten. Sie müssen aber dem Entscheidungsvermögen der Adressaten überantwortet bleiben.

Selbstverständlich ist auch die Beziehungsarbeit in den verschiedenen Formaten von Machtbeziehungen durchzogen. Es kann also gar nicht darum gehen, »Pastoralmacht« oder »Biomacht« vollständig aus diesen Beziehungen herauszuhalten. Es geht vielmehr darum, ihr das legitime Interesse an einer selbstverantwortlichen Stilisierung des eigenen Lebens entgegenzustellen. Und genau um die angemessene Balancierung von Fremd- und Selbstbestimmung geht es im Life-Coaching. Gerade diese Selbstsorge kann auch Burnout-Prozessen insbesondere in helfenden Berufen vorbeugen (Gussone u. Schiepek, 2000; → 8.4). Selbst Seelsorge lässt sich nach Ansicht des katholischen Pastoraltheologen Hermann Steinkamp (2005) nur noch als Anstiftung zur Selbstsorge im Sinne Foucaults betreiben. Dieser Anspruch wird sicher auch schon lange in weiten Kreisen gerade der hermeneutisch orientierten Psychiatrie, Psychotherapie und Beratung erhoben (Hein u. Hentze, 2007). Er muss aber auch mit Foucault als Aufforderung zu einer machtvollen Auseinandersetzung um die Art der Regierung begriffen werden.

Diese Arbeit an sich selbst ist aber kein einsames Geschäft in individueller Abgeschiedenheit. Man braucht einen Führer, einen Ratgeber, einen Freund, einen, der einem die Wahrheit sagt. So schreibt Foucault über den Arzt Galenus:

> »Er rät jedem, der sich seiner selbst annehmen möchte, die Hilfe eines anderen zu suchen; gleichwohl empfiehlt er nicht einen für sein Urteil und sein Wissen bekannten Techniker, sondern ganz schlicht einen Mann von gutem Ruf, den man dabei auf seine rückhaltlose Offenheit erproben kann« (Foucault, 1991b, S. 73).

Diese Aufgabe könnte in der heutigen Zeit die vornehmste Aufgabe von Life-Coaches sein. Ausschlaggebend ist dabei nicht so sehr das Zur-Verfügung-Stellen von Expertenwissen, sondern die Ermutigung und kompetente Begleitung von Prozessen der Selbstgestaltung, der sinnvollen und verantwortlichen Herausbildung seiner selbst als einmaliges Kunstwerk, dessen Ästhetik als »geglückt« empfunden werden kann. Wichtig ist dabei eine offene und ehrliche Beziehung, also eine Begegnung, die durch »parresía«, also die Freimütigkeit und Offenheit der Rede, gekennzeichnet ist.

7.2.2 Wilhelm Schmid und die Bejahung des Lebens

In der Auseinandersetzung mit dem späten Foucault hat Wilhelm Schmid seinen Weg zu einer eigenständigen Philosophie der Lebenskunst gefunden (Schmid, 1998). Im Gegensatz zu Foucault, der sich zeitlebens als Intellektuellen verstand, der lediglich der Gesellschaft seine kritischen Erkenntnisse zur Verfügung stellt, hat Schmid einen Rollenwechsel zu einem praktischen Philosophen vollzogen: Er betätigt sich vornehmlich als »philosophischer Seelsorger«, hält Vorträge und schreibt Kolumnen bzw. Meditationen zur Lebenskunst (2000b, 2004, 2005, 2006, 2007).

Im Zentrum seiner Philosophie steht die richtige Wahl der Lebens- und Arbeitsform (Buer, 2000, S. 9f.): Ich muss zwischen verschiedenen Lebensentwürfen wählen und danach entscheiden, welcher für mich der richtige

(= richtungsweisende) ist. Um die angemessene Wahl vorzubereiten, empfiehlt Schmid, die sinnliche, die strukturelle und die virtuelle Wahrnehmung zu schärfen: Diese Achtsamkeit muss aber von einem Außerachtlassenkönnen begleitet werden, um nicht von den grenzenlos anstürmenden Eindrücken in der Erlebnisgesellschaft überwältigt zu werden. Um zu einem angemessenen Urteil zu kommen (→ 6.4.3), muss das Individuum mit sich, aber auch mit anderen zu Rate gehen und dabei freimütig alle möglichen Gesichtspunkte zulassen. Erst dann wird eine sensible, reflektierte und kluge Wahl heranreifen, die dem Individuum persönlich richtig erscheint. Mit den Folgen der Wahl muss es dann aber auch zurechtkommen. Es kann aber dann die Wahl auch revidieren. Als Kriterium kann gelten:

»Diejenige Wahl wäre die richtige, die in den Augen des Subjekts das Bejahenswerte und in diesem Sinne das *Schöne* verwirklicht; dasjenige ist bejahenswert, wofür das Subjekt mit seiner Existenz einstehen kann, umgekehrt ist vermeidenswert, was nicht existentiell legitimiert werden kann« (Schmid, 1998, S. 215f.).

Diese Wahl begründet auch Ziele und Werte. Erst durch die persönliche Wertschätzung erhalten Werte ihre Bedeutung und erst im persönlichen Lebensvollzug ihre Gültigkeit. Damit diese Wahl aber nicht als eine irrationale »Wahl aus dem Bauch heraus« missverstanden wird, setzt Schmid die Tugend der Klugheit wieder in ihr Recht. Die Klugheit setzt zunächst beim Eigeninteresse des Individuums an. Dieses Eigeninteresse ist aber nicht als purer Egoismus misszuverstehen. Klug ist es, bei dem Verfolgen der eigenen Interessen immer auch die der anderen mit zu berücksichtigen, da ein Erfolg letztlich nur mit den anderen und nicht gegen sie errungen werden kann. Dieses Eigeninteresse darf nicht blind bleiben; es muss mit Rücksicht, Umsicht, Vorsicht und Voraussicht vorgehen. Daraus folgt als Selbsterhaltungsprinzip die Maxime: »Achte auf die Zusammenhänge, in denen du lebst, und auf die Möglichkeiten, über die du verfügst« (Schmid, 1998, S. 223).

Das Verfolgen des Eigeninteresses bedeutet aber auch umgekehrt, die Eigeninteressen der anderen zu berücksichtigen. Und das heißt, so zu handeln, dass jeder zugleich als Zweck, nie bloß als Mittel betrachtet werden kann, womit auch Schmid an den Kategorischen Imperativ Kants anknüpft. Ausgehend von seinem sozialen Nahraum ist es klug, auch die Interessen der weiteren Netze und die der Allgemeinheit zu berücksichtigen (→ 6.2). Entscheidend aber ist, im Handeln das richtige Maß zu finden.

»Die Bestimmung des richtigen Maßes gilt den Risiken, die einzugehen sind, und die Konsequenzen, die noch kalkuliert werden können und vertretbar sind, schließlich dem bestmöglichen Zeitpunkt (*kairós*) für eine Wahl oder eine Handlung zwischen einem Zufrüh und einem Zuspät« (Schmid, 1998, S. 227).

Die kluge, freie Wahl ist aber nur in einer Gesellschaft möglich, die diese freie Wahl auch zulässt. So kann nur die Demokratie eine autonome Lebensführung gewährleisten, wie umgekehrt nur selbstmächtige Individuen der Demokratie freiwillig Macht verleihen können. Selbstmächtigkeit aber muss erworben werden durch permanente Arbeit an sich selbst. Diese Macht über sich selbst umfasst drei Ebenen:

»Auf der Ebene der Möglichkeit geht es darum, ein Potenzial, eine Kompetenz etwa in Form von Wissen und Kenntnis, ein *virtuelles Können* in diesem Sinne zu erschließen. Auf der zweiten Ebene wird die Potenz zum Akt und führt zur Realisierung des Potenzials, um den schwierigen Übergang von der Möglichkeit zur Wirklichkeit oder vom Wissen zum Handeln zu bewerkstelligen, ein *reales Können* in diesem engeren Sinne. Auf der dritten Ebene der Macht kommt es darauf an, die Wirklichkeit gekonnt zu realisieren, sie mit viel Übung, Feingefühl und genauer Kenntnis der Einzelheiten kunstvoll ins Werk zu setzen, ein *exzellentes Können* im eigentlichen Sinne. Empfindet das Selbst Ohnmacht in Bezug auf sich selbst, so wäre zu fragen, auf welcher Ebene sie angesiedelt ist, um sich um das entsprechende Können zu bemühen« (Schmid, 2004, S. 97).

Diese Arbeit an sich selbst muss aber getragen sein von einer Selbstliebe, einer »Freundschaft mit sich selbst« (altgr.: »philautía«, franz.: »amour de soi«). Diese ist die Basis für den freundschaftlichen Umgang mit anderen. Diese antike Erkenntnis (→ 5.2.1) war noch dem frühen Christentum vertraut mit dem Gebot: »Liebe deinen Nächsten wie dich selbst« (Matth. 19,19; Luk. 10, 27; 3. Mose 19, 18). Übrig blieb dann später meist nur die Nächstenliebe als Aufopferung des Selbst im Dienst am anderen. Die Sorge für sich selbst aus Selbstliebe muss umfassend sein: Es geht nicht nur um die Seele und um den Geist, es geht auch um die Pflege der Körpers, und das von der Wiege bis zur Bahre. Allerdings gelingen diese Bemühungen nicht immer. Übergreifendes Glück (→ 5.3) kann sich nur einstellen, wenn auch das Negative an sich selbst und in seinem eigenen Leben integriert werden kann. So geht es in der Lebenskunst um die

»immer aufs Neue zu findende Balance in aller Polarität des Lebens, nicht unbedingt im jeweiligen Augenblick, sondern durch das gesamte Leben hindurch: Nicht nur Gelingen, auch Misslingen; nicht nur Lust, sondern auch Schmerz; nicht nur Gesundheit, sondern auch Krankheit; nicht nur Fröhlichsein, auch Traurigsein; nicht nur Zufriedensein, auch Unzufriedensein« (Schmid, 2007, S. 31).

7.2.3 André Comte-Sponville und die Ermutigung zur Tugend

In einer Zeit, in der Pflichten kaum noch ernst genommen, dagegen allenthalben Genusserlebnisse offeriert und dankbar konsumiert werden, ist die Ermutigung zu einem tugendhaften Leben, zu dem uns Comte-Sponville (2004)

gewinnen will, zweifellos »unzeitgemäß«. Dabei kommt »Tugend« von »Tauglichkeit« bzw. »Tüchtigkeit« und meint seit Aristoteles (→ 5.2.1) ein spezifisches Vermögen. Die Tugend eines Menschen bezeichnet dann »das spezifische Vermögen, mit dem er die eigene Vorzüglichkeit, das heißt, seine Menschlichkeit (im normativen Sinne des Wortes) unter Beweis stellen kann. [...] Tugend im allgemeinen Sinn ist Kraft, und im besonderen Sinne: die menschliche Kraft oder Menschlichkeitskraft« (Comte-Sponville, 2004, S. 14f.). Tugend meint also nichts anderes als »pouvoir«, »power«, also die Mächtigkeit, sein Menschsein gut und glücklich ausleben zu können. Tugend stellt somit die Innenseite des äußeren Lebens- und Arbeitsstils dar, eine innere Haltung, die Kraft gibt und Kraft ausstrahlt. Wenn Foucault oder Schmid statt von Tugendhaftigkeit von Vortrefflichkeit oder Exzellenz sprechen, meinen sie nichts anderes.

Comte-Sponville geht nun hin und versucht, uns in seinem »Brevier« 18 Tugenden schmackhaft zu machen. Dabei zieht er die gesamte abendländische philosophische Literatur hinzu, insbesondere die französische. Er beginnt seine »tour d'horizont« bei der *Höflichkeit*. Sie ist für ihn der Ursprung der Tugend: Zunächst erlernen wir moralisches Verhalten vormoralisch, das heißt durch unfreiwillige Übernahme der uns nahegebrachten Konventionen. Mit Zunahme der Mündigkeit müssen wir uns dann aber in Freiheit für ein tugendhaftes Leben entscheiden. Die *Treue* stellt für ihn das Prinzip der Tugend dar: Sie meint das Festhalten an einmal als richtig erkannten Werten und Tugenden. »Indem es keine Begründung der Moral gibt, auch keine geben kann, nimmt die Treue ihre Stelle ein« (S. 39). *Klugheit* (altgr.: »phrónesis«, lat.: »prudentia«) ist dann die Bedingung der Tugend. Sie ist die Disposition, die uns befähigt, in einer konkreten Situation richtig zu entscheiden, was gut oder schlecht für die Betroffenen und Beteiligten ist. Ohne die Klugheit wären die Tugenden blind.

Mäßigung ist die Tugend, in allem das rechte Maß einzuhalten, also nicht der Sucht, dem Rausch zu verfallen. Aristoteles sprach von »sophrosýne« (Zurückhaltung), Epikur noch treffender von »autarkeía« (Selbstgenügsamkeit). Das Mäßigen der Lüste ist das, was Foucault mit Herrschaft über sich selbst, als Selbstregierung bezeichnete. *Mut* meint Risikobereitschaft. Er kann aber zur Umsetzung guter wie schlechter Taten dienen. Zur Tugend wird er erst, wenn er nicht eigennützig, sondern primär im Dienste des anderen eingesetzt wird. Dieser Mut darf aber auch nicht überschießen zu unverantwortlicher Kühnheit; er muss stets von der Klugheit gemäßigt werden. Mut stellt also eine weitere wichtige Voraussetzung dar, tugendhaft zu leben. Eine mutige, gute Tat zu tun, ist aber genau das, was in der Folge ganz unmittelbar und intensiv zu einem glückseligen Leben beiträgt. Mut braucht es aber vor allem, wenn keine Hoffnung mehr besteht. Dann zeigt sich Mut als Tapferkeit (lat.: »fortitudo«). Gerade das Handeln in unübersichtlichen und risikoreichen Arbeitszusammenhängen erfordert Mut, das Richtige und Verantwortbare auch zu tun.

»Die Gerechtigkeit ist nicht eine Tugend unter vielen. Sie ist ihrer aller Horizont und das Gesetz ihrer Koexistenz. [...] Jeglicher Wert setzt sie voraus; jegliche Menschlichkeit bedingt sie. Nicht, daß sie (durch welches Wunder auch?) das Glück ersetzen könnte; aber kein Glück dispensiert von ihr« (Comte-Sponville, 2004, S. 78). *Gerechtigkeit* (griech.: »dikaiosýne«, lat.: »justitia«) hält sich an das Maß, an das Gleichgewicht, an die Verhältnismäßigkeit: Jedem sein Teil, nicht zu viel und nicht zu wenig, und auch einen angemessenen Teil für sich selbst. In heutigen Arbeitszusammenhängen geht es vor allem auch um Lohngerechtigkeit, also um die Frage, welcher Verdienst noch als »verdient« angesehen werden kann.

Großherzigkeit ist die Tugend des Schenkens. Sie geht über die Gerechtigkeit hinaus und führt zu einer Ethik der Liebe. Da wir über die Liebe nicht verfügen können und die Gerechtigkeit vielfach nicht reicht, brauchen wir die Großherzigkeit umso dringlicher, vermutlich gerade auch im Arbeits- und Geschäftsleben. *Mitleid* ist zunächst ein Gefühl. Es ermöglicht aber den Übergang »von der Gefühlsordnung zur ethischen Ordnung, von dem, was man empfindet, zu dem, was man will, von dem, was man ist, zu dem, was man muß« (S. 139; → 6.4.2).

Die Tugend der Vergebung nennt Comte-Sponville *Barmherzigkeit*. Vergebung ist gerade da gefordert, wo Missetaten nicht ausgeglichen und gesühnt werden können. Wenn aber Missetäter kein Einsehen haben, keine Schuld bei sich sehen und auch nicht bereit sind, um Vergebung zu bitten (→ 6.3), dann ist das Geschenk der Vergebung ohne Adressaten und damit unmöglich. Dann aber sollte man sich selbst wenigstens sein eigenes Hassen und Zürnen vergeben und sich innerlich versöhnen. *Dankbarkeit* (griech.: »cháris«) ist eine Haltung, die das Leben als Geschenk voller Freude annehmen kann. *Demut* kannte die Antike nicht. »Es ist die Tugend des Menschen, der weiß, daß er nicht Gott ist« (Comte-Sponville, 2004, S. 167). *Einfachkeit* bändigt die Überheblichkeit, die zur Überschätzung des eigenen Wissens und Könnens führt. Sie ist daher »die Wahrheit der Tugenden« (S. 183). *Toleranz* anerkennt, dass es viele Meinungen, Ansichten und Lebens- und Arbeitsstile geben kann; sie ist das Gegenteil des Dogmatismus. »Zwar darf man nicht alles tolerieren, weil das die Toleranz dem Verderben weihen würde, aber man darf auch nicht auf jegliche Toleranz denen gegenüber verzichten, die sie nicht beachten« (S. 191).

Die Tugend der *Reinheit* ist das Gegenteil von Unlauterkeit. Sie bezeichnet die Qualität der Tugenden, ihre Reinigung von egoistischen Strebungen. Tugendhaftigkeit, Vorzüglichkeit, Tüchtigkeit, Exzellenz muss um ihrer selbst willen angestrebt werden, nicht um eines persönlichen Vorteils willen. *Sanftmut* (griech.: »praótes«) ist eine friedliche, besänftigende Kraft voller Geduld und Nachsicht, die allerdings Hass, Zorn, Wut und Gewalt nur dann bändigen kann, wenn sie klug eingesetzt wird. *Aufrichtigkeit* meint die Kongruenz von Wort und Tat, sie ist Ausdruck der Authentizität. Als Tugend meint sie »die Liebe zur

Wahrheit oder die Achtung vor ihr. [...] Ehrlich sein bedeutet, andere nicht zu belügen; aufrichtig sein bedeutet, weder andere noch sich selbst zu belügen« (Comte-Sponville, 2004, S. 229f.). Sie soll die Wahrheit des Gefühls sichern, nicht eine Erkenntniswahrheit bis zum Exzess durchsetzen wollen; dann würde sie in Fanatismus umschlagen. *Humor* bezeichnet Comte-Sponville als eine Neben- oder Zusatztugend. Er »ist eine fröhliche Ent-Täuschung« (S. 259), vor allem auch angesichts der Erfahrung des Absurden, der Sinnlosigkeit (→ 4.2).

Recht handeln kann aus Achtung vor den gesellschaftlich anerkannten Konventionen geschehen, das wäre *Höflichkeit.* Es kann aus Erwägungen der Sollensethik folgen, das wäre *Moral.* Sie kann aber auch aus *Liebe* geschehen. Diese aber ist ein Geschenk, über das wir nicht verfügen können. »Moral brauchen wir nur, soweit die Liebe fehlt« (S. 265). Comte-Sponville unterscheidet nun zwischen »éros«, »philía« und »agápe«. In seinem Dialog »Das Gastmahl« lässt Platon den Dichter Aristophanes das Wesen des *Eros* so beschreiben: »Vorzeiten waren wir Eins. Jetzt sind wir gespalten worden und geben nicht eher Ruhe, bis wir das *Ganze,* das wir einmal waren, wieder gefunden haben. Diese Suche, diese Begierde nennt man Liebe, und den Zustand der Erfüllung Glück« (Comte-Sponville, 2004, S. 269): *Eros* ist also die entscheidende Kraft, die »eudaimonía« ermöglicht. *Philia* meint die Freundschaft zwischen Menschen. Das umfasst die Liebe zwischen Angehörigen: die Elternliebe, die Kindesliebe, die Geschwisterliebe, auch die Freundschaft zwischen Mann und Frau, aber auch die Freundschaft zwischen sich Nahestehenden. Sie kann aber auch die Liebe zu einer wichtigen Tätigkeit meinen. Das Sich-Verlieren an diese Tätigkeiten ist dann oft mit Glücksgefühlen verbunden, *Flow* genannt (→ 5.4.2). Die höchste Form der Liebe jedoch ist die *Agape* (lat.: »charitas«, franz.: »charité«, engl.: »charity«), die bedingungslose Liebe, die gerade wegen dieses hohen Anspruchs nur selten zu finden ist. »*Agape* ist die göttliche Liebe, sofern Gott existiert, und vielleicht noch mehr, wenn Gott nicht existiert« (S. 317). Diese großherzige Liebe ist »die freudige Akzeptierung des anderen, und eines jeden anderen. So wie er ist und was er auch sein mag« (S. 335).

Wer einen schönen, befriedigenden, gelungenen Lebensstil kunstvoll kreieren will, muss sich auch um dessen Innenseite bemühen, er muss seine einmalige Version des Menschseins, seine spezifische Vortrefflichkeit durch die Arbeit an sich selbst hervorbringen. Diese Vortrefflichkeit muss dann aber auch für das Handeln in der Arbeitswelt taugen. Sicher stellt hier das Anstreben der Organisationsziele einen hohen Wert dar. Würden sie nicht erreicht, bräche die Basis jeglicher Arbeitstätigkeit jedenfalls in dieser Arbeitsorganisation weg. Die Frage ist aber zu beantworten, ob nicht doch eine Arbeitskultur besser zur Zielerreichung führen kann, die auf vortreffliche, exzellente Mitarbeiter setzt, als eine Kultur, in der Unhöflichkeit, Untreue, Dummheit, Maßlosigkeit, Mutlosigkeit, Ungerechtigkeit, Knauserigkeit, Mitleidlosigkeit, Unbarmherzigkeit, Undankbarkeit, Überheblichkeit, Intoleranz, Egoismus, Aggressivität, Verlogenheit, Humorlosigkeit und Lieblosigkeit den Arbeitsstil und die Geschäftspolitik bestimmen.

7.3 Lebensziele erreichen

Ein ästhetisch gestaltetes, schönes, vorzügliches Leben zeigt sich im Erreichen von bestimmten Lebenszielen (Höffe, 2007, S. 104ff.). Die Kunst besteht darin, sie nicht zu verfehlen.

Lebensfreude statt Genusssucht: Das sinnenhafte Lustempfinden ist ein unverzichtbarer Teil des Glücksstrebens und insofern nicht nur unverzichtbar; es ist sogar ein zentrales Ziel der Herausbildung des Menschseins (→ 5.4). Es wird von den Utilitaristen sogar als höchster Wert angesehen (→ 5.2.3). Das altgriechische »hedoné« wird zumeist mit Lust übersetzt. Aber schon Epikur verstand darunter nicht das, was seit dem Mittelalter »Wolllust« genannt wird, das bedenkenlose Sich-Ausleben. Daher ist »hedoné« besser mit »Freude« zu übersetzen (→ 5.2.2). Es geht also um Lebensfreude, um das Sich-Freuen am Leben, das Genießen eines schönen Lebens mit allen Sinnen. Verfehlt wird diese Freude, wenn der Genuss maßlos wird, in Genusssucht ausartet. Dann ist das Vergnügen schnell vorbei; der Schaden aber bei anderen wie bei einem selbst bleibt. Die Kunst besteht also darin, die Lüste, die Begierden, die Leidenschaften weder maßlos auszuleben, noch sie maßlos zu unterdrücken. Sie müssen stattdessen kultiviert werden, damit man lange Freude daran hat. Die Trefflichkeit eines solchen Bemühens zeigt sich in einem libertären Lebensstil, der Freiheit mit Freizügigkeit verbindet. Dann bleiben die Erlebnisse, die die Erlebnisgesellschaft zu bieten hat, nicht schal und leer.

Wohlstand statt Reichtum: Reiche sind Menschen, die über ein unermessliches Vermögen verfügen (Duyen, 2007). Das ermöglicht ihnen, jederzeit und unbegrenzt alle erreichbaren Güter und Dienstleistungen in Anspruch zu nehmen. Damit kann aber keine Glückseligkeit erkauft werden (Layard, 2005). Ja, sie wird geradezu verfehlt, wenn dadurch die mühevolle Arbeit an sich selbst vermieden wird. Zweifellos ist nicht nur ein geistiger, sondern auch ein materieller Reichtum notwendig, um ein menschenwürdiges Leben führen zu können (→ 5.2.1). Reicher und immer reicher zu werden, kann aber nicht ein sinnvolles Lebensziel sein. Es reicht, wenn die Möglichkeiten, ein lebenswertes Leben zu führen, ausreichen. Diesen Zustand möchte ich Wohlstand nennen, einen Stand, bei dem es einem wohl ergeht und bei dem man sich wohl fühlt. Die Kunst besteht darin, diesen Zustand selbst zu definieren und nach eigenen Maßstäben für einen selbst schön und bejahenswert auszugestalten, auch gegen gesellschaftliche Standards. Das kann dann auch diejenigen, die einstmals reich waren, zur »Kunst des stilvollen Verarmens« veranlassen (Schönburg, 2006).

Macht statt Herrschaft: Das Wort »Macht« steckt auch in »Ver-mög-en« und in »Mög-lichkeit«. Macht kann also als ein Vermögen verstanden werden, die eigenen Möglichkeiten (Potenzen) auch verwirklichen zu können und das, ohne vom Vermögen anderer allzu sehr eingeschränkt zu werden. Macht (franz.: »pouvoir«; engl.: »power«) ist also allen Beziehungen zwischen Menschen inhärent: Jeder versucht doch, mit aller Macht sein Leben zu leben und das auch gegen die Macht der anderen, die ebenfalls eigenwillig ihr Leben leben wollen. Das bedeutet immer im Fall eines Konflikts eine Auseinandersetzung darüber, wer die Macht hat, seine Ansprüche durchzusetzen. Dabei können die Ansprüche gerechtfertigt oder ungerechtfertigt sein. Legitim ist Machtausübung immer in der Abwehr von Bemächtigungsversuchen durch andere. Um hier aber das rechte Maß zu finden und meine Macht nicht ungerechtfertigt einzusetzen, muss ich Macht über mich selbst gewinnen. »Es ist die Macht über sich selbst, die die Macht über die anderen reguliert« (Foucault, 2007, S. 262). Sonst etabliert Macht Herrschaftsbeziehungen, die darin bestehen, die Macht der anderen mit Gewalt ungerechtfertigt einzuschränken, sie zu dominieren, sie zu regieren, ihnen die Freiheit zur Selbstgestaltung zu nehmen. Herrschaft nimmt Spielräume für alle, ihr Leben nach eigenem »gustus«, nach eigener »raison« zu leben.

Allerdings kann Herrschaft auch legitim sein: Wenn ich in einem Land mit einer demokratischen Regierungsform leben will oder einen Arbeitsvertrag unterzeichnet habe, der meinen Vorgesetzten ein Direktionsrecht einräumt, dann muss ich mich in diesem legalen bzw. legitimen Rahmen unterwerfen. Damit werden aber Spielräume eingeschränkt; nonkonforme, innovative, kreative Möglichkeiten, zu leben und zu arbeiten, kommen nicht zum Zuge. Das kann eine Gesellschaft, ein Unternehmen von lebenserhaltenden Ressourcen abschneiden, zudem die betroffenen Individuen dadurch immer mehr »verarmen«. Die Regierungskunst besteht also darin, die Herrschaft so auszuüben, dass weder die eigenen Machtgelüste als Willkür Oberhand gewinnen, noch dass die Gewinn bringenden Möglichkeiten der Untergebenen allzu sehr eingeschränkt werden. Sie kann sogar darin bestehen, anderen Macht zu verleihen, sie zu »ermächtigen«, eigenverantwortlich zu handeln (»empowerment«). Der Machthaber (Potentat) wird dann zum Machtgeber, zum Ermöglicher (»facilitator«).

Die Kunst besteht also darin, Macht über seine eigenen Lüste zu gewinnen, machtvolle Potenzen, Fähigkeiten, Kompetenzen auszubilden, um sein eigenes Leben angenehm und anständig führen zu können und dabei andere zum Mitmachen gewinnen zu können. Lebensziel muss also sein, dazu über genügend Macht zu verfügen. Herrschaftsausübung ist nur notwendig, um ungerechtfertigte, gewaltförmige Machtauseinandersetzungen zu verhindern. Bedingungslose Herrschaft über andere zu erringen, kann daher niemals ein sinnvolles Lebensziel sein.

Ansehen statt Prominenz: Prominente stehen im Lichte der Öffentlichkeit, weil sie berühmt sind. Sie sind berühmt, weniger weil sie durch eine besondere Leistung Ruhm und Ehre erworben haben, vielmehr weil sie viele »Verehrer« gefunden haben. Je größer deren Anzahl und je heißer die Verehrung, desto eindrücklicher die Prominenz. Bei ihrer Herstellung spielt der gute Kontakt zu den Medien wiederum eine prominente Rolle. Leicht kann diese Prominenz aber von den Prominenten selbst mit Ansehen verwechselt werden. Ansehen beruht dagegen auf gegenseitiger Anerkennung. Sie ist wichtige Voraussetzung für menschliches Glück. Nicht angesehen zu werden und zu sein, missachtet oder verachtetet, gar vollständig übersehen zu werden, kann die Selbstachtung untergraben und zur Verzweiflung führen. Angemessenes Ansehen zu erwerben, kann daher Lebensziel sein, nicht aber Prominenz, weil diese leicht zu fehlerhafter Selbsteinschätzung führt und von Zustimmung, von Beachtung abhängig macht. Als Maxime kann daher gelten:

»Suche die Leistung als solche, schöpfe aus ihr Selbstachtung und bemühe Dich um die Achtung anderer nur nach Maßgabe von zwei Kriterien, der tatsächlich erbrachten Leistung und deren Wertschätzung allein durch die Personen, die die Leistung unparteiisch zu würdigen vermögen« (Höffe, 2007, S. 124).

Wer am Ende seines Lebens sagen kann: »Ich habe diese Ziele nach eigener Maßgabe erreicht«, kann sich glücklich schätzen. Wer dagegen unerreichbaren oder falschen Zielen nachgeeilt ist oder sich schlicht zuwenig Mühe gegeben hat, wird sich als gescheitert betrachten müssen (vgl. Doehlemann, 1996; Junge u. Lechner, 2004). Wer dagegen alles in seiner Macht Stehende getan hat, aber doch zu wenig erreicht hat angesichts entgegenstehender Verhältnisse, dem sei mit Wilhelm Schmid gesagt:

»Die Schwäche ist kreativ und produktiv: Sie treibt Sensibilität hervor, sie schärft das Bewusstsein, sie arbeitet an dem Werk, von dem das Selbst sich einen Zugewinn an Stärke verspricht. Die Notwendigkeit der Schwäche, mangels Stärke ungeschützt zu agieren, bricht verkrustete Strukturen auf und öffnet den Raum des Anderen, der Transformation: Neue Möglichkeiten der Gestaltung fliegen dem zu, der schwach sein kann. Neue Möglichkeiten der Begegnung kommen in den Blick, denn der, der schwach ist, öffnet sich für andere, wenn auch aus purer Not. Wer stark ist, bedarf anderer hingegen nicht – bis eine Schwäche ihn überkommt; dann aber ist er allein. Menschen scheitern an ihren Stärken eher als an ihren Schwächen; wahre Stärke ist daher, schwach sein zu können« (Schmid, 2004, S. 37).

7.4 Arbeiten als Kunst

Das Programm *Ästhetik der Existenz* muss alle Lebensbereiche umfassen, oder es bedeutet nichts. Zur »ars vivendi« gehört auch die »ars laborandi« (→ 8.3.2). Es geht also darum, auch das Arbeiten zu einer stilvollen Kunst zu machen. Diese Kunst bewegt sich zwischen dem Glücksstreben eines jeden und den Erfordernissen der realen Arbeitsverhältnisse. Weder kann es darum gehen, die machtvolle Realität zu verleugnen und Glücksillusionen zu verbreiten. Noch können die Verhältnisse einzig und allein als Glückshindernisse aufgefasst werden: Sie können nämlich auch viele Glückschancen bieten, wenn diese nur gesehen und machtvoll genutzt werden. Glücksrealisierung hier und jetzt muss also Kompromisse eingehen zwischen dem Wünschenswerten und dem Möglichen, zwischen der Utopie und der Realität, zwischen der Normativität und der Normalität (vgl. Rolf, 2007).

Nun enthält nicht jede Erwerbsarbeit zur Existenzsicherung großartige Möglichkeiten einer kunstvollen Gestaltung (→ 1.3). Das bieten eher Arbeiten, die kenntnisreiches Können verlangen. Die Tätigkeiten der Fach- und Führungskräfte, an die sich Life-Coaching wendet, sind solche Künste. Zu ihnen muss man sich berufen fühlen (lat.: »professio«, Bekenntnis zur Berufung), man kann sie also nicht einfach nur als Job ausführen. Sie müssen daher Spielräume für autonome Gestaltung lassen (→ 6.4). Dieses spielerische Sich-Einlassen auf eine ernsthafte, verantwortungsvolle Tätigkeit ist dann mit einem Zustand des *Flow* verbunden (→ 5.4.2).

Spiele in der Arbeitswelt sind aber immer Machtspiele, in denen es um die Durchsetzung von Interessen geht (Neuberger, 1988). Werden diese Spiele unfair gespielt, dann werden Technologien der »domination« eingesetzt, um Herrschaft zu eigenem Vorteil zu sichern. Den Beherrschten wird dann »mitgespielt«. Werden diese Spiele dagegen fair gespielt, dann geht es um die Herstellung von Machtbalancen (Crozier u. Friedman, 1993; Ortmann, 2004). Die Kunst der Mikropolitik (Neuberger, 1995; Heinrich u. Schulz zur Wiesch, 1998) arbeitet vornehmlich mit spielerischen Inszenierungen. Sie ist eine zentrale Technologie der »Bluff-Gesellschaft«, in der Karrieremachen und Vortäuschen falscher Tatsachen oft ein und dasselbe sind (Schwertfeger, 2002).

Gerade die Tätigkeiten professioneller Dienstleister bieten viele Möglichkeiten der Inszenierung (Pfadenhauer, 1998; 2003). Diese Spiele zu durchschauen (Küng, 2005) und für den eigenen Auftritt eine angemessene Balance zu finden zwischen authentischer Selbststilisierung und einer showmäßigen »performance«, kann Aufgabe von Supervision und Coaching sein (Buer, 2004a). Aber auch Führung besteht zu einem großen Teil aus Inszenierungskunst (Neubert, 1992; Pongratz, 2002; 2003). Die Frage ist aber, welche dieser Künste lässt sich als eine »téchne toû bíou« fassen, die sich mit der kunstvollen Gestaltung eines sinnvollen, glücklichen und verantwortlichen Lebens vereinbaren lässt (→ 6.5)?

7.4.1 Die Kunst professionellen Arbeitens

Adressaten des Coachings sind zum einen die professionellen Beziehungsarbeiter (→ 2). Ihre Beziehungskünste gehen zurück auf die Handwerks- und Ingenieurskünste, aber auch auf die »artes liberales« (u. a. Grammatik, Rhetorik, Dialektik) und die »artes mechanicae« (u. a. »medicina«, »theatrica«) wie die Praktiken der Konsultation des Mittelalters. Zwar stellen heute die Wissenschaften ein viel breiter gefasstes Wissen zur Ausübung dieser Künste zur Verfügung. Die konkrete Gestaltung von Settings und Prozessen in konkreten Situationen mit konkreten Menschen bleibt aber eine Kunst, die auf speziellen Wegen erfahrenes Wissen und Können verlangt, das die Wissenschaften prinzipiell nicht bieten können. Die Gestaltung der konkreten Beziehung zu den Klienten, Patienten, Kunden erfolgt nach professionellen Standards, die nicht nur einem hohen Berufsethos entspringen. Sie repräsentieren auch einen »state of the art«. Diese Kunst ist auch ästhetisch stilisiert, damit sie für die Adressaten eingängig ist: Sie muss nicht nur den Verstand ansprechen, sondern auch alle Sinne.

Die Kunst professionellen Arbeitens besteht aber auch darin, die vier Komponenten dieser Berufstätigkeit in Einklang zu bringen: die eigene Spezialisierung, den Bezug zu den Referenzwissenschaften, die Etablierung im Berufsfeld und den Kontakt zu den Auftraggebern und relevanten gesellschaftlichen Instanzen. Gelingt es, diese Komponenten zu einer kohärenten, schönen Gestalt zusammenzufügen (»alignment«), wird die Arbeit als gut, ausgezeichnet, in sich stimmig betrachtet, wie Gardner, Csikszentmihalyi und Damon (2005) in ihrer Studie über professionelle Arbeit in den USA herausgearbeitet haben. Erst in einer so gestalteten Umwelt kann die Freiheit der Kunst zum Zuge kommen, kann sie sich zum Wohl der Adressaten entfalten. Und so ist sie auch mit *Flow*-Zuständen verbunden, in denen Höchstleistungen vollbracht werden können.

Beziehungsarbeiter sind also Künstler, die im Kontakt mit Menschen Gestaltungsideen entwickeln, damit spielerisch improvisieren und kreative Kräfte bei sich und anderen hervorrufen. Sie entwickeln dann einen originären Arbeitsstil, der sich durch ein angenehmes, elegantes Können auszeichnet. Insbesondere Life-Coaches sollten sich selbst als Künstler verstehen, die andere Menschen durch ihre Kunst ermächtigen, selbst Lebenskünstler zu werden. Und diese »ars vivendi« umfasst dann auch eine »ars laborandi«, die die künstlerische Kompetenz der Beziehungsarbeiter, ihr kenntnisreiches Können weiterqualifiziert zum Wohle ihrer Adressaten und damit auch im Interesse der Gesellschaft, in deren Auftrag sie sich letztlich engagieren. Wer aber »philía«, Freundschaft, in der Arbeit mit anderen praktizieren will, muss einen freundschaftlichen Umgang mit sich selbst pflegen: Er muss wohlwollend an seiner eigenen Tüchtigkeit arbeiten (→ 8.1).

7.4.2 Die Kunst des Führens

Adressaten des Life-Coachings sind zum anderen alle, die eine Führungsaufgabe übernommen haben (→ 3). Diese Tätigkeiten stehen in der Tradition der Regierungskünste, der Gouvernementalität, der Governance. Auch das Führen ist eine Kunst, die konkrete Menschen in konkreten Situationen dazu bringen soll, bestimmte Dinge zu tun, die sie sonst nicht tun würden. Aufgrund dieses asymmetrischen Verhältnisses gibt es zwar eine Übermacht der Führungskraft gegenüber dem Untergebenen. Aber dieser muss sich auch führen lassen (Neuberger, 2002). Damit er sich auch führen lässt, ist Führungskunst gefragt. Denn der Untergebene hat die Macht, sich auf ganz subtile Weise zu verweigern. Hier können Künste der Überredung, der Verführung, aber auch der Machtdemonstration und des Zwangs eingesetzt werden. Ein derart autoritärer Führungsstil führt aber zur Anpassung und zur Abtötung der Eigeninitiative der Mitarbeiter. Damit läge aber ein Potenzial brach, das sinnvoll genutzt werden könnte. Zudem wird damit die Würde des Menschen verletzt; dieser Führungsstil ist somit unverantwortlich.

Soll nicht auf dieses Potenzial verzichtet werden, ist ein anderer Führungsstil verlangt, der sich als *Leadership* kennzeichnen lässt (Gardner, 1997; Bennis, 1998; Owen, 2001; Schwarz, 2002). Es kommt dann darauf an, die Mitarbeiter im Dialog zu gewinnen, sich selbstverantwortlich für die Organisationsziele einzusetzen (Meyer, 2002). Dazu gehört zum einen das Gestalten von geeigneten Rahmungen für engagiertes Arbeiten: Die Führungskraft muss dann

- eine überzeugende Vision vor Augen führen (»imagination«),
- ein Klima des Vertrauens herstellen,
- Sinn anbieten,
- aus Fehlschlägen neue Möglichkeiten eröffnen,
- für ein geeignetes Arbeitsklima sorgen,
- flexible Organisationsformen entwickeln.

Daneben muss sie mit den Mitarbeitern in tragfähigem Kontakt sein und die Beziehung differenziert so gestalten, dass individuell umsetzbare Ziele vereinbart und passende Rahmenbedingungen zur Verfügung gestellt werden. Dabei muss die Führungskraft die Balance zwischen dem Allgemeininteresse der Organisation und dem speziellen Interesse des Mitarbeiters halten können. Das alles verlangt kenntnisreiches Können, ist also eine Kunst, die nicht einfach gegeben ist, sondern mühevoll ausgebildet sein will. Regierung anderer setzt zudem Selbstregierung voraus. Coaching von Führungskräften muss also nicht nur Kompetenzen des Leadership fördern, es muss auch die Arbeit an sich selbst herausfordern (Buer, 2002).

Die Kunst des Führens muss somit eingebettet sein in eine »ars vivendi«, die auch eine Balance zwischen Arbeit und Leben ermöglicht (→ 8.3). Dann wird aber auch ein überhöhter Stellenwert der Arbeit für die persönliche Identität relativiert.

Die Arbeit als Kunst betrachten, heißt also: sie in eine Lebenskunst einbeziehen, in der wichtige Lebensziele verwirklicht werden. Dann geht es auch in der Arbeit – aber nicht nur dort – um Lebensfreude, Wohlstand, Macht und Ansehen. Arbeit ist dann nicht einfach nur Mittel zum Zweck; sie ist selbst Teil dieses Strebens: Sie soll dann weder einen Suchtcharakter annehmen (»workaholic«) noch von Anstrengung und Stress dominiert sein: Sie muss freudiges Engagement und damit *Flow* ermöglichen. Sie soll durch ein Klima des Vertrauens gekennzeichnet und gut ausgestattet sein, sodass man sich dort wohl fühlen kann. Sie soll genügend Möglichkeiten bieten, das eigene Vermögen selbstverantwortlich auch zum Einsatz zu bringen. Die Arbeit soll ansehnlich sein, das heißt nützlich in den Augen der Adressaten und der Gesellschaft, aber auch im Blick auf sich selbst. Diese Ausgestaltung der Arbeit als Kunst zu ermöglichen, ist zentrale Aufgabe des Life-Coachings.

7.5 Orientierungspunkte der Lebenskunst: Klugheit – Vortrefflichkeit – Spiritualität – Weisheit

Wenn Life-Coaching die Kunst ist, Lebenskunst zu fördern, damit die Adressaten sinnvoller, glücklicher und verantwortlicher leben und arbeiten können, dann lässt sich diese Arbeit an vier Orientierungspunkten festmachen:

Klugheit: Um überhaupt sinnvoll handeln zu können, ist Klugheit erforderlich (Pieper, 1991, S. 13ff.; Schmid, 1998, S. 221ff.; Comte-Sponville, 2004, S. 45ff.; Höffe, 2007, S. 153ff.). Sie umfasst das nötige Wissen, aber auch die nötige Schlauheit, damit geschickt umgehen zu können: Man muss nicht alles wissen, aber das Richtige. Man darf nicht alles glauben, was einem als unumstößliches Wissen angeboten wird. Man sollte primär das wissen, was man auch gebrauchen kann. Man sollte nicht nur auf den Verstand, auf die Reflexivität vertrauen; man sollte auch die Intuition, das Bauchgefühl, die emotionale Intelligenz, die Kreativität ausbilden und einsetzen.

Vortrefflichkeit: Es geht bei der Lebenskunst weniger um die Kompetenz, gesellschaftliche Konventionen, moralische Pflichten und verbindliche Gesetze zu kennen und einzuhalten. Es geht vielmehr um die individuelle Entwicklung und Pflege menschlichen Vermögens. Diese Lebenstauglichkeit zu einer schönen, ansehnlichen Gestalt auszubilden, macht den Menschen zu einem vortrefflichen. Und diese Vortrefflichkeit zeigt sich in einem libertären Lebensstil, der Vergnügen und Verantwortung glücklich zu verbinden weiß, damit das konkret gelebte Leben auch Sinn macht.

Das Bemühen um diese Vortrefflichkeit war Gegenstand der Strebensethik seit der Antike. Von Aristoteles über Thomas von Aquin bis zu Benjamin Franklin (in Fehige et al., 2004, S. 368ff.) wurden immer wieder Tugendkataloge aufgestellt, die man sich vor Augen halten sollte. Leider führte das oft eher zur Einsicht der eigenen Lasterhaftigkeit (vgl. Bellebaum u. Herbers, 2007) mangels geeigneter Wege des Know-how. Neben den spirituellen Exerzitien wurden auch über die Jahrhunderte immer wieder pädagogische Wege angeboten, leider eher unter den Labels der »Gewissensbildung« oder der »Moralischen Erziehung«. Heute dagegen kann das Gewissen nicht mehr als eine feste, vorgegeben Größe gesehen werden, sondern als Funktion, die im Subjekt vorgegebene Handlungsanforderungen in Zweifel zieht und damit erst Bildungsprozesse auslöst (vgl. Weiß, 2004). Zudem ging es bei der pädagogischen Tugendförderung eher um Lastervermeidung als um Glückssteigerung. Dieses Ziel wird erst gegenwärtig wieder programmatisch für Bildungsprozesse formuliert (vgl. Brumlik, 2002). Und die Psychologie bietet sich heute verstärkt an, dazu auch psychologisches Wissen zur Verfügung zu stellen (vgl. Auhagen, 2004; Grabe, 2002; Rahm, 2004; Schwennen, 2004; → 5.4.1). Dann geht es um die »Ertüchtigung«, um das »Tauglichmachen« eines konkreten Menschen, um die Entfaltung seines einmaligen Vermögens, seiner Potenzialitäten, sodass er seine Möglichkeiten gerade auch in der Arbeit exzellent ausschöpfen kann, damit sein einmaliges Leben auch gelinge und er dabei glücklich werde.

Spiritualität: Das Bemühen um Vortrefflichkeit und einen schönen und bejahenswerten Lebensstil muss umfassend sein. Um den Sinn des eigenen Lebens herauszufinden, bedarf es nicht nur des besonnenen Nachdenkens, es bedarf auch bestimmter Praxen der Besinnung, die alle Sinne einbeziehen (wie Meditieren, Pilgern, kreativ Gestalten, Tanzen, Singen, Instrumente spielen, dialogische Gespräche führen, Lesen, Schreiben, Lauschen oder Betrachten). Diese praktischen Übungen zur Selbstbesinnung sollen nicht von der Welt wegführen, sondern zu ihr hin, wie Buber immer wieder betont hat. Es geht dabei nicht darum, ekstatische Erlebnisse zu evozieren, sondern das In-der-Welt-Sein (Dewey) unmittelbar mit seinen beglückenden, aber auch erschreckenden Seiten intensiver zu erfahren, möglichst wenig abgelenkt durch überflüssige Geschäftigkeit. Diese mystische Erfahrung des unmittelbaren Berührtseins von Selbst und Welt öffnet das Subjekt für eine überströmende Weltfrömmigkeit. Diese Transformation des Selbst transzendiert nicht die Welt in ein Jenseits, sondern eröffnet neue Möglichkeiten, die bisher noch nicht in der Welt waren. Life-Coaching muss helfen, diese Möglichkeiten zu schaffen, und die Klienten ermutigen, sie zu ergreifen, um so sich und damit die Welt gerade auch in ihrer

Arbeit vortrefflicher zu machen. Basis ist der Glaube, dass durch *Imagination* und *Intelligenz* eine Verbesserung möglich ist (→ 4.4).

Weisheit: Weise möchte ich einen Menschen nennen, der Klugheit, Vortrefflichkeit und Spiritualität miteinander ausgewogen zu einer höheren Einheit verschmelzen kann: Weisheit besteht dann darin,

- zu erspüren, welche Art und Weise der *Vortrefflichkeit* mir möglich ist,
- meine Möglichkeiten auf dieses Ziel hin *klug* zu nutzen, und
- daran zu *glauben*, dass diese rechten Bemühungen auch gelingen können.

Obwohl sich die Philosophie die Weisheit (altgr.: »sophía«) auf die Fahne geschrieben hat, so hat sie sich doch in ihren Mainstreams kaum darum gekümmert, sodass die universitäre Philosophie heute dazu nur wenig zu sagen hat (Oelmüller, 1989). Im Gegensatz dazu kann die empirische Weisheitsforschung immerhin bestimmte Merkmale benennen, die offensichtlich weltweit Weisheit charakterisieren: Nach dem »Berliner Weisheitsmodell« (Rösing, 2006, S. 23ff.) werden auf der Basis eines reichen Fakten- und Verfahrenswissens Lebensereignisse in einen »Lifespan-Kontext« eingeordnet, wird mit unterschiedlichen Werten tolerant umgegangen und kann man mit Ungewissheit gelassen umgehen. Ina Rösing (2006) macht aber aufgrund ihrer kulturanthropologischen Forschungen deutlich, dass dieses Modell ganz offensichtlich kognitionslastig ist. Dieser Denkstil kann nur als (kleiner) Teil eines umfassenden Lebensstils gesehen werden, der darüber hinaus auch spirituelle Praktiken umfassen muss. Zudem wird Weisheit in diesem Modell als Gegensatz zur Leidenschaftlichkeit konstruiert. Weise ist es aber nicht, den Lüsten zu entsagen, sie zu unterdrücken. Weise ist es vielmehr, sie zu kultivieren, sodass auch sinnliches Vergnügen beglückt. Weisheit ist daher auch nicht dem Alter vorbehalten. Sie setzt zwar eine gewisse Lebenserfahrung voraus, ist aber weniger an Quantität als an Qualität gebunden.

Der Umgang mit Ungewissheiten lässt sich näher beschreiben als ein gelassener Umgang mit Polaritäten, Widersprüchen oder Antinomien des konkreten Lebens. Weise Menschen

- wissen trotz ihres umfassenden Wissens um ihr Nichtwissen;
- sind so klug, dass sie stets nicht nur mit der Dummheit der anderen, sondern auch mit ihrer eigenen rechnen;
- glauben fest an einen bestimmten Sinn ihres Lebens und Arbeitens und stellen ihn doch immer wieder in Zweifel;
- sind lebenstüchtig, gerade weil sie um ihre eigene Boshaftigkeit wissen und bereit sind, ihre eigenen Fehler sich und den Betroffenen immer wieder einzugestehen und – so gut es geht – wiedergutzumachen;
- ziehen sich immer wieder zu spirituellen Übungen zurück (»contemplatio«), um sich so erneuert und erneut in die Welthändel einzumischen.

Die dazu nötige Haltung lässt sich als »Unerschütterlichkeit« (altgr.: »ataraxía«, lat.: »tranquillitas animi«) bezeichnen. Sie soll aber nicht zur Weltabgewandtheit führen, sondern geradezu Welttauglichkeit ermöglichen. Es geht um die Kunst der Lebensführung nach selbst verantworteten Maßstäben, wie das schon Epikur propagiert hat (→ 5.2.2). Diese Autonomie zeigt sich auch in Zeitsouveränität (Klein, 2007). Da wir nicht außerhalb der Zeit leben können, können wir sie auch nicht zum Objekt machen: Wir können sie nicht bearbeiten, also auch nicht »managen«. Wir können nur gelassen leben, das heißt unsere Zeit in der Welt (und das sind für jeden 24 Stunden pro Tag) so leben, dass wir das Überflüssige lassen und uns auf das Wichtige konzentrieren. Dann *vergeht* die Zeit nicht in jedem Moment, sie *entsteht* mit jedem Tag, mit jeder Stunde neu: Denn jeder Tag birgt neue Möglichkeiten, die wir zum Leben erwecken können. Das meint die Aufforderung des Horaz: »Carpe diem!« Nütze die Zeit, die dir an jedem Tag, den du lebst, erneut geschenkt wird. Dann erlebst du die Zeit als eine vor dir liegende, die du kreativ ausfüllen kannst. Und wenn du die Zeit nach bestem Wissen und Gewissen ausgefüllt hast, dann ist es auch keine »vertane Zeit«.

Heute lässt sich diese Haltung am ehesten als »heitere Gelassenheit« charakterisieren. Dorothea Rahm beschreibt dieses Konstrukt so:

> Gelassenheit »dient dazu, mich zu lehren, auf eine für mich und meine Möglichkeiten angemessene Weise mit Affekten und Herausforderungen des Lebens umzugehen und die eigenen Fähigkeiten zu entfalten. Sie geht einher mit dem Gefühl, dass mir dies auf irgendeine Weise immer wieder möglich sein wird. Ihre Entwicklung als lebenslanger Prozess beginnt lange vor der Geburt. Gelassenheit entsteht auf der Basis von Bindungssicherheit und bewirkt Bindungssicherheit. Sie entwickelt sich mit den Fähigkeiten zu vertrauen und zu misstrauen, mit der Fähigkeit, aus guten und aus schlechten Erfahrungen zu lernen. Gelassenheit geht einher mit der Fähigkeit, sich einen Grund für Hoffnung zu erarbeiten. Sie ereignet sich in Verbindung mit Neugierde, Empathie und Engagement für sich selbst und seine Mit-Welt, verliert sich angesichts der Fähigkeit, betroffen zu sein, z. B. von eigener Schuld, und findet sich wieder in der Fähigkeit, sich und anderen zu verzeihen« (Rahm, 2004, S. 34f.).

Diese Gelassenheit ist vor allem unverzichtbar in schwierigen Situationen, in denen Niederlagen verarbeitet werden müssen. In der Arbeitswelt kann dies das Misslingen einer schwierigen medizinischen Operation, eine falsche Investitionsentscheidung mit desaströsen Folgen, die betriebsbedingte Entlassung aus einer geliebten Berufstätigkeit, das Unterliegen in einer betrieblichen Auseinandersetzung, das Scheitern eines aufwändigen Forschungsprojekts sein. Ernest Hemingway hat in seiner Erzählung »Der alte Mann und das Meer« beschrieben, wie ein alter Fischer mit ansehen muss, dass die Haie seinen Fang, der ja seine Existenzgrundlage ist, während der Rückfahrt in den Hafen zerfetzen. Das als unabänderlich hinzunehmen, nicht zu verzweifeln, ja sogar »fahrttauglich« zu bleiben und den Mut zu haben, morgen erneut aufzubrechen und seine Arbeit wieder aufzunehmen, bedarf der Gelassenheit. Hemingway hat diese Haltung in der Sentenz verdichtet: »Man kann vernichtet werden, aber man darf nicht aufgeben« (Hemingway, 1952, S. 132). Die Gelassenheit kann sich aber auch zu frohem Lebensmut steigern. Und so möchte ich am Schluss William James das Wort geben:

»Haben Sie keine Furcht vor dem Leben! Glauben Sie daran, dass das Leben wert ist, gelebt zu werden, und ihr Glaube wird dazu beitragen, die Tatsache herbeizuführen. Der ›wissenschaftliche Beweis‹, dass Sie Recht haben, wird möglicherweise nicht offenbar, bevor der Tag des Jüngsten Gerichts herbeigekommen ist (oder irgendein durch diesen Ausdruck symbolisch bezeichnetes Stadium des Daseins). Die treuen Kämpfer dieser Stunde aber, oder die Wesen, welche dann und dort an ihrer Stelle stehen, wenden sich dann wohl an die Kleinmütigen, die hier das Vorwärtsschreiten aufgeben, mit Worten, wie sie Heinrich IV. dem säumigen Crillon entgegenrief, als man einen großen Sieg errungen hatte: ›Hängt Euch, tapferer Crillon! Wir kämpften bei Arques, und Ihr wart nicht dabei!‹« (James, in Fehige et al., 2004, S. 289).

Erträge für den Coach

- Bei der *Lebenskunst* als einer »ars vivendi« geht es um die kunstvolle Herstellung, das heißt dauerhafte Gestaltung eines bestimmten gelebten Lebens. Die so geschaffene Lebens- und Arbeitsweise soll mit allen Sinnen als ästhetisch schön wahrgenommen werden. Erst dann hat das Leben »Stil«.
- Coaching-Klient/innen gehören vornehmlich zu folgenden drei Milieus der »Erlebnisgesellschaft«, die Gerhard Schulze in seiner Untersuchung herausgearbeitet hat: In der Tendenz geht es beim Coaching im *Niveaumilieu* um die Stärkung hierarchisierender Sichtweisen und Handlungpraxen, im *Integrationsmilieu* um die Einpassung in die vorgegebene Organisationskultur, und im *Selbstverwirklichungsmilieu* um Persönlichkeitsentwicklung. Damit müssen Coaches rechnen.
- Die Erlebnisgesellschaft lebt von *spielerischen Inszenierungen* auch in der Arbeitswelt, die sich zwischen authentischer Selbstdarstellung und Illusionstheater bewegen. Auch das Coaching ist Teil dieses Spiels, sei es auf den Vorder-, sei es auf den Hinterbühnen.
- *Ästhetische Erfahrungen* fasst John Dewey als ein Überschreiten bisheriger Begrenzungen des Handelns hin zu einer gelingenden Praxis, in der alles Fragmentarische, Zerrissene überwunden ist in der gemeinsamen Erfahrung der jeweiligen Praxisgemeinschaft zugunsten einer unmittelbaren Steigerung des Lebens. Das könnte als genereller Zielhorizont des Life-Coachings gelten.
- Die Philosophie hat vor allem in der Antike wichtige Anregungen zu einer Lebenskunst gegeben. Auch Michel Montaigne hat im Übergang zur Neuzeit in seinen Selbstbetrachtungen auch heute noch bedenkenswerte Erkenntnisse formuliert. All diese Reflexionen und Maximen müssen jedoch vor ihrem jeweiligen gesellschaftlichen Hintergrund interpretiert werden

und können daher nur modifiziert auf die heutige Zeit übertragen werden.

- Mit der *Sorge um sich selbst* hat Michel Foucault den Individuen in der Postmoderne eine Perspektive gegeben: Sie sollen sich selbst stärken, um im Geflecht der Machtbeziehungen mithalten zu können. Ihm geht es um *Gouvernementalität* als einer Regierungskunst, die sowohl die Ermächtigung seiner selbst wie die Bemächtigung anderer umfasst. Coaching ist dabei ein nicht unwichtiges Instrument.
- Wilhelm Schmid fordert die Individuen auf, unter den verschiedenen Lebensmöglichkeiten *die richtige Wahl* zu *treffen*, eine Wahl, die sie mit ihrer gesamten Existenz bejahen können. Um das leisten zu können, bedarf es der Klugheit, der Handlungskompetenz und der Kunstfertigkeit. Diese Sicht bietet eine gute Orientierung gerade für Entscheidungen sowohl von Fach- wie von Führungskräften.
- Mit der Erläuterung eines aktualisierten *Tugendkatalogs* bietet André Comte-Sponville eine Skizze der Fähigkeiten, die vortrefflich dazu taugen, in verantwortlichen Positionen angemessene Entscheidungen zu fällen und ihre Folgen auf Dauer auch mittragen zu können.
- Das Anstreben eines jeden Arbeitsziels im Coaching muss vereinbar sein mit der Orientierung an *umfassenden Lebenszielen.* Als allgemeine Ziele schlage ich vor: Lebensfreude statt Genusssucht, Wohlstand statt Reichtum, Macht statt Herrschaft und Ansehen statt Prominenz.
- Gerade die Tätigkeiten von Professionellen wie von Führungskräften im Umgang mit Menschen können als *Beziehungs-, Steuerungs- bzw. Regierungskünste* verstanden werden im Rahmen mikropolitischer Auseinandersetzungen innerhalb und außerhalb von Organisationen.
- So sind *professionelle Beziehungsarbeiter/innen* im oben genannten Sinne Künstler/innen, die mit Menschen Gestaltungsideen entwickeln, damit spielerisch improvisieren und kreative Kräfte bei sich und anderen hervorrufen. Sie entwickeln dann einen originären, möglicherweise originellen Arbeitsstil, der sich durch ein angenehmes und elegantes Können auszeichnet. Das könnte ein ideales Maß für professionelles Arbeiten sein.
- Auch *Menschenführung* ist eine hohe Kunst, die sowohl kunstvoll Rahmenbedingungen für zielführendes Arbeiten in einer angenehmen Organisationskultur gestaltet als auch in direkter Beziehung Talente fördert und Leistungen herausfordert.
- Als generelle *Orientierungspunkte der Lebenskunst* können zusammenfassend gelten: Klugheit, Vortrefflichkeit, Spiritualität und Weisheit. Gerade Life-Coaching sollte diesen Horizont eröffnen.

Literatur zum Thema

Comte-Sponville, A. (2004). Ermutigung zum unzeitgemäßen Leben. Ein kleines Brevier der Tugenden und Werte. Reinbek: Rowohlt.

Csikszentmichaly, M. (2001). Lebe gut! Wie Sie das Beste aus Ihrem Leben machen. München: dtv.

Dewey, J. (1934/1988). Kunst als Erfahrung. Frankfurt a. M.: Suhrkamp.

Foucault, M. (2007). Ästhetik der Existenz. Schriften zur Lebenskunst. Frankfurt a. M.: Suhrkamp.

Greffrath, M. (2006). Montaigne heute. Leben in Zwischenzeiten. Zürich: Diogenes.

Hadot, P. (2005). Philosophie als Lebensform. Antike und moderne Exerzitien der Weisheit. Frankfurt a. M.: Fischer.

Heinrich, P., Schulz zur Wiesch, J. (Hrsg.) (1998). Wörterbuch zur Mikropolitik. Opladen: Leske + Budrich.

Rösing, I. (2006). Weisheit. Meterware, Maßschneiderung, Missbrauch. Kröning: Asanger.

Schmid, W. (1998). Philosophie der Lebenskunst. Eine Grundlegung. Frankfurt a. M.: Suhrkamp.

Schmid, W. (2004). Mit sich selbst befreundet sein. Von der Lebenskunst im Umgang mit sich selbst. Frankfurt a. M.: Suhrkamp.

Werle, J. M. (Hrsg.) (2000). Klassiker der philosophischen Lebenskunst. Von der Antike bis zur Gegenwart. Ein Lesebuch. München: Goldmann.

Teil III:
Die Felder des Life-Coachings

Nachdem in Teil I die generelle Lage der beiden Hauptadressatengruppen des Life-Coachings, die Lage der Fach- und Führungskräfte, genauer analysiert wurde und in Teil II die wichtigsten existenziellen Themen ausführlich vorgestellt wurden, gilt es nun, beide Wissensbestände so zu verbinden, dass sie als Folien zum Verständnis dessen dienen können, was im Coaching selbst konkret verhandelt wird. In der Praxis lassen sich drei Felder unterscheiden:

- der Umgang von Fach- und Führungskräften mit sich selbst (Schmidt-Lellek),
- der Umgang von Fachkräften mit ihren Adressaten (Schmidt-Lellek),
- der Umgang von Führungskräften mit ihren Mitarbeitern und Geschäftspartnern (Schreyögg).

Fach- und Führungskräfte müssen die Adressaten ihrer Tätigkeit so beeinflussen, das heißt steuern, aber auch ermächtigen, dass diese die gemeinsam akzeptierten Ziele besser erreichen können. Um diese »Regierungskunst« gegenüber anderen (Foucault) aber überhaupt ausüben zu können, müssen sie sich selbst steuern können. Dazu müssen sie an sich selbst arbeiten, und zwar kontinuierlich. Geschieht das nicht, setzen sich leicht – oft unbewusst – egoistische Wünsche und Leidenschaften durch, die sich der Adressaten bemächtigen, um sie über die Maßen im Eigeninteresse auszunutzen. Das würde jedoch den berechtigten Interessen der Adressaten widersprechen.

Zudem führt ein solches unverantwortliches Handeln zur Deprofessionalisierung, insofern als das professionelle Balancieren von Engagement und Abgrenzung, von Begegnung und Funktionalisierung, von Nähe und Distanz einseitig zugunsten der zweiten Seite aufgelöst würde. Das wird bei den Fach- und Führungskräften aber über kurz oder lang zu Gefühlen der Sinnlosigkeit und des Unglücklichseins führen. So muss das Life-Coaching die aktuelle Inanspruchnahme zum Anlass nehmen, den Coaching-Klienten in die permanente Arbeit an sich selbst einzuüben. Diese Selbstpraktiken müssen in Fleisch und Blut übergehen, das heißt in einem angemessenen Lebensstil auf Dauer gestellt werden.

Dabei ist für die professionellen Beziehungsarbeiter/innen die Gestaltung der Arbeitsbeziehung zu ihren Adressaten zentral, seien es Patient/innen, Klient/innen, Mandant/innen, Lernende oder sonstige Interessierte. Trotz der mit dieser Arbeit unweigerlich auftretenden Paradoxien müssen dialogische Beziehungen zu den Adressaten aufgebaut und durchgehalten werden. Um diese Arbeit auf Dauer durchhalten zu können, bilden sich Typen und Stile professionellen Handelns heraus, die jedoch je einmalig ausgestaltet werden müssen.

Da alle diese Personengruppen Professionelle aufsuchen, weil sie sich selbst nicht ausreichend helfen können, übernehmen diese Fachkräfte eine große Verantwortung: Sie können nicht nur die Erwartungen ihrer Adressaten enttäuschen, wenn sie unangemessene Aufträge annehmen bzw. unterhalb der professionellen Standards arbeiten. Sie können ihre Adressaten auch in deren Lebens- und Arbeitstüchtigkeit schädigen und ihre Würde verletzen. Life-Coaching muss daher alles tun, um die eingebrachten Probleme der Beziehungsgestaltung durch *horizontale und vertikale Amplifikation* als zentrale Themen vor Augen zu führen, denen sich jeder Professionelle mit seiner ganzen Existenz zu stellen hat.

Führungskräfte tragen zum ersten Verantwortung für die ihnen unmittelbar zugeordneten Mitarbeiter/innen. In dieser Hinsicht sind sie mit den professionellen Beziehungsarbeiter/innen zu vergleichen. Zum zweiten tragen sie aber auch eine besondere Verantwortung für eine menschengerechte Gestaltung des Geschehens in ihrer Arbeitsorganisation selbst, sei es ein Wirtschaftsunternehmen, eine staatliche Behörde oder Einrichtung, sei es eine Organisation des Dritten Sektors. Zum dritten tragen sie besondere Verantwortung für die Auswirkungen, die ihre Dienstleistungen bzw. Produkte auf die Konsumenten und die Umwelt, aber auch ihre Arbeitgeberfunktion für die arbeitende Bevölkerung der Region hat.

Den bisher umfassendsten Ansatz, diese Verantwortung von Führungskräften im Wirtschaftssektor zu beschreiben, haben Maag und Ulrich vorgenommen. Schreyögg stellt dieses Konzept einer »integren Unternehmensführung« in ihrem Beitrag vor. Damit wird eine Folie angeboten, die die im Coaching eingebrachten Themen der Führungskräfte sowohl in horizontaler wie in vertikaler Hinsicht sehr differenziert in einen größeren Zusammenhang stellen lässt. Dieses Konzept bezieht sich auf Wirtschaftsunternehmen; für die Betrachtung staatlicher sowie zivilgesellschaftlicher Organisationen muss es sicher modifiziert werden.

Mit diesem Konzept wird Individualethik mit Organisationsethik sowie mit politischer bzw. sozialer Ethik verbunden. Insofern geht dieser Beitrag von Schreyögg über unsere bisher entfaltete individualethische Perspektive hinaus (→ 6). In diesem Ansatz wird allerdings der Akzent von der Strebensethik zur Sollensethik verschoben. In kantischer Tradition wird diese Ausweitung als vernünftig dargestellt. Zweifellos ist mein Glück tangiert, wenn es den Menschen, die mir etwas bedeuten, schlecht geht. Für diese mikro- oder mesosozialen Zusammenhänge, um die es im Coaching zumeist geht, dürfte also unsere Kombination von Strebens- und Sollensethik ausreichen. Bin ich aber wirklich unglücklich, wenn meine Unternehmensentscheidungen Menschen betreffen könnten, die mir völlig fremd sind und die ich wohl kaum je kennen lernen werde? Um auch in diesem Fall bei globaler Vernetzung noch ethisch begründet zu handeln, ist eine Sympathie-Ethik wohl nicht mehr ausreichend. Hier muss denn doch der Verstand eingeschaltet werden. Ob das aber immer und überall zu moralischem Handeln führt, bleibt fraglich. Hier sind sicher »institutionelle Rückenstützen« (Ulrich) nützlich, das heißt Anreize bzw. Sanktionen, die von Staat und Gesellschaft eingerichtet werden.

Im Coaching von Führungskräften ist es daher wichtig, darauf zu achten, welche Stützsysteme es innerhalb der Organisation gibt bzw. welche noch implementiert werden müssen, damit verantwortliches Handeln nicht nur der »einfachen« Mitarbeiter/innen, sondern auch der Führungskräfte überhaupt umgesetzt wird. Diese in die Organisationsstruktur eingelassenen Beobachtungs-, Sanktions-, aber auch Unterstützungssysteme sind sicher – jedenfalls in größeren Arbeitszusammenhängen – unverzichtbar. Entscheidend bleibt aber, ob sich die arbeitenden Menschen selbst als verantwortlich begreifen. Denn nur dann werden diese Systeme etabliert, und nur dann werden ihre Anreize und Sanktionsandrohungen auch angemessen beachtet.

8 Der Umgang von Fach- und Führungskräften mit sich selbst

Christoph Schmidt-Lellek

Life-Coaching muss neben den Arbeitsfunktionen die *Person* als ganze in den Blick nehmen (Martens-Schmid, 2007; → 1.6). Denn ein wesentliches »Instrument« des Handelns ist die eigene Person – mit den individuellen Neigungen und Abneigungen, lebensgeschichtlich erworbenen Erfahrungen und Kompetenzen, Stärken und Schwächen. Dieses »Instrument« zu pflegen und zu schützen, dient also nicht allein dem individuellen Wohlbefinden, so wichtig dieses auch ist, sondern auch der Qualität professionellen Handelns.

So ist der Umgang mit sich selbst ein bedeutsames Thema im Coaching und ein Ausgangspunkt für viele weitere Fragestellungen. Hier geht es darum, die Ressourcen des Handelns in sich wahrnehmen und aktivieren sowie die Grenzen seiner Leistungsfähigkeit erspüren und berücksichtigen zu können. Die berufsbezogenen Fragestellungen sollen also auch in dem größeren Kontext der ganzen Person betrachtet werden. Eine solche »Selbstsorge« ist aber notwendig, um seine berufliche Arbeit als bedeutsamen Teil eines gelingenden Lebens erfahren zu können, und auch um den Gefahren eines Burnout vorbeugen zu können (Gussone u. Schiepek, 2000).

8.1 Selbstsorge: Verantwortung für sich und seine Lebensgestaltung

Während »Verantwortung« sich primär auf Andere, also auf äußere Instanzen richtet, auf die sich das eigene Handeln auswirkt und auswirken soll (→ 6), so steht in diesem Kapitel eine andere Blickrichtung im Vordergrund, die Verantwortung für sich selbst und die eigene Lebensgestaltung, auf die sich das eigene Handeln gleichfalls auswirkt. Eine gelingende Sorge um sich selbst ist allerdings als Voraussetzung für eine gelingende Sorge für Andere und für Anderes zu verstehen – Selbstsorge und Fremdsorge, Selbstverantwortung und Fremdverantwortung stehen in einem Wechselverhältnis. Eine Balance zwischen beiden kann nach beiden Seiten hin verloren gehen: als Egozentrik, das heißt als Überbetonung des Selbstinteresses auf Kosten der Verantwortung für Andere, und als Überbetonung der Sorge für Andere auf Kosten der Selbstsorge. Ersteres drückt sich in einer vielfach anzutreffenden »Ellenbogenmentalität« aus, indem alle anderen für eigene Zwecke instrumentalisiert werden. Letzteres kann sich in einem Überengagement für eine Sache oder für eine

Institution ausdrücken, wie es zum Beispiel manchmal in helfenden Berufen anzutreffen ist; dabei mag die christliche Tradition eine gewisse Rolle spielen, insbesondere in der protestantisch-calvinistischen Ausprägung (→ 1.3), wenn die »Selbstliebe« neben der geforderten »Nächstenliebe« nicht kultiviert werden kann. Es gibt aber auch Haltungen, die sich als eine Mischung aus beiden Fehlformen beschreiben lassen, wenn zum Beispiel eine Nachwuchsführungskraft als »High Potential« sich selbstausbeuterisch für eine Firma übermäßig engagiert und dabei im Interesse einer schnellen, steilen Karriere »über Leichen geht«, um schließlich in einer Machtposition nicht nur mit sich selbst, sondern entsprechend auch mit Anderen ausbeuterisch umzugehen – also eine Konstellation, in der man weder von einer Kultur der Selbstsorge noch von einer verantwortlichen Sorge für Andere reden kann.

Die Selbstsorge hat letztlich ein gelingendes Leben insgesamt im Blick, mit allem, was dazugehört: Dies sind nicht nur die materiellen Bedingungen und die äußere Lebensgestaltung, welche man durch sein geplantes und verantwortungsvolles Handeln bewerkstelligen kann (→ 6, → 7), sondern vor allem auch das Erleben von Sinnhaftigkeit und Glück (→ 4, → 5), welches mit geplantem, bewusstem Handeln nicht ohne Weiteres zu erlangen ist. Dennoch sind auch Sinn und Glück Gegenstand unserer Sorge, in der Meinung oder Hoffnung, doch etwas dafür tun zu können. So ist also zu unterscheiden, worauf man seine Aufmerksamkeit in der Selbstsorge sinnvollerweise lenken soll und worauf nicht: Was kann man mit seinem bewussten Handeln im Hinblick auf ein glückliches, gelingendes Leben erwirken, und wo liegen die Grenzen des Bewirken-Könnens? Lebenskunst (→ 7.2) bedeutet unter anderem, diese Unterscheidung treffen zu können.

Maßstab und Ziel jeglicher Lebenskunst ist *Glück*, und dieser vieldeutige Begriff umfasst in unserem Sprachgebrauch sowohl das, was einem schicksalhaft widerfährt (»Glück gehabt«), als auch das planende Handeln (»jeder ist seines Glückes Schmied«). Lebenskunst heißt also einerseits, schicksalhafte Widerfahrnisse anzunehmen und damit auch für Glück empfänglich zu sein, andererseits sich Bedingungen zu schaffen, die für ein glückhaftes Erleben förderlich sind.

Ich definiere Glück ganz allgemein folgendermaßen: *Glück ist die Möglichkeit, sich selbst als wertvollen Menschen in wertvollen Beziehungen zu erleben – alles andere sind dafür förderliche oder hinderliche Bedingungen.* Auch das Selbstwertgefühl ist nicht einfach herstellbar – man kann es in sich vorfinden, wie es unter günstigen Bedingungen einem gegeben ist; es kann aber auch bei weniger günstigen Bedingungen defizitär sein oder verletzt und gekränkt oder im Extremfall zerstört werden (dies ist eines der Hauptthemen in der Psychotherapie). Dennoch kann man sich für förderliche Bedingungen einsetzen und sich mit hinderlichen Bedingungen auseinandersetzen, was ich hier als den Inhalt der Selbstsorge bezeichnen möchte.

Aber wie kann der verantwortungsvolle Umgang mit sich kultiviert werden, wie kann Selbstsorge reflektiert und gelernt werden? Es scheint dafür heute kaum Freiräume mehr zu geben: Studienzeiten werden verkürzt, damit die jungen Leute möglichst schnell der Wirtschaft zur Verfügung stehen, und in den Firmen wird selten eine Kultur der freien Selbstreflexion unterstützt. Zumeist ist in Denken und Handeln das äußere Funktionieren vorherrschend. Selbst in psychotherapeutischen oder sozialpädagogischen Ausbildungen wird »Selbsterfahrung«, eines der wichtigsten Elemente dabei, mehr und mehr an den Rand gedrängt, zu Gunsten der Vermittlung von methodisch-technischen Kompetenzen. Angesichts dieser Situation ist es bemerkenswert, dass als Gegenbewegung die Themen »Glück« (Seel, 1999), »Selbstsorge« (z.B. Foucault, 1986; Schmid, 2000, S. 67ff.; Gussone u. Schiepek, 2000) oder »Lebenskunst« (Schmid, 1998, 2000) wieder auf der Tagesordnung sind, offenbar um einem weit verbreiteten und zunehmenden Defizit zu begegnen. Diese Autoren betonen, dass Selbstsorge »nicht nur eine Einstellung, sondern auch Praxis« ist (Gussone u. Schiepek, 2000, S. 117). Selbstsorge ist ein wesentliches Merkmal von Lebenskunst und Voraussetzung für gelingendes Leben. Aber sie muss eingeübt werden, und dazu braucht es Freiräume, unterstützende Rahmenbedingungen und konkrete Anleitung. »Die Pädagogik der Lebenskunst unterstützt das Subjekt bei der Arbeit, die Freiheit zur eigenen Lebensgestaltung zu erlangen, aber auch selbst der Freiheit die Formen zu geben, derer sie bedarf, um als Freiheit gelebt werden zu können« (Schmid, 1998, S. 311).

Foucault (1986, 1993) empfiehlt mit Bezug auf die Philosophen der Antike (z. B. Epikur, Epiktet, Seneca, Marc Aurel) einige »Selbsttechniken«, mit denen eine kultivierte Selbstsorge eingeübt werden kann:

- *Askese* (griech.: »Übung«): Dies ist nicht als Verzicht, sondern als Ermöglichung zu verstehen, zwischen wichtigen und unwichtigen Dingen des Lebens zu unterscheiden und sich über sein alltägliches Tun Rechenschaft zu geben.
- *Schreiben* als Form der Selbstreflexion, als Möglichkeit, zu sich selbst in Distanz zu treten (Notizbücher, Tagebücher, Briefe) und Erfahrungen und Erkenntnisse beim Wiederlesen neu zu reflektieren.
- *Traumdeutung*: Träume können als »Realitätszeichen oder Botschaften von Künftigem« verstanden werden; sie sind eine »Einladung zur Freiheit und zur Veränderung«, indem sie nicht nur schon Gewesenes, sondern auch noch Mögliches aufzeigen.
- *Einteilung der Zeit:* Die Selbstsorge verlangt Freiräume, eine Auszeit aus dem alltäglichen Geschäft, um in Ruhe zu sich zu kommen.

Diese Empfehlungen sollen jedoch nicht zu einer ängstlich-verbissenen Grundeinstellung führen – so wie unser umgangssprachliches Verständnis von »Askese« als Lustfeindlichkeit nahelegen mag. Vielmehr eröffnet die »Übung« der Selbstsorge »die Erfahrung einer Freude, die man an sich hat« (Foucault, 1986,

S. 91). Life-Coaching kann in diesem Sinne auch einen Freiraum, eine Auszeit aus dem beruflichen Alltag darstellen, und die genannten Übungen der Selbstsorge lassen sich in einen Coachingprozess sinnvoll integrieren.

Eine Anleitung zur Selbstsorge kann auch das Konzept der »Salutogenese« von Antonovsky (1997) darstellen, in welchem der Autor Bedingungen für die Förderung und Erhaltung von Gesundheit beschreibt (→ 4.5.3). Ein zentraler Aspekt ist hier das Gefühl von »Kohärenz« bzw. Stimmigkeit im Hinblick auf das eigene Denken und Handeln. Dafür sind drei Komponenten bedeutsam, um mit Herausforderungen und Stressoren erfolgreich umgehen zu können:

- *Verstehbarkeit, Durchschaubarkeit* (»comprehensibility«): »Sie bezieht sich auf das Ausmaß, in welchem man interne und externe Stimuli als kognitiv sinnhaft wahrnimmt, als geordnete, konsistente, strukturierte und klare Information und nicht als Rauschen – chaotisch, ungeordnet, willkürlich, zufällig und unerklärlich.«
- *Handhabbarkeit* (»manageability«): »Das Ausmaß, in dem man wahrnimmt, dass man geeignete Ressourcen zur Verfügung hat, um den Anforderungen zu begegnen, die von den Stimuli, mit denen man konfrontiert wird, ausgehen. ›Zur Verfügung‹ stehen Ressourcen, die man selbst unter Kontrolle hat, oder solche, die von legitimierten anderen kontrolliert werden – vom Ehepartner, von Freunden, Kollegen, Gott, der Geschichte, vom Parteiführer oder einem Arzt –, von jemandem, auf den man zählen kann, jemandem, dem man vertraut.«
- *Sinnhaftigkeit* (»meaningfulness«): »Das Ausmaß, in dem man das Leben emotional als sinnvoll empfindet: dass wenigstens einige der vom Leben gestellten Probleme und Anforderungen es wert sind, dass man Energie in sie investiert, dass man sich für sie einsetzt und sich ihnen verpflichtet« (Antonovsky, 1997, S. 34f.).

Dieses Modell wird auch von Lauterbach in seinem »Gesundheitscoaching« (2005) im Hinblick auf betriebliches Gesundheitsmanagement aufgegriffen. Es lässt sich im Life-Coaching insbesondere in Krisensituationen heranziehen, wenn ein Klient etwa seine Arbeitsmotivation verloren hat oder Burnout-gefährdet ist. Wenn deutlich wird, dass im Erleben des Klienten eine oder mehrere dieser Komponenten unsicher sind oder fehlen, dann lassen sich auch Ansätze für eine Veränderung erarbeiten, sei es in der äußeren Arbeitssituation, sei es im Selbstverständnis und in der Haltung des Klienten. Wenn ein bestimmter Arbeitsinhalt oder eine Tätigkeit mit der eigenen Person gar nicht kompatibel ist, wäre eine Anpassung an die jeweiligen Herausforderungen nicht sinnvoll, sondern im Coaching wäre auf einen Positions- oder sogar Berufswechsel hinzuarbeiten. Maßstab ist dabei das Wohlergehen und die persönliche Identität des Klienten.

8.2 Sorge um die eigene Identität

8.2.1 Identität und Identitätsentwicklung

Die Frage nach der eigenen Identität lässt sich, kurz gefasst, folgendermaßen umreißen: Was bin ich, wie kann ich mich selbst verstehen, was gehört zu mir und was nicht, was ist meine Sache in diesem Leben? Identität ist jedoch nie etwas Festes, Abgeschlossenes, sondern sie ist ein fortdauernder Prozess. Außerdem ist persönliche Identität nicht nur individuell bedingt, sondern entwickelt sich immer in engeren und weiteren Kontexten: Familie, Milieu, Freundeskreis, Region, Nation, berufliche Sozialisation, Unternehmenskultur usw., und in den damit jeweils verbundenen sozialen Rollen. Identität ist ein Zusammenspiel von schicksalhaftem, zufälligem Gewordensein, von sozialen Zuschreibungen und von bewussten Entscheidungen. Was ich als »meine Identität« betrachte, enthält also vielfältige Widerspiegelungen von kollektiven Entwicklungen und ebenso vielfältige Spuren der im Laufe meiner Lebensgeschichte entstandenen Beziehungen und Zugehörigkeiten, der Rollenzuschreibungen und der Ausgestaltungen dieser Rollen, und sie bleibt offen für weitere Zugehörigkeiten, aus denen neue Identifikationen folgen (zum Identitätskonzept s. Petzold u. Mathias, 1982, S. 172ff.). Identität ist also unter den Aspekten der individuellen Geschichte sowie der sozialen Situationen und auch der kollektiven Geschichte zu betrachten und zu verstehen.

Trotzdem gibt es – unter normalen, gesunden Bedingungen – eine individuelle Kontinuität von persönlicher Identität: Sie zeigt, was ich mir in meiner Geschichte nach und nach zu Eigen gemacht habe und was ein integrativer Bestandteil meiner Persönlichkeit werden konnte, und dies ist trotz aller Vielfalt nicht beliebig und nicht unbegrenzt. So kann es durch eine Unterbrechung der Kontinuität zu *Identitätskrisen* oder -brüchen kommen, ja es kann zu Fragmentierungen kommen, sodass die verschiedenen Identitätsbestandteile nicht mehr miteinander verbunden werden können. Identitätskrisen sind allerdings ein gewöhnlicher Bestandteil normaler Biographien; sie sind Ausdruck von Veränderung und enthalten die Chance, sich neue Erfahrungsbereiche zu Eigen zu machen. Dennoch ist es in einer Krisensituation, das heißt in einer Unterbrechung oder Verunsicherung von Kontinuität, wichtig, darauf zu schauen, welche Teilbereiche der Gesamtidentität eine hinreichend stabile Stütze darstellen können.

Im Kontext des Life-Coachings ist es wichtig, sich daran zu erinnern, dass »berufliche Identität« nur einen Teilaspekt von persönlicher Identität ausmachen kann, der aber in unserer Kultur vielfach einseitig überbewertet wird, sodass der Beruf zum maßgeblichen Identitätskriterium geworden ist: »In unserer Gesellschaft dient der Beruf als *Identitätsschablone*, mit deren Hilfe wir uns selbst unserer Umwelt präsentieren und andere Menschen bzgl. Einkommen, Ansehen, Sozialkontakten, Interessen, Lebensstil und Geschmack taxieren« (Eickelpasch u. Rademacher, 2004, S. 30; → 1.3). Um sich diese Einseitigkeit zu verdeutlichen, ist das Modell der »Fünf Säulen der Identität« von Heinl und Petzold (1983, S. 180f.) hilfreich. Es handelt sich dabei um folgende Bereiche:

1. *Leiblichkeit* (Gesundheit und Krankheit, körperliche Fitness, Umgang mit Lebensalter),
2. *soziales Netz* (Beziehungen zu Familie, Verwandten, engeren und ferneren Freunden, Kollegen),
3. *Arbeit und Leistung* (berufliche Identität, Erfolg und Anerkennung, Talente und Fähigkeiten, ehrenamtliche und nichtberufliche Arbeit),
4. *materielle Sicherheit* (Einkommen, Besitz, Absicherung im Alter),
5. *Werte* (Ideale, ethische, religiöse, politische Wertorientierungen und Engagements).

Dieses Modell kann im Life-Coaching als Strukturierungshilfe dienen, um insbesondere in beruflichen Krisensituationen die anderen Bereiche als Ressourcen der persönlichen Identität heranzuziehen und sie gegebenenfalls auch stärker als bisher zu aktivieren.

8.2.2 Berufliche Identität in der Postmoderne

An der Schnittstelle zwischen kollektiven und individuellen Orientierungen bei der Identitätskonstruktion entstehen heute neue Schwierigkeiten, da die Zugehörigkeiten an Verbindlichkeit verlieren, schwächer werden und andererseits vielfältiger werden. Auf diese Weise entstehen heute neue Unsicherheiten: Traditionelle Rollenmuster, die eine individuelle Biographie unterstützt oder vorgezeichnet haben (Familienentwicklung in ihren Phasen, berufliche Karriereverläufe usw.), verlieren ihre bindende Kraft, und wir sind in zunehmendem Maße genötigt, individuelle Modelle für die eigene Arbeits- und Lebensgestaltung zu entwickeln (»Individualisierung«; Beck, 1986, S. 205ff.). Und damit wird auch die berufliche Identitätskonstruktion problematischer und konfliktreicher (Schreyögg, 2006).

Diese Entwicklungen unserer Arbeitswelten werden in der Fachliteratur unter dem Stichwort »Postmoderne« (vgl. z. B. Welsch, 1991; Zima, 2001) oder »zweite Moderne« (vgl. Beck, 1986) verhandelt (ausführlicher: → 3.4). Übergreifendes Thema ist dabei der Verlust bzw. der bewusste Abschied von allgemeinverbindlichen Wertorientierungen, wie sie in traditionalen Gesellschaften gegolten haben und die dem Einzelnen eine weitgehende Sicherheit für sein Denken und Handeln bieten konnten. Ein Symptom dieses Verlusts ist die schwindende Bindekraft von Kirchen, Gewerkschaften, Volksparteien, die sich unter anderem in schwindenden Mitgliederzahlen ausdrückt. Auch viele gesellschaftliche Auseinandersetzungen kreisen um diese Veränderungen, wie zum Beispiel religiöse oder politische fundamentalistische Bewegungen gegen den »Zerfall« von traditionellen Werten oder auch das Festhalten von Gewerkschaften an Flächentarifen gegen die Individualisierung von Arbeitsverträgen. Jedenfalls wirken sich diese Veränderungen auf die Identitätskonstruktion aus: An die Stelle einer kohärenten Identität tritt eine »Patchwork-Identität« (Keupp, 1989) oder »eine Collage aus Fragmenten, die sich ständig wandelt«, wie Sennett (1998, S. 182) den »flexiblen Menschen« im »neuen Kapitalismus« charakterisiert. Und verbunden mit der größeren Freiheit und Wahlmöglichkeit ist eine größere Unsicherheit, Angst und Orientierungslosigkeit (zur Diskussion der postmodernen Identitätskonstruktion vgl. Eickelpasch u. Rademacher, 2004).

Insbesondere bei den Personen, an die sich Life-Coaching richtet, nämlich Fach- und Führungskräfte, wird der Verlust von traditionellen Formen, die berufliche Arbeit zu gestalten, spürbar und hat häufig beträchtliche Auswirkungen auf die eigene Gesundheit, auf das Privatleben in Beziehungen und Familien und auf die weiteren sozialen Vernetzungen. Generell scheint für diesen Personenkreis die Bedeutung von beruflicher Arbeit gegenüber anderen Lebensbereichen dermaßen vorzuherrschen (»Entgrenzung der Arbeit«; Schreyögg, 2005, S. 310), dass die Frage einer »Work-Life-Balance« zu einem zentralen Thema im Coaching geworden ist, denn eben diese Balance scheint immer häufiger zu fehlen. Hier zeigt sich in besonderem Maße die Notwendigkeit, seine Arbeitsabläufe individuell zu gestalten; denn eine unkritische Anpassung an (von Firmen, Konzernen usw.) vorgegebene Arbeitserwartungen erscheint vielfach geradezu als eine Form von Selbstausbeutung, mit auf die Dauer selbstschädigenden Folgen.

Aus der größeren Freiheit, sich seine individuelle Gestaltung zu schaffen, folgt also die Notwendigkeit, sie auch zu nutzen: Manche Probleme in der Arbeitswelt und im persönlichen Umgang mit Arbeitsanforderungen mögen daraus resultieren, dass die Freiheit der individuellen Gestaltung nicht realisiert wird: Manche Phänomene der »Entgrenzung von Arbeit« sind vielleicht darauf zurückzuführen, dass ein Berufstätiger noch mit einem herkömmlichen Bewusstsein lebt, es gebe so etwas wie eine Absolutheit von Leistungsanforderungen, also objektiv vorgegebene Maßstäbe im Hinblick auf deren Erfüllung; da diese aber nicht erfüllbar sind, läuft mancher diesem vermeintlichen Ziel bis zur Erschöpfung nach – statt sich an seinen eigenen Interessen und Vorstellungen zu orientieren und sich zu fragen: Ist dies wirklich meine Sache? Passt diese Aufgabe zu meinen Wertvorstellungen? Muss ich mich diesem Absolutismus unterwerfen und dabei meine eigenen Lebensbedürfnisse und Interessen missachten?

Beispiel dafür sind heute etwa manche Rechtsanwälte, die in international agierenden, oft amerikanisch geführten Anwaltskanzleien tätig sind. Da ihr

Karriereziel, das von der Firma vorgegeben ist, darin besteht, »Partner«, das heißt Anteilseigner der Firma zu werden, sind sie häufig jahrelang nahezu ausschließlich für die Firma tätig, sodass für Familienleben und für andere Lebensinteressen so gut wie keine Zeit übrig bleibt – selbst einen Coachingtermin wahrzunehmen, erscheint dann fast unmöglich.

Eine Veränderung wird oft erst dann angestrebt, wenn die Person durch eine innere oder äußere Krise dazu gezwungen wird, wie zum Beispiel Erschöpfung, Krankheit, Depression, die Androhung der Ehefrau, sich scheiden zu lassen und dergleichen. Eine ordentliche »Midlife-Krise«, in der mit dem Blick auf die begrenzte Lebenszeit die Frage nach dem Sinn seines Tuns auftaucht, stellt zuweilen eine Chance der Neubesinnung und der Veränderung dar.

8.2.3 Psychologische Aspekte bei einer Entgrenzung von Arbeit

Eine psychologische Perspektive mag das Auseinanderklaffen von beruflicher und persönlicher Identität beleuchten: die Unterscheidung zwischen »Ich« und »Selbst« (in Anlehnung an die Selbstpsychologie nach Kohut; vgl. Wolf, 1996, S. 224). Die Ich-Funktionen betreffen die äußeren, zu lernenden Kompetenzen, die einem insbesondere im beruflichen Leben abverlangt werden. Das Selbst stellt demgegenüber den Bereich des inneren Lebens dar, ein grundlegendes Wertgefühl als einmalige Person in dieser Welt und damit die Möglichkeit zu engen Beziehungen (Ehe, Familie, Freunde, Verwandte, Kollegen). Hier sind andere Dimensionen der Persönlichkeit gefragt, die nicht als lernbare Kompetenzen und Funktionen zu verstehen sind, sondern die vielmehr durch ganzheitliche, emotionale Erfahrungen entstehen: sich anvertrauen, sich hingeben können, sich getragen wissen in liebevollen, freundschaftlichen Beziehungen, mit Anderen mitfühlen und sich für sie einsetzen können – ohne die innere Notwendigkeit, das jeweilige Geschehen möglichst umfassend überblicken und kontrollieren zu müssen.

Diese Unterscheidung ist für das Life-Coaching deswegen von besonderer Relevanz, weil bei einer berufsbezogenen Beratung vielleicht übersehen wird, dass eine erfolgreiche berufliche Funktionalität in erster Linie das äußere Ich betrifft und dass dabei die andere Seite der Person, das Selbst, vielleicht nicht hinreichend zum Zuge kommen kann oder sogar überspielt oder unterdrückt wird. Ja, bei mancher schnellen Karriere mag kaum ein Raum übrig bleiben für die Wahrnehmung und Entwicklung des Selbst mit den weicheren und auch umfassenderen Erfahrungsbereichen von emotionalem Erleben. Wenn dieses Selbst aber gar nicht gelebt werden kann und die erfolgreichen Ich-Funktionen nicht mit einem hinreichend stabilen, sich aus vielfältigen Quellen nährenden Selbstwertgefühl verbunden sind, entsteht einerseits die Gefahr, dass die Person sich in unangemessener Weise vom Erfolg der äußeren, beruflichen Funktionen abhängig macht (die sprachliche Assoziation an Suchtabhängigkeit im Wort »Workaholic« ist hier durchaus naheliegend). Andererseits kann auch die Qualität der Arbeit in Mitleidenschaft gezogen werden, denn bei Führungskräften mit Personalverantwortung hat eben auch die Beziehungsfähigkeit zu anderen Menschen (in diesem Fall zu Mitarbeiter/innen) eine große Bedeutung. Da über funktionale Kompetenzen hinaus auch emotionale, intuitive Zugänge zum jeweils Anderen ein wesentliches Merkmal von guter Arbeit darstellen, wäre eine einseitige Unterstützung der Ich-Funktionen auf die lange Sicht auch in beruflicher Hinsicht nicht unbedingt erfolgversprechend, ganz abgesehen von den Auswirkungen auf die ganze Persönlichkeit.

So muss ein Coach sich selbstkritisch fragen, wie weit er diese weiter reichenden Wahrnehmungsmöglichkeiten im Hinblick auf die Persönlichkeit des Klienten hat. Wie steht es mit seiner Verantwortung, wenn er nur die – mehr oder weniger gut funktionierenden – Ich-Funktionen im Blick hat und nicht wahrnehmen will oder kann, dass diese auf einem unsicheren oder sogar brüchigen Untergrund stehen? Wie weit ist es sinnvoll oder möglich, allein die beruflichen Funktionen zu stabilisieren, wenn absehbar ist, dass zum Beispiel bei einem Jobverlust oder bei der Berentung sich keine andere Stabilität hat entwickeln können? Für manchen Coachingklienten, der durch ein Outsourcing-Programm seine bisherige Position verloren hat, bedeutet dies eine schwere persönliche Krise, auch wenn er keine ökonomischen Probleme hat: Das eigentliche Problem ist der empfundene Wertverlust, weil es außer der beruflichen Arbeit keine andere stabile Quelle des Selbstwertgefühls gibt, die den Verlust auffangen könnte. In solchen Fällen kann der Coach die Selbstsorge des Klienten vielleicht dadurch unterstützen, dass er ihm neben dem Coaching eine Psychotherapie empfiehlt; hier können verborgene Erlebens- und Bewertungsmuster, die vielleicht eine lange Geschichte haben, genauer, als es im Coaching möglich ist, bearbeitet werden (Schmidt-Lellek, 2003).

Die Problematik eines starken Auseinanderklaffens von »Ich« und »Selbst« ist nun allerdings im Coaching von Führungskräften häufig anzutreffen. Hinter dem Glanz einer erfolgreichen Führungspersönlichkeit verbirgt sich nämlich nicht selten eine tief greifende narzisstische Problematik als eigentliche Antriebskraft für überdurchschnittliche Leistungen. Zwar gelangt man wohl ohne ein gewisses Maß an Narzissmus als Voraussetzung für das Streben nach Dominanz und Selbstinszenierung überhaupt nicht in bestimmte Führungspositionen, wie Kets de Vries (2002, S. 94) meint, aber »ein beachtlicher Prozentsatz der Unternehmensführer wird von reaktivem Narzissmus angetrieben«, das heißt von einem unstillbaren Verlangen, frühkindliche Kränkungen durch grandiose Leistungen auszugleichen (→ 11.3.1), mit der Gefahr, dass dieses Verlangen bei Misserfolgen »in Neid, Hass und Rachsucht umschlägt« (S. 94). So hat auch Steyrer in seiner Studie über »Charisma in Organisationen« (1995) die narzisstische Dynamik als verborgene Antriebskraft mancher charismatischer Führungspersönlichkeiten beschrieben:

»Das psychische Problem der Selbstwertregulierung, wie es die Narzissmustheorien thematisieren, wird m. E. in besonderer Deutlichkeit im Kontext von Führung (Charisma) virulent, weil die Ausübung einer Führerrolle Phänomene wie Macht, Dominanz, Selbstvertrauen, ideale Strebungen, Beziehungsfähigkeit, Selbstinszenierung usw. tangiert. Eine Führerrolle ist geradezu idealtypisch dafür prädestiniert, narzisstische Defizite überkompensierend ausleben zu können bzw. als projektiver Fokus für Dependenz- und Idealisierungsbedürfnisse zu fungieren« (Steyrer, 1995, S. 99).

Mit anderen Worten, Führungspositionen scheinen für manche Personen besonders attraktiv zu sein, die auf Grund eines »narzisstischen Defizits« ein besonderes Bedürfnis haben, sich mit herausragenden Leistungen hervorzutun, dafür von Anderen bewundert zu werden oder andere Menschen als von sich abhängig zu erleben, in der Hoffnung, auf diese Weise ein fragiles Selbst kompensierend stabilisieren zu können bzw. dessen Instabilität nicht mehr spüren zu müssen (Schmidt-Lellek, 2004). Deshalb ist es im Coaching wichtig, solche meistens verborgenen Dynamiken wahrnehmen und auch thematisieren zu können im Interesse eines hinreichend stabilen Gleichgewichts von äußeren Ich-Funktionen und innerem Selbsterleben – ein Thema, das auch unter dem Begriff der Work-Life-Balance betrachtet werden kann.

8.3 Work-Life-Balance

Die Tatsache, dass die Frage nach einer Work-Life-Balance eine immer größere Bedeutung gewinnt, ist sicher darin begründet, dass in heutigen Arbeitswelten eben diese Balance zunehmend prekär wird (→ 2.2.4). Insbesondere bei Fach- und Führungskräften, die ein überdurchschnittliches Maß an Verantwortung zu tragen haben, nimmt die berufliche Arbeit häufig einen so großen Raum ein, dass andere Lebensbereiche und nichtberufliche Aktivitäten weitgehend vernachlässigt werden oder ganz verkümmern. In diesem Abschnitt will ich nach einleitenden Überlegungen zum Begriff »Work-Life-Balance« ein heuristisches Modell präsentieren, mit dem im Coaching das Thema einer Balance zwischen den verschiedenen Lebens- und Tätigkeitsbereichen konkretisiert und untersucht werden kann.

8.3.1 Zum Begriff »Work-Life-Balance«

Der Begriff ist insofern problematisch, als er einen Gegensatz zwischen »Arbeit« und »Leben« impliziert, zwischen denen eine Balance herzustellen sei. Damit kann nicht in den Blick kommen, dass Arbeit selbst Leben ist und dass ein Großteil der Lebenszeit in Arbeitsprozesse gebunden ist. Auch die Unterscheidung zwischen Arbeit und Freizeit (so z. B. Prantl, 2005) wird der Lebenssituation nicht völlig gerecht. Denn auch in der von beruflicher Arbeit freien Zeit ist Arbeit zu leisten, sei es als Hausarbeit, Erziehungsarbeit, private Fortbildung usw., also Tätigkeiten, die keineswegs nur dem persönlichen Vergnügen oder der Erholung dienen (→ 1.3). Andererseits geschehen auch in der beruflichen Arbeitszeit Dinge, die für die Persönlichkeit des Berufstätigen über die zu erbringende Arbeitsleistung mit den materiellen Belohnungen hinaus bedeutsam sind.

Das Begriffspaar »Arbeit« und »Leben« ist also ungenau, wenn man bedenkt, dass »Leben« ein übergeordneter Begriff ist, dass die beiden Begriffe also nicht auf der gleichen Stufe stehen: Arbeit ist ein Teil des Lebens und ein bedeutsamer Lebensinhalt. Mit dem Begriff »Work-Life-Balance« ist vielmehr die Frage zu untersuchen, welchen Stellenwert berufliche Arbeit *im Lebensganzen* hat, wie weit eine Balance zwischen den verschiedenen Lebensbereichen besteht und wie diese im Einzelfall aussehen kann. Die Frage der Balance wird in der Fachliteratur üblicherweise unter folgenden Gesichtspunkten betrachtet (z. B. Schreyögg, 2005):

- Balance zwischen Arbeit und Freizeit,
- Balance zwischen beruflicher Arbeit im öffentlichen Raum und Privatheit,
- Balance zwischen Arbeitsleben und Familienleben.

Wenn man den Schwerpunkt auf den Aspekt der *Balance* legt, sind im Rahmen des Coachings allerdings zahlreiche weitere Dimensionen von Belang, die im Einzelnen zu untersuchen sind:

- Balance zwischen Fremdbestimmung und Selbstbestimmung,
- Balance zwischen Verkauf seiner Arbeitskraft und Selbstverwirklichung,
- Balance zwischen dem Befolgen von fremden Interessen (des Arbeitgebers, der Organisation usw.) und dem Verfolgen eigener Interessen (inhaltlicher Art, Karriere usw.),
- Balance zwischen Geben und Nehmen,
- Balance zwischen Anspannung und Entspannung,
- Balance zwischen Leid und Lust,
- Balance zwischen existenzieller Sicherung und Bedrohung durch die Institution (Schreyögg, 1991),
- Balance zwischen aufgezwungenen Rollen und selbst gewählten Rollen,
- Balance zwischen Rollenidentifikation und Rollendistanz.

Man kann die genannten Gegensatzpaare als spannungsreiche Polaritäten begreifen (Schmidt-Lellek, 2006, Kap. 12), zwischen denen sich Leben und berufliche Arbeit bewegen und zwischen denen jeweils eine situationsangemessene Balance zu finden bzw. zu schaffen ist (Lauterbach, 2005, S. 41ff.). Diese Balance erscheint jedoch in der Praxis vielfach bedroht, und sicher ist das Erleben einer fehlenden Balance ein sehr häufiger Anlass, sich an einen Coach zu wenden.

Balance ist allerdings kein statischer Zustand, sondern ein andauernder Prozess: Sie muss immer wieder neu gefunden und an sich verändernde Situationen angepasst werden. So stellt eine neue Aufgabe eine »Herausforderung« an die Person dar, welche sie aus einem gewohnten Gleichgewicht bringen kann oder sogar soll. Diese anzunehmen, stellt die eine Seite des Geschehens dar, und ohne solche Herausforderungen gibt es keine Fortentwicklungen, sei es einer Person, sei es einer Organisation. Kurz, ein neu zu findendes Gleichgewicht ist das Ergebnis der Auseinandersetzung mit einem Ungleichgewicht. Ein ernsthafteres Problem, wie beispielsweise durch gesundheitliche, psychische oder soziale Folgen einer fehlenden Balance, entsteht dann, wenn dieser Prozess auf irgendeine Weise blockiert ist. Das Gleichgewicht lässt sich vielleicht erst dann bewusst wahrnehmen und thematisieren, wenn es nicht vorhanden ist oder wenn es nicht gelingt.

8.3.2 Vier Dimensionen des Tätigseins

Eine weitere Präzisierung für die Frage der Work-Life-Balance ergibt sich, wenn man mit Martin Seel (1999, S. 139ff.) die »vier idealtypisch unterschiedenen Dimensionen gelingender menschlicher Praxis« betrachtet, von denen Arbeit nur eine darstellt:

1. *Arbeit*: zielgerichtetes Handeln zum Erreichen äußerer Zwecke; die Behandlung eines Objekts durch ein Subjekt.
2. *Interaktion*: Umgang mit einem menschlichen Gegenüber; die Begegnung unter Subjekten.
3. *Spiel*: Arbeit ohne externen Zweck, ein primär vollzugsorientiertes Handeln, das seinen Zweck in sich selbst trägt.
4. *Betrachtung, Kontemplation*: Interaktion ohne ein personales Gegenüber, auch dies ist primär oder sogar ausschließlich vollzugsorientiertes Handeln.

Der Autor untersucht die allgemeinen Bedingungen gelingenden Lebens, welches wiederum eine Bedingung für Glück darstellt (→ 5.3.2). Seel zufolge bedeutet gutes bzw. gelingendes Leben, eine Balance zwischen diesen vier Dimensionen zu finden oder immer wieder neu zu schaffen. Die Gewichtung der einzelnen Dimensionen kann in unterschiedlichen Kulturen und in individuellen Biographien sehr unterschiedlich sein; aber gelingendes Leben setzt voraus, dass diese vier Dimensionen zur Verfügung stehen und in irgendeiner Weise ihren Platz im Alltag eines Menschen haben.

Insofern Coaching über die arbeitsbezogenen Fragestellungen hinausgehend den Blick auch auf das Lebensganze eines Klienten werfen soll, scheint mir dies ein interessantes und praxisrelevantes Modell zu sein. Es eröffnet etwas andere Perspektiven als das Modell der »Fünf Säulen der Identität« (s. o.), das Schreyögg (2005) für die Thematik der Work-Life-Balance im Coaching herangezogen hat. Während dieses Modell die Aufmerksamkeit eher auf die Ressourcen lenkt, die einem Menschen insbesondere in Krisensituationen als Rückhalt zur Verfügung stehen, so richtet sich der Fokus mit dem Modell der »Vier Dimensionen des Tätigseins« auf die aktive Lebensgestaltung. Als Diagnoseinstrumente können jedoch beide Modelle dazu dienen, defizitäre, übersehene oder zu wenig entwickelte Bereiche des Lebens eines Klienten sich bewusst zu machen, mit dem Ziel, sie in der Lebenspraxis stärker zu aktivieren. Im Folgenden seien diese Dimensionen kurz erläutert, wie sie von Seel beschrieben worden sind.

1. Arbeit: Arbeit ist zielgerichtetes Handeln, das sich um eine Veränderung der ihr vorgegebenen Wirklichkeit bemüht. Zum Sinn des Arbeitens gehört, die jeweilige Arbeit hinter sich zu bringen, es ist ein »gegenständliches Vollbringen« (Seel, 1999, S. 142). Dazu gehört weiterhin das Gewinnen eines Könnens, sodass einmal erworbene Fähigkeiten teilweise nicht mehr als Arbeit erlebt werden, wenn zum Beispiel das Kind lernt, eine Schleife zu binden, oder der Sportler die richtigen Bewegungsabläufe trainiert. Auch wenn Arbeit als Mühe und Belastung erlebt wird, so ist sie doch ein konstitutiver Bestandteil gelingenden Lebens; denn »wir eignen uns die Welt im arbeitenden Umgang an« (S. 147).

Gelingende Arbeit bedeutet, dass »ein gewünschter Zweck auf Wegen erreicht wird, die der Arbeitende zum Erreichen dieses Zwecks auch gehen will« (S. 147). Notwendig ist also ein hinreichendes Maß an Autonomie, in welcher der Arbeitende »aus eigener Überlegung und aus eigenem Antrieb« (S. 147) seine Leistungen erbringen kann. So gesehen kann Zwangsarbeit zwar instrumentell erfolgreich sein, aber sie kann nicht als gelingende Arbeit gelten.

Im Hinblick auf die oben angedeuteten Entwicklungen in unserer Arbeitsgesellschaft spricht Seel von einer »meist zugleich individuellen und sozialen Pathologie des Arbeitens. Sie liegt darin, nichts anderes – nichts anderes von Wert – zu kennen als Arbeit. Damit aber hebt sich der Wert des Arbeitens für den Vollzug eines gelingenden Lebens auf. Denn einer ausschließlich auf instrumentelles Gelingen orientierten Lebenspraxis ist jede Situation eines ohne weiteres guten Daseins und Lebens verschlossen« (S. 149). Darüber hinaus entsteht das Problem, dass mit dem Erreichen eines Arbeitsziels es kein sinnvolles Tun und Dasein mehr gibt: »Der Augenblick des instrumentellen Gelingens wird zum Augenblick des existenziellen Misslingens« (S. 149). Daraus folgt die Notwendigkeit, sich auch die anderen Lebens- und Tätigkeitsdimensionen zugänglich zu machen, damit die Arbeit im Lebensganzen gelingen kann; denn »zum Gelingen von Arbeit gehört mehr als das Gelingen von Arbeit« (S. 150).

Im Coaching sind also etwa die Fragen zu untersuchen, ob und wie weit die berufliche Arbeit zu den eigenen Interessen, Neigungen und Fähigkeiten passt; ob sie mit der eigenen Identität kompatibel ist; ob sie eine Quelle von Anerkennung darstellt und damit die Stabilität des Selbstwertgefühls und der Identität zu stützen vermag; ob sie als sinnvoll erlebt wird bzw. das Schaffen von Sinn ermöglicht oder aber als entfremdend, langweilig, belastend erlebt wird; weiterhin, welche Möglichkeiten der inneren Distanzierung von der Arbeitswelt es gibt und welche Freiräume für die anderen Dimensionen gelassen werden.

2. Interaktion: Die zweite grundlegende Antwort auf die Wirklichkeiten der menschlichen Welt ist die Interaktion mit Anderen. Dabei geht es um den »Zugang zu einer Wirklichkeit, die nicht lediglich zu Zwecken der Aneignung da ist« (Seel, 1999, S. 150). Während wir uns in den Vollzügen der Arbeit an der Wirklichkeit eines Gegenstandes abarbeiten, lassen wir uns hier auf die Wirklichkeit eines Gegenübers ein. Dabei ist im Anschluss an Habermas (1981) eine weitere Unterscheidung zwischen strategischer und dialogischer Interaktion zu treffen: Wenn ein *strategisches* Einwirken auf Andere überwiegt, kann es sich um eine Form der Arbeit handelt, indem der Andere zum Objekt meines Vollbringens wird. Dialogische Interaktionen dagegen sind »Handlungen, in denen wir in Antwort auf die Antworten anderer handeln«, und zwar um eines »selbstzweckhaften Austauschs« willen (Seel, 1999, S. 151). Bedingung dafür ist eine wechselseitige Offenheit für die Antworten des jeweils Anderen, indem der Andere nicht lediglich für eigene Zwecke instrumentalisiert wird. Dennoch können strategische und dialogische Interaktion zusammen bestehen, so wie auch Arbeit und Interaktion koexistieren können, wie zum Beispiel im Schulunterricht, in professioneller Beratung, im Leiten einer Diskussion usw. Hier wäre im Einzelnen jedoch zu fragen, »welches Maß an strategischem Handeln mit dialogischem Verhalten verträglich ist« (S. 153), ohne dass also die Offenheit für den Anderen verloren geht – eine Frage, die insbesondere für professionelle Beratung (wie z. B. Coaching) eine hohe Relevanz hat.

Dialogische Interaktion hat eine zentrale Bedeutung für ein gelingendes Leben. Dementsprechend wurde seit Platon und Aristoteles Freundschaft als ein zentrales Kriterium für gelingendes Leben angesehen, oder in neuerer Terminologie die Erfahrung von wechselseitiger Anerkennung als Bedingung für gelingende personale Identität. Eben diese Erfahrung scheint heute vielen Menschen mehr und mehr zu fehlen, indem für sie die Erfahrung einer wechselseitigen *Instrumentalisierung* dominiert. Darin kann aber keine wirkliche Offenheit für den Anderen entstehen. Wer andere Menschen vorrangig für eigene Zwecke instrumentalisiert, wirkt nicht nur auf diese verletzend, sondern beschädigt auch sich selbst, denn er verliert die »Möglichkeit, sich selbst anderen gegenüber als lebendiges Gegenüber zu erfahren« (Seel, 1999, S. 158). Außerdem ginge mit einer fehlenden Auseinandersetzung mit Fremdheit auch die Möglichkeit der eigenen Entwicklung verloren, da wir ja lebenslang angewiesen sind auf neue Erfahrungen, um nicht zu erstarren oder psychisch zu verarmen. Andererseits ist auch eine gelingende dialogische Interaktion »seitens ihrer Teilnehmer auf Erfahrungen angewiesen, die nicht dem Kreis der Interagierenden und nicht allein Kontexten der Interaktion entstammen« (S. 158), da auch auf diese Weise eine Verarmung oder Verödung der Interaktionen drohen würde. Kurz: »Zu gelingender Interaktion gehört mehr als das Gelingen von Interaktionen« (S. 158).

Im Coaching können also Fragen nach der Qualität, der Vielfalt und der Intensität von zwischenmenschlichen Beziehungen in beruflichen und privaten Lebenswelten untersucht werden, zum Beispiel welche Bedeutung Freundschaften für einen Klienten haben, welche Freiräume es für deren Pflege gibt, welche Aktivitäten er dafür entfaltet und wie weit er Gespräche, Diskussionen, Auseinandersetzungen mit anderen genießen und als Bereicherung erleben kann.

3. Spiel: Im Unterschied zu den bisher dargestellten Dimensionen Arbeit und Interaktion, die als primär *zielorientiertes* Handeln zu verstehen sind, handelt es sich bei den Dimensionen Spiel und Kontemplation primär um *vollzugsorientiertes* Handeln. Das bedeutet, diese Tätigkeiten tragen ihren Zweck in sich selbst, der Zweck liegt nicht in äußeren Zielen, und das Handeln wird nicht durch äußere Ziele motiviert. Auf diese Weise kann darin die Gegenwärtigkeit des eigenen Lebens stärker erfahrbar werden. Dies kann zwar auch in anderen Dimensionen geschehen: So spricht zum Beispiel Csikszentmihalyi (1996, S. 175) von dem »Flow-Erlebnis« als einer besonderen Qualität von Arbeitsvollzügen, wenn jemand völlig in seinem Tun aufgeht – ebenso wie beim Schachspielen oder beim Tanzen (→ 5.4.2). Dennoch ist der spielerische Zugang zur Wirklichkeit als eigene Dimension zu begreifen, die allerdings die anderen Dimensionen bereichern kann und soll. Spiel ist Ausdruck der Freiheit des Menschen und gehört als weitere grundlegende Verhaltensweise zum Wesen des Menschen: »Der Mensch spielt nur, wo er in voller Bedeutung des Wortes Mensch ist, und er ist nur da ganz Mensch, wo er spielt« (Schiller, 15. Brief über die ästhetische Erziehung des Menschen). Das Spiel eröffnet Freiheitsräume, in denen das »Diktat der Nützlichkeit« keine Geltung hat. Für Schiller bestehen diese Freiräume vor allem in der Kunst. Spielerische Aktivitäten können jedoch ganz unterschiedliche Tätigkeitsformen umfassen: Kinder- und Erwachsenenspiele, Einzel-, Mannschafts- und Gesellschaftsspiele, Bewegungs- und Phantasiespiele, Kampf-, Glücks- und Liebesspiele, Tanzen, Wandern, Bergsteigen, Theater- und Musikspiel sowie die meisten Formen des Sports – und neuerdings auch die Computerspiele.

Wenn man Kindern beim Spielen zuschaut, so fällt einem die vollständige Hingabe an das Geschehen im Augenblick auf. Zugleich wird darin aber auch Welt erfahren und angeeignet (also wie oben als ein Aspekt von Arbeit beschrieben), wie zum Beispiel in der spielerischen Beschäftigung mit Gegenständen oder in Rollenspielen usw., aber dies geschieht sozusagen nebenbei, als eine nicht bewusst intendierte Wirkung des Spiels. Der spielerische Zugang zur Wirklichkeit ist zwar als zweckfreies Tun zu begreifen, aber er ist andererseits – so die zentrale These von Huizinga in seinem Buch »Homo ludens« (1939/1956) – eine der Bedingungen der höheren Kulturentwicklung: Gerade das nicht an Ziele und Zwecke gebundene Handeln bietet den offenen Raum für freie Bewegungen der Phantasie, aus der überraschende, ungeplante Entdeckungen gemacht werden können.

Spielerische Aktivitäten sind durch die Unberechenbarkeit des Geschehens und des Spielpartners geprägt; es ist eine offene, nicht planbare Situation mit einem Wechsel von Spannung und Lösung, die weder von Langeweile noch von Angst und Sorge um die Zukunft geprägt ist. Es entsteht aus dem Bedürfnis nach Bewegtsein, im wörtlichen oder im metaphorischen Sinne: »Wir bewegen uns oder wir sind emotional bewegt oder lassen uns emotional bewegen. Der Sinn des Spielens ist leibliche oder seelische Agitation. Dabei wird stets um Gegenwart gespielt« (Seel, 1999, S. 160). Durch das Spielen kann zudem die »Offenheit für erfüllte Augenblicke erworben, geübt und praktiziert werden« (S. 163). So ist das Spielenkönnen ein konstitutives Element gelingenden Lebens; denn »das Geschenk des Augenblicks annehmen« zu können, ist nicht nur ein Kriterium des Spielenkönnens, sondern auch der »existenziellen Aufgeschlossenheit generell« (S. 163).

Die *Gefährdungen* des Spielens liegen zum einen in einer Instrumentalisierung durch externe Zwecke, sodass die Erfahrung des erfüllten Augenblicks behindert wird und die Gegenwärtigkeit des Spielens verloren geht (→ 7.1.2). Dies kann zum Beispiel durch eine Überbetonung pädagogischer Intentionen passieren, oder wenn Kunstwerke hauptsächlich politischen oder moralischen Botschaften dienen sollen (»so spürt man Absicht, und man ist verstimmt«, Goethe, Torquato Tasso II,1). Zum anderen ist das Spielen dann bedroht, wenn es absolut gesetzt wird und wenn der erfüllte Augenblick auf Dauer gestellt werden soll (»Verweile doch, du bist so schön«, Goethe, Faust I, V. 1700). So kann eine Spielleidenschaft zu einer Spielsucht degenerieren, in welcher die Dynamiken des Spiels mit den sozialen Verbindlichkeiten nicht mehr kompatibel sind, in welcher also keine Balance zwischen den verschiedenen Tätigkeitsdimensionen mehr existiert. So lässt sich auch hier abschließend festhalten: »Zum gelingenden Spielen gehört mehr als nur gelingendes Spiel« (S. 165).

Im Coaching sind also etwa die Fragen zu untersuchen, welche Freiräume es im Alltag für spielerische Aktivitäten gibt, welche Formen des Spielens besonders bedeutsam sind, aber auch ob es vielleicht kompensatorische Suchttendenzen gibt, sodass es schwer fällt, zu anderen Tätigkeitsdimensionen zurückzufinden.

4. Betrachtung, Kontemplation: Betrachtung ist im Verständnis von Seel (1999, S. 165ff.) »ein selbstzweckhaftes denkendes und anschauendes Verweilen bei den Gegenständen dieser Betrachtung.« Es handelt sich um eine Interaktion ohne ein personales Gegenüber, ohne eine dialogische Begegnung. Der Begriff »Betrachtung« entspricht dem griechischen »theoría« sowie dem lateinischen »contemplatio« oder »speculatio«. Bei Aristoteles ist »theoría« ein rein selbstzweckhaftes, vollzugsorientiertes Handeln, das jedem bewirkenden Vollbringen entgegensteht und keine Resultate anstrebt – unabhängig davon, dass daraus durchaus wertvolle Erkenntnisse oder veränderte Haltungen folgen können.

Auch wenn der Begriff »Betrachtung« (ebenso wie die obigen griechischen und lateinischen Äquivalente) den visuellen Sinn betrifft, so sind damit auch die anderen Sinne eingeschlossen, wie etwa das *Hören* von Musik, das *Tasten* eines Stoffes oder das *Schmecken* und *Riechen*, weiterhin auch nichtsinnliche Reflexionen wie etwa zur Natur der Zahlen oder zu philosophischen Zusammenhängen usw. Kurz, es geht um »ein Anschauen oder Vernehmen oder Bedenken *von etwas*«, um ein Verweilen in der Begegnung mit einem Gegenstand um dieser Begegnung willen (S. 166). In der Betrachtung treten wir in eine radikale Distanz zu den Belangen und Sorgen des Alltags. In diesem Abstand von allem pragmatischen Tun kann ein tiefes Sich-Versenken in einen Gegenstand geschehen, etwa beim Betrachten eines Bildes oder beim Hören einer Musik, in welchem ebenfalls (wie im Spiel) ein Erleben von erfüllter Gegenwart möglich ist.

Auch die Fähigkeit zum kontemplativen Verweilen ist ein konstitutives Element gelingenden Lebens, und sei es nur in kleinen Alltagssituationen, wenn wir aus dem Fenster schauen oder einem Gedanken nachhängen. Im kontemplativen Verweilen kann man »aus der Zeit des Strebens nach vorgefassten Zielen heraustreten,« man kultiviert damit »eine Distanz gegenüber sich und der Welt, die einen mit sich selbst und der Welt freier umgehen lässt« (S. 169). Eine *Gefährdung* dieser Lebensdimension ist dann gegeben, wenn sie als übergreifendes Lebensideal genommen wird. Denn damit würde sich der Wechsel von Nähe und Distanz zur Welt auflösen, und wie bei einem Spielsüchtigen könnte der Zugang zu den anderen Tätigkeitsdimensionen verloren gehen. Man muss also die Kontemplation jederzeit abbrechen können. »Sie bietet einen erfüllenden Abstand nur, solange dieser Abstand nicht zur Flucht vor der Beteiligung am vollbringenden und dialogischen Handeln gerät« (S. 170).

So gilt also auch für diese Tätigkeitsdimension: »Zu gelingender Betrachtung gehört mehr als gelingende Betrachtung« (S. 170).

Im Coaching kann also auch hier die Frage nach den Freiräumen untersucht werden, ob und wie weit kontemplative Erfahrungen ihren Platz im Leben eines Klienten haben, welche Formen der Betrachtung oder Versenkung ihm zugänglich sind oder für ihn Vorrang haben, und auch, in welchem Verhältnis diese Dimension zu den anderen Tätigkeitsdimensionen steht und diese bereichern kann.

Fazit: Mit dieser Darstellung der vier Tätigkeitsdimensionen wird deutlich, dass sie aufeinander bezogen sind und sein müssen, um eine gelingende Lebensbalance zu finden und zu erhalten. Diese Balance ist gefährdet, wenn einerseits eine oder mehrere Dimensionen fehlen oder unterentwickelt sind, und wenn andererseits eine einzelne Dimension allzu sehr dominiert oder absolut gesetzt wird (wie z. B. beim Spielsüchtigen oder beim »Workaholic«), sodass der Wechsel zu anderen Tätigkeitsdimensionen erschwert oder verunmöglicht wird. Eine gelingende Balance soll jedoch nicht darin zu suchen sein, dass die vier Dimensionen völlig gleich gewichtet wären. Ihre Gewichtung kann individuell sehr unterschiedlich ausfallen, entsprechend den jeweiligen Lebensvorstellungen und persönlichen Entscheidungen; aber alle Dimensionen sollten in irgendeiner Weise zugänglich sein und einen individuell passenden Raum im Lebensganzen einnehmen können.

Darüber hinaus ist zu bedenken, dass die Tätigkeitsdimensionen sich gegenseitig beeinflussen können und nicht völlig voneinander abzugrenzen sind. So sind in Arbeitsbeziehungen auch dialogische (im Unterschied zu strategischen) Interaktionen möglich, wie zum Beispiel in einem vertrauensvollen Mitarbeitergespräch oder in einem offenen kollegialen Austausch über ein gemeinsames Arbeitsprojekt. Des Weiteren können während der Arbeit Augenblicke von »erfüllter Gegenwart« erlebt werden, die sonst den Dimensionen des nicht zweckgebundenen Spiels oder der Betrachtung zugeordnet werden: Ein ganz gegenwartsorientiertes Aufgehen in seinem Tun (»Flow-Erlebnis«) kann dabei eine besondere Qualität eines Arbeitsprozesses und auch eines Arbeitsergebnisses bewirken; oder der spielerische Umgang mit einem Gegenstand kann einen Forscher, Ingenieur oder Projektleiter in seiner Arbeit zu überraschenden Erkenntnissen und kreativen Schlussfolgerungen führen. So gesehen kann in jeder Situation eine Balance zwischen den verschiedenen Tätigkeitsdimensionen – und sei es nur momenthaft – aufscheinen.

8.4 Schlussfolgerungen für eine Burnout-Prävention

Wenn man bedenkt, dass professionelles Handeln und insbesondere Führungstätigkeit über die äußeren Kompetenzen und Fähigkeiten hinaus auch den verantwortungsvollen Einsatz der eigenen Person verlangt, dann ist die Selbstsorge als Achtsamkeit für sich selbst eine zentrale Aufgabe für gelingende Professionalität. Die Integration von beruflicher Rolle und Person dient also nicht nur dem persönlichen Wohlbefinden, sondern gleichermaßen auch dem beruflichen Erfolg. Je mehr das eigene Befinden missachtet wird, sei es von den Betroffenen selbst, sei es von Anderen (Vorgesetzten, Berufskollegen usw.), desto größer ist die Gefahr, dass die »Balance« verloren geht – so wie wenn ein Radfahrer sich nicht mehr fortbewegen kann, wenn er das Gleichgewicht verliert.

Neben vielen äußeren und inneren Bedingungsfaktoren für Burnout, die in der einschlägigen Fachliteratur genannt werden (z. B. Enzmann u. Kleiber, 1989; Fengler, 1992; Burisch, 1994; Gussone u. Schiepek, 2000), dürfte auch ein Mangel an Achtsamkeit für sich bei einem Entstehen von Burnout eine Rolle spielen. Dieser Mangel kann zum Beispiel folgendermaßen zum Ausdruck kommen:

- als Entfremdung von eigenen Wertvorstellungen, Neigungen und Interessen;
- als kritiklose Unterwerfung unter die Interessen Anderer;
- als unbedachte Übernahme von ethisch unverantwortlichen Aufgaben;
- als Missachtung von eigenen Leistungsgrenzen;
- als Selbstausbeutung aufgrund von Ängsten vor Kritik oder vor Jobverlust;
- als unkontrolliertes, unreflektiertes Ausleben von Emotionen (z. B. Wut und Ärger gegen Andere).

Ein reflektierter Umgang mit sich ist ein wesentliches Merkmal einer gelingenden, das heißt glückhaften, sinnerfüllten und verantwortungsvollen Berufs- und Lebensgestaltung.

Erträge für den Coach

- Life-Coaching muss neben den Arbeitsfunktionen die *Person als ganze* in den Blick nehmen, denn ein wesentliches »Instrument« des Handelns ist die eigene Person. Dieses »Instrument« zu pflegen und zu schützen, dient also nicht allein dem individuellen Wohlbefinden, sondern auch der Qualität professionellen Handelns.
- Glück ist die Möglichkeit, *sich selbst als wertvollen Menschen in wertvollen Beziehungen zu erleben* – alles andere sind dafür förderliche oder hinderliche Bedingungen. Ein Aspekt von Lebenskunst ist demzufolge, sich für förderliche Bedingungen einzusetzen und sich mit hinderlichen Bedingungen auseinanderzusetzen.

- Als *Anleitung zur Selbstsorge* empfiehlt Foucault mit Bezug auf die Philosophen der Antike einige »Selbsttechniken«: *Askese* als »Übung«, zwischen wichtigen und unwichtigen Dingen zu unterscheiden, *Schreiben* als Form der Selbstreflexion, *Traumdeutung* als »Einladung zur Freiheit und zur Veränderung« und *Einteilung der Zeit.*
- Nach dem Konzept der *Salutogenese* von Antonovsky (1997) ist das Gefühl von »Kohärenz« bzw. Stimmigkeit im Hinblick auf das eigene Denken und Handeln zentral. Dafür sind drei Komponenten bedeutsam, um mit Herausforderungen und Stressoren erfolgreich umgehen zu können: Verstehbarkeit, Handhabbarkeit und Sinnhaftigkeit.
- *Persönliche Identität* ist nicht nur unter den Aspekten der individuellen Geschichte, sondern auch der sozialen Situationen und der kollektiven Geschichte zu verstehen. Trotzdem gibt es eine *individuelle Kontinuität* von persönlicher Identität: Sie zeigt, was man sich in seiner Geschichte zu Eigen gemacht hat und in der lebenslang fortdauernden Identitätsarbeit weiterhin zu Eigen macht.
- In individuellen Krisensituationen kann das Modell der »*Fünf Säulen der Identität*« (Heinl u. Petzold) hilfreich sein, sich auf seine persönlichen Ressourcen in folgenden Bereichen zu besinnen: Leiblichkeit, soziales Netz, Arbeit und Leistung, materielle Sicherheit, Werte.
- *Postmoderne Identitätskonstruktion* bedeutet, dass an die Stelle von herkömmlichen Rollen- und Karrieremustern »der flexible Mensch« (Sennett) und »Patchwork-Identität« (Keupp) getreten ist. Daraus folgt die Notwendigkeit, in stärkerem Maße sich um seine individuelle Identität zu sorgen.
- Im Hinblick auf eine *Entgrenzung von Arbeit* ist die psychologische Unterscheidung zwischen äußeren Ich-Funktionen und dem inneren Selbst (nach Kohut) hilfreich. Eine Balance zwischen beiden Erlebensbereichen ist ein Aspekt der Selbstsorge.
- »*Work-Life-Balance*« bedeutet nicht in erster Linie eine Balance zwischen Arbeit und Privatleben; mit diesem Begriff ist vielmehr die Frage zu untersuchen, welchen Stellenwert berufliche Arbeit *im Lebensganzen* hat, wie weit eine Balance zwischen den verschiedenen Lebensbereichen besteht und wie diese im Einzelfall aussehen kann.
- Als Modell für eine solche Lebens-Balance bieten sich die »vier idealtypisch unterschiedenen Dimensionen gelingender menschlicher Praxis« von *Martin Seel* an: *Arbeit* als zweckorientiertes Handeln, *Interaktion* als Umgang mit einem menschlichen Gegenüber, *Spiel* als vollzugsorientiertes Handeln ohne externen Zweck, *Betrachtung* als vollzugsorientierte Interaktion ohne ein personales Gegenüber.

Literatur zum Thema

Antonovsky, A. (1997). Salutogenese. Zur Entmystifizierung von Gesundheit. Tübingen: dgvt-Verlag.

Fengler, J. (1992). Helfen macht müde. Zur Analyse und Bewältigung von Burnout und beruflicher Deformastion (2. durchges. Aufl.). München: Pfeiffer.

Foucault, M. (1986). Die Sorge um sich. Sexualität und Wahrheit III. Frankfurt a. M.: Suhrkamp.

Gussone, B., Schiepek, G. (2000). Die »Sorge um sich«. Burnout-Prävention und Lebenskunst in helfenden Berufen. Tübingen: dgvt-Verlag.

Keupp, H. et al. (1999). Identitätskonstruktionen. Das Patchwork der Identitäten in der Spätmoderne. Reinbek: Rowohlt.

Lauterbach, M. (2005). Gesundheitscoaching. Strategien und Methoden für Fitness und Lebensbalance im Beruf. Heidelberg: Carl-Auer.

Schmid, W. (2004). Mit sich selbst befreundet sein. Von der Lebenskunst im Umgang mit sich selbst. Frankfurt a. M.: Suhrkamp.

Seel, M. (1999). Versuch über die Form des Glücks. Studien zur Ethik. Frankfurt a. M.: Suhrkamp.

9 Der Umgang von Fachkräften mit ihren Adressaten

Christoph Schmidt-Lellek

Im zweiten Kapitel wurden die wesentlichen Konfliktfelder dargestellt, mit denen »professionelle Beziehungsarbeiter« umgehen müssen, und im Teil II die Themen, die in der Auseinandersetzung damit als übergreifende Orientierung zu berücksichtigen sind. Diese Darlegungen sollen nun konkretisiert werden mit einer doppelten Perspektive: Welche spezifische Verantwortung nehmen professionelle Fachkräfte auf sich, wenn sie mit ihren Adressaten in eine Arbeitsbeziehung eintreten, und welche Haltungen und Arbeitsstile sind dafür dienlich, dass durch das professionelle Handeln für alle Beteiligten Sinn und Glück erfahrbar werden können?

Life-Coaching bietet einen Freiraum, in dem diese Fragen erörtert und die Fachkräfte für ihre Tätigkeiten unterstützt werden können. Es geht damit über Supervision hinaus, in der hauptsächlich die fachliche Qualität der Arbeit fokussiert wird (→ 1.2). Life-Coaching soll dazu anleiten, die *fachliche Qualität* mit der *Lebensqualität* der Professionellen in Verbindung zu bringen. Während ich im Kapitel 8 den verantwortungsvollen Umgang mit sich selbst thematisiert habe, so wird in diesem Kapitel der Fokus ausgeweitet auf den Umgang von Professionellen mit Klient/innen, Patient/innen, Mandant/innen, Lernenden usw. und auf die spannungsreichen Wechselwirkungen zwischen ihnen, die sich unter dem Aspekt der »dialogischen Beziehung« beschreiben lassen. Wie bedeutsam der Zusammenhang zwischen fachlicher Qualität und Lebensqualität der Professionellen ist, lässt sich an folgendem simplen Sachverhalt vor Augen führen: Wenn eine Psychotherapeutin in ihrem Tun keinen Sinn sehen kann, wird sie kaum einem Patienten helfen können, der an der Sinnlosigkeit seines Daseins verzweifelt; oder ein Lehrer wird seine Schüler/innen kaum für eine zu lernende Sache begeistern können, wenn er ihnen mit Desinteresse und Zynismus begegnet.

In diesem Kapitel gehe ich also der Frage nach, wie die professionelle dialogische Situation gestaltet werden kann, welche Haltungen und welche habituellen Arbeitsstile dabei hilfreich sein können, dass schließlich sowohl der Klient als auch der Professionelle mit einem Gewinn an Sinn- und Glückserfahrung daraus hervorgehen können.

9.1 Zur Situation in professionellen Handlungsfeldern

Bei den Professionen handelt es sich um die Berufsfelder, in denen Probleme von Klienten bearbeitet werden, die einen zentralen Existenzbereich betreffen (Schütze, 1996, S. 183f.), also um das Gesundheitswesen, das Bildungswesen, das Sozialwesen, die Rechtspflege, aber auch das Personalwesen im Wirtschaftsbereich (→ 2.1). In all diesen Tätigkeitsbereichen ist die jeweilige Fachkraft auf die Mitwirkung des Klienten angewiesen, um zum Beispiel in einem Beratungsgespräch erfassen zu können, worin überhaupt das zu lösende Problem besteht, oder um in einer Lehr-Lern-Situation eine gemeinsame Sprache zu finden, in der sich die jeweiligen Stoffe vermitteln bzw. die Lernprozesse vorantreiben lassen. Wenn es den beteiligten Personen nicht gelingt, sich in einer der Situation und der Sache angemessenen Weise aufeinander einzustellen, wird es ihnen auch nicht gelingen, eine Lösung für das jeweilige Problem zu finden bzw. zu entwickeln. Der professionelle Umgang mit Klient/innen, für die der/die Professionelle eine besondere Verantwortung übernimmt und zugeschrieben bekommt, verlangt also außer dem jeweiligen fachlichen Wissen eine besondere Beziehungskompetenz. Wenn dieses komplexe Geschehen zwischen ihnen mit der jeweiligen eigenen Verantwortung gelingt, dann sind beide Seiten glücklich und können die gemeinsamen Bemühungen als sinnvoll erleben; wenn es nicht hinreichend gelingt, entstehen auf beiden Seiten Unzufriedenheit und Zweifel an dem Sinn der Bemühungen, mit möglicherweise langfristig destruktiven oder krank machenden Folgen für beide Seiten.

Was aber sind nun die Bedingungen, unter denen die professionelle Interaktion stattfindet? Voraussetzung ist zunächst, dass der jeweilige Professionelle sich durch sein Studium, seine Berufsausbildung, Fortbildung und kontinuierliche Selbstreflexion ein hinreichendes und der jeweiligen Aufgabe angemessenes Fachwissen und professionelles Können zu Eigen gemacht hat und dass er den fachlichen und den ethischen Standards entsprechend handelt. Voraussetzung ist weiterhin, dass er nur solche Aufträge annimmt, für die er hinreichend kompetent ist und die er ethisch verantworten kann. Aber auch wenn dies alles gewährleistet ist, begibt er sich immer in *risikoreiche Felder*: Es gibt niemals eine vollständige Gewissheit, was auf ihn zukommt und was er mit seinen Interventionen, mit seinem professionellen Tun kurzfristig und langfristig bewirken wird. So muss er auch damit umgehen können, dass der Erfolg seines Tuns offen und ungewiss bleibt, denn der Erfolg hängt nicht zuletzt auch davon ab, was der Klient aus den professionellen Interaktionen macht, ob er sich zum Beispiel eine erarbeitete Lösungsperspektive wirklich zu Eigen macht oder nicht. Um mit seiner professionellen Arbeit Sinn und Glück erleben zu können und sich damit auf ein gelingendes Leben hin bewegen zu können, braucht man aber Erfolgserlebnisse, entsprechende Anerkennung dafür und daraus folgend ein hinreichend stabiles Selbstwertgefühl.

Anders als technisch orientierte Fachkräfte, die den Erfolg ihres Tuns meistens an ihrem Arbeitsergebnis eindeutig ermessen können, leben Fachkräfte in den Professionen also mit dem Grundrisiko, dass der Erfolg ihres Tuns nicht eindeutig messbar ist (trotz allen wissenschaftlichen Evaluationen und Wirksamkeitsforschungen, wie z. B. in den pädagogischen oder in den helfenden Berufen, besonders in der Psychotherapie). Außerdem lässt sich das professionelle Wissen nicht wie in technisch orientierten Zusammenhängen unmittelbar anwenden, sondern es muss für den jeweiligen Einzelfall und das jeweilige Problem in einem »Übersetzungsvorgang« verarbeitet werden. Dazu braucht der Professionelle ein hinreichendes *Verstehen* des Klienten und seines Problems, und dieser muss selbst durch die Arbeit mit dem Professionellen ein Verstehen seiner selbst entwickeln, das er bisher nicht oder nicht in ausreichendem Maße hatte. Dies ist die Aufgabe der *Hermeneutik* (griech.: »téchne hermeneutiké«, Übersetzungskunst, Verstehenslehre), in der die Möglichkeiten des Verstehens in zwei Richtungen reflektiert werden: das Verstehen des jeweils vorfindlichen Problems und das Verständlichmachen von Veränderungsmöglichkeiten bzw. von Lösungen (Gadamer, 1960).

Aber ein Verstehen ist immer nur ein *Versuch*, ein »Experiment«, es behält den Charakter des Vorläufigen, wenn es um die Auseinandersetzung mit existenziellen Fragen, mit psychischen (Psychotherapie), gesundheitlichen (Medizin), entwicklungsmäßigen (Pädagogik), rechtlichen (Jurisprudenz) oder ethischen (Philosophie, Seelsorge) Konflikten geht. Im Unterschied zu einem wissenschaftlichen »Erklären« eines Phänomens, zum Beispiel im Hinblick auf seine Ursächlichkeit oder auf seine strukturellen Zusammenhänge, haftet dem existenziellen Verstehen immer der Charakter des Subjektiven an – und zwar notwendigerweise, denn nur damit kann das jeweilige Thema für den Betroffenen auch einen Sinn, eine persönliche Bedeutung erlangen. Diese Subjektivität kann und soll allerdings getragen sein von einer *intersubjektiven Verständigung* zwischen den Beteiligten selbst oder in einem weiteren Rahmen von einer familiären oder kulturellen Gemeinschaft.

9.2 Paradoxien professionellen Handelns

In diesem Prozess von intersubjektiven Verständigungsversuchen treten nun vielfältige Paradoxien auf. Wie im Kapitel 2 bereits ausgeführt (→ 2.2.3), liegt ein wesentliches Merkmal professionellen Handelns in der Kompetenz, solche Paradoxien wahrzunehmen und mit ihnen umzugehen. So bezeichnet zum Beispiel Schütze (1996, S. 252ff.) mit Bezug auf die Soziale Arbeit ein Übersehen solcher Paradoxien als »systematischen Fehler«, mit der Folge, dass nicht nur die spezifische Interaktion zwischen dem Professionellen und dem Klienten misslingt, sondern dass auch der Professionelle selbst von Burnout bedroht ist oder in seiner beruflichen Entwicklung scheitert. Denn insbesondere die Soziale Arbeit ist »zwei differenten Handlungslogiken zugleich unterworfen«; denn die hier tätigen Professionellen »agieren häufig im administrativ-rechtspflegerischen Bereich der sozialen Kontrolle bzw. sozialpolitischen Interventionen sowie im Bereich der beratenden, bildenden und therapeutischen Interventionen [...]. Juristische und hermeneutische Handlungslogiken stoßen dabei gewissermaßen aufeinander« (Dewe u. Otto, 2001, S. 1406).

»Paradoxien« sind spannungsreiche Gegensätze, die sich aber nicht auflösen lassen, auch wenn situationsbezogen die eine oder die andere Seite eines solchen Gegensatzes ein stärkeres Gewicht bekommen kann. Manche Autoren sprechen hier von »Antinomien« und daraus folgenden »Dilemmata« (→ 2.2.3). Ich selbst bevorzuge den Begriff »Polaritäten«, zwischen denen sich das Handeln von Professionellen bewegt (Schmidt-Lellek, 2006, S. 278ff.; → 8.3.1). Eine *Balance* zwischen solchen polaren Gegensätzen ist der Versuch einer situationsangemessenen Haltung, in welcher die jeweilige Beziehungskonstellation und das Problem maßgebend sind. Sich zwischen solchen Polaritäten bewegen zu können und zum Beispiel in einer Beratungssituation sich als Anwalt des vom Klienten vernachlässigten oder abgewehrten Gegenpols zu begreifen, ist dabei ein wesentliches Merkmal von Professionalität (Oevermann, 1996). Die Qualität professionellen Handelns ist also nicht nur und nicht in erster Linie daran zu messen, »dass möglichst viele Standards proklamiert werden«, sondern an der Fähigkeit, mit spannungsreichen Antinomien und Widersprüchen umzugehen (Buer, 2005, S. 288), das heißt diese Spannung nicht nur auszuhalten, sondern auch zu nutzen.

Anlass dafür, dass Klienten die Unterstützung eines Professionellen suchen, ist oft die Erfahrung, dass ihnen in ihrem Lebensalltag eine Balance zwischen vielfältigen inneren und äußeren Widersprüchen nicht gelingt, dass auf diese Weise der Lebensprozess blockiert oder gestört ist und das Erleben von Sinn und Glück getrübt ist. Professionelle sollen also in der Arbeit mit ihren Klienten dazu beitragen, dass diese in ihrer Kompetenz, mit den existenziellen Widersprüchen umzugehen, gestärkt werden und ihr Leben so gestalten können, dass ihnen das Erleben von Sinn und Glück (wieder) möglich wird. Gleichzeitig müssen sie aber auch ihre eigene Balance im Blick haben, damit sie in ihrem Engagement und ihrer Verantwortung für ihre Klienten nicht selbst das Erleben von Sinn und Glück verlieren. Wenn dies geschieht oder zu geschehen droht, ist auch die Handlungskompetenz des Professionellen bedroht, und eben dies ist häufig der Anlass dafür, die Unterstützung eines Coachs in Anspruch zu nehmen. In einem Life-Coaching kann dann deutlich gemacht werden, dass ein professioneller Beziehungsarbeiter eine *doppelte Balance* im Blick haben muss, nämlich die seiner Klient/innen und die eigene, die in der professionellen Auseinandersetzung mit den Konfliktdynamiken der Klient/innen immer wieder neu zu schaffen ist – und analog dazu muss natürlich auch der Coach in derselben Weise für sich sorgen.

Im Folgenden möchte ich nun einige Beispiele von Paradoxien aufführen, die den professionellen Alltag prägen. Im Life-Coaching können sie nicht nur inhaltlich reflektiert werden, sondern gleichzeitig auch in der professionellen Beziehung zwischen dem Coach und dem Coaching-Klienten modellhaft erlebbar gemacht und bearbeitet werden.

1. Objektivität versus Subjektivität: »Objektivität« meint die Orientierung an wissenschaftlichen Erkenntnissen, damit das subjektive, individuelle Erleben sich relativieren, hinterfragen und korrigieren lässt. Eine »objektive Erkenntnis« bleibt aber wirkungslos, wenn sie nicht wiederum eine subjektive Bedeutung erlangt bzw. in das individuelle Bedeutungsgefüge übertragen wird. Andererseits würde eine rein subjektive Sichtweise die Verbundenheit des Einzelnen mit den naturhaften und kulturellen Gegebenheiten verleugnen und auf eine solipsistische Isolation hinauslaufen. Auf der Seite des Professionellen wäre eine Haltung, seinen Klienten nur als Objekt seiner Betrachtung und Behandlung zu sehen, ihn also als Person, als Subjekt gar nicht ernst zu nehmen und sich nicht auf eine intersubjektive Beziehung einzulassen, als eine Deformation zu bezeichnen (→ 9.3.4).

Die Spannung zwischen Objektivität und Subjektivität kann von beiden Partnern der professionellen Interaktion nach beiden Seiten hin unangemessen aufgelöst werden. So kommt vielleicht ein Klient in eine Psychotherapie- oder eine Arztpraxis, in eine Erziehungs- oder Eheberatung mit der Erwartung, dass der Professionelle mit seinem wissenschaftlichen Rüstzeug ihm ohne eigenes Zutun erkläre, wie seine Probleme zu lösen seien: »Sie sind doch der Fachmann und wissen, wie das geht!« Hier wird also die Seite der Objektivität überbetont. Eine gegenteilige Überbetonung findet statt, wenn ein Klient auf seiner emotionalen Intuition beharrt und sich nicht durch andere, wissenschaftlich gestützte Perspektiven herausfordern lässt, sich auf andersartige Wahrnehmungen und Bewertungen einzulassen. Für die Seite der Professionellen sei der Philosoph und Psychiater Karl Jaspers zitiert, der im Hinblick auf die Haltung des Arztes darlegt:

> »Bei der Untersuchung der Kranken muss man Entgegengesetztes vereinigen: sich der Individualität der Kranken hingeben und die Eigenart zu Worte kommen lassen und auf der anderen Seite mit festen Gesichtspunkten und leitenden Zielen untersuchen. Vernachlässigt man das letztere, so gerät man in ein Chaos von Einzelheiten, vernachlässigt man das erstere, so bringt man die einzelnen Krankheitsfälle in die wenigen versteinerten Fächer, die man im Kopf hat, sieht nichts Neues mehr, tut den Fällen Gewalt an« (Jaspers, 1965, S. 687).

2. Analysierende Distanz versus empathische Nähe: In der Beziehung eines Professionellen zu seinem Klienten ist einerseits eine distanzierende Haltung erforderlich, damit das jeweilige Problem aus einer anderen Perspektive betrachtet werden kann, andererseits ein empathisches Mitgehen mit der Person des Klienten. Ohne Empathie kann letztlich gar keine tragfähige Arbeitsbeziehung entstehen, in der Raum ist für intersubjektive Verstehensprozesse und in der die individuelle Lebenssituation des Klienten zur Geltung kommen kann. Und ohne Distanzierung kann der Professionelle seine Fähigkeit eines Perspektivenwechsels und damit die Möglichkeit, zu neuen Handlungsoptionen zu gelangen, verlieren; und er steht zudem in der Gefahr, in empathischer Identifikation mit der Not seines Gegenübers zu zerfließen. Dabei geht es also auch um die Spannung zwischen *Berührbarkeit und Selbstschutz*. Bildlich gesprochen: Wir haben zwei Füße, mit dem einen begeben wir uns in die Lebenswelt des Klienten, und mit dem anderen bleiben wir immer draußen, um einen festen Rückhalt in der eigenen Lebenswelt zu behalten. Zwei Beispiele sollen illustrieren, wie die Balance in dieser Spannung zur einen oder zur anderen Seite verloren gehen kann:

Eine außerordentlich feinfühlige Psychotherapeutin, die auf Grund ihrer besonderen Fähigkeiten zu vielen schwer depressiven und zu Borderline-Patientinnen einen emotionalen Zugang finden konnte, darunter aber zunehmend belastet war, versuchte nach einer überstandenen schweren Krankheit mit Hilfe des Coachings, ihre Grenzen neu zu bestimmen: Sie entschied sich, einerseits weniger Patientinnen anzunehmen, und lernte andererseits, im Hinblick auf ihr einfühlsames Miterleben mit den inneren Dramen der Patientinnen besser auf ihre Grenzen zu achten, indem sie nun bewusst überprüft, wann sie sich emotional öffnet und wann sie sich innerlich reserviert verhält.

Ein Chirurg, Oberarzt in einem renommierten Fachkrankenhaus, kam in einer Lebenskrise zum Coaching, da er schon vor längerer Zeit die Freude an seiner Arbeit verloren habe und da wegen seiner andauernden deprimierten Stimmung seine Familie zunehmend belastet sei. Er klagte darüber, dass er, obwohl er seine Arbeit eigentlich gerne tue und obwohl er in seinem Spezialgebiet außerordentlich anerkannt sei, den Sinn seines Tuns nicht mehr spüren könne und dass er vor allem gar keinen inneren Kontakt zu seinen Patient/innen bekomme; außerdem mache ihm der wachsende Leistungsdruck in der Klinik zu schaffen, sodass er sich wie ein Fließbandarbeiter im Operationssaal fühle. Als Lösung aus dieser Krise fand er schließlich die Möglichkeit, bei einem Kollegen in eine freie Praxis einzusteigen, wo er dann zwar ebenfalls ein hohes Leistungsniveau zu erbringen hatte, aber mit einer viel breiteren Möglichkeit, mit seinen Patienten in einen empathischen Kontakt zu kommen, aus dem er auch für sich einen Gewinn ziehen konnte.

3. Asymmetrische versus symmetrische Beziehung: Die Rollendifferenz in professionellen Settings impliziert immer ein gewisses *Machtgefälle* zwischen dem Klienten und dem Professionellen. Dieser verkörpert mit seinem Fachwissen eine Autorität und vertritt außerdem die jeweilige Organisation mit ihrem

Renommee und ihrer Macht. Von Seiten der Klienten gibt es entsprechende Zuschreibungen von Macht und Autorität, die mit der Erwartung verbunden sind, dass der Professionelle eben damit seine Probleme lösen könne; gleichzeitig haben Klienten auch die Erwartung, als gleichberechtigte Menschen wahrgenommen und anerkannt zu werden. Dem entspricht die verbreitete Ambivalenz gegenüber Macht, nämlich einerseits als Sehnsucht nach machtvoller Anerkennung und Unterstützung und andererseits als Angst vor Entwertung oder Unterdrückung.

Ausgangspunkt ist in der Regel die Konstellation, dass ein Rat oder Hilfe suchender Klient einem Professionellen in einer gewissen Unterlegenheitsposition begegnet, aus der er dann eben durch die Interaktion mit ihm gestärkt hervorgehen will und soll.

»Das Ziel der professionellen Aktivitäten besteht idealerweise darin, dass Klient und Professioneller sich am Ende des Prozesses als Gleichberechtigte bzw. Gleichstarke gegenüberstehen. Die zunächst asymmetrische Beziehung soll im Verlauf des Kommunikationsprozesses in eine symmetrische verwandelt werden. Professionelle Praxis enthält somit notwendigerweise einen Widerspruch: Der Praktiker muss gegenüber dem Klienten auf eine asymmetrische Rollendefinition eingehen, damit überhaupt eine symmetrische entstehen kann« (Schreyögg, 2004, S. 51).

In dieser professionellen Interaktion kann wiederum auf beiden Seiten die Spannung zwischen einer asymmetrischen, durch Macht und Abhängigkeit geprägten Beziehung und einer symmetrischen, durch zwischenmenschliche Gleichwertigkeit und wechselseitige Anerkennung geprägten Beziehung nach der einen oder anderen Seite unangemessen aufgelöst werden.

Dazu einige Beispiele: Manche Klienten haben vielleicht Schwierigkeiten oder Ängste, sich der Autorität eines Professionellen anzuvertrauen und vorübergehend die Kontrolle über das Geschehen und die entsprechende Verantwortung an ihn abzugeben, wie zum Beispiel an einen Anwalt, der ihn in einem Prozess vertritt, oder am deutlichsten unter Anästhesie an einen Chirurgen, damit er eine Operation durchführen kann. Andere haben die Neigung, in der Abhängigkeit von einem verehrten Professionellen zu verweilen, wie zum Beispiel ein Psychotherapiepatient, der auch nach vielen Jahren therapeutischer Arbeit noch quasi in einer kindlichen Unterlegenheitsposition verharren will in der Meinung, noch nicht genug bekommen zu haben; hiermit verweigert er jedoch eine angemessene Übernahme von Verantwortung für sich selbst.

Auf der anderen Seite des Geschehens mag ein Professioneller die Neigung haben, sich nicht als Autorität zu begreifen und entsprechende Verantwortung zu übernehmen, was darauf hinauslaufen kann, dass er den Klienten mit seinem Bedürfnis oder mit seiner Not übersieht oder im Stich lässt. Andere Professionelle, insbesondere in psychosozialen Arbeitsfeldern, leiten vielleicht aus der anfänglichen Asymmetrie der Interaktion ab, dass der Klient einem

Objekt vergleichbar zu »behandeln« bzw. zu »modellieren« sei. Dies gilt auch häufig für hierarchische Beziehungen in Organisationen: Vorgesetzte definieren auf Grund ihrer formalen Position ihre Mitarbeiter dann als Objekte, die wie Werkzeuge jede beliebige Aufgabe zu vollziehen haben (Schreyögg, 2004, S. 51). Eine einseitige Orientierung an asymmetrischen Beziehungen kann auf einen *Machtmissbrauch* hinauslaufen, wenn ein Professioneller die Autonomie des Klienten missachtet, indem er ihn zum Beispiel am Ende einer langjährigen Psychotherapie oder Lehrtherapie in einer Abhängigkeit zu halten strebt, sei es aus ungezügeltem Machtstreben oder aus narzisstischer Bedürftigkeit (Cremerius, 1995; Schmidt-Lellek u. Heimannsberg, 1995).

4. Rollenidentifikation versus Rollendistanz: Diese Entgegensetzung lässt sich aus den zuletzt genannten ableiten: Professionelle Verantwortung verlangt eine klare Identifikation mit der beruflichen Rolle, um den Erwartungen der Klienten entsprechen und um überhaupt etwas bewirken zu können. Um jedoch neben der professionellen Rollenbeziehung auch eine zwischenmenschliche Beziehungsebene zu ermöglichen und um am Ende das durch die Rolle bedingte Machtgefälle überwinden zu können, ist auch die innere Distanzierung von der Professionsrolle notwendig. Dieses Changieren zwischen Identifikation und Distanz ist für den Professionellen im Hinblick auf die Qualität seiner Arbeit, auf Burnout-Prophylaxe, aber auch für seine gesamte Lebensgestaltung unabdingbar, denn ohne die Möglichkeit der Rollendistanz besteht die Gefahr, dass die berufliche Rolle und der damit verbundene »Habitus« (→ 9.4) das gesamte Leben dominiert und keine anderen Modalitäten des Daseins zulässt (→ 8.3.2).

Beispiele wären Studienrät/innen, die anderen Menschen immer quasi »mit erhobenem Zeigefinger« begegnen, oder Psychotherapeut/innen, die überall neurotische Konflikte aufspüren und andere Menschen ungefragt mit entsprechenden Deutungen traktieren. Sie beschädigen damit nicht nur den Ruf ihrer Profession, sondern vor allem sich selbst und die Möglichkeiten, Glück zu erleben (→ 5.3.2).

5. Professionslogik versus Organisationslogik: Professionelle Arbeit findet in der Regel in Organisationen statt, die aber anderen Logiken folgen als die jeweilige Profession: Organisationen benötigen Planungen und Standardisierungen von professionellen Maßnahmen, die sich an statistischen Durchschnittswerten und an einer gerechten Verteilung von finanziellen Ressourcen orientieren müssen; und sie sind am wirtschaftlichen Erfolg orientiert, da sie sich im Markt behaupten müssen. Für Professionen gilt demgegenüber eine weitgehende Nichtplanbarkeit und Nichtstandardisierbarkeit der Handlungsabläufe, die sich an den individuellen Biographien und Lebensschicksalen ihrer Klienten sowie an deren jeweiligen persönlichen Ressourcen einer aktiven Mitwirkung orientieren müssen. Hierbei tauchen häufig Konflikte zwischen den jeweiligen Verantwortungsträgern auf: Auf der einen Seite stehen Geschäftsführer oder Abteilungsleiter, die hauptsächlich für das organisatorische und wirtschaftliche Funktionieren einer Klinik, eines Jugendamts, einer Beratungsstelle, einer Fortbildungseinrichtung usw. verantwortlich sind; auf der anderen Seite stehen die Professionellen mit ihrer Verantwortung für die ihnen anvertrauten Klienten. Deren Professionalität bedeutet dabei, ihre in den fachlichen und ethischen Standards der jeweiligen Profession begründete Autonomie aufrecht zu erhalten und sich nicht lediglich als weisungsgebundene Funktionäre der Organisation zu begreifen, andererseits jedoch auch die Belange der Organisation zu berücksichtigen und daraus folgenden Konflikten nicht auszuweichen.

So kann zum Beispiel das zu lösende Problem eines Patienten in einer psychotherapeutischen Klinik aus professioneller Sicht eine längere oder intensivere Behandlung erfordern, als es durch die Vorgaben der Krankenkassen bzw. der Rentenversicherungsträger oder durch die organisatorischen Bedingungen der Klinik möglich ist. Auf diese Weise ist also einerseits die Autonomie des professionellen Handelns eingeschränkt; andererseits kann eine solche Einschränkung eine spezielle Fokussierung des Patientenproblems verlangen, mit der ein unendlich erscheinendes Problem vielleicht sogar leichter handhabbar wird. In einer solchen Konfliktsituation kann ein Professioneller sich in der Verantwortung sehen, für den Patienten und gegen die Vorgaben der Organisation spezielle Bedingungen durchzusetzen, oder andererseits dem Patienten die Grenzen des faktisch Möglichen klar zu machen und mit ihm daran zu arbeiten.

6. *Planbarkeit versus Nichtplanbarkeit*: Die Organisation und meistens auch das eigene professionelle »Über-Ich« verlangen von den Professionellen, durch ihr geplantes Handeln bei den Klienten vorhersagbare Wirkungen und bestimmte Ziele zu erreichen. Nun ist das Geschehen in professionellen Interaktionen, wie bereits dargelegt, niemals vollständig planbar (Loos, 2006, S. 20), und zuweilen erweist sich, dass das gezielte Tun nicht einmal den entscheidenden Wirkungsfaktor darstellt, sondern zum Beispiel die emotionale Präsenz in einer offenen, dialogischen Beziehung. Dies haben Grawe et al. (1994, S. 707ff.) in ihren Wirksamkeitsforschungen im Hinblick auf die Psychotherapie herausgestellt. Im Hinblick auf die Unternehmensberatung meint Pichler (2004, S. 9): »Persönliche Beziehungen und echte Beteiligung an Problemlösungsprozessen werden künftig den Unterschied zwischen guter und schlechter Beratung ausmachen.« Im Taoismus ist vom »Handeln durch Nichthandeln« die Rede, und diese Paradoxie wird im »Tao te King« (Wilhelm, 1921, Nr. 11) mit folgender Metapher verdeutlicht: »Man formt Ton und macht daraus Gefäße: Auf dem Nichts daran beruht die Brauchbarkeit des Gefäßes.« Kurz, geplantes professionelles Handeln und die Offenheit und der Respekt für nicht plan-

bares Geschehen bilden eine weitere Paradoxie. Das planbare Handeln bildet dabei vielleicht nur das »Gefäß« für nicht planbare Prozesse – aber ohne den kunstvoll verarbeiteten »Ton« gibt es auch kein brauchbares »Gefäß«.

Im Hinblick auf die existenzielle Notwendigkeit, sein professionelles Handeln als erfolgreich erleben zu können, benötigen Professionelle also Maßstäbe, die sich nicht nur an den sichtbaren Ergebnissen des geplantes Handelns orientieren; diese lassen sich häufig leichter aus einer gewissen Distanz vom beruflichen Alltag, wie zum Beispiel in dem Freiraum einer Supervision oder eines Life-Coachings, bewusst machen.

Fazit: Professioneller Umgang mit Klienten verlangt die bewusste Wahrnehmung von etlichen Paradoxien und den reflektierten, verantwortlichen Umgang damit. Wenn sie übersehen werden oder wenn ein Professioneller einer paradoxen Spannung dadurch ausweicht, dass er nur die eine Seite berücksichtigt, besteht die Gefahr eines Scheiterns des professionellen Handelns, sei es im Hinblick auf das Problem des Klienten (Schulversagen, maligne Therapieprozesse, eskalierende Familienkonflikte, »Patientenkarrieren« usw.), sei es im Hinblick auf die eigene professionelle Identität und die individuelle Lebensgestaltung des Professionellen. Bei Professionellen kann ein solches Scheitern in einem inneren Desinteresse an den Klienten, in Zynismus im Umgang mit ihnen, in emotionaler Abstumpfung zum Ausdruck kommen, aber auch in Depression, Alkoholismus und anderem Suchtverhalten, »Workaholismus« (»es ist nie genug«), und dies alles kann sich summieren in einem Burnout, welches gerade für Professionelle typisch ist.

9.3 Dialogische Kompetenz

Wie können nun Professionelle mit den beschriebenen Paradoxien konkret umgehen, damit es eine gelingende Beziehung wird? Wie können sie darin ihrer Verantwortung gerecht werden, durch ihr Handeln die Lebensbewältigung ihrer Klienten zu fördern, und gleichzeitig das eigene Lebensglück im Blick haben? Ich möchte hier darlegen, dass eine Ethik der Verantwortung (→ 6.1) sich nur im Rahmen einer dialogischen Beziehung praktizieren lässt, in welcher sowohl die Autonomie und die Wertigkeit des Klienten als auch die Autonomie und die Wertigkeit des Professionellen gewahrt bleiben und gefördert werden, ja, in welcher die Spannung zwischen beiden zur eigentlichen Antriebskraft für neue Erfahrungen, Erkenntnisse und Lebensperspektiven werden kann. *Dialogische Kompetenz* ist damit eine Bedingung der Möglichkeit, dass professionelles Handeln gelingt und für alle Beteiligten Sinn und Glück erfahrbar macht.

Dialogische Kompetenz lässt sich mit zwei unterschiedlichen Perspektiven betrachten: *Dialogische Fertigkeiten* können durch Ausbildung, Training, Coaching usw. erworben werden, sie sind lehr- und lernbar. Dazu gehört – natürlich neben dem jeweiligen Fachwissen – ein angemessenes kommunikatives Rüstzeug, wie zum Beispiel sprachliche Kompetenz, Wahrnehmung der verschiedenen Kommunikationsebenen nach dem Kommunikationsmodell von Schulz von Thun (1981), aber auch Techniken der Gesprächsführung. Eine *dialogische Grundhaltung* lässt sich in diesem Sinne nicht lehren und wie ein Lernstoff aneignen, sondern sie entwickelt sich durch Lebenserfahrung, kontinuierliche Selbstreflexion, Anregungen und kritische Rückmeldungen von Nahestehenden, und sie ist verbunden mit den persönlichen Überzeugungen und Wertorientierungen. Sie steht sozusagen hinter den lernbaren Fertigkeiten, denn ohne eine reflektierte dialogische Haltung können professionelle Fertigkeiten letztlich nicht recht wirksam werden.

9.3.1 Merkmale einer dialogischen Haltung

Im Folgenden seien nun einige Merkmale genannt, mit denen sich eine dialogische Haltung charakterisieren lässt:

1. *Ein stabiles Selbstwertgefühl* auf Grund eines reflektierten Bewusstseins der eigenen Stärken und Schwächen. Ein Gegensatz dazu wäre einerseits eine Selbstverleugnung und Unterwerfung unter die Werte und Bedürfnisse des jeweiligen Dialogpartners und ein Verlust der Autonomie, was letztlich auf eine Handlungsunfähigkeit hinauslaufen würde; oder andererseits eine Unterwerfung des Anderen unter die eigenen Vorstellungen und Bedürfnisse und damit eine fehlende Anerkennung von dessen Autonomie, was als »Machtmissbrauch« zu bezeichnen wäre.
2. *Die Anerkennung der grundsätzlichen »Andersheit des Anderen«*, wie es insbesondere Buber (1984) und Lévinas (1983) betont haben. Dies bedeutet die Offenheit gegenüber dem Unbekannten im Anderen.
3. *Die Bereitschaft, sich durch die Andersartigkeit und Fremdheit des Anderen hinterfragen zu lassen*, sich aus seiner Selbstbezogenheit herausrufen zu lassen und sich damit für Neues und Fremdes zu öffnen.
4. *Das Mitgefühl* (»Sympathie«) als Brücke zum Anderen. Sich in die Situation und die Befindlichkeit des Anderen einfühlen zu können, ist Voraussetzung für ein Verstehen des Anderen; und aus dem Mitgefühl erwächst auch Verantwortung für den Anderen (→ 6.2).
5. *Die doppelte Ebene der Begegnung mit dem Anderen*: die Polarität zwischen problembezogenen, analysierenden Zugängen in der professionellen Interaktion, mit denen der Andere als »Fall« gesehen und behandelt wird, und einer darüber hinausgehenden Sichtweise, in der der Andere in seiner ein-

zigartigen Personalität in Erscheinung treten kann. Beide Modalitäten sind notwendiger Bestandteil einer gelingenden professionellen Beziehung.

6. *Die Anerkennung, dass der Erfolg des professionellen Handelns nicht »machbar« ist*, so wie man eine Maschine reparieren kann; der Professionelle soll vielmehr einen Prozess anstoßen und unterstützen, der beim Klienten zu einer neuen Erkenntnis, einer Heilung, einer Konfliktlösung oder zu sonstigen Veränderungen führen kann.
7. *Die Anerkennung des letztendlichen »Nichtwissens«* im Hinblick auf die andere Person und auf deren Problematik. Hierfür ist die Haltung des Sokrates vom »Wissen des Nichtwissens« ein Modell. Dieses bedeutet keine Negation, sondern eine Relativierung des jeweils erforderlichen Fachwissens, welches aber die materiale Basis dafür darstellt, dass überhaupt ein Prozess in Gang kommen kann (Schmidt-Lellek, 2006, S. 89ff., 285ff.).
8. *Eine Berücksichtigung des Kontextes*: Die jeweiligen situativen, organisatorischen, gesellschaftlichen, kulturellen, historischen Rahmenbedingungen haben immer einen Einfluss auf das dialogische Geschehen und müssen dabei entsprechend einbezogen werden.
9. *Die jeweils neue Möglichkeit zu gemeinsamer Sinngebung in Denken und Handeln*: »Kon-sens« ist dann nicht nur das Finden von Gemeinsamkeiten als dem »kleinsten gemeinsamen Nenner«, sondern darüber hinaus etwas neu Geschaffenes, in welchem die jeweils mitgebrachten Vorstellungen und Werte »aufgehoben« sind (im dreifachen Sinn dieses Wortes: 1. als Bewahren, 2. als Auflösen, 3. als Hinaufheben auf eine höhere Stufe).
10. *Die Anerkennung von möglicherweise unüberwindlichen Differenzen* und von Grenzen der Verständigung. In solchen Fällen ist allenfalls ein Konsens über den Dissens erreichbar, zum Beispiel bei unvereinbaren Wertorientierungen oder Interessen.

9.3.2 Dialogische Haltung und Verantwortung

Dialogische Begegnung impliziert nun, dass die Verantwortung für das Geschehen nicht allein auf der Seite des Professionellen angesiedelt ist, sondern als geteilte, gemeinsame Verantwortung zu begreifen ist. Denn der Klient trägt – allein wegen seiner in professionellen Handlungsfeldern notwendigen Mitwirkung (→ 9.1) – eine Mitverantwortung. So ist genauer zu bestimmen, welche Aspekte von Verantwortung Professionelle zu tragen haben und wo deren Grenzen liegen.

Hierzu nur einige Hinweise. Im Hinblick auf die Verantwortung für die Qualität professioneller Dienstleistungen lassen sich drei Qualitätsdimensionen unterscheiden (Heß u. Roth, 2001, S. 63):

1. *Strukturqualität* betrifft alle Ausstattungsdimensionen, das heißt personelle (Qualifikationen des Professionellen), materielle und räumliche Ausstattungen.
2. *Prozessqualität* betrifft alle Aktivitäten, die zur Erreichung eines bestimmten Ziels beitragen sollen, und die Art und Weise, wie eine Dienstleistung erbracht wird.
3. *Ergebnisqualität* betrifft den Erfolg einer Maßnahme, sowohl im Hinblick auf eine erzielte Veränderung als auch auf die Zufriedenheit des Klienten.

Bei professionellen Dienstleistungen handelt es sich – im Unterschied zur Produktqualität im produzierenden Gewerbe – nicht um eine objektiv bestimmbare Qualität, vielmehr ist die Qualität »das Ergebnis eines Aushandlungsprozesses zwischen den Beteiligten« (Heß u. Roth, 2001, S. 62). Dementsprechend ist auch die Verantwortung für die Qualität als Strukturverantwortung, Prozessverantwortung und Ergebnisverantwortung Teil des interaktiven, dialogischen Geschehens, allerdings mit unterschiedlichen Gewichtungen:

1. Die *Strukturverantwortung* liegt vor allem bei dem Professionellen und bei der Organisation, in der er tätig ist. Dazu gehört vor allem die Verantwortung für die eigene professionelle Kompetenz, sich durch Ausbildung, lebenslange Fortbildung und Supervision das notwendige Wissen anzueignen und im Hinblick auf die jeweiligen Situationen zu überprüfen (dies entspricht in etwa der »Sachverantwortung«, dass alle relevanten professionellen Standards beachtet werden; → 6.1).
2. Auch die *Prozess- bzw. Steuerungsverantwortung* liegt weitgehend beim Professionellen, indem er einen dialogischen Prozess überhaupt erst entstehen lässt, dafür geeignete Angebote macht und den Überblick über den Verlauf und die zeitliche Struktur behält. Aber eine dialogische Situation lässt sich nicht erzwingen, denn an den jeweiligen interaktionellen Prozessen sind auch der Klient sowie gelegentlich auch andere Mitglieder aus der Organisation beteiligt (Vorgesetzte, überweisende Ärzte, kooperierende Institutionen usw.), die also eine entsprechende Mitverantwortung für den jeweiligen Gesamtprozess tragen.
3. Im Hinblick auf die *Ergebnisverantwortung* ist die Klientenseite am stärksten beteiligt, denn es ist Sache der Klienten, die Ergebnisse einer professionellen Interaktion in ihrem Leben umzusetzen. Dennoch behält der Professionelle auch hier eine Mitverantwortung, zum Beispiel zu überprüfen, dass erarbeitete Ergebnisse vom Klienten richtig verstanden worden sind, dass er geeignete bzw. hinreichende Ressourcen für deren Umsetzung hat, und auch, dass dadurch keine anderen Beteiligten und Betroffenen beeinträchtigt oder beschädigt werden (*moralische Verantwortung*; → 6.1).

Diese verschiedenen Aspekte sind nicht gegeneinander auszuspielen. Dies würde passieren, wenn man nach dem Motto »Hauptsache, es hilft« mit einem (qualitativ oder moralisch) »schlechten« Prozess zu einem angestrebten »guten« Ergebnis kommen würde. Aber in professionellem Handeln geht es nicht nur darum, *dass* eine Veränderung erreicht wird, sondern auch *wie* dies geschieht. Denn der Klient soll sich nicht nur das zu erzielende Ergebnis zu Eigen machen, sondern auch den Weg dorthin, die »Methode« (griech.: »méthodos«, Weg der Untersuchung), damit er in Zukunft auch diesen für seine Lebensgestaltung zur autonomen Verfügung hat. Insbesondere kann eine gelingende dialogische Erfahrung an sich – unabhängig von dem dabei erlangten Ergebnis – eine große Bedeutung gewinnen, da sie sich auf viele Lebensbereiche übertragen lässt und auf diese Weise wesentlich zu einem gelingenden Leben beitragen kann.

9.3.3 Dialog als Umgang mit Verschiedenheit und Fremdheit

Darüber hinaus lässt sich ein noch viel grundlegenderer Aspekt der Verantwortung benennen, der durch die dialogische Situation selbst gegeben ist: Für den französischen Philosophen Emmanuel Lévinas liegt »Verantwortung« vor allem darin, auf die Herausforderung durch die »Andersheit des Anderen« zu »antworten«; und da diese Andersheit und Fremdheit niemals völlig auflösbar ist, ist sie »unendlich« und stellt demnach in allen zwischenmenschlichen Beziehungen eine »unendliche Herausforderung« dar (Lévinas, 1983, S. 198ff.).

Der Umgang mit Verschiedenheit und Fremdheit ist zwar ein grundlegendes existenzielles Thema, das jedoch heute, zum Beispiel angesichts der vielfältigen interkulturellen Arbeitszusammenhänge, besonders virulent ist. Wir sind in privaten wie in professionellen Kontexten in vielfacher Weise mit Lebenshaltungen konfrontiert, die mit den eigenen Wertvorstellungen nicht kompatibel sind oder zu sein scheinen (→ 3.5). Wir leben nicht mehr in geschlossenen Gesellschaften, das Nebeneinander von verschiedenen »Milieus« (Schulze, 1992; → 7.1.1) und von verschiedenen Kulturen sowie die Mobilität innerhalb einer Nation und zwischen den Nationen sind für viele Menschen zu einer Selbstverständlichkeit geworden. Entsprechend haben sich Lebensstile, Kommunikationsformen sowie Wahrnehmungs- und Verhaltensmuster verändert und bestehen in ihrer Vielfalt nebeneinander. Mit der neuen Vielfalt entstehen neue Konfliktfelder, und häufig reichen die gewohnten Deutungs- und Handlungsmuster der Professionellen nicht mehr aus. So müssen Professionelle in den verschiedenen Feldern ihrer Arbeit sich immer wieder neue Verstehenshorizonte und Handlungsressourcen zugänglich machen.

Ein ganz alltäglicher, aber dennoch in seiner Bedeutung vielfach noch vernachlässigter Aspekt von Verschiedenheit und Fremdheit stellt die Gender-

Thematik dar. Männliche und weibliche Formen der Identitätsentwicklung, Interaktionsstile, Formen der Konfliktverarbeitung oder der Machtausübung usw. unterscheiden sich, und diese Unterschiede zu übersehen oder zu missachten, ist eine Quelle von Missverständnissen und daraus folgenden Konflikten, nicht nur in den privaten Beziehungen und in den Familien, sondern auch in der Arbeitswelt (Maccoby, 2000, S. 282ff.). Obwohl es mittlerweile eine breite Gender-Forschung gibt, ist der professionelle Alltag davon noch wenig durchdrungen, das heißt, etliche Auseinandersetzungen in den Organisationen und auch manches Scheitern und daraus folgende persönliche Enttäuschungen nähren sich aus dieser Thematik (→ 2.2.5).

Einem verantwortungsvollen Umgang mit Verschiedenheit und Fremdheit können sich jedoch allerlei innere Behinderungen in den Weg stellen: Nach der Theorie der *kognitiven Dissonanz* (Festinger, 1957; Irle u. Möntmann, 1978) streben Menschen nach Harmonie, Konsistenz und Kongruenz in der kognitiven Repräsentation der Umwelt und der eigenen Person. Eine Konfrontation mit fremden Wertvorstellungen oder Umgangsformen kann dieses Bedürfnis stören und damit die Bereitschaft behindern, sich darauf innerlich einzulassen. Folglich besteht eine wesentliche Aufgabe von Professionellen darin, mit einer reflektierten dialogischen Haltung solche Dissonanzerfahrungen nicht unangemessen und nicht vorzeitig zu reduzieren, zum Beispiel durch Vermeidung oder Verdrängung der Fremdartigkeit oder durch eine allzu einengende selektive Wahrnehmung, sondern sie auszuhalten und produktiv zu nutzen.

Einen weiteren Aspekt beleuchtet die *Attributionstheorie*: Damit wird ein meistens unbewusst oder halbbewusst ablaufender Prozess beschrieben, in welchem Vermutungen über kausale Zusammenhänge in der Welt entstehen. Dinge, Eigenschaften und Personen werden durch »Attributionen« (Zuschreibungen) so miteinander in Verbindung gebracht, dass sie einem als sinnvoll erscheinen und dass man sich ihnen gegenüber verhalten kann. Dabei werden Wahrnehmungen und deren Deutungen kaum unterschieden. Besonders in unsicheren, unübersichtlichen oder verwirrenden Situationen werden schnell Kausalattributionen vorgenommen, um sich eine Orientierung zu verschaffen. Entsprechend steigt die Wahrscheinlichkeit von so genannten »fundamentalen Attributionsfehlern«, indem das Verhalten des anderen jeweils als Ausdruck seines Charakters gewertet wird und die Wechselwirkungen in der interaktiven Situation ausgeblendet werden (Försterling, 1994).

Dialogische Praxis bedeutet demgegenüber, dass ein (professioneller) Dialogpartner sich diese inneren Prozesse bewusst macht, die daraus folgenden unwillkürlichen Deutungen und Bewertungen hintanstellt und die Ungewissheit der Situation oder seine innere Verwirrung nicht vorschnell zu beseitigen strebt, sondern aushält, mit dem Ziel, dass der dialogische Prozess möglichst wenig durch unkontrollierte, unbedachte Attributionen behindert wird. Es geht darum, dass die Automatismen der gewohnten Kommunikationsabläufe unterbrochen werden, dass der Weg von der Wahrnehmung zu Bewertungen und Deutungen des Anderen verlangsamt wird und vor allem dass der Andere dabei aktiv beteiligt sein kann. Dies entspricht im Wesentlichen dem pragmatischen Kommunikationsmodell von Schulz von Thun (1981, S. 72ff.), wenn er zwischen Wahrnehmung, Deutung und gefühlsmäßiger Reaktion unterscheidet.

Dies hat in den Professionen eine besonders hohe Bedeutung, zumal ein Klient im Kontakt mit einem Professionellen eine Veränderung von Gewohnheiten in Denken, Fühlen und Handeln anstrebt. Aber auch für Professionelle besteht die Gefahr, dass sie etwa auf Grund langjähriger Praxiserfahrungen zu routinisierten Wahrnehmungen und Bewertungen neigen und dabei die dialogische Offenheit für den Klienten in seinem Anderssein verlieren. Aus diesem Grund verlangen zum Beispiel manche systemische Familientherapeuten, auf diagnostische Kategorien überhaupt zu verzichten, um das eigene Nichtwissen im Hinblick auf die andere Person nicht zu verdecken (→ 9.3.1, Punkt 7). So meinen Anderson und Goolishian (1992, S. 178), dass durch die »therapeutische Haltung des Nicht-Wissens« erst der Freiraum für eine »dialogische Konversation« geschaffen wird, ohne »therapeutische« Fragen, »die durch die Methode informiert sind und damit spezifische Antworten erfordern.« Ein solcher völliger »Verzicht« scheint mir zwar zu radikal und letztlich auch illusorisch; denn der Therapeut braucht handlungsleitende Strukturen, aber er muss in der Lage sein, diese Strukturen zugunsten des dialogischen Prozesses innerlich *neben* sich zu stellen, damit sie nicht – wie eine Barriere oder ein Schutzpanzer – *zwischen* sich und dem Klienten stehen und damit eine offene Begegnung behindern. William Isaacs (2002) nennt dies im Rahmen seines Dialog-Ansatzes das »Suspendieren« von eigenen Meinungen, Gewissheiten, gewohnten Bewertungen, Handlungskonzepten usw., um sich für etwas Neues, Fremdes, Unbekanntes öffnen zu können und zu anderen Perspektiven zu finden: »Suspendieren bedeutet, die eigene Meinung weder zu unterdrücken noch stur dafür zu plädieren, sondern auf eine Weise vorzutragen, die es einem selbst und anderen ermöglicht, sie wahrzunehmen und zu begreifen« (Isaacs, 2002, S. 123).

Fazit: Gelingende Kommunikation jeglicher Art bedeutet eine *Verständigung zwischen Verschiedenheiten*. Die Anerkennung der Andersheit des Anderen und die Wahrnehmung seiner partiellen, mehr oder weniger großen Fremdheit bleiben der Ausgangspunkt des dialogischen Geschehens; und die Spannung zwischen Vertrautheit und Fremdheit oder zwischen Gleichheit und Verschiedenheit wird sich niemals vollständig überwinden lassen. Die Verschiedenheit kann man an einzelnen Personen mit ihren jeweiligen biographischen, sozialen, familialen und kulturellen Hintergründen festmachen, aber auch an Organisationen mit ihrer je spezifischen Organisationskultur (vgl. Schein, 1995). Ein wesentliches Element professioneller Praxis ist in jedem Fall der verantwortliche und »antwortende« Umgang mit Verschiedenheit und Fremdheit und deren Überbrückung durch hinreichende Verstehensprozesse.

Eben dies ist aber auch Bedingung dafür, dass die Beteiligten an diesem Prozess einen Gewinn für sich im Hinblick auf ein gelingendes Leben erlangen, die Klienten ebenso wie die Professionellen: Denn nur wenn etwas Fremdes aufgenommen wird, kann es eine existenzielle Entwicklung und Bereicherung geben und damit das Erleben von Sinn und Glück gefördert werden. Die Verantwortung der Professionellen liegt dann vor allem darin, die dialogischen Prozesse, in denen dies möglich werden kann, zu fördern und am Leben zu halten. So gesehen haben Fachkräfte in den verschiedenen Professionen sogar außerordentlich große Chancen von Sinn- und Glückserfahrungen, solange sie den Mut behalten, sich immer wieder neu in die »risikoreichen Felder« ihrer Tätigkeiten zu begeben und sich den jeweiligen »Herausforderungen« zu stellen. In einem Life-Coaching mit professionellen Fachkräften kann es dann gegebenenfalls das Ziel sein, diesen Mut wieder zu finden. Wenn er verloren oder blockiert ist, wäre dann zu untersuchen, welche inneren und/oder welche äußeren Bedingungen daran beteiligt sind und vielleicht verändert werden müssen.

9.3.4 Deformationen der dialogischen Situation

Wenn dieser Mut schwindet und die Angst vor Fremdheit, Ungewissheit, Widersprüchlichkeit überwiegt, kann der dialogische Prozess im professionellen Handeln scheitern. Dies kann in verschiedenen Haltungen zum Ausdruck kommen, mit denen Professionelle in ihrem Lebensprozess insgesamt von Scheitern bedroht sind und die in einem Life-Coaching thematisiert werden können. Im Folgenden werden einige solche Haltungen beschrieben, die sich als »professionelle Deformationen« begreifen lassen.

1. Dogmatismus – Übersehen der Relativität des Wissens: Dogmatismus heißt, dass die eigenen Vorstellungen und Überzeugungen absolut gesetzt werden und andersgeartete Vorstellungen missachtet oder entwertet werden. Ein Absolutheitsanspruch impliziert die Meinung, mit einem (wie auch immer beschaffenen) Prinzip den Schlüssel der Erkenntnis in der Hand zu haben, sodass es schließlich nichts mehr geben kann/darf, das sich diesem Prinzip widersetzt. Diese Haltung findet man bei religiösen Vorstellungen, aber auch bei politischen oder wissenschaftlichen Lehrmeinungen. Es kann ein philosophisches oder ein psychologisches Prinzip sein ebenso wie die ökonomische Vorstellung vom »freien Markt« (→ 10.1). Im Hinblick auf die dialogische Situation fehlen hier das »Suspendieren« der eigenen Meinungen und die Offenheit für Fremdes.

2. Missionarismus – Übersehen der Autonomie des Anderen: Ein missionarischer Antrieb ergibt sich häufig aus einer dogmatischen Grundhaltung: In der Meinung, man hätte das einzig richtige Wissen, fühlt man sich vielleicht genötigt, andere dazu zu »bekehren«. Eine »missionarische« Haltung impliziert, dass der Andere, der Andersdenkende bzw. Anderslebende keine hinreichende eigenständige Wahrnehmungs- und Urteilsfähigkeit habe, dass er also auf die »Rettung« durch den Missionar angewiesen sei. Die Assoziation an religiöse Kategorien ist auch hier deutlich, wo es ja um die Behauptung einer »absoluten«, »geoffenbarten« Wahrheit geht, welche das »Heil« des Menschen beinhalte. Jeglicher Fundamentalismus, ob religiös oder politisch motiviert, neigt zu einem missionarischen Expansionismus (→ 4.3.1).

3. Egozentrismus – Der Andere in seinem Selbstsein wird übersehen: Jenseits der Grenzen des eigenen Selbst wird der Interaktionspartner, der Andere in seiner Eigenständigkeit und Andersartigkeit gar nicht wahrgenommen. Ein Egozentriker neigt dazu, im Anderen nur das wahrzunehmen und anzuerkennen, was dem eigenen Selbst entspricht. Hier bekommt der Andere die Funktion eines Spiegels für das eigene Selbst, er wird für die Selbstbestätigung benutzt. Was man beim Anderen wahrzunehmen meint, sind dann hauptsächlich Projektionen von eigenen Erwartungen und Wunschvorstellungen. Auf diese Weise kann aber gar kein wirklicher Dialog entstehen.

4. Funktionalismus – Übersehen der Inter-Subjektivität und die Eingrenzung des »Dialogs« auf den Austausch von Informationen: Ein reiner Informationsaustausch hat noch nicht die Qualität eines »Dialogs« im eigentlichen Sinne, da die beteiligten Personen dabei in ihrer Subjektivität nicht betroffen sein müssen. Zwar kann durch einen Informationsaustausch auch eine Horizonterweiterung passieren, aber Informationen kann man sich auch aus Büchern oder aus dem Internet besorgen. Eine funktionalistische Haltung entspricht dem Ideal von wissenschaftlicher Objektivität, einer größtmöglichen sachlichen »Neutralität«, mit der subjektive oder emotionale Reaktionen ausgeschlossen werden sollen. Ein *Verstehen*, das heißt ein hermeneutischer Zugang zum jeweiligen Problem des Anderen, das über ein *Erklären* von Fakten hinausgeht, ist jedoch ein intersubjektiver Vorgang, an dem beide Seiten beteiligt sind.

5. Utopismus – Übersehen der Grenzen des Möglichen: Die Utopien eines Lebens in vollkommener Harmonie, in dem alle Nöte und Widersprüche überwunden wären, sind so alt wie die Menschheit – aber sie beziehen sich auf eine Jenseitswelt. Wenn jedoch die *Utopie* (griech.: »Nicht-Ort«) zu einer konkreten Handlungsmaxime wird, mag daraus die Vorstellung erwachsen, alles sei machbar und erreichbar, wenn man nur die geeigneten Mittel dafür in der Hand habe. Mit solchen Erwartungen suchen manche Klienten Professionelle auf, und nach dem Prinzip von »Nachfrage und Angebot« können auch in professionellen Kontexten (speziell auch von manchen Coaches) Versprechungen formuliert werden, sei es als Marketingstrategie, sei es als tatsächliche Überzeugung, alle Probleme lösen zu können. Je stärker der Erfolgsdruck auf Grund einer sich ausbreitenden *Ideologie der Machbarkeit* erlebt wird, desto eher mag ein Professioneller dem Phantasma erliegen, alle Konflikte und Schwierigkeiten überwinden zu können. Aber die Kritik falscher Ideale und illusorischer Erwartungen müsste eine wesentliche Aufgabe von Professionellen sein, denn gelingendes, sinnvolles und glückliches Leben bedeutet nicht, dass alle Konflikte und Widersprüche überwunden wären, sondern verlangt die Bereitschaft, sie als Teil seines Lebens anzuerkennen, und die Fähigkeit, mit ihnen konstruktiv umzugehen.

Life-Coaching kann dazu dienen, solche Haltungen zu erkennen und als professionelle Deformationen zu begreifen, um dann zu schauen, wie eine dialogische Kompetenz erlangt oder wieder gewonnen werden kann. Das Ziel ist dabei nicht nur, dass die betreffende Person ihrer professionellen Verantwortung gerecht werden kann, sondern sich auch die Bedingungen für ein eigenes gelingendes Leben schafft, das nicht durch innere Erstarrung, Depression, Zynismus oder Burnout bedroht ist.

9.4 Typen und Stile professionellen Handelns

Welche Haltungen und welche Arbeitsstile bieten sich nun an, den verschiedenen Anforderungen professionellen Handelns zu entsprechen? Welche Interaktionsformen und welche Rollenmuster sind für die einzelnen Akteure geeignet, durch ihr Handeln sowohl für ihre Klienten als auch für sich selbst Sinn- und Glückserfahrungen zu ermöglichen und damit zu einem gelingenden Leben beizutragen? Die Antworten darauf werden einerseits durch das jeweilige Arbeitsfeld geprägt sein (Erziehungsberatung verlangt eine andere professionelle Haltung als Rechtsberatung, Personalmanagement oder Erwachsenenbildung usw.) und andererseits von den individuellen Neigungen und Fähigkeiten einer professionellen Fachkraft abhängen (→ 7.4.1).

So muss jeder Professionelle seinen für sich passenden Stil finden und kreativ gestalten, wobei Arbeitsstil und Lebensstil möglichst weitgehend miteinander kompatibel sein sollten. Dabei ist allerdings zu berücksichtigen, dass die jeweiligen professionellen Rollen eine eigene Dynamik besitzen und gesellschaftlich vorgeprägte Muster darstellen. Diese Muster bieten dem professionellen Akteur einerseits eine Orientierung für sein Verhalten, andererseits greifen sie in gewissem Maße in die Persönlichkeit ein. Dies wird von Bourdieu (1976) mit dem

Begriff »Habitus« thematisiert: Ein Habitus beinhaltet gesellschaftlich bedingte Wahrnehmungs-, Denk- und Handlungsschemata, die dem einzelnen Akteur jedoch nicht oder »nur höchst bruchstückhaft« bewusst sind (Bourdieu, 1997, S. 283); das heißt, ein bestimmter Habitus wird implizit zu einem Bestandteil der eigenen professionellen Identität, wenn man sich in eine bestimmte professionelle Rolle hineinbegibt. Umso wichtiger ist es, bewusst zu überprüfen, wie weit die jeweilige Rolle zur eigenen Persönlichkeit passt, damit ein Professioneller darin nicht nur seiner Aufgabe möglichst gut entsprechen kann, sondern auch für sich selbst ein gelingendes Leben gestalten kann. Auch dies ist ein häufiges Thema im Life-Coaching, zumal die Klärung solcher Fragen oft auf die Außensicht eines kompetenten Dialogpartners angewiesen ist.

Im Folgenden führe ich eine Reihe von *Typen* auf, die bestimmte Arbeitsstile implizieren und die in professionellen Tätigkeitsfeldern anzutreffen sind. Sie werden mit ihrem jeweiligen spezifischen Wert sowie mit ihren Schattenseiten beschrieben und können im Life-Coaching mit professionellen Beziehungsarbeitern reflektiert werden und so als Orientierungshilfe dienen. Eine solche Typisierung stellt natürlich (wie jede Typologie) eine Vereinfachung dar, und so sei vorweg betont, dass sie sich wechselseitig vielfach durchdringen können (ausführlicher Schmidt-Lellek, 2006, S. 212ff.).

1. »Meister« – Der »Vorausgegangene« als Modell und Vorbild: Der Typus des »Meisters« besagt, dass der Professionelle die zu lösenden Konflikte und Probleme in seinem eigenen Leben kennen gelernt und bewältigt hat. Er ist der Lebenserfahrene, der in seiner Erfahrung vorausgegangen ist und mit seinem Erfahrungsschatz für Andere ein Modell oder Vorbild sein kann. Diese werden dann vielleicht seine Anhänger oder Schüler, die ihn nachzuahmen streben, um selbst die Erfahrung des Meisters zu erlangen. In den Helferberufen sind dies oft die charismatischen Begründer eines neuen Heilverfahrens, wie zum Beispiel Samuel Hahnemann für die Homöopathie, oder die Gründungspersönlichkeiten der verschiedenen Psychotherapieverfahren, wie zum Beispiel Freud, Jung, Feldenkrais, Erickson, Moreno, Perls usw. Die sich auf diese Personen beziehenden Institute tragen deren Namen, und in ihren Räumen befinden sich großformatige Fotos der Meister, in welchen die Verehrung der Anhänger zum Ausdruck kommt. Ihre Biographien erhalten Modellcharakter und ihre Lehren nahezu Offenbarungscharakter (»der Meister hat gesagt ...«), auch wenn sie in wissenschaftlicher Form auftreten.

Der *Wert* dieses Typus liegt darin, dass sich für viele Menschen durch einen Meister neue Erfahrungs- und Wissenshorizonte eröffnen und sie darin eine Orientierung für sich finden können. Die *Schattenseite* ist vor allem darin zu sehen, dass die Nachahmung und Verehrung des Meisters vielleicht ein größeres Gewicht bekommt als die Suche nach dem *eigenen Weg*. So entwickeln sich zum Beispiel im Bereich der Psychotherapie oft Guru-Strukturen mit Abhängigkeitsbeziehungen, denn einen »Guru« zu hinterfragen, kann zu Konflikten in der Gemeinschaft der Anhänger oder im Extremfall zu einem Ausschluss des Kritikers führen.

2. *»Prediger« – Moral, Zuspruch, Trost*: Dieser Typus ist vor allem im religiösen Kontext bedeutsam. Die Predigt ist bis heute die zentrale Form religiöser Unterweisung in unserer Kultur, und auch in der kirchlichen Seelsorge ist Ermahnung und Zuspruch von Trost das maßgebende Paradigma – im Unterschied zum Beispiel zur Psychotherapie, in der das Analysieren und Verstehen eines Problems sowie das Erarbeiten von Lösungen im Vordergrund stehen. Der Prediger verkündet eine höhere, geoffenbarte Wahrheit, die er als Vermittler weitergibt. Er handelt also in höherem Auftrag und vertritt eine Ordnung, die dem Menschen nicht unmittelbar zugänglich ist. In diesem Aspekt unterscheidet er sich vom Typus »Meister« und auch vom Typus »Lehrer« (s. u.), die ein Erfahrungswissen weitergeben.

Der *Wert* dieses Typus mag darin zu sehen sein, dass der Prediger auf Grund seiner Autorität einen sicheren Rückhalt bieten kann. Die *Schattenseite* liegt in der undialogischen Struktur: Die verkündete »Wahrheit« kommt von oben, symbolisiert in der Kanzel des beauftragten Predigers in den Kirchen ebenso wie in den Moscheen, und der Zuhörer soll sie glaubend annehmen, statt dass er die Anstrengung eigener Erkenntnis und Entscheidung auf sich nimmt.

3. *»Lehrer« – Die Vermittlung von Wissen*: Der Typus des »Lehrers« ist ein Vermittler von Wissen, das der Schüler sich zu Eigen machen soll, um sich auf ein eigenständiges Leben vorzubereiten. Im Unterschied zum »Prediger« ist dies aber kein »höheres«, geoffenbartes Wissen, sondern es basiert auf Erfahrung und ist rational überprüfbar. Hierin ist der »Lehrer« dem »Meister« vergleichbar (lat. »magister«: der Lehrmeister). In vielen Professionen kann das Lehren als Übermitteln von Informationen und Wissen eine mehr oder weniger große Rolle spielen.

Der *Wert* dieses Typus liegt in der klaren Sachbezogenheit des Lehrens, dessen Inhalte überprüfbar und für den Schüler kritisierbar sind. Eine *Schattenseite* mag dann virulent werden, wenn der Lehrer in der Interaktion mit dem Schüler sich einseitig nur auf die Sachseite des kommunikativen Geschehens (also die Übermittlung von Informationen) stützt und die Beziehungsseite vernachlässigt (Schulz von Thun, 1981). Diese Beziehungsseite stellt aber den Boden dar, auf dem ein wirkliches, erfahrungsmäßiges Aneignen von Wissensstoff erfolgen kann.

4. *»Fachmann« – Die wissenschaftsfundierte Beratung oder Intervention*: Dieser Typus ist heute der vorherrschende. Professionelles Handeln heißt, wissenschaftliches Wissen anzuwenden, das der Experte sich in Studium und Ausbil-

dung angeeignet hat und das die Grundlage seiner Professionalität bildet. Seine staatliche, öffentliche Anerkennung erhält er für das erfolgreiche Absolvieren dieser fachlichen Ausbildung. Seine Praxis besteht darin, wissenschaftlich bestätigte Informationen weiterzugeben oder Techniken der Diagnostik und der Intervention anzuwenden, um Probleme möglichst objektiv zu erkennen und zu überwinden. Wissenschaftliche Erkenntnisse stellen in der Interaktion zwischen Professionellen und Klienten eine außen stehende Instanz dar: Sie bieten beiden Interaktionspartnern einen neutralen Boden und eine gemeinsame Orientierung, die von subjektiver Willkür frei ist. Eben darin ist der besondere *Wert* dieses Typus zu sehen.

In der Praxis besteht das Expertentum jedoch neben den verschiedenen anderen Typen, mit denen es verwoben ist, da die Interaktion zwischen den Beteiligten eine solche Komplexität beinhaltet, der man mit schulmäßig lernbaren fachlichen Kompetenzen allein nicht hinreichend gerecht werden kann. Die *Schattenseite* dieses Typus besteht deshalb vor allem darin, zu meinen, man könne allein mit solchen fachlichen Kompetenzen die auftretenden Probleme bewältigen. Insbesondere wird in vielen wissenschaftlichen Interventionskonzepten das Beziehungsgeschehen zwischen Professionellen und Klienten zu wenig oder gar nicht berücksichtigt. Entsprechend kann ein wissenschaftlich orientierter Experte dazu neigen, sich nur für das Problem und nicht für den Menschen, der das Problem trägt, zu interessieren.

5. »Katalysator« – Die Ermöglichung von Entwicklung: Dieser Typus findet sich klassisch in der Haltung des Sokrates, der sich als »Geburtshelfer« für die Erkenntnisprozesse seines Dialogpartners verstand (»Mäeutik«: die Geburtshelferkunst). Gegenüber der Meinung der Sophisten, Tugend sei durch die Aneignung von gelehrtem Wissen zu erlangen, vertrat er die Haltung, dass nur der eigene Entwicklungsprozess zu wirklicher Erkenntnis und zu Tugendhaftigkeit führen könne. Diesen Prozess anzustoßen und zu unterstützen, ist Aufgabe des »Katalysators« (engl.: »facilitator«). Im Vordergrund ist also eine Prozessorientierung im Unterschied zu einer Inhalts- oder Sachorientierung. In diesem Sinne wäre der Typus »Katalysator« ein Gegensatz sowohl zum Typus »Fachmann« als Anwender von wissenschaftlichem Wissen als auch zum Typus »Lehrer« als Informationsvermittler. Jedoch kann ein kompetenter Schullehrer sich durchaus auch als Katalysator verstehen, insofern der vermittelte Stoff nur das Material darstellt, mit dessen Hilfe ein Lernender zu seiner eigenständigen Entwicklung gelangen kann. Analoges lässt sich natürlich auch für Fachleute in anderen Professionen feststellen. Die Haltung des Katalysators ist in etlichen Therapieverfahren und in den Konzepten der Sozialen Arbeit enthalten, insofern sie sich als »Hilfe zur Selbsthilfe« begreifen. In gewisser Hinsicht ist dieser Typus sehr modern, wenn man die neueren Theoriebildungen in Organisationsberatung und -entwicklung vor Augen hat. Hier besteht die Aufgabe des Beraters hauptsächlich darin, eine »lernende Organisation« in ihren eigenständigen Prozessen zu unterstützen (Senge, 1996).

Der *Wert* dieses Typus liegt insgesamt besonders in der Unterstützung einer größtmöglichen Autonomie des Klienten. Seine *Schattenseite* kann darin bestehen, dass der Professionelle sich als Dialogpartner mit eigenen Wahrnehmungen, Assoziationen oder Meinungen so weit zurückhält, dass er als Person mit seinen Positionen und inneren Prozessen gar nicht mehr in Erscheinung tritt und damit aus dem Dialog aussteigt.

6. »Begleiter« – Das Mitgefühl: Mit diesem Typus tritt das Gefälle zwischen Professionellem und Klient, Geben und Nehmen, Oben und Unten am stärksten in den Hintergrund und die dialogische Ebene am deutlichsten in den Vordergrund. Der Professionelle ist hier am wenigsten ein »Macher«, der für einen Veränderungs- oder Heilungsprozess des Klienten verantwortlich wäre, sondern sein Tun ist vor allem seine *Präsenz* als Mitmensch, der mit Verstand und Gefühl an den Prozessen des Klienten beteiligt ist.

Die paradoxe Verbindung von Gesprächs-*Führung* und -*Begleitung* lässt sich vielleicht mit der Grundhaltung des Tanzens insbesondere im argentinischen Tango verdeutlichen, wo das Zusammenspiel der Tanzpartner mit einem Dreischritt beschrieben wird: *Impuls, Handlung, Begleitung.* Der Mann gibt einen Impuls, den die Frau aufgreift und in eine Bewegungshandlung umsetzt, welche wiederum von dem Mann begleitet wird. »Führung« bedeutet hier also nicht Dominanz, vielmehr eine feinfühlige Anregung, auf deren Resonanz wiederum eine Resonanz erfolgt (die »Begleitung«). Der Tanz gelingt dann, wenn die Rollen klar sind und wenn auf beiden Seiten eine feinfühlige Offenheit für die wechselseitigen Resonanzen entsteht.

Das Mitgefühl ist die Brücke zu neuen Erfahrungen. So ist bei Carl Rogers (1973) die »Empathie« (»Einfühlung«) eine der drei wesentlichen Therapeuten-Variablen (neben der »Kongruenz« und der »unbedingten Wertschätzung«). Diese Haltung einer »Begleitung« sollte in allen anderen Typen professionellen Handelns mit enthalten sein (Ferenczi, 1988); insofern ist der »Begleiter« eigentlich kein Typus *neben* den anderen Typen.

Eine *Schattenseite* dieser Haltung kann darin bestehen, dass bei einem Miterleben und Mitfühlen des Professionellen mit den Schicksalen der Klienten das Gleichgewicht zwischen mitmenschlicher Nähe und professioneller Distanz verloren gehen kann, sodass dann auch seine Handlungsfähigkeit und sein Selbstschutz Einbußen erfahren (→ 9.2.2).

Fazit: Eine Reflexion dieser Typen mit ihren jeweiligen Werten und Schattenseiten kann als Unterstützung dafür dienen, seinen Arbeits- und Lebensstil bewusst zu gestalten. Dabei kann eine Fachkraft in einem dieser Typen ihren Schwerpunkt sehen, sie kann aber auch eine Kombination aus mehreren Typen leben, wie sie den eigenen Neigungen und Kompetenzen entspricht; oder sie kann je nach Situation bzw. Anforderung zwischen verschiedenen Typen mit den jeweiligen unterschiedlichen Haltungen variieren. Schließlich kann sie sich auch bewusst machen, welcher Typus mit den speziellen Werten und Haltungen vielleicht zu wenig entwickelt und stärker zu betonen ist oder welcher Typus mit den eigenen Werten und Aufgaben gar nicht zu vereinbaren ist.

9.5 Schlussfolgerung

Den spezifischen Anforderungen und Belastungen in den Professionen stehen spezifische Chancen gegenüber, in der beruflichen Arbeit und durch sie zu einem gelingenden Leben zu gelangen, das heißt, in der Verantwortung für andere auch Sinn und Glück für sich selbst zu finden. Eine bedeutsame Voraussetzung dafür ist die dialogische Situation selbst und die Grundhaltung, dass in der Auseinandersetzung mit existenziellen Konflikten anderer Menschen eine professionelle Person implizit auch immer Erkenntnisse und neue Erfahrungs- und Lebensmöglichkeiten für sich selbst gewinnen kann. Dies kann schon darin begründet sein, dass die entsprechende Studien- und Berufswahl eines jungen Menschen häufig aus einem – meistens nicht völlig bewussten – existenziellen Interesse erfolgt, wie zum Beispiel aus dem Streben, für sich selbst ein Problem zu lösen oder ein erlebtes bzw. empfundenes Defizit auszugleichen. Wenn dies gelingt und wenn ein zunächst unbewusstes oder halbbewusstes Streben zu einer bewussten Motivationsquelle wird, wenn also die Verantwortung und Sorge für andere in der professionellen Arbeit gepaart ist mit einer wachen Selbstsorge, und wenn dies außerdem in einer Lebensgestaltung geschehen kann, in der die verschiedenen Lebensbereiche miteinander verbunden werden können, liegen in dieser Arbeit mächtige Ressourcen von Sinn- und Glückserfahrungen – für beide Seiten des dialogischen Geschehens.

Erträge für den Coach

- *Professionelles Handeln* ist angewiesen auf die Mitwirkung der Klient/innen, damit ein *intersubjektives Verstehen* zwischen ihnen möglich wird, um zum Beispiel in einem Beratungsgespräch erfassen zu können, worin überhaupt das zu lösende Problem besteht, oder um in einer Lehr-Lern-Situation eine gemeinsame Sprache zu finden, in der sich die jeweiligen Stoffe vermitteln bzw. die Lernprozesse vorantreiben lassen.
- Professionelle bewegen sich immer in *risikoreichen Feldern*, denn es gibt niemals eine vollständige Gewissheit, was auf sie zukommt und was sie mit ihrem professionellen Tun kurzfristig und langfristig bewirken werden.
- Professioneller Umgang mit Klienten verlangt die bewusste Wahrnehmung von etlichen *Paradoxien* und den reflektierten, verantwortlichen Umgang

damit. Wenn sie übersehen werden oder wenn ein Professioneller einer paradoxen Spannung dadurch ausweicht, dass er nur die eine Seite berücksichtigt, besteht die Gefahr eines Scheiterns, sei es im Hinblick auf das Problem des Klienten, sei es im Hinblick auf die eigene professionelle Identität und die individuelle Lebensgestaltung des Professionellen.

- Ein professioneller Beziehungsarbeiter muss eine *doppelte Balance* im Blick haben, nämlich die seiner Klient/innen und die eigene, die in der professionellen Auseinandersetzung mit den Konfliktdynamiken der Klient/innen immer wieder neu zu schaffen ist. Life-Coaching soll dazu anleiten, die *fachliche Qualität* mit der *Lebensqualität* der Professionellen in Verbindung zu bringen.
- Für den Professionellen ist neben der jeweiligen fachlichen Kompetenz eine *dialogische Kompetenz* erforderlich. Diese besteht einerseits in lehrbaren *Fertigkeiten* (wie z. B. Techniken der Gesprächsführung), andererseits in einer dialogischen *Haltung*, die in diesem Sinne nicht lehrbar ist, sondern durch reflektierte Erfahrungen erworben wird.
- Professionelle Verantwortung umfasst *Strukturverantwortung*, *Prozessverantwortung* und *Ergebnisverantwortung*, für die die Klienten in unterschiedlicher Weise eine Mitverantwortung tragen.
- Grundlegend für dialogische Kompetenz ist der Umgang mit *Fremdheit und Verschiedenheit* des jeweiligen Gegenübers, welcher darin eine »unendliche Herausforderung« darstellt (Lévinas).
- Wenn der Mut, sich in risikoreiche Felder zu begeben, schwindet und die Angst vor Fremdheit, Ungewissheit, Widersprüchlichkeit überwiegt, kann der dialogische Prozess im professionellen Handeln blockiert sein und scheitern. Dies kann in verschiedenen Formen einer *professionellen Deformation* zum Ausdruck kommen: Dogmatismus, Missionarismus, Egozentrismus, Funktionalismus oder Utopismus.
- Jeder Professionelle muss seinen für sich passenden Arbeitsstil finden und kreativ gestalten, wobei *Arbeitsstil und Lebensstil* möglichst weitgehend miteinander kompatibel sein sollten. Ein solcher Arbeitsstil wird von Bourdieu (1976) als »Habitus« bezeichnet, der gesellschaftlich vorgeprägte Wahrnehmungs-, Denk- und Handlungsschemata beinhaltet. Da diese weitgehend nicht bewusst wirksam sind, ist es wichtig, bewusst zu überprüfen, wie weit der jeweilige Habitus zur eigenen Persönlichkeit passt.
- Eine *Typologie professionellen Handelns* kann als Folie für eine solche Selbstreflexion dienen. Folgende Typen und Interventionsstile lassen sich unterscheiden, die sich jedoch wechselseitig durchdringen können: (1) »Meister« (Modell und Vorbild), (2) »Prediger« (Moral, Zuspruch, Trost), (3) »Lehrer« (Vermittlung von Wissen), (4) »Fachmann« (wissenschaftsorientierte Beratung oder Intervention), (5) »Katalysator« (Ermöglichung von Entwicklung), (6) »Begleiter« (Mitgefühl).

Literatur zum Thema

Buber, M. (1984). Das dialogische Prinzip. Heidelberg: Lambert Schneider.

Heß, T., Roth, W. L. (2001). Professionelles Coaching. Eine Expertenbefragung zur Qualitätseinschätzung und -entwicklung. Heidelberg, Kröning: Asanger.

Isaacs, W. (2002). Dialog als Kunst, gemeinsam zu denken. Die neue Kommunikationskultur in Organisationen. Bergisch Gladbach: EHP.

Looss, W. (2006). Unter vier Augen: Coaching für Manager (korr. Neuaufl.). Bergisch Gladbach: EHP.

Schein, E. H. (2000). Prozessberatung für die Organisation der Zukunft. Der Aufbau einer helfenden Beziehung. Bergisch Gladbach: Edition Humanistische Psychologie.

Schmidt-Lellek, C. J. (2006). Ressourcen der helfenden Beziehung. Modelle dialogischer Praxis und ihre Deformationen. Bergisch Gladbach: EHP.

Schulz von Thun, F. (1981). Miteinander reden. Störungen und Klärungen. Allgemeine Psychologie der Kommunikation. Reinbek: Rowohlt.

Schütze, F. (1996). Organisationszwänge und hoheitsstaatliche Rahmenbedingungen im Sozialwesen: Ihre Auswirkungen auf die Paradoxien des professionellen Handelns. In A. Combe, W. Helsper (Hrsg.), Pädagogische Professionalität. Untersuchungen zum Typus pädagogischen Handelns (S. 183–275). Frankfurt a. M.: Suhrkamp.

10 Der Umgang von Führungskräften mit Mitarbeitern und Geschäftspartnern

Astrid Schreyögg

Derzeit überschwemmt das Ökonomische unsere gesamte Lebenswelt. Nicht nur Unternehmen, auch Verwaltungssysteme und soziale Dienstleistungseinrichtungen sind davon betroffen. Dementsprechend gelten Parameter zur Gestaltung von Unternehmen heute auch für alle anderen Organisationstypen als maßgeblich (→ 3). Soll sich aber nun jede Organisation unwidersprochen einem radikalen Ökonomismus unterordnen? Ist etwa die Etablierung eines »Turbokapitalismus« (Sennett, 1998) unser aller Ziel? Spätestens seit dem Enron-Skandal, bei dem ans Licht kam, dass Unsummen von einem korrupten Management veruntreut wurden, ist »die Everything-is-possible-Mentalität der 1990er Jahre einer allgemeinen Verantwortungssensibilität« gewichen (Ulrich, 1999, S. 47). Daraus ergibt sich eine Reihe von Fragen: Welche Orientierung ist an die Stelle einer rigorosen Gewinnmaximierung zu setzen, was kann dann sogar eine »integre Unternehmensführung« (Maak u. Ulrich, 2007) leisten, auf welche normative Basis soll sie sich stützen, und welche Bedeutung haben dabei Führungskräfte? Führungskräfte müssen offensichtlich nicht nur nach innen mit ihren Mitarbeiter/innen verantwortungsvoll umgehen. Sie müssen auch nach außen den Umgang mit ihren Kunden, ihren Geschäftspartnern, ja sogar mit ihrem regionalen Umfeld angemessen gestalten. Damit muss eine individualethische Perspektive durch eine organisationsethische ergänzt werden. Hierzu hat vor allem die Unternehmensethik nützliches Wissen bereitgestellt.

»Die Unternehmensethik ist ein Teilgebiet der Wirtschaftsethik und beschäftigt sich mit der Frage, welchen moralischen Wertvorstellungen Unternehmen genügen müssen. Damit einher geht die Frage, wie unternehmerisches Gewinnstreben und moralische Ideale zueinander stehen. Der Begründung dieser moralischen Ideale kommt dabei eine besondere Bedeutung zu, da diese einer Zeit entstammen (›kleine Gruppe‹), die mit der heutigen nicht mehr vergleichbar ist. Die heutige moderne, pluralistische Gesellschaft zeichnet sich durch eine enorme Komplexität aus, bei der handlungstheoretische Zurechnungsschemata (Ursache – Wirkung) aufgrund der Gefahr der nichtintendierten Folgen nicht mehr angemessen sind. Für Unternehmen werden unternehmensethische Überlegungen aufgrund verschiedener Triebkräfte (u. a. Fortschritt der Informations- und Kommunikationstechnologie, Pressure Groups, Sensibilisierung der Bürger) immer wichtiger. Ein Unternehmen läuft Gefahr, seine Licence-to-operate, das heißt seine Legitimation von Seiten der Gesellschaft, zu verlieren, wenn es moralische Wertvorstellungen nicht berücksichtigt. Beispiele sind hierfür Shell (Brent Spar), Nike (Sweat Shops) oder auch Nestle (Säuglingsnahrung)« (Wikipedia, »Unternehmensethik«).

Die Unternehmensethik steht im Prinzip in einer langen Tradition der umfassenderen wirtschaftsethischen Debatte. Ihre Fragestellungen bewegen sich auf drei Ebenen (Löhr, 2004, S. 1511):

1. Auf einer *Makroebene* geht es in der Wirtschaftsethik um die Legitimation der Wirtschaftsordnung insgesamt, also etwa um die »Ethik des Kapitalismus« sowie um die Beurteilung der Rahmenbedingungen. Diese Ebene dreht sich um die Legitimation der Marktwirtschaft bzw. der sozialen Marktwirtschaft.
2. Auf der *Mesoebene* werden Fragestellungen diskutiert, wie das einzelne Unternehmen neben seinem ökonomischen Auftrag auch einen Beitrag zur Lösung von gesellschaftlichen Konflikten leisten kann und/oder sogar soll.
3. Und auf der *Mikroebene* steht das Handeln einzelner Menschen in Frage. Hier haben wir es mit Individualethik zu tun, also mit tugendtheoretischen Überlegungen.

Löhr (2004, S. 1515) unterscheidet drei Gruppen unternehmensethischer Konzepte, die auch auf unterschiedliche Weise die drei Ebenen einbeziehen:

1. In der »ökonomischen Theorie der Moral« von Karl Homann und seinen Schülern (Homann u. Blome-Drees, 1992, zit. nach Löhr) geht es weniger um ethische Begründungen als vielmehr um die Frage, wie Moral unter den Wettbewerbsbedingungen der Postmoderne überhaupt durchgesetzt werden kann. Unternehmensethik kann letztlich nur die Funktion eines Lückenbüßers haben.
2. Im Ansatz von Horst Steinmann und seinen Schülern (Steinmann u. Löhr, 1994) verfolgt man eine »republikanische Ethik«, bei der das Gewinnstreben durch ethische Konsensbildung diszipliniert werden soll. Das heißt, unter Bezug auf Giddens (1988) wird beim Gewinnstreben eine dialogethische Konsensbildung mit allen Betroffenen angestrebt.
3. Die »Integrative Wirtschaftsethik« von Peter Ulrich und seinen Schülern versucht das ökonomische Prinzip selbst in der Diskursethik einzufangen und es dadurch zu »bändigen«. Jede unternehmensethische Reflexion mündet in eine »Transformation der ökonomischen Vernunft.« So ist Unternehmensethik prinzipiell Diskursethik. Gewinnerzielung ist nach Ulrich (1993, 1997) eine reflexionsbedürftige Tätigkeit. Dieser Autor bezieht in seinen avancierten Konzepten auch alle drei Ebenen mit ein, also Makro-, Meso- und Mikroebene.

Sinnvoll ist es, Auseinandersetzungen auf der Makroebene zu starten. Denn kritische Reflexionen auf diesem Level ergeben letztlich auch Begründungen für die Etablierung von ethischen Standards auf der Meso- und Mikroebene.

10.1 Varianten des Ökonomismus

Seit Beginn der 1930er Jahre zeichnete sich in den USA (Berle u. Means, 1932) und seit den 1960er Jahren in Deutschland (Pross, 1958) ein Strukturwandel in der Wirtschaft ab: »die Trennung von Eigentum und Verfügungsgewalt« (G. Schreyögg, 1999). Im Zuge dieses Strukturwandels kontrollieren zunehmend weniger Eigentümer die Unternehmen, sondern Manager als »kapitallose Funktionäre« leiten Firmen unterschiedlicher Größe. Daraus folgt, dass die Relation von Führungskräften zu einem Unternehmen bis heute mehr und mehr funktionalisiert wurde. Im Zuge der weiteren wirtschaftlichen Entwicklung, in der zunehmend mehr Aktiengesellschaften und Aktionsfonds gegründet wurden, zeichnete sich eine Radikalisierung der kapitalistischen Gewinnorientierung ab. Dabei steht einem »Shareholder-Value« ein »Stakeholder-Value« gegenüber, das heißt, wir begegnen heute unterschiedlichen »Varianten des betriebswirtschaftlichen Ökonomismus« mit seiner jeweiligen Wertebasis.

10.1.1 Gewinnprinzip

Das Gewinnprinzip ist maßgeblich für unsere Marktwirtschaft. Dabei wird Gewinnmaximierung von den so genannten Wirtschaftsliberalen immer wieder als wertneutrales Formalziel beschrieben. Es handle sich dabei um eine marktwirtschaftliche »Systemethik«. Diese sei gemäß dem marktwirtschaftlichen Wettbewerb im Rahmen einer »guten« Wirtschaftsordnung selbst schon hinreichende Gewährsinstanz dafür, dass die Wirtschaft auch in einem ethischen Sinn »gut« sei. Es ginge also nicht um die persönliche ethische Verantwortung der Marktsubjekte, sondern um die »Systemrationalität« der Marktwirtschaft. Nach dem Motto: Allein der Markt bestimmt, wo es unternehmerisch lang geht. Entsprechend dieser Systemethik hat ein Unternehmer (oder sein Vertreter) nicht nur das Recht, sondern sogar die Pflicht zur strikten Orientierung am Gewinnprinzip. Und dabei darf er nicht persönlichen moralischen Intentionen folgen (Ulrich, 1999, S. 30ff.).

Als geradezu biologistische Kategorie des Überlebens wird dieses Prinzip gelegentlich sogar zum obersten Kriterium des »normativen Managements« erklärt (z. B. Bleicher, 1993, S. 47). Nur dadurch sei eine dauerhafte Selbstbehauptung am Markt garantiert. Besonders in der Schweiz geriet das Gewinnprinzip in der Nachfolge des Calvinismus zu einer »Metaphysik des Marktes. Danach gilt wirtschaftlicher Erfolg schon selbst als moralisch« (Ulrich, 1999, S. 34). Diese Perspektive liefert auch die Argumentationsbasis bei jedwedem Arbeitsplatzabbau. »Leider zwingt uns der Markt, die Leute zu entlassen«, sagen dann Wirtschaftsliberale mit dem Brustton der Überzeugung.

Im Gegensatz zu solchen Positionen muss eine Unternehmensethik die Bereitschaft beinhalten, das eigene Vorteilsstreben von seiner Legitimität her, das heißt seiner moralischen Berechtigung, abhängig zu machen. So kann eine strikte Gewinnorientierung prinzipiell keine legitime unternehmerische Handlungsmaxime sein; denn sie verwirft ja jede moralische Selbstbindung. So handelt es sich bei einer rigorosen Marktorientierung um eine unreflektiert eigensüchtige, nur das eigene Verhalten rechtfertigende, ideologische Haltung. Dabei sei allerdings bemerkt: »Moralische Personen zeichnen sich in ihrer Lebensführung keineswegs durch den pauschalen Verzicht auf privates Erfolgsstreben aus, wohl aber dadurch, dass sie ihr Erfolgsstreben vorbehaltlos abhängig machen von seiner ethisch-argumentativen Vertretbarkeit gegenüber jedermann« (Ulrich, 1999, S. 47).

10.1.2 Shareholder-Value

In der angelsächsischen Managementlehre haben sich nun unter dem Begriff »Shareholder-(Aktionär-)Value« verschärfte Strategien der Gewinnmaximierung durchgesetzt. Hierbei werden die »Kapitalgeber zur Messlatte erfolgreicher Unternehmenstätigkeit« (Bühner, 1993, S. 749). Die in Deutschland neuerdings von sozialdemokratischen Politikern als »Heuschrecken« titulierten Systeme repräsentieren eine besonders radikale Rückkehr zur »reinen« Marktwirtschaft im Gegensatz zur sozialen Marktwirtschaft bzw. zum »rheinischen Kapitalismus«, der in Deutschland seit Ende des zweiten Weltkrieges maßgeblich war. Beim Shareholder-Value geht es um eine nachhaltige Steigerung des Unternehmenswertes im Sinne des zukünftigen Ertragspotenzials. Manager dieser Systeme, die häufig als Pensionsfonds die Altersversorgung von Pensionären garantieren oder verbessern sollen, kaufen zum Beispiel sanierungsbedürftige Firmen auf, reduzieren diese Firmen – dementsprechend auch deren Mitarbeiterschaft – auf die wirtschaftlich erfolgreichsten Teile und verkaufen diese dann gewinnbringend. Manche Autoren wenden zwar schon ein, »die Interessen der Shareholder kann eine Unternehmensführung dauerhaft nur dann bedienen, wenn sie auch die berechtigten Interessen der anderen Anspruchsgruppen (= Stakeholder) wie Mitarbeiter, Kunden, Lieferanten und der Gesellschaft insgesamt nicht vernachlässigt, sondern stets als gleichrangige Interessen im Auge behält« (Bensel, 1997, S. 9). Ethik ist aber in diesem Denkmuster nur eine strategische Orientierung, das heißt eine neue Marktstrategie. Ethisches Handeln soll sich dann in der Sicht von tatsächlichen und potenziellen Aktionären rechnen. Dabei bleibt aber die Frage offen, wie andere Interessen als die der Eigentümer tatsächlich zu ihrem Recht kommen sollen.

10.1.3 Stakeholder-Value

Gegen den Shareholder-Value-Ansatz wird nun vielfach ein Stakeholder-Value-Ansatz ins Feld geführt. Unter »Stakeholdern« versteht man alle Anspruchsgruppen der Unternehmung, die neben den Kapitaleignern existieren. Dabei werden »Unternehmen als multifunktionale Wertschöpfungsveranstaltungen« verstanden (Ulrich, 1999, S. 49). Stakeholder sind Arbeitnehmer, Kunden, Lieferanten, lokale Gemeinden, der Staat und die allgemeine Öffentlichkeit. Mit diesem Ansatz wird die Unternehmung nicht mehr nur als Kapitalverwertungsanstalt gesehen, sondern als eine im Prinzip öffentliche Institution. Hier sind aber wieder zwei Konzepte zu unterscheiden, ein strategisches und ein normativ-kritisches (Ulrich, 1999, S. 48).

1. Das strategische Konzept: Stakeholder sind in diesem Ansatz alle Gruppen, die ein Einflusspotenzial gegenüber der Unternehmung haben, sei es aufgrund von Verfügungsmacht über bestimmte knappe Ressourcen oder aufgrund ihrer Sanktionsmacht. In einer engen Variante des Konzeptes werden nur Anspruchsträger in Betracht gezogen, die gegenüber der Unternehmung über eine aktuell wirksame Macht verfügen. In einer umfassenden Variante werden dagegen alle Gruppen einbezogen, die vom unternehmerischen Handeln mittelbar oder unmittelbar betroffen sind, auch wenn sie aktuell nicht in der Lage sind, ihre Interessen der Unternehmung gegenüber zur Geltung zu bringen.

2. Das normativ-kritische Konzept: In diesem Ansatz geht es darum, kritisch zu prüfen, wer berechtigte Ansprüche gegenüber der Unternehmung erheben könnte oder sollte. Es geht also nicht nur darum, wer realiter Ansprüche auf der Basis von Macht erheben kann. Kriterium ist allein die ethisch begründbare Legitimität von Ansprüchen. Als Stakeholder werden damit alle Gruppen betrachtet, die der Unternehmung gegenüber legitime Ansprüche haben oder haben könnten, seien das spezielle Rechte aus vertraglichen Vereinbarungen (Arbeits-, Kooperations-, Werk- oder Kaufverträge) oder allgemeine moralische Rechte der von unternehmerischen Handlungen oder Unterlassungen Betroffenen. Solches Recht begründet sich aus der Unantastbarkeit der Würde eines jeden Menschen. Dabei wird von der moralischen Gleichheit aller Menschen ausgegangen.

In einer engen Variante des normativ-kritischen Stakeholder-Konzeptes gelten als Stakeholder nur die Vertragspartner und die unmittelbar vom unternehmerischen Handeln Betroffenen. In dieser Variante erwächst der Unternehmung die moralische Verpflichtung, über ihre rechtlichen Verpflichtungen hinaus, in uneigennütziger Weise Solidarität gegenüber ihren Vertragspartnern zu üben, falls diese in eine Notlage geraten und damit auf das Wohlwollen der stärkeren Seite angewiesen sind.

In einer umfassenderen Variante wird darüber hinaus jedem mündigen Bürger das Recht zuerkannt, das Unternehmen hinsichtlich der moralischen Berechtigung seines Tuns kritisch anzusprechen, Einwände zu erheben und eine öffentliche Begründung fraglicher Handlungsweisen, die die Öffentlichkeit interessieren, zu verlangen. In dieser Perspektive ist eine Aufzählung der Stakeholder gar nicht mehr möglich. Denn sie sind im Prinzip die gesamte Öffentlichkeit einer freiheitlich demokratischen Gesellschaft.

Der Unterschied zwischen dem strategischen und dem normativ-kritischen Konzept besteht also darin, dass auf der einen Seite ein vertragstheoretisch gedachter Zielaushandlungsprozess (*Bargaining*) besteht und auf der anderen Seite ein ethisch gehaltvoller Stakeholderdialog, wie er im Rahmen der Diskursethik (etwa nach Habermas, 1996) zu denken ist. Dabei geht es nicht in erster Linie um ein Machtgleichgewicht, in dem es durchaus passieren kann, dass nur der Stärkere sein Recht bekommt. Konstitutiv sind für eine *ethisch vernünftige Lösung von Interessenkonflikten* aber gerade nicht die gegebenen Machtverhältnisse, sondern gute Gründe im vernunftethischen Sinn. Sie beruhen auf einer unparteilichen Verallgemeinerbarkeit (Universalisierbarkeit) von Ansprüchen im gedanklichen, interpersonellen Rollentausch: Im Sinne von Kant ist dann ein Geltungsanspruch gut begründet, wenn ihn jedermann, der in derselben Situation ist oder wäre, mit gleichen Gründen erheben könnte, weil er einem allgemeinen moralischen Recht – nicht einfach einem persönlichen Interesse – entspricht. So sind Stakeholder-Interessen der Gegenstand dieses ethischen Diskurses. Dabei handelt es sich also um eine »normative Logik der Zwischenmenschlichkeit« (Ulrich, 1999, S. 45).

Konstitutiv ist diese ethische Haltung auch für die Art und Weise, wie sich Gesprächspartner in einem ernsthaften, verständigungsorientierten Dialog begegnen sollen: Ihr vorrangiges Interesse gilt einer gerechten Konfliktlösung, die gegenüber allen Betroffenen im Lichte ihrer moralischen Rechte unparteilich vertret- und verantwortbar ist. Diese Haltung stellt eine geradezu »republikanische Unternehmensethik« dar. Sie beinhaltet die Bereitschaft, Partikularinteressen prinzipiell von den Legitimitätsbedingungen der Öffentlichkeit einer Gesellschaft freier und gleichberechtigter Bürger abhängig zu machen. So legitimiert sich ein Unternehmen als »Corporate Citizen«, als ein guter »körperschaftlicher Bürger«, der die gegebenen ordnungspolitischen Bedingungen nicht einfach hinnimmt, oder gar bedingungslos zu seinem Vorteil nutzt. Sondern ein solches Unternehmen übernimmt ordnungspolitische Mitverantwortung für die ethische Qualität der Rahmenbedingungen, unter denen die Aufgabe einer »guten« Unternehmensführung zu realisieren ist. Eine so verstandene Unternehmensethik kann allerdings die Geschäftsintegrität des »ehrbaren Kaufmanns« auf der Stufe des unmittelbaren unternehmerischen

Handelns nicht ersetzen, sondern es kommt zu dieser als zweite Stufe hinzu (Ulrich, 1999, S. 47).

Mancher mag einwenden, dass das Management nun erheblich erschwert sei. Im Gegenteil, meinen Protagonisten einer »integren Unternehmensführung«: Wenn es um Stakeholder-Ansprüche geht, befindet sich das Management sogar in einer komfortablen Position als Dialogpartner. Denn wenn es die Voraussetzungen für eine nachhaltige Selbstbehauptung im Markt vertritt, schafft es ja die Voraussetzung für die Erfüllung fast aller Stakeholder-Ansprüche auf gute Löhne, gute Produkte, angemessene Steuern usw. Im Gegensatz dazu gerät eine einseitige Shareholder-Value-Strategie mit zahlreichen legitimen Stakeholder-Ansprüchen schnell in Konflikt, wenn es etwa um Arbeitsplätze mit einem akzeptablen Wert für die Mitarbeiter geht, um sozial- und umweltverträgliche Produktionsmethoden sowie entsprechende Produkte.

Im Coaching lässt sich diese Thematik vertiefen, indem die Führungskraft angeregt wird, ihr individuelles Führungshandeln in Richtung »integre Unternehmensführung« zu entwickeln.

10.2 Merkmale einer integren Unternehmensführung

Ein Konzept für die ethische Diskurspraxis in Unternehmen, das inhaltlich und konzeptionell sehr avanciert ist, wurde 2007 von Thomas Maak und Peter Ulrich vorgestellt. In ihrem Werk »Integre Unternehmensführung« präsentieren sie »ethisches Orientierungswissen für die Wirtschaftspraxis« anhand einer Vielzahl von Beispielen. Dieses Konzept werde ich im Folgenden in seinen Grundzügen darstellen, denn es enthält ganz wesentliche Anregungen für den Umgang mit Mitarbeitern und Geschäftspartnern.

10.2.1 Verantwortung für das Gemeinwesen

Im ersten Abschnitt geht es also um Aktivitäten des Unternehmens gegenüber der Organisationsumwelt.

Corporate Citizenship: Unter dem Schlagwort »Corporate Citizenship« verstehen die Autoren eine Haltung von Managern, durch die das Unternehmen wie ein guter Bürger nicht nur von der Gemeinschaft profitiert, sondern der Gemeinschaft auch etwas zurückgibt. Hierbei geht es einerseits ums Spendenwesen, um Sponsoring und ehrenamtliche Aktivitäten. Es geht andererseits um eine verantwortliche Beziehungsgestaltung im Gemeinwesen. Der Bürgerbegriff dient dabei als Metapher für die Rolle des Unternehmens in der Gesellschaft. In diesem Sinne achtet und fördert das Unternehmen die Grundrechte anderer. Und wenn es nötig ist, macht es sich für deren Durchsetzung stark. Der Begriff besagt aber auch, dass Unternehmen eben nicht nur private Erwerbsinstitute sind, sondern dass sie quasi-öffentliche Institutionen darstellen.

Maak und Ulrich (2007, S. 41) führen hier das Beispiel von Shell in Nigeria an. Die Firma hatte jahrelang in einem Gebiet, das dem Stamm der Ogoni gehörte, Öl gefördert. Die Bürger wehrten sich gegen die Ölförderung, weil ihr Gebiet dadurch schwer verunreinigt wurde und sie auch keinerlei Entschädigung von der Diktatur in Nigeria erhielten, die die Ölrechte vergeben hatte. Als der prominente Bürgerrechtler der Ogoni, Ken-Saro-Wiwa, wegen seiner einschlägigen Protest-Aktionen von der dortigen Diktatur hingerichtet werden sollte, wurde Shell von vielen Seiten aufgefordert, sich für Ken-Saro-Wiwa einzusetzen. Shell weigerte sich, für den Bürgerrechtler einzutreten, und dieser wurde hingerichtet. Shell hat hier in keiner Weise bürgerschaftliche Verantwortung übernommen.

Global Corporate Citizenship: Als »Global Corporate Citizenship« thematisieren die Autoren ethische Herausforderungen, die dem Unternehmen durch die Globalisierung erwachsen. Verantwortung fürs Globale meint alle Aktivitäten, die Länder übergreifenden Charakter haben und damit Interaktionen mit fremden Kulturkreisen betreffen. Die relevantesten Themen sind hier: Korruption, der Umweltschutz, Kinderarbeit und Menschenrechte. Diese Phänomene sind in einem globalen Rahmen angemessen zu handhaben. Welche Geschenke sind etwa in China angemessen, wenn es dort üblich ist, Geschäftspartnern Geschenke zu überreichen? Oder wie steht es mit der Kinderarbeit, wenn die Familie in Indien auf das Einkommen des Kindes angewiesen ist? Die angemessene Handhabung dieser Phänomene erhält heute einen enormen Stellenwert in international operierenden Firmen.

Viele Firmen verursachen auch Umweltbelastungen, die den Lebensraum von Menschen empfindlich beeinträchtigen. Hier besteht besonders bei den Firmen, die Öl fördern, ein erheblicher Nachholbedarf in Sachen Global Corporate Citizenship.

Die katastrophalen Effekte der Ölförderung für die Ogoni in Nigeria sind auch in der Presse immer wieder thematisiert worden. Zwar hat die Firma Shell Schulen und sonstige gemeinschaftliche Einrichtungen bauen lassen. Der Lebensraum dieser Menschen wurde aber vor allem durch das Abfackeln der ausströmenden Gase unwiederbringlich zerstört. Die Belastung der Luft und des Bodens wie auch die Verunreinigung des Trinkwassers führten zu schweren Gesundheitsschäden. Der Stamm forderte auch immer wieder Teilhabe an den Gewinnen, die Shell und die nigerianische Diktatur aus der Ölförderung hatten. Shell kam aber den Ogoni weder in monetärer Hinsicht noch im Hinblick auf den Erhalt ihres Lebensraumes entgegen (Maak u. Ulrich, 2007, S. 75).

Die International Labour Organization in Genf (ILO) definiert als unerlaubte Kinderarbeit jede Beschäftigung von Kindern unter 14 Jahren.

Wie viele andere Bekleidungshersteller lassen Levi Strauss & Co. in asiatischen Ländern produzieren. Dafür ist es dringend nötig, die Standards des ILO einzuhalten. In Bangladesh fand aber in den 1990er Jahren ein Manager heraus, dass zwei der Kontraktpartner von Levi Strauss & Co. Kinder unter 14 Jahren beschäftigten. Normalerweise müssen solche Arbeitsverhältnisse sofort aufgelöst werden. Für die betreffenden Kinder hätte das aber bedeutet, dass sie in der Prostitution oder in einem anderen Bereich der Ausbeutung landen. Denn die Familien sind auf jeden Fall auf das Einkommen der Kinder als einzige Erwerbsquelle angewiesen. Levi Strauss & Co schlugen folgende Lösung vor: Es wurden keine Kinder unter 14 Jahren mehr beschäftigt, ihr Gehalt aber weiterhin bezahlt. Die Firma kaufte ihnen Bücher, Schulkleidung usw. für einen Schulbesuch. Und die Manager der Firma erwirkten, dass die Kinder nach Vollendung des 14. Lebensjahres weiter bei den Kontraktpartnern arbeiten konnten (Maak u. Ulrich, 2007, S. 77).

Anhand dieser Beispiele wird deutlich, welche Verantwortung Firmen im Rahmen der Globalisierung zukommt, wie sie diese wahrnehmen können und wie sie sich schuldig machen, wenn sie diese Verantwortung nicht wahrnehmen.

Corporate Stewardship: Ein anderes ethisches Ziel ist in diesem Zusammenhang der treuhänderische Umgang mit Ressourcen, bei Maak und Ulrich (2007, S. 111) als »Corporate Stewardship« bezeichnet. Die Forderung an Unternehmen besteht hier darin, die natürlichen und soziokulturellen Ressourcen sorgfältig zu wahren, um auch nachfolgenden Generationen gerecht zu werden. Spätestens seit den Ausführungen des Club of Rome in den 1970er Jahren wurde die Weltöffentlichkeit aufmerksam, dass wirtschaftliches Handeln immer auch ökologische und soziale Implikationen hat. Die Weltöffentlichkeit erwartet heute von Unternehmen die konsequente Übernahme von Mitverantwortung für den Übergang zu einer endlich auch nachhaltigen Entwicklung in Sachen Umweltpolitik.

Die Probleme im Bereich der Waldwirtschaft sind hinreichend bekannt. Hier geht es in besonderer Weise um Nachhaltigkeit, damit der Erdball nicht noch mehr Schaden nimmt. Dabei kommt es darauf an, dem Wald nur soviel zu entnehmen, wie auch wieder nachwachsen kann. Um diese Erkenntnis auf die globale Ebene zu transferieren, zertifiziert zum Beispiel der Forest Stewardship Council Waldanbauflächen, die nachhaltig bebaut werden. Die mehr als 3.000 Unternehmen, die sich der Organisation mittlerweile angeschlossen haben, zeigen damit ihre Verpflichtung, zum Erhalt der Wälder und damit zu einer zukunftsfähigen Bewirtschaftung beizutragen (Maak u. Ulrich, 2007, S. 113).

Im Zentrum von Corporate Stewardship steht die Verantwortung für die Zukunft. Diese Verantwortung resultiert aus Selbstverpflichtungen, die sich in einem fortlaufenden Dialog mit allen Stakeholdern bewähren müssen.

Cross-Sector-Partnership: Als »Cross-Sector-Partnerships« werden von den Autoren Projekte einer grenzüberschreitenden Zusammenarbeit beschrieben, die sich der Bewältigung komplexer gesellschaftlicher Problemlagen stellen. In den 1990er Jahren dominierte noch eine radikale Frontstellung zwischen Stakeholdern wie etwa zwischen Greenpeace und Shell. Neuerdings beobachten wir zunehmend Formen der Kooperation im Interesse unseres Erdballs. Dabei sind selbstverständlich mentale, kulturelle und praktische Widerstände zu überwinden. Wenn die Kooperation aber gelingt, wirkt sich das außerordentlich günstig aus. In diesen Bereich gehören Public Private Partnerships (PPP). Das sind Kooperationen zwischen öffentlichen und privaten Organisationen.

In Darmstadt ist es zum Beispiel im Bereich des Schulbaus üblich geworden, sich beim Immobilienkauf auf Betreibermodelle zu stützen. Dadurch will man die langfristigen Probleme des Erhalts und des Betriebs der Schulgebäude besser in den Griff bekommen. Die Kosten sinken, und es wird ein durchdachter Lebenszyklus von Schulbaumaßnahmen erreicht (Maak u, Ulrich, 2007, S. 147).

In diesen Bereich gehört auch Corporate Community Engagement (CCE). Das sind zumeist langfristige soziale und ökologische Projekte. Sie werden von Firmen zusammen mit NGOs, das heißt Nicht-Regierungs-Organisationen wie etwa Greenpeace, durchgeführt. Meistens stellt ein Unternehmen personelle und/oder finanzielle Ressourcen bereit, zur sozialen oder ökologischen Entwicklung eines Landes.

Die Vorteile solcher Cross-Sector-Partnerships bestehen in unterschiedlichen Aspekten: Sie fördern zum einen die Reputation eines Unternehmens und dessen strategische Wettbewerbsvorteile. Sie sind zum anderen attraktiv für die Mitarbeiter einer Firma und fördern deren Identifikation mit dem Unternehmen.

Stakeholder-Engagement und -Dialog: Hierbei geht es um die Konkretisierung der Beziehungsgestaltung der unterschiedlichen Anspruchsgruppen, das heißt um die »Unternehmenskommunikation in der Stakeholder-Gesellschaft« (Maak u. Ulrich, 2007, S. 171). Die relevantesten Aspekte sind: die Bedeutung von Stakeholder-Dialogen zu erkennen, die Dialogprinzipien zu verstehen, die Stakeholder-Assessment-Tools kennen zu lernen, die Bedeutung einer nachhaltigen Beziehungshaltung zu erschließen und das Reporting als Dialoginstrument kennen zu lernen.

Als Beispiel führen die Autoren hier die Firma »The Body Shop« an, die 1976 von Anita Roddick als »One-Women-Business« gegründet wurde, sich bald über das United Kingdom ausdehnte und schließlich zum internationalen Unternehmen mutierte. Später wurde die Firma allerdings an L'Oréal verkauft. Die Unternehmerin war für soziale und ökologische Fragestellungen hoch sensibilisiert. Das Unternehmen führte in den 1990er Jahren als Pionier ein »Ethical Auditing« ein und erkannte, dass ein Dialog mit den Anspruchsgruppen des Unternehmens eine wichtige Funktion haben würde. Die Firma engagierte sich in drei Hauptbereichen, für ökologische und soziale Aspekte sowie gegen Tierversuche. Welche Stakeholder bzw. welche Gesprächspartner sollten aber nun zu den Gesprächen eingeladen werden? Zunächst wurden relevante Gruppen aufgefordert, ihren Standpunkt schriftlich abzugeben, Angestellte, Franchise-Nehmer, Kunden, Zulieferer, Aktionäre, Vertreter lokaler Gemeinschaften und Nichtregierungsorganisationen. Als die offensichtlichsten Probleme eruiert waren, verschickte die Firma Frageböden mit dem Ziel, die Unternehmensleitung anhand der Stakeholderansprüche und anhand der selbst gesetzten Ziele zu evaluieren. Die Ergebnisse wurden von einer unabhängigen Organisation ausgewertet und danach publiziert. Anschließend wurde dieser Report an alle Beteiligten versandt mit der Bitte, Feedback zu den Ergebnissen zu geben (Maak u. Ulrich, 2007, S. 173).

Die Effekte solcher Dialoge sehen die Autoren in einer Risikominimierung, in einer verbesserten Entscheidungsqualität, im gegenseitigen Verständnis, in der Förderung tragfähiger Beziehungen, in der Förderung der Reputation und schließlich in der Entwicklung von Vertrauen gegenüber der Firma.

Wie sollen aber nun die Stakeholder-Dialoge gestaltet sein? Auf welche Prinzipien sind sie zu gründen? In den späten 1970er und frühen 1980er Jahren propagierten Philosophen wie Karl-Otto Apel und Jürgen Habermas die Diskursethik. Diese trägt der Tatsache Rechnung, dass wir immer schon in kommunikative Zusammenhänge eingebettet sind und dass ethische Entscheidungen, was »richtig« und was »falsch« im menschlichen Zusammenleben ist, auch nur in solchen Zusammenhängen gefunden werden kann. Die Philosophen propagierten einen idealen Dialog als herrschaftsfreien, argumentativen Verständigungsprozess, in dem sich die Gesprächspartner als mündige, argumentationsfähige und jedem Argument gegenüber vorbehaltlos offene Menschen begegnen. Während dies im Verständnis von Kants Kategorischem Imperativ noch im imaginativen Rollentausch geschah, kann die Diskursethik im Unternehmen heute zum Ort argumentativer Praxis werden. Dieser Dialog orientiert sich an Leitlinien wie gegenseitige Anerkennung, Chancengleichheit, Aufrichtigkeit, Verständigungsbereitschaft, Reflexionsbereitschaft und absolute Freiwilligkeit. Stakeholdermanagement, das solchen Prinzipien folgt, zielt auf den Aufbau langfristiger und tragfähiger Beziehungen zu den wichtigsten Stakeholdern. Das kann sogar für das Überleben einer Firma wichtig sein.

10.2.2 Verantwortung für die Gestaltung der Organisation

Der Innenraum eines integren Unternehmens muss aber nun auch mit seinem Anspruch, den es nach außen vertritt, kompatibel sein. Auch dafür sehen die Autoren eine Reihe von Maßnahmen vor.

Good Corporate Governance: Als »Good Corporate Governance« bezeichnen die Autoren das politische System einer Firma, das auch Rechte der Stakeholder fixiert. Es steht für die Gewaltenteilung zwischen dem Management und einem Aufsichtsgremium. Und es sorgt für Realisierung der organisatorischen Führung in Richtung Integrität auf allen Ebenen. Hier geht es also um die organisatorische Situation, die Standards und Strukturen einer »guten« Unternehmenssteuerung. In diesem Zusammenhang sind folgende Fragen relevant: Was heißt »Governance«, und was ist dann »gute« Governance? Wie steht es mit der Stakeholder-Governance im internationalen Vergleich, welche Strukturen und welches Ethos sollte Stakeholder-Governance aufweisen?

Das Tagesgeschäft eines Unternehmens wird vom Management erledigt. Es hat die exekutive Gewalt. Governance bezeichnet dagegen die Aufsichtsorgane, die das Management zu überwachen hat. Dazu gehören die Beurteilung der unternehmerischen Strategien, des Outputs, der Leistung des Managements und die Überwachung, inwieweit die gesetzlichen Vorgaben eingehalten werden. Dadurch ist Governance auch für die Stakeholder von zentraler Bedeutung. Die Aufsichtsorgane haben nämlich auch dafür Sorge zu tragen, dass alle Anspruchsgruppen zu ihrem Recht kommen, auch diejenigen wie etwa die Umwelt, die sich nicht von sich aus Gehör verschaffen können. Das bedeutet, das Aufsichtsgremium einer integren Unternehmung darf nicht etwa wie bei Shareholder-Value-Strategien allein im Interesse der Eigentümer über das Management wachen. Es hat vielmehr dafür zu sorgen, dass möglichst viele Stakeholder angehört und ihre Interessen berücksichtigt werden. »In der heutigen Stakeholder-Gesellschaft stellen gute Governance-Strukturen deshalb eine Balance zwischen den legitimen Ansprüchen aller Stakeholder her (Stakeholder-Governance)« (Maak u. Ulrich, 2007, S. 214).

Im internationalen Rahmen lassen sich unterschiedliche Governance-Regelungen beobachten, duale und monistische. Im internationalen Vergleich dominiert aber nach wie vor die primäre Orientierung an den Ansprüchen der Eigentümer. Deutschland hat zwar durch sein Mitbestimmungsgesetz eine einzigartige duale Governance-Struktur, in der die Arbeiterschaft im Aufsichtsrat vertreten ist. Damit erschöpft sich aber auch hier die gesetzlich vorgeschriebene Stakeholder-Mitbeteiligung. Wahl und Abwahl von Aufsichtspersonen spielt in der integren Unternehmung eine wesentliche Rolle. Viele Firmen präsentieren mittlerweile im Internet ausführlich, welche Anforderungen ihre Aufsichtsorgane erfüllen sollen.

Integritätssysteme: Als »Integritätssysteme« fassen Maak und Ulrich (2007, 237ff.) Statements über Vision und Mission, den Ethikkodex, integre Anreizstrukturen, eine ethikbewusste Buchhaltung, Buchprüfung und Auditierung sowie andere Bausteine organisierter Verantwortlichkeit. Diese Systeme sollen die integre Unternehmensführung in ihrer Verantwortung unterstützen. Hierbei handelt es sich um Hilfsmittel, um die Verantwortlichkeit zu organisieren.

Visionen und Missionen sind aus der Leitbilddebatte hinreichend bekannt (Belzer, 1995). So verkündet etwa die Deutsche Bank: »Wir wollen der weltweit führende Anbieter von Finanzlösungen für anspruchsvolle Kunden sein und damit nachhaltig Mehrwert für unsere Aktionäre und Mitarbeiter schaffen« (Maak u. Ulrich, 2007, S. 238). Das ist eine typische, sehr traditionelle Orientierung an Shareholder-Interessen. Im Gegensatz dazu sollte die Vision eines integren Unternehmens auch Zukunftsorientierungen von Stakeholdern wiedergeben.

Der Ethikkodex enthält die normativen Handlungsanweisungen für die Realisierungen der Visionen und Missionen. Maak und Ulrich (2007, S. 248ff.) formulieren drei Anforderungen an einen Ethikkodex: Er sollte mit der Organisationskultur der Firma in Einklang stehen, er sollte klar sein, und aus ihm sollten sich konkrete Handlungsanweisungen ableiten lassen. Maak und Ulrich (2007, S. 254) beschreiben sechs »Instrumente einer diskursiven Infrastruktur«:

1. Die Etablierung eines Stakeholder-Advisory-Boards, in dem sich unterschiedlichste Stakeholder über Fragen der Unternehmenspolitik und ethische Herausforderungen der Firma beraten.
2. Das Ethik-Komitee steht bereit, um über Dilemmata und ethikrelevante Entscheidungen zu beraten.
3. Eine Ombudsstelle kann Streit schlichten bzw. die Verständigung zwischen Anspruchsgruppen fördern.
4. Eine Ethik-Hotline kann von Personen, die in ethischer Hinsicht Rat suchen, angerufen werden.
5. Eine Ethik-Website dient der Selbstdarstellung eines Unternehmens zu ethischen Fragen.
6. In Weblogs können Internetnutzer Kommentare zu ethisch relevanten Fragestellungen eingeben.

»Integritätsfördernde Anreizstrukturen ermutigen Mitarbeitende, die integrative Wertschöpfungsvision und damit die sozialen, ökonomischen und ökologischen Ziele in ihrem Verantwortungsbereich umzusetzen« (Maak u. Ulrich, 2007, S. 259). Die Autoren führen hierzu ein Beispiel von Nike an:

Nachdem Nike wiederholt wegen der Arbeitsbedingungen in seinen südostasiatischen Produktionsstätten in der Kritik stand, schlug ein internes Team vor, die internen Anreizstrukturen zu verändern: Die Einkäufer hatten nämlich keinerlei Anreiz, sich mit den Arbeitsbedingungen auseinanderzusetzen, die in den Zulieferbetrieben herrschten. Im Vordergrund standen für sie lediglich der schnelle Warenumsatz und der niedrige Lagerbestand. Das führte dazu, dass sie bei Engpässen auf Produzenten auswichen, die keine akzeptablen Arbeitsbedingungen nachweisen konnten. Nike beschloss daraufhin, ein Screeningsystem einzuführen, mit dem alle Zulieferbetriebe im Hinblick auf die Arbeitsbedingungen bewertet wurden. Seitdem wird die Qualität der Zulieferer bei den Prämien für die Einkaufsabteilung herangezogen (Zadek, 2004; zit. nach Maak u. Ulrich, 2007, S. 258).

Eine ethikbewusste Buchführung, ein entsprechendes Controlling und ein dazu passendes Auditing sind weitere Integritätssysteme. Das Problem der Buchführung besteht heute in ihrer Komplexität. Viele Firmen sind dadurch schnell überfordert. Dazu kommt, dass bei einem Unternehmen, das Integrität verfolgt, nicht nur finanzielle Aspekte relevant sind, sondern auch soziale und ökologische. Das wiederum setzt aber auch ein entsprechendes Controlling voraus, das Leitungsindikatoren, aber auch die Auditierung der integren Aspekte berücksichtigt. Hierfür gibt es nach Aussage der Autoren noch keine entsprechenden Standards; etliche Firmen versuchen aber, eigene Standards zu entwerfen.

Supply-Chain- und Marketing-Integrität: Bei »Supply-Chain- und Marketing-Integrität« handelt es sich um das integre Management von Produktionsketten und vom Marketing-Mix. Hierbei haben Aspekte der sozial-ökologischen Verträglichkeit von Produkten Bedeutung sowie ihre Echtheit und ihre Integrität bei der Vermarktung. Außerdem spielen hier die Gestaltung von Kundenbeziehungen und die Wertschöpfungskette eine Rolle. Gerade die Integrität dieser Kette ist angesichts der hohen Vernetzung des globalen Wirtschaftens mit ihren divergierenden Standards im Bereich von Arbeitsbedingungen, Menschenrechten und Umweltschutz von Belang. Stakeholdergruppen sollen Fehlverhalten beobachten, dokumentieren und es veröffentlichen. Maak und Ulrich (2007, S. 267) betonen, dass Unternehmen in einer globalen Wirtschaft Verantwortung dafür tragen, wie Produkte und entsprechende Komponenten hergestellt werden, woher diese kommen und auf welche Weise sie vermarktet werden. Die Ziele bestehen hierbei in der Entwicklung eines systematischen Verständnisses von einem integren Management der Wertschöpfungskette, Methoden dieses Managements kennen zu lernen, Leitideen einer Marketing-Ethik zu erschließen und die Bedeutung von integren Marketingpraktiken für die Integrität und Reputation eines Unternehmens zu erkennen.

Die Öffentlichkeit erwartet heute, dass Firmen Integrität in der gesamten Produktions- und Lieferkette aufweisen, das bedeutet, von der Rohstoffgewinnung über die zumeist mehrstufige Verarbeitung in Zulieferbetrieben bis zu den fertigen Produkten und sogar noch bis zu ihrer späteren Entsorgung. Viele Konsumenten achten keineswegs nur auf den Preis, sondern auch auf die Art und Weise, wie etwas womit produziert und vermarktet wird. Im Rahmen des globalen Wettbewerbs kann es nicht ausbleiben, dass Firmen die Kostenvorteile in sich entwickelnden Ländern nutzen. Dabei ist es aber von zentraler Bedeutung, dass die Arbeitsbedingungen und der Umweltschutz akzeptabel sind. Hier stehen immer wieder Firmen in der Kritik.

Die Firma Nike geriet seit Ende der 1980er Jahre zunehmend in die Schlagzeilen. Die Firma wurde beschuldigt, Produktionsstätten in Asien verlagert zu haben, weil sich Mitarbeiter gewerkschaftlich organisiert hatten. Nike wurde auch beschuldigt, mit Zulieferbetrieben zusammenzuarbeiten, die Kinder unter 14 Jahren beschäftigten. Um diesen Vorwürfen zu begegnen, institutionalisierte Nike erstmals 1996 ein Supply-Chain-Management. Die neu geschaffene Abteilung war verantwortlich für die Einhaltung der Arbeitsbestimmungen in den Zulieferbetrieben. 1998 übernahm der Eigentümer von Nike, Phil Knight, zum ersten Mal öffentlich Verantwortung für die Zustände in den Zulieferbetrieben und verpflichtete sich, das Mindestalter für Angestellte auf 16 Jahre festzulegen. Nike lud daraufhin NGOs ein, diese Anforderungen zu überwachen (Maak u. Ulrich, 2007, S. 271).

Meistens steht das Supply-Chain-Management noch auf einer rein ökonomischen Basis, um Kosten zu senken. Ethische Themen spielen meistens erst reaktiv eine Rolle, wenn nämlich öffentliche Kritik laut wird an Kinderarbeit oder an ökologischen Missständen. Integres Supply-Chain-Management sucht aber nach pro-aktiven Lösungen, dass etwa NGOs die Wertschöpfungskette auditieren. Dann geht es auch um die Früherkennung von negativen Effekten und ihre Beseitigung.

Marketing-Integrität: Kann Marketing überhaupt integer sein? »Das Marketing ist ein Grundpfeiler moderner Unternehmensführung; ohne die Vermarktung seiner Produkte und Leistungen könnte ein Unternehmen kaum überleben« (Maak u. Ulrich, 2007, S. 287). Marketinginstrumente können natürlich manipulativ eingesetzt werden. Ein integres Marketing verzichtet aber auf jede bewusste Manipulation in dem Bestreben, den Konsumenten durch Qualität und gute Gründe zu überzeugen. Damit wird der Verbraucher als mündiger Bürger betrachtet. Es versteht sich von selbst, dass ein integres Unternehmen keine »Guerilla-Marketing-Methoden« einsetzt, und insgesamt nur Methoden nutzt, die einem kritischen Dialog mit Verbrauchern standhalten. Bei einem integren Marketing-Mix (1) übernimmt der Hersteller Verantwortung für sein Produkt und (2) bietet es zu einem angemessenen Preis an. (3) Wird das Produkt den richtigen Menschen verkauft, nicht etwa Konsumgüter an hungernde Menschen? (4) Steht die Werbestrategie mit kulturellen Werten in Einklang? Etliche Firmen geben sich heute schon einen *Code of Ethics*, in dem Leitlinien entwickelt werden und ihre Realisierung in Dialogforen praktiziert wird.

Responsible Change und moralisches Lernen: In dieser Rubrik thematisieren die Autoren den verantwortlichen Umgang mit Veränderungen in der Organisation und mit der Frage, ob Unternehmen überhaupt moralisch lernfähig sind. Hier geht es also um die Entwicklung eines integritätsbewussten Change Managements. Ist diese Entwicklung als Stufenprozess zu denken? In jedem Fall geht es aber ums Lernen von Integritätsmanagement. »Responsible Change« fragt nach Meinung der Autoren nach den Gründen für Veränderungsprozesse in Unternehmen – ob sie geschehen sollen und wenn ja, wie die Veränderungen zu gestalten sind, sowie danach, inwieweit Unternehmen moralisch lernfähig sind.

In den letzten Jahren wurden in vielen Organisationen Reorganisationen oder Redimensionierungen (Verkleinerungen) üblich, bei denen meistens Mitarbeiter entlassen werden. Und es wurde üblich, Betriebsstätten ins Ausland zu verlagern, in dem die Löhne weitaus niedriger sind als im Heimatland. Verantwortungsvolle Veränderungsprozesse sind dann solche, bei denen die Konsequenzen für die Betroffenen genau überlegt und berücksichtigt werden. Hier kommt es darauf an, Veränderungsprozesse in Gang zu bringen, in deren Verlauf verantwortungsvolle Formen der Veränderung gefunden werden. Über ein konsequentes Monitoring wäre dann auch sicher zu stellen, dass die negativen Konsequenzen für alle Betroffenen minimiert werden. Die Autoren plädieren dafür, alle Reorganisationen und Redimensionierungen immer in Relation zur ethischen Vertretbarkeit zu planen und durchzuführen.

In diesem Zusammenhang stellen die Autoren die Frage, ob Organisationen überhaupt moralisch lernfähig sind.

Sie bejahen diese Frage am Beispiel von Shell ausdrücklich. Nach den katastrophalen Entwicklungen um Brent Spar und den Konflikten in Nigeria hat sich das Unternehmen ausführlich mit seiner »Integritätslücke« befasst. Shell begann in der Folge, seine »General Bussiness Principles« zu überprüfen, und ergänzte sie um ein explizites Commitment mit den Menschenrechten sowie Unternehmensverantwortung im Hinblick auf eine nachhaltige Entwicklung. Die Firma hat hier sogar globale Maßstäbe gesetzt, indem sie zunehmend in erneuerbare Energiequellen investiert.

Die Autoren sprechen von unterschiedlichen moralischen Reifegraden, die sich als fünfstufiger Prozess beschreiben lassen:

1. Die erste Stufe besteht prinzipiell darin, zu verleugnen, dass die Firma überhaupt Verantwortung hat.
2. Das Unternehmen hält sich im Sinne von Risikovermeidung an geltende Regeln und Gesetze.
3. Ab jetzt entsteht ein Moralbewusstsein, das im Sinne einer langfristigen Existenzsicherung des Unternehmens ein aktives Ethik-Management zu betreiben versucht. Bedrohungspotenziale werden identifiziert, Stakeholder angesprochen und Langfriststrategien entwickelt.
4. Nun zeigt sich ein pro-aktiver Zugang zu ethischen Fragen. Es setzen sich ethische Überzeugungen durch, die in den Vordergrund der Aktivitäten rücken.
5. In der fünften Stufe ist ein Reifegrad erreicht, bei dem Ethik nicht nur aus opportunistischen Gründen, als Marketingstrategie praktiziert wird, sondern jetzt werden ethische Standards um ihrer selbst willen etabliert und durchgesetzt.

Integritätskultur: In diesem Punkt geht es um den Aufbau eines »Corporate Character«, das heißt einer Organisations- bzw. Unternehmenskultur, in der alles das, was die Autoren bisher beschrieben haben, realisierbar wird. Sie stellt den Rahmen der integren Organisation dar. Seit Edgar Schein (1995) wird als »Organisationskultur« ähnlich einer Miniaturkultur ein kollektives Sinnsystem beschrieben, das über äußere Merkmale wie Kleider-, Sprachregeln sowie bestimmte Rituale als Symbolsystem erkennbar ist, das auf einer nächsten Ebene bestimmte Normen und Standards aufweist, die sich auf Basisannahmen stützen. Hierbei geht es den Autoren um den Aufbau und die Pflege einer Integritätskultur, um Auseinandersetzungen mit den Herausforderungen und mit einer prinzipiengeleiteten Kulturentwicklung.

Ethikbewusstes Handeln auf individueller wie auf organisatorischer Ebene macht nur Sinn innerhalb eines von allen geteilten Normen- und Wertesystems und innerhalb eines symbolischen Referenzrahmens. Nach Meinung der Autoren besteht die Herausforderung für die Entwicklung einer Integritätskultur darin, das »Systemische und Lebensweltliche« der Organisation zu synchronisieren, sonst drohen Integritätslücken. Die Autoren nennen verschiedene Integritätslücken:

1. Werden die Werte und Normen wie zum Beispiel Respekt im Unternehmen tatsächlich gelebt?
2. Werden die Integritätsnormen in passende Strukturen und Prozesse übersetzt?
3. Sind die Subkulturen im Unternehmen mit den moralischen Grundsätzen und Verantwortungsnormen der Unternehmenskultur in Übereinstimmung?
4. Befindet sich die Unternehmenskultur in einer guten Übereinstimmung mit Normen der Gesellschaft?

Nun lässt sich eine Kultur nicht kurzfristig umgestalten. Sie wächst langsam. Umso wichtiger ist deshalb die fortlaufende Reflexion der Basisannahmen, der Werte und Normen, aber auch des Symbolsystems. Maak und Ulrich (2007, S. 340) meinen, »ethikbewusstes Handeln und Integrität – auf individueller ebenso wie auf Organisationsebene – haben ihre Wurzel und machen überhaupt nur Sinn innerhalb eines geteilten Normen- und Wertesystems und symbolischen Referenzrahmens; also innerhalb einer Unternehmenskultur«.

10.2.3 Individuelle Verantwortung und ihre Entwicklung

Auf der dritten Ebene, der Mikroebene, geht es nun um Personen, um die Führungshaltung einer integren Unternehmung, um ihre Personalpolitik, um die ethische Haltung bei Entscheidungen und bei der Kompetenzentwicklung.

Responsible Leadership: Bei diesem Modul handelt es sich um ein Schlüsselthema in der integren Organisation. Der verantwortliche Führer wird als moralische Person begriffen, deren Tugenden im Bereich der Führung von größter Bedeutung sind (→ 6.6.2). Im letzten Jahrzehnt wurde viel über Gier und kriminelle Energie von Unternehmenslenkern geschrieben. Hier und da erließ man neue Richtlinien, und in den führenden Business Schools hat man zunehmend »Führung und Ethik« in den Lehrplan aufgenommen. Führungskonzepte befassen sich nämlich bis dato nicht mit der Ethik von Führung. Sie sind meistens funktionalistisch ausgerichtet und nur daran orientiert, dass die Führungskraft eine sozialtechnisch verstandene Einflussnahme praktiziert. Verantwortliche Führung steht und fällt aber nach Meinung der Autoren mit der Qualität der Führungsbeziehung, mit den normativen Grundsätzen und dem Beziehungsverständnis, das eine Führungskraft hat und selbst vorlebt.

Wesentlich ist hier die Persönlichkeit der Führungskraft. Great-Man-Ideologien stoßen hier schnell an ihre Grenzen, weil wir es bei »großartigen Führern« häufig mit narzisstischen Persönlichkeiten zu tun haben, die eher Probleme schaffen, als sie zu beseitigen. Entscheidend bleibt die Beziehungsdimension. Je komplexer das Umfeld eines Unternehmens ist, desto bedeutsamer wird die Beziehungsfähigkeit der Führungskraft, um interpersonell und ethisch zu agieren. Dabei ist die Beziehung zu den Stakeholdern eine ganz wesentliche Aufgabe der Führungskraft. Das schließt die klassische Mitarbeiter-Vorgesetzten-Beziehung mit ein. Entscheidende Fragen sind: wer führt wen, auf welcher normativen Grundlage, mit welchen Mitteln zu welchem Zweck (Maak u. Ulrich, 2007, S. 379). Eine entsprechende Wertebasis ist eine dreistufige Ethik der Anerkennung. Die fundamentalste Art der Anerkennung ist (1) emotionaler Art, wie wir sie in der Zuwendung zwischen Partnern oder Eltern und Kindern finden. (2) Eine weitere Form ist rechtlich-politische Anerkennung, das ist die wechselseitige Gewährung von Menschen- und Bürgerrechten. (3) Soziale Anerkennung, das heißt Wertschätzung und die Bejahung für eigene Leistungen, stellen eine weitere Form dar.

Responsible Führung degradiert den Menschen niemals zum Objekt. Der Mensch bleibt als Person im Mittelpunkt, seine Würde und Subjektqualität bleiben gewahrt. Dementsprechend besteht verantwortliche Führung im Aufbau und in der Pflege tragfähiger, nachhaltiger Beziehungen zu allen Stakeholdern des Unternehmens. Als Kennzeichen einer integren Führungskraft nennen die Autoren zunächst:

1. *Moralisches Bewusstsein:* Dabei handelt es sich idealerweise um eines, das sich im Sinne Kohlbergs (1981) schon auf der höchsten Ebene der Moralität, also einer prinzipiengeleiteten Moral bewegt.
2. *Reflexionsvermögen und (selbst-)kritisches Denken:* Solche Personen erkennen Wertkonflikte und sind in der Lage, die eigenen Werte in Frage zu stellen und mögliche Probleme durch flexible Formen der Verhandlung zu lösen.

3. *Moralische Vorstellungskraft:* Darunter verstehen die Autoren die Fähigkeit, gerade bei Konflikten auf eine Meta-Ebene zu gehen und von dort aus aktuelle Konflikte anzugehen.
4. *Tugenden:* Hier berufen sich die Autoren auf Aristoteles, der Tugenden als moralische Wegweiser, das heißt als Prinzipien des Handelns beschrieben hat. Das sind zum Beispiel Bescheidenheit, Ehrlichkeit, Freundlichkeit, Gerechtigkeit usw. (Maak u. Ulrich, 2007, S. 388f.).

Als Rollen eines verantwortlichen Führers beschreiben die Autoren:
1. Servant-Leader, der also dient;
2. Steward, das heißt ein Navigator;
3. Architekt, der für die Integritätskultur sorgt;
4. Change Agent, der für einen konstanten Wandel zuständig ist;
5. Coach, das heißt die Rolle der Führungskraft, die Mitarbeiter maximal zu unterstützen und zu umsorgen;
6. Storyteller, das heißt ein optimaler Kommunikator, der Mitarbeiter zu begeistern vermag.

Human Relations: Hier geht es um ein integres Personalwesen, bei dem die Menschen nicht als »Human Resource« objektiviert werden, sondern bei dem sie konsequent als Subjekte im Mittelpunkt stehen. Damit entfernt sich dieses Personalwesen weit vom Taylorismus, wo der Mensch lediglich ein Kapitalfaktor ist. Ein entscheidendes Fundament ist die Sorge für die Mitarbeiter bei der Einhaltung von einigen Grundprinzipien, die von der »International Labour Organization« folgendermaßen formuliert wurden:
- Vereinigungsfreiheit und Recht auf Kollektivverhandlungen,
- Beseitigung der Zwangsarbeit,
- Abschaffung der Kinderarbeit,
- Verbot der Diskriminierung in Beschäftigung und Beruf.

Daneben geht es aber auch um die Befriedigung von psychischen Bedürfnissen der Mitarbeiter: (1) dem Bedürfnis nach Bindung und Zugehörigkeit, (2) dem Bedürfnis nach Respekt und Anerkennung, (3) dem Bedürfnis nach Sinnfindung und einsichtigen Handlungszwecken. Nach Carol Gilligan handelt es sich um eine *Ethic of Care* (→ 6.2).

In einem human orientierten Personalwesen wird Personalarbeit als Human-Relations-Aufgabe verstanden. Das ist also ein Auftrag, die menschlichen Beziehungen im Unternehmen zu pflegen, zu steuern, zu fördern und zu unterstützen. So geht es also nicht um Human-Resource-Management, sondern um Human-Relations-Management. Idealerweise fühlen sich alle Mitglieder des Unternehmens vom CEO bis zu jedem einzelnen Mitarbeiter den Werten und Grundprinzipien der Organisation verpflichtet.

Wie lässt sich die humane Orientierung in die Human-Relations-Politik integrieren? (1) Da geht es zum einen um arbeitspolitische Richtlinien hinsichtlich Arbeitszeit, Ferienregelungen, Sozial- und Versicherungsleistungen, Altersrente, Kündigungsregelungen usw. (2) Da geht es zum anderen um arbeitspraktische Vorgaben wie Antikorruption und Geldwäsche, Verzicht auf Kinderarbeit. (3) Und schließlich werden normative Arbeitsgrundsätze berücksichtigt wie Lohngerechtigkeit und Chancengleichheit, die Anerkennung und Einhaltung von Kernarbeitsnormen, die Anerkennung der Menschenwürde und Nichtdiskriminierung von Menschen innerhalb und außerhalb des Unternehmens.

Hier sind auch Werte und Kompetenzen im tagtäglichen Umgang von Belang wie einander ausreden lassen, sich zuhören, gegenteilige Meinungen ruhig anhören usw. Und natürlich wird in der integren Unternehmung auch bewertet, beurteilt, ausgewählt, was aber immer in einem humanen Sinn geschehen soll. Entscheidend sind auch die Entwicklung der Mitarbeiter, ihre Ausbildung und ihre Entlohnung. Ein weiterer Punkt ist auch, dass alle an der Wertschöpfungskette Beteiligten die personalpolitischen Werte einhalten. Auch darauf sollte geachtet werden. Auch hier war Body Shop Modell (Maak u. Ulrich, 2007, S. 428):

Für Body Shop bedeutet Anti-Diskriminierung auch, Personen mit HIV/AIDS nicht als Bewerber oder Mitarbeiter auszuschließen. Im Jahr 2000 wurden in Singapur einige positiv getestete Personen als Zeitarbeitskräfte angestellt. Einige sind mittlerweile fest angestellt. Mit anderen Unternehmen wie zum Beispiel Levi Strauss setzt man sich aktiv für die Überwindung von Beschäftigungsbarrieren gegenüber HIV-Infizierten ein. Body Shop engagiert sich außerdem für altersbezogene Diversität und versucht, Personen unterschiedlichen Alters zu integrieren.

Ethische Entscheidungsfindung: Damit werden der Prozess des integren Entscheidens beschrieben, das angesichts von Interessenkonflikten oder moralischen Dilemmata notwendig ist, und die Suche nach Lösungsmöglichkeiten, die es erlauben, auch in einem Umfeld konfligierender Werte die eigene Integrität zu wahren. Hier sind folgende Fragestellungen relevant:

- Was ist in ethischen Entscheidungsprozessen zu beachten?
- Welche Hilfsmittel stehen zur Verfügung, um zu einer verantwortbaren Entscheidung zu gelangen?
- Wie lassen sich moralische Dilemmata innerhalb einer Organisation identifizieren und gegebenenfalls lösen?
- Wie bewahrt man seine Integrität in Dilemmasituationen?
- Was kann im Unternehmen getan werden, um moralische Dilemmata gar nicht erst entstehen zu lassen?

Die Grundlagen ethikbewusster Entscheidungsprozesse sind rationale Begründungen, damit die Entscheidungen legitimierbar werden. Im geschäftlichen Alltag entstehen Dilemmata aus konfligierenden Rollenerwartungen. Bei allen Entscheidungen müssen die Konsequenzen für die Interaktionspartner bedacht werden. Ziel ist, die individuellen und organisatorischen Voraussetzungen dafür zu erhellen, dass ethikbewusstes Entscheiden in der Organisation möglich wird. Hier sind Fragen relevant wie: Unterstützt die Entscheidung einen sinnvollen Zweck, berücksichtigt die Entscheidung alle legitimen Ansprüche der Stakeholder? Ist die Entscheidung konsistent mit den Prinzipien der Organisation? Besitzt die Führungskraft überhaupt die nötige Macht, um die entsprechende Entscheidung durchzusetzen? Manchmal ist auch professioneller Rat durch Externe sinnvoll.

Ethische Kompetenzbildung: Als »ethische Kompetenz« ist ein avanciertes Moralbewusstsein zu verstehen, das von Vernunft, von Empathie und von Fürsorglichkeit getragen ist (→ 6.2). Wie lässt sich solche Kompetenz entwickeln und steigern? Dabei bezeichnet Moral die Gesamtheit gelebter Sitten und Konventionen und beruht auf den kulturspezifischen Wertvorstellungen und Verhaltensnormen, die ein Leben bestimmen. In einer jeweiligen kulturellen Tradition sind Normen und Standards bestimmend. Ethik dagegen befasst sich als philosophische Reflexionsdisziplin mit Fragen der Begründung moralischer Verbindlichkeiten (Rechte und Pflichten) sowie mit Konzeptionen des Guten (→ 6.1).

Manche Firmen wie zum Beispiel Pricewaterhousecoopers bieten kleine Ausbildungsprogramme für Führungskräfte mit den Schwerpunkten »Diversity«, »Sustainability and Leadership«. Für diese Thematik orientieren sich Maak und Ulrich wieder an der »moralischen Entwicklung« von Kohlberg (1981). Den höchsten Reifegrad hat danach eine Person, die ein prinzipienorientiertes Bewusstsein erlangt. Die Autoren betonen (S. 480ff.), dass für die ethische Kompetenzbildung drei Aspekte wichtig sind: (1) Reflexionskompetenz, (2) moralische Kraft und (3) moralischer Mut. In den USA hat man seit den 1970er Jahren in Colleges Programme kreiert und gelehrt, die sich Themen wie »Democracy and Education« oder »Experience and Education« widmen. Kernidee ist, das soziale Lernen zu fördern. Mittlerweise finden wir auch in Europa eine Reihe derartiger Initiativen.

Abschließend lässt sich sagen: Das hier vorgestellte Konzept der integren Unternehmensführung wirkt verhältnismäßig idealisiert. Zur Beantwortung unserer Frage, was im Life-Coaching zum Thema »Umgang mit Mitarbeitern und Geschäftspartnern « verhandelt werden kann und auch sollte, bietet es aber einen modellhaften Leitfaden – eben ein »ethisches Orientierungswissen für die Wirtschaftspraxis«, wie die Autoren im Untertitel ihres Buches schreiben, das modifiziert auch für die Führung von Organisationen gilt, die in staatlichen wie in Nonprofit-Sektoren operieren.

Erträge für den Coach

- Auf den ersten Blick mag es für manchen Coach oder auch für manchen Coaching-Klienten befremdlich wirken, dass hier ein *ethisches Konzept* vorgestellt wird, das fast wie ein Rezeptbuch in systematischer Weise unterschiedliche Ebenen ethischer Reflexion anspricht. In diesem Punkt sind wir schnell mit Fragen konfrontiert, inwieweit ein Coaching-Konzept und damit natürlich auch ein Coach überhaupt ethische Standpunkte in die Beratung einbringen sollen.
- Zu dieser Frage nehmen Maak und Ulrich eine klare Position ein: Der Coach muss sogar und dementsprechend auch das Coaching-Konzept in ethischen Fragen Partei ergreifen. Wir plädieren hier also nicht für einen »wertfreien Dialog«, sondern wir wollen auch im Coaching *ethische Fragestellungen*, allerdings auf einer begründeten Basis, anregen.
- Das gute Leben und Arbeiten, das Life-Coaching anstrebt, wird erst »richtig«, das heißt nachhaltig gut, wenn die Fach- und Führungskräfte, mit denen wir kooperieren, eben nicht nur nach dem Shareholder-Value fragen, sondern sich bei Bedarf auch mit »ihrem Gegenüber« beschäftigen, das ihnen in Gestalt von fremden Kulturen und auch von fremden Regionen begegnet.
- Für kompetente Auseinandersetzungen mit ethischen Fragestellungen, die sich um solche Begegnungen ranken können, sollte ein Coach über eine fundierte Basis verfügen.

Literatur zum Thema

Belzer, V. (Hrsg.) (1995). Sinn in Organisationen? Oder, warum brauchen Organisationen Leitbilder. München u. Mering: Hampp-Verlag.

Giddens, A. (1988). Die Konstitution der Gesellschaft. Grundzüge einer Theorie der Strukturierung. Frankfurt a. M. u. New York: Campus.

Maak, T., Ulrich, P. (2007). Integre Unternehmensführung. Ethisches Orientierungswissen für die Wirtschaftspraxis. Stuttgart: Schäffer-Poeschel.

Sennett, R. (1998). Der flexible Mensch. Die Kultur des neuen Kapitalismus. Berlin: Siedler.

Schein, E. (1995). Organisationskultur. Frankfurt a. M. u. New York: Campus.

Teil IV: Die Verfahren des Life-Coachings

Um im Format Life-Coaching an existenziellen Themen arbeiten zu können, bedarf es spezifischer Künste oder Technologien, wie Foucault sagen würde (→ 7.2.1). Wir sprechen heute von Methodiken, von spezifischen Vorgehensweisen (altgr.: »méthodos«, Nachgehen). Erfahrene, weise Coaches werden – je nach Lage, Thema und Zeitpunkt – ihre einmaligen Methoden erfinden, die den Klienten im Hier und Jetzt weiterhelfen können. Coaches in Ausbildung werden sich an den Methoden orientieren, die sie gerade erlernt haben.

Nun gibt es Ausbildungen, die am Format Coaching orientiert sind und dann verschiedene Methoden vermitteln, damit der Coach auswählen könne. Die dabei meistens suggerierte Unterstellung, der Coach würde dann *je nach Bedarf des Klienten* auswählen, scheint uns jedoch unbewiesen. Tatsächlich wird er wohl eher – meistens auch noch unbewusst – im Rahmen *seiner eigenen Vorstellungen* und Möglichkeiten auswählen. Wenn er nun seine Methoden auch noch als Werkzeugkasten versteht (»Tool-Box«), wird er de facto als Techniker arbeiten, der Probleme beseitigen will. Da Technikern üblicherweise aber eine Metatheorie ihres Tuns fehlt, können sie weder das ihnen vom Klienten als Problem Präsentierte hinterfragen, noch ein angemessenes Ziel entwickeln, noch begründet Interventionen einsetzen. Sie müssen nach der Maxime »trial and error« vorgehen, in der Hoffnung, dass schon irgendwann irgendetwas vom Klienten als hilfreich »angenommen« wird.

Für professionelle Coaches ist ein solches Vorgehen jedoch nicht zu verantworten. Sie müssen ihr Handeln stattdessen einbetten in eine *Philosophie*, die mindestens kohärente Aussagen zur Anthropologie, zur Sozialtheorie und zur Ethik enthält. Zweitens müssen sie in sich konsistente und widerspruchsfreie *Theorien* kennen, mit deren Hilfe sie das von den Klienten Erzählte und Gezeigte sinnvoll interpretieren können. Zum Dritten müssen sie über eine *Praxeologie* verfügen, die sie zur Situation passende Interventionen auswählen lässt, die zudem mit den genutzten Theorien wie den philosophischen Grundüberzeugungen in Übereinstimmung stehen. Und das alles muss so inkorporiert sein, dass es tatsächlich auch im rechten Moment zur Verfügung steht.

Daher ist es für die meisten professionellen Coaches sinnvoll, sich an elaborierten Verfahren zu orientieren, die das alles bieten und die mit den persönlichen existenziellen Grundüberzeugungen und Lebensweisen des Coach in Einklang stehen. Diese Verfahren müssen sich allerdings in ein Coachingkonzept einpassen, das heißt, ihre Eignung muss noch einmal metatheoretisch begründet sein. Erst dadurch ließe sich ein Dogmatismus verhindern, der ein Verfahren auf jeden Fall einseitig zum Einsatz bringt, auch wenn der Einsatzrahmen dies gar nicht sinnvoll zulässt.

Heute noch relevante Verfahren haben sich im letzten Jahrhundert entwickelt, oft im Rahmen des Formats Psychotherapie, aber auch in pädagogischen oder beratenden Zusammenhängen. Grob lassen sich diese Verfahren in drei Traditionsstränge unterteilen:

- humanistische Verfahren mit einem existenziell-interaktionistischen Menschenbild und erlebnisaktivierenden Methodiken,
- tiefenpsychologische Verfahren mit einem Bild vom Menschen, der von ihm unbewussten Strebungen geprägt wird, und aufdeckenden Methodiken,
- verhaltensmodifizierende Verfahren mit einem rationalistischen Menschenbild und situationsangepassten differenzierten Technologien.

Da wir diese Verfahren im Prinzip für das Coaching geeignet finden, haben wir für jeden dieser Stränge in diesem Teil je ein spezielles Verfahren ausgewählt:

- für die humanistischen Verfahren: *Psychodrama/Soziometrie* (Buer),
- für die tiefenpsychologischen Verfahren: *Individualpsychologie* (John)
- für die verhaltensmodifizierenden Verfahren: *Rational-Emotive Verhaltenstherapie* (Schwartz).

Zusätzlich haben wir eine Philosophin gewonnen, die in der Tradition der Logotherapie steht (Fintz). Diese Richtung ist zwar wie die Individualpsychologie (Adler) und das Psychodrama (Moreno) in Wien durch Viktor Frankl begründet worden, hat aber auch Nähen zur humanistischen Richtung.

In den folgenden Beiträgen werden also zunächst die philosophischen Hintergründe des jeweiligen Verfahrens vorgestellt. Dabei werden die Bezüge zu den existenziellen Themen des Coachings in Teil II und ihren Erscheinungsformen in Teil III deutlich. Im Fokus steht hier jedoch, wie mit diesen Themen in diesen Feldern *im Rahmen eines Verfahrens* umgegangen wird. Das kann selbstverständlich nur an wenigen Beispielen gezeigt werden.

Uns geht es dabei nicht um Vollständigkeit oder auch nur um Repräsentativität. Da unser Konzept des Life-Coachings noch neu ist, war nicht zu erwarten, dass schon viele Coaches nach diesem Konzept arbeiten. So bleiben diese Beiträge vielfach experimentell. Wir freuen uns, dass Anette Suzanne Fintz, Dieter Schwartz und Friedel John den Mut hatten, sich gemeinsam mit uns auf diesen innovativen Weg zu begeben. Wir hätten diese Diversivität und Pluralität allein nicht bieten können. Und so können diese Texte auch Anregung für Sie sein, *Ihre einmaligen Wege* in diesem Sinne weiter auszuschreiten.

11 Kreative Lebensgestaltung
Ein psychodramatisch-soziometrisches Coaching-Verfahren

Ferdinand Buer

Das psychodramatisch-soziometrische Verfahren ist eine Möglichkeit, sinnvolle und verantwortbare Lebensstile auszubilden, in denen Arbeit und Leben »glücken« können (→ 7). Es enthält eine Lebensphilosophie, Interpretationsfolien zum Verständnis von Lebens- und Arbeitsprozessen und ein Repertoire von Beziehungskünsten zur Steigerung der Lebensqualität. Es geht zurück auf Jakob Levy Moreno, 1889 in Bukarest geboren, in Wien aufgewachsen, 1925 in die USA emigriert, 1974 in Beacon (bei New York) gestorben (Marineau, 1989). Es wurde und wird weltweit entfaltet, in englischsprachigen Erdteilen, in Lateinamerika und in Europa. Dieses Verfahren ist nicht systematisch entworfen worden, sondern in vielen Selbstexperimenten lebendig gewachsen. Und so hat sich auch meine Sicht dieses Verfahrens im Laufe der Jahre angereichert in Auswertung meiner Praxiserfahrungen bei seinem Einsatz in den Formaten Selbsterfahrung, Counselling, Supervision und Coaching, im mündlichen Austausch mit Kollegen der Psychodrama-Communities wie durch Auseinandersetzung mit dem veröffentlichten Psychodrama-Wissen. Dabei gibt mir das Gesamtwerk Morenos – insbesondere seine therapeutische Philosophie – schon immer und immer noch die besten Anregungen (Buer, 1999b, 2004c).

11.1 Sinn, Glück, Verantwortung und Lebenskunst in der therapeutischen Philosophie Morenos

Obwohl Morenos Frühschriften eher einen poetischen Charakter tragen (z. B. Moreno, 1922, 1923, 1924, 1970) und erst sein späteres Werk in den USA einen wissenschaftlichen Duktus annimmt (z. B. 1973, 1989, 1996), bleibt doch seine grundlegende Philosophie den gleichen Überzeugungen, Ansprüchen und Hoffnungen treu (Moreno, 1978a, 1991). Sein Werk darf und muss daher – trotz seines heterogenen Charakters – als Einheit betrachtet werden (Hutter, 2000). Der Schlüssel zu diesem Werk ist allerdings ein spiritueller (→ 4.4): Es ist nicht nur getragen von einer gläubigen Einstellung der Welt gegenüber. Es gibt auch Zeugnis von einer geistigen Energie, der sich jeder öffnen kann und die dem Leben Kraft, power, Machtfülle gibt. Diese Kraft nannte Moreno in seinem Spätwerk *Kreativität* (Moreno, 1971). Und er hatte zu guter Letzt auch zumindest ein mystisches Erleuchtungserlebnis, nämlich in seinem Haus in

Bad Vöslau in der Nähe Wiens. Ein Gedicht aus dem »Testament des Vaters« (Hutter, 1996), das von diesem Erlebnis kündet, sei hier zitiert (Moreno, 1922, S. 16f.):

»O ich habe Glück!
Was ich träume hat Glück.
Was ich beginne hat Glück.
Was ich berühre hat Glück.
Die Hand voll von Kirschen hat Glück.
Kind, Lorbeerstrauß, Marille hat Glück.
Mutter des Erstlings, Mädchen der Frühe hat Glück.
In alle Zonen zieht mein Glück.
Schau in mein Auge, schau, siehst du das Glück.
Moosige Erde und Firn, nimm dir dein Glück.
Schwalbe, schwebender Reim, nimm dir dein Glück.
Wolke, rauchender Zwerg, nimm dir dein Glück.
Wer mich begehrt, der hat Glück.
Wer mir hilft, der hat Glück.
Wer mich berührt, der hat Glück.
Wer mich begräbt, der hat Glück.«

Der Vater, der Schöpfer, die Gottheit gibt sich hier als Quelle des Glücks zu erkennen, das in alle Zonen, in alle Welt ausströmt. Der Schöpfer ermuntert alle Geschöpfe, sich ihren Teil an diesem Glück zu holen. Sie müssen nur dieses Glück begehren, sich von ihm berühren lassen. Indem sie dann dem Schöpfer selbst beglückt helfen, die Schöpfung zu vollenden, können sie ihn auch begraben, von dieser fixen Gottesvorstellung lassen: Mit dem Konzept der Kreativität lässt auch Moreno die Vorstellung eines jenseitigen Gottes hinter sich und sieht damit den Menschen als *Co-Creator* der Welt: Indem alle füreinander *Hilfs-Ichs* (»auxiliary Ego's«) werden, können sie in gegenseitiger Begegnung (»encounter«) dieser Kreativität zur Geburt verhelfen.

Diese Vorstellung entstammt mystischen Traditionen des ostjüdischen Chassidismus, in denen Moreno in Bukarest aufgewachsen ist. In Wien stilisierte er sich selbst als heilender Rabbi. Noch in den USA, als er längst als Aktionsforscher und Gruppenpsychotherapeut Furore gemacht hatte, blieb er bis an sein Lebensende dieser Gedankenwelt verhaftet (Moreno, 1972, 1995; Kraus, 1984; Geisler, 1999; Tomaschek-Habrina, 2004). Man kann ihn daher durchaus als Mystiker bezeichnen (Schacht, 1999; Tomaschek-Habrina, 2006), der allerdings seine Erfahrung der esoterischen Erleuchtung allen Menschen zugänglich machen wollte, indem er sie des *theo*-logischen Gewands entkleidete und spirituelle Technologien erfand, wie Menschen sich selbst kreativ verändern können. Und da diese Menschen Teil der Welt sind, wird damit auch ein Teil der Welt kreativ verändert (Moreno, 1991; Buer, 1994; → 7.1.3). Diese Wege hat er auch selbst beschritten, indem er sein eigenes Leben psychodramatischsoziometrisch zu gestalten versuchte, was allerdings nicht ohne Brüche und Verletzungen abging (Moreno et al., 1964, 1995; Leutz u. Buer, 1992; Marineau, 1989). Die religiöse Erfahrung in Bad Vöslau beschreibt Moreno so:

»Plötzlich fühlte ich mich neugeboren. Ich fing an, Stimmen zu hören, nicht im Sinne eines psychisch Kranken, sondern im Sinne eines Menschen, der allmählich fühlt, daß er eine Stimme hört, die alle Wesen erreicht, die zu allen Wesen in der gleichen Sprache spricht, die von allen Menschen verstanden wird und die uns Hoffnung gibt, die unserem Leben eine Richtung gibt, die unserem Kosmos eine Richtung und einen Sinn gibt, daß das Universum nicht nur ein Dschungel und ein Durcheinander wilder Kräfte, daß es im Grunde unendliche Kreativität ist. [...] Wir sind alle durch die Verantwortung für alle Dinge zusammengebunden, es gibt keine begrenzte, teilweise Verantwortung. Und die Verantwortung läßt uns auch automatisch zu Schöpfern der Welt werden« (Moreno, 1989, S. 300f.).

Wer sich für die kreative Energie öffnet und sein Leben aus dieser Kraft schöpferisch gestaltet, der beteiligt sich damit an der Verbesserung des Weltzustands. Indem er also für diesen seinen Teil die Verantwortung übernimmt, bekommt sein Leben Sinn und er »erfährt« Glück. Die Begriffe »Sinn« und »Glück« werden von Moreno selten explizit gebraucht. Sie füllen sich aber leicht, wenn sie von seiner Kreativitätstheorie (Haan, 1992; Lammers, 2000; Buer, 2005b) her bedacht werden. Damit rückt dann auch die Aufforderung zur Verantwortungsübernahme in den Vordergrund (Buer, 1999a).

Moreno kann daher durchaus als ein prominenter Vertreter der *Verantwortungsethik* betrachtet werden (→ 6.4). Wie Buber, den er stark beeinflusst hat (Waldl, 2005), und Lévinas steht er damit in einer jüdischen Tradition, in der Verantwortung aus Begegnung erwächst. In dieser Begegnung erfolgt eine Erschütterung der bisherigen Denk- und Verhaltensmuster, die Moreno als *Katharsis* (Erschütterung, Läuterung, Reinigung) begreift. Damit knüpft er zum einen an die »Religionen des Ostens und des Nahen Ostens« (Moreno, 1989, S. 89) an, in denen es um eine persönliche Umkehr (altgr.: »metánoia«) geht. Er bezieht sich aber durchaus auch auf die Praxis der Theateraufführungen in den altgriechischen Stadtstaaten: Durch die rituelle Teilnahme an den attischen Tragödien sollte »Furcht und Mitleid« bei der versammelten Gemeinschaft der Bürger erregt werden, auf dass ihr Menschsein durch die damit hervorgerufene Läuterung vortrefflicher werde. Diese Katharsis-Theorie, wie sie Aristoteles (1967) damals entfaltete, hat dann die gesamte abendländische Theater-Theorie beeinflusst, so auch Moreno (Marschall, 1988, 1991). Daneben hat es in der europäischen Tradition immer auch jenseits des eigentlichen Theaters Versuche gegeben, soziale Prozesse mit theatralen Mitteln zu beeinflussen (Heindl, 2007).

Vor diesen Hintergründen hat Moreno das *Stegreiftheater*, das *Psychodrama* und das *Soziodrama* konzipiert (Fangauf, 1999; Fox, 1994; Jürgens u. Buer, 1994; Marschall, 2005). Indem die Menschen in seinem Theater durch die kreative Veränderung von Rollen neue Rollen erlernen, verändern sie ihre Rollenspielkompetenz: Sie haben sich selbst verändert und werden in ihrer Alltagspraxis mit ihren neuen Rollen alle weiteren Rollengefüge verändern, mit denen sie in Beziehung stehen. Der Mensch wird damit von Moreno als Rollenspieler gesehen, der das »role taking«, von dem noch Mead spricht, zum »role creating« weitertreibt. Rollenkreation ist aber nichts anderes als die Kunst, einen eigenständigen Lebens- und Arbeitsstil zu erschaffen. Mit seinen Methoden plante Moreno daher, wie er selbst sagt, die Menschen »mit den Kenntnissen und der Geschicklichkeit für die geeignete und produktive Lebensführung zu versehen« (Moreno, 1973, S. 80). Dabei ging es ihm um »Angemessenheit oder Meisterschaft. [...] Im Grunde ist es eine meistens durch Selbstverwirklichung im Leben, selten durch Selbstanalyse erreichte autonome Errungenschaft. [...] Die Meisterschaft muß sich ›im Strom der Welt‹ erweisen« (Moreno, 1996, S. 392).

Damit steht Moreno durchaus in der Tradition der Diätetik von der Antike bis heute (Buer, 1992). Da er aber primär jüdischen Traditionen der Weisheit verpflichtet war, spielten die antiken Weisheitslehren für ihn keine besondere Rolle. Sokrates' Philosophieren allerdings hat ihn stark beeindruckt: »Socrates was involved with actual people, acting as their midwife an clarifier, very much like a modern psychodramatist would« (Moreno, 1978b, S. XXII). Auch das Hören auf den inneren »daimon«, von dem Sokrates so oft spricht, war ihm wichtig. Nicht umsonst hieß die erste Zeitschrift, an der er mitgearbeitet hat, »Daimon«.

Während jedoch in der antiken Lebenskunst die Arbeit an sich selbst im Vordergrund stand (→ 7.2.1, → 8.1), hat Moreno mit seinen Methoden ermöglicht, die Arbeit an sich selbst immer mit der Arbeit an den Relationen zur Mit- und Umwelt zu verbinden. Nicht nur seine Rollentheorie, sondern gerade auch seine soziometrische Theorie sieht die Menschen immer als einmalige Knotenpunkte von Netzwerken (Dollase, 1996; Buer, 2001). Es geht immer darum, die Menschen dabei zu unterstützen, den Platz in diesem Gefüge zu finden, der der ihre ist und der es ihnen ermöglicht, ihr einmaliges Menschsein vorzüglich zu entfalten. Damit wird aber zugleich die Gesellschaft besser gestaltet, wenn auch nur in Reichweite dieses Individuums (Papcke, 2006). Diese sozialphilosophische Position hat Moreno, ausgehend von seinen chassidischen Grundüberzeugungen, in Auseinandersetzung mit den sozialwissenschaftlichen und philosophischen Strömungen seiner Zeit ständig überprüft und weiterentwickelt (Fellmann u. Buer, 1995; Papcke u. Buer, 1997; Buer, 1999b).

Moreno wollte also durch seine Methoden zur Rollenkreation, zur Beziehungsgestaltung, zur ästhetisch gelungenen Inszenierung menschlichen Lebens und Arbeitens beitragen. Er sah in jedem Menschen den Künstler, der aus seinem Leben ein Kunstwerk machen kann, wenn er sich nur der Kreativität öffnet. Damit zeigt sich eine erstaunliche Parallele zu einem Kunstverständnis, wie es etwa in der jüngsten Vergangenheit noch einmal Joseph Beuys propagiert hat (Bogner-Wolf, 2003).

11.2 Der Beitrag von Psychodrama und Soziometrie für die kreative Gestaltung der Lebens- und Arbeitswelt

Moreno hat mit seinem Lebenswerk einen Fundus von Beziehungskünsten initiiert, dessen Reichtum sich ständig entfaltet und kaum noch überblickt werden kann. Das hängt natürlich damit zusammen, dass jeder Psychodramatiker selbst ein Künstler ist, der immer neue Künste erfindet und der Bewährung aussetzt. Und doch sind all diese Künste von drei Orientierungen bestimmt:

- *Imagination*: Es geht darum, die Menschen zu ermutigen, Bilder, Visionen, Vorstellungen besserer Lebens- und Arbeitswelten zu entwerfen und daran zu glauben, dass ihnen die Kreativität zufließen wird, diese Bilder auch umzusetzen. Hier lässt sich eine große Übereinstimmung mit Deweys Philosophie feststellen (→ 7.1.3), aber auch mit vielen Ansätzen der Kreativitätstheorie (z. B. Csikszentmichaly, 2003) und zentralen Erkenntnissen der modernen Neurowissenschaften (z. B. Hüther, 2006).
- *Aktion*: Es geht darum, gestörte primäre Erfahrungen der Alltagspraxis auf die Bühne zu bringen, um sie in sekundären Aktionsspielen neu zu gestalten, sodass sie für die Alltagspraxis wieder tauglich werden. Auch hier zeigen sich deutliche Parallelen zu Deweys Philosophie, insbesondere zu seiner Bildungstheorie (Dewey, 1986; 1993; Bohnsack, 2005).
- *Kooperation*: Es geht darum, disparate (Arbeits-)Beziehungen durch spielerische Zusammenarbeit, bei der einer Hilfs-Ich des anderen ist, wieder so miteinander zu verknüpfen, dass nicht nur das gemeinsame Leben und Arbeiten besser möglich wird, sondern auch Gemeinsamkeit (»community«) als gegenseitige Anteilnahme (»sharing«) lebenssteigernd erlebt werden kann. Auch hier wird die Nähe zu Dewey spürbar. Diese Position wird aber heute auch von der Neurowissenschaft bestätigt (z. B. Bauer, 2006).

Grob lassen sich die Beziehungskünste dieses Verfahrens (von Ameln, Gerstmann u. Kramer, 2004, S. 10ff.) in zwei Methodenfelder einteilen (Buer, 2007):

- *Szenische Methodik*: Hierzu rechne ich große Arrangements wie Psychodrama, Soziodrama, Stegreifspiel, Rollenspiel und kleine Arrangements wie Vignette, Skulptur, Standbild, Leerer Stuhl.
- *Soziometrische Methodik*: Im Coachingkontext stehen nicht die sozialwissenschaftlichen Untersuchungsmethoden, sondern die Aktionsmethoden im Vordergrund. Als großes Arrangement ist vor allem die Aufstellungsarbeit

(Buer, 2005a) zu nennen. Kleinere Arrangements sind unter anderem: Sozialatom, Spektrogramm, soziometrische Landkarte.

Innerhalb dieser Arrangements können vielfältige Handlungstechniken eingesetzt werden (Lammers, 2004). Zentrale Technik aber ist der *Rollentausch*. Dabei wird der Hauptdarsteller (*Protagonist*) gebeten, seine Rolle mit der eines seiner Gegenspieler (*Antagonist*) zu tauschen und umgekehrt, sodass dann der Protagonist im szenischen Spiel leibhaftig zu spüren bekommt, wie es dem Antagonisten ergeht, gerade auch als Adressat seiner eigenen Aktionen. Der von vielen Philosophen von Hume über Smith bis zu Lenzen und Fellmann geforderte innere Rollentausch zur Herausbildung von Moralität (→ 6.4.2) wird hier mit allen Sinnen vollzogen. Erst dadurch wird nicht nur Empathie, sondern Sympathie, gegenseitige Einfühlung, die Moreno auch als Zweifühlung (»tele«) bezeichnet hat, ermöglicht. Erst diese umfassende Erfahrung kann zur angemessenen Verantwortungsübernahme motivieren. Moreno hat mit dem Rollentausch eine Technologie entwickelt, die das bloße Gedankenexperiment der Philosophen vom Kopf auf die Füße gestellt hat.

Aber auch schon die Übernahme einer Rolle durch ein Gruppenmitglied oder der Wechsel des Protagonisten von einer seiner Rollen in eine andere oder der Wechsel einer Position in einer Aufstellung bietet einen Perspektivenwechsel, der im Als-Ob eine neue reale Erfahrung ermöglicht: Ich erfahre, welche Rollen bzw. welche Positionen schlechte, welche dagegen gute Wirkungen auf das Wohl aller *Stakeholder* hat. Und die Übernahme der zum Gelingen beitragenden Rollen macht mich tauglicher, mein Alltagsleben vortrefflicher zu gestalten. Das wusste auch schon Immanuel Kant, als er feststellte: »Denn dadurch, daß Menschen Rollen spielen, werden zuletzt die Tugenden, deren Schein sie eine geraume Zeit hindurch nur gekünstelt haben, nach und nach wohl wirklich erweckt, und gehen in die Gesinnung über« (Kant, 2005, S. 442f.).

Diese psychodramatisch-soziometrische Arbeit an sich in seinen Beziehungen erwächst aus den Erzählungen der Teilnehmer. Sie werden im Rollenspiel oder in einer Aufstellung verdichtet und zugleich aufgeschlossen: Die Dynamiken spontaner Handlungen bzw. Aufstellungen bringen vieles an den Tag, was in einer verbalen Erzählung noch verdeckt war. Damit wird aus dem Narrativ eine ästhetisch umfassender wahrnehmbare Szene bzw. Konstellation, die die inhärenten Brüche, Fragmentierungen, Hemmungen, Konflikte, Pathologien aufdeckt und zugleich die damit verbundenen Ängste bindet, indem alle als Hilfs-Ichs verantwortungsvoll damit umgehen (Schwinger, 2007). Und dieser Umgang ist bewusst ritualisiert von der Initiation, über die Umkehr bis zur Versöhnung. Diese Arbeit lässt sich damit durchaus als »spirituelles Exerzitium« deklarieren, ohne damit irgendeiner Religion oder gar Konfession verpflichtet zu sein (→ 4.4).

11.3 Möglichkeiten der Inszenierungs- und der Aufstellungsarbeit im Life-Coaching

In meiner Coachingpraxis verbinde ich das Wissen aus dem psychodramatisch-soziometrischen Verfahren mit demjenigen Wissen aus dem Format Coaching, das dazu methodisch kompatibel ist (z. B. Schreyögg, 1995; Fallner u. Pohl, 2001; Fischer-Epe, 2002; Loos, 2002; Rauen, 2003; Migge 2005; Lippmann, 2006), zudem auch eine thematische Nähe aufweist (Lauterbach, 2005; Kaiser, 2005; Coach U, 2005; Diener, 2006; Mathar, 2007). Dazu kommt mein Wissen und Können aus der psychodramatischen Supervision (1999c, 2000, 2002, 2004a, 2004d). Inzwischen gibt es auch erste Publikationen zur Verbindung von Psychodrama und Coaching (Behrendt, 2006; Ladzardzig, 2007; Schumacher u. Stimmer, 2007; Klein, Frohn u. Utrecht, 2007).

Nach meinem Konzept pendelt der Coachingprozess zwischen den drei Kommunikationsmodi: *Beratung, Experiment* und *Diskussion*. Durch den Modus der *Beratung* soll der Klient zur Selbstexploration angeregt werden. Im *Experiment* setze ich vor allem Arrangements und Techniken aus dem psychodramatisch-soziometrischen Verfahren ein, um Rollen- und Konstellationsmuster erspürbar und erkennbar zu machen. In der *Diskussion* können fachliche und philosophische Fragen erörtert werden. In allen drei Modi können sich auf je spezifische Weise Lernprozesse abspielen, die nicht mehr passende Denk- und Verhaltensmuster dekonstruieren und bessere auftauchen lassen. Die Wahl des jeweils geeigneten Modus und der Wechsel zwischen ihnen ergibt sich ganz pragmatisch aus dem konkreten Prozess.

Nach meiner Erfahrung stehen in jedem Coachingprozess hinter den üblichen Fragen nach der Lösung eines konkreten Handlungsproblems, nach der richtigen Entscheidung (Wieck, 2004) existenzielle Fragen nach dem Sinn dieser Tätigkeit überhaupt, nach ihrer Verantwortbarkeit und danach, ob mich das alles, was ich da mache, wirklich glücklich macht: Habe ich mein Leben überhaupt schön und bejahenswert gestaltet? Weiß ich überhaupt, was mir wichtig ist? Wie wichtig ist mir eigentlich meine Arbeit? Lasse ich meine Arbeit von »Sachzwängen«, von überhöhten eigenen Anforderungen, vom Druck der Kollegen, Kunden, Klienten, Vorgesetzten, Mitarbeiter beherrschen? Oder kann ich hier meine Möglichkeiten ausspielen? Macht mir die Arbeit wirklich Spaß? Ist es eine Arbeit, die »ich wirklich will?« (→ 1.3.2). Dann gilt es, diese existenziellen Dimensionen anzusprechen und darzulegen, dass ohne eine Klärung dieser grundlegenden Fragen auch die mitgebrachten kaum gründlich und damit nachhaltig beantwortet werden können.

All diese Fragen können aber auch explizit Anlass einer Coachinganfrage sein. Dann stehen Fragen nach den zentralen Werten im Vordergrund, nach den Bildern von einem glücklicheren Leben, nach den tatsächlichen Realisierungschancen und der Bereitschaft, schon morgen den ersten Schritt zu tun hin zu einem angemessenen Lebens- und Arbeitsstil. Das spontane Sich-Einlassen auf diese Experimente kann Kreativität wecken und neue Ein-Sichten auftauchen lassen (*Emergenz*), die als vollendet und kohärent erlebt werden. Diese ästhetische Erfahrungen im Sinne Deweys (→ 7.1.3) sind dann Glückserfahrungen, die sich in ganz seltenen Momenten auch zu »Erleuchtungen« oder »peak experiences« steigern können. Im Life-Coaching geht es somit um die Neugestaltung von konkreten Arbeitsvollzügen im Rahmen eines insgesamt bejahenswerten Lebensstils.

11.3.1 Möglichkeiten im Einzelcoaching

Im dyadischen Coaching mit einem Klienten kann die Möglichkeit, Gruppenmitglieder bei Inszenierungen, Aufstellungen, Feedback- und Sharingprozessen einzusetzen, nicht genutzt werden. Der Coach kann aber neben seinen Rollen als Berater, Regisseur von Experimenten und Diskussionspartner auch begrenzt Hilfs-Ich-Funktionen in kleineren Arrangements aus der szenischen bzw. soziometrischen Methodik selbst übernehmen. Viele Elemente einer Szene oder einer Aufstellung können aber auch durch Symbole bzw. intermediäre Objekte im Raum sinnlich wahrnehmbar oder in bildlichen Visualisierungen anschaulich gemacht werden (Buer, 2004b; Wegehaupt-Schneider, 2004; Witte, 2004; Fürst, 2004; Pruckner, 2004). Auch hier können zentrale Techniken wie Rollenübernahme und Rollenwechsel, Doppeln und Interviewen oder Spiegeln eingesetzt werden. Nicht in jedem Coachingprozess müssen Experimente mit all diesen Arrangements und Techniken vorkommen. Unverzichtbar für ein psychodramatisch-soziometrisches Coaching ist jedoch der Glaube an die Kraft der Imagination, das Ausbilden von Einbildungen in aktionalen Konkretisierungen, die dann wieder eingebildet und für die Alltagspraxis mitgenommen werden, und eine Zusammenarbeit, die auch für die tägliche Berufstätigkeit vorbildhaft ist.

Mein persönlicher Stil lässt sich eher als »minimal art« kennzeichnen: Die eingesetzten Methoden sollen für den Klienten durchaus überraschend neu sein, dürfen ihn aber auch nicht überfordern. Dann entsteht optimalerweise ein kreatives Feld um den Klienten und seinen Coach herum, indem auf beiden Seiten Bilder und Ideen imaginiert werden. In dieser intensiven Kooperationseinheit tauchen dann Wege auf, die vom Klienten im Rollenspiel gegangen sein wollen. Erst in der konkreten Ausgestaltung dieser neuen Rolle zunächst im Schutz des Coachingsettings und dann im Alltag, einschließlich ihrer Etablierung im jeweiligen Rollengefüge, wird die zunächst mitgebrachte Erfahrung der Zerrissenheit und Gestörtheit zu einer Erfahrung des Gelingens. Damit erhält sie, wenn es gut geht, ihren ästhetischen Charakter. Lassen sich diese Erfahrungen dann verdichten und auf Dauer stellen, bildet sich ein Arbeitsstil heraus, der auf die Organisationskultur eines Unternehmens ausstrahlt. Dieser äußere Arbeitsstil ist nach innen hin geprägt von Arbeitshaltungen, die in als existenziell wichtig angesehenen Werten und Tugenden fundiert sind (→ 7.2.3).

Diese Bemühungen nicht nur um konkrete, einmalige Lösungen, sondern darüber hinaus um einen Stil und eine Haltung, die die fachlich-professionelle wie die leitende Tätigkeit erst zu einer exzellenten macht, sind allerdings nur dann durchzuhalten, wenn sie auch im Arbeitsalltag auf Resonanz stoßen. Eine fundamentale Disparität zwischen einem für angemessen und wertvoll gehaltenen Arbeitsstil und einer an ganz anderen Werten ausgerichteten Organisationskultur muss zu Konflikten führen, die für beide Seiten auf Dauer unerträglich sein werden. Vielleicht kann dann in einer Organisationsberatung oder einer Mediation ein gangbarer Weg gefunden werden, den beide Seiten beschreiten können. Im Einzelcoaching jedoch bleibt dann nur, in »heiterer Gelassenheit« (→ 7.5) Aus-Wege zu finden, die Neu-Anfänge ermöglichen. Dazu folgendes Fallbeispiel:

In meine Praxis kommt ein Mann Mitte fünfzig, der gerade eine neue Stelle als Leiter einer Arbeitsgruppe in einem großen Konzern angetreten hat. Es sprudelt aus ihm heraus; ich muss ihn ständig unterbrechen, um überhaupt mitzukommen. Herr B. hat seine alte Stelle in einem Unternehmen der gleichen Branche aufgegeben, weil seine Abteilung an einen Konzern verkauft werden sollte, dessen Geschäftspraktiken ihm nicht passen. Er suche einen Gesprächspartner, der seine Einarbeitung begleiten solle. Ihm sei wichtig, ein Klima der Kooperation mit den Mitarbeitern der Arbeitsgruppe wie seinen Vorgesetzten herzustellen. Zugleich solle ihm diese Arbeit aber auch Freude machen. Leider habe es einen Konflikt mit einer Mitarbeiterin gegeben. Ich bitte den Klienten, ihre Rolle zu übernehmen. Ich unterhalte mich dann mit dieser Mitarbeiterin in einem fiktiven Gespräch. In der Auswertung zeigt sich ihre ambivalente Haltung ihrem direkten Vorgesetzten gegenüber: Auf der einen Seite sucht sie Unterstützung, auf der anderen Seite will sie demonstrieren, dass sie alles im Griff hat. Diese Methodik war dem Klienten neu; sie eröffnete ihm ungewohnte Einsichten. Auf diesem Weg will er weitergehen. Wir einigen uns, in Abständen von drei bis vier Wochen in den nächsten sieben Monaten derartige Gespräche von 90 Minuten Dauer zu führen.

Kommentar: Mir gelang es nicht, im Erstgespräch genauer zu erfassen, um was es eigentlich ging und welche Ziele denn nun erreicht werden sollten. Mir war nur klar, ihm war diese Möglichkeit der Entschleunigung zur Selbstreflexion und Selbstbesinnung sehr wichtig. Also habe ich mich darauf eingelassen mitzugehen, ohne Weg und Ziel genauer zu kennen.

Beim ersten Treffen konnte Herr B. kein konkretes Problem einbringen, das er nun lösen wolle. Ganz allgemein klagte er darüber, dass er zwar an einem wichtigen Produkt mitarbeite. Der Gewinn, den der Konzern damit aber erziele, sei wesentlich zu hoch. Sein anfängliches Gefühl der Unlust wandelte sich aber schnell, als er mir seine Lebensgeschichte erzählte: Er musste wegen schlechter Leistungen vom Gymnasium auf die Hauptschule wechseln und wurde Verkäufer. Diese Rückstufung hat er als traumatisch erlebt. Er konnte sie aber überwinden, indem er das Abitur nachholte und das Studium eines naturwissenschaftlichen Fachs mit einer Promotion abschloss. Um sein Studium zu finanzieren, hat er dann in dem Konzern gearbeitet, in dem er nach seiner Promotion auch seine erste Stelle gefunden hat. Er sei in diese Arbeit mehr oder weniger reingerutscht. Zwar habe ihm die Tätigkeit dieses Konzerns immer mal wieder Bauchschmerzen gemacht. Er sah seine Arbeit aber als Herausforderung an, die er unbedingt bewältigen wollte. Den damit verbundenen Stress versuchte er durch Alkoholkonsum zu kompensieren. Da er sein Privatleben dieser Tätigkeit untergeordnet hat, zerbrach dann auch bald seine Ehe. Diese Krise konnte er mit psychotherapeutischer Unterstützung bewältigen. Er kam vom Alkohol los. Gegenwärtig versucht er auch, mit dem Rauchen aufzuhören. Inzwischen hat er eine Freundin, mit der er eine zufriedenstellende Fernbeziehung führt.

Ihm wird klar, dass sein gegenwärtiger Lebensstil durch das Muster »Ich suche Anerkennung, indem ich übergroße Leistungen vollbringe« geprägt ist. Auch die gegenwärtige Tätigkeit löst bei ihm einen Thrill aus. Obwohl die gegenwärtige Arbeit ihn so unter Druck setze, dass er nachts oft wach liege, müsse er aber weitermachen. Meine Deutung, dass er an dieses Muster suchtartig gebunden sei, kann er annehmen. Er träume aber auch häufig davon, weniger und anders zu arbeiten, zum Beispiel in einer Bibliothek. Ernsthaft könne er sich das aber nicht vorstellen. Ich kläre dann, dass sein Ansehen nicht nur durch Arbeitsleistung gespeist wird: Auch die Liebe zu seiner Freundin wie seine Beziehungen zu seinen Freunden sind ihm ganz wichtig.

Um die Bedeutung dieser verschiedenen »Güter« für ihn genauer zu erkunden, schlage ich ihm eine Visualisierung vor: Er solle am Flip-Chart in seinen Lebenskreis das, was ihm wichtig sei, als Segmente eintragen. Seine Arbeit umfasst dann 50 Prozent, seine Liebe 20 Prozent, seine Freundschaften 20 Prozent. 5 Prozent bleiben dann für sonstige Kontakte und 5 Prozent für Rückzug übrig. Beim Betrachten wird sofort offensichtlich, dass ihm die Bewältigung seiner Arbeit nach wie vor das Wichtigste ist. Diese Arbeit geht aber – gegen meine Vermutung – von Montag bis Freitag im Durchschnitt nicht über 40 Stunden hinaus.

Kommentar: Mir wird eine große Ambivalenz deutlich: Auf der einen Seite muss er die Herausforderung der neuen Tätigkeit unbedingt bewältigen. Allerdings kann er sie merkwürdigerweise auf 40 Stunden begrenzen. Auf der anderen Seite sind ihm zwischenmenschliche Kontakte wichtig. Und er träumt von Tätigkeiten, die Kontemplation signalisieren. Offensichtlich steht er an einem Scheideweg, weiß aber überhaupt nicht, wohin es gehen soll. Sein Muster hat ihn noch voll im Griff. Über den Sinn seines Lebens hat er wohl noch nie nachgedacht.

Beim nächsten Treffen teilt mir Herr B. mit, dass ihm am heutigen Tag zum Ende seiner Probezeit gekündigt worden sei. In einem 360-Grad-Feedback sei er bei seinen Mitarbeitern so schlecht weggekommen, dass seine Vorgesetzten ihn sofort darüber informiert und ihn umgehend freigestellt hätten. Er sei so perplex gewesen, dass er das kommentarlos hingenommen habe. Er sei jetzt noch geschockt, vor allem, weil er nichts in dieser Richtung gemerkt habe. Seine Vorgesetzten hätten ihn kurz zuvor noch gelobt, zumal die Ziele, die sein Team zu erreichen hatte, in so kurzer Zeit erreicht worden seien. Er entschließt sich, das Angebot seiner Vorgesetzten, mit ihm über die konkrete Kritik seiner Mitarbeiter noch genauer zu sprechen, anzunehmen.

In entlastenden Gesprächen versuchen wir gemeinsam die Lage zu klären: Ihm war im bisherigen Kontakt zu seinen Vorgesetzten und zu seinen Mitarbeitern wichtig, offen und ehrlich zu kommunizieren. Dabei sei er wohl etwas zu direkt gewesen und seinen Mitarbeitern gegenüber zu fordernd. Ihm sei aber ein effektiver Arbeitsstil wichtig. Er selbst habe ein hohes Arbeitstempo vorgelegt. Das habe ihm selbst ermöglicht, immer pünktlich Schluss zu machen. Das habe wohl manchen nicht gepasst. Seine Vorgesetzten erwiesen sich zudem als konfliktscheu: Er habe schon im Bewerbungsgespräch einen direkten Kommunikationsstil gezeigt. Mit seiner Einstellung seien sie bewusst ein Risiko eingegangen. Da es nun aber zu einem Konflikt gekommen sei, haben sie schleunigst die Notbremse gezogen. Wir waren bald der Meinung: Angemessen wäre es gewesen, ihn bei der Etablierung seiner Führungsrolle im Team gerade in der Probezeit zu stützen. Doch dann hätten seine Vorgesetzten sich selbst in diesem Konflikt positionieren müssen. So hatten die Mitarbeiter die Chance, einen ihnen unangenehmen Führungsstil abzuwählen. Offensichtlich gehört direkte, konfrontative Kommunikation nicht zur Kultur dieses Konzerns. Der Arbeits- und Führungsstil meines Klienten passte also offensichtlich nicht zur vorherrschenden Organisationskultur.

Da Herr B. aber seinen Stil auf keinen Fall ändern will, lege ich ihm nahe, die Entlassung als Chance anzunehmen, darüber genauer nachzudenken, in welcher Tätigkeit er denn mit seinem Arbeitsstil etwas Wertvolles leisten könne. Da er sich nun gefangen hatte, haben wir das Treffen frühzeitig beendet. Er wollte jetzt zu seiner Freundin fahren …

Kommentar: Schneller als ich gedacht hatte, war jetzt genügend Zeit für Herrn B. vorhanden, zur Besinnung zu kommen. Er hatte offensichtlich den Konzern auf die Probe gestellt, mit dem Ergebnis: Das Unternehmen passt nicht zu mir, es kann mir nicht die Möglichkeit bieten, meine Fähigkeiten, meine Talente, mein Vermögen zum Wohl des Konzerns einzusetzen.

Fünf Wochen später kam Herr B. erholt aus dem Urlaub zurück. Seine Hektik hat sich gelegt. Das erneute Gespräch mit seinen Vorgesetzten hatte keine neuen Erkenntnisse gebracht. Unsere Diagnose, dass sowohl seine Mitarbeiter wie seine Vorgesetzten seinen Arbeitsstil nicht annehmen konnten, sah er als bestätigt an. Da er jetzt wieder in seine alte Heimatstadt umziehen werde, wolle er den Coachingprozess mit mir beenden und sich dort eine Begleitung organisieren. Das konnte ich gut nachvollziehen, stimmte ihm also zu. Ich schlug ihm dann vor, im heutigen und letzten Treffen der Neuausrichtung seiner Arbeit und seines Lebens genauer nachzuspüren. Ich bat ihn, die zentralen Werte, die seine zukünftige Arbeit leiten sollen, auf je eine Karte zu schreiben und dann in Relation zueinander (also: soziometrisch) vor sich auf den Boden zu legen. Nicht ganz im Sinne dieser Übung nannte er als Werte:

- ethisch: Die Güter bzw. Dienstleistungen des Unternehmens sollen sozial- und naturverträglich sein. Die Gewinnspanne muss gerechtfertigt sein.
- sozial: Der Umgang miteinander soll sozial sein. Es darf zumindest keinem Schaden zugefügt werden.
- den Menschen zugewandt: Er möchte Menschen aktivieren, sie im Kontakt zu hohen Leistungen führen.

Dann wollte ich wissen, wie sich das in seinem Arbeitsstil zeigen würde. In der Dimension »Leistung« beschriftete er Karten mit: »effektiv«, »zielführend«. In der Dimension »Qualität« sollte sich sein Stil durch »Angstfreiheit« und »Wohlwollen«, aber auch durch »Mut zur Konfrontation« auszeichnen. Die Frage nach Organisationen, die ihm ein solches Arbeiten ermöglichen könnten, konnte er sofort beantworten. Damit hatte er sich schon in der Zwischenzeit ausführlich befasst.

Zum Schluss bat ich ihn, sich vorzustellen, wo und wie er in fünf Jahren arbeiten würde. Im Rolleninterview zeigte sich: Er hatte einen Wunsch realisiert, den er seit seiner Studentenzeit mit sich herumtrug. Er arbeitete jetzt in einer Firma, die sich »fairen Handel« auf ihre Fahne geschrieben hat. Zwar verdiente er hier viel weniger als bisher, zwar konnte er hier nicht immer geregelte Arbeitszeiten einhalten, aber er wurde hier gefordert, mit seinem Arbeits- und Führungsstil die Arbeit dieser Firma effektiver und effizienter zu machen, sodass das Engagement für einen fairen Handel auch lohnenswert wurde. Zudem ließ sich dieser Stil auch wieder besser mit einem Lebensstil verbinden, der ihm mehr Zeit für Liebe, Freundschaft und Muße bot. Diese Perspektive ließ Glücksgefühle aufkommen. Wir verabschiedeten uns als »Freunde auf Zeit«.

Kommentar: Herr B. hat es geschafft, sich aus seiner Abhängigkeit von einer sehr gut bezahlten, aber wenig befriedigenden Arbeit zu befreien, indem er seine Mitarbeiter wie seine Vorgesetzten hartnäckig und risikofreudig auf eine Probe stellte. Im Coachingprozess wurde ihm immer deutlicher, was ihm wirklich wichtig ist. Ihm war klar, dass er jetzt nicht mehr so weiterarbeiten wollte wie bisher. Seine schulische Niederlage hatte er überwunden, indem er sich Ansehen durch die heldenhafte Bewältigung großer Herausforderungen verschaffte. Seine Niederlage durch die Scheidung und die Alkoholerkrankung hatte er mühsam mit therapeutischer Hilfe überwunden. Jetzt hatte er sich in eigener Initiative eine neue Arbeit gesucht, dabei aber von vornherein einen Arbeitsstil an den Tag gelegt, der mit seinem sonstigen Lebensstil kompatibel war. Die Entlassung zeigte ihm, dass er durchaus schon auf dem richtigen Weg war, allerdings war er noch in ein falsches Gefährt eingestiegen.

Mein Coaching bot ihm eine »Kutsche«, diesen Weg auf eine andere Weise zu be- und erfahren. Sein Suchtverhalten war an ein Ende gekommen. Stattdessen will er auch in der Arbeit Freude erleben. Er will wirksam sein, er will andere zur Entfaltung ihres Vermögens bringen. Dazu braucht er nicht mehr ein überhöhtes Einkommen. Wohlstand ist jetzt für ihn: sich für eine gute Sache zu engagieren und dadurch angesehen zu sein. Ich war auf dieser Fahrt aber wohl weniger Kutscher, der den Wagen lenkt und die Pferde antreibt. Ich diente ihm wohl eher als Reisegefährte, der mit ihm seine Reiseerlebnisse durchsprach und gelegentlich anschaulich auf lohnenswerte Reiseziele hinwies. So bewegte sich sein Wagen zunächst für uns unmerklich, dann aber doch offensichtlich und beschleunigt auf einen anderen Weg, der für ihn neu und doch irgendwie bekannt war.

In dieser Arbeit habe ich nichts Besonderes gemacht. Ich bin mit ihm schon bald eine freundschaftliche Kooperation eingegangen. Neben die traurigen Bilder aus seiner Biographie und seinem Arbeitsalltag stellten sich schnell freudige Visionen einer anderen Arbeits- und Lebenswelt ein. Ich habe ihn darin freimütig bestärkt, diese Bilder zu beleben. Herr B. war schon vor Beginn unseres Prozesses mit seiner Kreativität in Berührung gekommen. Statt ihn also zur Bewältigung seiner Defizite, seiner Unzulänglichkeiten, seiner Abhängigkeiten anzutreiben, habe ich ihn auf seine wertvollen Kräfte aufmerksamer gemacht, auf die Mächte, die ihn ziehen könnten. Und dann sind sie mit ihm durchgegangen …

11.3.2 Möglichkeiten im Gruppencoaching

Da psychodramatisch-soziometrisches Arbeiten auf spontane, spielerische Gestaltung setzt, können diese Möglichkeiten in einem Arbeitsteam nur dann genutzt werden, wenn hier ein Klima der Zusammenarbeit gegeben ist bzw. hergestellt wurde. Ganz unproblematisch lassen sich alle großen und kleinen Arrangements aber in einer kooperierenden stranger group einsetzen. Beim Arbeiten mit Szenen kommt es in der Perspektive des Life-Coachings darauf an, die Angemessenheit von Lösungen zu überprüfen, indem die Konsequenzen für die davon Betroffenen durch Rollenübernahme erspürt und dann auch die Verantwortung dafür übernommen wird. Das Wünschenswerte muss mit dem Verantwortbaren vermittelt sein. Das *episodische* Glück, das sich mit einer kathartischen Befreiung von belastenden Verstrickungen einstellt, kann nur zu einem *übergreifenden* Glück (→ 5.3) werden, wenn es sich in einem Stil manifestiert, der sich in der Arbeits- und Lebenswelt auch durchhalten lässt. Erst dann können diese Neuinszenierungen als sinnvoll und gelungen angesehen werden.

Als spezifisch für Life-Coachingprozesse kann die Arbeit an Wertfragen betrachtet werden, seit Moreno auch *Axiodrama* genannt. Wenn offensichtlich hinter den eingebrachten Erzählungen Wertekonflikte stehen, fordere ich den Erzähler auf, die Werte zu benennen, die ihm wichtig sind. In einer Aufstellungsarbeit kann er dann die Repräsentanten dieser Werte so im Raum aufstellen, dass sie in der richtigen Relation zueinander und zum Stellvertreter des Erzählers selbst stehen. Durch Betrachten dieser Konstellation von außen in der Spiegelposition, wie durch Hineingehen in dieses Feld durch die Übernahme verschiedener Positionen, werden Kräfte der Anziehung und Abstoßung erspürt, die eine Änderungstendenz nahelegen. Auch die Äußerungen der Repräsentanten über ihre Körperempfindungen, Gefühle und Gedanken in ihren jeweiligen Relationen verstärken diese Tendenz. Durch Umstellungen in Regie des Erzählers selbst kann dann eine bessere Austarierung der Werte möglich werden, die dem Erzähler sinnvoller und lebbarer erscheint.

Gerade Arbeitswelten sind normalerweise durch unterschiedliche, häufig sich sogar widersprechende Werte gekennzeichnet. Da hinter dem Festhalten an diesen Werten Macht- bzw. Herrschaftsfragen stecken, werden sie selten direkt angesprochen: Das führt meist zu Kompromissbildungen, die als belastend und stressig erlebt werden. Das wiederum senkt das Engagement gerade auch der Fach- und Führungskräfte, was nicht gerade für die Erreichung der Organisationsziele förderlich ist. In einer Organisation, die Macht nicht verleugnet, aber fair damit umgehen will (→ 7.3), sollten daher gerade die Mitarbeiter in verantwortungsvollen und wirkungsmächtigen Positionen nicht nur, wenn's brennt, sondern kontinuierlich in axiodramatisch ausgerichteten Coachinggruppen zusammenkommen, um zu klären, welche Werte wichtig sind, wie Präferenzen ausgehandelt werden können, wie mit Unterschieden umgegangen werden soll und was einfach nicht zueinander passt. In der Folge sollen und dürfen dann die zuständigen Gremien weise Entscheidungen fällen. Durch dieses Vorgehen könnten so manche Fehlentscheidungen mit ihren schwerwiegenden Folgen vermieden werden.

Literatur zum Thema

Ameln, F. von, Gerstmann, R., Kramer, J. (2004). Psychodrama. Berlin: Springer.

Buer, F. (Hrsg.) (1999). Morenos therapeutische Philosophie. Zu den Grundideen von Psychodrama und Soziometrie (3. Aufl.). Opladen: Leske + Budrich.

Buer, F. (1999). Lehrbuch der Supervision. Der pragmatisch-psychodramatische Weg zur Qualitätsverbesserung professionellen Handelns. Münster: Votum.

Buer, F. (Hrsg.) (2004). Praxis der Psychodramatischen Supervision. Ein Handbuch (2. Aufl.). Wiesbaden: VS Verlag.

Buer, F. (2005). Aufstellungsarbeit nach Moreno in Formaten der Personalarbeit in Organisationen. Beispiel: Aufstellung von Führungsdilemmata. Zeitschrift für Psychodrama und Soziometrie, 2, 285–310.

Buer, F. (2005). Managementkompetenz und Kreativität – psychodramatisch betrachtet. Organisationsberatung, Supervision, Coaching, 2, 117–132.

Buer, F. (2007). Beratung, Supervision, Coaching und das Psychodrama. Eine Landkarte zur Orientierung in unübersichtlichem Gelände. Zeitschrift für Psychodrama und Soziometrie, 2, 151–170.

Csikszentmichalyi, M. (2003). Kreativität. Stuttgart: Klett-Cotta.

Fischer-Epe (2002). Coaching: Miteinander Ziele erreichen. Reinbek: Rowohlt.

Lippmann, E. (Hrsg.) (2006). Coaching. Angewandte Psychologie für die Beratungspraxis. Heidelberg: Springer.

Mathar, H. (2007). Wie wir finden, was wir wollen. Historische und aktuelle Beiträge zur Zielfindung im Persönlichkeitscoaching. Tübingen: DGVT Verlag.

Schreyögg, A. (1995). Coaching. Eine Einführung für Praxis und Ausbildung. Frankfurt a. M.: Campus.

12 Den Lebensstil ändern

Ein individualpsychologisches Coaching-Verfahren

Friedel John

12.1 Prämissen

Die Individualpsychologie ist eine psychotherapeutische Theorie und Methode, die – im Unterschied zu den heutigen Assoziationen, die mit diesem Begriff verbunden sein könnten – den Schwerpunkt seiner Betrachtung auf das soziale Bezogensein des Menschen in seiner Umwelt legt. Individualpsychologie leitet sich aus dem Begriff *Individuum* her und »kennzeichnet den Menschen als ein unteilbares Wesen [...]. Der Gegensatz ist also nicht Sozialpsychologie oder Massenpsychologie [...], [sondern] heißt vielmehr Partialpsychologie oder Elementarpsychologie« (Künkel 1927; zit. nach Antoch, 1981, S. 13). Die von Alfred Adler begründete Individualpsychologie geht davon aus, dass der Mensch zwar mit einer bestimmten, genetisch bedingten Prädisposition und in eine konkrete Umwelt hinein geboren wird, dass das Individuum aber bewusst oder unbewusst Gestalter seines Handelns und seiner Sinnfindung im Leben ist. »Wir sehen, dass sowohl Geist als auch Körper Ausdrucksformen des Lebens sind: Sie sind Teile des Lebensganzen. Und in diesem Ganzen fangen wir an, ihre wechselseitigen Beziehungen (und Beeinflussungen) zu sehen« (Adler, 1931/1979, S. 30). Diese Wechselwirkung führt dazu, dass das Individuum gleichermaßen die Einheit und die Ganzheit der Persönlichkeit sowie die individuelle Ausformung dieser Einheit darstellt. Der Mensch unterliegt genetischen und umweltbedingten Einflüssen – wird also gestaltet – und gestaltet gleichzeitig sein Handeln auf der Basis seiner individuellen Wahrnehmungen und persönlichen Erfahrungen. Das Individuum ist also gleichzeitig Bild und Künstler (Brunner u. Tietze, 1995, S. 367).

Aus diesem Zusammenspiel ergibt sich das so genannte *Bewegungsgesetz der Individualpsychologie.* Dieses Gesetz besagt, dass im Grunde jede Erfahrung und jedes Verhalten gegenüber einer neuen Herausforderung des Lebens überprüft wird. Gelingt es dem Individuum, mit seinen angelegten und erworbenen Fähigkeiten und Einstellungen die neue Aufgabe zu bewältigen, haben sich diese bestätigt und als geeignet gezeigt. Sie verfestigen sich. Reichen diese Fähigkeiten nicht aus, hängt es von dem Mut des Individuums ab, ob es sich der Herausforderung stellt und neue Verhaltensweisen und Einstellungen zu der Aufgabe entwickelt oder ob es vor der Herausforderung zurückweicht und für sich auch dazu eine Einstellung findet.

Die Individualpsychologie achtet in diesem Zusammenhang mehr auf die non-verbalen Ausdrucksformen des Individuums, um auf die subjektive Bewegungsrichtung zu schließen. Adler schreibt dazu: »Erst das erkannte Bewegungsgesetz gibt uns Aufschluss. Dabei stoßen wir auf den Sinn, auf die Meinung der Ausdrucksbewegungen, die Worte, Gedanken, Gefühle und Handlungen sein können« (zit. nach Brunner u. Tietze, 1995, S. 64). Adler überschreitet damit bewusst die Grenzen der (statischen) *Ganzheit* und der *Gestalt* zugunsten einer seelisch dynamischen Bewegungsform. »Die seelische Bewegung ist alles und durchfließt alles« (Adler, zit. nach Tietze u. Brunner, 1995, S. 63). Man könnte dies beschreiben wie bei einem Film: Jedes Bild, jede Teilbewegung, baut auf der vorhergehenden auf und ist seinerseits die Basis des darauf folgenden. Gedanken, Gefühle, Phantasien, Erinnerungen, Triebe etc. sind Zwischenstadien in einem fortdauernden Prozess, der darin besteht, empfundene Mangellagen zu überwinden und zu einem Besseren zu führen. Sie sind die Vorbereitung zu einer Weiterbewegung (Tietze u. Brunner, 1995).

Damit wird deutlich, dass allem menschlichen Verhalten ein subjektiver Sinn und tendenziell allem Handeln ein sozialer Bezugspunkt unterstellt werden kann. In welcher Weise das Individuum seinen Weg findet, hängt entscheidend von den Erfahrungen ab, die es mit sich und der Umwelt gemacht hat, welche – bewussten oder unbewussten – Deutungen und Schlüsse der Mensch daraus gezogen hat und wie die vorhandenen oder erlebten persönlichen Ressourcen eingesetzt werden. Den unerschöpflichen Ideenreichtum zur Veränderung der eigenen Lage nennt Adler die *Schöpferische Kraft*. Sie ist die unerschöpfliche kreative Energie, mit der das Individuum den für ihn subjektiv besten Weg aus einer als Mangellage empfundene Situation findet. Die sich im Laufe des Lebens bildenden Gleichartig- und Gesetzmäßigkeiten der individuellen Bewegungsabläufe entwickeln sich zu einem Bezugsschema.

Diese sinnbestimmten Regelmäßigkeiten im Ablauf der Handlungen des Individuums werden in der Individualpsychologie *Lebensstil* genannt (→ 7.1). Er ist sozusagen die Melodie, die sich ergibt, wenn man einzelne Töne und Tonfolgen aneinander fügt. Er prägt die Persönlichkeit und lässt sie einzigartig und einmalig sein. Allerdings ist damit nicht nur ein Zustand oder eine bestimmte vorliegende Struktur gemeint, sondern gleichzeitig die entsprechende individuelle Dynamik und Bewegung, in der diese Struktur zustande kam und wie sie weiterentwickelt wird. Das Individuum ist zugleich Gestalteter und Gestaltender, auch wenn es sich dessen nicht immer (voll) bewusst ist.

Das Menschenbild der Individualpsychologie ist gekennzeichnet von einem holistischen, sozialpsychologischen, finalen und aufklärerischen Ansatz (vgl. Antoch, 1981, S. 17).

12.1.1 Holistischer Ansatz

»Das Ganze ist mehr als die Summe seiner Teile.« Dieser von Aristoteles stammende Satz bildet die Grundlage des Holismus. Die sinnvolle Organisation und das effektive Zusammenwirken aller Teile werden dabei vorausgesetzt. Dementsprechend besagt dieser Satz, dass die einzelnen Teile auf das Ganze gerichtet sind und das Ganze seinerseits die Funktion der Teile bestimmt. Weder in der Biologie noch in der Physik oder in anderen Naturwissenschaften lassen sich Ganzheiten in ihrem interdependenten Verhältnis zu ihren Einzelteilen völlig experimentell erfassen oder theoretisch durchdenken. Aufgrund dieser Erkenntnisproblematik gehen wir primär davon aus, alles Wahrgenommene »naiv« als Ganzheit, als Bild anzusehen. Tatsächlich schließen wir aus den Teilen und ergänzen unbewusst die *Erkenntnislücken*, womit sich uns intuitiv Wesenszüge des Ganzen offenbaren. Im Gegensatz dazu eröffnen sich uns bei der Sachanalyse nur Teile und Teilaspekte, die sich bestenfalls zu einem komplexen Gebilde zusammensetzen – aber immer noch nicht das Ganze ergeben. Intuitives Wahrnehmen heißt, mit vagem Wissen umzugehen. Wir können nur von Teilen, die wir wahrnehmen, auf das Ganze schließen. Blasius fasst diese Erkenntnis folgendermaßen zusammen:

> So ist die »Ganzheit eines Lebewesens« nicht nur mehr als die Summe der körperlichen Teile, »sondern etwas gänzlich anderes, welches weder chemisch oder physikalisch bestimmt, noch gemessen und beschrieben werden muss« (Blasius, 1980; zit. nach Brunner u. Tietze, 1995, S. 228).

Daraus ergibt sich aber die Erfordernis, einerseits sowohl die Wahrnehmungen immer wieder zu überprüfen und zu verifizieren als auch sie in Bezug zu dem Ganzen zu setzen und andererseits immer im Bewusstsein zu behalten, dass es sich bei der *Wahrnehmung*, der Gestalt, um ein *intuitiv* erschlossenes und damit vages Bild handelt. »Alfred Adler war ein Meister in der Kunst des Erahnens und des feinfühligen Aufdeckens. Er beobachtete seine Patienten sorgfältig und hatte eine gesunde Skepsis vor starren Formeln. Seine Maxime ›Es kann auch alles ganz anders sein‹ ist kein Eingeständnis von Beliebigkeit, sondern drückt vielmehr Gespür für seelische Dynamik aus. Und sie ist eine Warnung für den Therapeuten, sich vorschnell festzulegen« (Felten, 2007).

Diese Haltung ist für das professionelle Coaching von großer Bedeutung. Sie setzt die Achtung nicht nur vor der Besonderheit und der Ganzheit jedes Individuums, sondern auch vor dem speziellen Zusammenwirken seiner als Wesensäußerung wahrgenommenen Teile der Persönlichkeit voraus. Sie lässt aber auch die psychische Dynamik zu, deren erkennbare Merkmale sich immer nur aus Sicht des handelnden und fühlenden Ganzen (des Individuums) erklären werden. Es gibt immer individuelle Erklärungen für Verhalten, das auf den ersten Blick unzusammenhängend erscheint. Ob wir sie erfassen, ist eine Frage der Haltung des Coach dem Coaching-Klienten gegenüber und eine Frage der Erfahrung. Haben sich unsere Wahrnehmung und unser intuitives Schließen auf die Persönlichkeit des Individuums durch verifizierendes Fragen an den Klienten bestätigt? Liegen wir richtig mit unserer Vermutung? Ziehen wir die Schlüsse nach, die der Klient vollzogen hat? »Wir können viel vermuten, aber nichts wissen, wenn uns bloß ein Ausschnitt der Persönlichkeit vorliegt« (Wexberg, 1914; zit. nach Antoch, 1981, S. 19). Und davon müssen wir im Coaching ausgehen. »Aber wir verstehen die kleinste Geste, wenn wir das Ganze, dessen Teil sie ist, individualpsychologisch (im oben verstandenen Sinne als unteilbar) erfasst haben« (S. 19).

12.1.2 Teleologischer Ansatz

In der Wissenschaft wird in der Regel die Frage nach der Ursache eines Phänomens oder eines Prozesses gestellt. Das heißt, es steht die Kausalität im Vordergrund des Interesses. Was ist der Grund? Was ist die Ursache? So sieht die Tiefenpsychologie das menschliche Seelenleben durch Anlage (Triebe) und Umwelteinflüsse determiniert. »Nach individualpsychologischer Auffassung ist der Mensch prinzipiell nicht kausal, sondern final determiniert« (Schmidt, 1982, S. 51). Schmidt erläutert, dass der Mensch mit zunehmender Selbstbesinnung und Selbstbestimmung sich von dieser Determinierung lösen kann und sein Denken und Handeln relativ selbstbestimmt steuern und entwickeln kann. Es ist auf ein Ende hin ausgerichtet (Finalität) bzw. auf einen Zustand in der Zukunft, ein Ziel (griech.: »télos«). Die Begriffe finale bzw. teleologische Theorie werden synonym verwandt. Wie erklärt sich die teleologische Ausrichtung aller – nicht nur der menschlichen – Lebewesen?

Wie bereits erwähnt, sind der Mensch und alle Lebewesen bei einer holistischen Betrachtung eingebettet in ein großes Ganzes. Das größte Gegenständliche, was wir uns vorstellen können, ist der Kosmos. Dieser stellt für alle in ihm bestehenden Teile die bestimmende und formende Größe dar. Daraus lässt sich ableiten, dass jedes Lebewesen gezwungen ist, sich dieser formenden Kraft anzupassen, um im Kosmos überleben zu können. »Und alles Leben ist ständig im Ringen, um den Anforderungen des Kosmos zu genügen. [...] Leben heißt sich entwickeln« (Adler, 1978, S. 162f.). An diesen Weg der Entwicklung, einer fortwährenden aktiven Anpassung an die Forderungen der Außenwelt, müssen wir anknüpfen, wenn wir verstehen wollen, in welche Richtung Leben geht und sich bewegt. Immer handelt es sich um Überwindung des Bestehenden, immer handelt es sich darum, eine günstigere Beziehung herzustellen von Individuum und Außenwelt. Das Verfehlen dieser aktiven Anpassung führt zum Untergang von Völkern, Familien, Personen, Tier- und Pflanzenarten (vgl. Adler, 1978, S. 163f.).

»Im Laufe von Billionen von Jahren hat sich klar herausgestellt, dass das Streben nach Vervollkommnung ein angeborenes Faktum ist, das in jedem Menschen (von Geburt an) vorhanden ist« (S. 164). Von dieser Auffassung distanzieren sich heutige Individualpsychologen immer mehr. Angesichts der Ereignisse in der jüngeren Geschichte von Hitler über Pol Pot bis Sadam Hussein ist zumindest fraglich, ob diese Theorie beibehalten werden kann. Vielmehr gilt heute für ein gutes und gemeinschaftsförderndes Verhalten folgendes Kriterium: »Handel so, dass dein Handeln nicht nur deine Mangelsituation überwindet, sondern zugleich als Beitrag für eine ideal zu denkende Gemeinschaft gelten kann« (Hemmer u. Schüttauf, zit. nach Antoch, 2004, S. 382). Antoch sieht »in der Entwicklung eines Sinns für das Selbstsein im Bezogensein, in dieser lebenslangen Anstrengung, deren Ergebnis nie gegeben ist, sondern uns immer aufgegeben bleibt, [...] eine Chance« im Fortschritt der Menschheit (Antoch, 2004, S. 283).

Gerald Hüther beschreibt diesen Sachverhalt aus Sicht eines Neurobiologen so: »Das, was sich aus Erfahrung bewährt hat, legt fest, wohin es geht, egal ob es uns gefällt oder nicht, und ob das mit unserer gegenwärtigen Vorstellung von Freiheit menschlichen Denkens, Fühlens und Handelns vereinbar ist« (Hüther, 2005, S. 50).

Ob bewusst oder unbewusst, ist unser Danken, Handeln und Fühlen also sowohl kurz- als auch mittel- und langfristig darauf ausgerichtet, die derzeitige Ausgangsposition zu verbessern. »Auch das Streben nach Lust ist eine Überwindung eines Mangels oder eines Unlustempfindens« (Brunner u. Tietze, 1995, S. 317). Das heißt, dass sich das Seelenleben und die ihm folgenden Tätigkeiten in einer ständigen Bewegung von einer empfundenen Mangellage zu deren Überwindung bzw. Kompensation befinden. Dies setzt *nicht* voraus, dass die Veränderung der Ausgangslage *objektiv* als eine Verbesserung zu erkennen ist. Sie könnte von anderen Individuen auch als Rückschritt oder Blockade erlebt werden. Ausschlaggebend – und für den professionellen Coach nachzuvollziehen – ist die subjektive Psycho-Dynamik.

Das Streben nach Vervollkommnung kann aber auch dazu führen, dass daraus ein Ziel der Überlegenheit gegenüber anderen angestrebt wird. Es kommt dann darauf an, sich besser, größer, machtvoller als andere zu fühlen. Diese Ziele sind nicht selten ein kompensatorisches Verhalten aufgrund empfundener Minderwertigkeit (Mangellage), für die das Individuum keinen anderen Weg entwickeln kann als den, andere klein zu machen und Macht über sie zu erlangen. Das Streben in diesem Fall führt von einer empfundenen Ohnmacht zu einer als endgültig erwarteten Lösung in Form von empfundener Übermacht bzw. Überlegenheit, bei der alle Aufmerksamkeit darauf gerichtet ist, die eigene Überlegenheit abzusichern und jeden, der als machtvoller, stärker, intelligenter usw. erlebt wird, zu bekämpfen, zu missachten oder zu ignorieren.

Die Prüfung, ob ein individuelles Ziel der Vervollkommnung richtig oder falsch gesetzt ist, erfolgt anhand des Maßstabes, wie sozial- und umweltverträglich dieses Ziel ist. Das überkompensatorische Ziel des Überlegenheitsstrebens dient schon deshalb nicht der Gemeinschaft, weil es gegen einzelne Mitglieder der Gemeinschaft (die für das eigene Ziel als bedrohlich empfunden werden) gerichtet ist. Es handelt sich nicht um eine konstruktive Anpassungsleistung an die kosmischen Erfordernisse. Dabei ist nicht das Verhalten, sondern die hinter dem Verhalten stehende Einstellung (das finale Interesse) ausschlaggebend. Das Ziel, seine eigenen Ressourcen so gut wie möglich auszuschöpfen und damit die besten Leistungen zu erzielen, ist dementsprechend eine förderliche Einstellung zum Leben und zur Gemeinschaft, sofern die Leistung in die Gemeinschaft eingebracht wird, wenn es also im höheren Sinne ein Beitrag zur Vervollkommnung der menschlichen Gemeinschaft darstellt.

»Alle Fehler der Kindheit und im Leben der Erwachsenen, alle schlechten Charakterzüge, in der Familie, in der Schule, im Leben, in der Beziehung zu anderen, im Beruf und in der Liebe erweisen ihre Herkunft aus dem Mangel an Gemeinschaftsgefühl, sind vorübergehend oder dauernd« (Adler, 1978, S. 172).

»Nun ist das Auftauchen von untauglichen Problemlösungsversuchen in einem langwierigen Prozess von Versuch und Irrtum noch als etwas durchaus Wahrscheinliches zu betrachten, wenn sie aufgegeben würden, sobald sich ihr Misserfolg herausgestellt hat. Nicht das Auftauchen, sondern das Beibehalten eben jener Problemlösungsversuche, die sich nicht als tauglich erwiesen haben, ist erklärungsbedürftig« (Antoch, 1981, S. 22). Es muss also noch andere Aspekte geben, an denen sich das individuelle Verhalten ausrichtet. Die Antwort findet sich in dem sozialpsychologischen Ansatz, der der Individualpsychologie zugrunde liegt.

12.1.3 Sozialpsychologischer Ansatz

Die Sozialpsychologie erforscht im weitesten Sinne die Auswirkungen sozialer Interaktionen auf Gedanken, Gefühle und Verhalten des *Individuums*. Dieser Aspekt hat eine zentrale Bedeutung in der Individualpsychologie. Nach ihrer Auffassung lässt sich menschliches Handeln nur aus dem sozialen Kontext heraus verstehen und erklären.

Der Mensch ist nicht erst ab seiner Geburt auf das Leben in der Gemeinschaft ausgerichtet. Zwar ist er als Nesthocker nach seiner Geburt auf Hilfe angewiesen. Ohne diese wäre ein Baby zum Sterben verurteilt. Deshalb bereitet sich das Baby bereits in der pränatalen Phase auf diese Situation vor. Es wird seine schützende Hülle verlieren, es wird Kälte empfinden und es wird die Nahrung nicht mehr selbstverständlich erhalten, sondern muss sich aktiv darum bemühen und sie in sich aufnehmen. Was läge da näher, als sich möglichst frühzeitig vertraute und angenehme Phänomene *einzuprägen*? Denn sobald das Kind auf der Welt ist, wird es die oben erwähnten Entbehrungen empfinden und nach etwas Vertrautem suchen, das ihm Geborgenheit, Wärme und Versorgung verspricht – wie bisher (Überwinden einer Mangellage gegenüber dem als selbstverständlich empfundenen Zustand vor der Geburt).

Das Lebewesen ist also bereits *geprägt*, wenn wir es zu Gesicht bekommen. Es hat seine Vorerfahrungen, die es mit auf diese Welt bringt, und sucht deshalb nach seiner Geburt nach Bekanntem, um das Gefühl von Sicherheit zu erreichen. Es sucht zum Beispiel nach der Stimme und dem Geruch der Mutter und verspricht sich dadurch die Überwindung seiner als Mangellage empfundenen Unsicherheit. Neue wissenschaftliche Untersuchungen haben ergeben, dass die Zielstrebigkeit von Neugeborenen bei der Suche nach den Brustwarzen auf den Duftstoff zurückgeführt werden kann, den die Brustwarzen aussenden. Dieser Duft ist dem Neugeborenen bereits durch das Fruchtwasser bekannt und verspricht ihm Vertrautes und Sicherheit (vgl. Hüther, 2005, S. 89). Erhält das Kind, wonach es strebt, dann wird es weiter die Nähe dieser Person *suchen*. Je nach dem, wie gut diese erste lebensnotwendige Beziehung zum mütterlichen Menschen (es ist – wie wir wissen – nicht immer die leibliche Mutter) und die mit ihm verbundene Bedürfnisbefriedigung gelingt, wird das Kind bereit sein, sich auf weitere Beziehungen (wie z. B. in den häufigsten Fällen) zum Vater einzulassen (*Triangulierung*).

Es ist unschwer zu erkennen, dass in dieser frühen Phase eines Lebens bereits die Grundlage für die Beziehungsfähigkeit eines Menschen gelegt wird – ob wir uns dessen bewusst sind oder nicht. Das Kind wird diese Phase ebenfalls nicht bewusst erleben. Aber auch unbewusst strebt der Säugling nach der *Verbesserung und Absicherung* seiner als Mangellage empfundenen Situation – so gut es geht. »Alles, was er von dort bereits kennt, den Herzschlag der Mutter oder eine immer wieder gehörte Melodie, selbst Gerüche, die er nun wieder erkennt, hilft ihm, seine Angst zu unterdrücken, die er in der völlig neuen Welt erlebt« (Hüther, 2005, S. 88). In den Urzustand im Uterus wird er nicht zurückkommen, auch wenn dieser Zustand weiterhin unbewusst Ziel der Begierde und zukünftiger Maßstab des zielgerichteten Handelns ist. Wie gesagt: Jede Situation baut auf der vorhergehenden auf und stellt selbst wieder die Grundlage für alle weiteren dar. Daraus ergibt sich der Zusammenhang.

»Die dem ganz kleinen Kind angebotenen Beziehungen sind der Stoff, sind das Material, aus dem der Charakter, die Persönlichkeit, seine Verhaltensmöglichkeiten und -dispositionen oder [...] sein Lebensstil, gemacht ist« (Antoch, 2006, S. 349).

Das Kind erlebt sich in Abhängigkeit und später in Beziehung zu Anderen. Inwieweit es sich eingebunden fühlt und als Teil der Gemeinschaft erlebt, hängt natürlich nicht nur von den angebotenen Beziehungen ab, sondern auch davon, wie es auf diese Beziehungsangebote reagiert, was es daraus macht, was es aufnimmt und zurückgibt.

Hüther schreibt: »Alles um uns, was lebendig ist und in seiner Harmonie gestört wird, versucht mit allen ihm zur Verfügung stehenden Mitteln, die verloren gegangene Harmonie wieder zu finden, zunächst die alte, und wenn das nicht geht, eben die eine neue. Deshalb kann alles, was lebt, nie so bleiben, wie es ist. Dies gilt für jede Zelle, das gilt für jeden von uns, und das gilt natürlich auch für jede Gesellschaft« (Hüther, 2005, S. 110). »Die Einsicht und Erfahrung, ein Teil des Ganzen – konkret: vor allem menschlicher Gemeinschaften – zu sein, führt das Individuum zum Interesse an und zur Ausrichtung auf das Ganze, lässt es mit diesem Ganzen in Beziehung treten und an dessen Leben teilnehmen. Dabei realisiert sich die Disposition zum positiven sozialen Bezug« (Seidenfuß, zit. nach Brunner u. Tietze, 1995, S. 189). Allerdings ist damit nicht eine Anpassungsideologie gemeint. »Gemeinschaftsgebundenheit [...] äußert sich gerade nicht als reibungsloses Einfügen in gegebene Verhältnisse. Sie schließt deren Kritik und Veränderung [...] – also im Sinne der Idee einer idealen Gesellschaft – explizit mit ein« (Antoch, 1981, S. 22). »Hier lehrt uns ein Blick in die Geschichte, dass gerade Menschen mit Gemeinschaftsgefühl häufig im Widerstand zu herrschenden Meinungen gehandelt haben« (Antoch, 1994, S. 23).

12.2 Das Vorgehen im Life-Coaching

12.2.1 Private Logik

Dieses oben dargestellte Bezogensein innerhalb der Gemeinschaft betrifft jeden Menschen unausweichlich. Selbst wenn sich Menschen entscheiden, sich weitestgehend aus der menschlichen Gesellschaft zurückzuziehen, gelingt ihnen dies nie völlig. Zum Teil benötigen sie die menschliche Gemeinschaft als Gegenüber, als die andere Seite, um ihre Abgeschiedenheit, ihr Anderssein oder ihr Alleinsein zu definieren und zu empfinden – aber sie kommen auch auf diese Weise nicht von dem Bezogensein auf Andere los.

Wie aber mit diesem Beispiel angedeutet wird, ist die Art und Weise, in der Menschen auf die Beziehungen und das Verhalten Anderer in ihrer Umgebung und in der Gesellschaft reagieren, völlig unterschiedlich. Dies liegt eben an der Tatsache, dass wir Menschen nicht völlig determiniert, das heißt biologisch festgelegt sind – weder durch die Gene noch durch die Triebe. Allerdings können wir auch nicht davon ausgehen, dass die biologischen Anlagen völlig außer Acht zu lassen sind. Die geniale Verknüpfung von biologisch-genetischer Anlage auf der einen Seite und der menschlichen Fähigkeit bzw. Notwendigkeit, auf Umwelteinflüsse reagieren zu können, auf der anderen Seite schafft die Individualpsychologie durch den Brückenschlag der *privaten Logik.* »In genau diesem Sinne«, so führt Antoch (2006, S. 350) dazu aus, »wird die Außenwelt hier auch nicht als prägend oder auslösend eingeführt, sondern sie stellt *Fragen,* die das einzelne Individuum nach dem Muster der von ihm erlebten und erfahrenen Beziehungen *handelnd beantwortet.* Dabei kommt es mir sehr auf den Ausdruck ›Antworten‹ an, denn ich verstehe unter einer Antwort etwas anderes als eine Reaktion im Reiz-Reaktions-Modell.«

Zu dem roten Faden, der sich durch die Art und Weise der Beantwortung zieht, der (Lebens-)Stil, wie jemand sich darauf einlässt (oder wie er sie vermeidet, umgeht oder abwehrt), gehört auch die selbstreflektorische Wahrnehmung des Individuums, seine Vorstellung von sich in Bezug auf die Anderen und als Teil der Außenwelt. »Jedes Individuum ist auch in dieser Hinsicht, auch in der Beziehung zu sich selbst« (Antoch, 2006, S. 350), eigenartig und einzigartig ausgebildet.

Im Rahmen dieser Selbstwahrnehmung und Selbstsicht nimmt das *Selbstwertgefühl,* also der Wert, den das Individuum sich selbst (im Vergleich mit Anderen) beimisst, eine prominente Stellung ein. Es ist bei der Konzeption, die ein Mensch von sich, den Anderen und der Welt entwirft, von ausschlaggebender Bedeutung. Ein gutes Selbstwertgefühl beflügelt bei der Frage, ob ich mich und wie ich mich neuen Herausforderungen im Leben stelle. Ein *Minderwertigkeitsgefühl* lässt den Menschen zaudern, zaghaft an die Aufgabe herangehen oder ihn mit dem Gefühl der Überforderung zurückweichen. Wie kann man andere Menschen schätzen und lieben und ihre Beziehungen suchen, wenn man sich selbst nicht für wertvoll hält? Aber auch umgekehrt gilt die Frage: Wie soll ich einen anderen Menschen lieben, wenn ich selbst nie oder nicht geliebt worden bin? »Mein Bezogensein auf mich selbst steht mit meinem Bezogensein auf andere in einem denkbar engen Zusammenhang« (Antoch, 2006, S. 350).

Aber sowohl das Selbstsein als auch das auf andere Bezogensein unterliegt keinem Determinismus. Durch Selbstreflexion und Fremdreflexion ist es möglich, Einfluss auf diese beiden Aspekte des Verhaltens und der Einstellung zu nehmen – auch wenn das nicht jedem Individuum jeder Zeit bewusst ist. So kann es zu Reaktionen kommen, die wir später bereuen und die uns Anlass geben, uns vorzunehmen, beim nächsten Mal unser Verhalten zu verändern. Jeder weiß, wie schwer das ist. Aber der Lebensstil hätte seinen Namen nicht verdient, wenn er nicht ein Stil unserer Aktionen und Reaktionen wäre – also etwas, was die Zeit im Großen und Ganzen überdauert. Aber jeder Mensch ist »zu jedem Zeitpunkt seiner Entwicklung einzigartig. Er trägt seine eigene Geschichte von Erfahrungen in sich und zusätzlich in Form der von seinen Eltern ererbten Programme auch noch den Erfahrungsschatz seiner Vorfahren. Dieser ganz persönliche Erfahrungsschatz eines Menschen wird seine Entscheidungen über jeden weiteren noch einzuschlagenden Schritt auf seinem zukünftigen Weg« beeinflussen (Hüther, 2005).

So ist zum Beispiel ausschlaggebend, an welcher Position innerhalb einer Geschwisterreihe ein Kind aufgewachsen ist: War es das erste von mehreren Kindern, dann hat es erlebt, die alleinige Aufmerksamkeit der Eltern auf sich zu wissen. Diese *Bedeutung* behalten Einzelkinder – soweit die sonstigen Lebensumstände dies ermöglichen – ihr ganzes Leben lang. Die Ältesten müssen diese Position aber bei der Geburt eines Geschwisters zumindest teilen, wenn nicht sogar ganz dem jüngeren überlassen und stehen ab sofort in der zweiten Reihe. Wie das ältere damit umgeht, hängt sehr davon ab, wie die Eltern mit ihm umgehen. Geben sie ihm Raum für die ungeteilte Aufmerksamkeit? Beteiligen sie das ältere an der Pflege des jüngeren Kindes (eigenständige Rolle)? Zeigen sie ihm, wie wichtig es für die Eltern bleibt, trotz des *Konkurrenten*? Folgt ein weiteres Geschwister, so wird auch das mittlere entthront, so wie es auch schon dem ersten Kind erging. Diesen Thron wird das jüngste allerdings nicht mehr räumen müssen mit allen Folgen, die das für das weitere Leben haben kann.

»Die Jüngsten bleiben immer die Kleinen, auf die man aufpassen muss«, sagte beispielsweise mal ein leidgeplagter Vorgesetzter mit einem Lächeln im Rahmen einer Teamentwicklungsmaßnahme. Er war in seiner Familie der Älteste und befand sich gerade in einer Auseinandersetzung mit einem Mitarbeiter, weil er von diesem mehr Selbstständigkeit in seinem Verantwortungsbereich erwartete. Es hatte sich herausgestellt, dass dieser Mitarbeiter jüngstes von vier Kindern ist. Mit der ebenfalls humorvoll gegebenen Antwort: »Dann hilft es wohl alles nichts, dann muss ich jetzt wohl mal erwachsen werden«, hatten beide eine Ebene gefunden, auf der sie die gegenseitigen Erwartungen besprechen und Verhaltensänderungen einleiten konnten.

Dieses Beispiel zeigt, wie jeder einerseits in seiner Weltsicht verhaftet war, wie sich aber andererseits aus Feedback und Selbstreflexion heraus Verhaltensänderungen einleiten lassen, soweit sie sachlich und wertschätzend vorgetragen werden. Wenn ein Partner empfindet, dass sein Wert durch Äußerungen angezweifelt oder herabgesetzt wird, ist diese Bereitschaft nicht mehr vorhanden bzw. deutlich eingeschränkt. Auf die Bedeutung des Selbstwertgefühls und seine Anerkennung sei an dieser Stelle noch einmal explizit hingewiesen. Häufig sind negative Äußerungen über die Person eines Menschen dafür ausschlaggebend, dass zum Beispiel (Arbeits-)Beziehungen gestört sind. Dabei kommt es nicht nur auf die tatsächliche Aussage an, sondern viel mehr darauf, wie sie aufgefasst, verstanden oder interpretiert worden ist.

Die private Logik steht insbesondere dann im Vordergrund, wenn es um persönliche Anliegen, Ziele, Wünsche, Bedürfnisse oder sogar Nöte und Ängste geht. Um diese oft im Verborgenen liegenden bzw. aus dem Unbewussten wirkenden Aspekte einer Persönlichkeit zu entdecken und zu erschließen, müssen zum Beispiel im Coaching nicht nur die verbalen Äußerungen, sondern vielmehr noch die nonverbalen Signale richtig aufgefasst und interpretiert werden. Sie sind häufig dem Klienten nicht bewusst und damit auch nicht zugänglich. Sie lassen sich aber aus dem Lebensstil des Klienten (seiner typischen handelnden Antwort auf Fragen des Lebens) heraus verstehen. Mit einfühlendem Verstehen *und* freundlicher Distanz kann der Coach ihm dabei helfen, sich selbst zu verstehen und zu begreifen, dass seine Antworten auf Herausforderungen im Leben immer die subjektiv besten Antworten waren, die sich später im Lebensstil generalisiert haben. Wenn es in der jeweiligen Situation nicht die subjektiv beste gewesen wäre, hätte das Individuum eine bessere Antwort gewählt.

Erst im Nachhinein lässt sich die Frage beantworten, ob die Lösung der Zielsetzung entsprochen hat. War dies der Fall, wird diese Lösung in ähnlichen Fällen solange wieder eingesetzt, bis das Individuum entdeckt, dass die Lösung nicht mehr zu dem beabsichtigten und erwarteten Ziel führt. Häufig kommen Menschen in das Coaching, weil sie festgestellt haben, dass sie für Herausforderungen im (beruflichen) Leben nicht mehr die adäquaten Antworten finden. Sie sind unglücklich darüber, dass sie zum Beispiel »schon alles versucht haben« oder »es ihnen schlechter geht, obwohl sie doch alles genauso machen wie bisher«. Diese Ratlosigkeit ergibt sich aus ihrer privaten Logik. Vielleicht kennen oder erkennen sie Lösungswege nicht, weil sie sie noch nie gegangen sind oder weil sie sie in früheren Zeiten in anderen Situationen für sich ausgeschlossen haben. Vielleicht nehmen sie Veränderungen nicht wahr, weil ihre Parameter, mit denen sie Situationen einschätzen, nicht ausreichen oder nicht differenziert genug sind. Vielleicht haben sie Widerstände entwickelt, ohne sich dessen bewusst zu sein, oder blockieren aus der Sorge heraus, die Situation nicht mehr beherrschen zu können.

Im Coaching treffen nun zwei private Logiken aufeinander: die des Coach und die des Klienten. Es besteht wohl kein Zweifel, dass wir als Coach die Situation des Klienten nie völlig wertfrei – also frei von unserer privaten Logik – betrachten können. Deshalb hat der Coach die Verpflichtung, um dem Ansatz der privaten Logik in seinem eigenen beraterischen Handeln gerecht zu werden, sich immer wieder mit der eigenen Persönlichkeit, mit seinem Verhalten im Coaching, mit seiner Wirkung auf andere auseinanderzusetzen. Auch im konkreten Kontakt zu seinem Klienten muss er seine Selbstwahrnehmung und seine Ausstrahlung kontinuierlich parallel reflektierend beobachten. Dies ist die Voraussetzung, dem Klienten den Raum zu lassen, sich seiner privaten Logik und der Bewältigung seiner Antworten auf die Fragen, die ihm sein Leben stellt, zu konzentrieren.

Ich komme im diesem Zusammenhang auf die im Abschnitt »Teleologischer Ansatz« von Antoch zitierte Frage zurück: »Nicht das Auftauchen, sondern das Beibehalten eben jener Problemlösungsversuche, die sich nicht als tauglich erwiesen haben, ist erklärungsbedürftig« (Antoch, 1981, S. 22). Warum behält ein Individuum eine Problemlösung auf eine ihm gestellte Lebensaufgabe bei, obwohl ihm damit die Zielerreichung objektiv nicht gelingt? Warum verhält sich ein Mensch immer wieder in gleicher Weise, obwohl das für ihn mit (vielleicht immer wieder ausgelösten) schwierigen Folgen verbunden ist. Wird damit nicht die ganze Theorie nach dem übergeordneten Streben nach Vervollkommnung und dem formenden Einfluss des Kosmos in Frage gestellt? Betrachten wir uns ein Beispiel:

Eine Abteilungsleiterin ist für den Einkauf der Ware zuständig. Sie vereinbart mit Firmenvertretern Termine und bespricht in ihrem Büro regelmäßig die Neu- und Nachbestellungen. Sie ist völlig unglücklich darüber, dass sie, obwohl sie es sich immer wieder anders vornimmt, den Vertretern im Laufe der Gespräche viel zu viel aus ihrem Privatleben erzählt. Sie hat hinterher immer das Gefühl, eine Grenze ihrer Intimsphäre überschritten und sich unprofessionell verhalten zu haben. Die Folge davon ist, dass ihre vorwiegend männlichen Gesprächspartner ihr bei harten Preisverhandlungen auf die väterliche Tour kommen und sie nicht mehr ernst nehmen.

Im Laufe des Coachings, bei dem ein ausführliches Genogramm erstellt wurde, arbeitete sie heraus, dass es einen offensichtlichen Zusammenhang mit ihrer Kindheit gibt: Ihr Vater war ein virtuoser Musiker, der sich aber häufig Geld dazu verdienen musste, indem er in Bars und Clubs auftrat. Die Mutter begleitete ihn bei den Auftritten einerseits, um ihm persönliche Stabilität zu geben (so sieht es die Frau aus heutiger Sicht, denn der Vater war alkoholabhängig), und andererseits, um die Arrangements vor dem Auftritt und hinter der Bühne sicher zu stellen. Dies hatte für das Mädchen im Alter von drei bis fünf Jahren zwei wesentliche Auswirkungen: Erstens begleitete sie häufig ihre Eltern bei diesen Reisen. Dann kam es nicht selten vor, dass der Vater sie bei dem Schlussapplaus mit auf die Bühne nahm. Sie lernte zu strahlen und dafür Beifall zu bekommen. Die zweite Folge für sie bestand darin, dass sie bei verwandten Familien untergebracht wurde, wenn sie nicht mit den Eltern reisen konnte. Zu allem Überfluss waren die Verwandten nicht besonders gut auf den Musiker und seine Familie zu sprechen, weil der Vater als Versager angesehen wurde und man sich genötigt fühlte, die Tochter bei sich aufzunehmen. Die Tochter wurde als lästig empfunden. Sie war ein süßes, blondes und für ihr Alter zu kleines Kind mit großen, blauen Augen. Sie schilderte, dass sie sich daran erinnere, sehr oft auf dem Schoß von ihren Onkeln und Tanten gesessen zu haben und von den Kindern fast völlig ignoriert worden zu sein. Sie hatte sehr schnell gelernt, dass sie die Erwachsenen anstrahlen musste, damit sie die Erwachsenen für sich gewinnen konnte. Sie wurde von ihren Eltern das Sonnenscheinchen genannt.

Nachdem sie diese beiden Folgen der Berufstätigkeit ihres Vaters beschrieben hatte, zog sie das Resümee: Eigentlich war ich immer darauf angewiesen, andere für mich zu gewinnen. Ich musste immer etwas von mir geben, egal ob ich das wirklich wollte und fühlte. Das war für mich überlebenswichtig in der damaligen Zeit. Sehr schnell zog sie die Verbindung zu ihrer heutigen Situation und ihrer Fragestellung, mit der sie in das Coaching gekommen war: Sie verhält sich noch immer wie das Sonnenscheinchen und versucht, andere für sich einzunehmen, indem sie mehr von sich gibt, als sie eigentlich will und ihr gut tut. Sie wurde zuerst nachdenklich und entwickelte im weiteren Verlauf eine starke Wut auf den Vater. Die Wut erstreckte sich aber auch bald auf die Mutter, die sich und ihre Tochter nicht von dem Vater rechtzeitig abgegrenzt und die Bedürfnisse des Kindes nach Geborgenheit und Zuneigung übersehen hatte. Nachdem sie zuerst das Gefühl der Zerrissenheit und dann die Wut auf die Mutter zulassen konnte, wurde sie sehr traurig. »Ich will mir das nicht mehr antun, das habe ich jetzt nicht mehr nötig. Vielleicht finde ich jetzt einen Partner, der wirklich zu mir passt, wenn ich mich zeigen kann, wie ich wirklich bin.« Sie übertrug die Erkenntnisse damit auch auf ihr Privatleben.

An diesem Beispiel wird deutlich, dass die Abteilungsleiterin bisher ihr Verhalten nicht in Frage gestellt hatte und auch nicht in Frage zu stellen brauchte. Sie kam im Leben gut zurecht. Sie erklärte sich ihren Erfolg mit ihren guten Zahlen im Verkauf. Ihre Lebensfragen (außer der einer glücklichen Partnerschaft) hatte sie lösen können. Sie konnte mit dem in früher Kindheit erworbenen Verhalten ein zufriedenstellendes Leben führen. Ihre private Logik ergab für sie ein geschlossenes Bezugssystem.

Dieses System wurde erst in Frage gestellt, nachdem sie bemerkt hatte, dass sie in ihrem Leben offensichtlich nicht mehr die richtigen (handelnden) Antworten auf die gestellten Fragen fand. Sie selbst nahm sich den Raum im Coaching, beide Folgen aus der Berufstätigkeit ihres Vaters zusammen zu sehen und ihre Schlussfolgerungen daraus zu ziehen. Diese bezogen sich aber nicht nur auf das ursprüngliche Bearbeitungsfeld *Vertreterbesuche*. Sie selbst erweiterte ihre neue Sichtweise auf ein weiteres Feld, das sie entdeckt hatte. Auch in diesem Feld hatte sie für sich bisher keine befriedigende Antwort gefunden – hatte dies aber mit dem Schicksal erklärt, dass sie eben bisher bei der Partnerwahl Pech gehabt hätte. Sie konnte ihre bisherige private Logik, die individuell geschlossenen Gesetzmäßigkeiten von Handeln und Wirkung oder Folgen neu verknüpfen. Auch wenn es ein schwerer Durchgang war, so konnte sie erleichtert diese Zusammenhänge erkennen und annehmen. Sie konnte eine neue Perspektive entwickeln und eine »neue Harmonie« erreichen. Dass ihr sofort auch eine Übertragung auf ihr Privatleben eingefallen ist, beweist eindrücklich die Unteilbarkeit des Individuums. Eine neue Erkenntnis hat Auswirkungen auf das ganze seelische Gefüge.

12.2.2 Glück, Zufriedenheit und Erfolg

»Das Leben und alle seelischen Ausdrucksformen als Teil des Lebens streben immer nach Überwindung, Vollkommenheit, Überlegenheit und Erfolg« (Adler, 1935, zit. nach Brunner u. Tietze, 1995, S. 277). Damit ist der Zusammenhang von Überwindung einer Mangellage, dem Streben nach Vervollkommnung, dem Streben nach Erfolg und dem Empfinden von Zufriedenheit,

Genugtuung und Glück hergestellt. (Wobei auch hier Glück nicht im Sinne von Los-Glück sondern von Glückseligkeit verstanden wird.) Dieser Zusammenhang beschreibt die menschliche Dynamik umfassend. »Jeder Mensch strebt nach Glück und hat ein Recht darauf« (→ 5.2.1). Wann ein Mensch Glück erlebt, ist eine Frage der Selbstwahrnehmung, der Erwartungen an sein Leben, der Einschätzung seiner Fähigkeiten und seiner Möglichkeiten; kurz: sie ist abhängig von seiner privaten Logik.

Der Weg aus der empfundenen Mangellage zur befriedigend beantworteten Lebensfrage bzw. -aufgabe stellt den Erfolg des Coachings dar. Dabei geht es fast ausschließlich um einen Prozess der Veränderung, des Wandels. »Leben heißt sich entwickeln«, sagt Adler (1933/1978, S. 163), und das bedeutet »sich verändern, sich wandeln, die schöpferische Kraft in jeder Phase und für jede Lebensaufgabe nutzbar zu machen« (Winner, 2006, S. 118). »Diesen Wandel zu fördern und zu begleiten, halte ich für die zentrale Aufgabe des Coachs« (S. 118).

Der Erfolg des Coachings hängt also im Wesentlichen davon ab, dass dem Klienten seine Handlungs- und Reaktionsweise verständlich werden. Dabei kommt es nicht so sehr darauf an, dass der Coach diese Zusammenhänge sieht und erkennt und dem Klienten diese Zusammenhänge erklärt. Dies wäre aus meinem Verständnis sogar kontraproduktiv. Der Klient muss die Gelegenheit bekommen, sein eigenes Verhalten zu verstehen und daraus seine individuellen Schlüsse zu ziehen. Aufdeckende Beratung oder enttarnendes Erklären – sei es auch so feinfühlig wie möglich – führt immer dazu, dass sich der Ratsuchende belehrt oder pädagogisch behandelt fühlt. Wie wir aus der Schule wissen, führt dies zu Blockaden und Widerständen, nicht aber zu dem erfüllenden Gefühl, die Lösung selbst entdeckt und entwickelt zu haben. Dieses Erfolgsgefühl ist aber die Voraussetzung für die aktive Umsetzung von Erkenntnissen und Schlussfolgerungen für die eigene Haltung und das eigene Verhalten. Nach Winner (2006, S. 119) führt dieser Weg über drei Phasen zum Ziel:

1. Der Weg hinein: Auf diesem Weg geht es darum, inne zu halten und sich damit zu befassen, wie die momentane Situation entstanden ist. Die Herausforderung dieser Phase ist, die private Logik, die subjektive Sichtweise anzuerkennen und als solche zu akzeptieren. »Die primäre und wesentliche Erkenntnis [des Klienten sollte sein]: ›Ich bin das Problem. Ich bin aber auch die Aufgabe, in mir ist alles zur Bewältigung meiner jetzigen Situation‹« (S. 121). Diese Feststellung erfordert Mut, beinhaltet aber auch die »Freiheit, aus der inneren Zwangsjacke der Angstphantasien auszusteigen« (S. 121). Und sie bildet die Grundlage des weiteren Vorgehens.

2. Der Weg hindurch: In dieser Phase, kommt es auf die Momente an, in denen dem Klienten die sprichwörtlichen »Schuppen von den Augen fallen« (Apostelgeschichte 9, 8–9) und ihm selbst Zusammenhänge sichtbar werden, die er vorher nie oder so nicht gesehen hatte. Dabei stehen manchmal Selbstzweifel und Minderwertigkeitsgefühle in direktem Zusammenhang mit Wut, Ärger und Verzweiflung und gleichzeitig wächst Mut, sich den notwendigen Themen zu stellen und Neues« (S. 124) zu entwickeln und auszuprobieren.

3. Der Weg hinaus: Winner beschreibt diese Phase als »das Recht ein Anderer zu werden, [...] sich [zu] wandeln und sich neu [zu] entdecken« (S. 126). Hier entsteht Mut und eine neue Kreativität, die dazu führt, dass neue Wege gedacht werden. Der Coach hat in dieser Phase die Aufgabe, den Klient dabei zu begleiten, den Wandel in Schritten anzugehen, die der eigenen Vorstellungskraft, dem Mut und den Ressourcen entsprechen.

Sind diese drei Phasen im Coaching, die sich zum Teil überlappen oder wiederholen können, durchlaufen, entsteht ein Glücks- und Zufriedenheitsgefühl, obwohl der Erfolg der Umsetzung noch nicht erreicht sein muss. Aber die Hoffnung einerseits und das Gefühl, aus der Befangenheit und Hilflosigkeit ausgestiegen zu sein andererseits, mobilisieren Energien und lösen ein Glücksgefühl aus. Der Klient ist emotional nicht mehr ausschließlich auf seine eigene Situation konzentriert, sondern kann sich wieder öffnen und wieder (mehr) auf andere eingehen. Gerade dieses Ergebnis erleben Führungskräfte im Coaching als sehr befreiend: Sie können auf ihre Mitarbeiter wieder freier und ungezwungen eingehen, was ihnen die Führungsaufgabe sehr erleichtert. Sie haben mehr Klarheit über sich und ihre subjektiven Sichtweisen gewonnen und können zwischen Selbst- und Fremdwahrnehmung besser unterscheiden. Und damit schließt sich der Kreis. »Wer glaubt, dass er seinen Platz (in der Gemeinschaft oder Gesellschaft) hat, kann seine Energien darauf verwenden, zum Gemeinwohl beizutragen, und braucht sie nicht zum Beweis seines Wertes oder seines Status« (Dreikurs-Ferguson, 2006, S. 16). In der Erweiterung ihrer Handlungsmöglichkeiten, die im Einklang mit dem Leben in der Gemeinschaft stehen, empfinden Menschen Glück, Zufriedenheit und Erfolg.

»Wenn ich zum Wohlbefinden meiner Mitmenschen beitrage, stärkt und vergrößert das mein Gefühl für meine eigene Stärke, und wenn ich durch die Schwierigkeiten und Probleme meines Lebens entmutigt bin, führt Gemeinschaftsgefühl zu einem Verhalten, das mein Selbstvertrauen wieder stärkt. [Das heißt,] Selbstvertrauen ist ein Nebenprodukt des Gemeinschaftsgefühls« (Dreikurs-Ferguson, 2006, S. 16). Wir sehen also die Interdependenz zwischen dem *Bezogensein* und dem *Selbstsein*.

12.2.3 Arbeit mit dem Genogramm

Das Genogramm ist eine in vielen Verfahren verwendete Methode. In diesem Zusammenhang wird die individualpsychologische Anwendung dargestellt. Dazu zunächst ein Beispiel aus dem Coaching-Alltag:

Andreas B. meldete sich zum Coaching an und bat um ein vorher zu vereinbarendes Gespräch mit seinem Chef, der dieses zur Auftragserteilung erbeten hatte. In diesem Gespräch stellte der Chef von Andreas B. die Situation so dar (Aussagen vom Personalleiter bei der Auftragserteilung):

- »Der macht alle platt.«
- »Der verhält sich wie eine Dampfwalze.«
- »Der hat bei seinen Mitarbeitern erst einmal aufgeräumt und die Leute auf Spur gebracht.«
- »Seine heutigen Mitarbeiter funktionieren in seinem Sinne« (sind ängstlich und verhalten sich überangepasst).
- »Der mischt sich in andere Abteilungen ein.«
- »Der ist der erfolgreichste Abteilungsleiter in der Niederlassung.«
- »Nirgendwo wird im Verhältnis so viel Geld verdient wie dort.«

Andreas B. stellte die Situation so ähnlich mit eigenen Worten dar und erzählte, dass er das Problem schon länger habe und dass es auch nicht nur auf die Arbeit begrenzt sei. Ich fragte ihn, ob er sich vorstellen könnte, die Sache grundsätzlich anzugehen und zu erforschen, wie es in seinem Leben zu diesem Verhalten gekommen sei. Er willigte ein, und wir vereinbarten, ein Genogramm durchzuführen.

Häufig wird das Genogramm mechanistisch angewandt in der Form, dass technische Lebensdaten wie Geburtsjahr, Wohnort, Verwandtschaftsverhältnisse, Beziehung usw. zusammengetragen und dargestellt werden. Es handelt sich dabei um eine »Darstellung eines Familienstammbaumes, der – über mindestens drei Generationen hinweg – die vielfältigen Informationen über die Mitglieder einer Familie und ihre Beziehungen enthält. Genogramme zeichnen in graphischer Form Informationen über eine Familie auf, ermöglichen einen raschen Überblick über komplexe Familienstrukturen und bilden eine reichhaltige Quelle zur Hypothesenbildung sowohl über die Verknüpfung eines klinischen Problems mit der Familienstruktur als auch über die historische Entwicklung der Struktur und der mit ihr verbundenen Probleme« (McGoldrick u. Gerson, 2000, S. 13).

Diese Betrachtung der Familienstruktur ist eine gute Grundlage zur ihrer Erarbeitung. Ihre Darstellung erfolgt schematisch mit Symbolen für jedes Familienmitglied. Da sie aber zur Entdeckung der privaten Logik und der frühzeitigen Bewertungsschemata nicht ausreicht, begibt sich der Coach mit dem Klienten bewusst in die Sichtweise des Klienten als fünf- bis sechsjähriges Kind. Er wird gebeten, aus diesem Blickwinkel zu beschreiben, wie er seine Großeltern damals erlebt und empfunden hat. Es wird mit der Großelterngeneration begonnen und anschließend mit der Elterngeneration und der Geschwisterkonstellation fortgesetzt. Diese Reihenfolge wird deshalb gewählt, weil die Betroffenheit gegenüber der Großelterngeneration häufig nicht so groß ist. Durch die entferntere Abstraktionsebene erlebt der Klient die »Ungefährlichkeit« dieser Methode. Sie führt aber direkt in der ersten Phase (vgl. »Der Weg hinein«) in das Gewordensein des Klienten. Die Sichtweise des Kindes und der damaligen Familienatmosphäre soll so gut wie möglich lebendig werden. Manchmal kann sich der Klient nicht erinnern oder hat den Großelternteil nicht mehr erlebt. Dieses wird einfach zur Kenntnis genommen und bei den anderen Mitgliedern der Großelterngeneration weitergearbeitet. Außerdem sollen auch Personen in die Betrachtung einbezogen werden, die von großer Bedeutung für das Kind waren. Dies können Geschwister der Großeltern, angeheiratete Partner oder deren Kinder sein. Auch Nachbarn oder Freunde aus der Großelterngeneration können in Betracht gezogen werden. Die Hauptsache ist, dass die Bedeutung für das Kleinkind bei dieser Betrachtung im Vordergrund steht. Fragen wie »Wie hat der kleine... (Vorname des Klienten) diese Personen damals erlebt?« oder »Wie war es für den kleinen... (Name) in der Nähe dieser Person?« helfen dem Klienten, bei seiner Betrachtungsebene zu bleiben.

Dabei werden Glaubenssätze, die sich herausbilden, vom Coach aufgegriffen und hypothetisch formuliert: »Könnte es sein, dass ... ?« oder »Empfinde ich es richtig, dass ... ?« Dies sind Formulierungen, mit denen über die Hypothesen gesprochen werden kann, die es aber auch leicht machen, Hypothesen des Coachs wieder zu verwerfen. Stimmt der Klient (aus der Sichtweise des kleinen Kindes) einer Hypothese zu, dann wird diese am Rande notiert.

Folgende Glaubenssätze des kleinen Andreas B., die Auswirkungen auf sein Verhalten als Vorgesetzter hatten, wurden herausgearbeitet:
- Wer bezahlt, bestimmt.
- Wer einmal lügt, dem ...
- Kein Widerspruch!
- Die Leistung muss stimmen.
- Du musst erfolgreich sein.
- Kuschen oder wehren.

Wenn alle Personen beschrieben worden sind und die Beziehungen untereinander geklärt sind, ergibt sich ein Bild der ersten Bewertungen und der Familienatmosphäre zum damaligen Zeitpunkt. Diese Betrachtungsweise und der nächste Schritt gehen über die herkömmlichen Genogrammarbeiten hinaus. Sie sind aber aus individualpsychologischer Sicht unerlässlich, um dem Klienten die Entdeckung der Entstehungsgeschichte seiner privaten Logik und seines Lebensstils zu ermöglichen. Allerdings muss dabei beachtet werden, dass der Coach diesen Weg der Erkenntnis auch wirklich selber gehen will. Die Freiwilligkeit und die Neugier des Klienten sind unbedingte Voraussetzungen für eine gedeihliche und erfolgreiche Zusammenarbeit auf dieser Ebene. »Das Entscheidende an den Prozessen [...] sind nicht die Techniken. [...] Das Entscheidende der individualpsychologischen Arbeit bleibt das Klima der gleichwertigen Kommunikation und Kooperation« (Antoch, zit. nach Schmidt, 1982, S. 243). Dies gilt insbesondere für den nächsten Schritt bei der Genogrammarbeit. »Es ist und bleibt eine paradoxe Voraussetzung, ein leicht zu verfehlender Weg und ein schwer zu ereichendes Ziel«, räumt Antoch (1994, S. 196) ein, um dann aber gleich wieder auf Folgendes hinzuweisen: »Auf Gleichwertigkeit ist vielmehr nicht zu verzichten, weil ohne sie das Beraten [...] nicht funktioniert« (S. 196). Jeder Coach sollte diese Frage selbstkritisch und für jede Coach-Klienten-Beziehung erneut reflektieren, bevor er den nächsten Schritt mit dem Klienten unternimmt.

In der nächsten Phase (vgl. »Der Weg hindurch«) erfolgt eine Verdichtung dieser Betrachtung in der Weise, dass der Klient in eine Art Metaebene gebeten wird und mit dem Coach gemeinsam von hier aus Betrachtungen darüber anstellt, wie es dem kleinen ... (Vorname des Klienten) wohl in seiner Situation, der Familienatmosphäre und den für ihn wichtigen Beziehungen gehen wird. Die Trennung von der vorherigen Sichtweise als kleines Kind ist gewollt und in dieser Phase notwendig. Auf diese Weise erkennt der Erwachsene die Notlagen und die Reaktionen des Kleinen und kann sich in diese hineinversetzen. Der Coach eröffnet den Blick für die Wirkzusammenhänge zwischen der Familienatmosphäre und den Schlussfolgerungen, die das Kind daraus für sich und die Gestaltung seines Lebens gezogen hat. »Wertschätzung, Ermutigung und Humor sowie kritische Distanz auf der Meta-Ebene tragen dazu bei, dass alte Muster und Strategien erkannt werden und Weichenstellungen für Lösungsmöglichkeiten sich abzeichnen können« (Winner, 2006, S. 122). Es kommt auch darauf an, dass der Klient Wertschätzung gegenüber dem kleinen Kind und den aufgrund seiner schöpferischen Kraft entstandenen Lösungen, die immer als die subjektiv besten anzusehen sind, entwickelt. Nicht selten erlebt der Klient in dieser Phase zum Beispiel die Not oder die Abhängigkeit seiner Kindheit wieder. Das Gefühl von Alleingelassensein, Nichtbeachtung und Ohnmacht kann sich wieder einstellen und mit einer großen Traurigkeit oder Verzweiflung einhergehen.

Diese Gefühle zuzulassen und auszuhalten, ist der Beginn des Abschieds aus der Opferrolle. Dadurch entwickeln sich der Respekt vor dem Kind, Achtung vor seinen Herausforderungen und bald auch die Freude über seine Lösungswege. Dies macht es dem Klienten (leichter) möglich, zu erkennen, dass diese Verhaltensmuster damals sinnvoll und hilfreich gewesen sind, dass sie aber für den Erwachsenen nicht mehr adäquat sind und ein *Update*, eine Weiterentwicklung, erfolgen muss. »Wer sich nicht wahrnehmen kann, kann sich nicht annehmen, nicht akzeptieren, nicht lieben und nicht wertschätzen – und wird kein wirklich echtes und tiefes Gefühl für Werte und den Wert der anderen entwickeln können« (Wahl, zit. nach Lehmkuhl, Sasse u. Wahl, 2007, S. 35).

Insofern wirkt die Genogrammauswertung in zweierlei Richtung: Zum einen führt sie zu Wertschätzung dem Kind und somit sich selbst gegenüber, und zum anderen erkennt der Klient an seinem eigenen Beispiel die Möglichkeiten, Einfluss auf das eigene Erleben und Verhalten zu nehmen. »Am Anfang steht also die Beziehung, der Austausch. [...] Allmählich [entsteht daraus] ein Gefühl für die eigenen Fähigkeiten, Potenzen, Kompetenzen und die eigene Wirkmächtigkeit« (S. 31), das heißt das Bewusstsein, die Macht zu besitzen, etwas bewirken zu können.

Die modifizierten Glaubenssätze auf der Basis der Genogrammarbeit mit Andreas B. lauten:

– Du musst erfolgreich sein	Ich will erfolgreich sein.
– Die Leistung muss stimmen.	Die Leistung muss stimmen.
– Kein Widerspruch.	Vertrauen ist ein Zeichen der Stärke
– Wer einmal lügt, dem ...	Nicht immer der direkte Weg, sondern ...
– Kuschen oder Wehren.	Beharrlichkeit führt zum Erfolg.

Sobald die Zeit reif ist, geht es mit diesem Gefühl des Klienten in die nächste Phase (vgl. »Der Weg hinaus«). Der Klient kennt seine alten Glaubenssätze und gleicht sie mit dem heutigen Erwachsenenbedarf ab. Er bringt sie in Zusammenhang mit seiner Ausgangslage, wegen der er das Coaching begonnen hat: In welchem Verhältnis stehen seine Erkenntnisse aus dem Genogramm zu seinen heutigen Herausforderungen? Wie kann der Wandel geschehen? Welche Schritte sind zu unternehmen? Wie können sie angemessen – entsprechend den eigenen Möglichkeiten – geplant und trainiert werden? Diese und weitere Fragen schließen sich in dieser Phase an und fordern zu Antworten heraus. Die Voraussetzung für die erfolgreiche Problemlösung aber ist, dass sich der Klient »die Erlaubnis erteilt, ein Anderer werden zu dürfen« (vgl. Winner, 2006, S. 126).

Literatur zum Thema

Adler, A. (1933/1978). Sinn des Lebens. Frankfurt a. M.: Fischer.

Antoch, R. (1981). Von der Kommunikation zur Kooperation. München u. Basel: Ernst Reinhardt.

Brunner, R., Tietze, M. (1995). Wörterbuch der Individualpsychologie. München u. Basel: Ernst Reinhardt.

Dreikurs-Ferguson, E. (2006). Die Individualpsychologie Alfred Adlers. Alsdorf: AWD.

13 Umdenken
Ein rational-emotives Coaching-Verfahren

Dieter Schwartz

13.1 Der philosophische Bezug

»Nicht die Dinge selbst beunruhigen die Menschen, sondern ihre Meinung und Urteile über die Dinge.« Dieser Ausspruch des stoischen Philosophen Epiktet (1973, S. 24) ist von besonderer Bedeutung, weshalb ich ihn an den Beginn meiner Ausführungen stelle. Er wurde zum Leitsatz der Kognitiven Verhaltenstherapie, insbesondere der Rational-Emotiven Verhaltenstherapie (REVT) nach Ellis (1962/1977, 1994/1997), die als älteste Kognitive Verhaltenstherapie gilt, in deren Nachfolge sich die so genannte »Kognitive Wende« der Verhaltenstherapie vollzog (Scholz, 2001). Ellis (1994, S. 53) betont ausdrücklich den Stellenwert Epiktets und anderer antiker Philosophen für die Entwicklung seines Ansatzes: »Einige der Grundprinzipien der REVT sind kaum neu; ich übernahm sie [...] von Philosophen aus der griechischen und römischen Antike wie Zenon, Epikur, Epiktet und Mark Aurel.«

Dies gilt zunächst für die so genannte »ABC-Theorie« der REVT, der »wohl einflussreichsten Konzeption des rational-emotiven Ansatzes für die Kognitive Verhaltenstherapie insgesamt« (Scholz, 2001, S. 40). Epiktets Ausspruch kann als prägnante Kurzformel des ABC-Modells über den Zusammenhang von Ereignissen, Kognitionen und Emotionen gelten. Vor allem in der praktisch-therapeutischen Arbeit dient das ABC-Schema in der Kognitiven Verhaltenstherapie insgesamt als problemanalytisches Diagnoseinstrument schlechthin (vgl. Stavemann, 2005; Winiarski, 2004). In einer Vielzahl von bibliotherapeutischen Ratgebern wird das ABC-Schema als Grundlage der Selbsthilfearbeit verwendet (vgl. Schwartz, 1998b). Weniger bekannt dürfte sein, dass Ellis auch das genuin rational-emotive Konzept von der »Tyrannei der Muss-Vorstellungen« (Ellis, 2006, S. 89) oder »Demandingness« (Ellis, 1994, S. 16), das er als zentrales selbstschädigendes oder irrationales Denkmuster postuliert, bereits als von Epiktet und anderen Stoikern entdeckt ansieht (Ellis u. Becker, 1982). Im zweiten und dritten Abschnitt meines Beitrages werden diese Konzepte ausführlich dargestellt und besprochen.

Der philosophische Bezug der REVT wird besonders deutlich, wenn wir ihr *Menschenbild* betrachten. Ellis (1994) formuliert als Axiome der REVT die Hauptlebensziele des Menschen: (1) leben und überleben und (2) ein relativ glückliches Leben führen. Das Ziel »staying alive« hat seine Entsprechung in der Stoa: Selbsterhaltung als Folge der Übereinstimmung mit sich selbst ist nach Zenon das höchste Ziel des Menschen und kann als Grundprinzip der stoischen Ethik gelten (Schmidt, 1973). Das erstrebte Glück – hier kommt Epikur ins

Spiel (vgl. weiter unten) – versuchen die Menschen in folgenden Lebens- und Tätigkeitsbereichen oder durch sie zu verwirklichen (vgl. die Grundfähigkeiten nach Nussbaum bzw. die zentralen Dimensionen bei Seel; → 5.2.1, → 5.3.2, → 8.3.2):

- durch und im sozialen Kontakt mit anderen Menschen (Ziel: eingebunden in soziale Kontakte und kommunikativ leben; die Menschen scheinen ihrem Ziel, relativ glücklich und zufrieden leben zu können, durch erfolgreiches Zusammenleben mit anderen Menschen, im sozialen Kontakt mit anderen Menschen nahezukommen);
- durch und im engen Kontakt mit einer oder einigen wenigen Personen (Freundschafts- und Partnerbeziehungen);
- und auch wenn sie (eine gewisse Zeit, vgl. Ellis u. Becker, 1982) allein sind (modern gesprochen: auch als Single);
- bei produktiver beruflicher Tätigkeit (Selbstverwirklichung in der Arbeit);
- bei kreativer Tätigkeit und erholsamen Freizeitaktivitäten, »die von Spiel und Sport bis zu Kunst und Wissenschaft reichen können« (Ellis u. Crawford, 2003, S. 15; → 5.4.2);
- indem sie »ihr Leben weitgehend selbst bestimmen und durch andere Menschen, äußere Umstände oder ihre eigenen persönlichen Probleme nicht zu sehr eingeschränkt werden« (Ellis u. Crawford, 2003, S. 15).

In der Verfolgung der Hauptlebensziele »to survive and be happy« (Ellis, 1994, S. 15) schaffen (»construct«; Ellis, 1994, S.18) die Menschen also weitere wichtige Wunschziele, wie sie in obiger Liste aufgeführt sind. Wollte man eine »Hierarchie menschlicher Lebensziele« (Schwartz, 2008) bilden, so würde an der Spitze das Hauptziel »Glücklich leben und überleben« vorzufinden sein (→ 5), und unmittelbar darunter folgten die Lebensziele, wie sie die Liste enthält, etwa das als glückverheißend vorgestellte Wunschziel eines Lebens in Partnerschaft oder vielleicht eines sich in kreativer Arbeit verwirklichenden Lebens oder beides und mehr. In der Realität sind diese Ziele nur in mehr oder weniger vielen weiteren Schritten zu erreichen, sodass im konkreten Lebensentwurf viele Teilziele zu definieren und zu durchschreiten sind. Wenn hierbei Probleme auftreten, dann können in der Hierarchie der Wunsch- und Lebensziele jeweils »höhere« Teilziele möglicherweise nicht oder nur auf Umwegen erreicht werden. Die »Eroberung des Glücks«(deutscher Titel des Buches von Bertrand Russell, 1982) wäre gefährdet.

»Teilziele führen zu übergeordneten Teilzielen, diese wiederum zu weiteren Teilzielen bis hin zu den Hauptzielen der Menschen. Zu ihrem Nachteil verwechseln Menschen manchmal ›Durchgangsziele‹ mit höherwertigen Zielen oder gar Hauptzielen: In Charles Dickens Erzählung *A Christmas Carol* bleibt Ebenezer Scrooge ein unglücklicher Geizhals, weil und solange er das Geldanhäufeln als höchstes Lebensziel ansieht« (Schwartz, 2008, S. 18).

Auf der Ebene der alltäglichen Lebensschwierigkeiten findet praktische Lebensberatung (»Neue Wege zu einer besseren Lebensgestaltung«, Untertitel des Buches von Russell) wie Life-Coaching und/oder Psychotherapie statt. Auf Russell beruft sich Ellis ebenfalls ausdrücklich. Wessler und Wessler (1980, S. 3) sind sogar der Auffassung, dass »die Essenz der RET als angewandte Philosophie Russells charakterisiert werden könnte«. Unschwer können wir in dem hedonistischen Standpunkt der REVT den Einfluss Epikurs erkennen (→ 5.2.2).

»Obwohl ich die ABC-Theorie der emotionalen Störung in der REVT größtenteils von Epiktet und anderen Stoikern übernommen habe und obwohl ich Epiktet zu einem der Schutzheiligen der Kognitiven Verhaltenstherapie ernannt habe, indem ich einige seiner Gedanken in meinen Schriften in den 50er Jahren besonders herausgestellt habe, bin ich kaum ein Stoiker zu nennen. Neben Epiktet favorisiere ich auch Epikur, der die Freude [im Original »pleasure«] als das wichtigste Gut und als Zweck der Moral hervorhob« (Ellis, 1997, S. 89).

Zwar ist auch aus stoischer Sicht das Ziel des Lebens »das geglückte Leben, die Eudaimonia« (Hoellen, 1986, S. 25), und »Glück, ja Glückseligkeit wird als Ergebnis und Ziel der philosophischen Praxis von allen antiken Lebenskunstschulen versprochen« (Strunz, 1999, S. 57). Jedoch teilt Ellis nicht die stoische Gleichsetzung von glücklichem Leben mit bedürfnislosem Leben (»apatheía« und »ataraxía«: Gleichmut und Unerschütterlichkeit), sondern »gesteht dem Menschen in allen Bereichen seiner Lebensäußerungen Bedürfnisse, Wünsche und Ideale zu« (Hoellen, 1986, S. 81).

»Obwohl die Stoiker, in REVT-Begriffen ausgedrückt, über eine hohe Frustrationstoleranz verfügen, zeigen viele ihrer Schriften über Sexualität, Liebe und Ehe, dass sie für meinen Geschmack zu asketisch sind. Die REVT bevorzugt Selbstverwirklichung [im Original »self-actualization«] und größtmögliche Freude ebenso wie Selbstdisziplin und ein gemäßigtes Ausmaß an Stoizismus« (Ellis, 1997, S. 89).

Die Verfolgung des Zieles »to survive and be happy« bedingt nach Auffassung der REVT das moralische Prinzip, das Eigeninteresse mit dem *sozialen Interesse* zu verbinden (→ 5.5). Das gebietet die Vernunft, denn »wir leben in einer sozialen Gruppe oder Gemeinschaft, die nicht existieren könnte oder nicht so existieren würde, wie wir uns das wünschen, wenn wir unseren Mitmenschen Schaden zufügen« (Ellis u. Becker, 1982, S. 11). Entsprechend finden wir bei Epiktet:

»Jedes Wesen ist so geschaffen, dass es um seiner selbst willen alles tut. [...] Und so hat es auch die Natur des Vernunftwesens eingerichtet, dass keines seiner ihm eigentümlichen Güter teilhaftig werden kann, ohne zugleich auch zum allgemeinen Nutzen beizutragen« (Epiktet, 1973, S. 18).

Nach Bonhöffer ist der hier von Epiktet ausgesprochene Grundsatz, dass, »wer auf sein eigenes wahres Glück bedacht ist, auch seine sozialen Pflichten am besten erfüllt, [...] der denkbar höchste, den eine Ethik aufzustellen vermag (zit. nach Schmidt, 1973, S. 19).

Der *Wert des Menschen* ist nach Ellis (1997, S. 197f.) prinzipiell nicht messbar. Der Schluss von einzelnen Verhaltensweisen auf die Person insgesamt, die pauschale Personbewertung, ist unzulässig. Bewerten lässt sich nur das Handeln des Menschen. Der Mensch aber *ist* nicht das, was er *tut*. Daraus folgt das REVT-Konzept der Selbst- und Fremdakzeptanz. Ganz ähnlich Epiktet (1973, S. 46):

»Was redest du für ungereimtes Zeug: Ich bin reicher als du, folglich bin ich besser als du. Oder: Ich bin beredter als du, folglich bin ich besser als du. – Du solltest vielmehr sagen: [...] Ich bin beredter als du, folglich ist meine Beredsamkeit besser als die deine. Du selbst bist doch weder Besitz noch Beredsamkeit.«

Fazit: Die REVT hat im Gegensatz zu anderen Ansätzen der Kognitiven Verhaltenstherapie (Beck, 1979; Meichenbaum, 1979) einen »explizit formulierten philosophischen Hintergrund« (Wilken, 1995, S. 8). Die überaus vielfältigen Parallelen zwischen Praxis und Theorie der REVT einerseits und der Lehre und Praxis der antiken Seelenführung andererseits können hier nicht weiter beschrieben werden. Insofern sei verwiesen auf die ausführliche Darstellung von Hoellen (1986).

13.2 Die Grundlagen

Wie erwähnt, enthält der zu Beginn zitierte Ausspruch von Epiktet in kaum zu übertreffender Kürze und Klarheit einen wesentlichen Teil der klinischen Theorie der Rational-Emotiven Verhaltenstherapie: das ABC-Modell (Abbildung 1).

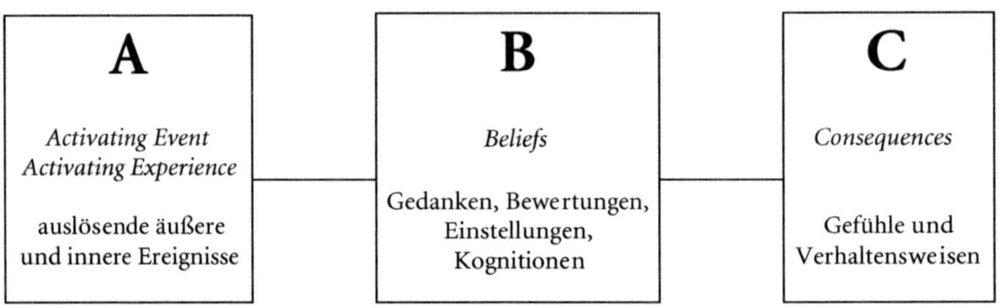

Abbildung 1: Das ABC-Modell der REVT

Die für das ABC-Modell zentrale Annahme lautet: Entgegen dem verbreiteten »Alltagskonzept« (Schwartz, 1981b, S. 27) über das Zustandekommen emotionaler Reaktionen, das Klienten wie Patienten üblicherweise in die Beratung bzw. psychotherapeutische Praxis mitbringen, werden Gefühle am Punkt C (z. B. Ängste, Ärger, Niedergeschlagenheit, Schuldgefühle) nicht unmittelbar und primär durch Ereignisse am Punkt A (z. B. Ablehnung, Misserfolg) ausgelöst. Dem »irrigen A-C-Schluss« (Schwartz, 1981b, S. 27) steht vielmehr das REVT-Konzept entgegen, wonach in erster Linie ein System von Glaubenssätzen, Einstellungen und Bewertungen (kognitive »Schemata«; DiGiuseppe, 1996, S. 10) am Punkt B die emotionalen Konsequenzen hervorrufen (Abbildung 2).

Alltagsdenken (A-C-Denken)	ABC-Theorie
1. Der Anruf des Abteilungsleiters (Punkt A) hat mich wütend gemacht (Punkt C).	1. Der Abteilungsleiter hat angerufen (Punkt A). Was er sagte, fand ich schrecklich unfair (Punkt B). Darüber wurde ich wütend (C als Folge von B).
2. Ich bin total niedergeschlagen (Punkt C), weil mein Arbeitsplatz verloren ging (Punkt A).	2. Mein Arbeitsplatz ging verloren (Punkt A). Dieses Ereignis halte ich für furchtbar (Punkt B). Deshalb bin ich niedergeschlagen (C als Folge von B).
3. Ich werde wohl keine ähnlich gute Arbeit mehr bekommen (antizipiertes A). Das macht mir Angst (C).	3. Ich werde vielleicht keine ähnlich gute Arbeit mehr bekommen (antizipiertes A). Das darf keinesfalls passieren (Punkt B). Angst (C).

Abbildung 2: Alltagsdenken versus ABC-Theorie

Zu ergänzen ist allerdings, dass Ellis das ursprüngliche ABC-Modell mehrfach revidiert und überarbeitet hat und den interaktiven Charakter von A, B und C betont (Ellis, 1994). Vom Grundmodell ausgehend soll dies in den folgenden Abschnitten beschrieben werden.

13.2.1 Assessment von C: Einschätzung der emotionalen Konsequenzen

Im Rahmen ihres Wertesystems streben Menschen als Hauptlebensziel (Z) an, am Leben zu bleiben und relativ glücklich zu leben, wobei sie in ihrem täglichen Leben viele andere Teil- und Durchgangsziele verfolgen. Wenn aber äußere oder innerpsychische Ereignisse (z. B. Verlust eines geliebten Menschen oder ein antizipierter Fehlschlag bei einem Bewerbungsgespräch) – in der Sprache der REVT aktivierende Ereignisse oder Erfahrungen (A für engl. »Activating Event« oder »Activating Experience«) – wichtige Ziele blockieren, so »erschaffen« (Ellis, 1994, S. 17) die Menschen bestimmte angemessene oder unangemessene Gefühle am Punkt C (für engl. »Consequence«). Sie erschaffen diese Gefühle mit Hilfe ihrer Gedanken, Einstellungen und Bewertungen (B für engl. »Belief«) über die zielblockierenden Ereignisse am Punkt A. Bevor wir uns näher mit der für das Zustandekommen von Emotionen bedeutsamen Rolle der Kognitionen am Punkt B befassen, wollen wir zunächst klären, worin sich *angemessene* und *unangemessene Gefühle* unterscheiden. Ellis verwendet synonym für dieses Begriffspaar auch die Bezeichnungen »healthy, self-helping vs. unhealthy, self-defeating feelings«, äußert sich jedoch ansonsten zu dieser Frage eher nebenbei oder durch Beispiele:

»Sie können lernen, klar zwischen diesen selbst geschaffenen emotionalen Reaktionen zu unterscheiden. Die meisten anderen Therapien wie die Verhaltenstherapie von Joseph Wolpe und die kognitiven Therapien von Richard Lazarus, Aaron Beck und Donald Meichenbaum betonen starke Gefühle wie tiefe Trauer und Gereiztheit und *unterscheiden sie nicht von* Depressionen und Ärger. Nicht so REVT! REVT bewertet Trauer, Gereiztheit und Sorge *positiv* [im Original: »healthy«], *denn sie helfen* Ihnen dabei, Ihr Missfallen an unerwünschten Ereignissen auszudrücken und *entsprechend zu handeln.* Im Gegensatz dazu definiert REVT Depressionen, Ärger und Angst (fast immer) als *schädlich,* denn sie entstehen aus dem unrealistischen ›Befehl‹, dass es unangenehme Ereignisse nicht geben darf, und *stehen im Weg, wenn es darum geht, etwas gegen sie zu unternehmen*« (Ellis, 2006, S. 70; Hervorhebungen D. S.).

Mit anderen Worten: Wenn Wunschziele oder Lebensziele (Z) blockiert sind oder blockiert scheinen, reagieren Menschen mit Gefühlen, die sie motivieren, etwas gegen die Blockade der Wunschziele zu tun, sich entsprechend zu verhalten, um die Blockade aufzulösen.

Diese Auffassung steht in Übereinstimmung mit der Emotionstheorie von Izard, wonach Emotionen das »Hauptmotivationssystem des Menschen« (Izard, 1981, S. 63) sind und somit »Verhaltensweisen determinieren« bzw. »zu unterschiedlichen Konsequenzen auf der Verhaltensebene führen« (S. 63). Ähnliches gilt aus Sicht der psychoevolutionären Theorie von Robert Plutchik (1980), wonach Emotionen Verhaltensweisen im Dienste des Überlebens »triggern« (auslösen). Plutchik bezieht sich dabei auf die grundlegenden Überlegungen von Magda Arnold (1960). Bereits in der Urausgabe seines Standardwerks »Reason and emotion in psychotherapy« (1962) würdigt Ellis ausführlich das zwei Jahre zuvor erschienene Werk von Magda Arnold als »eine der umfassendsten und überzeugendsten Studien über die Theorie der Emotionen« (Ellis, 1977, S. 46) und sagt später, dass ihre »Betrachtungsweise des Denkens und Fühlens [...] sich mit derjenigen der REVT deckt« (Ellis, 1997, S. 79).

Gefühle, die in diesem Sinn tendenziell, aber nicht zwangsläufig, hilfreiche Verhaltensweisen »triggern«, nennt man in der REVT angemessene Gefühle. Unangemessene Gefühle führen tendenziell zu dysfunktionalen, selbstschädigenden Verhaltensweisen. Ob ein Verhalten hilfreich oder selbstschädigend ist, lässt sich sinnvoll beurteilen, wenn man das Verhalten in Beziehung zu den jeweiligen Lebenszielen setzt. Unangemessene Gefühle unterscheiden sich von angemessenen Gefühlen nicht dadurch, dass die ersteren negative Gefühle, die letzteren positive Gefühle sind, wenn wir unter positiv soviel wie angenehm und unter negativ soviel wie unangenehm verstehen. Beide Gefühlsqualitäten (zum Beispiel Niedergeschlagenheit genau wie Trauer) sind sicher nicht angenehm und wir wünschen sie uns im Normalfall nicht. Jedoch gehören sie zu unserem Leben, solange wir nicht im Paradies leben, denn sie treten auf, wenn unsere Ziele und Wünsche blockiert sind. Beispiel: Wenn Sie den Wunsch haben, sich mit einer bestimmten Person anzufreunden, diese Person sich aber Ihrem Wunsch entzieht, dann reagieren Sie in der Regel mit Gefühlen, vielleicht mit Enttäuschung und Trauer oder Wut und Niedergeschlagenheit etc. Aber in einem anderen Sinne sind angemessene Gefühle wie Trauer, Besorgnis, Gereiztheit und Reue positiv, denn sie helfen, etwas gegen die Blockade von Zielen und Wünschen zu unternehmen. Wir könnten auch sagen, angemessene Gefühle motivieren, die Welt nach den eigenen Wunschzielen zu verändern bzw. sich ihr anzupassen, wenn bestimmte Ziele nicht erreichbar scheinen. So gesehen ist ein »unangenehmes« Gefühl wie Enttäuschung oder Trauer ein angemessenes, anzustrebendes Gefühl, da es dazu motiviert, ein blockierendes Ereignis im Sinne des Wunschzieles zu verändern oder unerreichbare Ziele durch neue Ziele zu ersetzen. Ein Beispiel mag das illustrieren. Wir entnehmen es dem Lebenszielbereich »Glücklich leben durch und im engen Kontakt mit einer oder einigen wenigen Personen (Freundschafts- und Partnerbeziehungen)«.

Hans ist seit sieben Jahren verheiratet. Als seine Frau einen anderen Mann kennen lernt, kommt es zur Trennung. Hans reagiert tief verletzt und niedergeschlagen, er fällt in eine depressive Verstimmung und hat einige der typischen depressiven Symptome auf der *Verhaltensebene* entwickelt, insbesondere »zieht er sich von den Menschen und der Welt zurück« (vgl. Schwartz, 2008, S. 17).

Abbildung 3 kennzeichnet die Situation von Hans im Sinne des ABC-Modells, wobei der Punkt B zunächst noch unberücksichtigt bleibt. Die Abbildung verdeutlicht, worauf es hauptsächlich ankommt, um angemessene von unangemessenen Emotionen zu unterscheiden. In Therapie wie im Coaching besteht ein wichtiger *Motivationsschritt* für die folgenden Stufen einer Behandlungssequenz, insbesondere vor Einführung des B im ABC-Modell, darin, Patienten bzw. Klienten zu ermöglichen, dass sie diese Unterscheidung nachvollziehen können (vgl. die »REVT-Übung Nr. 5« bei Ellis, 2006, S. 74f.). Aus meiner langjährigen Tätigkeit als Supervisor von Kognitiven Verhaltenstherapeuten weiß ich, dass dieser motivationale Schritt vielfach vernachlässigt wird.

Z	(Ziel): glücklich leben; Unterziel: in einer Zweierbeziehung leben
A	(aktivierendes Ereignis): zielblockierendes Trennungserlebnis
B	(Beliefs)
	(*unangemessene emotionale* Konsequenz): depressiv, niedergeschlagen
C	↓ (zielsabotierende Verhaltenskonsequenzen): Rückzugsverhalten, Passivität

Abbildung 3: Unangemessene Gefühle »triggern« zielsabotierendes Verhalten

Abbildung 4 zeigt im Kontrast zu Abbildung 3, dass anlässlich des zielblockierenden aktivierenden Ereignisses auftretende Gefühle wie Trauer und Enttäuschung, obwohl negativ im Sinne von unangenehm, zu zielförderlichen Verhaltensweisen führen und daher angemessen sind.

Z	(Ziel): glücklich leben; Unterziel: in einer Zweierbeziehung leben
A	(aktivierendes Ereignis): zielblockierendes Trennungserlebnis
B	(Beliefs)
	(*angemessene emotionale* Konsequenz): Trauer, Enttäuschung
C	↓ (zielförderliche Verhaltenskonsequenzen): Aktivierung zur Zielerreichung, eventuell neue Ziele

Abbildung 4: Unangemessene Gefühle »triggern« zielsabotierendes Verhalten

Damit ist einerseits festgestellt, dass es sich bei angemessenen Gefühlen wie zum Beispiel Trauer, Enttäuschung oder Verdruss nicht um emotionale Störungen handelt, die behandlungsbedürftig wären. Andererseits sind sie das anzustrebende Ziel, wenn unangemessene Gefühle und dysfunktionales Verhalten am Punkt C des ABC festgestellt werden. Wie kann das Interventionsziel erreicht werden?

13.2.2 Assessment von B: Erkennen der selbstschädigenden (irrationalen) Beliefs

In der REVT sprechen wir »von drei Arten von Kognitionen« (Ellis, 1997, S. 83f.; Schwartz, 1987):

1. »Kalte« oder rein beschreibende, *nicht wertende Kognitionen*, wie zum Beispiel: »Es beginnt zu regnen.« oder »Das Haus ist groß.« Kalte Kognitionen beschreiben oder interpretieren Sachverhalte.

2. »Warme« oder *wertende Kognitionen*, zum Beispiel: »Ich mag es nicht, wenn ich nicht geschätzt werde« oder »Ich schätze es und wünsche mir, Erfolg zu haben.« Warme Kognitionen beinhalten präferenzielles Denken, das heißt Denken in Kategorien des Wünschens bzw. Nichtmögens. »Warme« wertende Kognitionen dieser Art korrelieren mit angemessenen Gefühlen. Bereits 1956 schrieb Ellis: »Der Mensch *bewertet* ein Objekt (nimmt eine subjektive Haltung dazu ein), wenn er dieses [...] deutlich als ›gut‹ oder ›schlecht‹, ›nützlich‹ oder ›schädlich‹ wahrnimmt [...]. Der Mensch *fühlt*, wenn er ein Objekt [...] als ›angenehm‹ oder ›unangenehm‹, ›zuträglich‹ oder ›schädlich‹ bewertet« (1977, S. 48).
3. »Heiße« oder *extrem wertende Kognitionen* wie: »Weil ich es mag, wenn man mich schätzt, *muss* ich immer Anerkennung und Erfolg haben!« Heiße Kognitionen machen aus Wünschen *absolute Forderungen* und »verursachen« unangemessene Gefühle bzw. »emotionale Störungen« (Ellis, 1997, S. 84). Heiße Kognitionen (auch irrationale oder dysfunktionale Einstellungen genannt) bestehen somit »in ihrem Kern« (Ellis, 1997, S. 104) aus dogmatischen Muss-Forderungen (»Mussturbationen«): »Ich *muss* meine wichtigen Ziele unbedingt erreichen!«. Daraus leiten sich weitere irrationale Überzeugungen wie das »Katastrophisieren« (»Wenn ich nicht erreiche, was ich glaube, erreichen zu müssen, ist das schrecklich.«), die »Ich-kann-es-nicht-aushalten-Krankheit« (»... und ist nicht zu ertragen.«) sowie pauschale Personabwertung (»... und beweist, dass ich ein wertloser Mensch bin.«) ab.

Die diagnostische Phase einer rational-emotiven Behandlungssequenz kann als abgeschlossen betrachtet werden, wenn am Punkt C die unangemessenen Gefühle und die daraus tendenziell resultierenden dysfunktionalen Verhaltensweisen sowie am Punkt B die verantwortlichen »heißen« Kognitionen herausgefunden wurden. Dabei ist zu beachten, dass neben einem so genannten primären ABC oftmals ein weiteres ABC eine für die Störung erhebliche Rolle spielen kann. Dieses von Ellis in die Psychotherapie eingeführte *Konzept des Symptomstresses* besagt, dass die emotionalen und behavioralen Belastungen am Punkt C des primären ABC häufig zum Ausgangspunkt (A) eines so genannten sekundären ABC werden, das die Bearbeitung des ursprünglichen Problems behindert und daher vorrangig zu behandeln ist (vgl. Schelp, Gravemeier u. Maluck, 1997).

Erwähnt werden soll im diesem Zusammenhang der »Sokratische Dialog«, eine Fragetechnik, mittels der ein Klient zur »Einsicht oder zu einer angemessenen Schlussfolgerung [geführt werden soll], ähnlich wie es der berühmte Philosoph tat« (Walen, DiGiuseppe u. Wessler, 1982, S. 180; vgl. Ellis u. Hoellen, 1997, S. 59).

13.2.3 Disputation: Hinterfragen und Umdenken

Nachdem die diagnostische Phase (ABC-Analyse) mit der vollständigen und gründlichen Erforschung der vom Klienten bislang gehaltenen dysfunktionalen kognitiven Schemata und ihrer selbstschädigenden Auswirkungen auf Emotionen und Verhalten abgeschlossen wurde, beginnt der Prozess der Veränderung mittels der Disputation (D) hin zu einer neuen Lebenshaltung – von Ellis dem Punkt E für »Effective New Philosophy« (Ellis, 1997, S. 79) zugeordnet –, die in ihrem zentralen Gehalt das absolutistische Fordern durch eine »gesunde präferenzielle Lebenshaltung« (S. 79) ersetzt. Wie zum Beispiel: »Ich wäre gerne sehr erfolgreich und von den Mitmenschen anerkannt, aber es muss nicht unbedingt so sein!« – »Ich wünsche mir, dass andere mich fair und rücksichtsvoll behandeln, aber es gibt keinen Grund, weshalb sie diesen meinen Wunsch erfüllen müssen!« – »Nirgends steht geschrieben, dass ich bekommen muss, was ich mir wünsche!« Also mit Epiktet (1973, S. 25): »Verlange nicht, dass alles so geschieht, wie du es wünschest [...], und du wirst in Ruhe leben.« In der für Ellis typischen Prägnanz ist damit der Prozess einer REVT in die einprägsame Formel ABCDE gegossen, bei der man sich jedoch noch ein vorangestelltes Z mitdenken sollte, da Ziele wie gezeigt maßgeblich mitbestimmen, ob am Punkt C unangemessene Gefühle vorliegen.

Das Infragestellen der dysfunktionalen kognitiven Schemata – in der REVT in »Anlehnung an den Begriff des philosophischen Disputs« (Wilken, 1998, S. 86) Disputation genannt – erfolgt kognitiv, emotiv und auf der Verhaltensebene. Den meisten Raum sowohl in der Praxis von Coaching und Therapie wie auch in Lehrbüchern und Ratgebern nimmt dabei die *kognitive Disputation* ein. Hierbei unterscheiden wir vier Strategien (vgl. Beal, Kopec u. DiGiuseppe, 1996):

1. *Die hedonistische oder pragmatische Disputation* (Försterling, 1980, S. 24; Walen, DiGiuseppe u. Wessler, 1982): Sie zielt darauf ab, dem Klienten zu zeigen, dass seine bislang gehaltenen Überzeugungen nicht hilfreich sind, und ihn so für seine Veränderungsarbeit zu motivieren. Beispielfragen: »Hilft Ihnen der Gedanke, sich so zu fühlen, wie Sie es möchten?« – »Helfen Ihnen Ihre bisherigen Gefühle, sich zukünftig so zu verhalten, dass Sie Ihre Ziele erreichen?« Die hedonistische Disputation sollte während des gesamten Disputationsprozesses immer wieder aufgenommen werden. Wenn der Klient zum Beispiel bereits alternative Denkweisen über die logische oder empirische Disputation entwickelt hat, kann man ihn fragen: »Wenn Sie nun wirklich fest an Ihre neue Denkweise glauben könnten – wie würden Sie sich dann fühlen?«
2. *Die empirische Disputation:* Ihr Ziel besteht darin, den Realitätsgehalt der irrationalen Überzeugungen zu hinterfragen. Beispielfragen: »Auf welche Daten stützen Sie Ihre Annahmen?« – »Wo steht geschrieben, dass ...«

usw. Im Prinzip handelt es sich um die Anwendung der wissenschaftlichen Methode in der persönlichen Alltagswelt des Menschen: Hypothesen gelten nur als »wahr«, wenn und solange sie durch empirische Daten gestützt werden (vgl. Schwartz, 1998a).

3. *Die logische Disputation* fordert den Klienten auf, seine dysfunktionalen Gedanken unter logischen Gesichtspunkten zu überprüfen, zum Beispiel: »Ist Ihre Schlussfolgerung logisch?«
4. *Formulierung einer alternativen »rationalen« Einstellung*: Sinnvollerweise »verpackt« man den alternativen Gedanken in die Disputationsfrage, zum Beispiel: »Natürlich wäre es sehr nachteilig für Sie und überhaupt nicht wünschenswert, wenn Sie bei der Prüfung keinen Erfolg hätten. Dafür haben Sie natürlich Beweise genug. Aber wieso müssen Sie Erfolge haben? Wo sind die Beweise dafür?« Die Wissenschaftsgeschichte hat überzeugend gezeigt, dass alte Theorien *nur* dann aufgegeben werden, wenn eine bessere Alternativtheorie zur Verfügung steht (Kuhn, 1962). Das Ersetzen einer selbstschädigenden Lebensphilosophie durch eine hilfreiche neue Lebensphilosophie kann analog einem Paradigmawechsel im Kuhn'schen Sinne verstanden werden.

Alle vier Strategien können in der Praxis mit zumindest vier Interventionsstilen kombiniert werden:

1. dem *didaktischen Stil* (»Es gibt keinerlei Beweise für Ihre Annahme, dass Sie ein wertloser Mensch sind.«);
2. dem bereits erwähnten *sokratischen Stil* (»Wie können Sie den Wert eines Menschen messen?«);
3. dem *metaphorischen Stil* (»Wenn Thomas Edison sich nach dem Scheitern seiner frühen Experimente mit Elektrizität gesagt hätte, er sei ein totaler Versager, wohin hätte ihn das – und uns – gebracht?«; Beal, Kopec u. DiGiuseppe, 1996) – eine besondere Form stellen für Kinder entwickelte rational-emotive Geschichten und Comics dar, in denen die Prinzipien der REVT in kindgerechter Form aufbereitet sind (Waters, Schwartz, Gravemeier u. Grünke, 2003);
4. dem *humorvollen Stil* (»Sie meinen, wenn ich von Ihnen denke, dass Sie ein Genie sind, macht Sie das zum Genie? Okay – gerade geschehen, kostet 1000,– Euro.«).

Disputiert wird jedoch auch emotiv. Ein typisches Verfahren, das praktisch in jeder REVT-Sitzung durchgeführt wird, ist die so genannte *Rational-Emotive Imaginationsübung* (Schwartz, 1980). Dabei werden Klienten angeleitet, mit ihren belastenden unangemessenen Gefühlen, zum Beispiel starker Angst, in Kontakt zu treten und sie anschließend in angemessene Gefühle, zum Beispiel Besorgnis oder Lampenfieber, umzuwandeln.

Als dritte Grundform der Disputation ist die *behaviorale oder verhaltensorientierte Disputation* zu beachten. Ellis betont, dass die REVT »unter den kognitiv-behavioralen Therapieansätzen ganz besonders behavioral orientiert ist« und er sich aus diesem Grunde »entschlossen hat, die RET in REVT umzubenennen« (Ellis, 2001, S. 39). Die vielen behavioralen Techniken, unter anderem auch die so genannten Hausaufgaben, folgen der Erkenntnis, die Ellis 1975 so formulierte: »Menschen [lassen] von einem tief verwurzelten selbstschädigenden Belief kaum ab bzw. [ändern] diesen nur selten, solange sie nicht *entgegengesetzt handeln*« (S. 20).

13.3 Das Vorgehen im Life-Coaching

Der Aufbau einer hilfreichen Lebensphilosophie durch Coaching umfasst die Optimierung basaler Führungsqualitäten, wie zum Beispiel Entscheidungsfähigkeit, Konzentrationsfähigkeit, Selbstdisziplin, Selbstakzeptanz, Beziehungsgestaltung zu Konkurrenten und Mitarbeitern, Kontrolle feindseliger und depressiver Gefühle unter anderem (vgl. Ellis, Schwartz u. Jacobi, 2004; Grieger u. DiMattia, 1993). Generell unterstützt Rationales Effektivitätstraining als Life-Coaching Menschen unter Anwendung der Prinzipien und Methoden der REVT bei der Lösung ihrer emotionalen Blockaden und der damit verbundenen selbstschädigenden Verhaltensweisen im Berufs- und Privatleben (vgl. Grüne, 2007; Junge, 2005). Hierzu nun einige Beispiele:

Verkaufsleiter A. berichtet im Coaching-Gespräch, dass ihm in der Firma »gegen seinen Willen« häufig »der Kragen platzt«, er beginne, an seinen Führungsqualitäten zu zweifeln, weil »er sich nicht mehr im Zaum« habe. Jüngst habe sich Folgendes zugetragen: Zur Entwicklung einer Verkaufskampagne hatte er einen fachkundigen Mitarbeiter beauftragt, ihm fristgerecht alle notwendigen Daten wie Umsatzzahlen, Werbemöglichkeiten etc. zusammenzustellen. Als der Mitarbeiter die Frist überschritt, machte ihm der Verkaufsleiter eine wütende Szene, in der er den Mitarbeiter als unfähigen Versager beschimpfte, und nahm die Unterlagen an sich. Da er dem Chef des Unternehmens gegenüber seinerseits berichtspflichtig war, machte er die Arbeit schließlich selbst.

In mehreren Sitzungen wurde sein Problem besprochen. In der ABC-Analyse wurde zunächst Übereinstimmung erzielt, dass sein Verhalten am Punkt C einen selbstschädigenden Charakter trug (Störung der Beziehung zu einem guten Mitarbeiter, Übernahme zusätzlicher Arbeit) sowie gegen seine eigenen Führungsprinzipien und Ziele verstieß. Auf die Frage: »Wie können Sie sich weniger feindselig und selbstschädigend verhalten, wenn Sie sich so wütend machen?« stimmte der Klient zu, dass seine Wutreaktion am Punkt C wohl verantwortlich sei für sein Verhalten und daher als unangemessen gelten müsse. Der Coach schlug vor, als emotionales Ziel für zukünftige Situationen Verdruss oder milden Ärger ins Auge zu fassen, da ihn ein solches Gefühl zwar einerseits weiter motiviere, seinem Missfallen Ausdruck zu geben und Änderungen im Verhalten seiner Mitarbeiter anzumahnen, andererseits aber nicht zu Überreaktionen führe. Der Klient stimmte zu und begab sich auf die Suche nach seinen dysfunktionalen Überzeugungen (B). Er identifizierte schließlich hauptsächlich folgende »Beliefs«:

1. »Wenn ich einem meiner Mitarbeiter einen befristeten Auftrag erteile, so hat dieser gefälligst die Frist zu beachten.«
2. »In meiner Abteilung darf der Betrieb nicht durch Unachtsamkeit oder Fehler gestört werden.«
3. »Vor meinem Chef muss ich gut dastehen und als perfekter Manager gelten.«

Die Disputation nahm in groben Zügen folgenden Verlauf: Schienen ihm diese Gedanken hilfreich, um sich nur noch milde ärgerlich zu machen? Nein, keinesfalls. Könne er sich alternative, hilfreiche Gedanken vorstellen? Ja, etwa: »Es ist unangenehm, wenn Mitarbeiter Fristen nicht einhalten und im Betrieb Fehler passieren, aber das bedeutet nicht, dass Mitarbeiter unfehlbar sein müssen. Diese Welt ist nicht perfekt. Ich akzeptiere das besser, anstatt Perfektion zu fordern.« – »Ich ziehe es vor, vom Chef geschätzt zu werden, aber ich fordere es nicht. Es gibt keine perfekten Manager, also kann auch ich nicht perfekt sein.« Es wurde vereinbart, dass er zwischen den Sitzungen (1) mit der Rational-Emotiven Imaginationsübung entsprechende Situationen durchspielt und (2) so genannte Rationale Selbstanalysen (RSA) erstellt (hierzu Schwartz, 1981b, 2002) und zu den Coaching-Gesprächen mitbringt. Schließlich wurde der Klient noch auf seine Bemerkung angesprochen, er beginne, an seinen Führungsqualitäten zu zweifeln. Die Vermutung, dass er anlässlich seiner in letzter Zeit gehäuften Überreaktionen am Punkt C des ersten ABC begonnen hatte, Symptomstress zu entwickeln, bestätigte sich. Vorsorglich wurde daher das zweite ABC bearbeitet:

- A: Mir platzt oft der Kragen und ich halte mich nicht mehr im Zaum (C des primären ABC).
- B: Ich müsste mich beherrschen können. Wenn mir das nicht gelingt, bin ich ein Versager.
- C: Minderwertigkeitsgefühle und selbstunsichere Verhaltensweisen.
- D (Disputation): Hilfreicher Gedanke? Nein. Logisch? Nein. Nirgendwo steht geschrieben, dass ich mich beherrschen muss, auch wenn es vorteilhafter wäre für meine Ziele als Führungskraft.
- E (neue effektive Lebensphilosophie): Es wäre schön, wenn ich mich zukünftig mehr beherrschen könnte. Aber dies zu fordern, bringt mich nicht weiter, sondern führt zu mehr Stress und Unsicherheit und gefährdet meine Führungsfähigkeiten. Ich mache aus meinem ersten Problem ein zweites, neues Problem und löse damit keines. Überreaktionen sind keine förder-

lichen Verhaltensweisen, aber sie machen mich nicht zu einem Versager insgesamt. Perfektion zu fordern, ist irrational. Menschen machen Fehler.

Hier ein zweites, etwas komplexeres Beispiel:

Artur arbeitet seit einiger Zeit in gehobener Position eines mittleren Unternehmens. Im Betrieb werden seine Fähigkeiten allseits geschätzt. Nun hat es allerdings in der Chefetage einen Wechsel gegeben. Zwischen Artur und dem neuen Vorgesetzten entwickeln sich zunehmend Spannungen, nachdem dieser ohne Absprache einige Eingriffe in das Arbeitsgebiet von Artur vorgenommen hat. Obwohl innerlich ziemlich sauer, schweigt Artur dazu, meidet wenn möglich den Kontakt zum Chef und verhält sich im Umgang mit ihm eher wortkarg. Als dann nach einiger Zeit der Chef in einer Angelegenheit, die zuvor dem Kompetenzbereich von Artur angehörte, einen klaren Fehler macht, äußert sich Artur in einem Gespräch, um das der Chef zwecks »Schadensbegrenzung« gebeten hatte, folgendermaßen: »Ach, da schau her, das ist ja schön, erst ziehen Sie alles an sich, und wenn's schief geht, sollen die anderen die Kohlen aus dem Feuer holen. Prima!« In der Folgezeit verschlechtert sich das Verhältnis zwischen Artur und dem neuen Geschäftsführer weiter.

Im Coaching-Gespräch war zunächst zu klären, welche Ziele Artur voraussichtlich verfolgt (1) und ob Artur mit seinem kommunikativen Verhalten seine Ziele fördert oder sabotiert (2).

Zu 1: Zwei Ziele wurden identifiziert: die Erhaltung eines positiven Verhältnisses zum Chef als erstes Ziel. Zweitens möchte Artur die Kompetenzen in seinem Arbeitsbereich beibehalten bzw. wenn möglich zurückerhalten. Ein Nichterreichen des ersten Ziels erschwert auch das Erreichen des zweiten Ziels, denn der Chef »sitzt am längeren Hebel«. Das erste Ziel ist also im Sinne der Hierarchie von Zielen sozusagen ein Durchgangsziel zum zweiten Ziel, denn ein positives Verhältnis zum Chef fördert die Chancen Arturs, den Chef bewegen zu können, ihm den ursprünglichen Kompetenzbereich (wieder) zu überlassen.

Zu 2: Bei Artur sind zwei kommunikative Verhaltensweisen deutlich erkennbar: Zum einen, obwohl sauer über den Eingriff in seine Kompetenzen, schweigt Artur. Zum anderen die sarkastische, aggressive Äußerung im Gespräch mit dem Chef. Was das Schweigen betrifft, so wissen wir von der Unmöglichkeit, sich nicht zu verhalten bzw. nicht zu kommunizieren (Watzlawick, 1974). Arturs »Nichts-Sagen« und seine Kontaktvermeidung dienen sicher weder dem zweiten Ziel (Wiedererlangung der früheren Kompetenzen) noch dem ersten Ziel (positives Arbeitsverhältnis). Noch offensichtlicher sabotiert die sarkastische, aggressive Äußerung die Ziele von Artur.

Verfolgen wir nun das Gespräch mit Artur. Es war bereits geklärt, dass sein Kommunikationsverhalten mit dem Chef seinen Zielen nicht förderlich war. Dem hatte Artur zugestimmt. Der Coach fragt ihn dann (zur Beachtung: Alle

Beiträge des Coaches sind in der Form des Sokratischen Dialogs als Fragen gestaltet):

Coach: »Haben Sie eigentlich eine Erklärung dafür, dass Sie so gar keinen Versuch unternahmen, gegen die neue Kompetenzverteilung durch den Geschäftsführer etwas zu unternehmen? Sie waren doch ziemlich sauer darüber, wie Sie mir sagten.«

Artur: »Allerdings war ich sauer! Aber mir war klar, dass die Erfolgsaussichten, ihn umzustimmen, sehr gering waren.«

Coach: »Wie konnten Sie so sicher sein?«

Artur: »Ich glaube, dass ich ihn ziemlich gut eingeschätzt habe.«

Coach: »Ich verstehe. Sehen Sie das auch jetzt noch so?«

Artur: »Ich glaube es zumindest.«

Coach: »Aber Ihr Verhalten in der Folgezeit war sehr defensiv. Sie waren sauer, aber haben es nicht gezeigt. Wäre es für Ihre Ziele nicht nützlicher gewesen, weiterhin Einfluss zu behalten, im Gespräch zu bleiben, auch wenn Sie glauben, dass an der Entscheidung bezüglich der Kompetenzverteilung nichts mehr geändert würde?«

Artur: »Das stimmt. Das war mir auch schon in der Situation durchaus bewusst, dass mein Rückzug mir letztlich nicht weiterhelfen würde. Aber ich konnte es irgendwie nicht ...«

Coach: »Wenn wir etwas vermeiden – so wie Sie den Kontakt und das Gespräch mit dem Chef vermieden haben, wo es nur ging –, da passiert gefühlsmäßig zunächst etwas. Was für ein Gefühl hat Ihr Vermeidungsverhalten bewirkt? Können Sie das erinnern?«

Artur: »Na, ich war stinksauer ...«

Coach: »Aber üblicherweise bewirkt Wut eher aggressives Verhalten, das üblicherweise nicht gerade durch Rückzug und Vermeiden gekennzeichnet ist. Waren Sie wirklich *nur* wütend?«

Artur: »Manchmal war wohl auch eine gewisse Angst mit im Spiel.«

Coach: »Vor dem Chef?«

Artur: »Nein, eigentlich nicht vor dem Chef. Den habe ich sowieso eher als ›Weichei‹ angesehen ...«

Coach: »Wovor also? Was haben Sie befürchtet?«

Artur: »Dass ich die Kontrolle über mich verlieren könnte. Denn wenn ich ihn irgendwie auf die Situation angesprochen hätte und er hätte nicht mit sich reden lassen oder wäre mir irgendwie dumm gekommen – ich weiß nicht, was ich getan hätte.«

Coach: »Sie hatten also Angst vor sich selbst, dass Ihre Wut sich Bahn bricht und Sie nicht mehr die Kontrolle darüber hätten?«

Artur: »Ja. Ich denke, so war es. Und je länger es dauerte, desto mehr befürchtete ich, dass ich meine Wut nicht mehr zügeln könnte. Was ja dann auch passiert ist, als ihm die Sache in die Hose ging und er angekrochen kam ...«

Coach: »Am Anfang waren Sie nur etwas sauer, und das wurde dann immer mehr. Und was haben Sie anfangs zu sich gesagt, um sich ängstlich zu machen?«

Artur: »So etwa: Du lieber Himmel, wenn er auch noch sieht, dass ich sauer bin, den Triumph darf ich ihm nicht gönnen.«

Coach: »Weil?«

Artur: »Dann würde ich erst recht als Verlierer dastehen, als Versager.«

Coach: »Wenn ich verliere, wenn ich versage, dann *bin* ich ein Verlierer, ein Versager? Das darf nicht passieren. In etwa so?«

Artur: »Ja. Deswegen habe ich mich zurückgehalten, damit er nicht sieht, wie sauer ich bin.«

Coach: »Aber das ›Sauersein‹ verschwand damit nicht?«

Artur: »Im Gegenteil. Es staute sich immer mehr bis zur Wut an.«

In diesem Gespräch vollzieht Artur die wesentlichen Erkenntnisschritte, die sein selbstschädigendes Verhalten vollkommen erklären: sein defensives, untergründig aggressives Rückzugsverhalten wie auch den offen aggressiven Sarkasmus. Zwei ABC's widerspiegeln die »Anatomie der Emotionen« (Schwartz, 1981a, S. 301) von Artur:

1. Arturs Angst- und Vermeidungs-ABC:
- A (aktivierendes Ereignis/Situation in der Form einer gedachten Situation): »Wenn ich zeigen würde, dass ich sauer bin, und der Chef mich darauf anspräche, könnte ich die Fassung verlieren. Ich wäre der ›Verlierer‹.«
- B: »Ich darf nicht als Verlierer dastehen, denn das würde beweisen, dass ich ein Versager bin. Das darf nicht passieren. Das wäre schrecklich.«
- C (unangemessenes Gefühl): Angst vor Kontrollverlust.
- C (dysfunktionalesVerhalten): passives Aggressionsmuster.

2. Arturs Wut-ABC:
- A: Chef bittet um Gespräch zwecks »Schadensbegrenzung«.
- B: »Er besitzt doch tatsächlich die Frechheit, mich jetzt um Hilfe zu bitten, nachdem er mir zuerst meine Kompetenzen wegnimmt und dann die Arbeit nicht mal richtig durchführen kann. Mir wäre dieser Anfängerfehler nicht passiert. Jetzt reicht es! So darf er mir nicht kommen! So ein Mistkerl! Das halte ich nicht aus.«
- C (unangemessenes Gefühl): feindselige Gefühle, Wut.
- C (dysfunktionales Verhalten): offen sarkastische Äußerung.

In der Disputation (D) kann Artur seine bisherigen Überzeugungshaltungen in Frage stellen und alternative Denkweisen entwickeln, die zu neuen hilfreichen emotionalen und verhaltensbezogenen Effekten (E) führen:
- Frage: Wieso darf ich nicht als »Verlierer« dastehen?
- Antwort: Es gibt keinen Grund, dass ich nicht verlieren darf, auch wenn es natürlich angenehmer wäre, nicht zu »verlieren«. Im Übrigen, in was für

einen absurden Wettkampf stelle ich mich, wenn verliert, wer wütend wird, und gewinnt, wer keine Gefühle zeigt?

- Frage: Wo steht geschrieben, dass ich ein Versager bin, wenn ich die Fassung verliere und wütend werde?
- Antwort: Nur in meiner Einbildung! Selbst wenn es unangenehm und für meine Ziele hinderlich ist, wenn ich mich wütend mache, zeigt das nur, dass ich ein Mensch bin, der bei sich ein unangemessenes Gefühl und ein selbstschädigendes Verhalten hervorrief, aber nicht, dass ich total unfähig bin.
- Frage: Wo steht geschrieben, dass die Fassung zu verlieren (am Punkt A) nicht passieren darf und wenn doch, dass es schrecklich ist?
- Antwort: Nirgends! Zweifellos mache ich im Lebensfluss andauernd aktivierende Erfahrungen. Manche sind sehr unangenehm, und ich wünsche sie mir wahrhaftig nicht. Aber zu fordern, dass nicht passieren darf, was passiert oder was mir nicht gefällt, ist unsinnig und erzeugt neue Probleme. Wenn ich ein unangenehmes Ereignis als schrecklich ansehe, so gebe ich ihm auf einer Skala von 0–100 (auf der sog. Katastrophenskala; vgl. Schwartz, 2002) den höchsten Wert. Aber könnte nicht das nächste unangenehme Ereignis noch unangenehmer sein? Zweifellos gibt es in meinem Leben schlimmere Dinge, als im eingebildeten Kampf der Emotionslosigkeit mit meinem Chef zu verlieren.
- Effekte (E): Verringerung der Angst vor Kontrollverlust; Akzeptanz der eigenen emotionalen Befindlichkeit; frühzeitiges Ansprechen von unerwünschten Sachverhalten in der Firma; Beziehungsverbesserung zu Chef und Mitarbeitern, dadurch Optimierung eigener Einflussmöglichkeiten.

Literatur zum Thema

Ellis, A. (1997). Grundlagen und Methoden der Rational-Emotiven Verhaltenstherapie. München: Pfeiffer bei Klett-Cotta.

Ellis, A., Hoellen, B. (1997). Die Rational-Emotive Verhaltenstherapie – Reflexionen und Neubestimmungen. München: Pfeiffer bei Klett-Cotta.

Ellis, A. (2006). Training der Gefühle. Wie Sie sich hartnäckig weigern, unglücklich zu sein. Heidelberg: mvg.

Ellis, A., Schwartz, D., Jacobi, P. (2004). Coach dich! Rationales Effektivitäts-Training zur Überwindung emotionaler Blockaden. Ein philosophisch-psychologischer Ratgeber. Würzburg: Hemmer-Wüst Verlag.

Schwartz, D. (2006). Gefühle verstehen und positiv verändern. Ein Lebenshilfebuch zur Rational-Emotiven Verhaltenstherapie. München: CIP-Medien.

Schwartz, D. (2007). Vernunft und Emotion. Praxis der Rational-Emotiven Verhaltenstherapie. Dortmund: borgmann publishing.

14 Führen mit Sinn

Ein logotherapeutisches Coaching-Verfahren

Anette Suzanne Fintz

14.1 Die aktuelle Situation von Führungspersonen

Phasen der Standortbestimmung und der eventuellen Neuausrichtung werden von den meisten Führungspersonen als sinnvoll beurteilt. Und doch gelten sie als Luxus, den man sich nicht leisten will. Denn: Das Tagesgeschäft von Menschen, die sich »mitten im Arbeitsleben« befinden, besteht aus Lösungen zu aktuellen Problemen. Warum sich also noch mehr Fragen aufbürden, die gerade nicht methodisch oder technisch zu lösen sind? Zum Beispiel die unternehmerischen Fragen: »Worauf ist Verlass?« »Wie kann mein Unternehmen erfolgreich bleiben?« »Was ist wirklich wichtig – für mein Unternehmen und für mich selbst?« Oder die persönlichen Fragen: »Was habe ich im Leben nicht alles schon geplant – und wie anders ist es geworden!« »Was ist aus dem geworden, der ich sein wollte? – Bin ich eigentlich (noch) ich?« (→ 3).

Diese Fragen können in ein Lebensgefühl führen, das in der Existenzphilosophie als »Geworfenheit« (Heidegger) oder als unausweichliches »In-Situation-Sein« (Jaspers) beschrieben wird. Es entspricht einem tiefen Bewusstsein, das nachdenkende und nachfühlende Menschen seit dem 20. Jahrhundert prägt: Wir suchen Sicherheit, wir planen so, als ob es sie gäbe, und machen im Kleinen wie im Großen die Erfahrung, dass unsere gesamte Planung an unkalkulierbaren Faktoren (inklusive der eigenen Person!) scheitern kann. Die Auflösung des Ostblocks 1989; »9/11« und der Börsencrash 2001; stark ansteigende Rohstoffpreise durch den Irakkrieg 2003: alles unvorhersehbare Ereignisse, die nationale, wirtschaftliche und individuelle Pläne und Befindlichkeiten treffen und denen man weitgehend ausgeliefert ist.

Wir tun so, als ob wir »Herr der Lage« wären, aber letztlich kann alles doch anders kommen. Dies wirkt sich selbstverständlich auch auf Führungsarbeit aus. Führen gehört (neben der Elternschaft) sicherlich zu den verantwortungsvollsten Aufgaben in der Gesellschaft (→ 1.5) und zu den Fähigkeiten, die scheinbar immer erst in einem Learning-by-Doing, fatalerweise aber meistens durch Trial-and-Error angeeignet werden. Natürlich gibt es »Handwerkszeug«, wie zum Beispiel betriebswirtschaftliches oder arbeitspsychologisches Wissen, das vielerorts gelehrt wird; aber *worhin* das Schiff steuern soll, kann weder strukturiertes Wissen über Wirtschaftsabläufe noch eine motivationspsychologische Studie klären. Die grundlegenden Fragen bleiben durch Methode nicht zu klären. Zugegeben scheinen oben genannte existenzielle Fragen zunächst nicht zielführend zu sein. Beim zweiten Hinsehen führen sie zu Themen, die den langfristigen Erfolg eines Unternehmens ausmachen und Führungsklarheit bewirken:

Was motiviert uns zu genau diesen Entscheidungen? Was bietet verlässliche Orientierung? Wovon lassen sich ethische Leitlinien – und damit so etwas wie jeweilige Verhaltenskodices – in einer zunehmend säkularisierten Welt herleiten? Letztlich: *Wer wollen wir sein?*

Die Beantwortung dieser Fragen stellt sich als problematisch heraus: Tradition und Religion legen unsere gesellschaftlichen Rollen nicht mehr eindeutig fest; die Welt scheint uns offener zu stehen denn je. Zugleich erleben wir in höherem Maße als die Generationen vor uns eine existenzielle Unsicherheit im Leben, eine »Fragilität des Daseins« überhaupt. Hinzu kommt die Alltagserfahrung, dass in der Welt Glück und Leid (→ 5), Friede und Krieg dicht nebeneinander liegen. Wähle ich den persönlichen Frieden (und mische mich als Vorgesetzte bei Verdacht auf Mobbing nicht ein), kann dies Unglück für andere nach sich ziehen (z. B. für diejenigen, die zum Mobbingopfer werden). Führen heißt deshalb immer, die Verantwortung für eine Entscheidung übernehmen, auch in dem Bewusstsein, dass es ein eindeutiges »Richtig« und »Falsch« nicht gibt. Vielmehr handelt es sich um eine Entscheidung, wofür die einzelne Führungsperson oder das gesamte Unternehmen stehen soll. An Stelle der Frage »Wie machen wir es richtig?« stehen die Fragen: »Was können wir verantworten?« (→ 6) und »Wofür wollen wir stehen?«

Führen wurzelt daher in einem Selbstverständnis der Führungsperson, das nicht von der Illusion der »weißen Weste« geprägt ist, vielmehr von dem Bewusstsein, dass authentisches Führen mit einem Leben in antinomischen Strukturen unmittelbar verknüpft ist. Dilemmata bleiben unauflöslich; sie fordern eine persönliche, subjektiv zu verantwortende Entscheidung (→ 2.2.3). Der Wunsch, Dilemmata (→ 9) durch dialektisches Denken (im Sinne der Vereinigung der Gegensätze) zu einem Kompromiss führen zu können, wird gerade dort nicht erfüllt, wo es um Wesentliches oder gar um Identitätsrelevantes geht.

Das Ergebnis dieser Überlegung wirkt sich im alltäglichen Handeln aus. Sei es bei Entscheidungen im Vorstand über die Verlegung von Standorten oder bei der Überlegung, wie mit Stakeholdern umzugehen ist: Immer geht es letztlich darum, Positionen zu beziehen, die verantwortet werden müssen (→ 10). In der Regel handelt es sich um verschiedene, teils sich widersprechende Interessenlagen, denen das Management zu begegnen hat. Eine begehrte »Win-win-Lösung« erweist sich oftmals als utopisches Streben. Vermutlich würde der Existenzphilosoph Karl Jaspers dieses Streben als »Verschleierung einer Grenzsituation« (Jaspers, 1973, S. 248) bezeichnen: Durch das Darstellen einer Situation als »Win-win-Situation« entsteht der Eindruck der »weißen Weste«, die den Blick darauf versperrt, dass dem Leben Entscheidungssituationen inhärent sind, die wir so zwar nicht intendiert, aber doch zu verantworten haben. Im Unternehmenskontext geht es in der Regel darum, wer was und wie viel verliert oder gewinnt. Zu behaupten, dass wirtschaftliche (Veränderungs-)Prozesse ohne Verluste, das heißt auch ohne »Schuld« (im Sinne der Verantwortung), ablaufen könnten, bedroht das Ernstnehmen der personalen Verantwortung, die im logotherapeutischen Konzept eine wesentliche Rolle spielt (→ 4.5.1). Es geht letztlich nicht darum, alles »richtig« zu machen, vielmehr darum, bewusst zu handeln und das Handeln zu vertreten. Der Begriff des Richtigen wird also ersetzt durch den des zu Verantwortenden.

Was verantwortet werden kann und soll, wird durch individuelle bzw. unternehmensspezifische Werte ermittelt, die vom Sinn her und auf Sinn hin verstanden werden. Die individuelle Wertestruktur einer Person wirkt als Grundlage für Entscheidungen, Auftreten, Marketing und Produktentwicklung. Dabei geht es nicht allein um betriebswirtschaftliche Gewinne und Verluste, sondern auch darum, die verschiedenen Facetten (auch die ideellen und immateriellen) zu beleuchten, die für ein Unternehmen identitätsrelevant sind.

Bei der Arbeit an den Themen Sinn und Werte stoßen die Beteiligten auf den Unterschied zwischen Ziel und Sinn und damit auch auf unterschiedliche Motivationstheorien.

14.2 Leading by Meaning

Seit Jahren wird in vielen Unternehmen auf der Grundlage einer Theorie geführt, die darauf basiert, Menschen würden durch Ziel-Belohnungs-Systeme leistungsbereiter. In letzter Zeit ist zu beobachten, dass die Begeisterung über »Management by Objectives« abgeflacht ist. MbO hat sich als ein Management-Tool herausgestellt, das bei Leistungsbeurteilungen zwar gut eingesetzt werden kann, dabei aber auch gerne missbraucht wird, indem die Ziele absichtlich entweder zu hoch oder zu niedrig gesetzt werden, um ein bestimmtes (Prämien-)Resultat zu erreichen. Das, was motivieren, den Erfolg messbar machen, die Linie schärfen sollte, wird durch Instrumentalisierung stumpf. Ein weiterreichendes, weil dem Prinzip innewohnendes Problem liegt darin, dass Ziele im Wirtschaftsleben immer Meilensteinen auf einem Weg entsprechen, die zu einem bestimmten Zeitpunkt erreicht werden sollen. Danach müssen neue gesetzt werden. Die Entscheidung, wohin dieser Weg führt, welchen Sinn das Unternehmen verfolgt, müsste zuvor geklärt sein, sonst gleichen die Mitarbeiter eines Unternehmens einem Hamster auf hohem Niveau: Der Hamster, dessen Ziel es ist, das Rad täglich hundert Mal zu drehen, kann dieses Ziel zwar erreichen – wozu er es dreht, bleibt dennoch ungeklärt. So erklärt sich auch manche Ermüdung im Prozess trotz immer neu gesteckter Ziele: Mit den Zielen wird der Sinn eben nicht automatisch mitgeliefert.

Neben Frankl und Böckmann (1990) hat Sprenger mit seinem Buch »Mythos Motivation« (1992) gegen die Annahme argumentiert, Mitarbeiter seien mittel- und langfristig durch extrinsische Motivation zu führen. Er deckt auf, wie würdelos der Umgang mit Mitarbeitern ist, die zum Beispiel durch stetige Kontrolle, monetären Anreiz, psychologisch reflektiertes Lobverhalten und Belohnungstabellen zur Erfüllung von Zielen gebracht werden, an denen der Einzelne nur einen äußeren Anteil hat. Diese Anreizsysteme werden dort eingesetzt, wo anthropologische Konzepte zu Grunde liegen, die den Menschen als »economic man« verstehen, der von sich aus nichts oder nur Geringes leistet (vgl. Steiger u. Lippmann, 1999, 138).

Sprenger weist darauf hin, dass Führungspersonen sich entscheiden müssen, ob sie in die Wahlfreiheit (und damit in die Selbstverpflichtung) eines Mitarbeiters investieren, oder ob sie sie als Reiz-Reaktions-Wesen behandeln, von denen auch wenig Verantwortungsbewusstsein für das eigene Handeln erwartet werden kann; Sprenger spricht hier von »ver-führen« (Sprenger, 2005, 19 u. 269).

Diesem Verlauf gegenüber steht sinnorientiertes Führen als »Leading by Meaning« – Führen mit Sinn. Da die Logotherapie den Menschen ganzheitlich sieht und bewusst das Stärkende und Gesunde im Menschen sucht, lassen sich hier auch viele Ansatzpunkte in Hinblick darauf finden, was Menschen motiviert, was ihnen Kraft und Eigenverantwortung verleiht. Kernbegriffe dabei sind Sinn und Werte. Wer die Leistung von Mitarbeitern will, muss ihnen die Möglichkeit geben, an einem Sinn zu partizipieren. Dabei können Führungspersonen keine »Sinnmacher« sein, wie Höhler (2004) in ihrem gleichnamigen Buch erklärt; Sinn ist nicht machbar, man kann nur den Blick auf Sinnmöglichkeiten lenken. Sinn wird als anziehender Lebens- und Arbeitshorizont definiert, der Orientierung im schnelllebigen Alltag bietet (→ 4). Dieser Horizont lässt sich durch die Wertestruktur der Führungsperson bzw. des Unternehmens herleiten oder auch finden, wodurch eine bewusst gelebte Identität im Sinne einer Wertegemeinschaft entstehen kann. Um das Hamster-im-Rad-Bild nochmals aufzugreifen: Dem Einzelnen soll letztlich nicht nur klar sein, wie oft er das Rad drehen soll, vielmehr auch, wozu er diese Anstrengung auf sich nehmen soll (abgesehen von der Motivation, dass jede Drehung Lohn und Prämien verspricht). Wer führt, muss daher die Fähigkeit erlernen, einen Sinnhorizont zu erkennen und diesen so zu formulieren, dass er für Mitarbeiter als Angebot gelten kann, zu dem sie mit ihren eigenen Werten einen Beitrag leisten können.

14.3 Anthropologische Konzeption sinnorientierten Coachings

Diese Grundlage sinnorientierten Führens basiert auf dem anthropologischen Konzept des Psychologen Viktor Emil Frankl: »Jede [Beratung]* basiert auf anthropologischen Prämissen – oder, wenn sie nicht bewusst sind, auf anthropologischen Implikationen« (* im Originaltext »Psychotherapie«; 1959, S. 74). Was Frankl für die Psychotherapie formulierte, gilt auch für Coaching: Je nachdem, welches Menschenbild zu Grunde liegt, wird Beratung gestaltet. Für Führungsarbeit gilt: Je nachdem, welches Menschenbild eine Führungspersönlichkeit hat, wird sie ihre Mitarbeiter führen.

Welche anthropologische Konzeption liegt also sinnorientiertem Coaching zu Grunde? Frankl zitiert immer wieder Nietzsches Wort, wonach der Mensch, der das »Wozu« kenne, fast jedes »Wie« ertrage (Frankl, 1977, S. 128). Frankl beobachtete bei arbeitslosen Suizidalen im Wien der 1920er Jahre, dass Menschen, die wussten, wozu sie weiterleben sollten, auch Umstände ertrugen, die fast unzumutbar schienen. Daher ist die weiterführende Frage in psychotherapeutischer Arbeit nicht: »Warum wollen Sie sich umbringen?«, vielmehr die: »Wozu lohnt es, weiterzuleben?« Vor dem Hintergrund dieser Erfahrung und dem Studium von Karl Jaspers und Max Scheler entwickelte Frankl ein Menschenbild, das den »Willen zum Sinn« in den Mittelpunkt stellt. Er stellte sich damit gegen Freuds Triebtheorie und teilweise gegen Maslows Bedürfnispyramide. Die positive Grundspannung eines Menschen besteht nach Frankl darin, von einem Sinn, das heißt auch von einem subjektiven Sein-Sollen, angezogen zu sein. Um diesen Sinn zu verwirklichen, sei ein Mensch auch bereit, Bedürfnisse unbefriedigt zu lassen. Gerade in diesem Willen zum Sinn bestünde das eigentlich Menschliche, das die Möglichkeit eröffnet, zu sich in Selbstdistanz zu treten, über sich hinaus auf eine höher geordnete Aufgabe hinzustreben und die »Trotzmacht des Geistes« (Frankl, 1996, S. 124), das heißt die Fähigkeit, »nein« zu sagen, zu mobilisieren.

Frankl wurde 1942 wegen seiner jüdischen Abstammung deportiert und sah seine Theorie in drei verschiedenen Konzentrationslagern bestätigt: Er beobachtete, wie Hoffnung auf Befreiung den Häftlingen Kraft zum Aushalten gab und selbst dort ethisches Verhalten entgegen basalen Bedürfnissen ermöglichte. Wurde die Hoffnung genommen und damit auch der Sinn, die Qualen zu ertragen, trat ein regelrechtes Massensterben ein. Frankl betonte gerade in der Retrospektive seiner KZ-Erfahrungen, dass selbst dort noch eine Wahl hinsichtlich der Frage bestand, *wie* ein Schicksal auf sich genommen wurde: »Man kann dem Menschen im Konzentrationslager alles nehmen, nur nicht: die letzte menschliche Freiheit, sich zu den gegebenen Verhältnissen so oder so einzustellen. Und es gab ein ›So oder so‹!« (Frankl, 1977, S. 108).

14.3.1 Existentialien: Geistigkeit, Freiheit und Verantwortlichkeit

Frankl folgt in der Begründung des Willens zum Sinn einer anthropologischen Konzeption, die sich seit 1913 in Jaspers' »Allgemeiner Psychopathologie« findet (Jaspers, 1965, S. 138f.): Jaspers geht davon aus, dass neben dem »psychophysischen Apparat« eine »verstehbare Persönlichkeit« besteht, die Frankl als »geistige Dimension« bezeichnet. Nur durch sie lässt sich Freiheit begründen, die es einem Menschen ermöglicht, sich zu sich selbst und zur einzelnen Situation zu verhalten (Frankl, 1994, 46f.). Diese geistige Dimension ist es auch, die Werte gestaltet und Sinn sucht.

Ausgehend von einem ganzheitlichen Verständnis vom Menschen und einer heuristischen Unterscheidung zwischen dem Psychophysikum und der geistigen Dimension, ergeben sich in Frankls Anthropologie die drei Grundzüge des Menschen, die »Existentialien« (Frankl, 1999, S. 142) Geistigkeit, Freiheit und Verantwortlichkeit. Auf ihnen baut er die weitere anthropologische Konzeption auf und von ihnen leitet er die psychotherapeutischen Methoden ab (vgl. Kurzzusammenfassung und Anwendung derselben in Fintz, 2006a, S. 28ff.), deren theoretische Grundlagen in der Wirtschaftsberatung relevant sind.

In sinnorientierter Arbeit wird jeder Mensch prinzipiell »freigesprochen«, egal ob im Rahmen einer Psychotherapie oder eines Coachings. Auf diese Weise entsteht ein appellativer Charakter, bei dem der Gesprächspartner als selbstverantwortliches, freies Individuum angesprochen wird, das immer noch entscheiden kann, wer er ab jetzt sein bzw. wie er mit der momentanen Situation umgehen will. Die psychophysische und sozioökonomische Gebundenheit des Menschen wird als Ausgangslage und auch als Auftrag betrachtet, die im Coaching als persönliches und ökonomisches Budget behandelt wird. Jedes Budget eröffnet individuelle Handlungsspielräume, die meistens erweitert werden können. Selbst bei enger Begrenzung kann ein Mensch also frei wählen.

Dementsprechend ist er für seine Wahl verantwortlich. Führungspersonen erleben sich als unfrei und begründen ihre Entscheidungen als logische Konsequenzen eines Sachverhalts. »Sachzwänge« können zwar als verstehbare Begründung für eine Entscheidung geltend gemacht werden, sie ent-schulden jedoch nicht. Die Verantwortung für eine Handlung bleibt bestehen, selbst wenn der Handlungsspielraum eingeschränkt erscheint. Im Coaching werden diese Bedingungen beleuchtet, um sie als Möglichkeiten und nicht als Begrenzung in den Blick zu nehmen.

14.3.2 Wahl, Werte und Sinn

Frankls Sinnbegriff ist eng an die Verwirklichung von Werten geknüpft (Frankl, 1994, S. 95). In Anschluss an Max Scheler geht er davon aus, dass jeder Mensch Werte hat, die ihn bewusst oder unbewusst in seinen Entscheidungen lenken. Frankls Wertbegriff ist neutral, das heißt auch unabhängig von Moral, Konventionen und Soll-Werten. Im sinnorientierten Coaching wird das individuelle Wertemuster mit einem *intrinsischen Kompass* verglichen und definiert als Motivstruktur, das unser Denken, Entscheiden und Handeln bewusst oder unbewusst lenkt. Dieser intrinsische Kompass veranlasst jede Person, Argumente und so genannte Zwänge mehr oder weniger stark zu gewichten. Werte werden individuell als besonders starke Neigung, manchmal als Verpflichtung erlebt. Sie sind vorhanden, egal ob reflektiert oder nicht. Frankl bezeichnet Werte als »Sinn-Universalien« (Frankl, 1994, S. 79), weil er davon ausgeht, dass individuelle Wertemuster auf persönlichen Sinn hinweisen: Werte haben in ihrer jeweiligen Zusammensetzung und Gestaltungsmöglichkeit immer schon einen innewohnenden Aufgabencharakter. Diese Aufgaben sieht Frankl als personalen und situativen Sinn, den es individuell zu ergreifen und zu gestalten gilt.

Da verschiedene Werte in einem individuellen Wertemuster vorhanden sind, kann es in Entscheidungssituationen zu einem Wertekonflikt kommen. Wird zum Beispiel einem Ingenieur ein spannendes Entwicklungsprojekt im Ausland angeboten, so werden dessen Werte »beruflicher Erfolg«, »Qualität«, »Innovation« usw. angesprochen; ist dieser Ingenieur auch Vater, so werden Werte wie »Familie«, »Fürsorge«, »Verlässlichkeit« in Konkurrenz zu den zuerst genannten Werten stehen. Egal, wie die Entscheidung letztlich ausfällt: Ein Teil der Werte kann weniger verwirklicht werden.

Die Arbeit an Werten ermöglicht eine Transparenz der eigenen Entscheidungsstruktur und die Kompetenz, mit Situationen umzugehen, die wir gemeinhin als (Gewissens-)Konflikte erleben. Durch das Bewusstsein der Wertegewichtung gewinnen Entscheidungen an Stringenz und können glaubwürdiger kommuniziert werden. Gerade auch in Konfliktsituationen mit anderen Personen oder Interessengruppen unterstützt eine Werteanalyse die Fähigkeit, Entscheidungen zu vertreten und auf die Werte der anderen einzugehen.

Frankls Ansatz, der Mensch werde gezogen von einem Sinn und könne über die Werte an einem Sinn gestaltend partizipieren, eröffnet im Coaching ein weites Feld: Im Laufe des Beratungsprozesses geht es darum, Teams zu Wertegemeinschaften zu bilden und Unternehmer darin zu unterstützen, ein Werteprofil zu entwickeln, das die Mitarbeiter mittragen und als Sinnangebot verstehen. Daher ist die Werteanalyse Teil des sinnorientierten Life-Coachings. Von dieser Werteanalyse werden die grundlegenden Profilwerte (in der Regel vier bis fünf) abgeleitet und diesen entsprechend Führungsprinzipien entwickelt, die die interne Kultur des Unternehmens prägen soll. Wie sich die Arbeit an Werten konkret auswirkt, soll ein Beispiel aus der Praxis zeigen.

14.4 Profilwerte als Entscheidungsgrundlage in Unternehmen

Beispiel – Entscheidung über Standortverlagerung: Der Vorstand eines weltweit produzierenden Textilbetriebes hatte im Laufe des Coachingprozesses seine Profilwerte eruiert. Zu diesen gehörten unter anderen Qualität, Ästhetik, Innovation, Gewinn und soziale Verantwortung.

Die Bilanzen der letzten Jahre hatten sich rapide verschlechtert: Ware aus dem asiatischen Raum hatten die Marktpreise dramatisch gedrückt, sodass das Familienunternehmen zwei Jahre in Folge negative Bilanzen aufwies. Effizienzmethoden und Marketing-Know-how waren ausgeschöpft worden, trotzdem blieben die Bilanzen negativ. Zur Diskussion stand die Verlegung oder Teilverlegung des süddeutschen Standortes in ein osteuropäisches Land. Im Vorstand wurden Argumente unter ihrem Werteaspekt abgewogen (im Folgenden in Klammer kursiv). Als Grundproblematik wurde gesehen: die besondere Verantwortung, die der Betrieb als großer Arbeitgeber in einem strukturschwachen Gebiet hat (*soziale Verantwortung*); eine Standortverlegung stellt ein rufschädigendes Politikum dar (*Vertrauen*); alternative Lohn- oder Arbeitszeitmodelle zur Verhinderung der Verlegung bedeuten für das Gros der Näherinnen und Packer, dass sie von ihrem Arbeitslohn nicht mehr leben könnten (*soziale Verantwortung*); wenn sich die Zahlen so weiterentwickeln, wird das Unternehmen eventuell ganz schließen müssen (*Sicherheit, Gewinn*); die Textilware steht für Qualität, die durch Produktion im Ausland gefährdet wird (*Qualität*).

Für die Verlagerung sprach: Das Unternehmen kann im nächsten Jahr positive Bilanzen aufweisen und dadurch die Stellen von Design, Vertrieb und Verwaltung in Deutschland sichern (*Gewinn, soziale Verantwortung, Sicherheit*); für junge Mitarbeiter können Führungsstellen im Ausland attraktiv gestaltet und neue Technologien aufgebaut werden (*Innovation, Fürsorge*).

Wie hier deutlich wird, stehen Werte zueinander im Konflikt; die Beurteilung, was eine richtige oder vernünftige Lösung wäre, hängt ganz von der Gewichtung und Abschätzung der Werte ab. Eine »Win-win-Situation« wird es nicht geben: Wer seine Arbeitsstelle durch Standortverlagerung verliert, hat nicht gewonnen – auch nicht, wenn er eine große Abfindungssumme erhält.

Werte stehen immer zur Diskussion, aber nicht zur Disposition. Im sinnorientierten Coaching wird mittels Werteabwägung der Entscheidungsprozess insoweit erhellt, sodass bei der getroffenen Wahl die Kosten (auch die immateriellen) bewusst verantwortet werden (→ 14.3.2).

Im Fall des Textilbetriebes entschied sich der Vorstand vor dem Hintergrund der Werte Qualität, Verantwortung und Sicherheit für eine Teilverlegung der Produktion; um die Produktqualität zu gewährleisten, wurden mehrjährige Programme mit deutschen Fachmitarbeitern entwickelt, die vor Ort beim Aufbau des Standorts und der Ausbildung der Mitarbeiter wesentlich beteiligt waren. Außerdem wurde für die ausscheidenden Arbeitnehmer eine

Auffanggesellschaft gegründet, die qualitativ so gut arbeitete, dass 78 Prozent der ausgeschiedenen Mitarbeiter in andere Arbeitsstellen weitervermittelt werden konnten. Das Unternehmen stand nach zwei weiteren Jahren wieder mit positiven Bilanzen da.

14.5 Führungserfolg durch Sinn und Werte

Die meisten Menschen in Führungspositionen sind Spezialisten ihres Faches, die in ihre Funktion des/der Führenden hineingewachsen sind. Ihr Wertemuster zu erarbeiten und damit zu führen, steigert die Führungsqualität insofern, als sie Klarheit über die eigene Handlungs- und Entscheidungsstruktur haben und diese mitteilen können. Dasselbe gilt für ein Team: Eine Wertegemeinschaft schöpft die Stärke aus der Klarheit eines Wertekonsenses, auf den sich die Beteiligten entlang der Profilwerte des Unternehmens geeinigt haben. Dieser Konsens (im wörtlichen Sinn des Gemein-sinns) stellt eine Art Teamkompass dar und gibt zugleich einen Verhaltenskodex, der für alle verbindlich gilt. Insofern können erarbeitete Wertemuster auch als Controlling-Instrument eingesetzt werden, da sie offen benannt und immer wieder in ihrer Aktualität im Alltagshandeln abgefragt werden können. Die regelmäßige Frage »Sind wir immer noch, wer wir einmal sein wollten?« kann durch die vorige Selbstklärung im Rahmen der Werteanalyse konkret beantwortet werden. Folgendes Beispiel zeigt, wie das Wissen um das Wertemuster eines Unternehmers und die Klarheit über die Profilwerte konkret zum Erfolg eines Unternehmens beitragen können (→ 10.2).

Beispiel – Führung durch Werteklarheit: Hermann Knopp ist geschäftsführender Gesellschafter eines mittelständischen Maschinenbauunternehmens mit 150 Mitarbeitern im Hessischen. Er führt mich zu Beginn des Coachings durch den Betrieb, der durch Großraumbüros und Glaswände geprägt ist. Eine Tafel am Eingang zeigt das Organigramm, in dem Herr Knopp als einer unter vielen vermerkt ist und in der Hierarchie an unterster Schiene steht. Im Produktionsbereich hängen bei allen Einheiten die Balanced-Score-Cards aus. Dies alles wurde vor allem mit dem Wert *Transparenz* und *Erfolg durch Teamarbeit* begründet.

Bei der Übernahme des Unternehmens vor zehn Jahren hatte Knopp mit einigen Mitarbeitern ein Leitbild entwickelt, bei der als zusammenfassender Satz steht: »Wir wollen die Welt besser machen.« Das Leitbild war an einem Teamwochenende in der Anfangseuphorie entstanden. Eine Definition der »besseren Welt« und konkrete Schritte dorthin waren nie besprochen worden.

Knopp hat seit der Übernahme Umsatz und Gewinn jährlich um 15 bis 20 Prozent gesteigert und auch die Mitarbeiterzahl regelmäßig erhöht. Das Unternehmen engagiert sich bei sozialen Projekten durch großzügige Spenden; es gilt in der Region als Vorzeigeunternehmen, gerade weil Transparenz, Mitbestimmung und soziale Verantwortung hoch gehalten werden. Die Mitarbeiterzufriedenheit wird jährlich überprüft; Knopp hat eine Verschlechterung vor allem bei den Führungspersonen festgestellt, obwohl er hier versucht, Konflikte zu vermeiden.

Bei der Werteanalyse von Herrn Knopp kommt ein (zunächst) verblüffendes Ergebnis zu Tage: Neben persönlichen Werten wie *Liebe* und *Familie* stehen Werte wie *Macht, Leistung, Sicherheit* ganz oben. In Hinblick auf die Umsetzung der Werte stellt sich heraus, dass Herr Knopp ein echter »Macher« ist, der auch hauptsächlich andere danach beurteilt, inwiefern sie pragmatisch handeln. Im Unternehmen hatte dies den bisherigen Effekt, dass binnen zehn Jahren alle Prozesse beschleunigt worden waren und Führungsmitarbeiter eingestellt wurden, die extrem leistungsorientiert sind. Bei näherem Hinsehen und im Coachinggespräch unter vier Augen wird klar, dass nun eine Beschleunigungsgrenze erreicht ist und der Erfolgskurs nur gehalten werden kann, wenn andere Werte wieder verstärkt gelebt werden. Die Unzufriedenheit unter den Führungsmitarbeitern hat zugenommen, weil Werte wie zum Beispiel Gemeinschaft, Mitbestimmung oder Achtung keine Beachtung finden. Außerdem fühlen sich die Mitarbeiter irritiert, weil sie eine Kluft zwischen dem feststellen, was ihr Vorgesetzter sagt und was er durch seine Werteorientierung lebt.

Während das Unternehmen nach außen hin erfolgreich arbeitet, bemerkt die Mitarbeiterschaft zunehmend, dass die Transparenz vornehmlich im Misstrauen ihres Vorgesetzten wurzelt. Herr Knopp stellt während des Coachings selbst fest, dass seine Selbstdarstellung als »Primus inter Pares« in Wirklichkeit hauptsächlich ein Kontrollinstrument ist: Er verteilte die Post im Unternehmen, um sie vorher durchzusehen und zu demonstrieren, dass er sie gesehen hat (*Sicherheit, Macht*). Ebenso gewährleisten die offenen Büros eine ständige Leistungskontrolle; nicht nur die Mitarbeiter können ihren Chef bei der Arbeit beobachten – vielmehr kann er selbst sehen, wer sich zum Beispiel mit wem und wie lange unterhält (*Leistung, Sicherheit, Macht*). Über das Ausscheiden seines ehemaligen Partnergesellschafters wird nie gesprochen, weil Knopp diesen mit harten Bandagen hinausgedrängt hatte (*Macht*). Außerdem wird totgeschwiegen, dass Herr Knopp seinen Schwager in dessen Berufskrise auf einen Führungsposten im Unternehmen berufen hat, der zuvor einem anderen Mitarbeiter unter Voraussetzung besonders guter Leistungen versprochen worden war (*Familie, Macht*).

Knopp will sein Unternehmen langfristig erfolgreich führen; er hat in Hinblick auf weitere Expansion gesehen, dass nun andere Führungsprozesse in Gang kommen müssen. Im Zweiergespräch wird ihm anhand seiner persönlichen Werteanalyse klar, dass die Selbstdarstellung in der Öffentlichkeit und im Organigramm bei den Mitarbeitern Erwartungen weckt, die Knopp nicht halten kann. Sein Ideal des »Teamerfolgs« und des »Win-win-Entscheidens« hat ihn dazu verleitet, offiziell demokratische Strukturen zu kommunizieren und dennoch seine Entscheidungen über Führungspositionen nicht offen zu legen. Manche Führungsaufgaben sind nominell doppelt besetzt, weshalb Kompetenzen durch verdeckte Machtkämpfe von den jeweils beteiligten Führungsmitarbeitern erstritten werden. Offiziell gibt es so keinerlei Konflikte, die durch Führungsentscheidungen herbeigeführt worden sind.

Durch die Werteanalyse erkennt Herr Knopp, dass er ein Führungsideal aufgebaut und damit ein von außen eingefordertes »Sein-Sollen« provoziert hat, das einer Ist-Analyse bei weitem nicht standhalten kann. Die Führungsmitarbeiter spüren diese Spannung zwischen Sollen und Sein. Begriffe wie »Pseudodemokratie«, »versteckter Absolutismus«, »Vetternwirtschaft« und Ähnliches kursieren im Betrieb. Motivierend wirken der gute Ruf des Unternehmens und die erwarteten Zuwachszahlen, die einen sicheren Arbeitsplatz in Aussicht stellen.

Folgende Schritte wurden nun im Coaching unternommen:

1. Selbstklärung und Selbstdarstellung: Herr Knopp beginnt, ein neues Organigramm zu erarbeiten, in dem er sich zwar nach »unten« stellt, jedoch als Säule, auf der alles ruht, und damit sichtbar als Verantwortlicher. Seine Entscheidung über die Einstellung des Schwagers wird neu aufgerollt: Er erkennt, dass nicht (wie angeblich) seine Werte *Qualität* und *Leistung*, vielmehr seine Wertekombination *Familie* und *Macht* ihn dazu gebracht haben, seinem Schwager den Führungsposten zu geben. Knopp lädt den ursprünglichen Anwärter zum Gespräch ein und versucht, für ihn eine Karriereoption im Unternehmen zu schaffen.

2. Erarbeitung der Werte im Team: Ein Führungsteam-Coaching ergibt, dass sich die Führungspersonen vor allem Klarheit wünschen und mit dem vorgespielten Führungsprofil unzufrieden sind. Sie fühlen sich unsicher in Hinblick darauf, inwieweit sie Herrn Knopp vertrauen können, und auch, ob und inwieweit er ihnen vertraut. Das Führungsteam erarbeitet einen eigenen Wertepool, der mit Herrn Knopp besprochen und als handlungsleitender Wertekonsens akzeptiert wird.

3. Arbeit bei Umsetzung und verändertem Einsatz der Werte: Um sein ursprüngliches Führungsideal des Teamerfolgs nicht aufzugeben, geht Herr Knopp erste Schritte, um mit seinen Werten anders umzugehen als bisher. *Macht* hatte als konkrete Auswirkung das Streben, alle Fäden immer in der Hand zu halten und Entscheidungen prinzipiell allein zu treffen; *Sicherheit* hatte als Folge Kontrollverhalten; *Leistung* hatte als Folge häufig das Übergehen von Menschen. Er gibt nun einige Aufgaben an erfahrene Mitarbeiter weiter und setzt Vertrauen in sie; durch Protokolle und Besprechungen kann Knopp die Vorgänge nachvollziehen. Ein Rahmen wird abgesteckt, in dem Mitarbeiter selbst entscheiden können; welche Entscheidungen »Chefsache« bleiben, wird offen kommuniziert. Ebenso werden Entscheidungen bezüglich der Kompetenzverteilung offengelegt.

4. Probleme, Wege, Effekte

- *Die authentische Unternehmerpersönlichkeit:* Dieser Prozess geht nicht ohne Konflikte aus; die Arbeit an Werten und Klarheit hilft jedoch, Argumente nachvollziehbar zu machen und Entscheidungen zu verantworten. Herr Knopp tut sich anfangs schwer, weil er im Spiegel jemand anderen entdeckt, als er selbst sein will. Er hat zunächst befürchtet, dass der authentische Hermann Knopp sein Unternehmensideal nicht verwirklichen kann. Sein Beispiel zeigt, wie viel Mut und Offenheit solch ein Prozess einem Unternehmer auch abfordern kann. Im Laufe des Coachings wird Knopp angeleitet, sein Ideal zu überprüfen und zu sehen, inwiefern er dies durch seine Werte verwirklichen kann. Dabei lässt er sich gezielt von Mitarbeitern unterstützen, die sein Wertemuster ergänzen können. Er erkennt, dass Klarheit einen wesentlichen Aspekt des Führens darstellt, auch wenn dadurch Konflikte offen werden. Knopp erlebt die Klarheit im Führungsverhalten letztlich als positiv, weil er seine Rolle als Führungsperson authentisch ausfüllen kann und nicht versuchen muss, jemand anderen darzustellen, als er ist.
- *Profilwerte an Stelle des Leitbildes:* Das bisherige Leitbild wird im Laufe des Coachingprozesses abgehängt. Stattdessen wird als gemeinsamer Horizont das Team gesehen, das Produkte bietet, die den Kunden erfolgreicher machen. Das Führungsteam erarbeitet in mehreren Schritten binnen eines Jahres die Profilwerte des Unternehmens. Um diese herauszufinden, stellen sie sich folgende Fragen: »Wofür steht unser Unternehmen bisher?«, »Was ist auch in zehn Jahren noch aktuell?«, »Welcher Wert ist so, dass bei einem Wegfall das Unternehmen ein anderes wäre?« Zuletzt stellt das Führungsteam ein Werteprofil mit sechs Werten auf: Gewinn, Sicherheit, Qualität, Innovation, Offenheit, soziale Verantwortung. Aus dem gemeinsamen Horizont und den Werten wird die Strategie des Unternehmens in Hinblick auf Akquise, Umgang mit Kunden und Zulieferern sowie Marketing entwickelt. Nach innen werden daraus Führungsleitlinien und neue Lohnmodelle abgeleitet.
- *Wertschätzung:* Was Herrn Knopp selbst überrascht, ist der Nebeneffekt, dass sich im Laufe des Prozesses Mitarbeiter schätzen lernen, die sich

vorher aneinander gerieben hatten. Die Klarheit über Wertemuster hatte das Bewusstsein gefördert, warum manche Unterschiede bestehen, und auch dafür, dass unterschiedliche Wertemuster gebraucht werden, um auf den gemeinsamen Horizont zuzugehen. Werte-Bewusstsein hatte zu Wert-Schätzung geführt.

- *Profilwerte als Controlling-Instrument:* Ähnlich wie bei oben geschildertem Textilunternehmen werden die Profilwerte als Identitätsprüfstein bei Entscheidungskonflikten bewusst herangezogen. Jährlich wird ein Wochenende gestaltet, bei dem die vergangenen zwölf Monate unter dem Aspekt der Profilwerte beleuchtet werden und Zeit für aktuelle Fragestellungen bleibt. Auch Auftragsvergaben und Personalentscheidungen werden vor diesem Hintergrund getroffen.

14.6 Coaching als Weg zur Self-Decisive Person

Die beiden Fallbeispiele zeigen, dass der Mensch als selbstentscheidende Person in ihrer Eigenschaft als Führender im Mittelpunkt sinnorientierten Coachings steht. So verschieden die Themen auch sein mögen, so geht es prinzipiell darum, sich selbst, die Mitarbeiter und das Unternehmen erfolgreich(er) zu führen. Was als Erfolg – und damit als Sinn – gewertet wird, hängt bereits von den Unternehmenseigentümern ab. Vor dem Hintergrund der beiden Existentialien Freiheit und Verantwortlichkeit wird Führung zu einer Aufgabe, die damit verknüpft ist, sich zunächst selbst zu führen, bevor andere geführt werden (→ 7, → 8). Diese Selbstreflexion führt nicht allein zur Frage, wer man sein will, vielmehr zu der, wer man sein *kann*. Die Arbeit am persönlichen Wertemuster unterstützt den Prozess, persönliche Potenziale, Grenzen und Ressourcen zu erkennen und einen positiven Spannungsbogen zwischen »Ist« und »Soll« zu entwerfen, den Frankl (1994, S. 98) als »Noodynamik« bezeichnet.

Diese Konzeption der Self-Decisive Person (Fintz, 2006b, S. 106) schließt ein, dass jeder Mensch mehr Potenziale in sich trägt, als er verwirklichen kann, das heißt, er trägt auch verschiedene Sinnmöglichkeiten in sich. Welchen Sinnhorizont eine Person (meist intuitiv) wählt, bleibt ihr überlassen.

Im Unterschied zu metaphysischen Sinnfixierungen gilt Sinn als eine Lebensüberschrift, aus der sich verschiedene Aufgaben und Gestaltungsmöglichkeiten frei wählen lassen. Gerade diese Subjektivität (nicht zu verwechseln mit Egozentrismus) ist es, die eine Aufforderung an die je einzelne Person richtet. Als ob sich die Verhältnisse umkehrten, erlebt sich das Individuum als Befragter, weil der gewählte Sinn plötzlich zur Verwirklichung drängt. Diese Subjektivität verschafft dem Einzelnen auch eine authentische Selbstachtung für die eigene Person und ihr Handeln; sie befreit von der irreführenden Vorstellung, jeder sei ersetzbar, und rückt den Menschen wieder auf den Platz, an dem er sich – gerade als Führungsperson – in seiner Bedeutung für die Gemeinschaft begreifen kann. Sinnbezogenes Denken, Entscheiden und Handeln kann auf diese Weise Klarheit über Führungswege und -ziele schaffen und Handlungsspielräume ermöglichen, die von Führungspersonen verantwortlich und authentisch gestaltet werden können.

So wirken existenzielle Fragen nach Selbstverständnis, Sinn und Werten nicht mehr wie philosophische Anwandlungen bei einem späten Glas Wein, sondern sie entpuppen sich als praxisrelevante Themen, die es lohnt, im Coaching zu reflektieren, um entsprechende Wege einzuschlagen. Der Mut, sich auf diese Fragen einzulassen, wird auf diese Weise zum Schlüssel des Führungserfolges, weil er die Kunst des Führens lehrt.

Literatur zum Thema

Böckmann, W. (1990). Wer Leistung fordert, muss Sinn bieten. Moderne Menschenführung in Wirtschaft und Gesellschaft. Düsseldorf: Econ-Taschenbuch-Verlag.

Fintz, A. S. (2006a). Die Kunst der Beratung. Jaspers' Philosophie in Sinn-orientierter Beratung. Bielefeld: Aisthesis.

Frankl, V. E.(1996). Der Wille zum Sinn (3. Aufl.). München: Piper.

Jaspers, K. (1965). Allgemeine Psychopathologie (8. Aufl.). Berlin: Springer.

Literatur

1 Einführung

Achenbach, G. (1987). Philosophische Praxis. Vorträge und Aufsätze. Köln: Dinter.

Auhagen, A. E. (Hrsg.) (2004). Positive Psychologie. Anleitung zum »besseren Leben«. Weinheim.

Baethge, M., Denkinger, J., Kadritzke, U. (1995). Das Führungskräfte-Dilemma. Manager und industrielle Experten zwischen Unternehmen und Lebenswelt. Frankfurt a. M.: Campus.

Bauman, Z. (2003). Flüchtige Moderne. Frankfurt a. M.: Suhrkamp.

Beher, K., Krimmer, H., Rauschenbach, T., Zimmer, A. (2007). Die vergessene Elite. Führungskräfte in gemeinnützigen Organisationen. Weinheim: Juventa.

Berger, P. L., Luckmann, T. (1966/1980). Die gesellschaftliche Konstruktion der Wirklichkeit. Eine Theorie der Wissenssoziologie. Frankfurt a. M.: Fischer.

Bergmann, F. (2004). Neue Arbeit, neue Kultur. Freiamt.

Bitzer-Gavornik, G. (Hrsg.) (2004). Lebensberatung in Österreich (2. Aufl.). Wien: LexisNexis ARD Orac.

Birgmeier, B. R. (2006). Coaching und Soziale Arbeit. Grundlagen einer Theorie sozialpädagogischen Coachings. Weinheim: Juventa.

Böhme, G. (1985). Anthropologie in pragmatischer Hinsicht. Frankfurt a. M.: Suhrkamp.

Böhmer, A., Klappenbach, D. (2007). Mit Eleganz und Humor. Supervision und Coaching in Organisationen und Institutionen. Paderborn: Junfermann.

Bollnow, O. F. (1958). Die Lebensphilosophie. Berlin: Springer.

Bronner, S. E. (2002). Albert Camus. Porträt eines Moralisten. Berlin: Vorwerk 8.

Buchinger, K., Klinkhammer, M. (2007). Beratungskompetenz. Supervision, Coaching, Organisationsberatung. Stuttgart: Kohlhammer.

Buer, F. (1999). Lehrbuch der Supervision. Der pragmatisch-psychodramatische Weg zur Qualitätsverbesserung professionellen Handelns. Grundlegung – Einstiege – Begriffslexikon. Münster.

Buer, F. (2002). Führen. Eine schöne, aber schwierige Kunst. Zur Einführung. In F. Buer (Ed.), Führen. Themenheft Supervision 3, 4–5.

Buer, F. (Hrsg.) (2004). Praxis der Psychodramatischen Supervision. Ein Handbuch (2. Aufl.). Wiesbaden: VS Verlag.

Buer, F. (2007a). Coaching, Supervision und die vielen anderen Formate. Ein Plädoyer für ein friedliches Zusammenspiel. In A. Schreyögg, C. Schmidt-Lellek (Hrsg.), Konzepte des Coaching (S. 117–136). Wiesbaden: VS Verlag.

Buer, F. (2007b). Zehn Jahre Format und Verfahren in der Beziehungsarbeit. Zur Rezeption einer bedeutsamen Unterscheidung. Organisationsberatung, Supervision, Coaching, 13 (3), 283–300.

Buer, F. (2007c). Beratung, Supervision, Coaching und das Psychodrama. Eine Landkarte in unübersichtlichem Gelände. Zeitschrift für Psychodrama und Soziometrie, 2, 151–170.

Buer, F. (2007d). Unsicherheiten im Beratungsdiskurs. Wozu Berater und Beraterinnen Philosophie brauchen – Pragmatismus zum Beispiel. In A. Schreyögg, C. Schmidt-Lellek (Hrsg.), Konzepte des Coaching (S. 163–188). Wiesbaden: VS Verlag.

Buer, F., Siller, G. (Hrsg.) (2004). Die flexible Supervision. Herausforderungen – Konzepte – Perspektiven. Eine kritische Bestandsaufnahme. Wiesbaden: VS Verlag.

Coach U (2005). The Coach U Personal and Corporate Coach Training Handbook. New York u.a.: John Wiley and Sons, Inc.

Deutscher Bundesverband Coaching (DBVC) (Hrsg.) (2007). Leitlinien und Empfehlungen für die Entwicklung von Coaching als Profession. Kompendium mit den Professionsstandards des DBVC. Osnabrück: Selbstverlag.

Dewey, J. (1996). Die Öffentlichkeit und ihre Probleme. Bodenheim: Philo.

Diaz-Bone, R., Schubert, K. (1996). William James zur Einführung. Hamburg: Junius.

Diener, T. (2006). Lebenslaufberatung. Freiamt: Arbor.

Dill, A. (1990). Philosophische Praxis. Eine Einführung. Frankfurt a. M.: Fischer.

Doppler, K., Lauterburg, C. (1998). Chance Management. Den Unternehmenswandel gestalten (7. Aufl.). Frankfurt a. M.: Campus.

Druyden, T. (2007). Goldkinder. Die Welt des Vermögens. Hamburg: Murmann.

Eickelpasch, R., Rademacher, C. (2004). Identität. Bielefeld: transcript.

Eilles-Matthiessen, C., Janssen, S. (2005). Beratungskompass. Grundlagen von Coaching, Karriereberatung, Outplacement und Mediation. Offenbach: Gabal.

Ellis, D. B. (2007). Life Coaching. Crown House Publishing.

Etzioni, A. (1997). Die Verantwortungsgesellschaft. Individualismus und Moral in der heutigen Demokratie. Frankfurt a. M.: Campus.

Fatzer, G. (Hrsg.) (2005). Gute Beratung von Organisationen. Auf dem Weg zu einer Beratungswissenschaft. Köln: EHP.

Faust, M., Jauch, P., Notz, P. (2000). Befreit und entwurzelt: Führungskräfte auf dem Weg zum »internen Unternehmer«. München: Hampp.

Fellmann, F. (1993). Lebensphilosophie. Elemente einer Theorie der Selbsterfahrung. Reinbek: Rowohlt.

Fischer, U.-L. (2007). Zur Bedeutung der Arbeit für die Sinnstiftung des modernen Subjekts. In W. Jäger, K. Röttgers (Hrsg.), Sinn von Arbeit (S. 183–201). Wiesbaden: VS Verlag.

Foucault, M. (2004). Geschichte der Gouvernementalität. 2 Bd. Frankfurt a. M.: Suhrkamp.

Friedman, M. (1987). Der heilende Dialog in der Psychotherapie. Köln: EHP.

Friedman, M. (1999). Begegnung auf dem schmalen Grad. Martin Buber – ein Leben. Münster: Agenda.

Gairing, F. (1996). Organisationsentwicklung als Lernprozeß von Menschen und Systemen. Weinheim: Dt. Studienverlag.

Gardner, H. (1997). Die Zukunft der Vorbilder. Das Profil der innovativen Führungskraft. Stuttgart: Klett-Cotta.

Gessner, A. (1999). Coaching – Modelle zur Diffusion einer sozialen Innovation in der Personalentwicklung. Frankfurt a. M.: Lang.

Giernalczyk, T. (2006). Beratung in Lebenskrisen. In C. Steinebach (Hrsg.), Handbuch Psychologische Beratung (S. 462–484). Stuttgart: Klett-Cotta.

Glotz, P. (1999). Die beschleunigte Gesellschaft. Kulturkämpfe im digitalen Kapitalismus. München: Kindler.

Göhlich, M., König, E., Schwarzer, C. (Hrsg.) (2007). Beratung, Macht und organisationales Lernen. Wiesbaden: VS Verlag.

Gross, P. (1994). Die Multioptionsgesellschaft. Frankfurt a. M.: Suhrkamp.

Hartmann, M. (2003). Die Kreativität der Gewohnheit. Grundzüge einer pragmatischen Demokratietheorie. Frankfurt a. M.: Campus.

Hartmann, M. (2007). Eliten und Macht in Europa. Ein internationaler Vergleich. Frankfurt a. M.: Campus.

Heintel, P. (1999). Innehalten. Gegen die Beschleunigung – für eine andere Zukunft. Freiburg: Herder.

Hobsbawm, E. (1999). Das Zeitalter der Extreme. Weltgeschichte des 20. Jahrhunderts (2. Aufl.). München: dtv.

Hohner, H.-U. (2006). Laufbahnberatung. Wege zur erfolgreichen Berufs- und Lebensgestaltung. Bern: Huber.

Jäger, W., Röttgers, K. (Hrsg.). Sinn von Arbeit. Soziologische und wirtschaftsphilosophische Betrachtungen.Wiesbaden: VS Verlag.

Joas, H. (1989). Praktische Intersubjektivität. Die Entwicklung des Werkes von G. H. Mead. Frankfurt a. M.: Suhrkamp.

Joas, H. (1992). Die Kreativität des Handelns. Frankfurt a. M.: Suhrkamp.

Joas, H. (Hrsg.) (2000). Philosophie der Demokratie. Beiträge zum Werk von John Dewey. Frankfurt a. M.: Suhrkamp.

Jauch, P. (2002). Die schwierige Lage der Führungskräfte in restrukturierten Profi-Organisationen. Supervision (3), 6–12.

Jörke, D. (2003). Demokratie und Erfahrung. John Dewey und die politische Philosophie der Gegenwart. Opladen: Westdeutscher Verlag.

Kersting, W. (2007). Einleitung: Die Gegenwart der Lebenskunst. In W. Kersting, C. Langbehn (Hrsg.), Kritik der Lebenskunst (S. 10–88). Frankfurt a. M.: Suhrkamp.

Kersting, W., Langbehn, C. (Hrsg.) (2007). Kritik der Lebenskunst. Frankfurt a. M.: Suhrkamp.

Kneer, G., Nassehi, A., Schroer, M. (Hrsg.) (2000). Soziologische Gesellschaftsbegriffe. Konzepte moderner Zeitdiagnosen. München: Fink.

Kriz, J. (2007). Grundkonzepte der Psychotherapie. Schlüsselbegriffe. Weinheim: Beltz.

Layard, R. (2005). Die glückliche Gesellschaft. Kurswechsel für Politik und Wirtschaft. Frankfurt a. M.: Campus.

Lippmann, E. (Hrsg.) (2006). Coaching. Angewandte Psychologie für die Beratungspraxis. Heidelberg: Springer.

Martin, C. (2005). The Life Coaching Handbook. Carmarthen: Crown House Publishing.

Migge, B. (2005). Handbuch Coaching und Beratung. Weinheim: Beltz.

Möller, H. (2001). Was ist gute Supervision? Grundlagen – Merkmale – Methoden. Stuttgart: Klett-Cotta.

Mulligan, E. (2001). Life Coaching for Work. Piatkus Books.

Nagl, L. (1998). Pragmatismus. Frankfurt a. M.: Campus.

Nair, K. (1997). Führen durch Vorbild. Lehren aus dem Leben Gandhis. Freiburg: Bauer.

Neenan, M., Dryden, W. (2001). Life Coaching. A Cognitive Behavioural Approach. London u. a.: Taylor & Francis Ltd.

Negt, O. (2001). Arbeit und menschliche Würde. Göttingen: Steidl.

Nestmann, F., Engel, F., Sickenriek, U. (Hrsg.) (2004). Das Handbuch der Beratung. 2 Bd. Tübingen: DGVT-Verlag.

Opaschowski, H. (2002). Wir werden es erleben. Zehn Zukunftstrends für unser Leben morgen. Darmstadt: Wiss. Buchgesellschaft.

Owen, H. (2001). The Spirit of Leadership. Führen heißt Freiräume schaffen. Heidelberg: Carl-Auer.

Pallasch, W., Petersen, R. (2005). Coaching. Ausbildungs- und Trainingskonzeption zum Coach in pädagogischen und sozialen Arbeitsfeldern. Weinheim: Juventa.

Pape, H. (2002). Der dramatische Reichtum der konkreten Welt. Der Ursprung des Pragmatismus im Denken von Charles S. Peirce und William James. Weilerswist: Velbrück Wissenschaft.

Pongratz, H. J. (2004). Der Typus »Arbeitskraftunternehmer« und sein Reflexionsbedarf. In F. Buer, G. Siller (Hrsg.), Die flexible Supervision (S. 17–34). Wiesbaden: VS Verlag.

Pongratz, H. J., Voß, G. G. (2003). Arbeitskraftunternehmer. Erwerbsorientierungen in entgrenzten Arbeitsformen. Berlin: edition sigma.

Rauen, C. (Hrg.) (2005). Handbuch Coaching (3. Aufl.). Göttingen: Verlag für Angewandte Psychologie.

Reese-Schäfer, W. (1994). Was ist Kommunitarismus? Frankfurt a. M.: Campus.

Reese-Schäfer, W. (1997). Grenzgötter der Moral. Der neuere europäisch-amerikanische Diskurs zur politischen Ethik. Frankfurt a. M.: Suhrkamp.

Röttgers, K. (2007). Muße. In W. Jäger, K. Röttgers (Hrsg.), Sinn von Arbeit (S. 161–182). Wiesbaden: VS Verlag.

Ruschmann, E. (1999). Philosophische Beratung. Stuttgart: Kohlhammer.

Russell, B. (2003). Lob des Müßiggangs. In B. Russell, Lob des Müßiggangs (S. 9–31). München: dtv.

Safranski, R. (1987). Schopenhauer und Die wilden Jahre der Philosophie. Eine Biographie. München: Hanser.

Schein, E. H. (1995). Unternehmenskultur. Ein Handbuch für Führungskräfte. Frankfurt a. M.: EHP.

Schmidt, S. J. (2003). Geschichten und Diskurse. Abschied vom Konstruktivismus. Reinbek: Rowohlt.

Schmidt, S. J. (2005). Unternehmenskultur. Die Grundlage für den wirtschaftlichen Erfolg von Unternehmen. Weilerswist: Velbrück Wissenschaft.

Schmidt-Lellek, C. J. (2004). Kitsch in Beratung und Psychotherapie. Organisationsberatung, Supervision, Coaching, 11 (4), 379–394.

Schmidt-Lellek, C. J. (2006). Ressourcen der helfenden Beziehung. Modelle dialogischer Praxis und ihrer Deformationen. Köln: EHP.

Schreyögg, A. (1995). Coaching. Eine Einführung für Praxis und Ausbildung. Frankfurt a. M.: Campus.

Schreyögg, A. (1996). Zur Unberatbarkeit charismatischer Sozialmanager. Organisationsberatung, Supervision, Coaching, 3 (2), 149–166.

Schreyögg, A. (2004a). Supervision. Ein integratives Modell. Lehrbuch zu Theorie und Praxis (4. Aufl.). Wiesbaden: VS Verlag.

Schreyögg, A. (2004b). Was hat Work-Life-Balance mit dem Protestantismus zu tun? Organisationsberatung, Supervision, Coaching, 11 (4), 351–364.

Schreyögg, A., Schmidt-Lellek, C. J. (Hrsg.) (2007). Konzepte des Coaching. Wiesbaden: VS Verlag.

Schulze, G. (2004). Die beste aller Welten. Wohin bewegt sich die Gesellschaft im 21. Jahrhundert? Frankfurt a. M.: Fischer.

Schulze, G. (2005). Die Erlebnisgesellschaft. Kultursoziologie der Gegenwart (2. überarb. Aufl.). Frankfurt a. M.: Campus.

Schwarz, P. (2002). Führung in Nonprofit-Organisationen zwischen Leadership und Management. Supervision (3), 13–23.

Seel, M. (1999). Versuch über die Form des Glücks. Studien zur Ethik. Frankfurt a. M.: Suhrkamp.

Sennett, R. (1998). Der flexible Mensch. Die Kultur des neuen Kapitalismus. Berlin: Büchergilde Gutenberg.

Shusterman, R. (2001). Philosophie als Lebenspraxis. Wege in den Pragmatismus. Berlin: Akademie Verlag.

Steinebach, C. (Hrsg.) (2006). Handbuch Psychologische Beratung. Stuttgart: Klett-Cotta.

Straumann, U., Zimmermann-Lotz, C. (Hrsg.) (2006). Personzentriertes Coaching und Supervision – ein interdisziplinärer Balanceakt. Kröning: Asanger.

Todorov, T. (1996). Abenteuer des Zusammenlebens. Versuch einer allgemeinen Anthropologie. Berlin: Wagenbach.

Ulrich, P. (2005). Zivilisierte Marktwirtschaft. Freiburg: Herder.

Varela, F. J., Thompson, E., Rosch, E. (1992). Der mittlere Weg der Erkenntnis. Der Brückenschlag zwischen wissenschaftlicher Theorie und menschlicher Erfahrung. München: Scherz.

Wasner, B. (2004). Eliten in Europa. Wiesbaden: VS Verlag.

Weber, M. (1920/1969). Die protestantische Ethik. München: Siebenstern.

Williams, P., Menendez, D. S. (2007). Becoming a Professional Life Coach. W. W. Norton & Co Ltd.

Yalom, D. (1989). Existentielle Psychotherapie. Köln: EHP.

Zihlmann, R. (2006). Berufs- und Laufbahnberatung. In C. Steinebach (Hrsg.), Handbuch Psychologische Beratung (S. 429–442). Stuttgart: Klett-Cotta.

Zima, P. V. (2001). Moderne / Postmoderne. Gesellschaft, Philosophie, Literatur (2. überarb. Aufl.). Tübingen: Francke.

2 Die Lage der professionellen Beziehungsarbeiter

Allert, T. (1998). Die Professionen in der Umbruchsituation der Arbeitwelt. Supervision 33, 37–47.

Antons, K. (1987). Helfen oder Lieben? Trennung oder Scheidung in psychosozialen Berufen. Reinbek: Rowohlt.

Badelt, C. (Hrsg.) (2002). Handbuch der Nonprofit Organisation. Strukturen und Management. Stuttgart: Schäffer-Poeschel.

Bauer, R. (2001). Personenbezogene Dienstleistungen. Begriff, Qualität und Zukunft. Opladen: Westdeutscher Verlag.

Betzelt, S., Bauer, R. (2000). Nonprofit-Organisationen als Arbeitgeber. Opladen: Leske + Budrich.

Buer, F. (2004). Über die professionelle Kompetenz, professionelle Kompetenz professionell darzustellen. Und welche Rolle die Supervision dabei spielt. In F. Buer, G. Siller (Hrsg.), Die flexible Supervision (S. 161–201). Wiesbaden: VS Verlag.

Buer, F. (2006). Gefährdet Organisation Profession? Organisationsberatung, Supervision, Coaching, 13 (1), 65–85.

Buer, F. (2007) Der andere Mensch als Objekt und als Subjekt. Warum Psychotherapeuten gerade heute darauf bestehen müssen, dass in einer therapeutischen Beziehung der Patient nicht nur als Objekt, sondern auch als Subjekt gesehen werden muss, wenn sie gelingen soll. In J. Hein, K. O. Hentze (Hrsg.), Das Unbehagen in der (Psychotherapie-) Kultur (S. 124–133). Bonn: Dt. Psychologen Verlag.

Combe, A., Helsper, W. (Hrsg.) (1997). Pädagogische Professionalität. Untersuchungen zum Typus pädagogischen Handelns (2. Aufl.). Frankfurt a. M.: Suhrkamp.

Dörner, K. (2003). Das Gesundheitsdilemma. Woran unsere Medizin krankt. Zwölf Thesen zu ihrer Heilung. Berlin: Ullstein.

Enders, J., Kaulisch, M. (2005). Vom Homo Academicus zum Homo Oekonomicus? Die doppelte Kontextualisierung der Forschung und ihre (möglichen) Folgen für die Wissenschaft als Beruf. In Pfadenhauer, M. (Hrsg.), Professionelles Handeln (S. 207–220). Wiebaden: VS Verlag.

Fabel, M., Tiefel, S. (2004a). Biographie als Schlüsselkategorie qualitativer Professionsforschung – eine Einführung. In M. Fabel, S. Tiefel (Hrsg.), Biographische Risiken und professionelle Herausforderungen (S. 11–40). Wiesbaden: VS Verlag.

Fabel, M. (Hrsg.) (2004). Biographische Risiken und professionelle Herausforderungen. Wiesbaden: VS Verlag.

Frank, J. D. (1985). Die Heiler. Über psychotherapeutische Wirkungsweisen von Schamanismus bis zu den modernen Therapien. München: dtv.

Freudenberger, H., North, G. (1993). Burn-out bei Frauen. Über das Gefühl des Ausgebranntseins. Frankfurt a. M.

Gardner, H., Csikszentmichalyi, M., Damon, W. (2005). Good Work! Für eine neue Ethik im Beruf. Stuttgart: Klett-Cotta.

Gildemeister, R. (1998). Halbierte Arbeitswelten? Gefühlsarbeit und Geschlechterkonstrukte am Beispiel professionaliserter Berufe. Supervision, 33, 48–59.

Hitzler, R., Pfadenhauer, M. (Hrsg.) (2003). Karrierepolitik. Beiträge zur Rekonstruktion erfolgsorientierten Handelns. Opladen: Leske + Budrich.

Illich, I. u. a. (1979). Entmündigung durch Experten. Zur Kritik der Dienstleistungsberufe. Reinbek: Rowohlt.

Jung-Strauß, E. M. (2000). Widersprüchlichkeiten im Lehrerberuf. Eine Untersuchung unter Verwendung der Rollentheorie. Frankfurt a. M.: Peter Lang.

Karle, I. (2001). Der Pfarrberuf als Profession. Eine Berufstheorie im Kontext der modernen Gesellschaft. Gütersloh: Chr. Kaiser.

Keupp, H., Zaumseil, M. (Hrsg.) (1978). Die gesellschaftliche Organisierung psychischen Leidens. Zum Arbeitsfeld klinischer Psychologen. Frankfurt a. M.: Suhrkamp.

Klatetzki, T. (2005). Professionelle Arbeit und kollegiale Organisation. In T. Klatetzki, V. Tacke (Hrsg.), Organisation und Profession (S. 253–283). Wiesbaden: VS Verlag.

Klatetzki, T., Tacke, V. (Hrsg.) (2005). Organisation und Profession. Wiesbaden: VS Verlag.

Klinkhammer, M. (2004). Supervision und Coaching für Wissenschaftlerinnen. Theoretische, empirische und handlungspraktische Aspekte. Wiesbaden: VS Verlag.

Kühl, S. (2006). Coaching zwischen Qualifikationsproblemen und Professionalisierungsbemühungen. Organisationsberatung, Supervision, Coaching, 13 (1), 86–96.

Lazega, E. (2005). A Theory of Collegiality and its Relevance for Understanding Professionals and knowledge-intensive Organiszations. In T. Klatetzky, V. Tacke (Hrsg.), Organisation und Profession (S. 221–251). Wiesbaden: VS Verlag.

Littek, W., Heisig, U., Lane, C. (2005). Die Organisation professioneller Arbeit in Deutschland. Ein Vergleich mit England. In T. Klatetzki, V. Tacke (Hrsg.), Organisation und Profession (S. 73–118). Wiesbaden: VS Verlag.

Meuser, M. (2005). Professionell handeln ohne Profession? Eine Begriffsrekonstruktion. In M. Pfadenhauer (Hrsg.), Professionelles Handeln (S. 253–264). Wiesbaden: VS Verlag.

Nittel, D. (2000). Von der Mission zur Profession? Stand und Perspektiven der Verberuflichung in der Erwachsenenbildung. Bielefeld: W. Bertelsmann.

Pfadenhauer, M. (2003). Professionalität. Eine wissenssoziologische Rekonstruktion institutionalisierter Kompetenzdarstellungskomptetenz. Opladen: Leske + Budrich.

Pfadenhauer, M. (Hrsg.) (2005). Professionelles Handeln. Wiesbaden: VS Verlag.

Rabe-Kleberg, U. (1997). Professionalität und Geschlechterverhältnis. Oder: Was ist »semi« an traditionellen Frauenberufen? In A. Combe, W. Helsper (Hrsg.), Pädagogische Professionalität (S. 276–302). Frankfurt a. M.: Suhrkamp.

Schiersmann, C., Thiel, H.-U. (2002). Mann oder Frau – spielt das (noch) eine Rolle beim Führen und Beraten? Supervision 3, 19–23.

Schimank, U. (2005). Die akademische Profession und die Universitäten: »New Public Management« und eine drohende Entprofessionalisierung. In T. Klatetzki, V. Tacke (Hrsg.), Organisations und Profession (S. 143–164). Wiesbaden: VS Verlag.

Schmidbauer, W. (1977). Die hilflosen Helfer. Über die seelische Problematik der helfenden Berufe. Reinbek: Rowohlt.

Schmidbauer, W. (1983). Helfen als Beruf. Die Ware Nächstenliebe. Reinbek: Rowohlt.

Schmidt-Lellek, C. (2006). Anmerkungen zur Professionalisierung des Coaching auf dem Hintergrund des klassischen Professionsbegriffs. Organisationsberatung, Supervision, Coaching, 13 (2), 183–192.

Schorr, A. (2003). Psychologie als Profession. Das Handbuch. Bern.

Schütze, F. (1997). Organisationszwänge und hoheitsstaatliche Rahmenbedingungen im Sozialwesen: Ihre Auswirkungen auf die Paradoxien des professionellen Handelns. In A. Combe, W. Helsper (Hrsg.), Pädagogische Professionalität (S. 183–275). Frankfurt a. M.: Suhrkamp.

Schwarz, P. (2001). Management-Brevier für Nonprofit-Organisationen. Bern: Haupt.

Scott, W. R. (2005). Evolving Professions: An Institutional Field Approach. In T. Klatetzki, V. Tacke (Hrsg.), Organisation und Profession (S. 119–141). Wiesbaden: VS Verlag.

Stichweh, R. (2005). Wissen und Professionen in einer Organisationsgesellschaft. In T. Klatetzki, V. Tacke (Hrsg.), Organisation und Profession (S. 31–44). Wiesbaden: VS Verlag.

Terhart, E. (1997). Berufskultur und professionelles Handeln bei Lehrern. In A. Combe, W. Helsper (Hrsg.), Pädagogische Professionalität (S. 448–471). Frankfurt a. M.: Suhrkamp.

Yalom, I. D. (2002). Der Panama-Hut oder Was einen guten Therapeuten ausmacht. München: btb.

3 Die Lage der Führungskräfte

Argyris, C. (1975). Das Individuum und die Organisation: Einige Probleme gegenseitiger Anpassung. In K. Türk (Hrsg.), Organisationstheorie (S. 229–234). Reinbek: Rowohlt.

Bäcker, R., Lentge, C. (2004). Anforderungen an Bewerber für Top-Positionen. Organisationsberatung, Supervision, Coaching, 11 (1), S. 5–13.

Beck, U. (1986). Risikogesellschaft. Auf dem Weg in eine andere Moderne. Frankfurt a. M.: Suhrkamp.

Böning, U. (2005). Der Siegeszug eines Personalentwicklungsinstruments. Eine 10-Jahres-Bilanz. In C. Rauen (Hrsg.). Handbuch Coaching (2. Aufl.). Göttingen u. a.: Hogrefe.

Bourdieu, P. (1997). Die feinen Unterschiede. Kritik der gesellschaftlichen Urteilskraft (Orig. 1973). Frankfurt a. M.: Suhrkamp.

Busse, R., Schreyögg, J., Gericke, C. (Hrsg.) (2006). Management im Gesundheitswesen. Heidelberg: Springer Medizin.

Brody, R. (1993). Effectively Managing Human Service Organizations. Thousand Oaks u. New Delhi: Sage.

Buchen, H., Rolff, H.-G. (Hrsg.) (2006). Professionswissen Schulleitung. München: Beltz.

Budäus, D. (1998). Von der bürokratischen Steuerung zum New Public Management – Eine Einführung. In D. Budäus, P. Conrad, G. Schreyögg (Hrsg.), New Public Management. Managementforschung 8. Berlin: De Gruyter.

Calder, B. (1977). An attribution theory of leadership. In B. B. Staw, J. R. Salancik (Eds.), Directions in organizational behaviour (S. 179–204). Chicago.

Deutschmann, C. (2002). Postindustrielle Industriesoziologie. Weinheim u. München: Beltz/PVU.

Eikelpasch, R., Rademacher, C. (2004). Identität. Bielefeld: transskript.

Erikson, E. H. (1950). Childhood and Society. New York: Norton.

Erikson, E. H. (1973). Identität und Lebenszyklus. Frankfurt a. M.: Suhrkamp.

Gardner, W. L., Avolio, B. J. (1998). The charismatic relationship: A dramatical perspective. Academy of Management Journal, 23, 32–58.

Graen, G., Uhl-Bien, M. (1995). Relationship-based approach to leadership: Development of leader-member exchange. LMX theory of leadership over 25 years: Applying a multi-level multi-domain perspective. Leadership Quarterly, 6, 219–247.

Heimannsberg, B., Schmidt-Lellek, C. J. (Hrsg.) (2000). Interkulturelle Beratung und Mediation. Konzepte, Erfahrungen, Perspektiven. Köln: Edition Humanistische Psychologie.

Hofstede, G., Hofstede, J. G. (2006). Lokales Denken. Globales Handeln. Interkulturelle Zusammenarbeit und globales Management (3. Aufl.). München: Beck.

Keupp, H. (1994). Ambivalenzen postmoderner Identität. In U. Beck, E. Beck-Gernsheim (Hrsg.), Riskante Freiheiten. Frankfurt a. M.: Suhrkamp.

Keupp, H., Höfer, R. (1997). Identitätsarbeit heute. Klassische und aktuelle Perspektiven in der Identitätsforschung. Frankfurt a. M.: Suhrkamp.

Krappmann, L. (1997). Die Identitätsproblematik nach Erikson aus einer interaktionistischen Sicht. In H. Keupp, R. Höfer (Hrsg.). Identitätsarbeit heute. Frankfurt a. M.: Suhrkamp.

Neuberger, O. (2002). Führen und Führen lassen. Stuttgart: Lucius & Lucius.

Oechsler, W., Vaanholt, S. (1998). Human Resource Management – Auswirkungen des New Public Management auf ein zeitgemäßes Personalmanagement in der öffentlichen Verwaltung. In D. Budäus, P. Conrad, G. Schreyögg (Hrsg.), New Public Management. Managementforschung 8. Berlin: De Gruyter.

Pumberger, K. (2000). Kommunikation im Kontext von zwei Kulturen – ein ständiger Drahtseilakt. Zur Beratung von Führungskräften in tschechischen Industrieunternehmen. In B. Heimannsberg, C. J. Schmidt-Lellek (Hrsg.), Interkulturelle Beratung und Mediation. Köln: Edition Humanistische Psychologie.

Schedler, K., Proeller, I. (2000). New Public Management. Bern, Stuttgart, Wien: UTB Haupt.

Schreyögg, A. (2006). Die Zukunft des Coachings. In E. Lippmann (Hrsg.), Coaching. Angewandte Psychologie für die Beratungspraxis. Heidelberg: Springer Medizin.

Schreyögg, A. (2008). Coaching in den USA. Organisationsberatung, Supervision, Coaching, 15 (1).

Schreyögg, G. (2003). Organisation. Wiesbaden: Gabler.

Schreyögg, G., Lührmann, T. (2006). Führungsidentität: Zu neueren Entwicklungen in Führungskonstellationen und der Identitätsforschung. Zeitschrift Führung und Organisation, 1, 11–16.

Schreyögg, G., Koch, J. (2007). Grundlagen des Managements. Wiesbaden: Gabler.

Senge, P. M. (1998). Die fünfte Disziplin. Stuttgart: Klett-Cotta.

Sennett, R. (1998). Der flexible Mensch. Die Kultur des neuen Kapitalismus. Berlin: Siedler.

Staehle, W. (1999). Management. München: Vahle.
Steingart, G. (2006). Weltkrieg um Wohlstand. Wie Macht und Reichtum neu verteilt werden. München u. Zürich: Piper.
Strauss, F., Höfer, R. (1997). Entwicklungslinien alltäglicher Identitätsarbeit. In H. Keupp (Hrsg.), Identitätsarbeit heute. Frankfurt a. M.: Suhrkamp.
Thomas, A. (2003). Kultur und Kulturstandards. In A. Thomas, A.-U. Kinast, S. Schroll-Machl (Hrsg.), Handbuch interkulturelle Kommunikation und Kooperation, Bd. 1: Grundlagen und Praxisfelder. Göttingen: Vandenhoeck & Ruprecht.
Thomas, A., Kinast, E.-U., Schroll-Machl, S. (Hrsg.) (2003). Handbuch interkulturelle Kommunikation und Kooperation. Bd. 1: Grundlagen und Praxisfelder. Göttingen: Vandenhoeck & Ruprecht.
Trebesch, K. (Hrsg.) (2000). Organisationsentwicklung. Konzepte, Strategien, Fallstudien. Stuttgart: Klett-Cotta.
Türk, K. (1984). Personalführung – Soziologisch betrachtet. Harvard Manager, 3, 63–71.
Weber, M. (1921/2005). Wirtschaft und Gesellschaft. Frankfurt a. M.: Zweitausendeins.

4 Sinn suchen

Adler, A. (1933/2004). Der Sinn des Lebens. Frankfurt a. M.: Fischer.
Adorno, T. W. (1970). Negative Dialektik. Frankfurt a. M.: Suhrkamp.
Anders, G. (1984). Die Antiquiertheit des Menschen. II: Über die Zerstörung des Lebens im Zeitalter der dritten industriellen Revolution. Zürich: Buchclub Ex Libris.
Andritzky, W. (2005). Sinnerfahrung, religiöse Glaubensmuster und Verhaltensweisen. Ihre Relevanz für Psychotherapie und Gesundheitsverhalten – gesundheitspsychologische Perspektiven. In H. G. Petzold, I. Orth (Hrsg.), Sinn, Sinnerfahrung, Lebenssinn in Psychologie und Psychotherapie. Bd. I (S. 191–231). Bielefeld: Sirius.
Antonovsky, A. (1997). Salutogenese. Zur Entmystifizierung der Gesundheit. Tübingen: DGVT-Verlag.
Armstrong, K. (2004). Im Kampf für Gott. Fundamentalismus in Christentum, Judentum und Islam. München: Siedler.
Baggini, J. (2006). Der Sinn des Lebens. Philosophie im Alltag. München: Piper.
Buber, M. (1994). Zwei Glaubensweisen. Heidelberg: Lambert Schneider.
Buber, M. (1949/1984). Die Erzählungen der Chassidim. Zürich: Manesse.
Buber, M. (1948/1996). Der Weg des Menschen nach der chassidischen Lehre. Gerlingen: Lambert Schneider.
Buber, M. (Hrsg.) (1909/1984). Ekstatische Konfessionen. Heidelberg: Lambert Schneider.
Busch, H., Poweleit, D. (2004). Seelisches Gleichgewicht und weltanschauliche Konversion. In F.-C. Schubert, H. Busch (Hrsg.), Lebensorientierung und Beratung. Sinnfindung und weltanschauliche Orientierungskonflikte in der (Post-)Moderne (S. 216–245). Mönchengladbach: Schriften des FB Sozialwesen der Hochschule Niederrhein.

Camus, A. (1943/1965). Der Mythos von Sisyphos. Ein Versuch über das Absurde. Reinbek: Rowohlt.
Camus, A. (1951/1977). Der Mensch in der Revolte. Essays. Reinbek: Rowohlt.
Dewey, J. (1934/2004). Ein allgemeiner Glaube. In J. Dewey, Erfahrung, Erkenntnis und Wert (S. 229–292). Frankfurt a. M.: Suhrkamp.
Ebeling, H. (Hrsg.) (1997). Der Tod in der Moderne (4. Aufl.). Bodenheim: Hain.
Epikur (1988). Philosophie der Freude. Briefe, Hauptlehrsätze, Spruchsammlung, Fragmente. Frankfurt a. M.: Insel.
Fehige, C., Meggle, G., Wessels, U. (Hrsg.) (2004). Der Sinn des Lebens. München: dtv.
Fellmann, F. (1993). Lebensphilosophie. Elemente einer Theorie der Selbsterfahrung. Reinbek: Rowohlt.
Frankl, V. (1977). Das Leiden am sinnlosen Leben. Psychotherapie für heute. Freiburg: Herder.
Frankl, V. (1997). ... trotzdem Ja zum Leben sagen. Ein Psychologe erlebt das Konzentrationslager. München: dtv.
Frensch, M. (Hrsg.) (1991). Esoterik. Von der Antike bis zur Gegenwart. Ein Lesebuch. München: Piper.
Friedman, M. (1999). Begegnung auf dem schmalen Grad. Martin Buber – ein Leben. Münster: Agenda.
Habermas, J. (2005). Religion in der Öffentlichkeit. In J. Habermas, Naturalismus und Religion. Philosophische Aufsätze (S. 119–154). Frankfurt a. M.: Suhrkamp.
Heintel, P. (2005). Spiritualität als »Selbst- und Systemtranszendenz« – am Beispiel der Supervision. Supervision, 4, 38–50.
Hoerster, N. (2005). Die Frage nach Gott. München: Beck.
Hoffmans, S. (2004). Sogenannte Sekten und Psychokulte als Orientierungsangebote in der Postmodernen Gesellschaft. In F.-C. Schubert, H. Busch (Hrsg.), Lebensorientierung und Beratung. Sinnfindung und weltanschauliche Orientierungskonflikte in der (Post-)Moderne (S. 67–110). Mönchengladbach: Schriften des FB Sozialwesen der Hochschule Niederrhein.
Huxley, A. (1944/1987). Die ewige Philosophie. Philosophia perennis. München: Piper.
James, W. (1897/1977). Der Wille zum Glauben. In E. Martens (Hrsg.), Pragmatismus (S. 128–160). Stuttgart: Reclam.
James, W. (1902/1997). Die Vielfalt religiöser Erfahrung. Frankfurt a. M.: Insel.
James, W. (1906/2001). Pragmatismus. Ein neuer Name für einige alte Denkweisen. Darmstadt: Wiss. Buchgesellschaft.
Joas, H. (1997). Die Entstehung der Werte. Frankfurt a. M.: Suhrkamp.
Kohn, H. (1979). Martin Buber. Sein Werk und seine Zeit. Wiesbaden: fourier.
Lauterbach, M. (2005). Gesundheitscoaching. Strategien und Methoden für Fitness und Lebensbalance im Beruf. Heidelberg: Carl-Auer.
Lenzen, W. (1999). Liebe, Leben, Tod. Eine moralphilosophische Studie. Stuttgart: Reclam.
Lippe, R. zur (1987). Sinnenbewusstsein. Grundlegung einer anthropologischen Ästhetik. Reinbek: Rowohlt.
Marxsen, W. (1964). Einleitung in das Neue Testament. Gütersloh: Gütersloher Verlagshaus.

Mingers, S., Wildburg, P. (2005). Systemische Beratung und Spiritualität. Supervision, 4, 19–30.

Nagel, T. (2005). Was bedeutet das alles? Eine ganz kurze Einführung in die Philosophie. Stuttgart: Reclam.

Nagl, L. (1998). Pragmatismus. Frankfurt a. M.: Campus.

Nigg, W. (1949/1986). Das Buch der Ketzer. Zürich.

Peseschkian, N, (2003). Auf der Suche nach Sinn. Psychotherapie der kleinen Schritte. Frankfurt a. M.: Fischer.

Petzold, H. G. (2005a). Sinnfindung über die Lebensspanne: collagierte Gedanken über Sinn, Sinnlosigkeit, Abersinn – integrative und differentielle Perspektiven zu transversalem, polylogischem Sinn. In H. G. Petzold, I. Orth (Hrsg.), Sinn, Sinnerfahrung, Lebenssinn in Psychologie und Psychotherapie. Bd. 1 (S. 265–374). Bielefeld: Sirius.

Petzold, H. G., (2005b). Sinnprobleme in einer vielsprachigen Psychotherapie – reflektiert am Beispiel der Gestalttherapie. In H. G. Petzold, I. Orth (Hrsg.), Sinn, Sinnerfahrung, Lebenssinn in Psychologie und Psychotherapie. Bd. 2 (S. 561–606). Bielefeld: Sirius.

Petzold, H. G., Orth, I. (Hrsg.) (2005). Sinn, Sinnerfahrung, Lebenssinn in Psychologie und Psychotherapie. 2 Bd. Bielefeld: Sirius.

Reichert, T. (Hrsg.) (1996). Buber für Atheisten. Ausgewählte Texte. Gerlingen: Lambert Schneider.

Rogers, C. (1977/1988). Die Kraft des Guten. Ein Appell zur Selbstverwirklichung. Frankfurt a. M.: Fischer.

Russell, B. (1985). Warum ich kein Christ bin. Reinbek: Rowohlt.

Schleichert, H. (1999). Wie man mit Fundamentalisten diskutiert, ohne den Verstand zu verlieren. Anleitung zum subversiven Denken. München: Beck.

Schmitz, E. (2005). Sinnkrisen, Belastung, Lebenssinn – psychologische Perspektiven, Konzepte, Forschung. In H. G. Petzold, I. Orth (Hrsg.), Sinn, Sinnerfahrung, Lebenssinn in Psychologie und Psychotherapie. Bd. 1 (S. 123–155). Bielefeld: Sirius.

Schmitz, R. (2006). Was geschah mit Schillers Schädel? Alles, was Sie über Literatur nicht wissen. Frankfurt a. M.: Eichborn.

Schubert, F.-C. (2004). Lebensführung als Balance zwischen Belastung und Bewältigung – Beiträge aus der Gesundheitsforschung zu einer psychosozialen Beratung (S. 137–213). Mönchengladbach: Schriften des FB Sozialwesen der Hochschule Niederrhein.

Speck, J. (1992). Die Grundantinomien des menschlichen Daseins. In J. Speck (Hrsg.), Grundprobleme der großen Philosophen. Philosophie der Gegenwart V (S. 126–177). Göttingen: Vandenhoeck & Ruprecht.

Tausch, R. (2004). Sinn in unserem Leben. In A. E. Auhagen (Hrsg.), Positive Psychologie. Anleitung zum »besseren« Leben (S. 86–102). Weinheim: Beltz.

Tolstoj, L. N. (1886/1980). Der Tod des Iwan Iljisch. In L. N. Tolstoj, Sämtliche Erzählungen. Bd. 5 (S. 222–293). Frankfurt a. M.: Insel.

Utsch, M. (2004). Religiosität und Spiritualität. In A. E. Auhagen (Hrsg.), Positive Psychologie. Anleitung zum »besseren« Leben S. 67–85). Weinheim: Beltz.

Yalom, I. (1989). Existentielle Psychotherapie. Köln: Ed. Hum. Psychologie.

5 Glücklich sein

Adorno, T. W. (1951/1970). Minima Moralia. Reflexionen aus dem beschädigten Leben. Frankfurt a. M.: Suhrkamp.

Alain (1928/1982). Die Pflicht, glücklich zu sein. Frankfurt a. M.: Suhrkamp.

Aristoteles (1984). Eudemische Ethik. Berlin: Akademie-Verlag.

Aristoteles (2006). Nikomachische Ethik. Reinbek: Rowohlt.

Bauermann, M., Kliemt, H. (Hrsg.) (2003). Glück und Moral. Stuttgart: Reclam.

Bauman, Z. (2005). Verworfenes Leben. Die Ausgegrenzten der Moderne. Hamburg: Hamburger Edition.

Bellebaum, A. (Hrsg.) (2002). Glücksforschung. Eine Bestandsaufnahme. Konstanz: UVK.

Bellebaum, A., Barheier, K. (Hrsg.) (1997). Glücksvorstellungen. Ein Rückgriff in die Geschichte der Soziologie. Opladen: Westdeutscher Verlag.

Bellebaum, A., Braun, H. (Hrsg.) (2004). Quellen des Glücks – Glück als Lebenskunst. Würzburg: Ergon.

Bellebaum, A., Herbers, D. (2006). Glückangebote in der Alltagwelt. Zur Begründung des Themas. In A. Bellebaum, D. Herbers (Hrsg.), Glückangebote in der Alltagswelt (S. 7–11). Münster: Aschendorff.

Bellebaum, A. (Hrsg.) (2006). Glücksangebote in der Alltagswelt. Münster: Aschendorff.

Bentham, J. (1780/1992). Eine Einführung in die Prinzipien der Moral und der Gesetzgebung. In O. Höffe (Hrsg.), Einführung in die utilitaristische Ethik (S. 55–83). Tübingen: Francke.

Camus, A. (1965). Der Mythos von Sisyphos. Ein Versuch über das Absurde. Reinbek: Rowohlt.

Csikszentsmihalyi, M. (1992). Flow. Das Geheimnis des Glücks. Stuttgart: Klett-Cotta.

Csikszentsmihalyi, M. (2001). Lebe gut! München: dtv.

Csikszentsmihalyi, M. (2004). Flow im Beruf. Stuttgart: Klett-Cotta.

Csikszentsmihalyi, M. (2006). Flow – der Weg zum Glück. Der Entdecker des Flow-Prinzips erklärt seine Lebensphilosophie. Freiburg: Herder.

Dalai Lama (2005). Ratschläge des Herzens. Zürich: Diogenes.

Ehrenberg, A. (2004). Das erschöpfte Selbst. Depression und Gesellschaft in der Gegenwart. Frankfurt a. M.: Campus.

Epikur (1988). Philosophie der Freude. Briefe, Hauptlehrsätze, Spruchsammlung, Fragmente. Frankfurt a. M.: Insel.

Fehige, C., Meggle, G., Wessels, U. (Hrsg.) (2004). Der Sinn des Lebens. München: dtv.

Fellmann, F. (1998). Individuelle Lust und allgemeines Glück. In J. Rothfuß, H.-E. Koch (Hrsg.), Konstanten für Wirtschaft und Gesellschaft (S. 161–175). Konstanz: Labhard.

Funke, H. (2000). Erlebnisgesellschaft. In G. Kneer, A. Nassehi, M. Schroes (Hrsg.), Soziologische Gesellschaftsbegriffe. Konzepte moderner Zeitdiagnosen (S. 305–331). München: Fink.

Gesang, B. (2003). Eine Verteidigung des Utilitarismus. Stuttgart: Reclam.

Geyer, C.-F. (2004). Epikur zur Einführung. Hamburg: Junius.

Gracián, B. (1647/2004). Handorakel und Kunst der Weltklugheit. Stuttgart: Reclam.
Jung, F. (1987). Die Technik des Glücks. Mehr Tempo! Mehr Glück! Mehr Macht! Werke 6. Hamburg: Nautilus.
Kant, I. (1788/1974). Kritik der Praktischen Vernunft. Frankfurt a. M.: Suhrkamp.
Krämer, H. (1995). Integrative Ethik. Frankfurt a. M.: Suhrkamp.
Lauster, J. (2004). Gott und das Glück. Das Schicksal des guten Lebens im Christentum. Gütersloh: Gütersloher Verlagshaus.
Layard, R. (2005). Die glückliche Gesellschaft. Kurswechsel für Politik und Wirtschaft. Frankfurt a. M.: Campus.
Machiavelli, N. (1513/2001). Der Fürst. Frankfurt a. M.: Insel.
Marcuse, H. (1938/1968). Zur Kritik des Hedonismus. In H. Marcuse, Kultur und Gesellschaft 1 (S. 128–168). Frankfurt a. M.: Suhrkamp.
Marcuse, L. (1948/1972). Philosophie des Glücks. Von Hiob bis Freud. Zürich: Diogenes.
Marx, K. (1973). MEW, Bd. 40. Berlin: Dietz.
Mathar, H. (2007). Wie wir finden, was wir wollen. Historische und aktuelle Beiträge zur Zielfindung im Persönlichkeitscoaching. Tübingen: DGVT-Verlag.
Mill, J. S. (1863/1991). Der Utilitarismus. Stuttgart: Reclam.
Nussbaum, M. C. (1993). Menschliches Tun und soziale Gerechtigkeit. Zur Verteidigung des aristotelischen Essentialismus. In M. Brumlik, H. Brunkhorst (Hrsg.), Gemeinschaft und Gerechtigkeit (S. 323–361). Frankfurt a. M.: Fischer.
Nussbaum, M. C. (1999). Gerechtigkeit oder Das gute Leben. Frankfurt a. M.: Suhrkamp.
Pieper, A. (2004). Glückssache. Die Kunst gut zu leben. München: dtv.
Pieper, J. (1962). Glück und Kontemplation. München: Kösel.
Pieper, J. (1991). Das Viergespann. Klugheit, Gerechtigkeit, Tapferkeit, Maß. München: Kösel.
Russell, B. (1930/1977). Eroberung des Glücks. Frankfurt a. M.: Suhrkamp.
Schimank, U., Kron, T. (2002). Glücksspiele und der Ernst des Lebens – Fortuna in Aktion. In A. Bellebaum, (Hrsg.), Glücksforschung (S. 157–176). Konstanz: UVK.
Schopenhauer, A. (2005). Die Kunst, glücklich zu sein. München: Beck.
Schreiber, H.-P. (1992). Ethik der kritischen Theorie. In A. Pieper (Hrsg.), Geschichte der neueren Ethik 2 (S. 194–209). Tübingen: Franke.
Schulze, G. (1999). Kulissen des Glücks. Streifzüge durch die Eventkultur. Frankfurt a. M.: Campus.
Schulze, G. (2005). Die Erlebnisgesellschaft. Kultursoziologie der Gegenwart (2. Aufl.). Frankfurt a. M.: Campus.
Seel, M. (1994). Glück. In H. Hastedt, E. Martens (Hrsg.), Ethik. Ein Grundkurs (S. 145–163). Reinbek: Rowohlt.
Seel, M. (1999). Versuch über die Form des Glücks. Frankfurt a. M.: Suhrkamp.
Seligman, M. E. P. (2003). Der Glücks-Faktor. Warum Optimisten länger leben. Bergisch Gladbach: Ehrenwirth.
Sennett, R. (1998). Der flexible Mensch. Die Kultur des neuen Kapitalismus. Berlin: Büchergilde Gutenberg.
Thomä, D. (2003). Vom Glück in der Moderne. Frankfurt a. M.: Suhrkamp.

Veenhoven, R. (1993a). World Database of Happiness: Happiness in Nations. Subjective appreciation of life in 56 nations 1946–1992. Rotterdam: Erasmus University Rotterdam.

Veenhoven, R. (1993b). World Database of Happiness. Bibliography of Happiness. 2472 contemporary studies in 69 nations 1911–1994. Rotterdam: Erasmus University Rotterdam.

Zahn, L. (1981). Herbert Marcuse: Die Utopie der glücklichen Vernunft. In J. Speck (Hrsg.), Grundprobleme der großen Philosophen. Philosophie der Gegenwart IV (S. 186–222). Göttingen: Vandenhoeck & Ruprecht.

6 Verantwortung übernehmen

Arendt, A. von, Gastmans, C. (1996). Ethik für Pflegende. Bern: Huber.

Arendt, H. (1990). Was ist Existenzphilosophie? Frankfurt a. M.: Hain.

Arendt, H. (2006a). Eichmann in Jerusalem. Ein Bericht von der Banalität des Bösen. München: Piper.

Arendt, H. (2006b). Über das Böse. Eine Vorlesung zu Fragen der Ethik. München: Piper.

Arnold, E. u.a. (Hrsg.) (2006). Ethik in psychosozialen Feldern. Materialien für Ausbildung und Praxis. Köln: GwG Verlag.

Auhagen, A. E. (1999). Die Realität der Verantwortung. Göttingen: Hogrefe.

Badura, J. (2002). Die Suche nach Angemessenheit. Praktische Philosophie als ethische Beratung. Münster: LIT.

Bauer, J. (2006). Prinzip Menschlichkeit. Warum wir von Natur aus kooperieren. Hamburg: Hoffmann u. Campe.

Bauman, Z. (1995). Postmoderne Ethik. Hamburg: Hamburger Edition.

Bayertz, K. (2006). Warum überhaupt moralisch sein? München: Beck.

Beine, K.-H. (1998). Sehen, Hören, Schweigen. Patiententötungen und aktive Sterbehilfe. Freiburg: Lambertus.

Benhabib, S. (1995). Selbst im Kontext. Kommunikative Ethik im Spannungsfeld von Feminismus, Kommunitarismus und Postmoderne. Frankfurt a. M.: Suhrkamp.

Berkel, K. (1998). Führungsethik. Organisationspsychologische Perspektiven. In G. Blickle (Hrsg.), Ethik in Organisationen (S. 117–136). Göttingen: Verlag für Angewandte Psychologie.

Bierhoff, H.-W., Schülken, T. (2004). Solidarität. In A. E. Auhagen (Hrsg.), Positive Psychologie (S. 171–189). Weinheim: Beltz.

Böhme, G. (1997). Ethik im Kontext. Über den Umgang mit ernsten Fragen. Frankfurt a. M.: Suhrkamp.

Brumlik, M. (1992a). Advokatorische Ethik. Zur Legitimation pädagogischer Eingriffe. Bielefeld: Karin Böllert.

Brumlik, M. (1992b). Diskurs- und Mitleidsethik in Begründung und Anwendung. In M. Brumlik, Advokatorische Ethik. Zur Legitimation pädagogischer Eingriffe (S. 143–158). Bielefeld: Karin Böllert.

Buber, M. (1923/1984). Ich und Du. In M. Buber, Das dialogische Prinzip (S. 5–136). Heidelberg: Lambert Schneider.

Buer, F. (2000). Supervision als Ort moralphilosophischer Besinnung. Oder: Was auch in der Arbeitswelt entscheidend ist. Supervision, 4, 4–20.

Buer, F. (2000a). Über die professionelle Kompetenz, Professionalität kompetent darzustellen. Und welche Rolle die Supervision dabei spielt. In F. Buer, G. Siller (Hrsg.), Die flexible Supervision (S. 161–201). Wiesbaden: VS Verlag.

Buer, F. (2004b). Unsicherheiten im Beratungsdiskurs. Wozu Berater und Beraterinnen Philosophie brauchen – Pragmatismus zum Beispiel. Organisationsberatung, Supervision Coaching, 11 (2), 127–150.

Conradi, E. (2001). Take Care. Grundlegung einer Ethik der Achtsamkeit. Frankfurt a. M.: Campus.

Csikszentmichalyi, M. (2004). Flow im Beruf. Das Geheimnis des Glücks am Arbeitsplatz. Stuttgart: Klett-Cotta.

Dallmann, H.-U. (2007). Ethik im systemtheoretischen Denken. In A. Lob-Hüdepohl, W. Lesch (Hrsg.), Ethik Sozialer Arbeit (S. 57–68). Paderborn: Schöningh.

Delhom, P. (2000). Der Dritte. Lévinas' Philosophie zwischen Verantwortung und Gerechtigkeit. München: Wilhelm Fink.

Dewey, J. (1989). Die Erneuerung der Philosophie. Hamburg. Junius.

Dewey, J. (1993). Demokratie und Erziehung. Eine Einleitung in die philosophische Pädagogik. Weinheim: Beltz.

Dewey, J. (2001). Die Suche nach Gewißheit. Eine Untersuchung des Verhältnisses von Erkenntnis und Handeln. Frankfurt a. M.: Suhrkamp.

Dewey, J. (2004). Erfahrung, Erkenntnis und Wert. Frankfurt a. M.: Suhrkamp.

Dörner, K. (2001). Der gute Arzt. Lehrbuch der ärztlichen Grundhaltung. Stuttgart: Schattauer.

Dörner, K. (2004). Das Gesundheitsdilemma. Woran unsere Medizin krankt. Zwölf Thesen zu ihrer Heilung. Berlin: Ullstein.

Dostojewski, F. M. (1978). Die Brüder Karamasow. München: dtv.

Druyen, T. (2007). Goldkinder. Die Welt des Vermögens. Hamburg: Murmann.

Düwell, M., Hübenthal, C., Werner, M. H. (Hrsg.) (2002). Handbuch Ethik. Stuttgart: Metzler.

Ehrenberg, A. (2004). Das erschöpfte Selbst. Depression und Gesellschaft in der Gegenwart. Frankfurt a. M.: Campus.

Etzioni, A. (1996). Die faire Gesellschaft. Jenseits von Sozialismus und Kapitalismus. Frankfurt a. M.: Fischer.

Fach, W. (2003). Politische Ethik. Vom Regieren und Räsonieren. Opladen: Leske + Budrich.

Fellmann, F. (2000). Die Angst des Ethiklehrers vor der Klasse. Ist Moral lehrbar? Stuttgart: Reclam.

Frank, R. H. (1992). Strategie der Emotionen. München: Oldenbourg.

Frankena, W. (1994). Analytische Ethik. Eine Einführung. München: dtv.

Friedrich, E. C. (2001). Soziale Arbeit – Berufsethos – Sozialmanagement. Zentrale Elemente eines ganzheitlichen Professionskonzepts. Weinheim: Beltz.

Gardner, H. (1997). Die Zukunft der Vorbilder. Das Profil der innovativen Führungskraft. Stuttgart: Klett-Cotta.

Gardner, H., Csikszentmichalyi, M., Damon, W. (2005). Good Work! Für eine neue Ethik im Beruf. Stuttgart: Klett-Cotta.

Gollenia, M. C. (1999). Ethische Entscheidungen und Rechtfertigungen unter besonderen Bedingungen der sozialen Identität. Frankfurt a. M.: Peter Lang.

Halter, M. (1997). Auf der Suche nach den 36 Gerechten. Gespräche mit den wahren Helden dieses Jahrhunderts. München: List.

Hare, R. D. (2005). Gewissenlos. Die Psychopathen unter uns. Wien: Springer.

Hartmann, M. (2003). Die Kreativität der Gewohnheit. Grundzüge einer pragmatistischen Demokratietheorie. Frankfurt a. M.: Campus.

Hastedt, H., Martens, E. (Hrsg.) (1994). Ethik. Ein Grundkurs. Reinbek: Rowohlt.

Heidbrink, L. (2007). Handeln in der Ungewissheit. Paradoxien der Verantwortung. Berlin: Kadmos.

Heinemann, F. (1963). Existenzphilosophie lebendig oder tot? Stuttgart: Kohlhammer.

Heintel, P. (2006). Das »Klagenfurter Prozessethische Beratungsmodell«. In P. Heintel (Hrsg.), Beratung und Ethik (S. 196–243). Berlin: Leutner.

Hemel, U. (2005). Wert und Werte. Ethik für Manager – Ein Leitfaden für die Praxis. München: Hanser.

Hengsbach, F. (2001). Die andern im Blick. Christliche Gesellschaftsethik in den Zeiten der Globalisierung. Darmstadt: Wiss. Buchgesellschaft.

Höffe, O. (Hrsg.) (2002). Lexikon der Ethik. München: Beck.

Höffe, O. (2007). Lebenskunst und Moral. Oder macht Tugend glücklich? München: Beck.

Hoerster, N. (2003). Ethik und Interesse. Stuttgart: Reclam.

Hume, D. (1739/1978). Ein Traktat über die menschliche Natur. Buch II und III. Hamburg: Meiner.

Hunyadi, M. (1988). Sartres Entwürfe zu einer unmöglichen Moral. In T. König (Hrsg.), Sartre. Ein Kongress (S. 84–82). Reinbek: Rowohlt.

Hutterer-Krisch, R. (Hrsg.) (2001). Fragen der Ethik in der Psychotherapie. Konfliktfelder, Machtmissbrauch, Berufspflichten. Wien: Springer.

Jonas, H. (1984). Das Prinzip Verantwortung. Versuch einer Ethik für die technologische Zivilisation. Frankfurt a. M.: Suhrkamp.

Jones, C. et al. (2000). Questions of Ethics in Counselling and Therapy. Buckingham: Open University Press.

Jörke, D. (2003). Demokratie als Erfahrung. John Dewey und die politische Philosophie der Gegenwart. Wiesbaden: Westdeutscher Verlag.

Kampits, P. (1992). Existentialistische Ethik. In A. Pieper (Hrsg.), Geschichte der neueren Ethik 2 (S. 173–193).Göttingen: Vandenhoeck & Ruprecht.

Kastner, M. (2004). Ethische Kommunikation. In A. E. Auhagen (Hrsg.), Positive Psychologie (S. 103–124). Weinheim: Beltz.

Kodalle, K.-M. (1994). Verantwortung. In H. Hastedt, E. Martens (Hrsg.), Ethik. Ein Grundkurs (S. 180–197). Reinbek: Rowohlt.

Köhler Emmert, C. (2006). Unternehmensethiker – Schrittmacher zu legitimen Erfolg. Profil einer neuen Managementfunktion. Bern: Haupt.

Krämer, H. (1995). Integrative Ethik. Frankfurt a. M.: Suhrkamp.
Kreikebaum, H. (1996). Grundlagen der Unternehmensethik. Stuttgart: Schäffer-Poeschel.
Kuhrau-Neumärker, D. (2005). »War das o.k.?« Moralische Konflikte im Alltag Sozialer Arbeit. Einführung in die Berufsethik. Münster: Waxmann.
Lenk, H. (1987). Pragmatismus – Philosophie der Verantwortung. In H. Stachowiak (Hrsg.), Pragmatik: Handbuch pragmatischen Denkens (S. 460–491). Hamburg: Meiner.
Lenk, H., Maring, M. (1998). Das moralphilosophische Fundament der Ethik für Organisationen – korporative und individuelle Verantwortung. In G. Blickle (Hrsg.), Ethik in Organisationen (S. 21–35). Göttingen: Verlag für Angewandte Psychologie.
Lenzen, W. (1999). Liebe, Leben, Tod. Eine moralphilosophische Studie. Stuttgart: Reclam.
Lesch, W. (1992). Religiöse Ethik. In A. Pieper (Hrsg.), Geschichte der neueren Ethik 2 (S. 1–28). Tübingen: Francke.
Lévinas, E. (1986). Ethik und Unendliches. Wien: Passagen.
Lévinas, E. (1992). Jenseits des Seins oder anders als Sein geschieht. Freiburg: Alber.
Lob-Hüdepohl, A., Lesch, W. (Hrsg.) (2007). Ethik Sozialer Arbeit. Ein Handbuch. Paderborn: Schöningh.
Luhmann, N. (1988). Paradigm lost. Die ethische Reflexion der Moral (S. 7–46). Frankfurt a. M.: Suhrkamp.
Maak, T., Ulrich, P. (2007). Integre Unternehmensführung. Ethisches Orientierungswissen für die Wirtschaftspraxis. Stuttgart: Schäffer-Poeschel.
Mainzer, K. (1991). John Dewey: Instrumentalismus und Naturalismus in der technisch-wissenschaftlichen Lebenswelt. In J. Speck (Hrsg.), Grundprobleme der großen Philosophen. Philosophie der Neuzeit V (S. 170–209). Göttingen: Vandenhoeck & Ruprecht.
Meyer, A. (2000). Führende und Geführte im Wandel der Führungsparadigmen des 20. Jahrhunderts. Ein Wandel zum selbstverantwortlichen Subjekt? Frankfurt a. M.: Peter Lang.
Müller, B., Thiersch, H. (Hrsg.) (1990). Gerechtigkeit und Selbstverwirklichung. Moralprobleme im sozialpädagogischen Handeln. Freiburg: Lambertus.
Müller, C. (1992). Verantwortungsethik. In A. Pieper (Hrsg.), Geschichte der neueren Ethik. Bd. 2 (S. 103–131). Tübingen: Francke.
Nair, K. (1997). Führen durch Vorbild. Lehren aus dem Leben Gandhis. Freiburg: Bauer.
Neiman, S. (2006). Das Böse denken. Eine andere Geschichte der Philosophie. Frankfurt a. M.: Suhrkamp.
Neuberger, O. (2002). Führen und Führen lassen. Stuttgart: Lucius & Lucius.
Nippa, M. (2001). Intuition und Emotion in der Entscheidungsforschung – State-of-the-Art und aktuelle Forschungsrichtungen. In G. Schreyögg, J. Sydow (Hrsg.), Emotionen und Management (S. 213–247). Wiesbaden: Gabler.
Ortmann, G. (2001). Emotion und Entscheidung. In G. Schreyögg, J. Sydow (Hrsg.), Emotionen und Management (S. 277–323). Wiesbaden: Gabler.
Ortmann, G. (2004). Als Ob. Fiktionen und Organisationen. Wiesbaden: VS Verlag.

Palazzo, B. (2001). Interkulturelle Unternehmensethik. Deutsche und amerikanische Modelle im Vergleich. Wiesbaden: Gabler.
Pieper, A. (1998). Gibt es eine feministische Ethik? München: Fink.
Pieper, A. (2002). Gut und Böse. München: Beck.
Pieper, A. (Hrsg.) (1992). Geschichte der neueren Ethik. 2 Bd. Tübingen: Francke.
Prichard, H. A. (1926/2002). Beruht die Moralphilosophie auf einem Irrtum? In K. Bayertz (Hrsg.), Warum moralisch sein? (S. 49–68). Paderborn: Schöningh.
Reese-Schäfer, W. (1997). Grenzgötter der Moral. Der neuere europäisch-amerikanische Diskurs zur politischen Ethik. Frankfurt a. M.: Suhrkamp.
Reich, W. T. (2001). Sympathie als Identitätsmerkmal der Heilberufe. In D. von Engelhardt, V. von Loewenich, A. Simon (Hrsg.), Die Heilberufe auf der Suche nach ihrer Identität (S. 18–31). Münster: LIT.
Reichert, T. (1996) (Hrsg.). Buber für Atheisten. Ausgewählte Texte. Heidelberg: Lambert Schneider.
Robertz, F., Wickenhäuser, R. (2007). Wenn das Böse siegt. Psychologie heute 34 (2), 70–73.
Rorty, R. (1994). Ethik ohne allgemeine Pflichten. In R. Rorty, Hoffnung statt Erkenntnis. Eine Einführung in die pragmatische Philosophie (S. 67–89). Wien: Passagen.
Safranski, R. (2000). Das Böse oder Das Drama der Freiheit. Frankfurt a. M.: Fischer.
Salamun, K. (1992). Karl Jaspers: Existenzverwirklichung in der Kommunikation. In J. Speck (Hrsg.), Grundprobleme der großen Philosophen. Philosophie der Gegenwart V (S. 9–47). Göttingen: Vandenhoeck & Ruprecht.
Schein, E. (1995). Unternehmenskultur. Ein Handbuch für Führungskräfte. Frankfurt a. M.: Campus.
Schneider, J. (1999). Gut und Böse – Falsch und Richtig. Zu Ethik und Moral der sozialen Berufe. Frankfurt a. M.: Fachhochschulverlag.
Schulz, W. (1989). Grundprobleme der Ethik. Pfullingen: Neske.
Seel, G. (1988). Wie hätte Sartres Moralphilosophie ausgesehen? In T. König (Hrsg.), Sartre. Ein Kongreß (S. 276–293). Reinbek: Rowohlt.
Seel, G. (1999). Versuch über die Form des Glücks. Frankfurt a. M.: Suhrkamp.
Smith, A. (1759/2004). Theorie der ethischen Gefühle. Hamburg: Meiner.
Sprenger, R. K. (1995). Das Prinzip Selbstverantwortung. Wege zur Motivation. Frankfurt a. M.: Campus.
Suda, M. J. (2005). Ethik. Ein Überblick über Theorien vom richtigen Leben. Böhlau.
Taurek, B. (1991). Lévinas zur Einführung. Hamburg: Junius.
Ulrich, P. (2001). Integrative Wirtschaftsethik. Grundlagen einer lebensdienlichen Ökonomie. Bern: Haupt.
Ulrich, P. (2005). Zivilisierte Marktwirtschaft. Eine wirtschaftsethische Orientierung (2. Aufl.). Freiburg: Herder.
Wallner, J. (2004). Ethik im Gesundheitssystem. Wien: Facultas.
Weber, M. (1919/1999). Politik als Beruf. Stuttgart: Reclam.
Wieland, J. (Hrsg.) (2000). Handbuch Wertemanagement. Erfolgsstrategien einer modernen Corporate Governance. Hamburg: Murmann.
Wiesing, U. (Hrsg.) (2000). Ethik in der Medizin. Ein Reader. Stuttgart: Reclam.

7 Arbeit und Leben stilvoll gestalten. Anleitung zur Lebenskunst

Achenbach, G. B. (2001). Lebenskönnerschaft. Freiburg: Herder.
Adorno, T. W. (1970). Ästhetische Theorie. Frankfurt a. M.: Suhrkamp.
Adorno, T. W., Horkheimer, M. (1947/1973). Dialektik der Aufklärung. Philosophische Fragmente. Frankfurt a. M.: Fischer.
Auhagen, A. E. (2004). Mitmenschliche Güte. In A. E. Auhagen (Hrsg.), Positive Psychologie (S. 154–170). Weinheim: Beltz.
Baggini, J. (2006). Der Sinn des Lebens. Philosophie im Alltag. München: Piper.
Barck, K., Gente, P., Paris, H., Richter, S. (Hrsg.) (1990). Aisthesis. Wahrnehmung heute oder Perspektiven einer anderen Ästhetik. Leipzig.
Bellebaum, A., Herbers, D. (Hrsg.) (2007). Die sieben Todsünden. Über Laster und Tugenden in der modernen Gesellschaft. Münster: Aschendorff.
Bennis, W. (1998). Menschen führen ist wie Flöhe hüten. Frankfurt a. M.: Campus.
Brenner, A., Zirfaß, J. (2002). Lexikon der Lebenskunst. Leipzig: Reclam.
Brumlik, M. (2002). Bildung und Glück. Versuch einer Theorie der Tugenden. Berlin: Philo.
Buer, F. (2000). Supervision als Ort moralphilosophischer Besinnung. Oder: Was auch in der Arbeitswelt entscheidend ist. Supervision, 4, 4–20.
Buer, F. (2002). Führen – eine professionelle Dienstleistung. Oder: Wozu Führungskräfte Supervision benötigen. Supervision, 3, 43–54.
Buer, F. (2004a). Über die professionelle Kompetenz, Professionalität kompetent darzustellen. In F. Buer, G. Siller (Hrsg.), Die flexible Supervision (S. 161–201). Wiesbaden: VS Verlag.
Buer, F. (2004b). Unsicherheiten im Beratungsdiskurs. Wozu Berater und Beraterinnen Philosophie brauchen – Pragmatismus zum Beispiel. Organisationsberatung, Supervision, Coaching, 11 (2), 127–150.
Comte-Sponville, A. (2004). Ermutigung zum unzeitgemäßen Leben. Ein kleines Brevier der Tugenden und Werte. Reinbek: Rowohlt.
Crozier, M., Friedberg, E. (1993). Die Zwänge kollektiven Handelns. Über Macht und Organisation. Frankfurt a. M.: Hain.
Csikszentmichaly, M. (2001). Lebe gut! Wie Sie das Beste aus Ihrem Leben machen. München: dtv.
Deutsche Shell (Hrsg.) (2002). Jugend 2002. Zwischen pragmatischem Idealismus und robustem Materialismus. Frankfurt a. M.: Fischer.
Dewey, J. (1934/1988). Kunst als Erfahrung. Frankfurt a. M.: Suhrkamp.
Dewey, J. (1925/1995). Erfahrung und Natur. Frankfurt a. M.: Suhrkamp.
Doehlemann, M. (1996). Absteiger. Die Kunst des Verlierens. Frankfurt a. M.: Suhrkamp.
Duyen, T. (2007). Goldkinder. Die Welt des Vermögens. Murmann.
Engler, U. (1992). Kritik der Erfahrung: die Bedeutung des ästhetischen Erfahrung in der Philosophie John Deweys. Würzburg: Königshausen & Neumann.
Fehige, C., Meggle, G., Wessels, U. (Hrsg.) (2004). Der Sinn des Lebens. München: dtv.
Fink-Eitel, H. (1989). Foucault zur Einführung. Hamburg: Junius.

Foucault, M. (1991a). Der Gebrauch der Lüste. Sexualität und Wahrheit 2. Frankfurt a. M.: Suhrkamp.

Foucault, M. (1991b). Die Sorge um sich. Sexualität und Wahrheit 3. Frankfurt a. M.: Suhrkamp.

Foucault, M. (2007). Ästhetik der Existenz. Schriften zur Lebenskunst. Frankfurt a. M.: Suhrkamp.

Funke, H. (2000). Erlebnisgesellschaft.. In G. Kneer, A. Nassehi, M. Schroer (Hrsg.), Soziologische Gesellschaftsbegriffe (S. 305–331). München: W. Fink.

Gardner, H. (1997). Die Zukunft der Vorbilder. Das Profil der innovativen Führungskraft. Stuttgart: Klett-Cotta.

Gardner, H., Csikszentmichalyi, M., Damon, W. (2005). Good Work! Für eine neue Ethik im Beruf. Stuttgart: Klett-Cotta.

Grabe, M. (2002). Lebenskunst Vergebung. Befreiender Umgang mit Verletzungen. Marburg: Francke.

Greffrath, M. (2006). Montaigne heute. Leben in Zwischenzeiten. Zürich: Diogenes.

Goffman, E. (1991). Techniken der Imagepflege. In E. Goffman, Interaktionsrituale. Über Verhalten in direkter Kommunikation (S. 10–53). Frankfurt a. M.: Suhrkamp.

Goffman, E. (1959/2001). Wir alle spielen Theater. Die Selbstdarstellung im Alltag. München: Piper.

Gussone, B., Schiepek, G. (2000). Die »Sorge um sich«. Burnout-Prävention und Lebenskunst in helfenden Berufen. Tübingen: DGVT-Verlag.

Hadot, P. (2005). Philosophie als Lebensform. Antike und moderne Exerzitien der Weisheit. Frankfurt a. M.: Fischer.

Hein, J., Hentze, K.-O. (Hrsg.) (2007). Das Unbehagen in der (Psychotherapie-) Kultur. Sinnverstehende Traditionen – Grundlagen und Perspektiven. Bonn: Dt. Psychologen Verlag.

Heinrich, P., Schulz zur Wiesch, J. (Hrsg.) (1998). Wörterbuch zur Mikropolitik. Opladen: Leske + Budrich.

Hemingway, E. (1952). Der alte Mann und das Meer. Gütersloh: Bertelsmann Lesering.

Höffe, O. (2007). Lebenskunst und Moral. Oder macht Tugend glücklich? München: Beck.

Junge, M., Lechner, G. (Hrsg.) (2004). Scheitern. Aspekte eines sozialen Phänomens. Wiesbaden: VS Verlag.

Keel, D. (Hrsg.) (1992). Über Montaigne. Zürich: Diogenes.

Klein, O. G. (2007). Zeit als Lebenskunst. Berlin: Wagenbach.

Küng, Z. (2005). Was wird hier eigentlich gespielt? Strategien im professionellen Umfeld verstehen und entwickeln. Heidelberg: Springer.

Layard, R. (2005). Die glückliche Gesellschaft. Kurswechsel für Politik und Wirtschaft. Frankfurt a. M.: Campus.

Lippe, R. zur (1987). Sinnenbewusstsein. Grundlegung einer anthropologischen Ästhetik. Reinbek: Rowohlt.

Marcuse, H. (1977). Die Permanenz der Kunst. München:

Mead, G. H. (1926/1992). Das Wesen der ästhetischen Erfahrung. In G. H. Mead, Gesammelte Aufsätze. Bd. 2 (S. 347–359). Frankfurt a. M.: Suhrkamp.

Meyer, A. (2002). Anforderungen an die Führungsberatung aus der Sicht des Führungsparadigmas der Selbstverantwortung. Supervision, 3, 24–28.

Montaigne, M. de (1580–1587/1999). Essais. Frankfurt a. M.: Eichborn.

Neuberger, O. (1988). Spiele in Organisationen, Organisationen als Spiele. In W. Küpper, G. Ortmann (Hrsg.), Mikropolitik (S. 53–86). Opladen: Westdeutscher Verlag.

Neuberger, O. (1995). Mikropolitik. Der alltägliche Aufbau und Einsatz von Macht in Organisationen. Stuttgart: Enke.

Neuberger, O. (2002). Führen und Führen lassen. Stuttgart: Lucius & Lucius.

Neubert, H. (1992). Inszenierung von Führung – Zur vergessenen Dramaturgie des Managements. In H. Geißler (Hrsg.), Neue Qualitäten des betrieblichen Lernens (S. 239–248). Frankfurt a. M.

Neubert, S. (1998). Erkenntnis, Verhalten und Kommunikation. John Deweys Philosophie des »experience« in interaktionistisch-konstruktivistischer Interpretation. Münster: Waxmann.

Oelmüller, W. (Hrsg.) (1989). Philosophie und Weisheit. Paderborn: Schöningh.

Ortmann, G. (2004). Als Ob. Fiktionen und Organisationen. Wiesbaden: VS Verlag.

Owen, H. (2002). The Spirit of Leadership. Führen heißt Freiräume schaffen. Heidelberg: Carl Auer.

Pfadenhauer, M. (1998). Das Problem zur Lösung. Inszenierung von Professionalität. In H. Willems, M. Jurga (Hrsg.), Inszenierungsgesellschaft (S. 291–304). Opladen: Westdeutscher Verlag.

Pfadenhauer, M. (2003). Professionalität. Eine wissenssoziologische Rekonstruktion institutionalisierter Kompetenzdarstellungskompetenz. Opladen: Leske + Budrich.

Pieper, J. (1991). Das Viergespann: Klugheit, Gerechtigkeit, Tapferkeit, Maß. München: Kösel.

Pongratz, H. J. (2002). Subordination. Inszenierungsformen von Personalführung in Deutschland seit 1933. München: Hampp.

Pongratz, H. J. (2003). Die Interaktionsordnung von Personalführung. Inszenierungsformen bürokratischer Herrschaft im Führungsalltag. Wiesbaden: Westdeutscher Verlag.

Rahm, D. (2004). Gelassenheit. In A. E. Auhagen (Hrsg.), Positive Psychologie (S. 33–51). Weinheim: Beltz.

Rolf, T. (2007). Normale Selbstverwirklichung: Über Lebenskunst und Existenzästhetik. In W. Kersting, C. Langbehn (Hrsg.), Kritik der Lebenskunst (S. 315–341). Frankfurt a. M.: Suhrkamp.

Rösing, I. (2006). Weisheit. Meterware, Maßschneiderung, Missbrauch. Kröning: Asanger.

Schmid, W. (1991). Auf der Suche nach einer neuen Lebenskunst. Die Frage nach dem Grund und die Neubegründung der Ethik bei Foucault. Frankfurt a. M.: Suhrkamp.

Schmid, W. (1998). Philosophie der Lebenskunst. Eine Grundlegung. Frankfurt a. M.: Suhrkamp.

Schmid, W. (1987/2000a). Die Geburt der Philosophie im Garten der Lüste. Frankfurt a. M.: Suhrkamp.

Schmid, W. (2000b). Schönes Leben? Einführung in die Lebenskunst. Frankfurt a. M.: Suhrkamp.

Schmid, W. (2004). Mit sich selbst befreundet sein. Von der Lebenskunst im Umgang mit sich selbst. Frankfurt a. M.: Suhrkamp.
Schmid, W. (2005). Die Kunst der Balance. 100 Facetten der Lebenskunst. Frankfurt a. M.: Insel.
Schmid, W. (2006). Die Fülle des Lebens. 100 Facetten des Glücks. Frankfurt a. M.: Insel.
Schmid, W. (2007). Glück. Alles, was Sie darüber wissen müssen, und warum es nicht das Wichtigste im Leben ist. Frankfurt a. M.: Suhrkamp.
Schönburg, A. von (2006). Die Kunst des stilvollen Verarmens. Wie man ohne Geld reich wird. Reinbek: Rowohlt.
Schulze, G. (2005). Die Erlebnisgesellschaft. Kultursoziologie der Gegenwart (2. Aufl.). Frankfurt a. M.: Campus.
Schwarz, P. (2002). Führung in Nonprofitorganisationen zwischen Leadership und Management. Supervision, 3, 13–19.
Schwennen, C. (2004). Verzeihen. In A. E. Auhagen (Hrsg.), Positive Psychologie (S. 139–153). Weinheim: Beltz.
Schwertfeger, B. (2002). Die Bluff-Gesellschaft. Ein Streifzug durch die Welt der Karriere. Weinheim: Wiley.
Shusterman, R. (1994). Kunst leben. Die Ästhetik des Pragmatismus. Frankfurt a. M.: Fischer.
Shusterman, R. (2001). Philosophie als Lebenspraxis. Wege in den Pragmatismus. Berlin: Akademie Verlag.
Steinkamp, H. (2005). Seelsorge als Anstiftung zur Selbstsorge. Münster: Lit.
Vattimo, G. (2002). Kurze Geschichte der Philosophie im 20. Jahrhundert. Eine Einführung. Freiburg: Herder.
Weber, S., Maurer, S. (Hrsg.) (2006). Gouvernementalität und Erziehungswissenschaft. Wiesbaden: VS Verlag.
Weiß, G. (2004). Bildung des Gewissens. Wiesbaden: VS Verlag.
Welsch, W. (1991). Ästhetisches Denken. Stuttgart: Reclam.
Werle, J. M. (Hrsg.) (2000). Klassiker der philosophischen Lebenskunst. Von der Antike bis zur Gegenwart. Ein Lesebuch. München: Goldmann.
Willems, H., Jurga, M. (Hrsg.) (1998). Inszenierungsgesellschaft. Ein einführendes Handbuch. Wiesbaden: Westdeutscher Verlag.

8 Der Umgang von Fach- und Führungskräften mit sich selbst

Antonovsky, A. (1997). Salutogenese. Zur Entmystifizierung von Gesundheit. Tübingen: dgvt-Verlag.
Beck, U. (1986). Risikogesellschaft. Auf dem Weg in eine andere Moderne. Frankfurt a. M.: Suhrkamp.
Burisch, M. (1994). Das Burnout-Syndrom. Theorien der inneren Erschöpfung. Berlin: Springer.

Csikszentmihalyi, M. (1996). Das flow-Erlebnis. Jenseits von Angst und Langeweile: im Tun aufgehen (6. Aufl.). Stuttgart: Klett-Cotta.

Eickelpasch, R., Rademacher, C. (2004). Identität. Bielefeld: transcript Verlag.

Enzmann, D., Kleiber, D. (1989). Helfer-Leiden. Stress und Burnout in psychosozialen Berufen. Heidelberg: Asanger.

Fengler, J. (1992). Helfen macht müde. Zur Analyse und Bewältigung von Burnout und beruflicher Deformastion (2. durchges. Aufl.). München: Pfeiffer.

Foucault, M. (1986). Die Sorge um sich. Sexualität und Wahrheit III. Frankfurt a. M.: Suhrkamp.

Foucault, M. (1993). Technologien des Selbst. Frankfurt a. M.: S. Fischer.

Gussone, B., Schiepek, G. (2000). Die »Sorge um sich«. Burnout-Prävention und Lebenskunst in helfenden Berufen. Tübingen: dgvt-Verlag.

Habermas, J. (1981). Theorie des kommunikativen Handelns. Frankfurt a. M.: Suhrkamp.

Heinl, H., Petzold, H. (1983). Gestalttherapeutische Fokaldiagnose und Fokalintervention in der Behandlung von Störungen aus der Arbeitswelt. In H. Petzold, H. Heinl (Hrsg.), Psychotherapie und Arbeitswelt (S. 178–219). Paderborn: Junfermann.

Huizinga, J. (1939/1956). Homo ludens. Vom Ursprung der Kultur im Spiel. Reinbek: Rowohlt Enzyklopädie.

Kets de Vries, M. (2002). Das Geheimnis erfolgreicher Manager. Führen mit Charisma und emotionaler Intelligenz. München: Financial Times Prentice Hall.

Keupp, H. et al. (1999). Identitätskonstruktionen. Das Patchwork der Identitäten in der Spätmoderne. Reinbek: Rowohlt.

Lauterbach, M. (2005). Gesundheitscoaching. Strategien und Methoden für Fitness und Lebensbalance im Beruf. Heidelberg: Carl-Auer.

Martens-Schmid, K. (2007). Die »ganze Person« im Coaching – Ambivalenzen und Optionen. Organisationsberatung, Supervision, Coaching, 14 (1), 17–28.

Petzold, H., Mathias, U. (1982). Rollenentwicklung und Identität. Von den Anfängen der Rollentheorie zum sozialpsychiatrischen Rollenkonzept Morenos. Paderborn: Junfermann.

Prantl, N. (2005). Das Konzept Work-Life-Balance eingebettet in die beiden Hauptlebensbereiche »Arbeit« und »Freizeit«. Organisationsberatung, Supervision, Coaching, 12 (4), 321–331.

Schmid, W. (2004). Mit sich selbst befreundet sein. Von der Lebenskunst im Umgang mit sich selbst. Frankfurt a. M.: Suhrkamp.

Schmidt-Lellek, C. J. (2003). Coaching und Psychotherapie – Differenz und Konvergenz. Organisationsberatung, Supervision, Coaching, 10 (3), 227–234.

Schmidt-Lellek, C. J. (2004). Charisma, Macht und Narzissmus. Zur Diagnostik einer ambivalenten Führungseigenschaft. Organisationsberatung, Supervision, Coaching, 11 (1), 27–40.

Schmidt-Lellek, C. J. (2006). Ressourcen der helfenden Beziehung. Modelle dialogischer Praxis und ihre Deformationen. Bergisch Gladbach: EHP.

Schreyögg, A. (1991). Supervision. Ein integratives Modell. Lehrbuch zu Theorie und Praxis (6. Aufl. 2004). Wiesbaden: VS Verlag für Sozialwissenschaften.

Schreyögg, A. (2004). Was hat Work-Life-Balance mit dem Protestantismus zu tun? Zu Max Webers Religionssoziologie. Organisationsberatung, Supervision, Coaching, 11 (4), 351–364.

Schreyögg, A. (2005). Coaching und Work-Life-Balance. Organisationsberatung, Supervision, Coaching, 12 (4), 309–319.

Schreyögg, A. (2006). Die Bedeutung von Coaching für die Identitätsentwicklung von Führungskräften. Organisationsberatung, Supervision, Coaching, 13 (2), 127–138.

Seel, M. (1999). Versuch über die Form des Glücks. Studien zur Ethik. Frankfurt a. M.: Suhrkamp.

Sennett, R. (1999). Der flexible Mensch. Die Kultur des neuen Kapitalismus. Berlin: Berlin Verlag.

Steyrer, J. (1995). Charisma in Organisationen. Sozial-kognitive und psychodynamisch-interaktive Aspekte von Führung. Frankfurt a. M.: Campus.

Welsch, W. (1991). Unsere postmoderne Moderne (3. durchges. Aufl.). Weinheim: VCH, Acta humaniora.

Wolf, E. S. (1996). Theorie und Praxis der psychoanalytischen Selbstpsychologie. Frankfurt a. M.: Suhrkamp.

Zima, P. V. (2001). Moderne / Postmoderne. Gesellschaft, Philosophie, Literatur (2. überarb. Aufl.). Tübingen u. Basel: A. Francke.

9 Der Umgang von Fachkräften mit ihren Adressaten

Anderson, H., Goolishian, H. (1992). Der Klient als Experte. Ein therapeutischer Ansatz des Nicht-Wissens. Zeitschrift für systemische Therapie, 10 (3), 176–189.

Bourdieu, P. (1976). Entwurf einer Theorie der Praxis auf der ethnologischen Grundlage der kabylischen Gesellschaft. Frankfurt a. M.: Suhrkamp.

Bourdieu, P. (1997). Die feinen Unterschiede. Kritik der gesellschaftlichen Urteilskraft (Orig. 1973). Frankfurt a. M.: Suhrkamp.

Buber, M. (1984). Das dialogische Prinzip. Heidelberg: Lambert Schneider. (Darin: Ich und Du, 1923; Zwiesprache, 1929; Die Frage an den Einzelnen, 1936; Elemente des Zwischenmenschlichen, 1953).

Buer, F. (2005). Coaching, Supervision und die vielen anderen Formate. Ein Plädoyer für ein friedliches Zusammenspiel. Organisationsberatung, Supervision, Coaching, 12 (3), 278–296.

Cremerius, J. (1995). Lehranalyse und Macht. Die Umfunktionierung einer Lehr-Lern-Methode zum Machtinstrument der institutionalisierten Psychoanalyse. In C. J. Schmidt-Lellek, B. Heimannsberg (Hrsg.), Macht und Machtmissbrauch in der Psychotherapie (S. 99–122). Köln: EHP.

Dewe, B., Otto, H.-U. (2001). Profession. In H.-U. Otto, H. Thiersch (Hrsg.), Handbuch der Sozialarbeit / Sozialpädagogik (2., völlig überarb. Aufl., S. 1399–1423). Neuwied u. Kriftel: Luchterhand.

Ferenczi, S. (1988). Ohne Sympathie keine Heilung. Das klinische Tagebuch von 1932. Frankfurt a. M.: S. Fischer.

Festinger, L. (1957). A theory of cognitive dissonance. Evanston, Ill.: Row, Peterson.
Försterling, F. (1994). Attributionstheorie in der Klinischen Psychologie. Gemeinsamkeiten mit Kognitiven und Verhaltenstherapien. In F. Försterling, J. Stiensmeier-Pelster (Hrsg.), Attributionstheorien (S. 235–254). Göttingen: Hogrefe.
Gadamer, H.-G. (1960). Wahrheit und Methode. Grundzüge einer philosophischen Hermeneutik (6. durchges. u. erw. Aufl. 1990). Tübingen: Mohr.
Grawe, K., Donati, R., Bernauer, P. (1994). Psychotherapie im Wandel. Von der Konfession zur Profession. Göttingen: Hogrefe.
Heß, T., Roth, W. L. (2001). Professionelles Coaching. Eine Expertenbefragung zur Qualitätseinschätzung und -entwicklung. Heidelberg, Kröning: Asanger.
Irle, M., Möntmann, V. (1978). Die Theorie der kognitiven Dissonanz: Ein Resumée ihrer theoretischen Entwicklung und empirischen Ergebnisse 1957–1976. In M. Irle (Hrsg.), Leon Festinger, Theorie der kognitiven Dissonanz (S. 274–365). Bern: Huber.
Isaacs, W. (2002). Dialog als Kunst, gemeinsam zu denken. Die neue Kommunikationskultur in Organisationen. Bergisch Gladbach: EHP.
Jaspers, K. (1965). Allgemeine Psychopathologie (8. Aufl.). Berlin, Heidelberg: Springer (1. Aufl. 1913).
Lévinas, E. (1983). Die Spur des Anderen. Untersuchungen zur Phänomenologie und Sozialphilosophie. Freiburg: Karl Alber (Orig.: En découvrant l'existence avec Husserl et Heidegger. Paris: J. Vrin, 1967).
Looss, W. (2006). Unter vier Augen: Coaching für Manager (korr. Neuaufl.). Bergisch Gladbach: EHP.
Looss, W. (2006a). »Ich würde gern weitermachen«. Vom problemorientierten Coaching zur anlassfreien Beratungsarbeit über längere Zeit. Organisationsberatung, Supervision, Coaching, 13 (2), S. 121–126.
Maccoby, E. E. (2000). Psychologie der Geschlechter. Sexuelle Identität in den verschiedenen Lebensphasen. Stuttgart: Klett-Cotta.
Oevermann, U. (1996). Theoretische Skizze einer revidierten Theorie professionalisierten Handelns. In A. Combe, W. Helsper (Hrsg.), Pädagogische Professionalität. Untersuchungen zum Typus pädagogischen Handelns (S. 70–182). Frankfurt a. M.: Suhrkamp.
Pichler, M. (2004). Der Berater der Zukunft. Wirtschaft & Weiterbildung, 11/12, Nov./Dez. 2004, 8–15.
Rogers, C. R. (1973). Die klient-bezogene Gesprächstherapie. München: Kindler (Orig. Boston: Houghton Mifflin, 1951).
Schein, E. H. (1995). Unternehmenskultur. Ein Handbuch für Führungskräfte. Frankfurt a. M.: Campus (Orig. San Francisco: Jossey-Bass, 1992).
Schein, E. H. (2000). Prozessberatung für die Organisation der Zukunft. Der Aufbau einer helfenden Beziehung. Bergisch Gladbach: Edition Humanistische Psychologie (Orig. San Francisco: Jossey-Bass, 1999).
Schmidt-Lellek, C. J. (2006). Ressourcen der helfenden Beziehung. Modelle dialogischer Praxis und ihre Deformationen. Bergisch Gladbach: EHP.
Schmidt-Lellek, C. J., Heimannsberg, B. (1995). Macht und Machtmissbrauch in der Psychotherapie. Bergisch Gladbach: EHP.

Schreyögg, A. (2004). Supervision. Ein integratives Modell (4. überarb. und erw. Aufl.). Wiesbaden: VS Verlag für Sozialwissenschaften (1. Aufl. 1991).

Schulz von Thun, F. (1981). Miteinander reden. Störungen und Klärungen. Allgemeine Psychologie der Kommunikation. Reinbek: Rowohlt.

Schulze, G. (1992). Die Erlebnisgesellschaft: Kultursoziologie der Gegenwart. Frankfurt a. M.: Campus.

Schütze, F. (1996). Organisationszwänge und hoheitsstaatliche Rahmenbedingungen im Sozialwesen: Ihre Auswirkungen auf die Paradoxien des professionellen Handelns. In A. Combe, W. Helsper (Hrsg.), Pädagogische Professionalität. Untersuchungen zum Typus pädagogischen Handelns (S. 183–275). Frankfurt a. M.: Suhrkamp.

Senge, P. M. (1996). Die fünfte Disziplin. Kunst und Praxis der lernenden Organisation. Stuttgart: Klett-Cotta (Orig. New York, 1990).

Wilhelm, R. (Übers.) (1921). Laotse. Tao te king. Das Buch des Alten vom Sinn und Leben. Jena: Eugen Diederichs.

10 Der Umgang von Führungskräften mit Mitarbeitern und Geschäftspartnern

Bensel, N. (1997). Shareholder-Value – wertorientierte Unternehmensführung in der Praxis (Interview). Forum Wirtschaftsethik, 2, 8–11.

Benz, A. Lütz, S., Schimank, U., Simonis, G. (Hrsg.) (2007). Handbuch Governance. Theoretische Grundlagen und empirische Anwendungsfelder. Wiesbaden: VS Verlag für Sozialwissenschaften.

Bleicher, K. (1994). Normatives Management. Frankfurt a. M. u. New York: Campus.

Berle, A. A., Means, G. (1932/1969). The modern corporation and privacy property. New York.

Belzer, V. (Hrsg.) (1995). Sinn in Organisationen? Oder, warum brauchen Organisationen Leitbilder. München u. Mering: Hampp-Verlag.

Giddens, A. (1988). Die Konstitution der Gesellschaft. Grundzüge einer Theorie der Strukturierung. Frankfurt a. M. u. New York: Campus.

Habermas, J. (1996). Die Einbeziehung des anderen. Studien zur politischen Theorie. Frankfurt a. M.: Suhrkamp.

Kohlberg, L. (1981). Die Psychologie der Moralentwicklung. Frankfurt a. M.: Suhrkamp.

Kumar, B. N., Osterloh, M., Schreyögg, G. (Hrsg.) (1999). Unternehmensethik und die Transformation des Wettbewerbs. Shareholder-Value, Globalisierung, Hyperwettbewerb. Stuttgart: Schäffer-Poeschel.

Löhr, A. (2004). Unternehmensethik. In G. Schreyögg, A. Werder (Hrsg.), Handwörterbuch Unternehmensführung und Organisation (4. Aufl., S. 1511-1519). Stuttgart: Schäffer-Poeschel.

Lütz, S. (2007). Wirtschaft. In A. Benz, S. Lütz, U. Schimank, G. Simonis (Hrsg.), Handbuch Governance. Theoretische Grundlagen und empirische Anwendungsfelder (S. 390–401). Wiesbaden: VS Verlag für Sozialwissenschaften.
Maak, T., Ulrich, P. (2007). Integre Unternehmensführung. Ethisches Orientierungswissen für die Wirtschaftspraxis. Stuttgart: Schäffer-Poeschel.
Pross, H. (1965). Manager und Aktionäre in Deutschland. Untersuchungen zum Verhältnis von Eigentum und Verfügungsmacht. Frankfurter Beiträge zur Soziologie Bd. 15. Frankfurt a. M.: Europäische Verlagsanstalt.
Schein, E. (1995). Organisationskultur. Frankfurt a. M. u. New York: Campus.
Schreyögg, G. (1999). Noch einmal: Zur Trennung von Eigentum und Verfügungsgewalt. In B. N. Kumar, M. Osterloh, G. Schreyögg (Hrsg.), Unternehmensethik und die Transformation des Wettbewerbs (S. 159–182). Stuttgart: Schäffer-Poeschel.
Sennett, R. (1998). Der flexible Mensch. Die Kultur des neuen Kapitalismus. Berlin: Siedler.
Steinmann, H. (1969). Das Großunternehmen im Interessenkonflikt. Stuttgart: Schäffer-Poeschel.
Steinmann, H., Löhr, A. (1994). Grundlagen der Unternehmensethik. Stuttgart: Schäffer-Poeschel.
Ulrich, P. (1993). Transformation der ökonomischen Vernunft. Bern u. a.: Haupt.
Ulrich, P. (1997). Integrative Wirtschaftsethik.Grundlagen einer lebensdienlichen Ökonomie. Bern u. a.: Haupt.
Ulrich, P. (1999). Was ist »gute« Unternehmensführung? Zur normativen Dimension der Shareholder-Stakeholder-Debatte. In B. N. Kumar, M. Osterloh, G. Schreyögg (Hrsg.), Unternehmensethik und die Transformation des Wettbewerbs (S. 27–52). Stuttgart: Schäffer-Poeschel.
Wikipedia (2007). Unternehmensethik. http://de.wikipedia.org/wiki/Unternehmensethik.

11 Kreative Lebensgestaltung. Ein psychodramatisch-soziometrisches Coaching-Verfahren

Ameln, F. von, Gerstmann, R., Kramer, J. (2004). Psychodrama. Berlin: Springer.
Aristoteles (1967). Poetik. Stuttgart: Reclam.
Bauer, J. (2006). Prinzip Menschlichkeit. Warum wir von Natur aus kooperieren. Hamburg.
Behrendt, P. (2006). Wirkung und Wirkfaktoren von psychodramatischem Coaching – Eine experimentelle Evaluationsstudie. Zeitschrift für Psychodrama und Soziometrie, 1, 59–87.
Bogner-Wolff, S. (2003). Psychodrama – jeder Mensch ist ein Künstler, mögliche Begegnung Moreno – Beuys. Duisburg: Psychother. Institut Bergerhausen.
Bohnsack, F. (2005). John Dewey. Ein pädagogisches Porträt. Weinheim: Beltz.

Buer, F. (1992). Morenos Projekt der Gesundung. Therapeutik zwischen Diätetik und Politik. In F. Buer (Hrsg.), Jahrbuch für Psychodrama, psychosoziale Praxis & Gesellschaftspolitik 1992 (S. 73–109), Opladen: Leske + Budrich.

Buer, F. – (Red.) (1994). Morenos Entwurf einer therapeutischen Weltordnung. In F. Buer (Hrsg.), Jahrbuch für Psychodrama, psychosoziale Praxis & Gesellschaftspolitik 1993 (S. 75–122). Opladen: Leske + Budrich.

Buer, F. (1999a). Die Welt verantwortlich mitgestalten. Postmoderne Anfragen an das Psychodrama. Psychodrama, 17, 351–361.

Buer, F. (Hrsg.) (1999b). Morenos therapeutische Philosophie. Zu den Grundideen von Psychodrama und Soziometrie (3. Aufl.). Opladen: Leske + Budrich.

Buer, F. (1999c). Lehrbuch der Supervision. Der pragmatisch-psychodramatische Weg zur Qualitätsverbesserung professionellen Handelns. Münster: Votum.

Buer, F. (2000). Supervision als Ort moralphilosophischer Besinnung. Oder: Was auch in der Arbeitswelt entscheidend ist. Supervision, 4, 4–20.

Buer, F. (2001). Artikel zu Moreno: Die Grundlagen der Soziomerie. In S. Papcke, G.W. Oesterdieckhoff (Hrsg.), Schlüsselwerke der Soziologie (S. 352–355). Opladen: Westdeutscher Verlag.

Buer, F. (2002). Führen – eine professionelle Dienstleistung. Oder: Wozu Führungskräfte Supervision benötigen. Supervision, 3, 43–54.

Buer, F. (Hrsg.) (2004a). Praxis der Psychodramatischen Supervision. Ein Handbuch (2. Aufl.). Wiesbaden: VS Verlag.

Buer, F. (2004b). Methoden in der Supervision – psychodramatisch angereichert. In F. Buer (Hrsg.), Praxis der Psychodramatischen Supervision. Ein Handbuch (S. 103–127). Wiesbaden: VS Verlag.

Buer, F. (2004c). Morenos therapeutische Philosophie und die psychodramatische Ethik. In J. Fürst, K. Ottomeyer, H. Pruckner (Hrsg.), Psychodrama-Therapie. Ein Handbuch (S. 30–58). Wien: Facultas.

Buer, F. (2004d). Psychodrama in der Supervision. In F. von Ameln, R. Gerstmann, J. Kramer, Psychodrama (S. 467–483). Heidelberg: Springer.

Buer, F. (2005a). Aufstellungsarbeit nach Moreno in Formaten der Personalarbeit in Organisationen. Beispiel: Aufstellung von Führungsdilemmata. Zeitschrift für Psychodrama und Soziometrie, 2, 285–310.

Buer, F. (2005b). Managementkompetenz und Kreativität – psychodramatisch betrachtet. Organisationsberatung, Supervision, Coaching, 12 (2), 117–132.

Buer, F. (2007). Beratung, Supervision, Coaching und das Psychodrama. Eine Landkarte zur Orientierung in unübersichtlichem Gelände. Zeitschrift für Psychodrama und Soziometrie, 2, 151–170.

Coach U (2005). The Coach U Personal and Corporate Training Handbook. New Jersey: Wiley.

Csikszentmichalyi, M. (2003). Kreativität. Stuttgart: Klett-Cotta.

Dewey, J. (1986). Erziehung durch für Erfahrung. Stuttgart: Klett-Cotta.

Dewey, J. (1993). Demokratie und Erziehung. Eine Einleitung in die philosophische Pädagogik. Weinheim: Beltz.

Diener, T. (2006). Essenz der Arbeit. Die Alchemie der Berufsnavigation. Freiamt: Arbor.

Dollase, R. (1996). Wege zur Überwindung der Asozialität des Menschen. In J. L. Moreno, Die Grundlagen der Soziometrie (S. XI–XXIX). Opladen: Leske + Budrich.

Fangauf, U. (1999). Moreno und das Theater. In F. Buer (Hrsg.), Morenos therapeutische Philosophie (S. 95–115). Opladen: Leske + Budrich.

Fallner, H., Pohl, M. (2001). Coaching mit System. Die Kunst nachhaltiger Beratung. Opladen: Leske + Budrich.

Fellmann, F. (1993). Lebensphilosophie. Elemente einer Theorie der Selbsterfahrung. Reinbek: Rowohlt.

Fellmann, F., Buer, F. (1995). Das Psychodrama als philosophische Praxis. Zum Verhältnis von Philosophie und Psychodrama. Ein Gespräch. In F. Buer (Hrsg.), Jahrbuch für Psychodrama, psychosoziale Praxis & Gesellschaftspolitik 1994 (S. 141–170). Opladen: Leske + Budrich.

Fischer-Epe, M. (2002). Coaching: Miteinander Ziele erreichen. Reinbek: Rowohlt.

Fox, J. (1994). Morenos Stegreiftheater in New York. In F. Buer (Hrsg.), Jahrbuch für Psychodrama, psychosoziale Praxis & Gesellschaftspolitik 1993 (S. 7–17). Opladen: Leske + Budrich.

Fürst, J. (2004). Imaginative, symbolorientierte Techniken und Skripttechniken. In J. Fürst, K. Ottomeyer, H. Pruckner (Hrsg.), Psychodrama-Therapie. Ein Handbuch (S. 244–265). Wien: Facultas.

Geisler, F. (1999). Judentum und Psychodrama. In F. Buer (Hrsg.), Morenos therapeutische Philosophie (S. 49–73). Opladen: Leske + Budrich.

Haan, A. (1992). Kreatives Erleben im Psychodrama. Wiesbaden: DUV.

Heindl, A. (2007). Theatrale Interventionen. Von der mittelalterlichen Konfliktregulierung zur zeitgenössischen Aufstellungs- und Theaterarbeit in Organisationen. Heidelberg: Carl Auer.

Hüther, G. (2006). Die Macht der inneren Bilder. Wie Visionen das Gehirn, den Menschen und die Welt verändern. Göttingen: Vandenhoeck & Ruprecht.

Hutter, C. (1996). »Gott: Rätsel, Syllogismus, Irrtum?« Ver-Suche zur theologischen Mitte von Morenos Frühschriften. In F. Buer (Hrsg.). Jahrbuch für Psychodrama, psychosoziale Praxis & Gesellschaftspolitik 1995 (S. 7–39). Opladen: Leske + Budrich.

Hutter, C. (2000). Psychodrama als experimentelle Theologie. Rekonstruktion der therapeutischen Philosophie Morenos aus praktisch-theologischer Perspektive. Münster: Lit.

Jürgens, M., Buer, F. (1994). Das Theater mit dem Psychodrama. Theaterästhetische Betrachtungen. Ein Gespräch. In F. Buer (Hrsg.), Jahrbuch für Psychodrama, psychosoziale Praxis & Gesellschaftspolitik 1993 (S. 123–165). Opladen: Leske + Budrich.

Kaiser, A. (2005). Berufungscoaching in Phasen der (beruflichen) Neuorientierung. Organisationsberatung, Supervision, Coaching, 12 (4), 345–358.

Kant, I. (2005). Anthropologie in pragmatischer Hinsicht. Werke XII. Frankfurt a. M.: Suhrkamp.

Klein, U., Frohn, E., Utrecht, K. (2007). Psychodramatische Ansätze in Coaching und Organisationsentwicklung. Psychotherapie im Dialog, 7 (3), 223–228.

Kraus, C. (1984). Psychodrama for »Fallen Gods«: A review of Morenian Theology. Journal of Group Psychotherapy, Psychodrama and Sociometry, 37, 47–66.
Lammers, K. (1996). Existenz und Experiment. Psychodrama als Atelier der Lebensgestaltung. In F. Buer (Hrsg.), Jahrbuch für Psychodrama, psychosoziale Praxis & Gesellschaftspolitik 1995 (S. 93–119). Opladen: Leske + Budrich.
Lammers, K. (2000). Kreativitätsförderung und ästhetische Bildung. In T. Wittinger (Hrsg.), Psychodrama in der Bildungsarbeit (S. 225–239). Mainz: Matthias Grünewald.
Lammers, K. (2004). Allgemeine Techniken im Psychodrama. In J. Fürst, K. Ottomeyer, H. Pruckner (Hrsg.), Psychodrama-Therapie. Ein Handbuch (S. 222–243). Wien: Facultas.
Lauterbach, M. (2005). Gesundheitscoaching. Stregien und Methoden für Fittness und Lebensbalance im Beruf. Heidelberg: Carl-Auer.
Lazardzig, T. (2007). Psychodramatische Verfahren und Techniken in fokussierten Coachingprozessen. Zeitschrift für Psychodrama und Soziometrie, 2, 303–312.
Leutz, G. A., Buer, F. (1992). Ein Leben mit J. L. Moreno. Impulse für die Zukunft. Ein Gespräch. In F. Buer (Hrsg.), Jahrbuch für Psychodrama, psychosoziale Praxis & Gesellschaftspolitik 1992 (S. 161–199). Opladen: Leske + Budrich.
Lippmann, E. (Hrsg.) (2006). Coaching. Angewandte Psychologie für die Beratungspraxis. Heidelberg: Springer.
Loos, W. (2002). Unter vier Augen. Coaching für Manager. München: Verlag Moderne Industrie.
Marineau, R. F. (1989). Jacob Levy Moreno 1889–1974. Father of psychodrama, sociometry and group psychotherapy. London: Routledge.
Marschall, B. (1988). »Ich bin der Mythe«. Von der Stegreifbühne zum Psychodrama Jakob Levy Morenos. Wien: Böhlau.
Marschall, B. (1991). Das Auge Morenos ertappt uns alle. Annäherungen an Morenos Katharsislehre. Psychodrama, (4) 1, 45–56.
Marschall, B. (2005). Jakob Levy Morenos Theaterkonzept: Die Zeit-Räume des Lebens als Szenenraum der Begegnung. Zeitschrift für Psychodrama und Soziometrie, 2, 229–243.
Mathar, H. (2007). Wie wir finden, was wir wollen. Historische und aktuelle Beiträge zur Zielfindung im Persönlichkeitscoaching. Tübingen: DGVT Verlag.
Migge, B. (2005). Handbuch Coaching und Beratung. Weinheim: Beltz.
Moreno, J. L. (1922). Das Testament des Vaters. Potsdam: Kiepenheuer.
Moreno, J. L. (1923). Der Königsroman. Potsdam: Kiepenheuer.
Moreno, J. L. (1924). Rede über die Begegnung. Potsdam: Kiepenheuer.
Moreno, J. L. (1923/1970). Das Stegreiftheater. Beacon: Beacon House.
Moreno, J. L. (1971). The Words of the Father. Beacon: Beacon House.
Moreno, J. L. (1972). The Religion of God-Father. In P. E. Johnson (Hrsg.), Healer of the Mind (S. 197–215). New York.
Moreno, J. L. (1959/1973). Gruppenpsychotherapie und Psychodrama. Stuttgart: Springer.
Moreno, J. L. (1957/1978a). Die Psychiatrie des zwanzigsten Jahrhunderts als Funktion der Universalia Zeit, Raum, Realität und Kosmos. In H. Petzold (Hrsg.), Angewandtes

Psychodrama in Therapie, Pädagogik und Theater S. 101–112). Paderborn: Junfermann.

Moreno, J. L. (1978b). Who Shall Survive? Foundations of Sociometry, Grouppsychotherapy and Sociodrama. Beacon: Beacon House.

Moreno, J. L. (1989). Psychodrama und Soziometrie. Köln: EHP.

Moreno, J. L. (1966/1991). Globale Psychotherapie und Aussichten einer therapeutischen Weltordnung. In F. Buer (Hrsg.), Jahrbuch für Psychodrama, psychosoziale Praxis& Gesellschaftspolitik 1991 (S. 11–44). Opladen: Leske + Budrich.

Moreno, J. L. (1995). Auszüge aus der Autobiographie. Köln: InSzenario.

Moreno, J. L. (1996). Die Grundlagen der Soziometrie. Wege zur Neuordnung der Gesellschaft. Opladen: Leske + Budrich.

Moreno, J. L., Moreno, Z., Moreno, J. (1964). The first psychodramatic familiy. Beacon: Beacon House.

Papcke, S. (2006). Sich in Gesellschaft von der Gesellschaft befreien? Jacob Levy Moreno (1889 – 1974) oder: die Sozialwissenschaft als therapeutischer Entwurf. In A. Bührmann u. a. (Hrsg.), Gesellschaftstheorie und die Heterogenität der empirischen Sozialforschung (S. 141–153). Münster: Westfälisches Dampfboot.

Papcke, S., Buer, F. (1997). J. L. Moreno und die Soziologie. Ein spannendes Verhältnis. Ein Gespräch. In F. Buer (Hrsg.), Jahrbuch für Psychodrama, psychosoziale Praxis & Gesellschaftspolitik 1996 (S. 125–148). Opladen: Leske + Budrich.

Pruckner, H. (2004). Arbeit mit intermediären und intramediären Objekten. In J. Fürst, K. Ottomeyer, H. Pruckner (Hrsg.), Psychodrama-Therapie. Ein Handbuch (S. 266–278). Wien: Facultas.

Rauen, C. (2003). Coaching. Göttingen: Hogrefe.

Schacht, M. (1999). Morenos Philosophie und Mystik. In F. Buer (Hrsg.), Morenos therapeutische Philsophie (S. 207–224). Opladen: Leske + Budrich.

Schreyögg, A. (1995). Coaching. Eine Einführung für Praxis und Ausbildung. Frankfurt a. M.: Campus.

Schumacher, L., Stimmer, F. (2007). Führungscoaching. Zeitschrift für Psychodrama und Soziometrie, 2, 201–226.

Schwinger, T. (2007). Erzählung und Inszenierung. In J. Hein, K. O. Hentze (Hrsg.), Das Unbehagen in der (Psychotherapie-)Kultur (S. 196–207). Bonn: Dt. Psych. Verlag.

Tomaschek-Habrina, L. (2004). Die Begegnung mit dem Augenblick. Jakob Levy Morenos Theater- und Therapiekonzept im Lichte der jüdischen Tradition. Marburg: Tectum.

Tomaschek-Habrina, L. (2005). Moreno ein moderner Mystiker? Zeitschrift für Psychodrama und Soziometrie, 1, 117–130.

Waldl, R. (2005). J. L. Morenos Einfluss auf Martin Bubers Ich und Du. Zeitschrift für Psychodrama und Soziometrie, 1, 175–191.

Wieck, J. (2004). Die supervisorische Begleitung von Entscheidungsprozessen. In F. Buer (Hrsg.), Praxis der Psychodramatischen Supervision. Ein Handbuch (S. 313–341). Wiesbaden: VS Verlag.

Wegehaupt-Schneider, I. (2004). Psychodramatische Methoden in der Einzelsupervision. In F. Buer (Hrsg.), Praxis der Psychodramatischen Supervision. Ein Handbuch (S. 129–139). Wiesbaden: VS Verlag.

Witte, K. (2004). Die Kunst des Denkens in Bildern. Arbeit mit Symbolen in der Supervision. In F. Buer (Hrsg.), Praxis der Psychodramatischen Supervision. Ein Handbuch (S. 141–163). Wiesbaden: VS Verlag.

12 Den Lebensstil ändern. Ein individualpsychologisches Coaching-Verfahren

Adler, A. (1933/1978). Sinn des Lebens. Frankfurt a. M.: Fischer.
Adler, A. (1931/1979). Wozu leben wir? Frankfurt a. M.: Fischer.
Brunner, R., Tietze, M. (1995). Wörterbuch der Individualpsychologie. München u. Basel: Ernst Reinhardt.
Antoch, R. (1981). Von der Kommunikation zur Kooperation. München u. Basel: Ernst Reinhardt.
Antoch, R. (1994). Beziehung und seelische Gesundheit. Frankfurt a. M.: Fischer.
Antoch, R. (2004). Zum möglichen Fortschritt der Individualpsychologie. Zeitschrift für Individualpsychologie 2004 (4), S. 273–384.
Antoch, R. (2006). Über das Selbstsein im Bezogensein. Übertragungsmomente in Adlers Konzept des »Lebensstils«. Zeitschrift für Individualpsychologie 2006 (4), S. 347–360.
Dreikurs-Ferguson, E. (2006). Die Individualpsychologie Alfred Adlers. Alsdorf: AWD.
Fuchs-Brünninghof, E., Gröner, H. (1999). Zusammenarbeit erfolgreich gestalten. München: Beck.
Hüther, G. (2005). Biologie der Angst. Göttingen: Vandenhoeck & Ruprecht.
Lehmkuhl, U., Sasse, H., Wahl, P. (Hrsg.) (2007). Wozu leben wir? Göttingen: Vandenhoeck & Ruprecht.
McGoldrick, M., Gerson, R. (2000). Genogramme in der Familienberatung. Bern u. a.: Huber.
Schmidt, R. (Hrsg.) (1982). Die Individualpsychologie Alfred Adlers. Stuttgart u. a.: Kohlhammer.
Schultz von Thun, F. (1998). Miteinander reden, Bd. 3. Reinbek: Rowohlt.
Winner, D. (2006). »Der Weg hinein ist der Weg hinaus«. Reflexion über einen Coaching-Prozess. Zeitschrift für Individualpsychologie, 31 (2), S. 118–128.

13 Umdenken. Ein rational-emotives Coaching-Verfahren

Arnold, M. (1960). Emotion and personality. 2 Bde. New York: Columbia University.
Beal, D., Kopec, A. M., DiGiuseppe, R. (1996). Disputing Clients' Irrational Beliefs. Journal of Rational-Emotive & Cognitive-Behavior Therapy 14 (4), 215–229.
Beck, A. T. (1979). Wahrnehmung der Wirklichkeit und Neurose. Kognitive Psychotherapie emotionaler Störungen. München: Pfeiffer.

Dickens, C. (1843). A Christmas Carol. London: Chapman & Hall.
Dombrowski, H.-U. (2000). Wieder Zuversicht gewinnen. Ratgeber Depression. München: Cip-Medien.
DiGiuseppe, R. (1996). The nature of irrational and rational beliefs: progress in rational emotive behavior theory. Journal of Rational-Emotive & Cognitive-Behavior Therapy, 14 (1), 5–28.
Ellis, A. (1962). Reason and emotion in psychotherapy. Secaucus, N. Y.: Lyle Stuart. Deutsche Teilübersetzung: (1977). Die rational-emotive Therapie. Das innere Selbstgespräch bei seelischen Problemen und seine Veränderung. München: Pfeiffer.
Ellis, A. (1965). An operational reformulation of some of the basic principles of psychoanalysis. Psychoanalytic Review, 1956, 163–180.
Ellis, A. (1975). The rational-emotive approach to sex therapy. Counseling Psychologist, 5 (1), 14–22.
Ellis, A. (1994). Reason and emotion. A comprehensive method of treating human disturbances. Revised and updated. New York: Birch Lane Press. (Deutsche Teilübersetzung: Grundlagen und Methoden der Rational-Emotiven Verhaltenstherapie. München: Pfeiffer bei Klett-Cotta, 1997).
Ellis, A. (2001). Die Umbenennung »Rational-Emotive Therapie (RET)« in »Rational-Emotive Verhaltenstherapie (REVT)«. Zeitschrift für Rational-Emotive & Kognitive Verhaltenstherapie, 12, 16–20.
Ellis, A. (2006). Training der Gefühle. Wie Sie sich hartnäckig weigern, unglücklich zu sein. Heidelberg: mvg.
Ellis, A., Becker, I. (1982). A guide to personal happiness. Hollywood, CA:Wilshire Books.
Ellis, A., Crawford, T. (2003). Training der Gefühle in der Partnerschaft. 7 Wege zu einer erfüllten Liebe. Frankfurt: MVG.
Ellis, A., Hoellen, B. (1997). Die Rational-Emotive Verhaltenstherapie – Reflexionen und Neubestimmungen. München: Pfeiffer.
Ellis, A., Schwartz, D., Jacobi, P. (2004). Coach dich! Rationales Effektivitäts-Training zur Überwindung emotionaler Blockaden. Ein philosophisch-psychologischer Ratgeber. Würzburg: Hemmer-Wüst Verlag.
Epiktet (1973). Handbüchlein der Moral und Unterredungen. Stuttgart: Kröner.
Försterling, F. (1980). Disputationstechniken in der Rational-Emotiven Therapie. RET-Report, 1 (1), 19–25.
Grieger, R. M., DiMattia, D. (Eds.) (1993). RET in the workplace, Parts I and II. Special Issue. Journal of Rational-Emotive & Cognitive-Behavior Therapy 11 (1) (2).
Grüne, P. (2007). Rationales Effektivitätstraining als Coaching-Methode für Führungskräfte. Organisationsberatung, Supervision, Coaching, 14 (1), 41–48.
Hoellen, B. (1986). Stoizismus und rational-emotive Therapie (RET). Ein Vergleich. Pfaffenweiler: Centaurus.
Izard, C. E. (1981). Die Emotionen des Menschen. Eine Einführung in die Grundlagen der Emotionspsychologie. Weinheim u. Basel: Beltz.
Junge, W. (2005). Rationales Effektivitäts-Training (R.E.T.): REVT in der betrieblichen Weiterbildung. Zeitschrift für Rational-Emotive & Kognitive Verhaltenstherapie, 16, S. 75–84.

Kuhn, T. (1962). Die Struktur wissenschaftlicher Revolutionen. Frankfurt a. M.: Suhrkamp.

McGill, V. J. (1954). Emotions and Reason. Springfield, Ill.: Thomas.

Meichenbaum, D. (1979). Kognitive Verhaltensmodifikation. München u. a.: Urban & Schwarzenberg.

Plutchik, R. (1980). Emotion – A psychoevolutionary synthesis. New York: Harper.

Russell, B. (1982). Eroberung des Glücks. Neue Wege zu einer besseren Lebensgestaltung. Frankfurt a. M.: Suhrkamp.

Schelp, T., Gravemeier, R. u. Maluck, D. (1997). Rational-emotive Therapie als Gruppentraining gegen Streß. Bern: Huber.

Schmidt, H. (1973). Epiktet und die stoische Philosophie. Einleitung zu Epiktet. Stuttgart: Kröner.

Scholz, W.-U. (2001). Weiterentwicklungen in der Kognitiven Verhaltenstherapie. Konzepte – Methoden – Beispiele. Stuttgart: Pfeiffer bei Klett-Cotta.

Schwartz, D. (1980). Imaginationstechniken in der rational-emotiven Therapie. RET-report, 1, 36–42.

Schwartz, D. (1981a). Die rational-emotive Therapie. In M. Hockel, F. J. Feldhege (Hrsg.), Handbuch der Angewandten Psychologie. Band III. Behandlung und Gesundheit (S. 300–315). Landsberg a.L.: Moderne Industrie.

Schwartz, D. (1981b). RE-Therapie. So wird man sein eigener Psychologe. Landsberg a.L.: mvg.

Schwartz, D. (1987). Die Rational-emotive Therapie: Auf der Suche nach heißen Kognitionen. Thema: Psychotherapie heute. Welche Therapie? Psychologie heute Taschenbuch. Weinheim u. Basel: Beltz.

Schwartz, D. (1998a). Vernunft und Emotion. Praxis der Rational-Emotiven Verhaltenstherapie. Dortmund: borgmann publishing.

Schwartz, D. (1998b) Bibliotherapie in REVT & KVT mit Zusammenstellung bibliotherapeutischer Literatur. Zeitschrift für Rational-Emotive & Kognitive Verhaltenstherapie, 9, S. 49–55.

Schwartz, D. (2002). Gefühle verstehen und positiv verändern. Ein Lebenshilfebuch zur Rational-Emotiven Verhaltenstherapie. München: CIP-Medien.

Schwartz, D. (2008). Gefühle im Gespräch. Wie Emotionen unsere Kommunikation beeinflussen. Heidelberg: mvg Verlag.

Stavemann, H. H. (2005). KVT-Praxis. Strategien und Leitfäden für die Kognitive Verhaltenstherapie. Weinheim u. Basel: Beltz-PVU.

Strunz, F. (1999). Epikureische Lebensberatung. Eine philosophische Betrachtung. Zeitschrift für Rational-Emotive & Kognitive Verhaltenstherapie, 10, 53–63.

Walen, S. R., DiGiuseppe, R., Wessler, R. L. (1982). RET-Training. Einführung in die Praxis der rational-emotiven Therapie. München: Pfeiffer.

Waters, V., Schwartz, D., Gravemeier, R., Grünke, M. (2003). Fritzchen Flunder und Nora Nachtigall. Sechs rational-emotive Geschichten für Kinder, mit Kommentaren und Interpretationshilfen für Eltern und Erzieher. Bern u. a.: Huber.

Watzlawick, P., Beavin, J. H., Jackson, D. D. (1974). Menschliche Kommunikation. Formen, Störungen, Paradoxien. Bern u. a.: Hans Huber.

Wessler, R. A., Wessler, R. L. (1980). The Principles and Practice of Rational-Emotive Therapy. San Francisco, CA: Jossey Bass.

Wilken, B. (1995). Rational-Emotive und Kognitive Verhaltenstherapie: Gemeinsamkeiten und Unterschiede in Theorie und Praxis. Z. f. Rational-Emotive & Kognitive Verhaltenstherapie, 6, 5–15.

Wilken, B. (1998). Methoden der Kognitiven Umstrukturierung. Stuttgart: Kohlhammer.

Winiarski, R. (2004). Beratung und Kurztherapie mit Kognitiver Verhaltenstherapie. Weinheim u. a.: Beltz-PVU.

14 Führen mit Sinn. Ein logotherapeutisches Coaching-Verfahren

Böckmann, W. (1990). Wer Leistung fordert, muss Sinn bieten. Moderne Menschenführung in Wirtschaft und Gesellschaft. Düsseldorf: Econ-Taschenbuch-Verlag.

Fintz, A. S. (2006a). Die Kunst der Beratung. Jaspers' Philosophie in Sinn-orientierter Beratung. Bielefeld: Aisthesis.

Fintz, A. S. (2006b). Führungscoaching als philosophische Praxis. Information Philosophie, 34 (3), 104–110.

Frankl, V. E. (1994). Ärztliche Seelsorge. Grundlagen der Logotherapie und Existenzanalyse (4. durchges. Aufl.). Frankfurt a. M.: Fischer-Taschenbuch-Verlag.

Frankl, V. E. (1959). Das Menschenbild der Seelenheilkunde. Drei Vorlesungen zur Kritik des dynamischen Psychologismus. Stuttgart: Hippokrates.

Frankl, V. E. (1977). ... trotzdem ja zum Leben sagen. Ein Psychologe erlebt das Konzentrationslager. München: dtv.

Frankl, V. E. (1993). Theorie und Therapie der Neurosen. München: UTB.

Frankl, V. E. (1996). Der Wille zum Sinn (3. Aufl.). München: Piper.

Höhler, G. (2004). Die Sinn-Macher. Wer siegen will, muss führen. München: Ullstein.

Jaspers, K. (1965). Allgemeine Psychopathologie (8. unveränd. Aufl.). Berlin: Springer.

Jaspers, K. (1973). Philosophie Bd. 2. Existenzerhellung. München: Piper.

Rombach, H. (2002). Strukturontologie. Eine Phänomenologie der Freiheit. Freiburg: Alber.

Sprenger, R. (2005). Mythos Motivation. Wege aus einer Sackgasse. Frankfurt a. M.: Campus.

Steiger, T., Lippmann, E. (1999). Handbuch angewandte Psychologie für Führungskräfte. Führungskompetenz und Führungswissen. Bd. II. Berlin: Springer.

Personenverzeichnis

Hier sind die wichtigsten im Text erwähnten Personen aufgeführt mit Angaben zu ihrer Profession und Nationalität (wenn nicht deutsch). Bei Verstorbenen haben wir auch das Geburts- und das Todesjahr angegeben.

Stichwortverzeichnis

Die Autoren

Prof. Dr. phil. Ferdinand Buer, geb. 1947, Erziehungs- und Sozialwissenschaftler, Psychodramatiker (DFP/DAGG), Coach und Supervisor (DGSv), Apl. Prof. in Soziologie an der Universität Münster, Leiter des Psychodrama-Zentrums Münster, Praxis für Beratung und Weiterbildung von Fach- und Führungskräften. Autor zahlreicher Fachpublikationen zu Psycodrama, Beratung, Supervision, Choaching, Organisationstheorie und Berufsethik.
info@ferdinandbuer.de, Internet: www.ferdinandbuer.de

Dr. phil. Christoph Schmidt-Lellek, geb. 1947, Studium der ev. Theologie und Philosophie sowie der Erziehungswissenschaften, Praxis für Psychotherapie, Supervision (DGSv) und Coaching (DBVC) in Frankfurt a. M., Mitherausgeber und Redakteur der Zeitschrift »Organisationsberatung, Supervision, Coaching« (VS Verlag). Veröffentlichungen zu Psychotherapie, Supervision und Coaching.
Kontakt@Schmidt-Lellek.de, Internet: www.Schmidt-Lellek.de

Die Gastautor/innen

Dr. phil. Anette Suzanne Fintz, geb. 1964, Studium der Philosophie, Pädagogik, Psychologie und Soziologie, Logotherapeutin, Coach für Führung und Performance, Gründerin und Leiterin von ISOB (Institut für Sinn-orientierte Beratung) in Radolfzell, Vortrags- und Lehrbeauftragte in deutschsprachigen Ländern. Fachbuchautorin.
fintz@isob.de, Internet: www.isob.de

Friedel John, geb. 1954, Studium der Betriebswirtschaftslehre und Sozialpädagogik, Individualpsychologischer Berater und Lehrberater, Coach und Lehrcoach (DGIP), Geschäftsführer von KJP-Hamburg GbR; Personal- und Organisationsentwicklung, Karriereberatung und Coaching. Fachbuchautor.
hankensbuettel@kjp-personalberatung.de, Internet: www.kjp-personalberatung.de

Dr. phil. Astrid Schreyögg, geb. 1946, Diplom-Psychologin, Psychotherapeutin, Supervisorin, Coach, Lehr- und Beratungsaufträge im In- und Ausland, Herausgeberin der Zeitschrift »Organisationsberatung, Supervision, Choaching«. Autorin von Lehrbüchern zu Supervision und Coaching.
info@schreyoegg.de, Internet: www.Schreyoegg.de

Dieter Schwartz, geb. 1943, Diplom-Psychologe, Rechtsanwalt, Psychologischer Psychotherapeut, VT-Supervisor, Leiter des Deutschen Instituts für Rational-Emotive & Kognitive Verhaltenstherapie (DIREKT) e.V. (Tochterinstitut des New Yorker Albert Ellis Institute). Zahlreiche Fachpublikationen, Herausgeber der Zeitschrift für Rational-Emotive & Kognitive Verhaltenstherapie.
revt.direkt@t-online.de, Internet: www.ret-revt.de

Zum Weiterlesen empfohlen

V&R

Ariane Bentner / Marie Krenzin

Erfolgsfaktor Intuition

Systemisches Coaching von Führungskräften

Mit einem Beitrag von Molly von Oertzen
2008. 217 Seiten mit 30 Abb. und 1 Tab., kart.
ISBN 978-3-525-40323-5

Intuition spielt oft eine zentrale Rolle bei Entscheidungen. Dies gilt insbesondere für Führungskräfte, die komplexe und unübersichtliche Situationen unter großem Druck managen müssen.

Ariane Bentner

Systemisch-lösungsorientierte Organisationsberatung in der Praxis

Mit einem Vorwort von Jochen Schweitzer.
2007. 234 Seiten mit 5 Abb. und 1 Tab., kart.
ISBN 978-3-525-49120-1

Der Lösung ist es egal, warum das Problem entstanden ist: Dieses solide Werkstattbuch gewährt aufschlussreiche Einblicke in die systemische Beratung von Non-Profit-Organisationen.

Arist von Schlippe / Almute Nischak / Mohammed El Hachimi (Hg.)

Familienunternehmen verstehen

Gründer, Gesellschafter und Generationen

2008. 296 Seiten mit 19 Abb. und 5 Tab., gebunden
ISBN 978-3-525-49135-5

BMW, SAP, Henkel, Bertelsmann und der Handelskonzern Metro haben eines gemeinsam: Sie sind Familienunternehmen. Was das für eine Firma und deren Beratung bedeutet, beleuchtet dieses Buch.

Adam Phillips

Wunschlos glücklich?

Über seelische Gesundheit und den alltäglichen Wahnsinn

Aus dem Englischen von Florian Langegger.
2008. 176 Seiten, kart.
ISBN 978-3-525-40407-2

Keine Gesundheit ohne psychische Gesundheit! Was jenseits der WHO-Definition alles zu unserem seelischen Wohlbefinden zu sagen ist, verrät Adam Phillips.

Timo Hoyer (Hg.)

Vom Glück und glücklichen Leben

Sozial- und geisteswissenschaftliche Zugänge

Schriften des Sigmund-Freud-Instituts. Reihe 2: Psychoanalyse im interdisziplinären Dialog, Band 6.
2007. 275 Seiten mit 2 Abb. und 2 Tab., kart.
ISBN 978-3-525-45180-9

Die Sehnsucht nach Glück ist für jeden Menschen eine existentielle Fragestellung, für die eine vielschichtige Betrachtungsweise angemessen ist.

Rudolf Stroß

Die Kunst der Selbstveränderung

Kleine Schritte – große Wirkung

2008. 299 Seiten mit 21 Abb., kart.
ISBN 978-3-525-40410-2

Mit dem Rauchen aufhören, endlich mehr Sport treiben, den Job wechseln oder sich aus einer Beziehung befreien – in jedem steckt das Potential zur Selbstveränderung.

Vandenhoeck & Ruprecht